工业和信息化部“十四五”规划教材
碳达峰碳中和系列教材

魏一鸣 总主编

碳减排技术经济管理

余碧莹 等 编著

中国人民大学出版社
· 北京 ·

总　序

2020 年 9 月，国家主席习近平在第七十五届联合国大会上宣布中国“二氧化碳排放力争于 2030 年前达到峰值，努力争取 2060 年前实现碳中和”。这是我国政府经过深思熟虑作出的重大战略部署，也是我国积极应对全球气候变化的庄严承诺。实现“双碳”目标，是基于我国现行社会经济体系进行的一场广泛而深刻的系统性变革，一方面需要加强整体谋划和顶层设计，另一方面也需要各地方各部门紧密协调、统筹配合，细化时间表和路线图。在这场系统性变革中，为了有效解决“双碳”人才紧缺这一问题，教育部于 2022 年 4 月 19 日印发《加强碳达峰碳中和高等教育人才培养体系建设工作方案》，旨在大力推进“双碳”高等教育体系建设，提高我国“双碳”人才培养规模和质量。同时，学科交叉融合是当前科学技术发展的显著特征和趋势，更是建设科技强国、人才强国、美丽中国的内在要求。碳达峰与碳中和作为典型的多学科交叉领域，是新思想、新技术、新原理的重要突破口，也是培养高层次创新型、复合型、应用型人才的重要基础。因此，教育部高度重视“双碳”领域交叉学科建设，于 2021 年 7 月 12 日印发的《高等学校碳中和科技创新行动计划》中明确提出要推动碳中和相关交叉学科与专业建设。

我和北京理工大学能源与环境政策研究中心的同事们积极响应国家和教育部号召，针对国家重大战略需求，围绕碳达峰碳中和领域创新型、复合型、应用型人才培养的新要求，基于我们在能源和碳减排领域科学研究和人才培养等方面的长期积累，组织编写了“碳达峰碳中和系列教材”。目前，《碳减排管理概论》、《碳金融学》和《碳减排技术经济管理》等已相继完成。《碳减排管理概论》围绕碳减排管理的基础问题展开介绍，系统回答了为什么要实施碳减排管理、碳从哪里来、如何管理以及管理会带来什么影响等问题；《碳金融学》立足于中国碳金融发展现实背景，系统介绍碳金融学理论、碳排放权交易体系、碳金融工具、碳金融风险、碳金融监管等关键内容；《碳减排技术经济管理》以碳密集型行业为对象，重点介绍了行业发展现状、相关产品生产工艺流程、碳减排技术概况及相关政策措施，并对碳减排技术经济管理理论与方法进行阐释。三本教材内容都由浅入深，从基础理论到综合体系，充分体现了工学、管理学、经济学、地学等多学科门类间的交叉融合，涵盖碳达峰碳中和领域专业基础知识，符合碳达峰碳中和领域对高素质人才的培养要求，有助于启迪和培养相关学科学生的自主学习能力、创新意识和创新能力。

我自 20 世纪 90 年代末围绕能源与气候变化问题着手开展探索研究和人才培养工作，回想起来，时光飞逝，岁月如流，已近 30 载。2006 年我带领团队在原中国科学院科技政策与管理科学研究所成立能源与环境政策研究中心，2009 年受时任北京理工大学校长胡海岩院士邀请，团队主要成员与我一同加盟北京理工大学，成立北京理工大学能源与环境政策研究中心，在国内建设了首个以“能源与气候经济”命名的交叉学科，并于 2013 年开始招收“能源与气候经济”交叉学科的硕士、博士研究生。我和我的同事们见证了碳减排从一个小众且冷门的领域成为今天举国上下关注的热门，也深切体会到，坚守在科研和教学一线的科教工作者就应该坚持做正确的事情，做祖国和人民需要的研究，培养国家富强急需的人才。期望这套教材能够为“双碳”人才培养发挥作用，为中华民族的伟大复兴贡献微薄力量。

魏一鸣

2023 年 1 月 1 日

前 言

党的二十大报告指出："积极稳妥推进碳达峰碳中和。实现碳达峰碳中和是一场广泛而深刻的经济社会系统性变革。""推动能源清洁低碳高效利用，推进工业、建筑、交通等领域清洁低碳转型。"气候变化已成为威胁人类生存发展的最大风险。通过碳减排控制温度上升迫在眉睫。我国积极应对，提出"二氧化碳排放力争于2030年前达到峰值，努力争取2060年前实现碳中和"的战略目标。然而，和欧美发达国家相比，我国要在更短的时间内完成更大降幅的减排目标。面临如此挑战，需要各个行业联动加速低碳转型。我国目前产业结构偏重，能源结构偏煤，电力、钢铁、有色、水泥、化工、建筑、交通等高耗能行业体量偏大，而高耗能行业的碳排放水平主要由其生产需求、生产工艺和技术决定，因此亟须对这些行业的碳减排工艺和技术进行管理优化，从而有效控制行业碳排放，这对于我国尽早实现碳达峰碳中和具有十分重要的意义。

《碳减排技术经济管理》是"碳达峰碳中和系列教材"的下册，本书在对行业和企业碳减排技术经济管理内涵及通用范式进行讲解的基础上，进一步对电力、钢铁、有色、水泥、化工、建筑、交通等碳密集型行业的发展现状、工艺技术类别、碳减排措施、碳减排技术经济管理方法和应用案例进行系统介绍。首先，从行业的发展现状切入，探讨行业在低碳发展过程中的碳减排技术管理需求；其次，基于行业自身的生产工艺与流程，重点阐述行业实现节能减排过程中各项重要技术的减排原理、实施效果以及发展前景；再次，立足于顶层设计，讨论行业碳减排技术经济管理的政策体系，包括碳减排技术经济管理的目标、手段、政策以及组合策略；最后，综合行业低成本低碳转型的要求，系统阐述碳减排技术经济管理理论方法，结合工学、经济学、管理学等多学科门类探索行业和企业碳减排技术优化路径，同时立足于中国的实际问题给出具体应用案例。《碳减排技术经济管理》教材共包含11章：

第1章首先聚焦碳排放的来源和分布，探究了碳排放如何产生、与能源的关系，以及碳排放的国别、行业分布；其次，围绕解决碳排放问题的关键——碳减排技术——进行了概念界定，并按照减排机理和所处的环节、功能进行了类别划分，进一步梳理了碳减排技术在不同维度的技术特征；最后从技术经济角度着手，提出碳减排技术经济管理的通用流程和范式，旨在为行业、企业及项目的高质量发展提供明确的方法论和实施依据。第 1 章由余碧莹、安润颖等共同编写。

第 2 章阐述了碳减排技术经济管理的理论及方法学基础。重点介绍了生产理论、复杂系统思想与建模、运筹学思想与建模、数学规划、计量经济分析及物质流分析等理论和方法。其中，生产理论用于解决碳减排技术经济管理中的能源、资源、技术等各类生产要素投入与产出问题；复杂系统思想与建模为碳减排技术经济管理中的生产与服务系统综合建模提供理论支撑；运筹学思想与建模及数学规划用于解决各类碳减排技术组合优化及工艺流程规划问题；计量经济分析和物质流分析用于解决碳减排技术经济管理中的产品和服务需求预测问题。第 2 章由余碧莹、郭阳阳、吴郧、胡自明、符家豪、戴盈、杨星义共同编写。

第 3 章围绕电力低碳发展需求，具体介绍了新型电力系统的“源网荷储”运转结构；调研先进煤电技术、可再生能源发电技术、储能技术等相关碳减排技术的性能、成本规模现状和创新突破方向；同时梳理了电力部门技术升级改造、可再生能源推广、市场机制构建等多维度低碳政策和技术发展措施。在此基础上，详细介绍了电力需求预测、碳减排技术路径优化等技术经济管理方法以及实证分析。第 3 章由余碧莹、吴郧、罗馨怡、陈又源共同编写。

第 4 章立足于钢铁行业，具体介绍了钢铁生产的铁前、炼铁、炼钢等工艺流程的规模现状及重点技术，并介绍了氢能炼钢、核能炼钢等先进炼钢工艺的发展现状以及未来布局；同时系统阐述了钢铁行业推广节能技术、淘汰落后产能、发展短流程炼钢等低碳发展措施与政策。在此基础上，具体介绍了钢铁行业碳减排技术经济管理方法，分析了钢铁行业的发展及未来非高炉炼铁、余热回收利用等碳减排技术的布局。第 4 章由余碧莹、安润颖、戴盈共同编写。

第 5 章介绍有色金属行业的基本概况，并着重分析该行业中能耗及碳排放量占比较大的铝冶炼行业。具体介绍了氧化铝精炼、铝电解等工艺流程及先进技术，同时系统梳理了铝冶炼行业淘汰落后产能、推广先进技术、优化电力结构、调整生产结构的低碳发展措施与政策。在此基础上，详细讲解了铝冶炼行业碳减排技术经济管理方法，进一步通过实际案例介绍了该行业在“双碳”背景下的节能减排潜力及相应的成本和收益。第 5 章由余碧莹、赵子豪共同编写。

第 6 章对水泥行业进行分析，结合水泥生产“两磨一烧”的工艺流程，重点介绍了提高能源效率、使用替代燃料、使用替代原料、减少水泥熟料比例以及使用碳捕集、利用与封存技术等碳减排技术措施。在此基础上，阐述了水泥行业碳减排技术经济管理方法，并给出碳中和愿景下水泥行业低碳转型路径规划的实际案例。第 6 章由余碧莹、符家豪、孙飞虎共同编写。

第 7 章对化工行业进行碳减排技术经济管理，重点关注乙烯、合成氨、甲醇和电石四种关键化工产品，阐述各个产品不同的生产方式及工艺技术，并介绍了原料和燃料结构优化、生产方式调整、常规节能低碳技术（先进煤气化技术、余热余压回收利用技术等）和突破性低碳技术（生物质制甲醇、可再生能源电解水制氢等）等减排技术和措施。在此基础上，对化工产品的碳减排技术经济管理方法进行详细讲解，并应用于碳中和愿景下行业碳减排技术与措施的优化布局案例中。第 7 章由余碧莹、陈景明、杨星义共同编写。

第 8 章探讨了建筑部门碳减排技术经济管理问题。阐述了建筑部门碳排放的来源、全球及中国建筑部门碳排放现状；从改善建筑围护结构热工性能、提高终端用能设备效率、大力推广清洁低碳终端设备、倡导低碳生活方式等方面重点介绍了建筑部门碳减排技术经济管理措施；阐述了建筑部门碳减排技术经济管理中的服务需求预测方法和技术布局优化方法；以中国建筑部门低碳转型技术路径设计为例介绍了实际应用过程和结果。第 8 章由余碧莹、郭阳阳、邹颖共同编写。

第 9 章围绕交通运输部门的低碳发展需求，具体介绍了交通运输相关概念、发展史、运载工具成本技术特征和共享出行模式等基本信息；阐述了交通运输部门能耗和碳排放、运输需求、运载工具保有量和交通运输基础设施建设的现状；并梳理了运载工具清洁化替代、技术升级改造等碳减排政策和措施；进一步提出了交通运输部门碳减排技术经济管理框架以及运输需求预测和碳减排技术经济管理方法。第 9 章由余碧莹、谭锦潇、章世童共同编写。

第 10 章介绍了低碳技术预见的意义和方法学。从低碳技术预见研究的必要性出发，回顾了技术预见的发展历史，对比介绍了技术预见中典型的定性方法、半定量方法和定量方法，并以低碳化工技术，氢能技术，新能源汽车技术，以及碳捕集、利用与封存技术为实例，采用技术预见方法识别热点技术和关键技术集群，探索技术发展规律，预测技术成本变化趋势。第 10 章由余碧莹、徐硕、陈景明、康佳宁共同编写。

第 11 章在前述各个章节基础上，对行业进行跨部门耦合，具体介绍了耦合“能源供给—加工转换—运输配送—终端使用—末端治理”全过程、“原料—燃料—工艺—技术—产品/服务”全链条的碳减排技术经济管理方法，并应用此方法提出了中国实现碳达峰碳中和目标的时间表和路线图。第 11 章由前述各章作者共同参与编写。

《碳减排技术经济管理》在保证基础性与综合性的同时，也引入了碳减排技术的最新进展，结合具体案例，全面介绍了碳减排技术经济管理理论和方法，深入浅出，能够满足各层次人才培养的需求。本书可以作为高等院校能源经济管理、管理科学、工学、碳中和等相关专业教师、研究生和本科生的参考教材，也可供相关领域的技术人员、管理人员、科研人员以及政府部门公务人员阅读和参考。

由于学识水平所限，书中难免存在不足和疏漏之处，恳请广大同人和学子们给予批评指正，以便今后再版时进行修订、补充和完善。

余碧莹

目 录

第 1 章

碳排放与碳减排技术

本章要点

1. 掌握碳排放是如何产生的，正确理解能源与碳排放之间的关系。

2. 熟练掌握碳减排技术的分类及其影响碳排放的机理。

3. 领会碳减排技术经济管理的内涵。

《巴黎协定》为气候治理建章立制

在应对全球气候变化进程中，《〈联合国气候变化框架公约〉巴黎协定》(简称《巴黎协定》)堪称气候治理的“转折点”，具有里程碑意义。2015 年 12 月 12 日，《巴黎协定》在第 21 届联合国气候变化大会（巴黎气候大会）上通过，这是第一份覆盖近 200 个国家和地区的全球减排协定。协定于 2016 年 11 月 4 日正式生效，确立了全球应对气候变化的长期目标：到 21 世纪末将全球平均气温较工业化前水平升高幅度控制在 2℃内，到 2030 年全球碳排放量控制在 400 亿吨二氧化碳当量，2080 年实现碳中和（净零二氧化碳排放）；努力将气温升幅限制在 1.5℃以内，在 21 世纪下半叶实现全球碳中和；同时邀请各缔约方在 2020 年通报或更新 2030 年的国家自主贡献。截至 2022 年 4 月，全球已有超过 130 个国家和地区提出到 21 世纪中叶实现碳中和。

为什么要设定 2℃和 1.5℃的温控目标？地球生态系统与人类机体相似，需使温度维持在相对恒定的水平。在白垩纪结束后出现过一次温升 6℃～8℃的明显暖期，造成大量海洋生物的灭绝。联合国政府间气候变化专门委员会（IPCC）在《全球升温 1.5℃特别报告》中以中等可信度指出，在 1.5℃～2℃的温升水平下，南极冰盖的不稳定性或格陵兰冰盖的不可逆转损失可能导致海平面在数百到数千年间上升多米。虽然 2℃还未到来，但现有的升温已经给人类带来了不小的损失：2021 年美国加州山火、美国俄克拉何马州的冰暴及南极冰川的加速融化……升温下的地球正逼近“硬极限”。

温控目标可以实现吗？IPCC 第六次评估报告认为：1850—2019 年，人类活动已经释放了二氧化碳 2.39 万亿吨，若要在 21 世纪末将全球升温控制在 1.5℃以内，则 2020 年开始的碳排放空间是 0.4 万亿吨～0.5 万亿吨；若把温控目标设定为 2℃，则 2020 年开始的未来碳排放空间是 1.15 万亿吨～1.35 万亿吨。不管依据何种目标，按照现有速率，剩余的排放空间都将在几十年内耗尽。《巴黎协定》以各国“自下而上”的方式作为行动机制，由各国主动向《联合国气候变化框架公约》秘书处提交国家自主减排贡献方案。在全球碳中和势在必行的形势下，“谁来减、减多少、如何减”是目前各国急需解决的问题。

气候变化已成为威胁人类生存发展的重大风险之一。截至 2022 年 4 月，全球已有超过 130 个国家和地区提出了碳中和或净零排放目标。然而，要实现碳中和目标，首先需明确碳排放从哪来、有多少、如何减等关键科学问题。为此，本章将聚焦于碳排放的起源、分布和碳减排技术概念、特征，并对碳减排技术经济管理的内涵和通用范式进行讲解。

第 1 节　碳排放概述

一、碳排放和气候危机

全球变暖趋势进一步加剧。根据世界气象组织（WMO）公布的数据，相比于工业革命前，2021 年全球平均温度大约上升了 1.1℃，是有气象观测记录以来最暖的七个年份之一（见图 1－1）。气候变化已成为重大而紧迫的全球性挑战，对

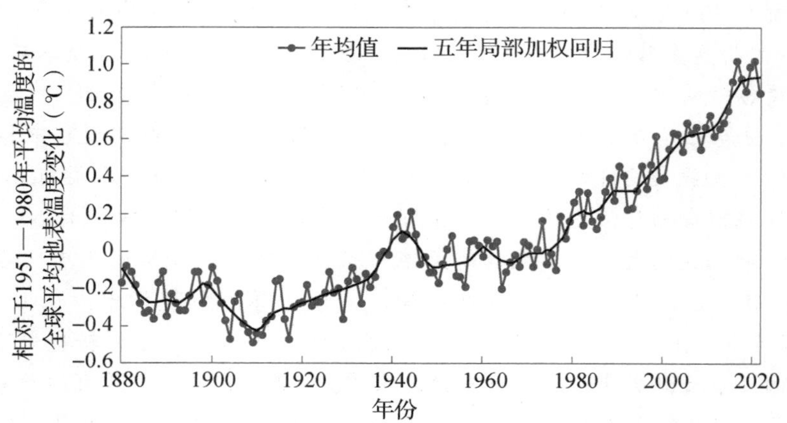

图 1－1　1880—2021 年全球平均温度变化（基期为 1951—1980 年）

资料来源：美国国家航天航空局（2022）.

自然生态系统和社会经济系统产生了显著影响。2021 年，格陵兰冰盖山顶降雨、加拿大冰川快速消退、美国加州 54.4℃的极端热浪……从海洋深处到大山之巅，从冰川融化到极端天气事件，全球的生态系统和群落社区正在遭受破坏。与此同时，气候灾害也通过各产业链传导至整个经济系统，最终给社会经济系统造成巨大损失，如干旱导致农作物减产、高温及洪水对人类居住环境产生破坏、极端气候事件造成运输供应链中断等等。

全球气候变化的诱因主要包括自然因素和人为因素两类。太阳辐射、地球轨道、火山活动、大气与海洋环流等的变化是引发全球气候变化的自然因素。而 IPCC 第六次评估报告指出：人类活动排放的温室气体是导致全球变暖的主要原因。温室气体（greenhouse gas，GHG）指存在于大气中，能够吸收地面反射的长波辐射，并可以重新发射辐射的气体。《京都议定书》中重点控制的 6 种温室气体包括：二氧化碳（CO_2）、甲烷（CH_4）、氧化亚氮（N_2O）、氢氟碳化合物（HFCs）、全氟化碳（PFCs）、六氟化硫（SF_6）。工业革命以来，人类生产、生活释放出大量温室气体。随着人口增长、工业化、土地利用强度增加等，大气中的温室气体浓度不断升高。1970—2018 年，全球温室气体排放量增长了近 1.2 倍，2019 年达 515 亿吨二氧化碳当量（联合国环境规划署，2021）。

二氧化碳是最重要的温室气体，占温室气体排放总量的 70% 以上（Ritchie et al.，2020），贡献气候变暖效应约 66%（世界气象组织，2021）。WMO 于 2021 年发布的《温室气体公报》表明，从 1990 年到 2020 年，长寿命温室气体的辐射强迫（对气候的变暖效应）增加了 47%，其中二氧化碳约占这一增量的 80%。IPCC 相关报告显示（见图 1 - 2），全球气温变化与累积二氧化碳排放量呈现近似正相关关系。照此趋势，2050 年不同社会经济发展情境下，全球温升将大概率突破 1.5℃。

由于气候变化与人类活动产生的二氧化碳排放密切相关，控制人为二氧化碳排放具有长远且重要的发展意义。在 21 世纪末期，要将全球升温幅度控制在 2℃甚至 1.5℃以内，唯一可行的路径即尽快实现全球净零碳排放（又称“碳中和”）。为此，百余个国家设立了本国的碳中和目标，并将其作为国家战略。例如，中国于 2020 年 9 月提出“二氧化碳排放力争于 2030 年前达到峰值，努力争取 2060 年前实现碳中和”的目标；欧盟于 2020 年 3 月将 2050 年整个欧盟净零排放作为长期战略提交联合国。然而，制定碳中和时间表只是第一步，还需明确从何处着手进行减排，如何制定可行的具体措施。换言之，要了解碳排放的来源，并明确具有操作性的减排技术和行动方案。

二、碳排放来源

二氧化碳从哪里来？又去向哪里？IPCC 在《2006 国家温室气体清单指南 2019 修订版》中对二氧化碳排放进行了详细划分，主要包含碳源和碳汇两个方面（见图 1 - 3）。

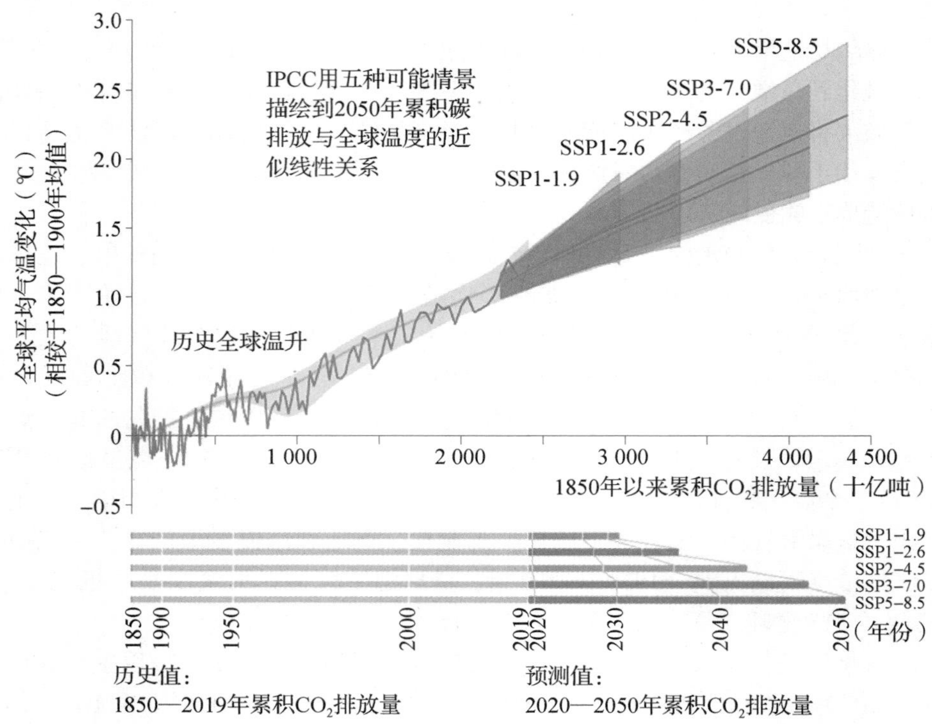

图 1-2　全球平均气温变化与二氧化碳排放量关系图

资料来源：IPCC（2021）.

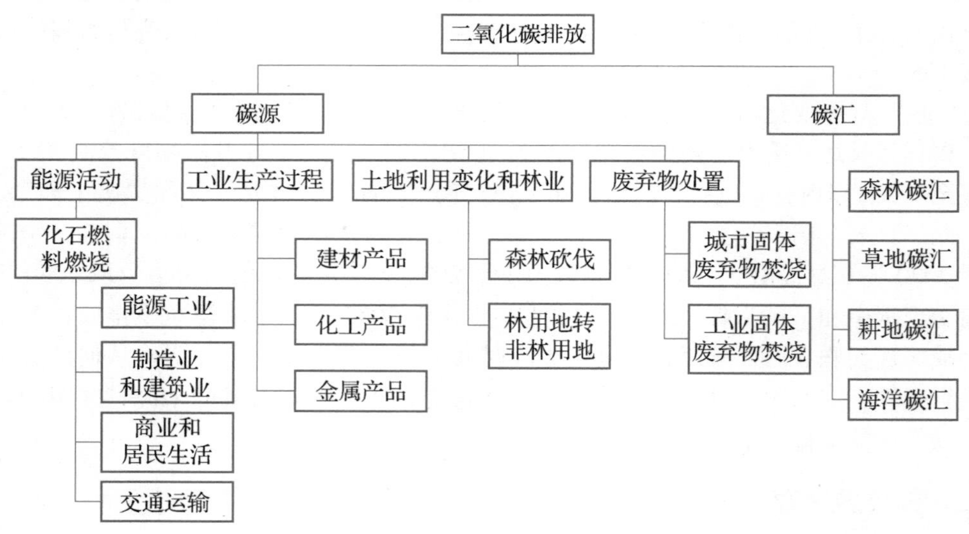

图 1-3　IPCC 二氧化碳排放划分

资料来源：IPCC（2019）.

1. 碳源

碳源，即产生二氧化碳之源，是向大气中释放二氧化碳的母体。二氧化碳的人为排放源主要来自能源活动、工业生产过程、土地利用变化和林业以及废弃物处置四个方面。具体来说：

（1）能源活动相关碳排放：主要是指在能源开采、加工、转换、运输、配送、终端使用、末端治理等过程中涉及的能源工业、制造业和建筑业、商业和居民生活、交通运输活动，由于燃烧煤、石油、天然气等化石燃料所产生的碳排放。例如，电力热力生产和供应行业需要燃烧大量的煤炭等化石燃料来发电、供热，钢铁、水泥、化工、机械制造等各类产品生产过程中需要使用化石燃料或电力，交通运输活动中需要消耗汽油、柴油等油品，这些过程中都会排放二氧化碳。

（2）工业生产过程的碳排放（简称“过程排放”）：主要是指建材产品、化工产品、金属产品等在生产过程中原材料发生反应产生的碳排放。例如，水泥生产过程中使用的原材料是石灰石，石灰石（主要成分为碳酸钙）分解会产生大量的二氧化碳。

（3）土地利用变化和林业相关碳排放：主要是指森林砍伐、林用地转非林用地等过程产生的碳排放。

（4）废弃物处置过程的碳排放：主要是指如城市固体废弃物、工业固体废弃物焚烧过程产生的碳排放。

2. 碳汇

碳汇，与碳源相对，指吸收大气中二氧化碳的过程、活动和载体，包括：（1）森林碳汇，如森林植物吸收大气中的二氧化碳并将其固定在植被或土壤中；（2）草地碳汇，草地上的植物利用自身的光合作用对空气中的二氧化碳进行吸收并固封在植被或土壤中，然后固封在土壤中的碳又会转变成有利于土壤涵养的有机物，不但可以促进植物的生长，还可以减少温室气体的产生；（3）耕地碳汇，有机质里的碳通过根系分泌物、死根系或者残枝落叶的形式进入土壤，并在土壤中微生物的作用下，转变为土壤有机质存储在土壤中，如农作物秸秆作为有机肥将二氧化碳固定到耕地中；（4）海洋碳汇，海洋是地球系统中最大的碳库，海岸带的红树林、海草床和盐沼等同样可以通过光合作用、生物链等机制吸收和存储大气中的二氧化碳。除了上述四方面的自然碳汇外，还可通过人工固碳技术进行碳排放的储存，避免二氧化碳直接排放或存留在大气中致使大气二氧化碳浓度增加，引发全球温度上升。

碳源表征碳的来源与产生，碳汇象征碳的吸收与清除。实现碳中和即为碳排放量与吸收量正负抵消，即碳源与碳汇实现动态平衡（净零碳排放）。从碳排放的源和汇两端来看，要实现自然系统的碳减排，一方面需要减少碳源，通过使用清洁燃料、提升设备生产效率及鼓励低碳行为方式等降低碳排放；另一方面需要增加碳汇，通过扩大森林面积、进行生态保护修复等增强生物固碳能力，以及采用碳捕集、利用与封存等固碳技术，将二氧化碳长期储存在开采后的油气井、煤层、深海等地进行物理封存。减源与增汇相辅相成，共同促进碳减排。但是，无论何种方式，都需要政策、管理、技术等多方面创新。在经济高速增长的背景下，各生产主体碳排放不断增加，同时，现有低效率、高耗能的粗放型生产方式也意味着从碳源侧减排具备较大的可行空间和可操作性。增汇受到生态容量和地理因素等限制，短时间内大幅提升碳汇储备较为困难，而现有自然碳汇可用量存在极大的不确定性，急需更多的科学研究。因此，实现碳减排目标首要是深入碳源侧，充分了解各主体的二氧化碳排放现状及相应减排措施；与此同时，系统部署固碳增汇技术，为二氧化碳排放增加空间和额度。

三、能源与碳排放

从碳排放产生的源头来看，上述四类碳源中，化石燃料燃烧是最主要的二氧化碳排放源。据 Wind 统计，全球由能源活动引起的碳排放占总净碳排放（不含土地利用、土地利用变化和林业，LULUCF）的 85%，其次为工业生产过程产生的碳排放（约占 15%）。随着经济发展对能源消费的需求拉动，碳排放量也逐年升高。1990—2020 年间，全球 GDP 增长了 128%，能源消耗同步增长了 62.7%，由能源活动和工业生产过程引起的碳排放也增长了 53%（见图 1－4）。2008 年的全球金融危机以及 2020 年新型冠状病毒的大流行使得全球经济增长、能源消耗与碳排放出现同步下滑，但又迅速反弹。各国履行减排承诺的过程既是对全球气候治理的责任担当，也是对经济发展和能源使用的重新考量。

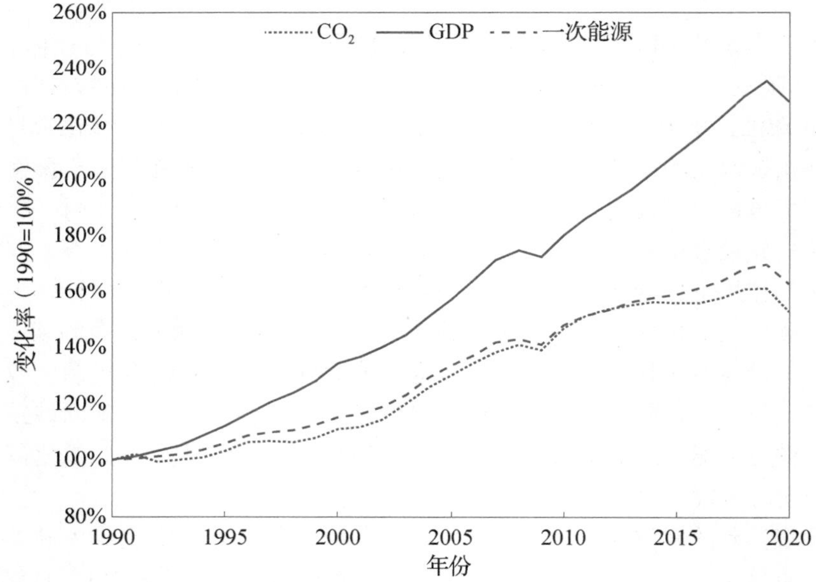

图 1－4　1990—2020 年全球经济增长与二氧化碳排放

资料来源：Global Carbon Project（2022）；BP（2022）.

注：二氧化碳排放量包含化石燃料燃烧和工业生产过程排放；能源消耗为一次能源消耗。

由于能源消耗是产生碳排放的主要原因，下面对能源的相关概念和类别进行介绍。

能源，是指可直接产生能量或通过加工、转换取得有用能的各种资源。能源形式种类多样，可将其按照不同的标准进行划分。图 1－5 介绍了常见能源的分类。

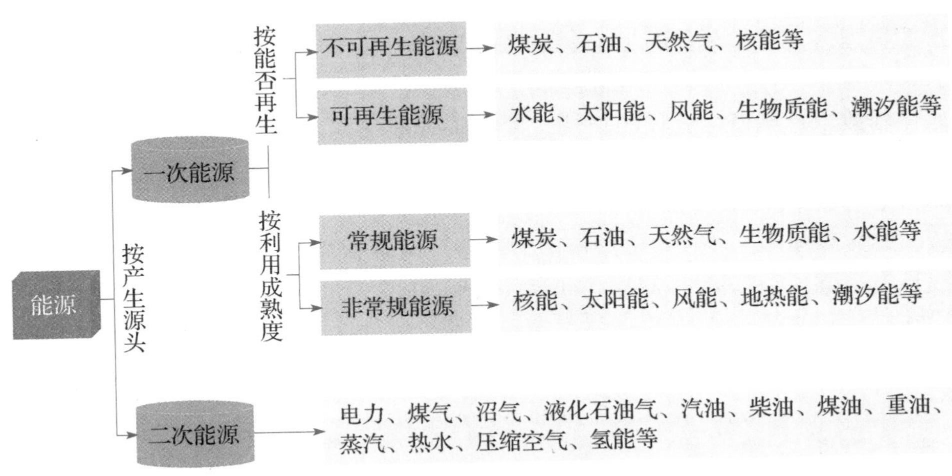

图 1-5　常见能源分类

按能源产生源头划分，可分为一次能源和二次能源：一次能源，指直接来自自然界，未经加工转换的能源资源，如煤炭、石油、天然气、水能等；二次能源，指由一次能源经过加工转换后得到的能源，包括电力、汽油、柴油、氢能等。

一次能源按能否再生，可分为不可再生能源和可再生能源：不可再生能源，指随着利用不断减少、短期内很难再生的能源，如煤炭、石油、天然气等化石燃料及核能等；可再生能源，指可循环再生、不断重复使用的能源，如太阳能、风能等。

一次能源按开发利用的成熟度，可分为常规能源和非常规能源：常规能源，又称传统能源，指目前技术上成熟、已投入大规模生产和广泛利用的能源，如煤炭、石油、天然气等；非常规能源，又称新能源，指常规能源外，处于研发期或刚开始利用、有待推广的其他能源，如核能、潮汐能等。

人类生产、生活的各个环节都需要能源提供动力，大到城市运转、交通运输，小到日常生活、购买商品。能源的使用造成二氧化碳排放，不同的能源品种，所含热量各不相同，含碳量也不尽相同。以电力生产为例，使用煤炭生产 1 千瓦时电力排放的二氧化碳约为天然气发电的 2.7 倍，而使用光伏发电几乎不产生碳排放。在集中供暖地区实行“煤改气”，每平方米一年的碳排放可以减少约 22.5 千克（崔占良 等，2014）。根据 IPCC《2006 国家温室气体清单指南 2019 修订版》，能源产生的碳排放是由富含碳的燃料燃烧产生，因此，碳排放根据能源活动数据和单位活动的碳排放系数（排放因子）确定。对于碳排放系数，可参考 IPCC 提供的缺省因子（IPCC，2019）。

四、碳排放分布

在了解碳排放的来源和去向后，下文将介绍全球和我国的碳排放分布情况。2020 年全球能源活动和工业过程产生的二氧化碳排放约为 348 亿吨。按照区域划分，美国和中国是碳排放较高的国家，2006 年前美国一直是全球碳排放量最大的国家，中国自2006年之后超过美国。2020年中国二氧化碳排放约占全球总量的30.6%；其次为美国，占总排放量的13.5%；印度以24.3亿吨（占7.0%）的排放量位居第三（见图1-6）。1990—2020年间，中国经济增长步入高速发展期，中国庞大的人口基数以及城市化进程的加快，使得碳排放量同期增长了三倍多。然而从人均碳排放量和人均累积碳排放量来看，中国仍然显著低于大多数发达国家。在2020年，中国人均碳排放量为6.9吨，仅是美国、日本、德国和韩国的52%、89%、58%和46%；1990—2020年，中国人均累积碳排放量为127吨，仅为美国、日本、德国和韩国的25%、46%、26%和32%。从碳强度（单位GDP的二氧化碳排放）来看，中国的碳强度持续下降，2000—2020年下降了41%；同期，发达国家（美国、日本、德国、韩国和加拿大）的碳强度下降了21%～46%。

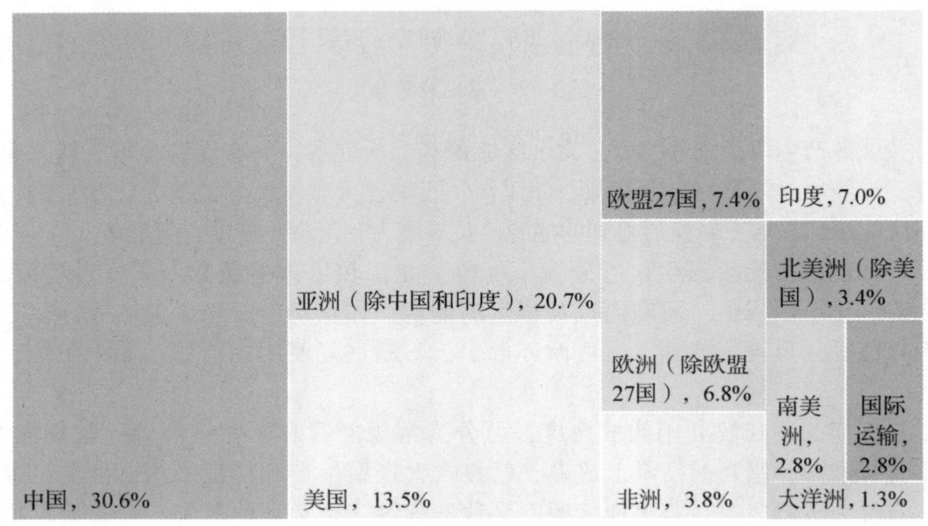

图1-6　2020年分国别（地区）二氧化碳排放占比

资料来源：Global Carbon Project（2022）.

从全球分能源品种和工业过程碳排放可以看出（见图1-7a），煤炭燃烧仍然是能源相关碳排放的主要来源。2020年，煤炭、石油、天然气燃烧所产生的二氧化碳排放分别为139.8亿吨、110.7亿吨、74.0亿吨，占全球能源相关碳排放的比重分别为43.1%、34.1%、22.8%。对比2020年能源消耗典型国家的能源结构可以看出，中国和印度的能源消费结构以煤炭（分别为56.6%、54.8%）为主导，而美国和欧盟则是以石油和天然气为主要能源品种（见图1-7b）。能源结构受到各个国家的资源禀赋和生产技术水平等因素限制。中国的能源分布呈现“富煤、贫油、少气”的现状，煤炭资源优势明显，具有易获取、成本低等特点，因此得到大规模开采利用。美国通过技术创新（水力压裂和水平钻井技术），爆发了页岩油（气）革命，从能源进口国变为能源出口国，实现了能源独立。

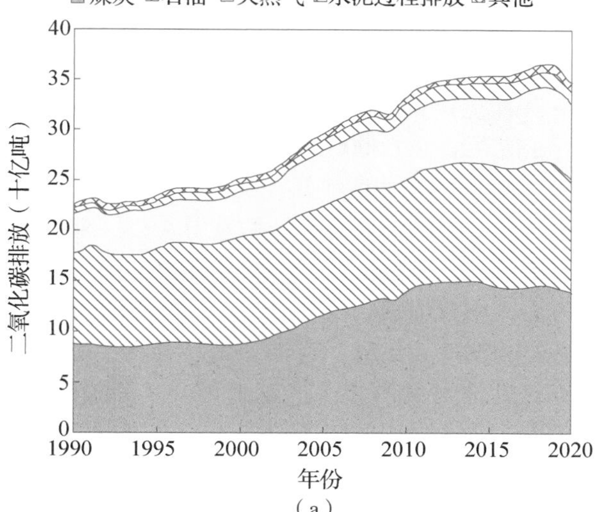

（a）

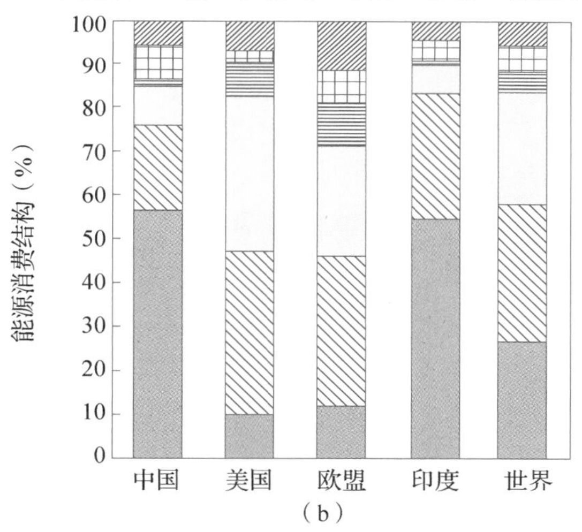

（b）

图 1－7　分来源二氧化碳排放及典型国家能源结构

资料来源：Global Carbon Project（2022）；BP（2022）.

分行业来看，电力、工业（钢铁、有色、水泥、化工、造纸等）、建筑、交通等能源密集型部门是碳排放的主要贡献者，如何实现这些行业的低碳转型是完成脱碳目标的重中之重。2019 年全球电力和热力生产行业贡献约 46. 0% 的二氧化碳排放，其次为工业、交通，分别贡献了 20. 4% 和 17. 1% 的二氧化碳排放（见图 1－8a）。行业脱碳的关键在于其能源结构、技术水平和产业规模等。目前全球电力行业依然以煤炭、石油、天然气等化石燃料燃烧作为最主要的发电方式，2019 年全球电力结构中煤电装机占比为 36. 7%，而中国的电力结构中煤电装机占比高达 65. 0%，美国的电力结构则以天然气为主（占 37. 3%）。能源结构的差异造成行业的碳排放强度呈现显著差异。此外，行业内部的生产工艺和技术水平相差较大。例如，我国 2022 年实施的《水泥单位产品能源消耗限额》规定，熟料单位产品综合能耗等级 1 级的能源限额为 100 千克标准煤/吨（等级 1 级指标），等级 3 级为 117 千克标准煤/吨，将其分别作为标杆水平和基准水平，并指出应以一定比例淘汰 3 级以下高耗能产能。若按照现有标准，水泥行业达标杆产能超过 30%，则会使水泥行业能耗减少 1 000 万吨以上标准煤，同时减少二氧化碳排放达 3 000 万吨。因此，提高行业的技术水平从而提升生产效率将大大节约能源和原材料投入，从而减少碳排放。此外，从产业结构来看，以工业生产为主体的地区碳排放显著高于其他区域（见图 1 - 8b），如 2020 年美国的产业结构以第三产业为主，中国则以工业为主，相较而言，美国单位产值碳排放量约为中国的 45.7%。中国的重工业特征显著，钢铁、建材、石油化工、有色、电力等高耗能行业的碳排放占据了全国碳排放总量的 80% 以上。综上可知，要加快碳减排进程，需要：深度调整产业结构，建立现代绿色低碳产业体系；推进能源替代，形成以清洁能源为主的能源供应体系；提升技术水平，以技术改造和创新引领脱碳行动。

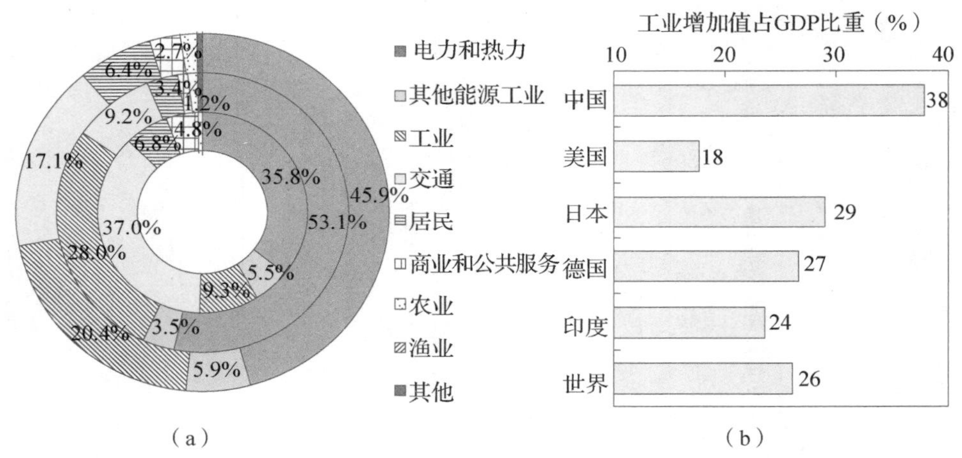

图 1 - 8　2019 年分行业二氧化碳排放及 2020 年典型国家工业增加值占比

资料来源：IEA（2021a）；World Bank（2022）.

注：图 a 从内环到外环依次为美国、中国、全球平均。由于农业、渔业和其他碳排放占比较小，美国、中国和全球平均分别为 0.8%、1.0% 和 1.3%，0.0%、0.0% 和 0.1%，0.0%、0.6% 和 0.5%，故在图中未列示数据。

实现碳减排的过程，无论是形成低碳产业新模式、调整能源结构，还是提升工艺水平等，均离不开技术的突破和科技创新。已有研究表明，依靠现有技术实现碳减排远远不够，电力、工业、交通、建筑等各个行业都必须通过一系列的技术进步才能实现减排目标。特别是，在能源供给端，探索能源清洁化利用技术、发展新能源替代技术及储能技术等以形成新的能源供应体系；在能源消费端，如工业领域提高技术能效水平、加大突破性技术应用、建筑和居民生活引入零碳建筑体系技术等，从而降低碳排放强度。可以说，技术是实现碳减排的关键抓手，因此，迫切需要认识各行业碳减排技术的意义和价值，同时提前对碳减排技术进行科学规划，准确研判技术的减排潜力，建立和推广碳减排技术系统化的管理思路。为了更好地了解如何对碳减排技术进行管理，下文将首先围绕碳减排技术的基本概念和分类进行介绍，并归纳碳减排技术的特征；在此基础上，重点讲述碳减排技术经济管理的内涵及通用流程。

第 2 节　碳减排技术的界定与特征

一、概念及类别

1. 碳减排技术相关概念

碳减排技术是指能够直接或间接减少二氧化碳排放的一系列技术手段的总称。从狭义的角度，碳减排技术旨在作用于能源系统，以能源及资源的清洁高效利用等方式，减少或消除二氧化碳排放，如碳捕集、利用与封存技术，重点行业能效提升技术，清洁能源技术等。从广义的角度，碳减排技术指任何能够降低人类活动碳排放的技术、方式和手段，包含减少或降低产品购买需求，产能结构调整，产业结构升级，以及通过兼并重组等市场手段提高资源利用效率等多种碳减排技术措施。究其本质，碳减排技术是一个相对概念，产品/服务供给的过程会产生一定量的碳排放，在引入碳减排技术措施或进行技术改造和应用后，与没有实施该技术措施相比能够实现一定程度的二氧化碳减排，则该类技术就可被视为碳减排技术。

2. 碳减排技术的分类

根据减排机理，碳减排技术可分为减碳技术、零碳技术和负碳技术。减碳技术是将二氧化碳由多减少，零碳技术是不产生二氧化碳排放，而负碳技术则是将二氧化碳进行去除。

减碳技术：是指在高耗能、高排放领域利用技术手段对生产、消费、使用过程中的碳排放做减法，从而达到低耗能、少排放、高效率。重点领域涉及能源加工转换（如电力、热力行业等）、金属冶炼及压延（如钢铁、有色金属行业等）、非金属矿物制品业（如水泥行业等）、化工行业、建筑以及交通等高耗能、高排放部门。如建筑部门中，制冷系统可采用一级能效空调替代高能耗的空调设备，也可引入改善墙体或窗户热工性能技术、加厚保温材料等；工业部门通过充分利用余热回收技术减少能源投入，将工业生产中各种炉窑和化学反应过程中的余热进行回收，进一步转换成其他机械能、电能、热能或冷能等。

零碳技术：是指以清洁能源技术为主体，在生产及使用过程中完全不产生碳排放的一类技术，包括利用风力发电、太阳能发电、水力发电、核电、生物质能发电、绿色氢能技术等替代传统化石能源发电技术。零碳技术旨在实现各领域应用能源载体的根本性变化，重点在于使能源结构清洁化、无碳化，而能源加工转换部门将成为零碳技术应用的重点部门。零碳技术应用的前端是提升可再生能源等零排放能源的比例（如光伏发电技术的应用），后端则是提升下游行业对零碳能源的需求（如交通行业增加新能源车辆使用）。例如，2021 年在天津，国内首家“近零碳”充电站实现了屋顶光伏、空气源热泵、智能充电桩、储能电站等多种设施互联互通、能量相互转化，再加上外购的绿电，达到了近零碳水平。

负碳技术：是指以降低大气中碳含量为特征的一类技术，即对二氧化碳实现正吸收。负碳技术基本可分为两类：一是基于自然的方法，即利用生物过程增加碳移除，并在土壤、森林或海洋等进行储存，如增加植树造林、海洋施肥、生物炭等；二是基于技术手段，直接从排放源或空气中移除碳并进行储存和利用，如二氧化碳捕集、利用与封存技术和直接空气二氧化碳捕集技术等。

根据技术所处的环节与功能，碳减排技术可分为能源替代类技术、节能增效类技术、工艺改造类技术、增加碳汇类技术。

能源替代类技术：是指以能源结构清洁化、低碳化、电气化为目的的一类技术，主要在于推进两个替代（清洁替代和电能替代）。在能源供给侧，一是推进化石能源的清洁利用，如煤化工以清洁煤为原料制备化学品；二是通过太阳能、风能、水能等可再生能源替代传统的化石能源，形成以清洁能源为主的能源供给体系，同时配备可再生能源支撑技术，如特高压电网的建设及储能技术发展等。在能源使用侧，一是推进电能替代，在各领域深化以电代煤、以电代油、以电代气等，如在钢铁、建筑、水泥等传统工业使用电力替代化石燃料消耗，在交通领域大力发展电动车以及提升电气化铁路比重等；二是加快氢能、生物燃料等替代能源在工业领域的应用，如通过可再生能源产生的电力进行氢气制备获取绿氢，再投入到工业生产、氢能汽车使用等方面（见图 1－9）。能源替代技术可以从源头上消除碳排放，是解决碳排放问题的“治本之策”。

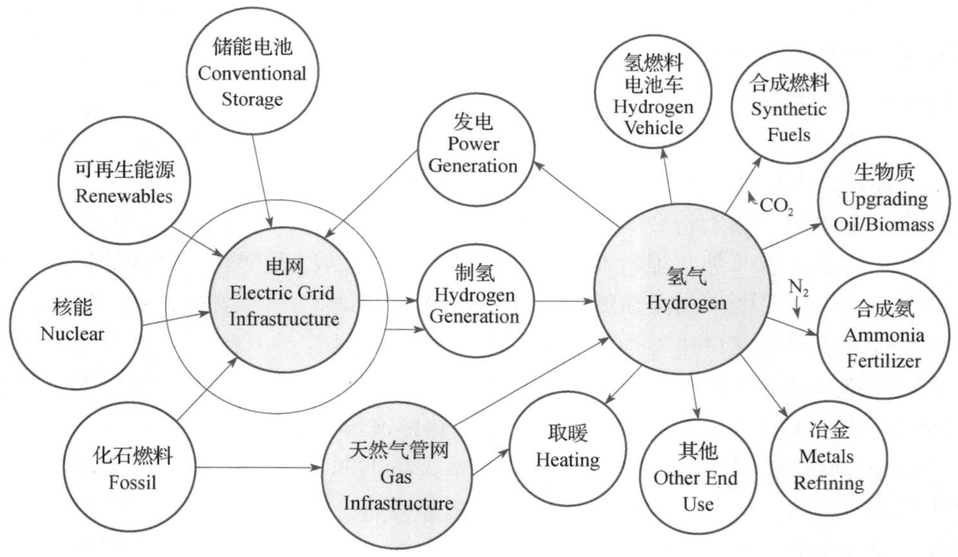

图 1－9　氢能在能源系统中的应用

资料来源：DOE（2020）.

节能增效类技术：是指以提升行业的综合能源效率为核心的一类技术，包括工艺技术增效和系统节能优化两类。工艺技术增效将原有高耗能工艺流程和技术部分或全部替换为相对低耗能的工艺和技术，特点是与原有技术原理相似、不影响整体流程、节能效果显著、不依附于原有设备、投资大。例如，针对水泥行业的淘汰落后产能政策，要求将直径 3.2 米及以下高耗能水泥磨机全部整合退出，退出产能可进行减量置换，通过产能置换新建的水泥熟料生产线规模不得低于 4 000 吨/日，新增水泥磨机为直径不低于 3.8 米的高能效设备。系统节能优化指对生产过程某一工艺技术参数进行设计、控制及优化，以提高系统的能效水平，包括余能回收利用（使用冷却水热回收、燃煤烟气余热回收、高炉炉顶余压余热发电等），以及管理改造技术（化工生产使用空冷机节能、变频节能、数据中心建设等），其特点是多种节能技术综合应用、节能效果与主体工艺相关、对生产工艺流程依附性强、投资相对较低。

工艺改造类技术：是指改变原有工艺生产方式，通过低碳工艺生产方式替代传统高碳生产工艺实现减排，包含原料替代、工艺技术革新及其他支撑技术。原料替代指改变原有生产技术中原料的投入结构，如水泥生产中使用电石渣作为水泥生产原料替代传统的石灰石，可使单位水泥熟料二氧化碳排放量比常规生产降低约 40%。工艺技术革新是指使用新型生产工艺技术完全替代原有工艺，如钢铁行业在炼钢环节使用电弧炉替代转炉，在炼铁环节使用非高炉炼铁工艺替代高炉炼铁等。其他支撑技术指保障新型工艺发展所需的相关技术，包括循环利用技术，如固废处理、废金属回收，以及垃圾处理系统、充电桩等基础设施建设。

增加碳汇类技术：与负碳技术相似，通过增加自然生态碳汇和人工碳汇产生负碳效应，实现碳排放的正吸收。如果将大气中的二氧化碳视为一个碳账户，其他技术意在减少碳排放“源”的产生，而增加碳汇类技术则是增加碳排放“汇”的储备。由于增加碳汇类技术受到土地资源、技术成本、安全性、稳定性等因素限制，具有较高的不确定性，如增加植树造林会受制于土地容量，因此，此类技术可被看作碳减排的“兜底技术”。

二、碳减排技术的特征

碳减排技术是用于实现碳减排目标的工程技术体系，既符合技术进步的一般规律，具备技术的生命周期性，同时也由于技术本身所处阶段、使用方式等差异，其未来发展具有较大的不确定性。

1. 生命周期性

自然界中任何事物都具有产生、成长、成熟、衰亡的过程，技术的进化与生物进化规律类似，都满足 S 形进化曲线。S 曲线按照时间描述了技术发展的完整周期，碳减排技术发展阶段可划分为四个时期（见图 1－10）。（1）导入期：技术尚处于研发初期，仅从概念形成到初步应用，未经过大规模的商业化推广，仍处于示范阶段，此时该技术市场不明确，仅有少数企业参与研发，投资成本和风险较大。（2）成长期：碳减排技术处于成长阶段，技术逐渐开始规模化应用，通过示范应用性能不断优化，同时市场不断扩大，企业介入增多，经济效益逐步显现、普及率快速上升。(3) 成熟期：此阶段碳减排技术在市场上得到广泛应用，新增市场需求消减，技术系统已趋于完善，投资成本进一步下降，新替代技术开始研发。(4) 衰退期：技术开始逐步退出市场，技术普及率进入平台期或出现下降，新的替代技术逐渐进入市场。

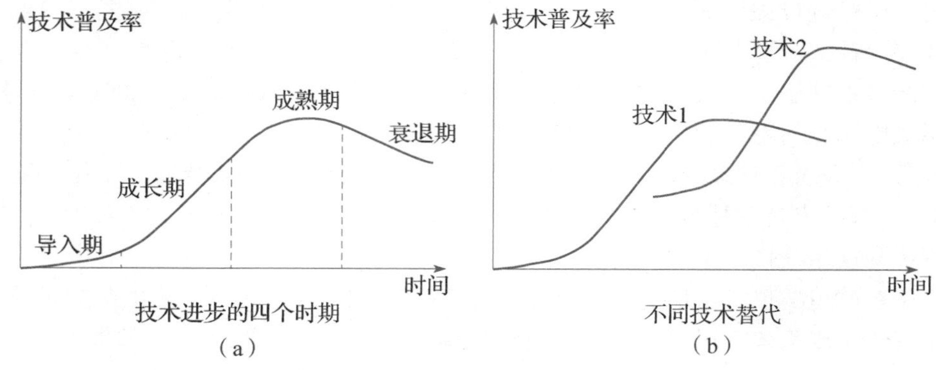

图 1-10　碳减排技术的生命周期

2. 空间异质性

碳减排技术受区域经济发展、产业结构、资源优势、政策倾向等影响，未来发展呈现显著的空间异质性。在不同收入水平的地区之间，经济资源分配相差较大，低收入地区可能将改善民生作为主要任务，无法投入大量资金用于支撑碳减排技术的研发，相比高收入地区，碳减排技术难以快速进入市场；对于尚未进入工业发达阶段的国家和地区而言，高排放的工业在经济发展中起到主导作用，工业行业在经济结构中所占比重仍会保持相当水平，因此，这些地区的减排将主要依靠于工业行业的碳减排技术布局；此外，碳减排技术能否在该地区得以推广应用，还取决于当地的资源水平，如美国丰富的天然气资源使得其他可再生能源发电技术竞争力相对较弱。除上述因素外，国家和区域间的碳减排政策力度和措施的差异也直接决定了碳减排技术的类型和实施力度，如欧盟对汽车碳排放设定了严格的上限，规定 2021 年汽车二氧化碳排放量不超过每公里 95 克，并计划于 2030 年进一步降低 30%；美国对轻型车辆设定了严格的标准，规定从 2021 年到 2026 年，二氧化碳排放标准每年提高 1.5%；而我国机动车标准体系中尚未纳入二氧化碳排放标准及限值。

3. 风险不确定性

碳减排技术投资成本高、产业链涉及范围广，在带动低碳发展的同时也面临市场、技术、原材料供应等风险的高度不确定性。一是碳减排技术的应用必然会对传统高耗能、高排放行业产生成本冲击，直接反映在对已有低能效设备的更新换代上，如传统煤电厂的平均寿命约为 45 年，但中国大多数煤电厂的服役年限不到 15 年，提前使用碳减排技术进行替代可能会造成一定的资产搁浅和投资压力；与此同时，短期来看碳减排技术成本较高，但其节能减排效果好，可降低项目的运行成本和环境成本，且随着技术发展的逐渐成熟，未来碳减排技术成本有望快速下降，但是，碳减排技术应用所带来的收益能否弥补前期的投资成本，具有较大的不确定性。二是部分碳减排技术处于研发及示范应用期，技术性、经济性、安全性瓶颈仍有待突破，如高比例可再生电力系统的可靠性问题、二氧化碳封存的泄漏风险等；同时碳减排技术大规模应用受到资源等要素的制约，如电动车、电池使用依赖于锂、镍、钴等金属资源，稀缺资源和碳减排技术大规模发展之间的矛盾存在不确定性。

第 3 节　碳减排技术经济管理体系设计

一、碳减排技术经济管理内涵

思考？

如果你是一名国家或地方政策制定者、电力企业高管、工业产品制造商等，当需要实现地方或企业的碳减排目标时，你会如何决策？又或者如何响应国家号召，提出适合地方、企业自身发展的碳减排目标？

从技术经济角度看，理性的投资人和决策者都会进行趋利避害的选择，放在管理者和企业经营者身上，则是选择最具经济效益且能实现外界要求的技术组合。据此拓展，碳减排技术经济管理，是指在一定的社会、经济发展及政策要求下，对行业、企业及项目即将采用的各种碳减排技术的经济效果进行评估，并在规划期内选择满足各类约束、技术可行、成本较低的一套碳减排技术组合。但是，技术的先进性和经济的适用性之间往往存在矛盾、不可兼得，如何将技术效率和成本有机统一，取得最优的技术经济效果，是每个管理者在面临实际技术选择决策和经营时都应该思考的问题。一个行业未来的技术发展路线或企业的设备购买、替换和改造通常有多种方案，然而，过去制定行业技术发展路线、企业技术采购决定等往往凭借决策者的主观经验，以定性判断为主，缺乏系统的、长时间尺度的定量比较。随着碳中和目标的提出以及碳减排技术的不断涌现和发展，定性决策已难以适应政策、市场和技术的快速变化，因此，迫切需要采用科学的理论和方法来开展碳减排技术经济管理。

碳减排技术经济管理的对象是技术，目标是实现碳减排技术布局的决策优化；管理的视角是从工艺技术流程出发，在国家或地方层面针对行业总体技术组合，在企业或项目层面针对内部个体技术；管理的原则是以最低的系统成本实现行业或企业的碳减排目标；管理的宗旨是帮助政府、行业、企业等利益相关方作出满足社会经济发展需求和生产需要的最具经济效益的碳减排技术组合；管理的方式是对碳减排技术进行购买、替换、改造等决策。为了实现应对气候变化和国家碳中和目标，全球各大行业，特别是高耗能、高排放的行业和企业，都面临着严格的碳排放约束或碳减排需求，因此，开展碳减排技术经济管理既符合低碳发展的战略要求，又能兼顾技术经济可行性，从而为行业、企业及项目的高质量发展提供明确的方法论和实施依据。

二、碳减排技术经济管理通用流程

在进行碳减排技术经济管理时，需要结合国家重大战略需求和行业发展规划，一方面在国家、地方、行业、企业提出碳减排目标后，综合各碳密集型行业基础技术、工艺流程、原料、燃料等方面的基本特征，以经济最优为目标，从时间和空间两个维度提出各行业低碳技术、前瞻技术、突破性技术的部署规模和发展路径；另一方面可通过预测各类碳减排技术效率和成本的变化趋势，评估国家、地方、行业、企业层面的碳减排潜力，进而提出相应的减排目标，为碳密集型行业绿色低碳发展提供科学依据和技术支撑。

举例：在制定未来交通行业的碳减排技术路径规划时，会面临用什么技术、什么时间用、用多少、效果如何等问题，回答这些问题就需要开展碳减排技术经济管理决策（见图1－11）。具体可以从以下几个方面进行思考：

第一，未来交通部门需要提供的服务规模有多大？是像广州有超过2 000亿人公里的运输需求，还是像郑州不到400亿人公里的运输需求？

第二，在尽可能节约成本的前提下，碳减排技术应如何部署？比如电动巴士应该从什么时期开始发展？每个阶段发展多少？

第三，碳减排技术的应用效果如何评估？可以带来多大的减排量？对于能耗有什么影响？对应的经济效益或成本负担是多少？

第四，未来交通部门最具潜力的突破性低碳技术有哪些？其成本优势何时凸显？这些技术的应用可以推动交通部门实现多大程度的减排目标？

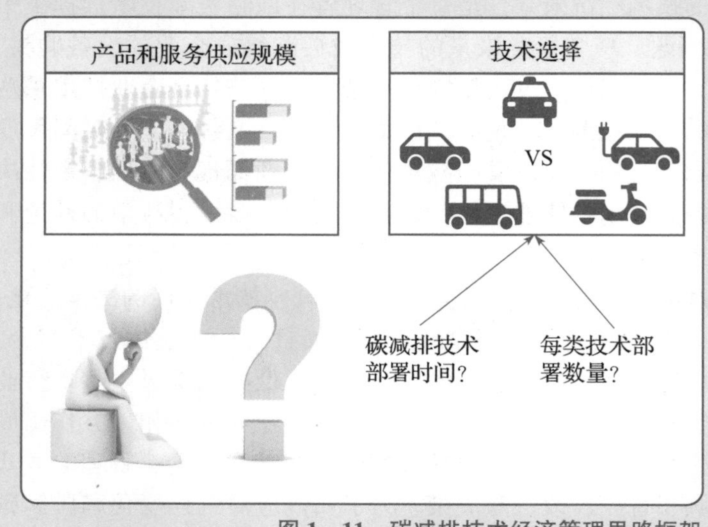

图1－11　碳减排技术经济管理思路框架

从上述例子可以看出，在碳减排目标和行业减排要求的约束下，对碳减排技术进行经济管理，一是需要明确终端产品或服务的需求规模以及生产同类产品或服务的技术类别，这将直接影响生产过程中的技术规模；二是开展碳减排技术预见，识别前沿低碳技术、颠覆性技术的发展趋势和成本演化路径；三是以经济性最优为目标对各类碳减排技术进行部署，从技术经济的角度优化工艺技术组合，得出碳减排技术引进、更新、淘汰的时间表和路线图；四是评估碳减排技术的实施效果，包括减排量、能耗量、资源量、经济成本等。按照碳减排技术经济管理的思路，可以制定两种通用的碳减排技术经济管理流程和范式（见图 1－12）。

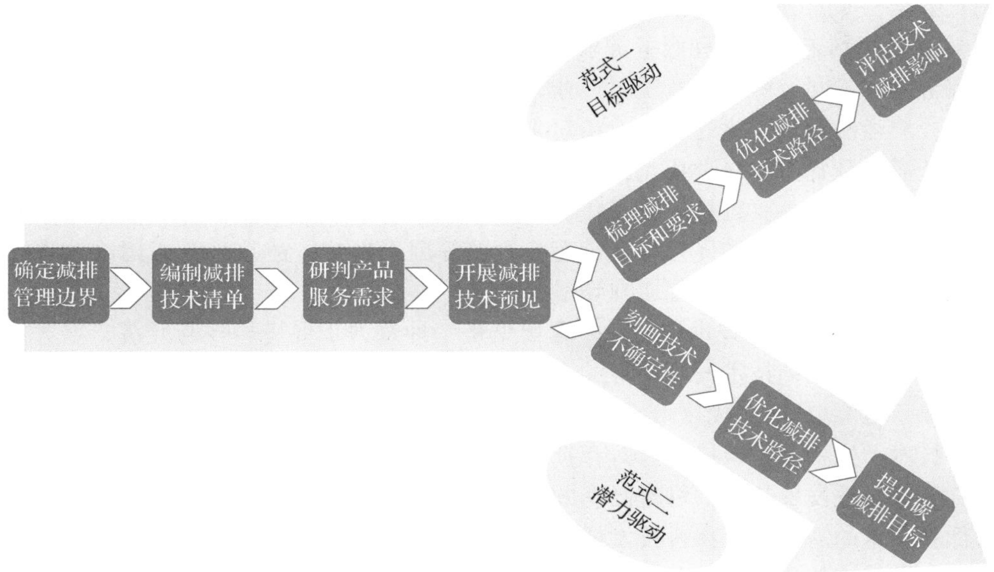

图 1－12　碳减排技术经济管理流程

范式一（目标驱动）：以实现国家、地方、行业、企业碳减排目标为导向的技术经济管理范式。

（1）确定碳减排技术经济管理边界：边界是组织确定的物理及空间界限，可以为一个区域、一个部门、一个公司、一套生产链等，也可以包括多个地理位置和空间。范围是通过技术经济管理体系来管理的活动、设备及决策的范畴，侧重于产生碳排放的系统和过程。开展碳减排技术经济管理要根据需要，明确实施管理的范围和边界（例如是在整个行业开展，还是在某个城市开展，抑或是在某个企业开展等），表达形式可以为碳排放限额、特定信息（名称和地理位置）、产品或服务种类、具体工艺和活动。例如：A 地点，一条日产 5 000 吨熟料的水泥生产线，带 9MW 余热发电，涵盖原料破碎、生料制备、熟料煅烧、水泥制成、水泥包装/散装出厂。

（2）编制碳减排技术清单：通过核查边界和范围内技术单元的活动水平、设备使用情况、投入产出、经济成本和市场应用等数据，掌握开展碳减排技术经济管理的基本情况，即所谓“摸清碳家底”。具体清单编制详情为：活动水平数据包括产品及服务的产量、使用工艺技术的设备保有量等，用以表征技术规模现状；设备使用情况包括设备的购置年限（使用年限）、设备的平均寿命、利用率等，用以体现设备技术现状；投入产出数据包括单位技术产出的产品类别、产品数量以及所需投入的原材料、能源的种类和数量，统计口径可以依据数据可获得性灵活调整，如单位技术可视为一台风机，也可用单位装机来代替；经济成本包括技术的初始投资成本、单位技术的运营和维护成本、原材料和能源的价格，以及与技术相关的补贴、税收等；市场应用数据包括该类技术在市场的普及率。各类型数据的收集可参考国家统计数据—区县或行业主管部门统计数据—企业调研或实地调查数据—专家分析的顺序。

（3）研判未来产品和服务需求：未来产品和服务的需求情况将决定技术规模。在综合考虑不同经济发展速度、产业升级、城镇化加快、电气化加深、智能化普及等社会经济形态变化的基础上，对未来各类终端产品和服务需求进行预测。此外，还需结合各主体自身特点，开展具有针对性的预测工作。例如：工业各行业考虑产业结构调整、贸易政策变化、下游产业变动等因素影响；交通行业考虑新能源车推广、运输结构优化、电子商务发展等因素影响；建筑行业考虑收入水平提高、数字化加深、老龄化加剧等因素影响。

（4）开展碳减排技术预见：技术预见是一种致力于促进科技与经济、重大计划一体化，对远期技术发展进行的有步骤的探索过程。一些绿色低碳技术，包括但不限于电能/氢能替代技术，风力发电技术，太阳能光伏技术，碳捕集、利用与封存技术，生物质能碳捕集与封存技术等，相比于传统的能源技术呈现明显的跳跃性和爆发性发展趋势，将对已有的技术规划造成冲击。结合未来经济社会发展对低碳技术的需求，应在科技发展战略研究中引入技术预见和动态监测，开展未来中长期关键技术预测与选择，提出各类关键技术、共性技术以及颠覆性技术，为潜在的突破性技术留出合理的规划空间，为制定面向碳减排目标的技术路线图提供系统性的支撑。

（5）梳理各主体碳减排目标和要求：许多主体（国家、地方、行业、企业等）已经意识到气候变化带来的风险，并承诺作出改变，包括设定减排目标、跟踪和公开报告温室气体排放量等。以碳减排目标为出发点的技术经济管理，需要梳理并归纳各主体在各个维度的碳减排目标或技术要求，包括碳预算、减排规模和时间、责任分配、技术效率等。在明确各主体减排目标后，开展兼顾经济性和减排要求的碳减排技术管理，以实现相应的减排承诺。

（6）优化碳减排技术路径：从技术视角切入，以规划期内投资成本、运维成本、燃料成本、排放成本等总成本最小化为目标，考虑未来需求、政策目标、环境影响、产业升级等约束条件，对各碳密集型行业、企业等的生产流程和技术组合进行优化，包括对碳减排技术的实施时间（何时进行部署）、作用方式（购买、替换、改造、淘汰等）、应用规模（如新增风电装机、新能源车数量等）、市场普及速度（如余热回收利用技术的改造速度）等进行详细刻画，最后选择能实现成本最低的碳减排技术路径。

（7）评估技术减排影响：基于碳减排技术优化结果，评估不同技术组合下的能源消耗量、碳排放量、污染物排放量等，并进一步定量采用优选的碳减排技术系统对应的成本和收益，如付出多少成本、获得多少收益。

范式二（潜力驱动）：以提出国家、地方、行业、企业碳减排目标为导向的技术经济管理范式。

范式一是在碳指标约束（如规划期内碳排放总量、碳达峰时间及达峰量、碳中和时间等）的前提下，开展以实现已经存在的主体减排目标为导向的技术经济管理。与范式一不同，范式二是在减排目标未知的情况下，通过明确行业技术可开发的潜力，进行技术经济管理，以分配行业减排责任、提出行业减排目标。主要遵循以下步骤：（1）确定碳减排技术经济管理边界→（2）编制碳减排技术清单→（3）研判未来产品和服务需求→（4）开展碳减排技术预见→（5）刻画技术不确定性→（6）优化碳减排技术路径→（7）提出碳减排目标。具体来说，步骤（1）、（2）、（3）、（4）、（6）与范式一相同，不同之处在于步骤（5）和步骤（7），差异如下：

（5）刻画技术不确定性：结合动力资源开发与生态环境要素、技术创新能力、技术经济性以及市场竞争力等，评估各类低碳技术未来可能达到的发展规模，包括纯物理条件（如能源资源储量）、技术可开发量（如随着技术进步，可带来的产品或服务的规模）、技术经济性（如预期的建设投资、运营成本等）、市场因素制约（如政策的设立和变更、市场监管约束、投资者意见、地区竞争力等），这些因素都将决定技术未来发展规模。考虑到各类因素的不确定性，未来碳减排技术发展路径也存在多种可能，故提出设计多模式下的技术演变情景，在此基础上，进入步骤（6），开展成本最优的碳减排技术优化，从而评估对象主体的减排潜力，为制定行业减排目标提供科学依据和数据支撑。

（7）提出碳减排目标：开展低碳技术经济管理的目标之一就是评估减排潜力、制定减排目标。结合低碳技术预见和成本演化路径，优化技术组合，并评估各类最优技术组合下对象主体的碳减排潜力，落实各主体的减排责任，提出国家、地方、行业、企业的短期和中长期减排目标，制定符合国家重大战略需求的低碳发展技术路线图，以推动能源低碳转型平稳过渡，切实保障国家和企业能源安全，构建清洁低碳安全高效的能源体系。

根据前文识别出来的碳密集型行业以及开展碳减排技术经济管理的范式，本书第 2 章将介绍碳减排技术经济管理的理论及方法学基础。第 3 章至第 9 章将分别围绕电力、钢铁、有色、水泥、化工、建筑、交通等碳密集型行业或部门，重点讲解：行业起源、历史演变过程、当前发展状态、产品和服务产出等基本情况；行业从原料投入、燃料使用、加工转换到产品/服务输出的生产工艺流程，以及各工艺过程所使用的技术设备和主要的先进低碳技术；适用于各行业或部门的碳减排技术管理政策和措施；从生产工艺和技术出发的行业碳减排技术经济管理方法，以及应用案例。上述针对各个行业的介绍内容，也可应用到企业层面，服务于企业碳减排技术经济管理。第 10 章将介绍行业前瞻性、突破性低碳技术预见方法，开展重点绿色低碳技术预见，明确前沿低碳技术的趋势和热点。第 11 章对上述各章内容进行耦合，构建全行业的碳减排技术经济管理模型方法，并应用于提出我国碳达峰碳中和的时间表和路线图，明确碳排放总体路径、行业减排责任、重点技术规划等多个层面的具体行动方案。

习题

1. 详细说明碳排放的来源及分布。
2. 碳减排技术如何划分？请分别举出三个典型的碳减排技术。
3. 碳减排技术经济管理的目标是什么？
4. 假定你是一个电力企业 CEO，在政府对你的企业实施严格的碳排放标准后，你需要组织部门负责人开会讨论未来十年的企业发展方案。请草拟一份会议议案，概括会议的主题和部门安排。
5. 什么因素会影响碳减排技术经济管理决策？

第 2 章

碳减排技术经济管理理论与方法学基础

本章要点

1. 了解生产函数的几种形式。
2. 了解成本函数的构成要素。
3. 了解复杂系统的特点。
4. 掌握采用运筹学解决现实问题的范式。
5. 理解高斯-马尔科夫假定的内涵。
6. 掌握物质流分析的研究范式。

碳减排是应对气候变化、实现双碳目标的主要手段。本章将对碳减排技术经济管理的理论和方法学基础进行介绍，包括生产理论、复杂系统思想与建模、运筹学思想与建模、数学规划、计量经济分析和物质流分析。

第 1 节　碳减排技术经济管理与方法学概述

能源活动产生的 80% 以上的 CO_2 排放都来自碳密集型部门（IEA，2018a；魏一鸣 等，2018），因此，碳密集型部门是碳减排技术经济管理理论和方法运用的重点部门。从生产侧分析，碳密集型部门的生产活动（如电力生产，水泥加工，钢铁、铝及铜冶炼）均涉及企业生产行为。例如，各类企业在提供产品和服务时需要平衡各种资源和要素的投入，并计算产出水平与各类投入要素之间的关系。这要求碳密集型部门需要根据生产理论指导其自身的生产行为。从需求侧分析，社会经济系统对产品和服务的需求是造成碳密集型部门产生 CO_2 排放的根本原因，因此基于计量经济模型对社会经济变量与碳密集型部门的产品和服务需求之间的关系进行分析，并预测碳密集型部门各类产品和服务的需求量是规划碳密集型部门生产技术和工艺流程的前提与基础。从碳密集型部门提供产品和服务的整个流程分析，碳密集型部门是一个复杂系统，不仅涉及各类能源和物质的流动，还涉及工艺流程的优化和管理，因此需要基于复杂系统思想，运用运筹学、数学规划、物质流分析等理论和方法对碳密集型部门生产过程中的能源、资源及各类技术进行建模，为碳减排技术在碳密集型部门的应用和管理提供理论和方法支撑。

本章将对行业碳减排技术经济管理中涉及的理论和通用方法进行介绍，包括生产理论、复杂系统思想与建模、运筹学思想与建模、数学规划、计量经济分析及物质流分析等相关内容。其中，生产理论用于解决碳减排技术经济管理中的能源、资源、技术等各类生产要素投入与产出问题，为量化各类能源、资源及各类技术的最优投入比例提供理论和方法支撑；复杂系统思想与建模为碳减排技术经济管理中的生产与服务系统综合建模提供理论支撑；运筹学思想与建模和数学规划用于解决各类碳减排技术组合优化及工艺流程规划等问题；计量经济分析和物质流分析用于解决碳减排技术经济管理中的产品和服务需求预测问题。本章介绍的理论方法与碳减排技术经济管理之间的逻辑关系如图 2－1 所示。

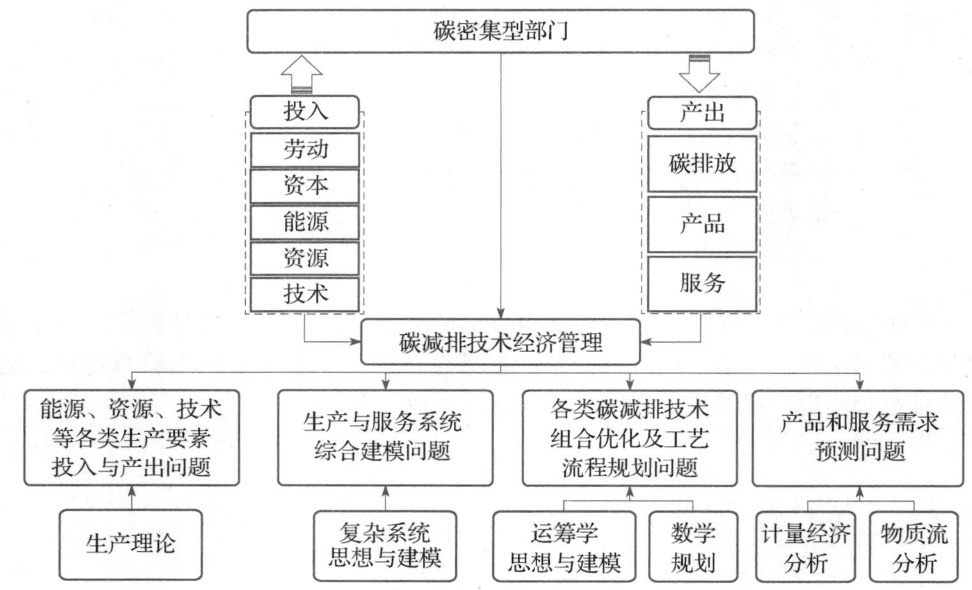

图 2－1　碳减排技术经济管理理论与方法学基础

第 2 节　生产理论

生产是将投入转变为产出的活动。对于碳密集型行业而言，生产是将原料、能源、劳动、资本、技术等转化为相应的产品或服务。按照厂商是否可以调整其全部生产要素，可将生产划分为长期生产和短期生产。短期生产是指厂商不能根据要达到的产量或提供的服务来调整其全部生产要素的时期，即部分生产要素是不可变的。长期生产是指厂商可以根据要达到的产量或提供的服务来调整其全部生产要素的时期，即在长期生产中，一切投入的生产要素都是可变的。

在生产理论中，生产函数、成本函数和利润函数是描述厂商生产行为的理论基础，因此，本节对生产函数、成本函数及利润函数分别进行介绍。

一、生产函数

生产函数是指产出量与所投入的生产要素之间的关系。具体地，生产函数是表明在一定的技术水平下，一组投入所能生产产品的最大数量或提供的最大服务。生产函数不是生产理论的直接推导结果，而是经验的产物，是以数据为样本，反复拟合、检验、修正后得到的（Geoffrey et al.，2001）。生产函数既可以代表一个企业的生产过程，也可以代表一个行业（部门）的生产过程，生产函数的一般形式如式 2－1 所示。

$$Q=f(x_1,x_2,\cdots,x_n) \tag{2-1}$$

式中，Q 表示产出；x_1，x_2，$\cdots$，x_n 表示投入的生产要素。

以要素之间的替代性质描述为线索，可将生产函数的发展分为线性生产函数、投入产出生产函数、Cobb-Dauglas 生产函数、CES 生产函数、VES 生产函数，几个常见生产函数的比较如表 2－1 所示。

表 2－1　几个常见生产函数的比较

函数名称	函数形式	资本和劳动之间的替代关系	要素替代弹性
线性生产函数	$Y=\alpha_0+\alpha_1 K+\alpha_2 L$	无限替代	$\sigma=\infty$
投入产出生产函数	$Y=\min\left(\frac{K}{a},\ \frac{L}{b}\right)$	完全不可替代	$\sigma=0$
Cobb-Dauglas 生产函数	$Y=AK^{\alpha}L^{\beta}$	替代弹性为 1	$\sigma=1$
CES 生产函数	$Y=A(\delta_1 K^{-\rho}+\delta_2 L^{-\rho})^{-\frac{m}{\rho}}$	替代弹性为一个正数	$\sigma=\frac{1}{1+\rho}$
VES 生产函数	$Y=AL\exp\left(\int\frac{\mathrm{d}k}{k+c(k/(a+bk))^{1/a}}\right)$	替代弹性为一个正数	$\sigma=a+b(K/L)$

下面以包含劳动（L）和资本（K）的两要素生产函数为例，分别对其进行介绍。

1. 线性生产函数模型

线性生产函数模型假设要素是无限可替代的，则产出与各投入要素之间的关系可用以下模型表示：

$$Y=\alpha_0+\alpha_1 K+\alpha_2 L \tag{2-2}$$

式中，Y 为总产出；α_0 为常数。$MP_k=\alpha_1$ 为资本的边际产量；$MP_L=\alpha_2$ 为劳动力的边际产量。

线性生产函数模型具有规模报酬不变、边际技术替代率（α_1/α_2）恒定的特点。

2. 投入产出生产函数模型

投入产出生产函数模型假设要素之间是完全不可替代的，则总产出与各要素之间的组合关系可表示为如下形式：

$$Y=\min\left(\frac{K}{a},\frac{L}{b}\right) \tag{2-3}$$

式中，a 和 b 均为常数，分别表示生产一单位 Y 所要投入的资本（K）和劳动（L）的数量。

投入产出生产函数模型具有规模报酬不变、等产量线呈直角等特点。

边际产量和边际技术替代率

边际产量：是指在技术和其他投入生产要素数量保持不变的情况下，增加一单位生产要素所增加的产量。

边际技术替代率：是指在维持产量水平不变的条件下，增加一单位某种生产要素投入量时所减少的另外一种要素的投入量。

3. Cobb-Dauglas 生产函数模型

Cobb-Dauglas 生产函数模型由美国数学家 Charles Cobb 和经济学家 Paul Dauglas 于 1928 年提出。Cobb-Dauglas 生产函数模型假设要素之间的替代弹性为 1，其数学形式为：

$$Y=AK^{\alpha}L^{\beta} \tag{2-4}$$

式中，参数 A 为效率系数；α 和 β 分别为资本（K）和劳动力（L）的产出弹性，根据弹性的经济学意义，有 $0\leqslant\alpha\leqslant 1$，$0\leqslant\beta\leqslant 1$。

4. CES 生产函数模型

Arrow，Chenery，Mihas 和 Solow 四位学者于 1961 年提出了两要素不变替代弹性（Constant Elasticity of Substitution）生产函数模型，简称 CES 生产函数模型。CES 生产函数模型假设要素之间的替代弹性为一个正数，其形式为：

$$Y=A(\delta_1 K^{-\rho}+\delta_2 L^{-\rho})^{-\frac{m}{\rho}} \tag{2-5}$$

式中，δ_1 和 δ_2 为分配系数，$\delta_1+\delta_2=1$；ρ 为替代参数；m 为规模报酬参数，$m=1$

表示规模报酬不变，$m>1$ 表示规模报酬递增，$m<1$ 表示规模报酬递减。

规模报酬不变、规模报酬递增和规模报酬递减

规模报酬变化是指在其他条件不变的情况下，企业内部各种生产要素按相同比例变化所带来的产量变化。企业的规模报酬变化可分为规模报酬不变、规模报酬递增和规模报酬递减三种情况。

规模报酬不变是指产量增加的比例等于各种生产要素增加的比例。如，当劳动和资本都增加 1 倍时，产量也增加 1 倍。

规模报酬递增是指产量增加的比例大于各种生产要素增加的比例。如，当劳动和资本都增加 1 倍时，产量增加大于 1 倍。

规模报酬递减是指产量增加的比例小于各种生产要素增加的比例。如，当劳动和资本都增加 1 倍时，产量增加小于 1 倍。

产生规模报酬递增的主要原因是企业生产规模扩大带来了生产效率的提高。具体而言，企业生产规模扩大以后则可以利用更加先进的技术和设备等生产要素，从而使得企业内部的生产分工更加合理和专业化，最终使得企业生产效率提高。相应地，生产规模报酬递减的主要原因是企业的生产规模过大，从而导致生产的各个方面难以有效协调，最终造成生产效率下降。

5. VES 生产函数模型

VES 生产函数模型也称为变替代弹性（Variable Elasticity of Substitution）生产函数模型。VES 生产函数模型是生产函数研究的一个前沿领域，比较著名的是 Revankar 提出的生产函数模型。

通过假定要素替代弹性为要素比例的线性函数，Revankar 于 1971 年提出了一种 VES 生产函数模型，其形式如下：

$$Y = AL\exp\left(\int \frac{\mathrm{d}k}{k + c(k/(a + bk))^{1/a}}\right) \tag{2-6}$$

式中，$k=K/L$；a，b，c 为待估参数。

二、成本函数

成本函数是指在一定的技术水平和要素价格不变的情况下，成本与产出的相互关系（李晓冬，2008）。成本函数的定义如式 2－7 所示。

$$C=F[Y(\vec{W},P),\vec{W}] \tag{2-7}$$

式中，$Y(\vec{W},\ P)$ 是产出水平；P 是产出价格；$\vec{W}$ 是投入要素的价格向量。

从式 2－7 可以看出，成本函数不仅与产出有关，还与投入要素的价格密切相关。而产出水平是投入要素价格和产出价格的函数。

成本函数可分为短期成本函数和长期成本函数。短期成本函数反映的是在至少有一种要素的投入量固定不变的前提下，产出水平与成本之间的数学关系。在短期内，变动要素的投入量及产出水平均取决于固定要素的投入量及其价格。长期成本函数表示在一切要素均可调整的前提下，成本与产出水平之间的数学关系。从长期来看，所有要素均可调整，因此，长期成本仅与既定要素价格下的产量有关。

三、利润函数

一般而言，企业利润取决于投入品价格和产出品价格，利润函数一般定义为最大值函数，具体如式 2－8 所示。

$$\begin{aligned} &\max\ \pi(p,\vec{r})=p\cdot y-\vec{r}\cdot\vec{x} \\ &\text{s.t. } f(x)\geqslant y \end{aligned} \tag{2-8}$$

式中，$\vec{r}$ 为投入要素价格向量；$\vec{x}$ 为投入要素数量向量；y 为厂商的供给函数；p 为产品的销售价格；$f(x)$ 为厂商的生产函数。

从式 2－8 可知，利润函数是关于产品售价 p 的增函数，是关于投入要素价格 $\vec{r}$ 的减函数。

第 3 节　复杂系统思想与建模

本节从复杂系统的内涵出发，对复杂性概念的演变、复杂系统的特点及复杂系统的建模方法等进行介绍。

一、复杂系统概述

复杂系统至今尚无明确定义，但有以下几点共识。第一，认为自然界和人类社会广泛存在着由无数个体组合而成的无限多样性和复杂性的事物。第二，认为复杂系统可从系统内部结构、外部表征、行为及环境的复杂性来认识。第三，复杂系统区别于一般简单系统的本质在于它的复杂性。第四，复杂系统是由许多部件组成的系统，这些部件之间有许多相互作用，在复杂系统中，整体大于部分之和（白世贞　等，2019；刘兴堂　等，2008）。

自 1928 年贝塔朗菲在他的论文《生物有机体系统》中首先提出复杂性问题之后，大量的学者也发表了类似的观点，如马卡诺赫、匹茨、冯·诺依曼、维纳、普里高津及哈肯等。1944 年，霍兰将计算机仿真引入复杂适应性系统，从此以后复杂系统研究与计算机仿真相结合。在中国，钱学森首次将复杂系统作为宏观层次基础科学研究的重大课题，并对复杂系统的内容和方法作了阐述（白世贞　等，2019）。目前，随着对复杂性概念认识的不断深入，人们逐渐意识到，复杂性是复杂系统的本质特征，复杂系统的内涵因研究对象的变化而变化。

二、复杂系统的特点

复杂系统具有生成性、涌现性、释放性、非线性、不确定性、层次性、开放性、自组织性、共同演化性和路径依赖性等特征（李侠 等，2021）。

1. 生成性

所谓生成性是指对任何系统而言，整体具有局部所具有的性质，这种现象称为系统的生成性。从本体论的还原角度分析，系统生成性具体表现为无演化性、可分解性、因果性和客观性。

无演化性是指物质系统不同层次之间的还原中不存在时间的演化维度，即还原过程中不考虑时间的不可逆性。

可分解性是指在还原过程中，同类或非同类事物可以分解为更基本的组分或元素，且在分解过程中信息不会丢失。

因果性是指处于还原过程中的一个事物的变化只引起另外一个事物量的变化。

客观性是指不考虑人的参与，将系统的组元均视为没有思想、由人进行处置的客观对象。

2. 涌现性

涌现性是指不同组件相互结合与相互作用，能够涌现出一些组件所没有的新特征。整体涌现性的产生不是单一的，而是规模效应和结构效应共同作用的结果。复杂系统的涌现性可分为整体性、新颖性、不可预测性、不可还原性和向下约束性。

整体性是指各组件以特定模式、结构或组织结合形成一个整体，并与其他事物及环境发生关系。

新颖性是指系统出现了各个组件不具有的整体行为的特征。

不可预测性是指即使对各个组件的特征及规律具有完备的认识，但是对系统的整体涌现性也是不可预测的。

不可还原性是指涌现性是一种具有耦合性的前后关联关系。即，被生成者反过来生成自己的生成者，形成不同层次间对自我进行组织、生成的反馈整体。这种反馈表现为数学上的递归。原则上，这种前后耦合、反馈、递归关系是不可还原的。

向下约束性是指处于低层次的所有过程受到高层次规律的约束，并遵循这些规律行事。

3. 释放性

释放性是组成复杂系统组件的另外一种属性。具体是指组成复杂系统的组件被整合在系统中，这种属性就被屏蔽起来，整体考察时就无法了解这种属性。但是如果系统解耦，将该组件从系统中分解出来，该组件的这些属性就会被释放出来。

4. 非线性

非线性是指不能用线性数学模型描述的系统特性。多数学者认为，非线性是复杂系统的首要特征，非线性相互作用是区分简单系统与复杂系统的根本标志。非线性意味着复杂系统不满足叠加原理、整体作用大于部分作用之和（刘兴堂等，2008）。

5. 不确定性

不确定性是指复杂系统及其内部个体的行为往往具有诸多不确定性。不确定性包含随机性、模糊性和混沌性。

随机性是指对于复杂系统而言，其在某些方面具有不可预测性，对系统进行详细描述是不切实际或不可能的。

模糊性是指复杂系统内部的相互作用、影响因素、表征、属性等方面存在着模糊概念、事件或现象等，没有明确的边界。

混沌性是指当一个系统进入混沌状态后，系统状态是无规则和不可重复的，甚至短期预测未来状态也不可能。

6. 层次性

层次性是指复杂系统是具有层次结构的，且由低层次到高层次会发生宏观形态的变化，而不同低层次的结合点正是宏观形态发生改变的转折点。

7. 开放性

开放性是指复杂系统一般为开放系统。即，系统及子系统与环境之间有物质、能量、信息的交互。

8. 自组织性

自组织性是指复杂系统是一个有信息处理和自我决策、从而能适应环境的自控系统。系统能自主地从外部环境提取信息、储存信息、输出信息以应对环境。

9. 共同演化性

共同演化性是指组成复杂系统的组件或个体在对环境感知过程中使自身进行演化，同时每个个体与其他个体发生联系，导致其他个体也在发生演化。在这种长期相互作用下，所有个体共同进行演化。

10. 路径依赖性

路径依赖性是指复杂系统现有的行为会依赖于过去的“惯例”和行为逻辑。

三、复杂系统建模方法

在科学研究中，由于某种原因（如系统过于复杂或者受经济性、安全性等影响）不能在实际系统上进行试验，人们通常希望在实际系统产生之前就能够预测出其性能、功能和行为。

一个有效的模型必须能够反映系统的主要表征、特性及功能，并具有普遍性、相对精确性、异构性、可信性及通过性等特点。

在系统模型研究中，一般可将模型分为物理模型、半物理模型和数学模型，具体如图 2－2 所示。

在碳减排技术研究中，涉及的模型主要为数学模型。因此，下文对数学模型开发的流程及主要事项进行介绍。

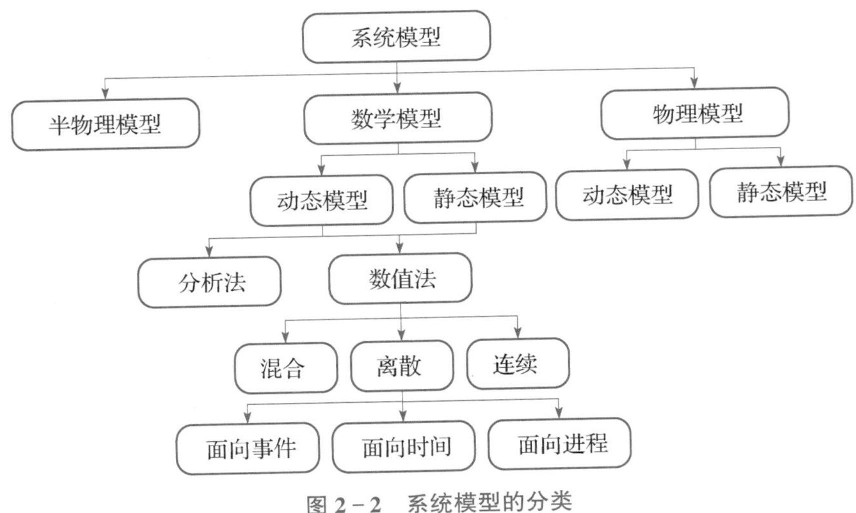

图 2－2　系统模型的分类

资料来源：刘兴堂等（2008）.

数学模型也称为数学逻辑模型，是运用数学表达方法、逻辑表达方法和数据来描述研究对象的本质属性及其特征的模型，通常由数学解析式、逻辑表达式和逻辑图等组成（李侠　等，2021）。

数学模型开发通常包括五个步骤，即问题提炼、模型类型选择、具体模型构建、模型校核与验证、模型评估与确认。数学模型开发旨在描述系统运行规律，并严格受到上层系统分析、环境分析和概念模型约束，中间需要经过不断回溯跟踪和迭代处理等过程。数学模型开发的流程如图 2－3 所示。

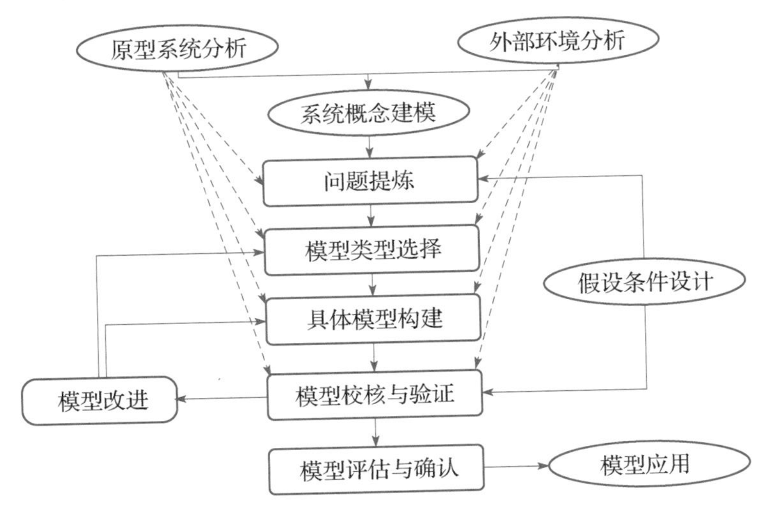

图 2－3　数学模型开发概略及流程

资料来源：李侠等（2021）.

1. 问题提炼

在问题提炼阶段应向上追溯至原型系统分析和外部环境分析环节，弄清楚实际问题的内涵、运行机制及特征。即，在问题提炼环节首先应回答“是什么”的问题。

2. 模型类型选择

在宏观层面对系统规律进行准确把握，在一定的假设条件下，合理选择相应的模型，如概率模型、规划模型、系统动力学模型、博弈模型、排队模型等具体模型。

3. 具体模型构建

采用适当的数学描述方法或数学建模工具对具体的模型进行设计。

4. 模型校核与验证

判断建立的模型是否能够正确地刻画客观现实，采用各种方式对模型的合理性、有效性、稳健性等问题进行检验。

5. 模型评估与确认

对模型可实现的功能、可信度、有效性等进行评估，对模型的参数选择范围进行测试和调整，明确模型的具体适用场合。

第 4 节 运筹学思想与建模

运筹学是一种在给定资源条件下，依据给定目标和条件，运用某种科学决策方法从众多方案中寻求最优方案的优化技术。运筹学在社会科学、工程技术、生产实践、经济建设及现代化管理中具有重要的意义。作为运筹学的重要组成部分，最优化方法是管理类、经济类及大多数工科领域有效且实用的重要方法，在服务、管理、规划、决策、组织、生产、建设等方面的理论和应用都得到了迅速发展。

运筹学建模在理论上属于数学建模的一部分，运筹学建模所采用的手段、途径就是数学建模中所采用的。经过长期的研究和发展，人们将运筹学处理的问题归纳成一系列具有较强背景和规范特征的典型问题。在这个过程中，要求运筹学工作者具有以下几个方面的知识和能力：(1) 熟悉典型运筹模型的特征及其应用背景。(2) 理解实际问题，包括搜集信息、资料和数据。(3) 分析抽象问题，抓主要矛盾、进行推理、归纳、联想和类比等。(4) 运用各类工具知识，包括数学知识、计算机、自然科学和工程技术等。

一、运筹学概述

为了有效地应用运筹学解决实际问题，需要把握其四大特征。(1) 科学性。运筹学研究是广泛利用多种学科的技术知识，在科学方法论的指导下通过一系列规范化的步骤进行的，不仅涉及数学，还涉及经济科学、系统科学、工程物理科学等其他学科。(2) 系统性。运筹学注重用系统而非局部的观点来分析一个组织，它通过协调各组成部分之间的关系和利害冲突，使整个系统达到最优状态。(3) 综合性。运筹学研究是一种综合性的研究，涉及问题的方方面面，需要一个由多方面专家组成的小组来完成。(4)实践性。运筹学以实际问题为分析对象，通过鉴别和提取问题的性质、系统的目标以及系统内主要变量之间的关系，利用科学方法达到对系统进行优化的目的。用运筹学分析获得的结果要能被实践检验，并被用来指导实际系统的运行。根据运筹学的特征，应当遵循下列六项原则：合伙原则、催化原则、独立原则、互相渗透原则、宽容原则和平衡原则。这些原则反映了运筹学工作者与其他各种因素的横向和纵向的联系。

运筹学分析的主要流程如图 2-4 所示，具体的工作步骤可以归纳为以下五个内容：

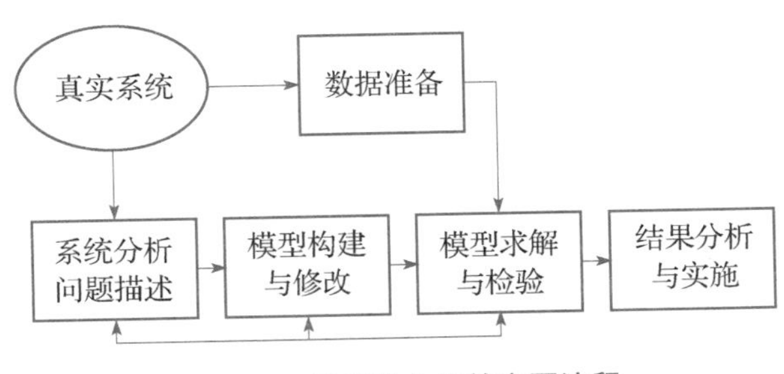

图 2-4 运筹学分析的主要流程

1. 问题表述

一项运筹学研究的过程常常是一个创造性的过程，这一步骤首先需要确定研究问题的范围和目标，不应框定得过分狭小，也要避免把研究目标不必要地扩大；其次，分析人员深入讨论了解问题的本质、历史及未来，描述可能的决策方案；再次，分析问题各个要素之间的关系，并指出一些建模运行的限制条件。

2. 模型构建

这一步骤要求把问题的定义转化成数学关系，对系统、要素、关联、过程等进行描述。首先，考虑问题是否能够分解为若干串行或并行的子问题；其次，要确定模型建立的细节，如问题尺度的确定、可控制决策变量的确定、不可控制状态变量的确定、有效性度量的确定，以及各类参数、常数的确定。构成模型的关系有几种类型，常用的有定义关系、经验关系和规范关系。

3. 模型求解

这一步骤主要针对特定的数学模型拟定求解方法和计算手段，其中包括对问题变量性质（确定性、随机性、模糊性）、关系特征（线性、非线性）、手段（模拟、优化）及使用方法（现有的、新构造的）等的确定，得出的解分为最优解、满意解。计算过程通常需要编制程序来实现计算机运算，包括编制程序明细表、程序设计和调试。与此同时，把有效性试验和实行方案所需的数据收集起来加以分析。

4. 模型验证

这一步骤是为了检查模型是否体现了真实意图，能否充分预知所研究系统的行为，验证运筹学在研究与应用中非常重要。验证包括两个方面：第一，确定验证模型，包括为验证一致性、灵敏性、似然性和工作能力而设计的分析和实验；第二，验证的进行，即用前一步收集到的数据对模型作完全试验。这种试验的结果，往往要求模型必须重新设计，并修改相应的程序。

5. 方案实施

要使得整个研究有效，应取得那些与所研究的决策问题或受到影响的各种职能有关的各级管理人员的合作与参与。

二、运筹学研究范式

最优化方法的第一步是要叙述问题和建立问题的数学模型，包括目标函数和约束条件（简称“约束”），用函数、方程式和不等式来描述说明所求的最优化问题。其中识别目标、确定目标函数的数学表达形式这一步尤为困难。以下分别说明变量、约束和目标函数的确定。

1. 变量

变量一般指最优化问题或系统中待确定的某些量，变量数的多少以及约束的多少表示一个最优化问题的规模大小。变量数较少（例如几个到几十个）的工程最优设计问题属于中小规模的最优化问题；而生产计划、调度问题中变量数可达几百个、几千个，属于大规模最优化问题。变量用 $x=(x_1, x_2, \cdots, x_n)^T$ 表示。

2. 约束

求目标函数极值时的某些限制称为约束，包括：等式约束 $g_i(x)=0$，$0\in R^n$ $(i=1, 2, \cdots, m; m<n)$；不等式约束 $h_i(x)\geqslant 0$（或$\leqslant 0$）$(i=1, 2, \cdots, r)$，例如约束变量为非负或为整数值；约束可用的资源有限（如人力、设备、原料、经费、时间等等）；约束问题的解满足某一目标（如产品设计中规定产品性能必须达到某些指标）。此外还应满足物理系统的基本方程和性能方程，控制系统最优设计则用状态方程或高阶微分、差分方程来描述其物理性质，约束式越接近实际系统，则求得的解越接近实际最优解。

3. 目标函数

“最优化”有一定的标准或评价方法，目标函数 $f(x)=f(x_1, x_2, \cdots, x_n)$ 则是相应的数学描述，如效果函数或费用函数。效果是目标函数时，最优化问题是求极大值，而费用函数不得超过某一上界为这个最优化问题的约束；反之，费用是目标函数时，问题变成求极小值，而效果函数不小于某一下界就成为极小值问题的约束，这是对偶关系。求极大值和极小值问题实际上没有本质区别，因为 $\max f(x)=\min[-f(x)]$，两者的最优值均在 $x=x^*$ 时得到。综上所述，最优化问题的一般数学模型可以表示为：

$$\max z=f(x)$$
$$\text{s.t.}\begin{cases}h_i(x)=0(i=1,2,\cdots,m)\\g_j(x)\geqslant 0(j=1,2,\cdots,p)\end{cases}\tag{2-9}$$

式中，$x=(x_1, x_2, \cdots x_n)^T\in R^n$，即 x 是 n 维向量，实际问题中常常把 $x_1, x_2, \cdots, x_n$ 称为决策变量，求极大值的 $f(x)$ 称为目标函数；s. t. 是“subject to”的缩写，表示“受限于”；$h_i(x)=0(i=1, 2, \cdots, m)$，$g_j(x)\geqslant 0(j=1, 2, \cdots, p)$ 为 x 的

约束函数，分别表示等式约束和不等式约束。满足约束条件的 x 称为可行解。

此外，系统模型还应有以下要求：第一，准确性。模型能够反映实际系统的本质，即在一定程度上和一定范围内能够准确地反映被研究的客观系统的实际情况。第二，整体性。模型能够反映实际系统的整体特性；若模型是一个复杂的巨系统，要求模型各子系统分系统之间能够协调一致，精度分配适当。第三，简洁性。在符合准确性和整体性的要求下，尽量使模型简洁明了，容易求解。第四，适应性。随着所研究的实际系统有关情况和条件的变化，要求模型具有一定的变化适应能力，便于扩充和维护。

一般模型按其函数特征及变量性质可细分为不同的规划模型，常见的有：线性规划，各函数均为线性函数，变量均是确定型的问题；非线性规划，各函数中含有非线性函数，变量均为确定型的问题；多目标规划，以上两类问题中若目标函数是向量值函数，即多个目标函数的问题；整数规划，上述问题中若决策变量的取值范围是整数（或离散值）的问题；动态规划，求解多阶段决策过程的问题；随机规划，当问题存在随机因素时，求解过程有其特殊的要求，因此常把它们归类为随机规划。本章第 5 节将重点介绍线性规划模型的相关原理，用于后文碳减排技术经济管理的实证分析。

第 5 节　数学规划

本节对数学规划的一般形式，凸集、凸函数和凸规划及线性规划等相关内容进行介绍。

一、数学规划模型的一般形式

在上一节中主要介绍了运筹学的基本概念和建模思路，为了叙述方便，在这里规定数学规划模型的一般形式为

$$(fs)\begin{cases}\min f(x)\\ \text{s. t. } x\in S\end{cases}\tag{2-10}$$

式中，$S\subset R^n$ 为 n 维欧氏空间的集合，称约束集合或可行集；f：$S\rightarrow R$ 为目标函数；若 $x\in S$，称 x 为问题（fs）的可行解。

当 $x^*\in S$，且满足对 $\forall x\in S$ 有 $f(x^*)\leqslant f(x)$ 时，称 x^* 是问题（fs）的最优解，记 opt.。有时把最优解简称为解，对于 $f^*=f(x^*)$，称之为问题（fs）的最优值。

在线性与非线性规划的研究应用中，常用函数直接表示各变量之间的关系，于是有下面的表示形式：

$$(fgh)\begin{cases}\min f(x)\\ \text{s. t. } g_i(x)\leqslant 0,\ i=1,2,\cdots,m\\ \qquad h_j(x)=0,\ j=1,2,\cdots,l\end{cases}\tag{2-11}$$

式中，$x\in R^n$；f，g_i，h_j 均为从 R^n 到 R 的实值多元函数。为了方便区分，常称 $g_i(x)\leqslant 0$，$i=1$，2，…，m 为不等式约束，称 $h_j(x)=0$，$j=1$，2，…，l 为等式约束。显然对应于问题（fs），这里 S 的形式为：

$$S=\{x\mid g_i(x)\leqslant 0,\ h_j(x)=0,\ i=1,2,\cdots,m;\ j=1,2,\cdots,l\}$$

在实际运用中，也常把式 2－11 表示为矩阵形式：

$$(fgh)\begin{cases}\min f(x)\\ \text{s. t. } g(x)\leqslant 0\\ \quad\quad h(x)=0\end{cases}\tag{2－12}$$

式中，$g(x)=(g_1(x),\ g_2(x),\ \cdots,\ g_m(x))^{\mathrm{T}}$：$R^n\to R^m$，$h(x)=(h_1(x),\ h_2(x),\ \cdots,\ h_l(x))^{\mathrm{T}}$：$R^n\to R^l$ 均为向量值函数，其余含义同上。

二、凸集、凸函数和凸规划

1. 凸集

设 $S\subset R^n$，如果 $x^{(1)}$，$x^{(2)}\in S$，$\lambda\in[0,\ 1]$，均有 $\lambda x^{(1)}+(1-\lambda)x^{(2)}\in S$，则称 S 为凸集。从定义中可知，凸集的特征是其集合中的任意两点所连成的线段上的任意点均在该集合内，如图 2－5 所示。通常规定空集 Ø 为凸集，单点集 $\{x\}$ 为凸集。

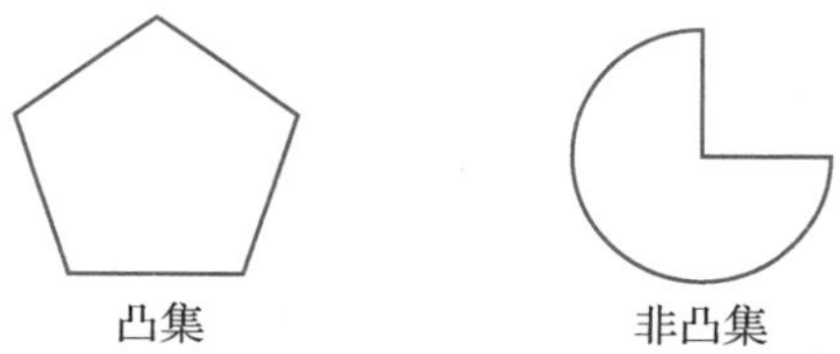

图 2－5　凸集与非凸集

凸集所具有的性质为：

（1）若 S_1，S_2 是凸集，那么它们的交 $S_1\cap S_2$ 也是凸集；

（2）若 S 是凸集，那么 S 的内点集 int S 是凸集，S 的闭包 cls 是凸集。

2. 凸函数、凸规划

设 $S\subset R^n$，非空且为凸集，对于函数 f：$S\to R$，如果对 $\forall x^{(1)}$，$x^{(2)}\in S$，$\forall\lambda\in(0,\ 1)$，恒有

$$f(\lambda x^{(1)}+(1-\lambda)x^{(2)})\leqslant\lambda f(x^{(1)}+(1-\lambda)f(x^{(2)}))\tag{2－13}$$

则称 f 为 S 上的凸函数。如果式 2－13 恒以严格不等式成立，则称 f 为 S 上的严格凸函数。当 $-f$ 为凸或严格凸函数时，则称 f 为凹或严格凹函数。

凸函数所具有的重要性质为：

（1）若 f 在 S 上凸，那么 f 在 int S 连续；

（2）若 f 在非空凸集 S 上凸，设 $x\in S$，$d\in R^n$，$d\neq 0$，且当 λ 充分小时，均有

$x+\lambda d \in S$，那么 f 在 x 点沿方向 d 的方向导数存在。

如果问题（fs）中，S 为凸集，为凸函数，则称这个规划问题（fs）是凸规划。

设 $S \subset R^n$，非空且为凸集，对于函数 f：$S \to R$ 是凸函数。x^* 为问题（fs）的 l. opt.，则 x^* 为 g. opt.；如果 f 是严格凸函数，那么 x^* 是问题（fs）的唯一 g. opt.。

三、线性规划

线性规划是一种凸规划，作为运筹学中应用最为广泛的模型之一，在经济、管理等学科领域中发挥着重要的作用。

1. 线性规划的模型结构

线性规划问题的一般形式为：

$$\begin{cases} \max(\min) z = \sum_{j=1}^{n} c_j x_j \\ \text{s. t. } \sum_{j=1}^{n} a_{ij} x_j \leqslant (=, \geqslant) b_i, \quad i = 1, 2, \cdots, m \\ \quad x_j \geqslant 0, \quad j = 1, 2, \cdots, n \end{cases} \tag{2-14}$$

式中，z 为目标函数；x_j 为决策变量；c_j 为价值系数；b_i 为资源常数；a_{ij} 为技术系数。为了方便书写，线性规划问题有时也采用矩阵形式表示，即

$$\begin{cases} \max(\min) z = c^{\mathrm{T}} x \\ \text{s. t. } Ax \leqslant (=, \geqslant) b \\ \quad x \geqslant 0 \end{cases} \tag{2-15}$$

显然，线性规划模型有以下四个特点：一定存在一个追求目标，或最大或最小；决策变量的一组值表示一种方案；约束条件是用等式或不等式表述的限制条件；所有函数均为线性。

2. 线性规划的规范形式和标准形式

线性规划的规范形式和标准形式是为了方便解决实际问题而建立起来的（为方便书写，以下统一使用矩阵形式）。

设所有 $b_i \geqslant 0$，$i=1, 2, \cdots, m$，称式 2-16 为线性规划的规范形式

$$\begin{cases} \max z = c^{\mathrm{T}} x \\ \text{s. t. } Ax \leqslant b \\ \quad x \geqslant 0 \end{cases} \tag{2-16}$$

称式 2-17 为标准形式

$$X = \begin{pmatrix} X_B \\ X_N \end{pmatrix} = \begin{pmatrix} B^{-1} b \geqslant 0 \\ 0 \end{pmatrix} \tag{2-17}$$

对于各类非标准形式的线性规划问题，可通过一定变换转化为标准形式，主要涉及以下四种情形：

（1）目标函数极小化。

设目标函数为

$$z=c_B^{\mathrm{T}}x_B=c_B^{\mathrm{T}}B^{-1}b$$

则可令 $z=-f$，由此

$$\max z=-c^{\mathrm{T}}x$$

（2）约束条件非等式。

当约束条件非等式时，可以引进一个非负变量 s（称为松弛变量），使其与约束左边作和或作差的值刚好与约束右边相等，构成等式。

（3）变量无符号限制。

在标准形式中，每一个变量都有非负约束。当某一变量无非负约束时，可用两个非负变量的差来表示一个没有符号限制的变量，由此，该变量的符号取决于引入的两个非负变量的大小。

（4）右端项有负值。

标准形式中，右端项每一个分量必须非负。当存在某一右端项系数为负时，可以将该约束两端同时取相反数。

3. 线性规划解法和思路

现实中涉及的线性规划问题往往是较大规模的问题，一般采用单纯形法来解决。单纯形法是从可行域的一个极点出发，沿着可行域的边界移动到相邻的一个极点，要求新极点的目标函数值比原目标函数值更优。因此，单纯形法的基本过程可用如图 2-6 所示的流程表示。

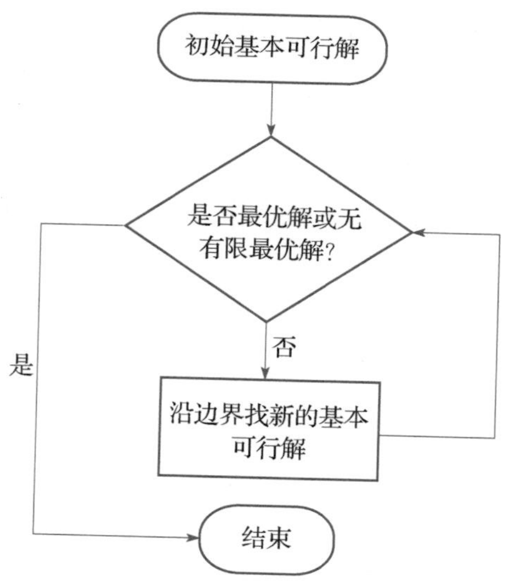

图 2-6　单纯形法的基本过程

4. 线性规划对偶问题

对于一般的线性规划模型而言，都有其相对应的对偶规划模型，对偶规划的形式分为对称形式和非对称形式。

对称形式的对偶规划形式为：

$$(P)\begin{cases}\max\ z=c^{\mathrm{T}}x\\ \text{s. t. }\ Ax\leqslant b\\ \qquad x\geqslant \vec{0}_n\end{cases}\qquad (D)\begin{cases}\min\ f=b^{\mathrm{T}}y\\ \text{s. t. }\ a^{\mathrm{T}}y\geqslant c\\ \qquad y\geqslant \vec{0}_m\end{cases}\tag{2-18}$$

式中，a^{T}，b^{T}，c^{T} 分别为 a，b，c 的转置；$\vec{0}_n$ 和 $\vec{0}_m$ 分别为 n 维和 m 维的零向量。

一对对称形式的对偶规划之间具有下面的对应关系：

（1）若一个模型为目标求“max”、约束为“≤”的不等式，则它的对偶模型为目标求“min”、约束为“≥”的不等式。

（2）从约束系数矩阵看：一个模型中为 a，则另一个模型中为 a^{T}；一个模型是 m 个约束、n 个变量，则它的对偶模型为 n 个约束、m 个变量。

（3）在两个规划模型中，b 和 c 的位置对换。

（4）两个规划模型中的变量皆非负。

不具有对称形式的一对线性规划一般称为非对称形式的对偶规划。对于非对称形式的规划，可以按照下面的对应关系直接给出其对偶规划：

（1）将模型统一为“max，≤”或“min，≥”的形式，对于其中的等式约束或决策变量无非负约束者按下面（2）、（3）中的方法处理。

（2）若原规划的某个约束条件为等式约束，则在对偶规划中与此约束对应的那个变量取值没有非负限制。

（3）若原规划的某个变量的值没有非负限制，则在对偶问题中与此变量对应的那个约束为等式。

线性规划对偶问题有以下对偶定理：

（1）若 x 和 y 分别为原规划（P）和对偶规划（D）的可行解，则有 $c^{\mathrm{T}}\leqslant b^{\mathrm{T}}y$。

（2）若原规划（P）有最优解，则对偶规划（D）也有最优解，反之也成立，并且两者的目标函数值相等。

对偶单纯形法是求解原规划的一种方法，它采用的是单纯形法的思想和对偶的思想。对偶单纯形法的主要步骤如下：

（1）建立初始对偶单纯形表，此表对应原规划的一个基本解。要求此表检验数行各元素一定非正，原规划的基本解可以有小于零的分量。

（2）若基本解的所有分量都非负，则已得到原规划最优解，停止计算；若基本解中有小于零的分量 b_i，并且 b_i 所在行各系数 $a_{ij}\geqslant 0$，则原规划没有可行解，停止计算；若 $b_i<0$，并且存在 $a_{ir}<0$，则确定 x_r 为出基变量，并计算 $\theta=\min\left\{\dfrac{\sigma_j}{a_{rj}}<0\right\}=\dfrac{\sigma_k}{a_{rk}}$，

确定 x_k 为进基变量。若有多个 $b_i<0$，则选择最小的进行分析计算。

（3）以 b_{rk} 为中心元素，按照与单纯形法类似的方法，在表中进行迭代计算，返回第（2）步。

第 6 节　计量经济分析

计量经济学是运用概率统计的方法对经济变量之间的因果关系进行定量分析的科学。计量经济学所使用的主要方法是数理统计中的“统计推断”，其基本思想是根据样本数据对总体的性质进行推断。统计推断的主要形式有参数估计（点估计与区间估计）、假设检验及预测等（陈强，2010）。结合本书中所使用的方法，本节重点介绍较为基础的多元线性回归模型和联立方程模型。

一、多元线性回归模型

多元线性回归模型是计量经济分析中使用最为广泛的一种模型。多元线性回归模型因为可以控制其他影响因变量的因素，所以被广泛应用于经济政策研究中。一般地，一个多元线性回归模型可以被表示为式 2－19 的形式：

$$y=\beta_0+\beta_1x_1+\beta_2x_2+\beta_3x_3+\cdots+\beta_kx_k+\mu \tag{2-19}$$

式中，y 为被解释变量；x_1，x_2，x_3，…，x_k 为解释变量；β_0 为截距项；β_1，β_2，β_3，…，β_k 是与解释变量 x_1，x_2，x_3，…，x_k 相联系的参数；μ 为误差项或干扰项。

解释变量和被解释变量

解释变量也称为“说明变量”或“可控制变量”，是计量经济模型中的自变量。解释变量，顾名思义即是按照一定规律对模型中作为因变量的经济变量产生影响，并对因变量的变化原因作出解释或说明。

被解释变量也称为“因变量”或“响应变量”，其数值变化一般由模型中其他变量的变化而引起。

对于多元线性回归模型，一个关键的假设条件是不可观测的误差项 μ 中的所有因素均与解释变量 x_1，x_2，x_3，…，x_k 无关，即式 2－20 成立。

$$E(\mu \mid x_1,x_2,x_3,\cdots,x_k)=0 \tag{2-20}$$

在估计多元线性回归模型的参数时，普通最小二乘法（ordinary least squares，OLS）是使用最广泛的一种方法，因为采用普通最小二乘法可以得到能使残差平方和最小的估计值（伍德里奇，2003）。同时，在高斯-马尔科夫假定下，OLS 估计量是最优无偏估计量（best linear unbiased estimator，BLUE）。其中，高斯-马尔科夫假定的描述如下：

假定 MLR. 1（线性于参数）

总体模型可以写成：

$$y=\beta_0+\beta_1x_1+\beta_2x_2+\cdots+\beta_kx_k+\mu \tag{2-21}$$

式中，β_1，β_2，…，β_k 是待估参数；μ 为无法观测的随机扰动项。

假定 MLR. 2（随机抽样）

有一个包含 n 次观测的随机样本 $\{(x_{i1}, x_{i2}, \cdots, x_{ik}, y_i): i=1, 2, \cdots, n\}$ 来自假定 MLR. 1 的总体模型。

假定 MLR. 3（不存在完全共线性）

在样本中，没有一个自变量是常数，自变量之间也不存在严格的线性关系。

假定 MLR. 4（条件均值为 0）

给定自变量的任何值，误差 μ 期望值为 0，即式 2-20 成立。

假定 MLR. 5（同方差性）

给定任意解释变量，误差 μ 具有相同的方差，即式 2-22 成立。

$$\mathrm{Var}(\mu \mid x_1, x_2, \cdots, x_k)=\sigma^2 \tag{2-22}$$

二、联立方程模型

在计量经济分析中，有时候有些变量是相互影响、共同决定的，或者变量之间存在双向因果关系，此时，单一方程模型将无法完整地描述这两个变量之间的关系。而联立方程模型就是描述经济变量间联立依存性的方程体系。一个经济变量在某个方程中可能是被解释变量，而在另外一个方程中是解释变量。

对于联立方程模型而言，已经不能用被解释变量与解释变量来划分变量，而是将变量分为内生变量和外生变量。内生变量（endogeneous variables）是由模型系统决定的，同时也对模型系统产生影响。内生变量一般均为经济变量，在联立方程模型中，内生变量既可作为被解释变量，又可在不同方程中作为解释变量。外生变量是影响系统，但本身不受系统影响的变量。外生变量（exogenous variables）一般是确定性变量，可以是经济变量、政策变量、虚拟变量。一般情况下，外生变量与随机项不相关。

联立方程模型可以被分为结构式模型、简化式模型和递归式模型。

1. 结构式模型

根据经济理论和行为规律建立的描述经济变量之间直接结构关系的计量经济学方程系统称为结构式模型。结构式模型中的每一个方程都是结构方程，各个结构方程的参数被称为结构参数。结构式模型的标准形式如式 2-23 所示：

$$\begin{aligned}&\beta_{11}Y_{1t}+\beta_{12}Y_{2t}+\cdots+\beta_{1m}Y_{mt}+\gamma_{11}X_{1t}+\gamma_{12}X_{2t}+\cdots+\gamma_{1k}X_{kt}=\mu_{1t}\\&\beta_{21}Y_{1t}+\beta_{22}Y_{2t}+\cdots+\beta_{2m}Y_{mt}+\gamma_{21}X_{1t}+\gamma_{22}X_{2t}+\cdots+\gamma_{2k}X_{kt}=\mu_{2t}\\&\vdots\\&\beta_{m1}Y_{1t}+\beta_{m2}Y_{2t}+\cdots+\beta_{mm}Y_{mt}+\gamma_{m1}X_{1t}+\gamma_{m2}X_{2t}+\cdots+\gamma_{mk}X_{kt}=\mu_{mt}\end{aligned} \quad (2-23)$$

式 2－23 描述了经济变量之间的结构关系，在结构方程右端可能出现其他内生变量；结构式模型具有明确的经济意义，可直接分析解释变量变动对被解释变量的作用；结构式模型具有偏倚性问题，所以不能直接用 OLS 对结构式模型的未知参数进行估计，通常情况下采用两阶段最小二乘法（TSLS）进行参数估计；通过前定变量的未来值预测内生变量的未来值时，由于在结构方程右端出现了内生变量，所以不能直接用结构式模型进行预测。

前定变量

前定变量是指独立于变量所在方程当期和未来各期随机误差项的变量。前定变量包括外生变量、外生变量滞后项及内生变量滞后项。

2. 简化式模型

每个内生变量都只表示为前定变量及随机扰动项函数的联立方程模型，每个方程的右边不再出现内生变量。

简化式模型的一般形式如式 2－24 所示：

$$Y_t=\prod X_t+V_t \quad (2-24)$$

式中，$\prod=-A^{-1}B$，$V_t=A^{-1}\mu_t$，A，B 为系数矩阵。

简化式模型中每个方程的解释变量全是前定变量，从而避免了联立方程偏倚，因此可以采用 OLS 对模型参数进行估计。

3. 递归式模型

递归式模型是指第一个方程中解释变量只包含前定变量，第二个方程中解释变量只包含前定变量和前一个方程的内生变量，第三个方程中解释变量只包括前定变量和前两个方程的内生变量，以此类推；最后一个方程内生变量 Y_m 可以表示成前定变量 Y_1，Y_2，…，Y_{m-1} 和 $m-1$ 个内生变量的函数。其基本形式如式 2－25 所示：

$$\begin{aligned}Y_1&=\beta_{11}X_1+\beta_{12}X_2+\beta_{13}X_3+\mu_1\\Y_2&=\alpha_{21}Y_1+\beta_{21}X_1+\beta_{22}X_2+\beta_{23}X_3+\mu_2\\Y_3&=\alpha_{31}Y_1+\alpha_{32}Y_2+\beta_{31}X_1+\beta_{32}X_2+\beta_{33}X_3+\mu_3\end{aligned} \quad (2-25)$$

递归式模型中的每个模型都满足随机扰动项与解释变量不相关的基本假定，不会产生联立方程组的偏倚性，可逐个采用 OLS 估计其参数。递归模型是联立方程模型的特殊形式，模型中事实上没有变量间互为因果的特征，所以递归式模型不是真正意义上的联立方程模型。

第 7 节　物质流分析

物质流分析是在一个国家或地区范围内，对特定的某种物质进行工业代谢研究的有效手段，它展示了某种元素在该地区的流动模式，可以用来评估元素生命周期中的各个过程对环境产生的影响。物质流分析研究因其强烈的政策导向和对政策的指导意义而受到关注，在资源利用、国家物质循环、城市物质代谢、流域营养元素代谢等方面得到了广泛应用。

一、物质流分析的理论基础

物质流分析作为一种核算方法，追踪物质从自然界开采进入人类经济体中，并经过经济活动在不同时段和区域中流动，最后回到自然环境中的情形，可以监测和追踪那些货币价值很低但对自然环境影响较大的物质的流动。

人类社会生产、生活所采用的资源和材料都不可避免地在社会经济活动与资源环境之间进行物质交换。简单地说，物质流分析主要衡量的是社会经济活动的物质投入、流出和物质利用率，其基础是对物质的投入和流出进行量化分析，建立物质投入和流出的账户，以便进行以物质流为基础的优化管理。物质流分析研究主要分为三个阶段：(1) 定义要研究的体系以及体系成分；(2) 确定并量化此物质的存货与流通量；(3) 依据研究目的阐述量化的结果，比如根据潜在可能或所研究流程的环境影响而降低某一流程的量（牛桂敏，2008）。

物质流分析的范围是如图 2－7 所示的经济—环境系统。在这个系统中，社会经济系统与周围的自然环境系统由物质流与能量流相连接。为了描述二者关系，人们提出了工业代谢和社会代谢两个概念。社会经济系统被看作自然环境系统中一个具有代谢功能的有机体，该有机体对自然环境的影响可以用其他代谢能力（如该有机体从自然环境中摄取的以及排泄到自然环境中的物质量）来衡量。

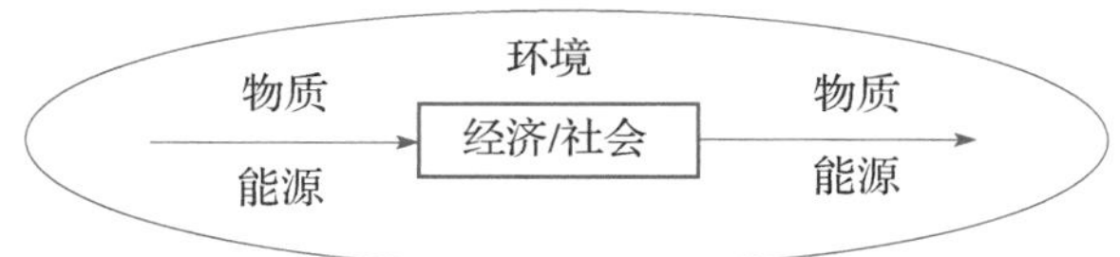

图 2－7　经济社会活动与环境之间的关系

根据物质守恒定律，一定时期内输入一个系统的物质量等于同时期该系统存储量与输出该系统的物质量之和。对于上述社会经济系统来说，自然环境所提供的输入物质进入该系统，经过加工、贸易、使用、回收、废弃等过程，一部分成为系统内的净存储，其余部分输出返回到自然环境中去，而整个过程中的输入量恒等于输出量与存储量之和（郭学益　等，2008）。

经济—环境系统涉及的基本概念主要有：

代谢主体：构建物质流分析账户，明确代谢主体非常重要，否则就不能准确区分输入与净存储。所谓代谢主体是指社会经济圈内“吞”“吐”物质的可独立观测的基本单位，也就是输入物质的消费者，如人、动物和机器等。代谢主体在物质流分析中均以存量出现。

隐流和间接流：隐流是指经济活动所动用的而未被使用的物质量。这些被动用的物质量没有进入代谢过程，却是必需的“输入”。如为了开采铁矿石，必须掘进坑道或剥离表土和覆岩，这些物质并没有进入代谢过程，被代谢主体所消费，所以称其为隐流。欧盟的物质流分析账户中，把国内物质开采所需的隐流称为国内无效伴生物质；把进口和出口物质对应地称为间接流，包括使用的和非使用的间接流，而在进口来源国为开采铁矿石而发生的剥离量被称为非使用的间接流。

系统边界：由于物质流分析所关心的焦点在于社会经济系统在自然环境系统中的物质代谢，因此进行物质流分析研究时需要对系统边界作如下两方面的定义：(1) 本国社会经济系统与自然环境系统之间的边界，是指直接从自然环境中开采的原料通过此边界进入社会经济系统进一步加工转换；(2) 本国与其他国家的行政边界是指成品、半成品以及原料经由该边界，由本国出口到其他国家或由其他国家进口到本国。

物质流分析是在一个国家或地区范围内，对特定的某种物质进行工业代谢研究的有效手段，由于工业代谢是原料和能源在转变为最终产品和废物的过程中相互关联的一系列物质变化的总称，所以物质流分析的任务是弄清楚与这些物质变化有关的各股物流的情况，以及它们之间的相互关系，其目的是从中找到节省自然资源、改善环境的途径，以推动工业系统向可持续发展的方向转化。例如可以通过物质流分析，获得或控制有毒有害物质的投入和流向，分析物质流的使用总量和使用强度，为环境政策提供新的方法和视角，为决策者在资源和环境方面决策提供参考。

二、物质流分析框架

物质流分析内容有两个方面，一个是物质总量分析模型，另一个是物质使用强度模型。物质总量分析模型分析了一定的经济规模所需要的总物质投入、总物质消耗和总循环量。而物质使用强度模型则主要关注一定生产或消费规模下，物质的使用强度、物质的消耗强度和物质的循环强度，这种强度可以用单位 GDP 来衡量，也可以用人均值来衡量。物质流分析研究的原料从进入社会经济活动开始，经由社会经济活动与环境之间的物质转化，一小部分积存在社会中以备后用，而大部分原料则在使用中被消耗，最后在使用寿命终期流入废物处理阶段，通过分离将可回收的物料循环返回至社会经济活动，其余则被废弃（张健，2016）。

图 2－8 为物质流分析方法的基本框架。输入经济系统的物质中最主要的一部分是由本国自然环境中开采出的各种原料，包括化石燃料、矿物质、生物三部分。伴随上述国内开采原料而产生的国内无效伴生物不进入经济系统，没有经济价值，一经产生就输出到自然环境中去。此外，输入经济系统中的物质流还包括从其他

国家和地区进口的成品、半成品和原料，以及与生产这些物质有关的间接流。输入经济系统的物质流一方面成为该系统内部的物质净存储，如基础设施和耐用产品等；另一方面经过单位统计时段（一般以年为单位）的消费，成为通过系统边界返回到自然环境中的废弃物和排放物；此外还有一部分物质通过系统边界出口到其他国家和地区。在输出到自然环境系统中的废弃物中，有一部分被称作消耗流，即在生产使用过程中不可避免产生的废弃物，以及其他产品在使用过程中的磨损。

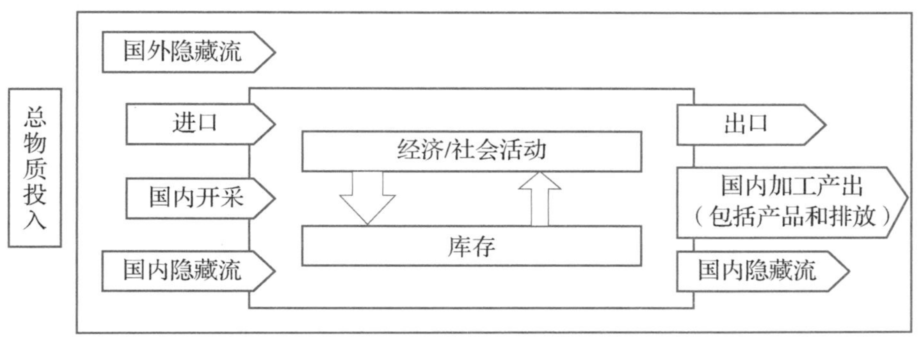

图 2-8　物质流分析框架

习题

1. 请简述生产函数的类型及它们之间的区别与联系。
2. 请简述复杂系统的特点及建模方法。
3. 请简要概括运筹学思想和运筹学建模的一般步骤。
4. 请简要回答物质流分析可以解决哪些问题。
5. 请概述联立方程模型的特点。

第 3 章

电力部门碳减排技术经济管理

本章要点

1. 了解电力系统“源网荷储”运转结构。
2. 熟悉关键电力技术工作流程、性能现状。
3. 掌握全球和我国电力部门低碳发展全貌。
4. 明晰电力部门多维度碳减排技术扶持政策。
5. 理解电力碳减排技术的经济管理方法体系。
6. 学习电力碳减排技术管理方法的实践应用。

电力部门既是重要的能源供应部门，也是碳排放重点领域之一，其碳减排技术发展对国家乃至世界的减碳进程起着至关重要的作用。本章主要介绍电力部门的碳减排技术、碳减排政策和相关技术经济管理方法：第一节首先引入传统和新型电力系统的界定和区别；第二节详细介绍电力系统中各关键电力技术的工作原理和发展概况；第三节和第四节分析世界典型国家和中国电力部门的碳减排现实基础，以及关键碳减排措施和政策；最后在第五节提出碳减排技术的经济管理方法并给出碳减排技术的实际应用案例。综合以上内容，可以对电力部门的碳减排技术发展和减排潜力有全方位的了解和把握。

第 1 节　电力生产供应概述

电能依赖电力系统完成生产、传输、分配、消费过程，发电厂将各类一次能源转化为电能，电能以光速传播，经过输电网和配电网送至用户的用电设备，发电、输电、用电整个过程瞬时完成、保持平衡。电力系统只有良好稳定运作，才能向用户提供可靠、合格、经济的电能。本节在介绍电力系统基本概念后，将详细说明电力系统的组成和升级，并结合中国实际情况概述其发展历程。

一、电力系统基本概念

本部分对电力系统的相关基本概念进行介绍（主要参考《中国电力百科全书》第三版）。

装机容量：全称“发电厂装机容量”，亦称“电站容量”。指各类发电厂或发电站安装的全部发电机组的额定功率总和。装机容量是表征发电厂或发电站建设规模和电力生产能力的主要指标之一，单位为“千瓦（kW）”。整个电力系统内实际安装的所有类型发电机组额定有效功率的总和，称为该电力系统的“装机容量”，以千瓦（kW）、兆瓦（MW）、吉瓦（GW）、太瓦（TW）等计（1 太瓦等于 1 000 吉瓦，1 吉瓦等于 1 000 兆瓦，1 兆瓦等于 1 000 千瓦）。

发电量：是指发电机进行能量转换产出的电能数量，计量单位为“千瓦时（kWh）、兆瓦时（MWh）、吉瓦时（GWh）、太瓦时（TWh）”(1 太瓦时等于 1 000 吉瓦时，1 吉瓦时等于 1 000 兆瓦时，1 兆瓦时等于 1 000 千瓦时）。发电量等于装机容量乘以设备利用小时数。发电量包括全部电力工业、自备电厂、农村小型电厂的火力发电、水力发电、核能发电和其他动力发电（如地热能发电、太阳能发电、风力发电、潮汐发电和生物质能发电）产出的电能数量。

用电量：是指用电对象消耗有功电能的数量，计量单位为“千瓦时（kWh）等”。它是用电的有功功率与时间乘积累积量。根据用电对象的不同，可分为单台用电设备用电量、产品的生产用电量、行业用电量等。负荷是任一时刻的功率，用电量是一段时间内功率的累积量。

负荷：电力系统的总负荷就是系统中所有用电设备消耗总功率的总和，计量单位为“瓦（W）、千瓦（kW）、兆瓦（MW）等”。将工业、农业、邮电、交通、市政、商业以及城乡居民等所消耗的电力功率相加，就得到了电力系统的综合用电负荷。在一个平衡的电力系统里，综合用电负荷加网络损耗功率就是系统中各发电厂应供应的功率，称为电力系统的供电负荷。供电负荷加上各发电厂本身消耗的功率（即厂用电功率），就是系统中各发电机应发的功率，称为系统的发电负荷。

电力系统负荷曲线：是指电力系统中负荷数值随时间变化的特性曲线，可分为日、周、年负荷曲线和年持续负荷曲线。如图 3 - 1 所示，日负荷曲线表示负荷数值在一昼夜 0 时至 24 时内的变化情况。在日负荷曲线上，平均负荷以上的部分称为峰荷，最小负荷以下的部分称为基荷，平均负荷与最小负荷之间的部分称为中间负荷（腰荷）。周、年负荷曲线分别表示一周、一年内每日最大负荷的变化情况，如图 3 - 2、图 3 - 3 所示。年持续负荷曲线是指将全年的负荷按照数值大小进行排序并作出对应的累计运行持续小时数（见图 3 - 4）。

电网：是指电力系统中各种电压的变电所及输配电线路组成的整体。电网包含变电、输电、配电三个单元，任务是改变电压、输送与分配电能。根据电力系统的装机容量和用电负荷大小，以及电源和负荷的相对位置，电网按电压等级的高低分层，按负荷密集的地域分区。不同容量的发电厂和电力用户应分别接入不同电压等级的电网，较大容量的应接入较高电压的电网，较小容量的可接入较低

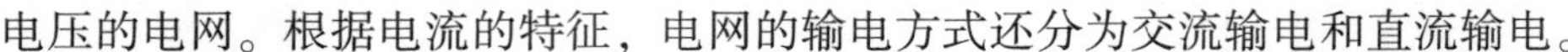

电压的电网。根据电流的特征，电网的输电方式还分为交流输电和直流输电。

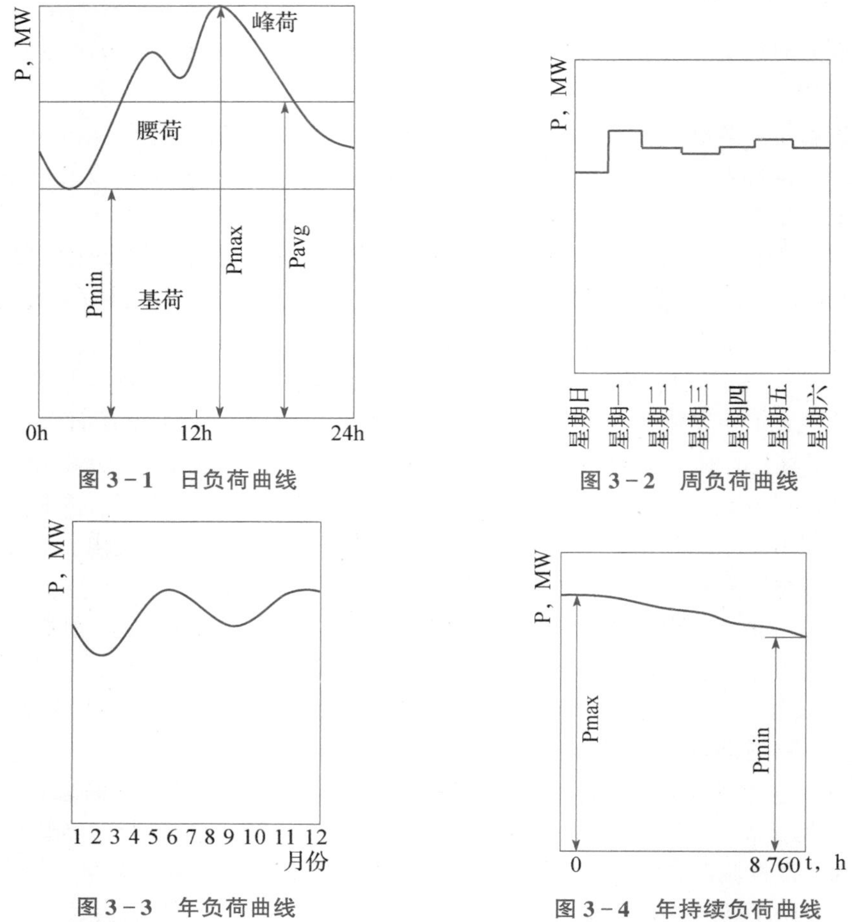

图 3－1　日负荷曲线

图 3－2　周负荷曲线

图 3－3　年负荷曲线

图 3－4　年持续负荷曲线

输电网：输电网主要是将远离负荷中心的发电厂所发出的电能经过变压器升高电压，并通过高压输电线输送到邻近负荷中心的枢纽变电站。同时，输电线还有联络相邻电力系统和联系相邻枢纽变电站的作用。一般来说输电电压分为高压、超高压和特高压。高压通常指 35～220 千伏的输电电压；超高压通常指 330 千伏及以上、1 000 千伏以下的输电电压；特高压指 1 000 千伏及以上的输电电压。另外，一般把±500 千伏电压等级的直流输电系统称为高压直流输电系统。在我国，高压电网指的是 110 千伏和 220 千伏电压等级的电网，特高压电网是指 1 000 千伏交流和±800 千伏直流输电网络。

配电网：配电网是从输电网或地区发电厂接受电能并通过配电设施就地或逐级分配给用户的电力网。一般又将配电网分为高压、中压和低压配电网。在我国，交流高压配电网电压一般为 35、63、110 千伏；中压配电网电压一般为 6～10 千伏；低压配电网电压一般为三相四线制的 380/220 伏。

输电能力：指电力系统之间，或某个电力系统中从一个局部系统（或发电厂）到另一个局部系统（或变电站）在规定工作条件下容许的最大送电功率（一般按受电端计)。为保证电力系统安全运行和获得大功率传输收益，在电力系统规划和运行中应当计算输电能力，以便其传送的功率不超过其传输能力。

发电煤耗和供电煤耗：火力发电厂的燃料消耗量（折算成标准煤）与发电量之比称为发电煤耗。供电煤耗是火力发电厂发电量扣除自身所用电能（厂用电），实际供出每 1 千瓦时电量所消耗的燃料。发电煤耗和供电煤耗的计量单位一般为“克/千瓦时（g/kWh）”。

蒸汽参数：提高蒸汽参数是提高火力发电机组热效率的主要措施。根据汽轮机蒸汽参数不同，电站锅炉主要分为亚临界、超临界、超超临界等。亚临界机组一般指蒸汽参数为 15.7～19.6 兆帕（MPa），蒸汽温度在 538℃～540℃的机组。超临界机组一般指蒸汽参数为 24～26 兆帕，蒸汽温度在 538℃的机组。超超临界机组实际上是在超临界机组参数的基础上进一步提高蒸汽压力和温度，一般指主蒸汽压力在 24.1～31 兆帕、主蒸汽/再热蒸汽温度为 580℃～600℃/580℃～610℃的机组。

线损：线损在电能传输过程中是客观存在且不可避免的，是指电流在通过导线进行传输时，产生的以热能形式散发的能源损耗，主要包括有功消耗和无功消耗两部分。用来传输电流的导体线路或线路网自身的电阻作用、磁场作用对流经电流产生阻力，电能为克服这种阻力做功而产生热量造成有功消耗。无功消耗指的是由传输电流导线的电抗、变压器铜线绕阻产生的电抗、磁抗、变压器铁芯的感纳对流经电流产生阻挡作用，并以热能形式散发的电能损耗。

二、电力系统简介

电力系统由发电、输电、配电、用电及控制保护等环节组成，是一个超大规模的非线性时变能量平衡系统（见图 3－5）。传统电力系统由“源网荷”组成。“源”主要指可控且连续出力的大电源（煤电、水电、核电等）发电厂、站，通过各种设备做功形式将一次能源转换成电能，然后通过升压接入“网”即电网。电网分为输电网和配电网。输电网通过升压变电站、高压/超高压输电线路将发电厂与变电所连接起来，完成电能传输。配电网通过配电所、配电线路、变压器等从输电网接受电能，逐级降压分配给用户即各个负荷端。传统电力系统即“发输变配用”系统。传统电力系统采取的生产组织模式是“源随荷动”，对发电侧可

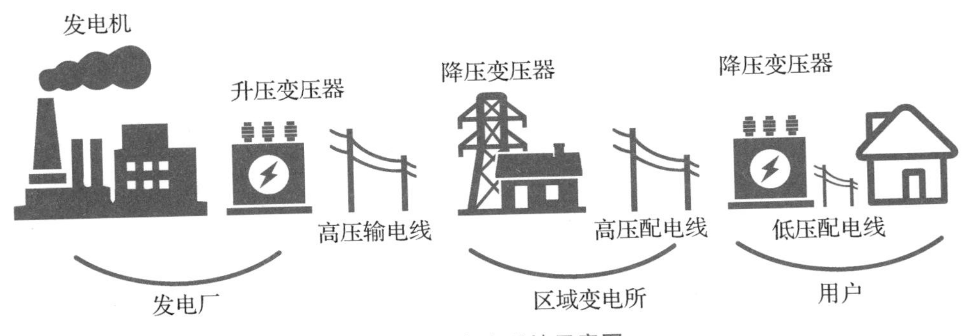

图 3－5　电力系统示意图

以较为精准地控制常规发电机组“按计划发电”，对用电侧可以根据历史经验、数据分析、天气预报和节假日及不同季节负荷特性较为准确地预测负荷趋势，即用一个精准可控的发电系统，匹配一个基本可测的用电系统，并在实际运行过程中滚动调整，从而实现电力系统安全可靠运行。

传统电力行业以化石能源发电为主，至2021年电力行业CO_2排放量在全国总排放量中的占比仍超40%。随着气候变化和化石能源稀缺问题日益凸显，电力系统需要向清洁化、低碳化转型，以实现碳达峰碳中和目标以及国家能源安全战略。2021年，我国正式提出构建以新能源为主体的新型电力系统，而新能源发电出力不确定性强，具有随机性、波动性、反调峰特点，因此新型电力系统需要在传统电力系统的供给侧、电网侧、用电侧进行全系统升级，以更好地适应高比例可再生能源发展趋势。

如表3－1所示，与传统电力系统相比，新型电力系统的“新”主要表现为以下几个方面：第一，电源结构由稳定可控、连续出力的火电装机占主导，向强不确定性、弱可控性出力的新能源发电装机占主导转变，电源将由原来的集中式变成集中式和分布式共同发展。第二，电网形态在传统电力系统中是单向逐级输电为主，新型电网形态包括交直流混联大电网、微电网、局部直流电网。第三，负荷特性由传统的纯消费性向生产性与消费性兼具转变，随着终端用能部门电气化水平提升，未来电力需求类型将更加多样，给电力系统的调峰、并网带来更大挑战。第四，运行特性在传统电力系统中是“源随荷动”实时平衡、大电网一体化控制模式，而新型电力系统增加“储”环节，运用各类储能技术进行削峰填谷，转向“源网荷储”协同互动的非完全实时平衡、大电网与微电网协同控制；其中，“源网荷储”互动运行是指电源、电网、负荷和储能之间通过源源互补、源网协调、网荷互动、网储互动和源荷互动等多种交互形式，提高电力系统功率动态平衡能力，其具体内涵如下：

（1）源源互补：即通过灵活发电资源与低碳能源之间协调互补，解决低碳能源发电受环境和气象因素影响而产生的随机性、波动性问题，提高可再生能源利用效率，增强系统的自主调节能力。

（2）源网协调：在现有电源、电网协同运行的基础上，使新能源朝具有调节能力（即柔性变电站①）的方向发展，通过新的电网调节技术解决新能源大规模并网的波动冲击，让新能源和常规电源一起参与电网调节。

（3）网荷互动：在与用户签订协议、采取激励措施的基础上，将负荷转化为电网的可调节资源（即柔性负荷），在电网即将出现问题时，通过负荷主动调节和响应来确保电网安全经济可靠运行。

（4）网储互动：充分发挥储能装置快速、稳定、精准的充放电调节特性，进行双向调节——在用电低谷时作为负荷充电，在用电高峰时作为电源释放电能，

---

① 柔性变电站指利用人工智能技术，对不同形式的电压和电流实现高效变换，并以灵活可控即插即用方式接受和分配电能的新型变电站。

利用其为电力系统提供调峰、调频、备用、需求响应等多种服务。

（5）源荷互动：新型电力系统由时空分布广泛的多元电源和负荷组成，负荷柔性变化成为平衡电源波动的重要手段；引导用户改变用电习惯和用电行为，汇聚电源侧和负荷侧各类可调节资源参与电力系统调峰和供需平衡控制。

表 3-1　传统电力系统与新型电力系统的区别

区别	传统电力系统	新型电力系统
电源	稳定可控、连续出力的集中式常规电源	强不确定性、弱可控性出力的集中式和分布式新能源电源
电网	单向逐级输电大电网	交直流混联大电网、微电网、局部直流电网
负荷	纯消费性	兼具生产性与消费性
储能	即发即用，不可储存	配置不同时间尺度、功能定位的储能系统
运行模式	源随荷动	“源网荷储”协同互动

综上，新型电力系统结构（见图 3-6）呈现如下特点：电源组成以低碳能源为主导、大型集中式电源与分布式电源相结合；电网结构由国家级主干输电网与地方电网、微电网协调发展，采用大容量、低损耗、环境友好的输电方式，以及双向互动的智能化配用电系统；发展储能系统配合平滑电力系统波动，最大限度提高新能源电能利用和供需平衡。

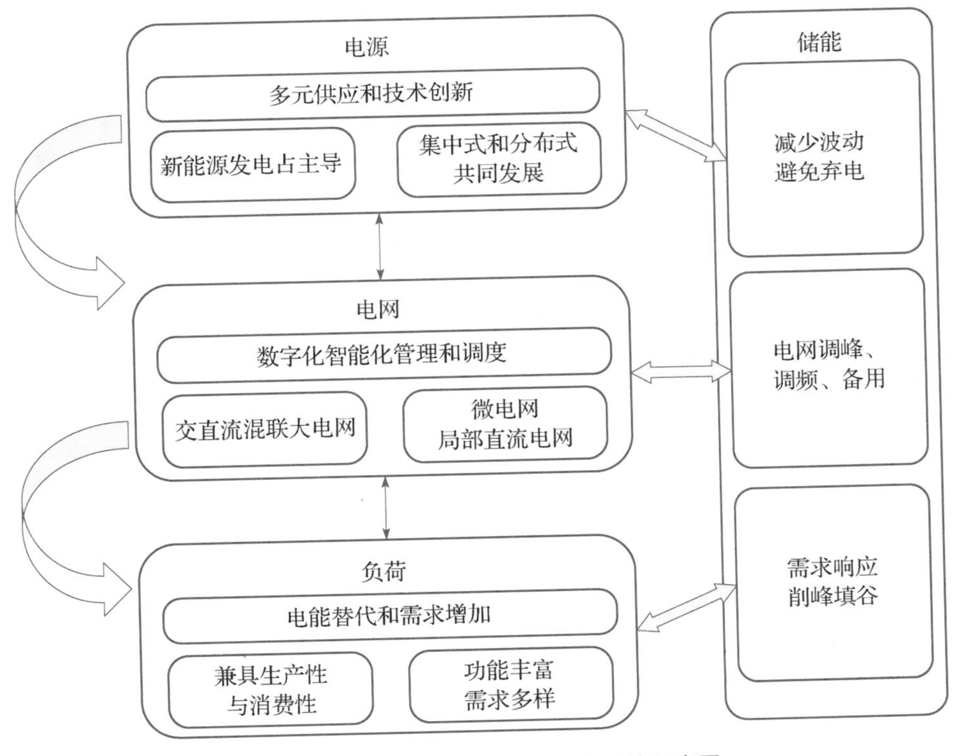

图 3-6　“源网荷储”新型电力系统示意图

三、电力系统发展历程

由于我国能源和负荷分布不均，西北地区主要是资源集中区，而负荷区主要在中东部长三角地带，电力系统总体呈现电量西电东送、北电南送、电力南北互通的格局。中国电力系统经过三个发展阶段，从局部电网到跨省互联电网，最终形成跨区互联电网。1882 年上海第一家电气公司成立，到 20 世纪 60 年代末，以大、中城市为中心的配电网逐步通过 220 千伏线路的主网架相互连接，形成主要覆盖省域范围的局部电网。20 世纪 70 年代改革开放以来，中国电力系统进入第二阶段，省级电网和跨省互联电网交织发展。至 1989 年，中国形成 7 个跨省区域电网：东北电网、华北电网、华东电网、华中电网、西北电网、川渝电网、南方互联电网（含香港电网和澳门电网）。1990 年，华中和华东电网之间的±500 千伏超高压直流输电工程首次实现跨大区联网，标志着中国跨大区互联电网开始，电网输配电能力不断增强，推动电力资源在全国范围内优化配置。

中国主要有五大发电集团负责全国各省的发电，两大电网公司负责输电及售电。五大发电集团分别为中国华能集团、中国大唐集团、中国华电集团、国家能源投资集团、国家电力投资集团。两大电网企业为国家电网和南方电网，以建设和运营电网为核心业务。国家电网成立于 2002 年，经营区域覆盖全国 26 个省（自治区、直辖市），供电人口超过 11 亿人。南方电网于 2002 年挂牌成立并开始运作，经营范围为广东、广西、云南、贵州和海南等省份。

第 2 节　电力系统关键技术

电力部门的 CO_2 排放主要来自化石燃料燃烧发电（包括煤炭、石油、天然气发电，合称为“火力发电”），因此电力碳减排主要依托于技术进步、更新和替换来实现。本节重点介绍电力系统的关键发电技术、储能技术以及碳捕集、利用与封存技术，并对技术原理、技术性能、优缺点和现存规模四方面进行说明，为电力系统碳减排技术的发展规划梳理方向。

一、发电技术

发电方式主要包括火力发电、核能发电、水力发电和非水可再生能源发电，除火力发电以外，其他电源均为低碳电力。国家能源局公布的 2018 年全国电力价格情况监管通报数据显示，机组平均上网电价由低到高排序为水电机组、煤电机组、核电机组、风电机组、燃气机组、生物质机组、光伏机组。各种发电方式在能源、成本、优缺点及发展情况等方面存在较大差异，主要发电技术对比如表 3 - 2 所示。

表 3－2　主要发电技术比较

发电技术		能源	优点	缺点	世界		中国	
					基础成本（美元/千瓦）	发电占比	装机占比	6 000 千瓦及以上发电量设备运行小时数
火力发电	燃煤发电	化石能源	技术成熟、成本低廉、出力稳定可控、建设周期较短、对设备和技术要求较低、选址对地理环境要求较低等	不可再生、产生污染物、大量 CO_2 排放	1 897	35%	57%	4 211
	燃油发电				—	3%		
	燃气发电			不可再生、大量 CO_2 排放	823	23%		
核能发电		铀燃料	不使用化石燃料、不会造成空气污染和产生大量的 CO_2 排放、核燃料能量密度高、燃料体积小、运输和储存便利、出力稳定可控等	成本较高、产生大量的放射性物质	3 606	10%	2%	7 450
水力发电		水能	可再生、低污染、控制洪水泛滥、提供灌溉用水、改善河流航运、推动发展旅游业等	高昂的前期投入和较长的建设周期、影响周边水生生态系统	3 643	16%	17%	3 825
风力发电	海上风电	风能	可再生、不产生污染物和 CO_2 排放、风能是永恒的发电原料	成本较高、噪声污染、视觉污染、占用大片土地、出力不稳定不可控	2 876	6%	13%	2 087
	陆上风电				2 122			
太阳能发电	太阳能光发电	太阳能	可再生、无枯竭危险、无环境污染、不受资源分布地域的限制、可在用电处就近发电、能源质量高、获取能源花费的时间短等	成本较高、占用巨大面积、出力不稳定不可控	995（公用事业规模）	3%	12%	1 281
	太阳能热发电				5 857			

续表

发电技术	能源	优点	缺点	世界		中国	
				基础成本（美元/千瓦）	发电占比	装机占比	6 000千瓦及以上发电量设备运行小时数
生物质能发电	农林废弃物或城市垃圾	可再生、低污染、分布广泛、蕴藏量巨大等	需要足够的燃料储备、废弃物收集和运输成本较高	2 543	4%	—	—
地热能发电	地热能	可再生、低污染、总量丰富等	资金投入大、受地域限制等	4 468	0.5%	—	—

资料来源：国际能源署、中国电力企业联合会。

注：表中各类发电技术成本、发电占比、装机占比等数据均为2020年数据；其中火力发电、核能发电成本为基础价，其他技术成本为装机成本。

1. 火力发电

火力发电（简称“火电”）是指通过燃烧化石燃料（煤、油、天然气或其他碳氢化合物），将所得到的热能转换为机械能再转换为电能的过程。火力发电的优点包括技术成熟、成本低廉、机组出力稳定可控、相较于其他发电方式建设周期短、对技术和设备要求较低及选址对地理环境要求较低等。其缺点在于，火力发电的燃料主要是化石能源，在发电过程中会产生大量尘粒、二氧化硫等有害物质和二氧化碳排放。

火电按能源品种可以分为燃油发电机组、燃煤发电机组、燃气发电机组等，石油、煤、天然气的碳排放因子①分别为3.02吨二氧化碳/吨标准煤、2.66吨二氧化碳/吨标准煤、1.64吨二氧化碳/吨标准煤，因此三类机组的CO_2排放强度依次降低。在同一类火电机组中，发一单位电力消耗能源越少的机组也将产生越低的CO_2排放。因此，需不断提高火力发电的能效，用高效火力发电技术替代落后火力发电技术，同时用低碳能源替代化石能源发电。

火力发电按动力机类型可分为汽轮机发电、燃气轮机发电、柴油机发电，发电的流程根据动力机的类型而异。在汽轮机发电方式中，如图3-7所示，基本流程是先将燃料送进锅炉，同时送入空气，锅炉注入经过化学处理的给水，利用燃料燃烧放出的热能使水变成高温、高压的蒸汽，驱动汽轮机旋转做功而带动发电机发电。在燃气轮机发电方式中，基本流程是用压气机将压缩过的空气压入燃烧室，与喷入的燃料混合雾化后进行燃烧，形成高温燃气进入燃气轮机膨胀做功，推动轮机的叶片旋转并带动发电机发电。在柴油机发电方式中，基本流程是用喷

① 排放因子是表征单位生产或消费活动量的温室气体排放的系数。

油泵和喷油器将燃油高压喷入汽缸，形成雾状，与空气混合燃烧，推动柴油机旋转并带动发电机发电。

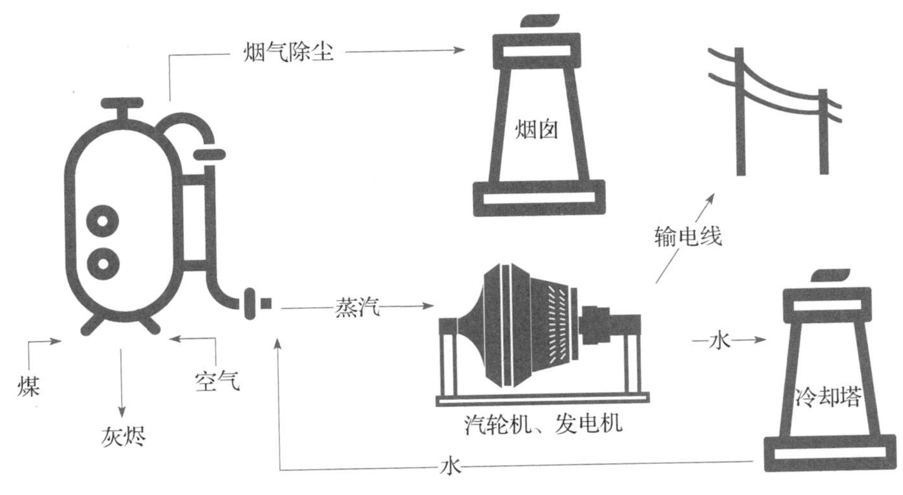

图 3-7 汽轮机发电示意图

随着蒸汽压力和温度参数逐步提高，煤电机组由亚临界向超临界、超超临界技术不断发展进步，从表 3-3 可以看出，从 300 兆瓦亚临界机组到 600 兆瓦超临界机组，再到 1 000 兆瓦超超临界机组，煤电机组发电效率明显提高，供电煤耗明显降低。以 600 兆瓦机组为例，亚临界机组供电煤耗为 302 克标准煤/千瓦时（gce/kWh），超临界机组供电煤耗为 294 克标准煤/千瓦时，下降 8 克标准煤/千瓦时，而 600 兆瓦级超超临界机组供电煤耗降为 276 克标准煤/千瓦时，比超临界机组又下降 18 克标准煤/千瓦时，粉尘、SO_x、NO_x、CO_x 等的排放量也会随着煤耗的降低而相应降低。

表 3-3 2022 年燃煤机组效率与供电煤耗

机组类型	电厂效率（%）	供电煤耗（克标准煤/千瓦时）
亚临界 300MW	≈30	311
亚临界 600MW		302
超临界 300MW	≈38	299
超临界 600MW		294
超超临界 600MW	≈45	276
超超临界 1 000MW	≈50	273

资料来源：国家发展改革委 等（2022）.

注：电厂效率指发电机输出电能与锅炉所消耗的燃料能量之比。

先进燃煤发电技术还包括循环流化床锅炉发电技术、整体煤气化联合循环发电系统发电技术等。

（1）循环流化床（circulating fluidized bed boiler，CFB boiler）是新一代高效、低污染清洁燃烧技术，优点有：低温燃烧方式，因此氮氧化物排放远低于煤粉炉，并可实现燃烧中直接脱硫，脱硫效率高且技术设备简单、经济；燃料适应性广且燃烧效率高，特别适合于低热值劣质煤；排出的灰渣活性好，易于实现综合利用；负荷调节范围大，可降到满负荷30%左右，但其成本仍有待降低。

（2）整体煤气化联合循环发电系统（integrated gasification combined cycle，IGCC），是将洁净的煤气化技术和高效的联合循环相结合的先进动力系统，既有高发电效率又有环保性能，是一种有发展前景的洁净煤发电技术。其两部分组成如下：煤的气化与净化部分的主要设备有气化炉、空分装置、煤气净化设备（包括硫的回收装置）；燃气—蒸汽联合循环发电部分的主要设备有燃气轮机发电系统、余热锅炉、蒸汽轮机发电系统。具体工艺过程如下：煤经气化成为中低热值煤气，经过净化，除去煤气中的硫化物、氮化物、粉尘等污染物，变为清洁的气体燃料，然后送入燃气轮机的燃烧室燃烧，加热气体工质以驱动燃气透平①做功，燃气轮机排气进入余热锅炉加热给水，产生过热蒸汽驱动蒸汽轮机做功。

火力发电是最早得到实用的发电技术，是截至2020年全球和中国最主要的发电方式。2020年，全球发电总装机容量约为66亿千瓦，其中火力发电机组装机容量约为38亿千瓦，火电中煤电的装机容量约为19亿千瓦。2020年，我国发电总装机容量达22亿千瓦，其中火力发电机组装机容量12亿千瓦，占全国总装机容量的57%，如图3-8所示。从电源结构看，2011—2020年我国传统化石能源发电装机比重持续下降，2020年火力发电装机比重较2011年下降了16%。

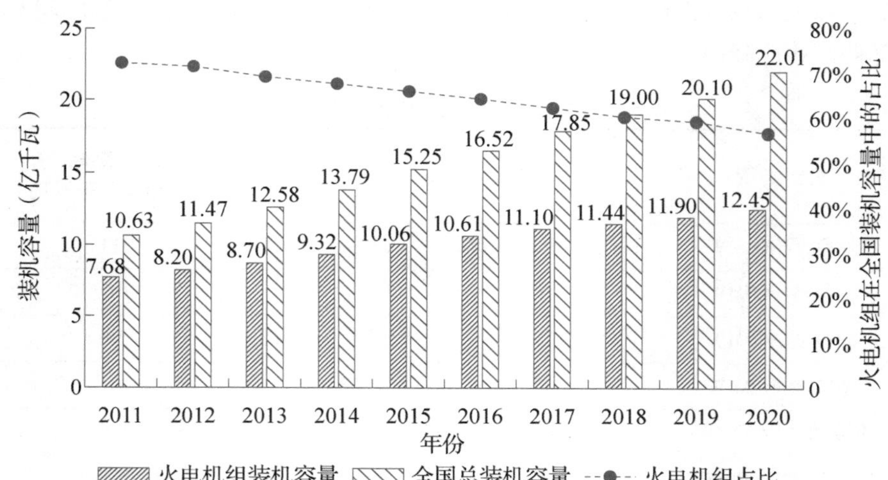

图3-8 2011—2020年全国总装机容量和火电机组装机容量

资料来源：历年《中国电力年鉴》；国家统计局。

① 透平：是用蒸汽做功的旋转式原动机，它将蒸汽的热能转变成透平转子旋转的机械能。

2. 核能发电

核能发电是利用核反应堆中核裂变所释放出的热能进行发电的方式。核能发电与火力发电极其相似，只是以核反应堆及蒸汽发生器来代替火力发电的锅炉，以核裂变产生的能量代替矿物燃料的化学能。核能发电的流程是利用铀燃料进行核分裂连锁反应所产生的热量将水加热，再利用形成的水蒸气推动汽轮机转动从而产生电能。核反应所放出的热量较燃烧化石燃料所放出的热量更高，而所需燃料体积远小于火力发电。核电站的组成通常包括两部分：核系统及核设备，又称为核岛；常规系统及常规设备，又称为常规岛。核岛中主要的设备为核反应堆及由载热剂（冷却剂）提供热量的蒸汽发生器，它替代常规火电站中蒸汽锅炉的作用。常规岛的主要设备为汽轮机和发电机，与常规火电站汽轮机大致相同。

核能发电的优点包括不使用化石燃料、不会造成空气污染和产生大量的 CO_2 排放、核燃料能量密度高、所用燃料体积小、运输和储存便利、出力稳定可控等。缺点是核反应堆会产生大量的放射性物质，一旦出现核泄漏事故，将对生态环境和人体健康造成巨大危害。2020 年数据显示，利用核能发电的主要国家有美国、中国、法国、俄罗斯等，如图 3－9 所示，其中美国运行中核电站数量最多，达 93 座，其余国家的核电站数量均在 60 座以下。法国的电力供应主要依赖核能发电，2020 年法国核能发电量占总发电量的 70.6%。

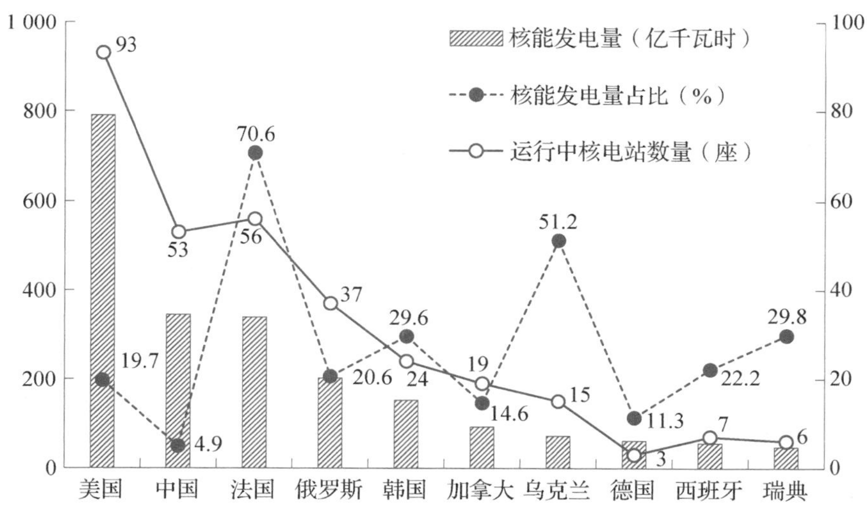

图 3－9　2020 年世界各国核能发电现状

资料来源：IEA. Electricity Information 2021.

3. 水力发电

水力发电是指利用河流、湖泊等位于高处具有势能的水流至低处，将势能转换成水轮机之动能，再借水轮机推动发电机产生电能。水力发电的主要流程为通过拦水设施攫取河川的水，再经过压力隧道、压力钢管等水路设施送至电厂，当需要机组运转发电时，打开主阀和导翼使水冲击水轮机，水轮机转动后带动发电机旋转产生电能，发电后的水回到河道，供给下游使用。如果要调整发电机组的出力，可以调整导翼的开度增减水量，是一种持续可控的发电方式。水力发电属于可再生能源发电方式，优点包括对环境污染较小、能够控制洪水泛滥、提供灌溉用水、改善河流航运、推动发展旅游业等。但同时，为了有效利用天然水能，需要人工修筑能集中水流落差和调节流量的水工建筑物，如大坝、引水管涵等，需要高昂的前期投入和较长的建设周期，且大坝水库的修建也会对电厂周边水生生态系统造成不可逆的影响。此外，水力发电能力还会受到降雨、汛期来水等自然因素影响。

水力发电基础设施建成后发电小时数较高、发电运行成本较小，是目前经济最成熟、世界最主要的可再生能源发电技术，但随着资源不断开发，成本具有上升趋势。2020 年全球平均水力发电装机成本约为 1 870 美元/千瓦（见图 3－10）。国际能源署（IEA）公布数据显示，2020 年各类可再生能源发电量中，水力发电占比 17%，是继煤炭和天然气之后的第三大电力来源。水力发电也是我国主要的可再生能源发电方式，2020 年我国水力发电量为 12 140 亿千瓦时。2020 年我国水力发电新增设备容量为 1 323 万千瓦，水电装机容量多年来稳居世界第一（见图 3－11）。

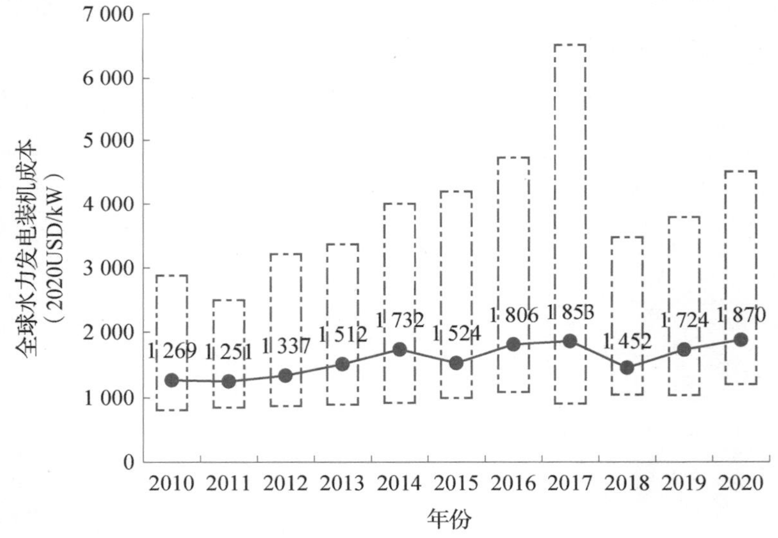

图 3－10　2010—2020 年全球水力发电装机成本

资料来源：IRENA（2021）.

4. 风力发电

风力发电的流程是利用风力带动风车叶片旋转，再通过增速机将旋转的速度提升，来促使发电机发电，从而实现将风能转换为机械能再转换为电能（见图 3－12）。根据风力发电机主轴的方向，风力发电可分为水平轴风力发电和垂直轴风力发电。

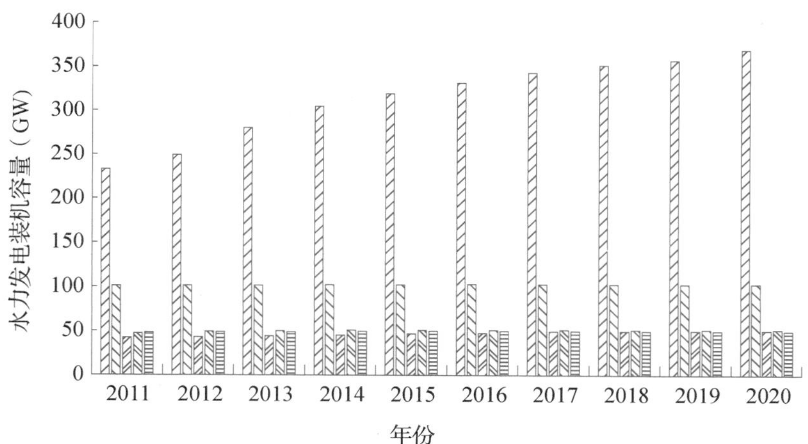

图 3－11　2011—2020 年世界主要国家水力发电装机容量

资料来源：IRENA（2021）.

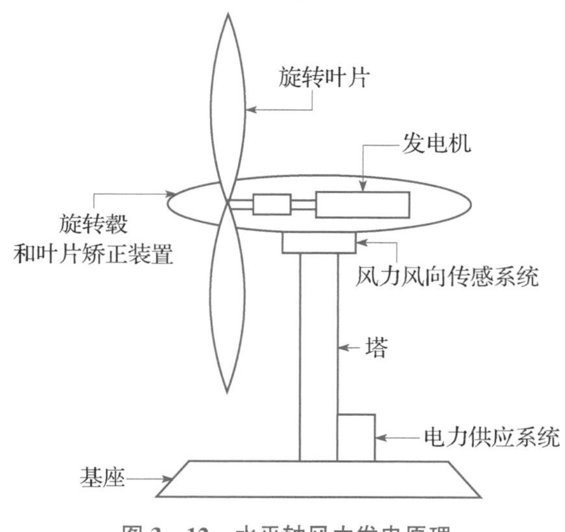

图 3－12　水平轴风力发电原理

风力发电是一种清洁高效的可再生能源发电方式，优点包括不需要燃烧化石能源，不产生污染物和 CO_2 排放，风作为一种没有枯竭期的资源，能作为永恒的发电原料，且风力发电机组体积较小，可以广泛放置在岛屿、沿海等风力较大地区等。但同时，风力发电的缺点包括噪声污染、视觉污染、占用大片土地、风力发电受天气变化影响大、出力不稳定不可控、需要额外的系统整合成本等。2020 年数据显示，全球陆上风力发电装机成本仍然较高（见图 3－13），而海上风力发电装机成本是其两倍以上（见图 3－14）。

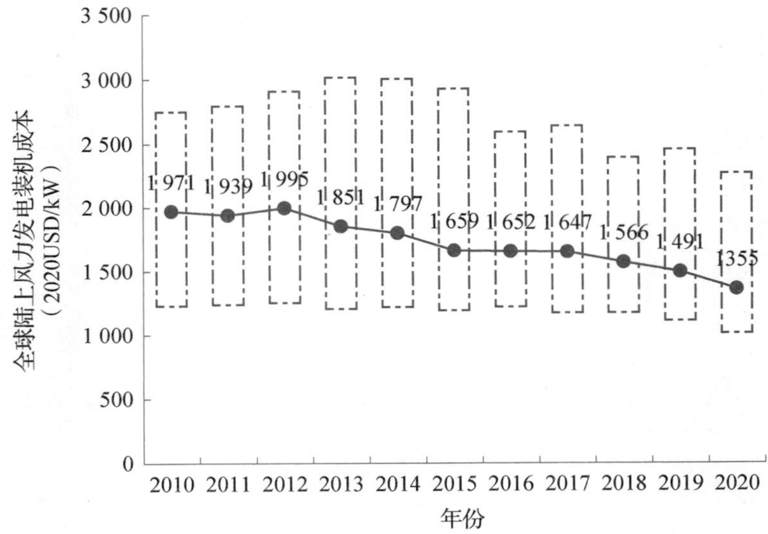

图 3-13　2010—2020 年全球陆上风力发电装机成本

资料来源：IRENA（2021）.

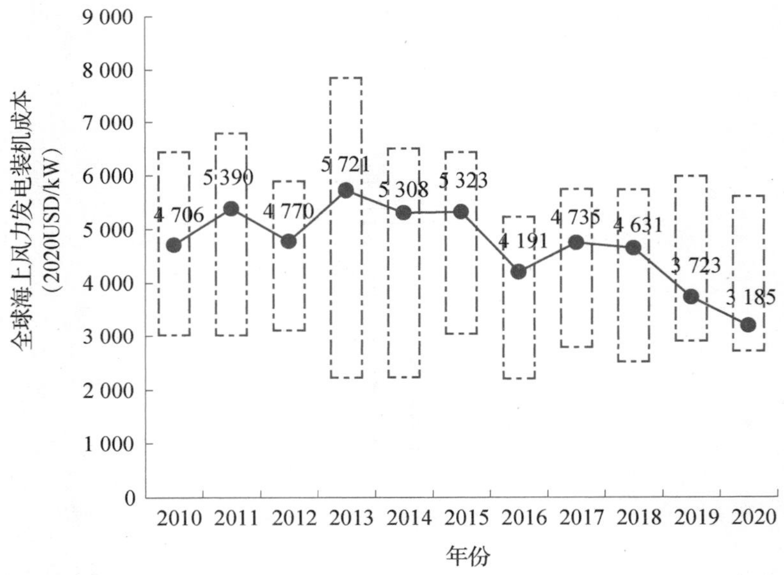

图 3-14　2010—2020 年全球海上风力发电装机成本

资料来源：IRENA（2021）.

风能作为一种清洁的可再生能源，越来越受到世界各国的重视。2001—2020 年，全球风力发电累计装机容量逐年增长，但整体增速趋缓。2020 年全球风电发电累计装机容量已达 743 吉瓦。如图 3-15 数据显示，利用风力发电的主要国家有中国、美国、印度、俄罗斯等，其中，中国的风力发电装机容量自 2011 年以来稳居世界第一。2020 年，我国风力发电新增装机容量 7 167 万千瓦，其中海上风电新增并网装机容量 306 万千瓦。

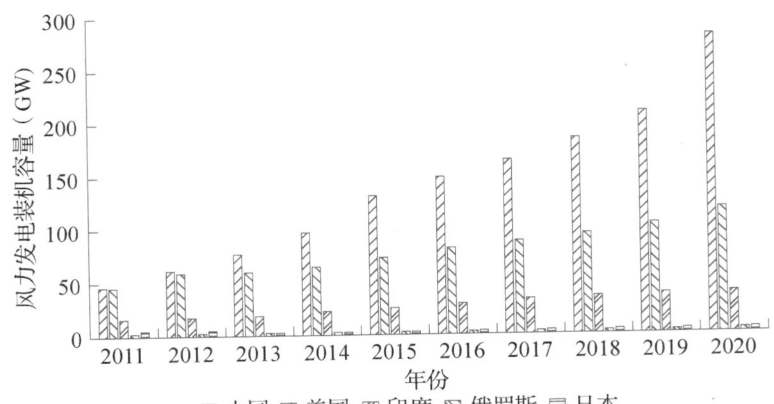

图 3－15　2011—2020 年世界主要国家风力发电装机容量

资料来源：IRENA（2021）.

5. 太阳能发电

太阳能发电根据能量转换过程不同可以分为太阳能光发电和太阳能热发电（见图 3－16）。太阳能光发电是指无须通过热过程直接将光能转换为电能的发电方式，主要包括光伏发电、光化学发电、光感应发电和光生物发电。其中已实现产业化应用的主要是太阳能光伏发电。太阳能光伏发电是指利用光伏半导体材料的光生伏特效应①将太阳能转换为直流电能的设施。光伏设施的核心是太阳能电池板，主要使用的半导体材料包括单晶硅、多晶硅、非晶硅及碲化镉等。太阳能热发电是指先将太阳能转换为热能，再将热能转换为电能的过程，主要包括塔式系统发电、槽式系统发电、盘式系统发电等，其中聚光太阳能发电是主要的太阳能热发电方式。

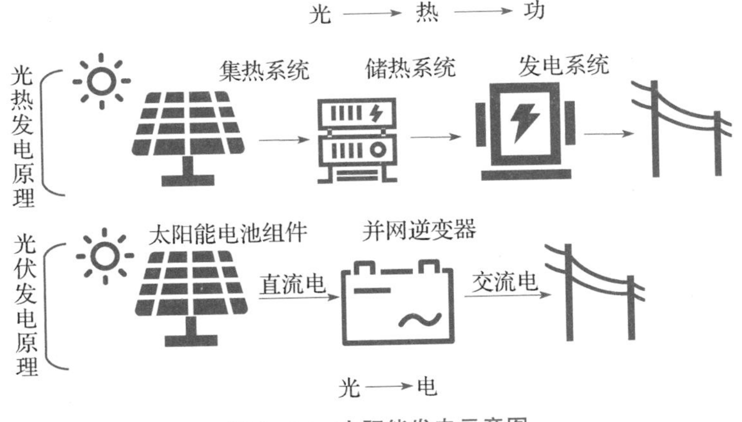

图 3－16　太阳能发电示意图

太阳能发电的优点包括无枯竭危险、无环境污染、不受资源分布地域的限制、

① 光生伏特效应指当物体受光照时，物体内的电荷分布状态发生变化而产生电动势和电流的一种现象。

可在用电处就近发电、能源质量高、获取能源花费的时间短等。不足之处是照射的能量分布密度小，即要占用巨大面积，获得的能源与四季、昼夜及阴晴等气象条件有关，提供的电力不稳定。2010 年以来，全球太阳能光伏发电装机成本逐年降低，如图 3 - 17 所示，2020 年光伏发电装机成本已跌破 1 000 美元/千瓦，每千瓦装机成本相比 2010 年降低约 3 800 美元。随着太阳能电池等技术不断进步，未来光伏发电成本有望进一步降低。如图 3 - 18 所示，太阳能聚光发电装机成本相对光伏发电较高，2020 年装机成本仍高达 4 581 美元/千瓦。

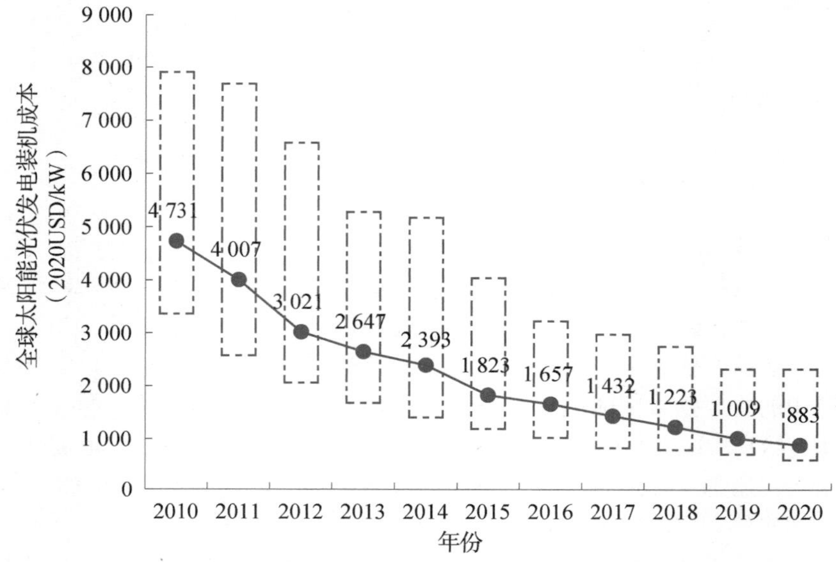

图 3 - 17　2010—2020 年全球太阳能光伏发电装机成本

资料来源：IRENA（2021）.

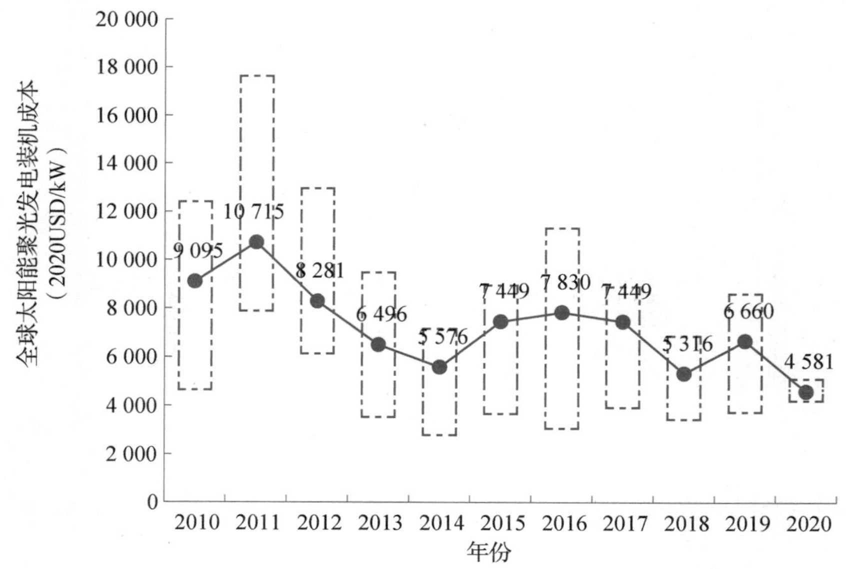

图 3 - 18　2010—2020 年全球太阳能聚光发电装机成本

资料来源：IRENA（2021）.

太阳能光伏发电发展迅速，全球太阳能光伏发电装机容量逐年增加，2020 年全球太阳能光伏新增装机容量 138 吉瓦，较 2019 年增加了 18%。2020 年全球光热发电新增装机容量 129 兆瓦。中国、美国、印度、俄罗斯、日本是最主要的太阳能发电国家，其中，中国太阳能发电装机容量增速最快，2020 年新增装机容量 0.48 亿千瓦，累计太阳能发电装机容量达 2.5 亿千瓦（见图 3－19），年发电量达 2 611 亿千瓦时。

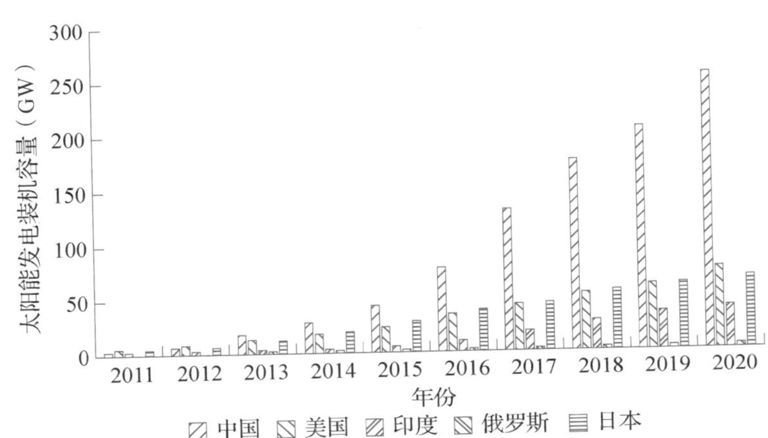

图 3－19　2011—2020 年世界主要国家太阳能发电装机容量

资料来源：IRENA（2021）.

6. 生物质能发电

生物质能发电主要利用农业、林业和工业废弃物及城市垃圾为原料，采取直接燃烧或气化等方式发电，包括直接燃烧发电、气化发电、垃圾焚烧发电、垃圾填埋气发电、沼气发电等。生物质能发电适用于生物质资源比较集中的区域，如谷米加工厂、木料加工厂等附近。只要工厂正常生产，谷壳、锯屑和柴枝等就可源源不断地供应，提供发电物料保障。

生物质能作为一种洁净而又可再生的能源，可以替代化石能源转化成气态、液态和固态燃料以及其他化工原料或产品。其优点包括可再生、低污染、分布广泛、蕴藏量巨大等。但由于生物质能发电需要足够的燃料储备，需要考虑农林废弃物收集和运输成本等问题，生物质能发电方式发展缓慢。如图 3－20 所示，2020 年全球生物质能发电的装机成本仍高达 2 543 美元/千瓦。

在中国、印度等人口众多的国家，生物质具有极大的能源供应潜力。2020 年全球生物质能发电装机容量达到 127 吉瓦，约占全球可再生能源装机总容量的 3.8%。我国生物质能发展迅速，2020 年生物质能发电新增装机容量 542 万千瓦，累计生物质能发电装机容量达 1 869 万千瓦（见图 3－21）。

7. 地热能发电

地热能发电是把地下热能转换为机械能，然后再将机械能转换为电能的能量转换过程。根据开发地热资源的形式不同，地热能发电主要分为蒸汽型和热水型

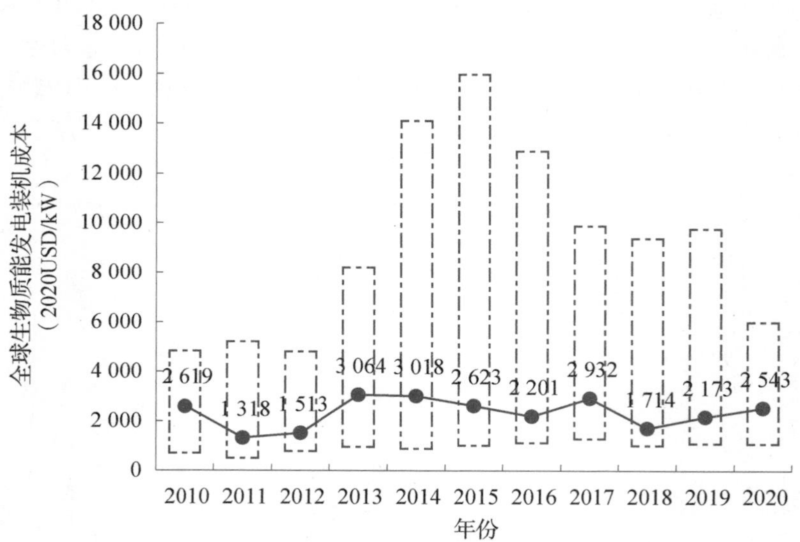

图 3－20　2010—2020 年全球生物质能发电装机成本

资料来源：IRENA（2021）.

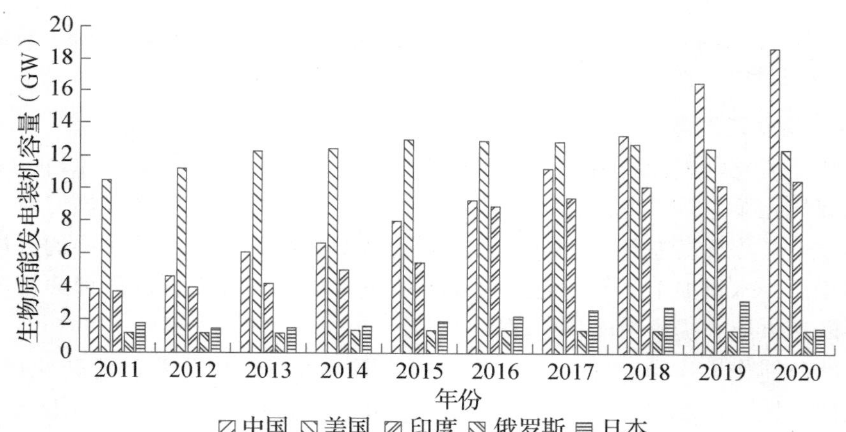

图 3－21　2011—2020 年世界主要国家生物质能发电装机容量

资料来源：IRENA（2021）.

两种。蒸汽型地热发电是把蒸汽田中的干蒸汽直接引入汽轮发电机组发电，但在引入发电机组前需将蒸汽中所含的岩屑和水滴分离出去。热水型地热发电是指将地热水抽出后直接利用热水沸腾产生蒸汽推动汽轮机做功或将地热温度传递给其他低沸点液体使之沸腾产生蒸汽来带动汽轮机做功的过程。

地热能发电的优点包括可再生、低污染、总量丰富等，缺点包括资金投入大、受地域限制等。地热能发电在我国应用较少，近十年来我国地热能发电装机容量一直保持在 26 兆瓦。美国是世界上地热能发电利用最广泛的国家，2020 年美国地热能发电装机总量高达 2 587 兆瓦（见图 3－22），位居世界首位。如图 3－23 所示，地热

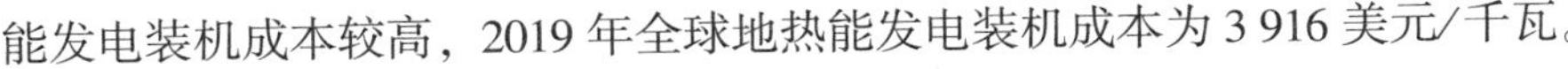
能发电装机成本较高，2019 年全球地热能发电装机成本为 3 916 美元/千瓦。

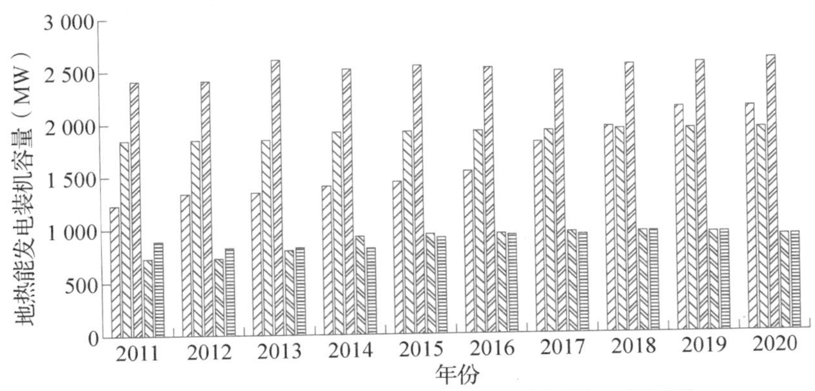

图 3－22　2011—2020 年部分国家地热能发电装机容量

资料来源：IRENA（2021）.

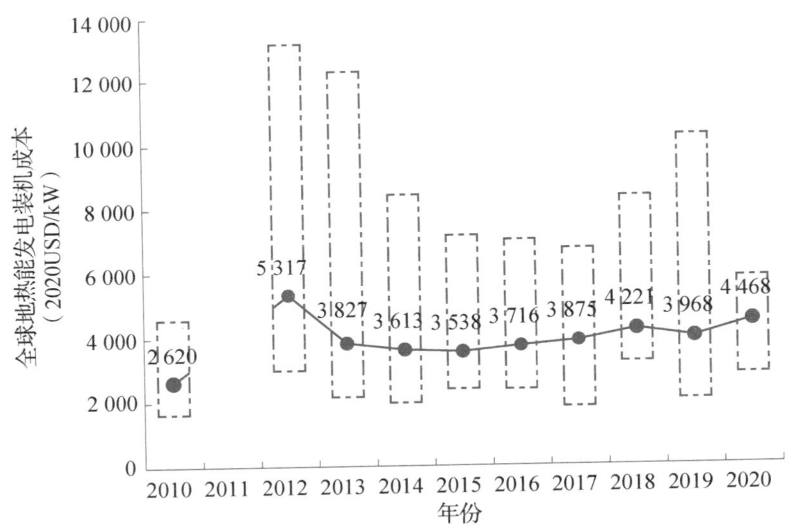

图 3－23　2010—2020 年全球地热能发电装机成本

资料来源：IRENA（2021）.

二、碳捕集、利用与封存技术

碳捕集、利用与封存（carbon capture，utilization and storage，CCUS）技术是一种减少温室气体排放及利用的技术，指通过碳捕集技术，将能源产业及工业过程所产生的 CO_2 分离出来进行捕集、压缩，再通过管道输送等方式输送至封存点，注入陆地或海下深层地质构造中，与大气隔绝封存起来，或进行应用的一种技术。它是解决全球气候变化问题的重要手段之一。CCUS 过程包括四个步骤：（1）捕集，从燃煤烟气中分离或捕集 CO_2，并将其压缩成液体或超临界状态。（2）运输，

将捕集的 CO_2 通过管道、船舶、铁路、公路或其他方式运输到储存点。（3）封存，将压缩后的 CO_2 注入地下储层体进行地质封存，并进行监测，其目的是保证封存有效，可储存在地下达数千年。（4）利用，主要有物理利用、化学利用和生物利用等。物理利用主要包括石油三采的驱油剂（见图3－24）、焊接工艺中的惰性气体保护焊等。化学利用主要包括无机和有机精细化学品、高分子材料等的研究应用，如以 CO_2 为原料合成尿素、生产活性碳酸盐，CO_2 催化加氢制取甲醇，以 CO_2 为原料的一系列有机原料的合成等。生物利用主要以微藻固定 CO_2 转化为生物燃料和化学品，如生物肥料、食品和饲料添加剂。

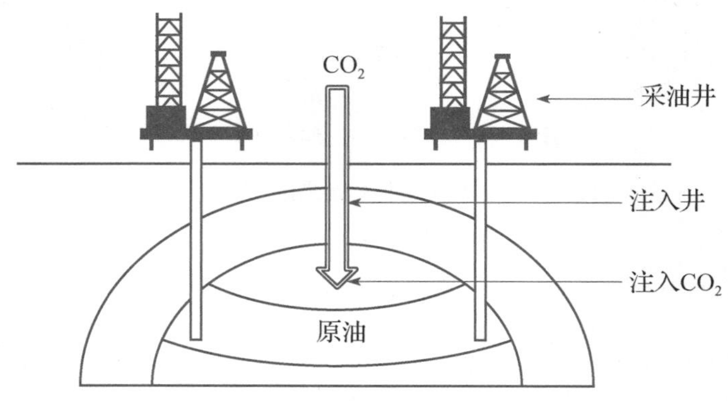

图3－24　二氧化碳驱油过程示意图

CCUS 技术在发电过程中也有充分的利用空间。根据在燃料转化过程中捕集 CO_2 的位置不同，电厂 CO_2 捕集的技术主要分为燃烧前捕集、燃烧后捕集和氧燃料燃烧捕集三种技术，如图3－25 所示。燃烧前捕集是指通过气化将煤炭转化成煤气，并在气化炉后建立转换器，将煤气中的 CO 转化为 CO_2、能量转移给 H_2，再分离出 CO_2 达到脱碳的目的。燃烧后捕集是指从传统燃煤电厂燃烧后的烟气中捕集 CO_2。氧燃料燃烧捕集与燃烧后捕集一样，是从燃煤电厂烟气中捕集 CO_2，所不同的是煤的燃烧采用近乎纯氧替代空气，所得到的烟气中 CO_2 浓度很高，便于捕集。

三、储能技术

传统能源时代，电力消费方式单一，煤电、燃机供给足以应对电网稳定调节需求。风光发电时代，可再生能源发电具有间歇性，电力系统对于平滑输出、调峰调频等电力辅助服务的需求明显增长。储能作为新增的灵活性调节资源，不仅可提高常规发电和输电的效率、安全性和经济性，也是实现可再生能源平滑波动、调峰调频，满足可再生能源大规模接入的重要手段。与世界其他国家和地区相比，我国储能与新能源装机容量的比例，即“储新比”，明显偏低，2020 年我国的储新比约为 6.7%，而我国以外其他国家和地区的储新比平均为15.8%。随着可再生能源发电比例的提高和煤电的逐步退出，储能将迎来巨大的发展机遇。

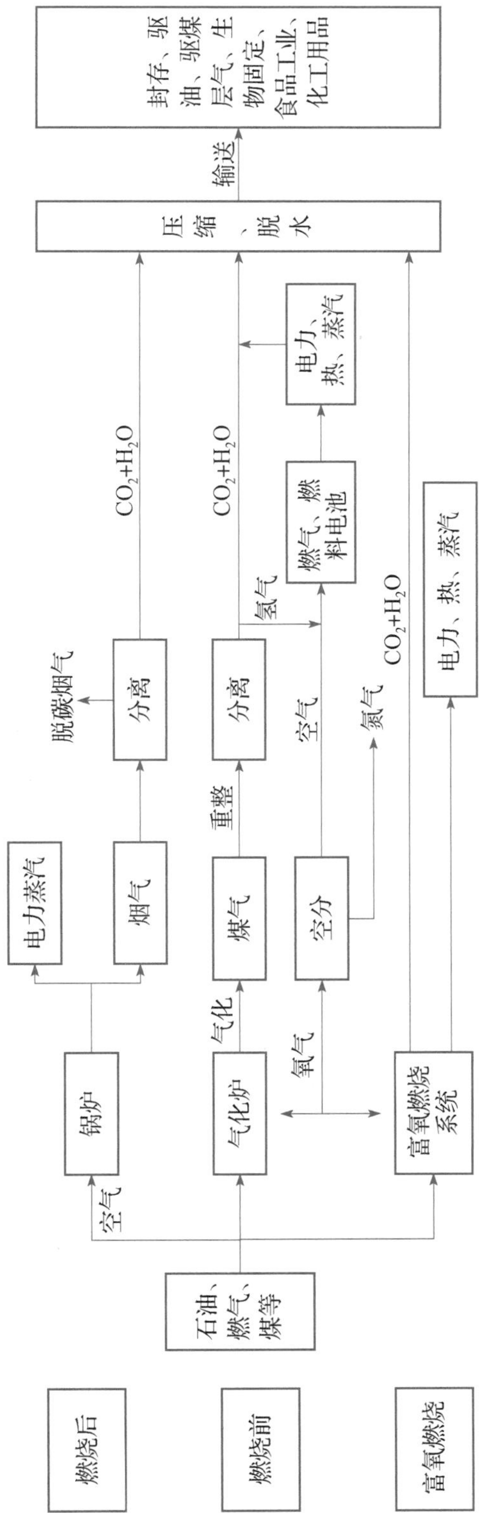

图 3-25　CCUS技术路线图

1. 储能技术分类与原理

储能即能量的存储，指通过特定的装置或物理介质将能量存储起来以便在需要时利用。根据能量存储方式的不同，储能可以分为机械储能、电磁储能、电化学储能、热储能和化学储能五大类，如图 3－26 所示。

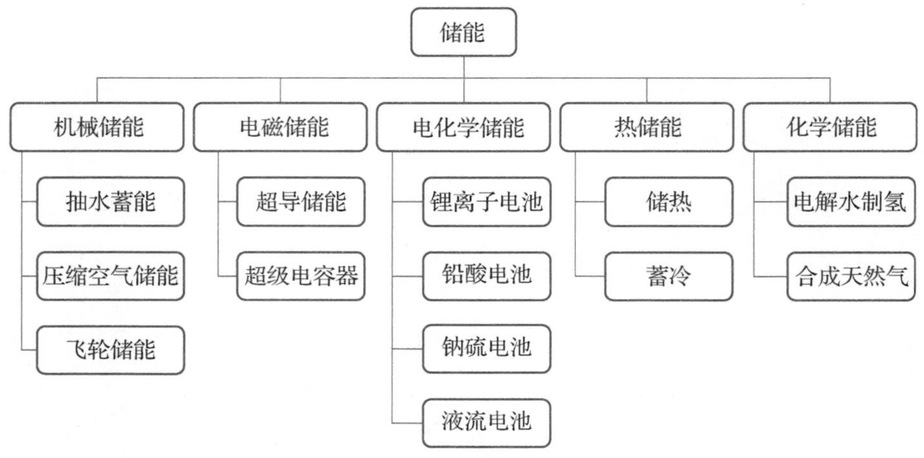

图 3－26　储能技术分类

机械储能的应用形式有抽水蓄能、压缩空气储能和飞轮储能。目前最成熟的大规模储能方式是抽水蓄能，其基本原理是电网低谷时利用过剩电力，将作为液态能量媒体的水从低标高的水库抽到高标高的水库，电网峰荷时高标高水库中的水回流到下水库推动水轮发电机发电。压缩空气储能是一种基于燃气轮机发展而产生的储能技术，以压缩空气的方式储存能量。储能时段，压缩空气储能系统利用风/光电或低谷电能带动压缩机，将电能转化为空气压力能，随后高压空气被密封存储于报废的矿井、岩洞、废弃的油井或者人造的储气罐中；释能时段，通过放出高压空气推动膨胀机，将存储的空气压力能再次转化为机械能或者电能。飞轮储能系统利用高速旋转体所具有的动能进行能量存储，通过控制飞轮转速实现电能与动能的转换。

电磁储能的应用形式有超导储能和超级电容器。其中，超导储能是利用超导体的电阻为零特性制成的储存电能的装置，其不仅可以在超导体电感线圈内无损耗地储存电能，还可以通过电力电子换流器与外部系统快速交换有功和无功功率，用于提高电力系统稳定性、改善供电品质。超级电容器又叫双电层电容器、电化学电容器，是一种介于传统电容器和充电电池之间的新型储能装置，既具有电容器快速充放电的特性，同时又具有电池的储能特性。

电化学储能主要包括各种二次电池，有锂离子电池、铅酸电池、钠硫电池和液流电池等。这些电池多数在技术上比较成熟，近年来成为关注的重点，并有许多实际应用。

热储能有许多不同的技术，如熔融盐储能，其可进一步分为显热储存和潜热储存等。在一个热储能系统中，热能被储存在隔热容器的媒质中，以后需要时可以转化回电能，也可直接利用而不再转化回电能。

化学储能主要是指利用氢或合成天然气作为二次能源的载体。通过电解水将水分解为氢气和氧气，从而获得氢。之后可直接用氢作为能量的载体，再将氢与二氧化碳反应成为合成天然气（甲烷），以合成天然气作为另一种二次能量载体。

除上述储能技术外，还有其他新兴储能技术，比如钠离子电池、液态金属电池、多价金属离子电池、水系电池等。

储能技术被广泛应用于提升电网输出与负荷匹配度，降低电网输出波动，减少电能损耗，以提升能源利用效率。各种储能技术存在较为显著的差别，适用范围也有较大区别。飞轮储能与超级电容器主要应用于工业生产中对电压波动较为敏感的精密制造与通信、数据中心等行业，抽水蓄能主要应用于大电网的输配电环节，而化学储能则更多运用于风、光发电等波动较大的可再生能源发电侧、中小型智能变电站和用电侧。氢储能更适宜季节性调峰，抽水蓄能、压缩空气储能、燃料电池、电化学储能等更适合小时级调峰，超级电容器等则更适合秒级调频需求。

各类储能技术中，抽水蓄能应用最为成熟；储热技术也已处于规模化应用阶段，目前我国火电灵活性改造大部分采取储热技术；锂离子电池储能近两年得到了飞速应用；压缩空气储能以及液流电池也逐渐迎来了商业化应用。

2. 多场景下储能应用

储能技术应用场景丰富，主要分为电源侧、电网侧和用户侧三类。电源侧对储能的需求场景类型较多，包括可再生能源并网、电力调峰、系统调频等；电网侧储能主要用于缓解电网阻塞、延缓输配电扩容升级等；用户侧储能主要用于电力自发自用、峰谷价差套利、容量电费管理和提高电能质量等。在实际应用中，储能的某一功能应用并不局限于单一应用场景，以平滑输出、跟踪出力计划为例，可同时应用于电源侧、电网侧和用户侧。

根据储能时长的不同要求，储能技术又可以区分为四种应用类型：容量型（≥4 小时）、能量型（1～2 小时）、功率型（≤30 分钟）和备用型（≥15 分钟）。4 小时及以上的储能技术通常被归为长时储能，4 小时以下的储能技术通常被归为短时储能。各类储能应用场景、技术种类及发展阶段见表 3－4。

表 3－4　各类储能应用场景、技术种类及发展阶段

类型		时长需求	应用场景	技术种类	发展阶段
长时储能	容量型	≥4 小时	削峰填谷、离网储能等	抽水蓄能、压缩空气储能、储热蓄冷、氢储能、钠硫电池、液流电池、钠离子电池、铅炭电池等	抽水蓄能和压缩空气储能处于商业应用成熟阶段；铅炭电池、储热蓄冷等已进入商业推广阶段；液流电池、钠离子电池等已进入示范应用阶段；氢储能处于开发阶段

续表

类型		时长需求	应用场景	技术种类	发展阶段
短时储能	能量型	1～2 小时	复合功能，独立储能电站、电网侧储能、调峰调频和紧急备用等多重功能	磷酸铁锂电池等	商业应用成熟阶段
	功率型	≤30 分钟	辅助 AGC 调频、平滑间歇性电源功率波动超导储能、飞轮储能、超级电容器、钛酸锂电池、三元锂电池等	超导储能、飞轮储能、超级电容器、钛酸锂电池、三元锂电池等	超导储能、飞轮储能、超级电容器处于开发阶段，钛酸锂电池、三元锂电池处于商业应用成熟阶段
	备用型	≥15 分钟	通信基站和数据中心等场景作为不间断电源提供紧急电力	铅酸电池、梯级利用电池、飞轮储能等	铅酸电池处于商业应用阶段，梯级利用电池处于示范应用阶段

储能应用场景的多样性决定了储能技术的多元化发展，当前还没有任何一种技术可以同时满足所有储能场景的需求。从整体技术路线来看，储能技术正朝着更高能量密度、更低成本、更好安全性和更长循环寿命迈进，不同的储能技术由于各具优势将形成互补发展。目前新能源侧配置储能系统通常以功率型或能量型的短时储能为主，主要起到平滑功率波动的作用。随着新能源装机容量和发电比例的提升，对储能时长的要求越来越高，大容量长时储能技术和长寿命大功率储能器件的开发将成为储能产业技术创新发展的重要方向。

3. 长时储能发展现状与方向

抽水蓄能和压缩空气储能是目前应用最广泛的长时储能技术。抽水蓄能是最为成熟、现有规模最大的储能技术，具有技术成熟、运行成本低、寿命长、容量大、效率高等优点，但也存在响应慢、受地理条件限制、建设周期长等缺点。

压缩空气储能容量功率范围广、环境友好，但效率低、响应慢、受地形地质条件限制。压缩空气储能之前受制于储能效率较低、电量损耗成本较高，但是随着技术进步，大型电站投资储能效率已经上升至 70%～75%，略低于抽水蓄能电站，已经具备了大规模商业化应用的条件。与当前应用最为广泛的抽水蓄能以及磷酸铁锂电池比较，压缩空气储能的度电成本依然要略高于抽水蓄能，但是远低于磷酸铁锂，投资周期较抽水蓄能短，且单体投资规模限制小。综合来看，压缩空气储能在能效得到提升后，有望成为抽水蓄能在大规模储能电站领域的重要补充。

电化学储能不受地理条件限制，响应更加迅速，且建设周期较短，是长时储能的重要发展方向，其中钠离子电池、液流电池是未来主要发展方向，铅炭电池也具备一些发展潜力。钠离子电池较锂离子电池而言，原材料丰富，且成本降低约 20%，但电池能量密度较低，产业链配套尚不完善，因此发展趋势主要集中在能量密度提升以及通过产业链建设降低成本两个方面。安全性上，钠离子电池内阻较大，短路时瞬时放热量较锂离子电池少，温升较低，在安全性方面具备先天优势，但钠离子电池电解液易燃、负极处钠枝晶生长易导致短路等问题依旧存在，因此需要在负极材料、电解质环节入手进一步提高安全性。

液流电池未来主要发展方向为全钒液流电池和锌溴液流电池，两者原材料易得且易回收，已经进入示范应用阶段。全钒液流电池活性物质单一，扩展性较高，可突破锂离子电池在储能时长方面的限制，且循环寿命可长达 20 年，容量规模易调节。但成本是制约全钒液流电池发展的核心原因，未来可通过技术和商业模式创新两个方面降低成本。锌溴液流电池相较于全钒液流电池，能量密度更高，电解液体积更小，电极和隔膜材料均为塑料，溴化锌电解液价格低廉易得，电极各材料均可回收利用，对环境友好。但锌溴液流电池在国内起步较晚，目前产业化处于初期阶段。解决锌枝晶导致的单体电池短路问题及产业化是未来锌溴液流电池发展的重点。

铅炭电池是一种电容型铅酸电池，是从传统的铅酸电池演进出来的技术。铅炭电池同时具有铅酸电池和电容器的特点，既发挥了超级电容器瞬间大容量充电的优点，也发挥了铅酸电池的比能量优势，且拥有非常好的充放电性能。由于加了碳材料，阻止了负极硫酸盐化现象，改善了过去电池失效的一个因素，电池寿命有所延长。在经过几年的快速发展后目前趋于沉寂，但其安全性高、回收率高的特点使其在场地要求不高、有较长的充放电工作周期等场合仍然是有竞争力的储能技术。

熔融盐储热是热储能中可作为长时储能发展的一种技术路线。熔融盐储热通过加热熔盐完成储能，应用场景包括光热发电、清洁供热供汽、火电灵活性改造。熔融盐储热具有储能规模大、时间长、寿命长、环保安全等优点，但仍有一定的局限性，存在成本较高、能量利用率低、熔盐具有腐蚀性等缺点。

可再生能源发电制氢是未来氢储能发展的主要方向，可应用于新型电力系统“源、网、荷”各环节，实现电氢耦合发展。电源侧，利用可再生能源绿色制氢技术，将风能、太阳能等可再生能源电力清洁高效地转换为氢能，推动氢能在电源侧与可再生能源耦合，促进大规模可再生能源消纳。电网侧，氢储能可积极参与电网调峰调频辅助服务，提高电力系统安全性、可靠性、灵活性，由于具有储能容量大、储存时间长、清洁无污染等优点，能够在电化学储能不适用的场景发挥优势，在大容量长周期调节的场景中，氢储能在经济性上更具有竞争力，能够实现跨地域和跨季节的能源优化配置。用户侧，氢能作为灵活高效的二次能源，在能源消费端可以利用电解槽和燃料电池，通过电氢转换，实现电力、供热、燃料等多种能源网络的互联互补和协同优化，推动分布式能源发展，提升终端能源利用效率。但目前氢能在新型电力系统中的应用仍面临诸多挑战，如电氢耦合关键技术有待突破，电解水制氢成本有待下降，需加强固态储氢和有机溶液储氢等技术的研发，降低输氢成本，提高输氢便利性。

4. 短时储能发展现状与方向

短时储能中，应用最广泛的是锂离子电池，已经进入商业化成熟期。锂离子电池环境污染小、充放电效率高、循环寿命长、循环特性好、能量密度高，但过充和过放不耐受、温度敏感、成组寿命待提高、价格高，在产业链各环节存在的技术、成本与安全问题待解决。原材料环节，我国锂资源品位较低，开采成本高，主要使用离子交换吸附、膜分离方法提锂，未来将向高性能吸附分离材料研发及工业流程的简化方向发展。正极材料环节，磷酸铁锂正极由于成本较低，安全性和循环使用寿命更高，在储能领域应用广泛；但其能量密度较低，未来可通过补锂逐渐提升能量密度。实施补锂技术后，磷酸铁锂电池的能量密度预计可提升20%左右，循环寿命也将有所延长。负极材料环节，人造石墨材料由于低电化学电势、循环性能好、廉价等优点，已成为主流，但存在比容量较低的缺点。硅材料的质量比容量是碳材料的10倍，未来技术方向是将碳材料引入硅中形成硅碳负极。隔膜环节，由于湿法隔膜生产厚度薄、强度和能量密度高，磷酸铁锂电池有从干法隔膜向湿法隔膜转换的趋势。为提高隔膜热稳定性，在湿法隔膜上使用陶瓷涂覆将成为未来方向。电解质环节，六氟磷酸锂是目前的主要电解质材料。新型电解液LiFSI溶解温度热稳定性较好，有望成为新型替代材料。同时，固态或半固态电解质或是未来发展的重要方向。但固态电池产业链配套与目前现有的锂离子电池兼容性很小，若要实现规模化生产，在技术、产业链配套建设上还需要更多的时间。

除锂离子电池等电化学储能电池外，超导储能、飞轮储能、超级电容器常用于满足电力系统的短时储能需求。超导储能技术适用于平抑短时功率波动，解决电网暂态频率稳定性问题，虽处于开发阶段，但具有较大的发展前景。超导储能带材零电阻、电流密度高、无须能量转换、无任何电化学反应和机械磨损，因此具有效率高、功率密度高、响应速度快、循环次数无限等优点。要实现超导储能在可再生能源领域的商业应用，除了超导带材制造工艺有待提高，制造成本亟须降低外，还需要突破以下核心关键技术：高效率、宽功率运行范围大功率变流技术，大容量高温超导磁体技术，低温高压绝缘技术，超导储能系统在线监测与优化控制技术，高效制冷技术。

飞轮储能具有功率密度高、不受充放电次数的限制、绿色无污染等特点。与电化学储能相比，飞轮储能的主要优势在于支持高频次充放电、使用寿命长、安全性高；劣势在于储电量低、度电成本高、功耗高。国内飞轮储能行业体还处于发展的早期阶段，绝大部分企业尚不具备规模化的生产能力，绝大部分产品还处于原型机或样机研制实验阶段。此外，飞轮储能是针对性比较强的技术，发挥其优势需要一些应用场景支撑。在电力系统中飞轮储能最适合的场景是一次调频，该领域需求逐渐增长。随着大规模新能源并网，整个电网频率的波动越来越大，迫切需要飞轮储能这种短时高频的储能技术支持，飞轮储能行业发展前景广阔。更高转速、更高功率密度、更低损耗、更长寿命的高速磁悬浮飞轮系统是飞轮储能技术未来的发展方向。

超级电容器行业国内起步较晚，与国外先进水平差距较大。相较于传统电容器与电池，超级电容器具有充电时间短、使用寿命长、温度特性好、节约能源和绿色环保等特点。自诞生以来，超级电容器在新能源汽车、智能电网、风力发电、太阳能、轨道交通、运动控制、军用设备、电力储能等众多领域有着巨大的应用前景，已经成为各国重点研发项目。随着下游应用场景的不断扩展，对超级电容器的需求也在不断增长。超级电容器技术仍需不断突破，未来将向低成本、高能量密度、高功率密度、低维护成本、长使用寿命方向发展，将会开拓更多的纯电池替代领域。

5. 全球与中国储能规模

截至 2021 年底，全球已投运储能项目累计装机规模 209.4GW，同比增长 9%，全球储能市场累计装机规模占比如图 3－27 所示。其中，抽水蓄能的累计装机规模占比首次低于 90%，比上年同期下降 4.1 个百分点。新型储能累计装机规模为 25.4GW，同比增长 67.7%，其中锂离子电池占据主导地位，市场份额超过 90%。美国、中国和欧洲引领全球储能市场的发展，在新增装机方面，三者合计占全球市场的 80%，其中美国占 34%，中国占 24%，欧洲占 22%。

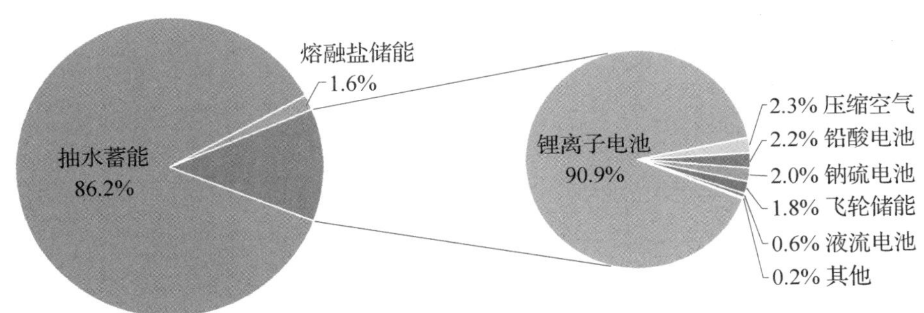

图 3－27　2021 年全球储能市场累计装机规模占比

资料来源：CNESA（2022）.

截至 2021 年底，中国已投运储能项目累计装机规模 46.1GW，占全球市场总规模的 22%，同比增长 30%。中国电力储能市场累计装机规模占比如图 3－28 所示，抽水蓄能的累计装机规模最大，占比 86.3%。在各类新型储能技术中，锂离子电池的累计装机规模最大，占到近 90%，主要由于 2020 年后国家及地方出台了鼓励可再生能源发电侧配置储能的政策，同时锂电技术商用已经成熟，成本较低，成为电厂配置储能的主要选择。

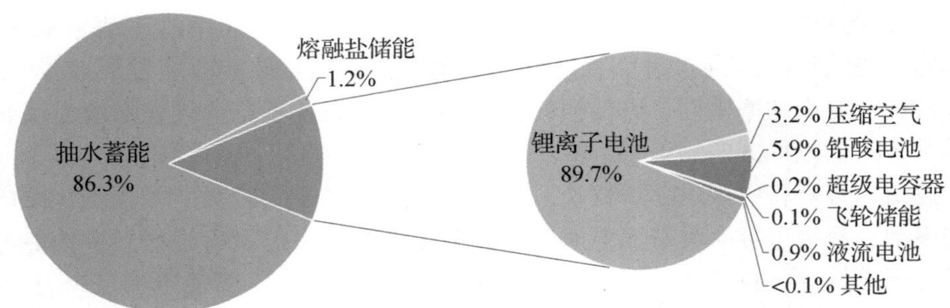

图 3-28　2021 年中国电力储能市场累计装机规模占比

资料来源：CNESA（2022）.

第 3 节　电力部门发展现状

在了解了各项电力技术的生产原理和性能后，本节将介绍世界整体以及包括中国在内的典型国家电力部门的发展概况，重点关注电力需求、电力结构等方面，以了解电力部门的碳减排技术发展现实基础。

一、全球电力部门发展概况

IEA 数据显示，为应对气候变化，全球正朝着快速电气化方向发展，推动电力需求大幅增加。如图 3-29 所示，1990 年以来全球发电量持续增长，2019 年达到 27 万亿千瓦时，同比增长 1.3%。随着世界范围内化石能源发电量在 2010 年后逐渐降低，电力碳排放与发电量逐渐脱钩（见图 3-30），发电产生的二氧化碳排放增速逐渐减缓。

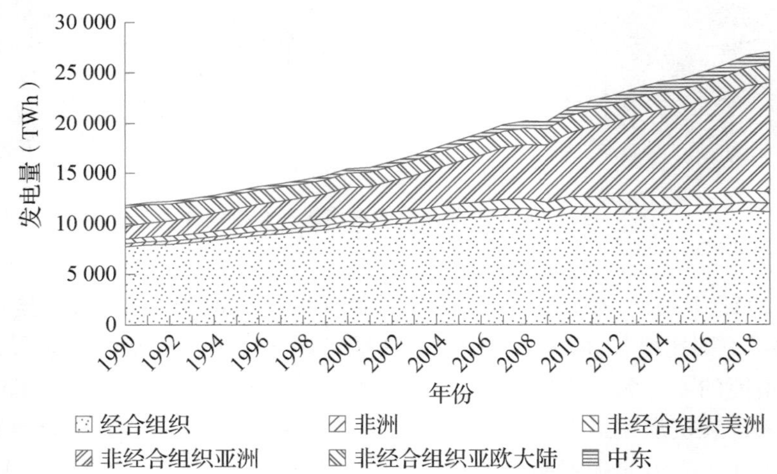

图 3-29　1990—2019 年世界各区域发电量

资料来源：IEA 数据平台，https://www.iea.org/data-and-statistics.

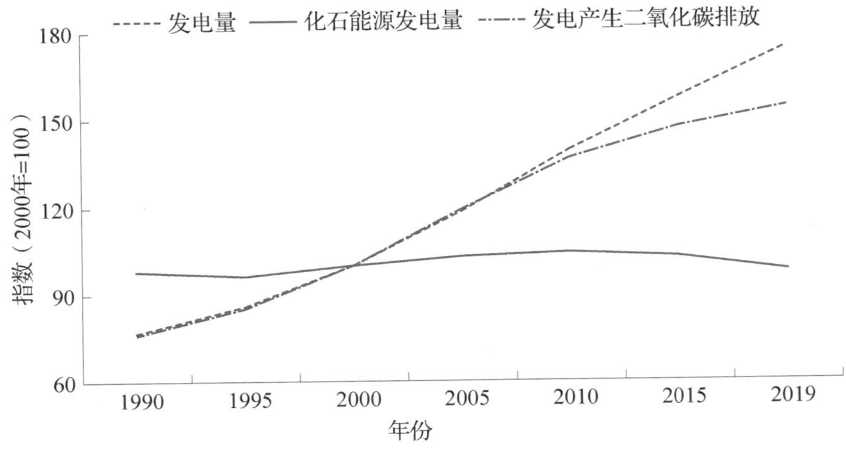

图 3-30 1990—2019 年世界电力部门 CO_2 排放情况

资料来源：IEA 数据平台，https://www.iea.org/data-and-statistics.

随着现代低碳燃料和发电技术在 2010 年以来的发展使用，包括核能、风能、太阳能、生物燃料、可再生废物等在内的低碳电力有了显著增长，2020 年低碳电力占总发电量的比例增加至 39%（如图 3-31 所示），其中水力发电仍是最大的可再生能源主体，水力发电量占比达 16%，核能发电量占比达 10%。2020 年非水可再生能源（风能、太阳能、生物能源和地热能等）发电量出现有史以来最大增长（358 太瓦时），风力发电对可再生能源发电量的增长贡献最大（173 太瓦时），其次是太阳能发电（148 太瓦时）。2020 年风力发电量在总发电量中占比为 6%，太阳能发电量在总发电量中占比为 3%，未来仍有巨大发展空间。中国是迄今为止可再生能源增长的最大贡献者，其次是美国，之后分别是日本、英国、印度和德国。2020 年煤炭发电份额下降了 1.3 个百分点，达历史以来最低水平，但仍以 35% 的占比作为全球发电的主要燃料，第二大发电来源是天然气，占比 23%，风能和太阳能发电量虽然比 2015 年增加了一倍多，但对化石能源总发电量的影响仍然微小，要实现可再生能源取代化石能源发电还有很长的路要走。

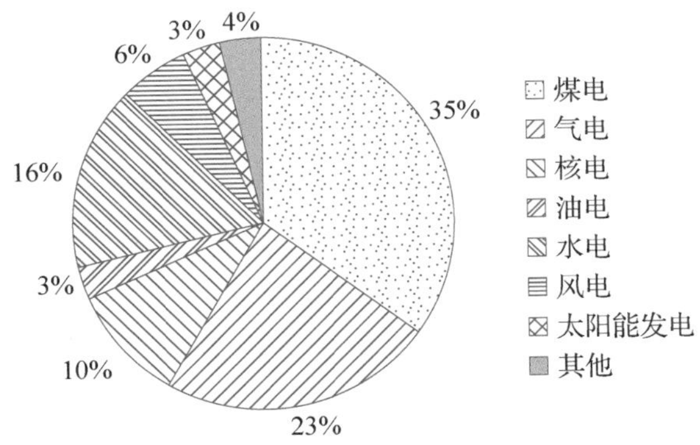

图 3-31 2020 年全球发电构成

资料来源：IEA 数据平台，https://www.iea.org/data-and-statistics.

二、典型国家电力部门发展概况

电力部门是脱碳的关键部门，IEA 电力市场调查报告显示，一些国家宣布其电力行业将在 2030 年前或 2030 年实现净零排放，如：挪威已经实现净零排放；丹麦定于 2027 年；奥地利为 2030 年；美国、加拿大和新西兰定于 2035 年；德国目标为 2045 年；中国定于 2060 年前实现全国碳中和，其中电力行业需率先达成零排目标。此外，至 2021 年底，有 21 个国家计划在 2040 年前逐步完成煤电淘汰，如：德国承诺力争 2030 年前、最迟 2038 年淘汰煤电；加拿大承诺在 2030 年内逐步淘汰传统煤电；英国承诺到 2025 年逐步淘汰所有煤电。加拿大和英国建立“弃用煤炭发电联盟”，截至 2021 年 12 月，有 48 个国家政府、48 个地方州政府和 69 个组织加入。本部分介绍几个典型国家的电力部门低碳发展情况。

1. 美国

2010 年以来包括美国在内的世界各国均以电力部门为重点开展能源清洁低碳转型。至 2021 年，美国由电力部门主导的二氧化碳减排效果显著。得益于页岩气革命和可再生能源政策支持，美国电力行业从依赖燃煤发电转向了成本大幅下降的页岩气和可再生能源发电，2008 年美国煤电发电量在总发电量中占比约 50%，2020 年降至 20%（见图 3-32），预计煤电和核电站将继续关闭。而 2020 年天然气发电占比高达 41%，可再生能源发电占比也增加至 20%。

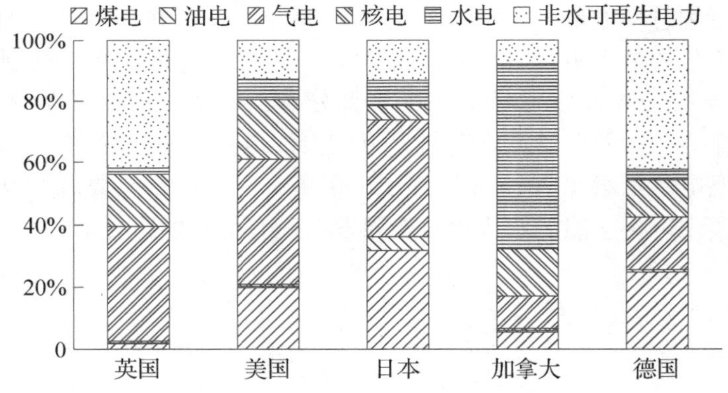

图 3-32 2020 年典型国家电力结构

资料来源：IEA 数据平台，https://www.iea.org/data-and-statistics.

2. 英国

英国在脱碳方面处于全球领先地位，英国为碳交易市场设置碳价下限值以促进煤制气转变，同时对海上风电和太阳能光伏进行创纪录的投资，使其电力结构大幅转型。2020 年英国可再生能源发电量占总发电量比例达 45%（见图 3-33），其中非水可再生能源发电量占比为 43%。此外，天然气发电量占比为 36%；核电发电量占比为 16%，将进一步退役；煤电发电量占比下降至 2%，比 2010 年降低 95%。预期 2030 年，风能和太阳能发电量占比将达到 50% 以上。

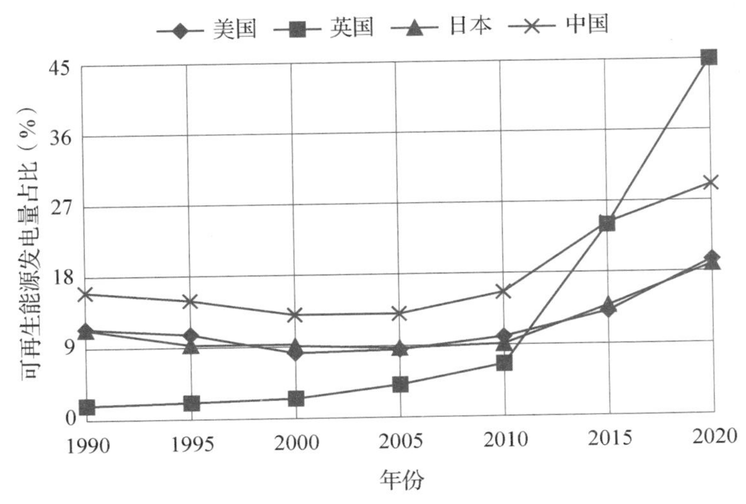

图 3－33　1990—2020 年典型国家可再生能源发电量占比

资料来源：IEA 数据平台，https://www.iea.org/data-and-statistics.

3. 日本

2011 年日本福岛事件对其电力结构影响重大，核能发电量占比从 2010 年的 25% 下降到 2014 年的 0，近 300 太瓦时电力缺口由化石燃料填补。2015—2020 年，日本能源系统可持续发展取得成效：可再生能源发电量翻一番，能源效率提高，共同减少了对化石燃料的需求，使得温室气体排放持续下降。但日本仍然高度依赖化石能源，2020 年化石燃料发电量占比达 74%，其中天然气发电量占比 38%，煤电发电量占比 32%；核能发电逐步重启，发电量占比恢复至 5%；可再生能源发电量占比增加至 21%。政府依靠可再生能源扩张计划、恢复核电以及部署新技术（如低碳氢气）来实现电力部门脱碳。由于日本依赖化石燃料，CCUS 也作为重点发展领域。日本政府提出，计划到 2030 年争取实现均衡的电力结构，煤炭、天然气、核能和可再生能源发电量各占总发电量的四分之一左右。预计到 2050 年，可再生能源发电量占比达 50%～60%，成为主要发电能源；配置 CCUS 的化石燃料发电量占比达 30%～40%；氢气和氨发电量占比达 10%。

4. 德国

截至 2020 年，德国的能源转型计划已实施了近十年，在电力行业的可再生能源发电方面成效显著。虽然煤炭发电仍然是其最大的电力来源，发电量占比达 25%，但可再生能源发电在过去十年中发展最快，风力发电已成为第二大电源，发电量占比达 24%；包括天然气发电在内的化石能源发电量占比下降至 43%；核能发电量占比减少至 12%，德国计划完全淘汰核电；可再生能源发电量占比已达到 46%，其中非水可再生能源发电量占比高达 43%。德国将扩大可再生能源作为能源转型的核心板块，计划到 2030 年将可再生能源发电份额提高到 65%，到 2050 年提高到 80%。

5. 加拿大

加拿大已经拥有世界上最低碳的电力系统之一，2020 年近 83% 的发电量来自低碳能源发电（包括水电、核能和非水电可再生能源发电），并计划到 2030 年将这一比例提高到 90%。水电是加拿大的主要发电方式，2020 年水电发电量占总发电量的 60%；其次是核电，核能发电量占比为 15%；化石能源以较清洁的天然气为主，天然气发电量占比为 11%，煤电发电量占比不到 5%；核电作为长期基载供应电源，是实现加拿大气候变化目标的基础。风力发电量占比稳步增长，从 2010 年的 1% 增至 2020 年的 6%。自 2010 年以来，太阳能发电量也持续增长，但 2020 年仍只占总发电量的 0.7%。

三、中国电力部门发展概况

1. 电力需求

随着新冠疫情得到有效控制以及国家逆周期调控政策逐步落地，2021 年中国全社会用电量大幅回升，达 8.31 万亿千瓦时，同比增长 10.3%。人均用电量达 5 885 千瓦时/人，较上年大幅增加，比 2015 年增加 42%（见图 3-34），国家能源局公布数据显示，“十三五”时期以来用电量增速快于能源消费总量增速。从产业用电结构来看（见图 3-35），全社会用电结构在持续优化，用电量增长主要来自第二、第三产业。第一产业受农村电网持续改造升级和用电条件持续改善的影响，用电量达 0.1 万亿千瓦时，同比增长 16.4%，与 2015 年用电量持平；第二产业得益于高技术及装备制造业、部分新兴制造行业的快速发展，用电量增长较快，总用电量达 5.6 万亿千瓦时，同比增长 9.1%，比 2015 年增加 37%；第三产业的

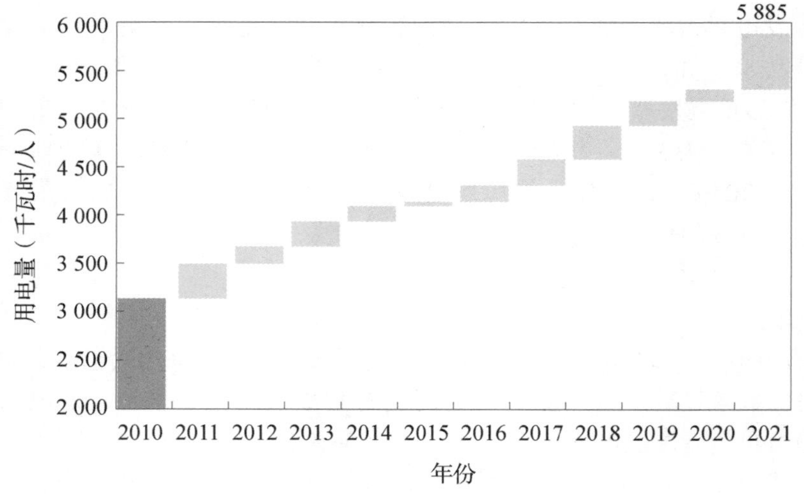

图 3-34　2010—2021 年中国人均用电量及增量

资料来源：国家统计局，http://www.stats.gov.cn.

在线办公、生活服务平台等线上产业用电量持续高速增长，总用电量达1.4万亿千瓦时，同比增长17.8%，为2015年用电量的2倍。城乡居民生活用电量达1.2万亿千瓦时，同比增长7.3%，比2015年增长64%。随着大数据、云计算、物联网等新技术的快速推广应用，以及整体电能替代和电动车普及等，全社会用电量将继续增长。

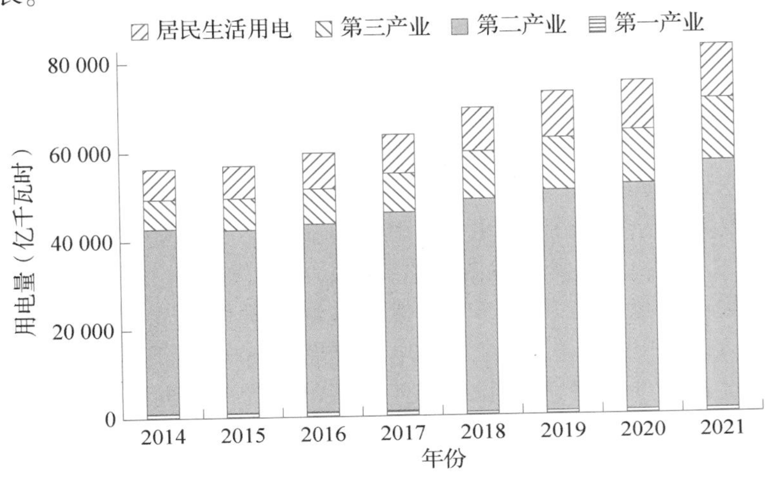

图3-35　2014—2021年中国全社会用电量情况

资料来源：国家统计局，http://www.stats.gov.cn.

2. 电力供应

据中国电力企业联合会数据显示，至2021年底，全口径发电装机容量达23.8亿千瓦，同比增长约7.9%。其中，非化石能源发电装机容量合计11.2亿千瓦，同比增长13.4%，占总发电装机容量比重达47%，创历史新高，比2015年提高将近10个百分点。其中，水电仍是主要的可再生能源电力，装机总量达3.9亿千瓦（见图3-36），同比增长约5.6%。核电也显著增加，总数达到51座，2021年

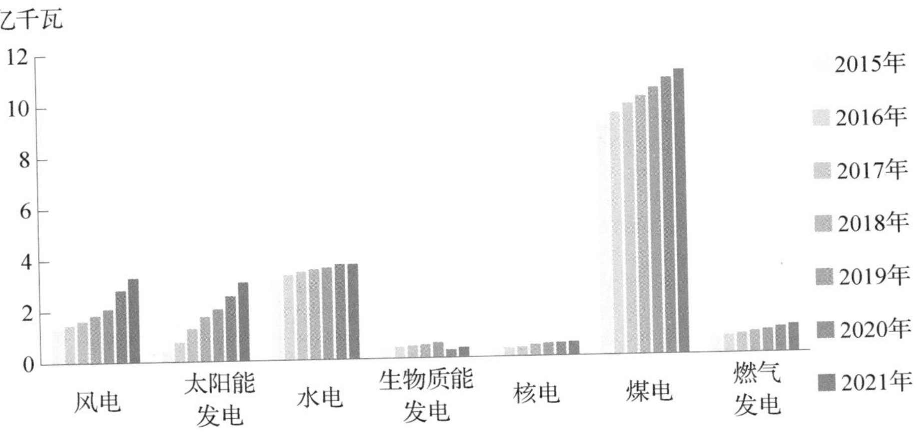

图3-36　2015—2021年中国发电技术规模趋势

资料来源：国家统计局，http://www.stats.gov.cn.

装机总量达0.5亿千瓦，同比增长约6.8%，核电年均利用小时数超过7 700小时。风电、光伏发电是主要的新增可再生能源电力，风电累计装机容量达3.3亿千瓦，同比增长16.6%；其中，陆上风电累计装机容量为3.0亿千瓦，海上风电累计装机容量为2 639万千瓦。太阳能发电累计装机容量达3.1亿千瓦，同比增长20.9%；其中，集中式光伏发电累计装机容量为2.0亿千瓦，分布式光伏发电累计装机容量为1.1亿千瓦，光热发电累计装机容量为57万千瓦。风电、光伏和水能利用率分别达到96.9%、97.9%和97.8%，其装机规模占比也几乎持平，分别达14%、13%和16%。

从发电结构看，2015—2021年我国传统化石能源发电比重持续下降（见图3-37），且未来仍有巨大优化空间。由于风电、光伏等非水可再生能源发电技术的容量系数低于传统化石能源电力，其发电量占比小于发电装机占比，但2021年也增加至29.7%；水力发电量占比达14%；核能发电量占比达4.9%。中国化石能源发电量占比虽仍高达67.4%，但整体煤电机组的煤炭强度在逐年优化，2021年全国6 000千瓦及以上火电厂供电标准煤耗303克/千瓦时（见图3-38），比上年降低约2克/千瓦时，并且2021年政策目标提出要继续降低全国火电平均供电煤耗，至2025年达300克标准煤/千瓦时以下。

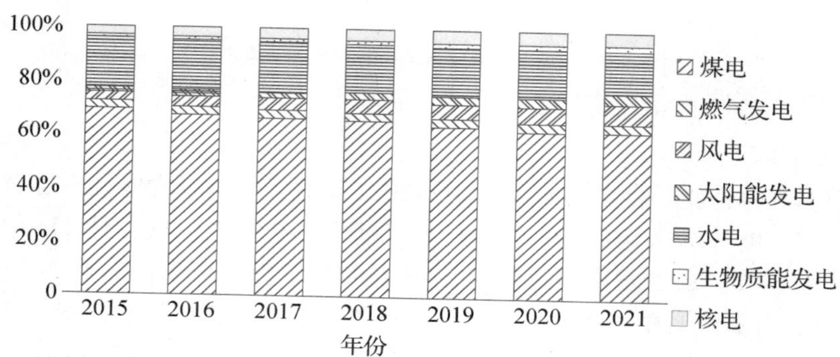

图3-37 2015—2021年中国发电量结构

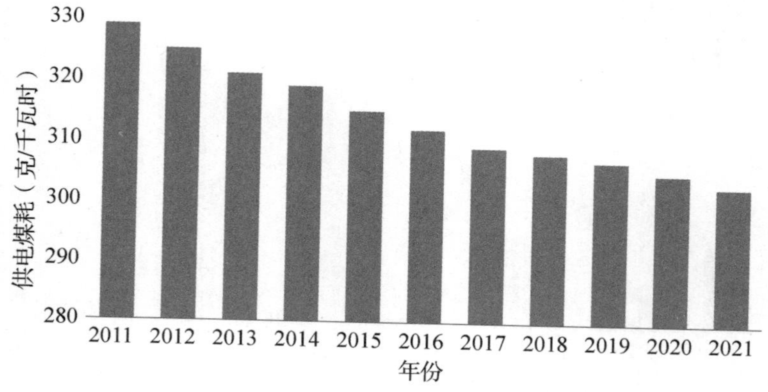

图3-38 2011—2021年中国火电机组供电煤耗

资料来源：国家统计局，http://www.stats.gov.cn.

第4节　电力部门碳减排技术经济管理措施

结合世界和中国电力部门现状发现，多数碳减排技术仍处于价格高昂的早期发展阶段，与传统化石能源技术相比竞争性较弱，需要政策的扶持推广。因此，中国采取了一系列提高能源效率和推广可再生能源发电的政策和措施，以减少电力对化石能源的依赖、加速碳减排技术发展。这些政策既包括覆盖全国范围的举措（如定价机制、财政激励和排放交易计划），也包括对特定区域的试点项目（如节能电力调度和需求侧管理），从定位和目标上对电力行业碳减排技术的发展发挥了系统性、指导性、科学性的引导和促进作用。碳减排技术经济管理的关键目标及内容措施如图3-39所示，本节将择要详细展开介绍。

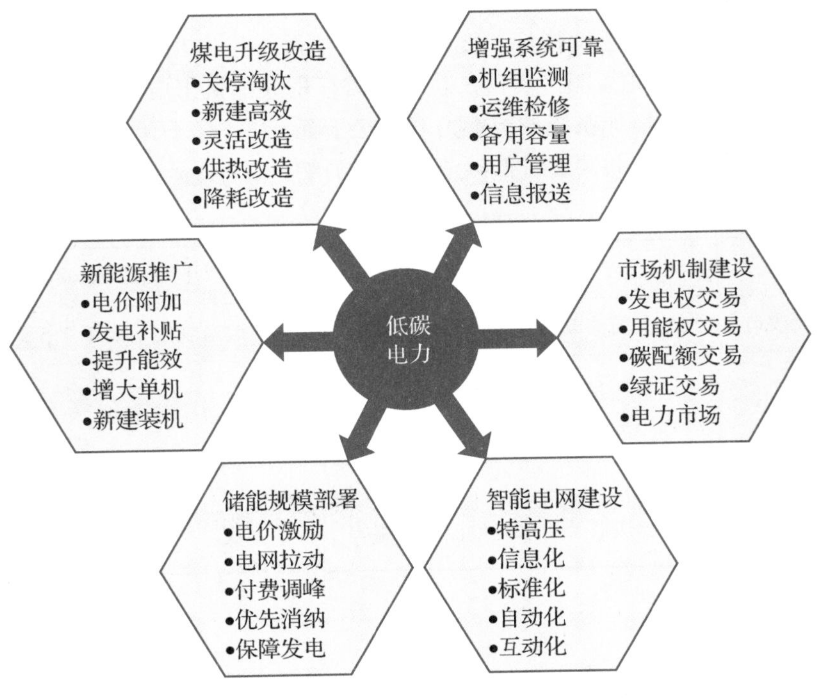

图3-39　碳减排技术经济管理措施

一、煤电升级改造

我国以煤电为主的电源结构决定了电力系统优化仍需从煤电机组升级改造入手，推进煤电清洁、高效、灵活、低碳发展。2021年国家发展改革委在《关于开展全国煤电机组改造升级的通知》中提出煤电行业优化存量的“三改联动”方案，即对现存煤电机组展开节煤降耗改造、供热改造和灵活性改造；同时严控增量，对新建机组设准入值，原则上采用超超临界且供电煤耗低于270克标准煤/千瓦时的机组，并且不允许新建供电煤耗高于285克标准煤/千瓦时的湿冷煤电机组和高于300克标准煤/千瓦时的空冷煤电机组。

如表3-5所示，三大改造的具体措施和目标如下：(1)节煤降耗改造，对供电煤耗在300克标准煤/千瓦时以上的煤电机组，通过提升机组主蒸汽参数和再热蒸汽参数、改造汽轮机通流技术和汽封性能、优化冷端技术等实现煤电机组节煤降耗。“十四五”期间改造规模不低于3.5亿千瓦，2025年全国火电平均供电煤耗降至300克标准煤/千瓦时以下。(2)供热改造，通过从再热热段、再热冷段、中低压缸联通管等抽取供热蒸汽方式实现纯凝机组供热改造，因厂制宜采用打孔抽气、低真空供热、循环水余热利用等成熟适用技术。对城市或工业园区周边具备改造条件且运行未满15年的纯凝发电机组进行采暖供热改造，目标为“十四五”期间改造5 000万千瓦规模。(3)灵活性改造，通过优化锅炉系统管壁厚度、磨煤机运行数量、燃烧器以及给水流量控制策略等，来实现五项性能优化：降低最小出力、缩短启停时间、快速升降负荷、热电解耦和锅炉燃料可变。其中降低最小出力是最主要的灵活性指标，要求纯凝机组最小发电出力达35%额定负荷，热电机组最小出力达40%额定负荷。目标是对存量煤电机组应改尽改，“十四五”期间完成2亿千瓦，增加系统调节能力0.3亿千瓦～0.4亿千瓦，煤电机组灵活制造规模达1.5亿千瓦，共同促进低碳清洁能源消纳。

表3-5 煤电机组改造方向、措施和目标

改造方向	改造措施	“十四五”期间改造目标
节煤降耗改造	汽轮机通流改造、余热深度利用	改造规模不低于3.5亿千瓦
供热改造	采用打孔抽气、低真空供热、循环水余热利用等技术	改造规模5 000万千瓦
灵活性改造	优化锅炉系统管壁厚度、磨煤机运行数量、燃烧器及给水流量控制策略等	改造规模2亿千瓦

二、可再生能源推广

各国对于可再生能源的创新和推广都十分重视，2021年美国能源部为大学研发项目提供巨额资金，用以将纯氢、氢气和天然气混合物等用于涡轮机发电的研究；部署1.28亿美元推进研发太阳能电池制造的两种材料，实现未来十年太阳能价格降低60%的目标；通过创新能源贷款担保计划提供30亿美元，宣布2030年部署30吉瓦海上风电的目标，以及为15个新海上风电研发计划提供800万美元。2020年德国修正《海上风能法》，将2030年海上风电的扩建目标大幅提高到20吉瓦，2040年达到40吉瓦，并计划到2030年可再生能源发电占总用电量的65%。澳大利亚则通过《2021年海上电力基础设施法案》为海上电力项目的建设、运营、维护和退役建立框架。中国也通过长期资金扶持、严格机制激励、文件规范引导等对光伏、风电产业的发展提供大力支持（见表 3－6）。

表 3－6　中国新能源项目推广措施

推广措施	负责部门	具体内容
资金扶持	国家发展改革委、财政部、中国人民银行、银保监会、国家能源局	可再生能源基金和财政专项补贴用于电价附加、发电补贴
机制激励	国家发展改革委、国家能源局	设置各省份可再生能源电力消纳责任权重
规范引导	工信部	智能示范企业、示范项目，行业生产规范

（1）在资金扶持方面，2011 年以来国家通过电价附加、补贴和金融支持等多种措施鼓励可再生能源项目推广，此后至 2016 年可再生能源电价附加征收标准多次上调，推进风电、光伏发电平价上网和低价上网项目，至 2017 年后才开始补贴退坡。2020 年电价附加资金政策完善了可再生能源发电补贴项目的管理模式、补贴顺序、补贴上限、补贴计算方法和补贴范围等。2021 年《关于引导加大金融支持力度 促进风电和光伏发电等行业健康有序发展的通知》提出，金融机构按照商业化原则与可再生能源企业协商展期或续贷，按照市场化、法治化原则自主发放补贴确权贷款，促进风电和光伏等行业健康有序发展。

（2）在机制激励方面，为确保实现非化石能源占比目标，2021 年起实施可再生能源电力消纳保障机制。即按省级行政区域对电力消费规定应达到的可再生能源电量比重，承担消纳责任的各类市场主体的售电量（或用电量）应达到最低可再生能源电力消纳责任权重对应的消纳量。每年初滚动发布各省的当年和次年消纳责任权重，消纳责任权重逐年提升。当年权重为约束性指标，各省考核评估；次年权重为预期性指标，按此开展项目储备。消纳核算方式以责任主体实际消纳可再生能源电量为主，同时还有两项补充方式：1）向超额完成的市场主体购买其超额完成的可再生能源电力消纳量，双方自主确定转让价格。2）自愿认购可再生能源绿色电力证书记为等量消纳量。从 2021 年全国情况看，9 个省（区、市）最低非水电消纳责任权重超过 15%，中东部省份是重要电力消纳省份，指标高于三北地区，以促进新能源跨省跨区消纳。

（3）在规范引导方面，为鼓励光伏产业技术进步，2021 年提出支持培育一批智能光伏示范企业和示范项目，包括应用智能光伏产品，融合大数据、互联网和人工智能，在工业园区、建筑及城镇、交通运输、农业农村、光伏电站、光伏扶贫及其他领域形成智能光伏应用。《光伏制造行业规范公告管理暂行办法（2021 年本）》对多晶硅、硅棒、硅锭、硅片、电池、组件等光伏制造行业进行规范，减少单纯扩大产能的光伏制造项目，加强光伏制造业技术创新、提高产品质量、降低生产成本，推动光伏产业调整结构转型升级。

三、储能配套应用

储能产业初始阶段，政府多采用税收优惠或补贴政策，促进储能成本下降和规模应用；储能应用较广泛时，政府通常鼓励储能企业深入参与辅助服务市场，以实现多重价值。2016 年北美以税收和补贴政策鼓励支持储能部署，出台投资税收减免政策，先进储能技术可以申请投资税收减免。2016 年以来，英国政府明确储能资产的定义、属性、所有权及减少市场进入障碍等，降低储能项目准入机制，将其作为工业战略的一个重要组成部分。荷兰、奥地利和瑞士等国推动储能系统参与辅助服务市场，为区域电力市场提供高价值服务。

2017 年我国明确储能产业为国家战略性新兴产业，之后规划部署了大量电化学储能、储热、制氢与燃料电池研发和应用示范项目。2021 年《关于加快推动新型储能发展的指导意见》提出，利用退役火电机组的既有厂址和输变电设施建设储能或风光储设施，到 2025 年装机规模达 3 000 万千瓦以上，到 2030 年实现新型储能全面市场化发展。如表 3－7 所示，我国主要推动三大重点领域的典型储能应用和高质量发展。一是用户侧储能应用，利用不间断电源（UPS）等自备电源、工业生产/制冷/制热/照明等调节设备、电动汽车、充电桩等储能资源削峰填谷，通过峰谷电价机制和市场规则补偿激励用户侧需求响应，即反峰谷时段进行充放电。二是电网侧储能应用，主要利用锂电池储能技术进行电网调峰、调频、备用。引导社会资本投资，遵循按效果付费，利用市场规则反映储能灵活调节能力价值，将其纳入输配电价由电网企业兜底服务价值。三是新能源+储能应用，以避免可再生能源弃电，减少瞬时功率变化。在全面平价上网之前，要求可再生能源发电企业按一定比例自建、租用或购买储能配额，对此类新能源电站优先并网消纳、保障利用小时数等。同时，市场规则逐步向储能等新市场主体倾斜，2021 年国家《完善电力辅助服务补偿（市场）机制工作方案》指导各地落实辅助服务市场建设，作为推动未来储能商业化应用的关键。

表 3－7　储能应用及激励

储能应用场景	应用内容
新能源+储能	配套电化学储能，以优先并网消纳、保障利用小时数等激励
电网侧储能	新建锂电池储能技术配合电网提供辅助服务，按市场价值补偿激励
用户侧储能	调动用户端储能资源充放电、削峰填谷，按峰谷电价补偿激励

四、电力可靠性管理

在完成电力系统规划、设计和工程实施的基础上，电力的安全经济供应实现取决于电力系统的运行和控制，因此仍需不断完善电力系统调度自动化系统，保障电力系统的安全和运行质量。2021 年《电力可靠性监督管理办法（暂行）（征求意见稿）》明确电力可靠性管理包括电力系统、发电、输变电、供电、用户可靠性等。电力系统调度要随时保持发电与负荷的平衡，要求调度管辖范围内的每一个部门严格按质按量完成调度任务。电力系统运行控制是为了使电力系统的有功与无功出力时刻与负荷保持平衡，以保证合格的电能质量；对随时可能发生的事故和异常情况必须及时处理，以不致扩大事故并迅速恢复正常供电；对发电、输电等各项电气设备的运行参数需要连续进行监测，以保证安全经济运行。发电机组主要可靠性指标为：可用系数、等效可用系数、非计划停用次数、强迫停运率和等效强迫停运率。输变电设备主要可靠性指标为：平均停电频度、停电规模和平均停电持续时间。表 3 – 8 总结了电力可靠性管理的主要内容和指标。

表 3 – 8　电力可靠性管理内容

管理环节	管理内容	可靠性指标
发电环节	监测各类发电机组运行数据和负荷备用容量规模	可用系数、等效可用系数、非计划停用次数、强迫停运率、等效强迫停运率
输变电环节	先进技术带电作业，优选高可靠性输变电设备	平均停电频度、停电规模、平均停电持续时间
用户侧	重要电力用户配置一定比例自备应急电源	应急电源容量规模

在升级的可靠性管理下，在发电环节需对参与深度调峰的燃煤发电机组开展可靠性评估，对水电流域梯级电站和具备调节性能的水电站建立水情自动测报系统，对核电厂的常规岛和配套设备开展设备分级、监测与诊断、健康管理、全寿命周期管理、动态风险评价等。负荷备用容量需为最大发电负荷的 2%～5%，事故备用容量为最大发电负荷的 10%。在输变电环节，需加强城乡配电网建设，加强无人机电力线路巡检、设备状态监测等先进技术应用，建立核心组部件溯源管理机制，优选可靠性高的输变电设备。在用户侧，需对重要电力用户配置自备应急电源，容量达到保安负荷的 120%。在信息管理上，需报送 100 兆瓦及以上容量火力发电机组、300 兆瓦及以上容量核电机组常规岛、50 兆瓦及以上容量水力发电机组的可靠性信息，总装机 50 兆瓦及以上容量风力发电场、10 兆瓦及以上容量集中式太阳能发电站的可靠性信息；110（66）千伏及以上电压等级输变电设备、±120 千伏及以上电压等级直流输电系统，以及 35 千伏及以下电压等级供电系统用户的可靠性信息。

五、市场机制建设

市场机制是能源资源配置的高效手段，促进电力碳减排技术应用的机制有绿证交易市场、碳交易市场、绿电市场等（见图 3 – 40）。可再生能源绿色电力证书（绿证）是我国从 2017 年开始实施的一项自愿可再生能源交易制度，既为了缓解可再生能源补贴资金不足的问题，也承担了部分碳市场功能。绿证是国家对发电企业每 1 兆瓦时非水可再生能源上网电量颁发的具有独特标识代码的电子证书，低碳电力生产商将绿证出售给电力供应商或销售商，以获得收入替代相应财政补贴。购买绿证的主要用途在于完成可再生能源电力消纳考核，2019 年政策明确设立各省可再生能源电力消纳责任权重，承担消纳责任的市场主体的履约方式之一是自愿认购绿证，并且超过激励性消纳责任权重的消纳电量折算的能源消费量不计入当地或企业能耗“双控”考核机制。

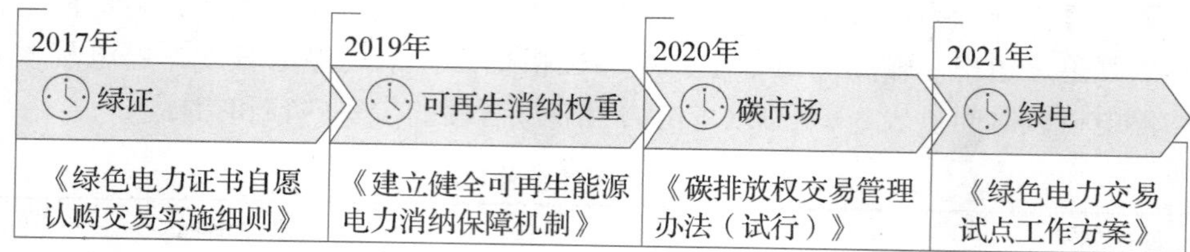

图 3－40　电力低碳减排机制设计历程

碳交易市场是在设定的强制性排放总量目标下，以温室气体排放配额或减排信用为标的物的交易市场，即把碳排放权作为一种商品进行交易。碳交易市场以配额交易为主导、以国家核证自愿减排量（CCER）为补充。2021 年中国碳排放配额为免费分配，未来适时引入有偿分配。其具体运行机制是：若企业最终年 CO_2 排放量少于国家给予的配额，剩余配额可作为商品出售；反之，短缺的配额则必须从全国碳交易市场购买。国家核证自愿减排量（CCER）是指对我国境内可再生能源、林业碳汇、甲烷利用等项目的温室气体减排量进行的量化核证，排放单位每年可以使用 CCER 抵销碳排放配额的清缴，1 个 CCER 等同于 1 个碳配额，可以抵消 1 吨二氧化碳当量的排放，但抵消比例不得超过应清缴碳排放配额的 5%。2013 年，北京、上海、天津、湖北、广东、深圳、重庆 7 个试点碳交易市场开始实质交易；2021 年，全国碳交易市场在北京、上海、武汉三地开市，首批交易主体仅纳入发电行业的 2 225 家企业，“十四五”期间钢铁、有色、石化、化工、建材、造纸、电力和航空等七大高耗能行业或将全部纳入。

绿电交易是在电力中长期市场体系内设立的新交易品种，指符合国家有关政策要求的风电、光伏等可再生能源上网电量的中长期交易，交易主体是电网企业、风电和光伏发电企业、电力用户和售电公司。电力用户主要为有意愿承担社会责任、有绿电消费需求的用电企业。交易由电力用户与发电企业通过直接双边协商、集中撮合、挂牌等方式完成；或向电网企业购买其保障收购的绿电，省级电网企业、电力用户以集中竞价、挂牌交易等方式进行。表 3－9 总结了几种市场机制之间的主要区别。

表 3－9　碳减排市场机制对比

市场机制	参与主体	机制设计	交易标的	主管部门
绿证	电价附加资金补助目录内的陆上风电和光伏电站；电力用户	国家可再生能源信息管理中心核发绿证；挂牌出售、双边交易、长期协议出售等	1 个证书（1 兆瓦时电量）	国家发展改革委、财政部、国家能源局
碳市场	年度温室气体排放量达到 2.6 万吨 CO_2 当量的企业；有国家核证自愿减排量的企业	国家分配碳排放配额；排放单位通过自身减排、购买配额、购买自愿减排量履约	碳排放配额（吨）	生态环境部

续表

市场机制	参与主体	机制设计	交易标的	主管部门
绿电	电网企业、风电和光伏发电企业、电力用户和售电公司	各类用户和发电企业签订长期绿电购电协议	绿色电量（千瓦时）	国家发展改革委、国家能源局

我国已初步建成具有中国特色的全国统一电力市场和全国统一碳市场，碳市场是政策驱动型市场，而电力市场是需求驱动型市场，两个市场既相互独立又存在联系。两大市场以火电作为共同的市场主体，碳价和电价走势相互关联，在减排目标上具有一致性，共同促进可再生能源电力消纳，助力我国能源消费低碳转型。碳市场配额分配需要考虑电力行业的发展空间，碳价计入发电成本影响电价，并通过电力市场传导到用户侧，未来需要做好全国碳市场建设与电力市场、可再生能源消纳保障机制实施、绿证交易等的有序衔接。

第5节 电力部门碳减排技术经济管理方法

电力系统建设需要大量投资和长时间周期，且电能供应不足会对经济发展造成巨大负面影响，因而需要采用系统、科学的方法进行长期发展规划。电力行业碳减排技术经济管理的目标是为全社会各个部门提供安全、低碳、经济、高效的电力。其重要内涵有两方面：一是扩张电力技术容量以满足日益增长的电力需求；二是在电力供应过程中尽可能实现低碳减排，助力全国碳中和目标实现。因此，电力碳减排技术管理体系要以准确预测未来电力需求为前提，在电力供应能力满足各年预期需求的基础约束下，综合考虑低碳减排与经济发展的要求，对各项发电技术的组合选择、容量规模、新建时间等进行优化布局，对电力系统的发、输、配、储环节进行全面规划。本节将从电力需求预测和技术路径优化两方面介绍相关理论方法。

电力系统碳减排管理的主要内容和步骤如下：首先，预测用电需求。根据需求变化的历史记录、天气预报、终端行业用电生产情况和居民生活用电规律，对未来进行全系统需求预测，编制预计需求曲线，配备好相适应的发电容量（包括储备容量）。其次，制定发电任务、运行方式和运行计划。根据预测的需求曲线，按经济调度原则，分配各发电厂的发电任务，并安排发电机组的起停和备用，批准系统内发、输、变电设备的检修计划。再次，进行安全监控和安全分析。收集全系统主要运行信息，监测运行情况，保证正常的安全经济运行。通过安全分析进行事故预想和提出反事故措施，防患于未然。最后，指挥操作和处理事故。对所辖厂、站和网络的重要运行操作进行指挥和监督。在发生系统性事故时，采取有力措施及时处理，迅速恢复系统至正常运行状态。后两点内容为事后分析和辅助服务，本节主要介绍前两点内容即需求预测和制定发电运行计划的技术经济管理方法。

一、电力需求预测

电力需求预测是指对国民经济整体或者一个地区的电力消费情况以及未来变化趋势进行预测。由于电力需求的实时波动性和新电厂建设周期长的特性，短期电力需求预测（一日、一周、一月等）和长期电力需求预测（大于一年）都十分重要。

1. 电力需求影响因素

由于电力应用极为广泛，且电力关系着国计民生的方方面面，因此电力需求预测需着眼于宏观社会整体，需掌握国民经济和社会发展的历史、现状和规划资料。主流研究考虑的是经济发展水平、人均收入水平、人口老龄化、城镇化率、工业化水平、能源效率等因素。已有研究证明，由于用电习惯以及居家、工作时间长短在不同年龄结构层存在差异，老龄化程度加深会显著影响用电需求。此外，随着城镇化的推进和电网升级改造，城乡家庭供电条件得到改善，空调、冰箱、计算机等家用电子电器设备普及率提升，也加大了用电需求。除了上述因素，气候条件是近些年来备受关注的能源消费驱动因子。随着全球气候变暖，热浪、寒潮、干旱、洪涝等极端天气事件频发，居民部门的制冷和供暖需求将大幅增加，而供暖和制冷需求的增加将推动电力消费的增长。因此，气候条件应当作为影响电力需求的重要因素。还有研究提出，产业结构调整、技术进步、电气化和智能化决定了能源的使用效率，会使得电力作为终端能源以及中间投入的比重大大提高，也是影响电力需求的重要因素。而一些节能措施、需求侧管理、相关替代能源的价格等也会直接影响全社会的电力需求。

2. 电力需求预测方法

主流的电力需求预测方法主要包括电力弹性系数法、回归分析法、时间序列法、系统动力学方法、人工神经网络方法等。

电力弹性系数法：利用在某一时期内用电量的平均年增长率与同一时期国内生产总值平均年增长率的比值预测电力需求。电力弹性系数从客观上反映电力发展速度与国民经济发展速度的相对关系。这一系数与电力工业发展水平、科学技术水平、经济政策及产品结构、人民生活水平等因素有关。

回归分析法：利用数理统计原理，以电力需求作为因变量，寻找与之相关的主要影响因素即自变量，通过对历史数据的统计和处理，分析因变量与自变量的相关关系，建立相关性较好的回归方程，并加以外推预测未来的用电量。回归分析包括面板模型、协整分析、向量自回归等。回归分析法具有应用广泛、技术简单、预测速度快等优点，但其数据要求高，历史数据缺失或较大外生冲击（自然灾害、战争等）会导致预测结果偏差较大。

时间序列法：亦称时间序列趋势外推法，是指根据一定时间的数据序列预测未来发展趋势的方法。把时间序列作为一个随机变量序列，用概率统计的方法，尽可能减少偶然因素的影响，得出电力需求随时间序列所反映出来的发展方向与趋势，并进行外推，以预测未来需求发展的水平。常用的时间序列法有指数平均法、加权平均法和移动平均法等。

系统动力学方法：基于系统行为与内在机制间相互紧密的依赖关系，通过数学建模过程逐步发掘出产生变化形态的因果关系。将全社会用电量拆分成第一、二、三产业用电和居民用电，结合各产业的特点和发展趋势，分别确定系统的因果关系、反馈回路、流程图、变量设置、结构方程以及关键参数的估计，通过模型检验和仿真预测未来电力需求。

人工神经网络方法：人工神经网络具有大规模分布式并行处理、非线性、自组织、自学习、联想记忆等优良特性，能实现从输入到输出之间非线性映射任何复杂函数关系。因此，可以将显著影响电力需求的因素作为输入进行预测。人工神经网络方法没有显式表达，因此无法得知需求的变化规律和影响因素，学习效果受样本量影响极大。

二、电力行业碳减排技术路径优化方法

电力行业碳减排技术布局通常包括电源规划和电网规划。电源规划主要是根据各种发电方式的特性和资源条件，决定增加何种类型电厂，以及发电机组容量与布点。考虑到发电系统的经济性，承担基荷为主的电厂，因其利用率较高，宜选用适合长期运行的高效率机组，如核电机组和大容量、高参数火电机组等；承担峰荷为主的电厂，因其年利用率低，宜选用起动时间短、能适应需求变化而投资较低的机组，如水电机组、燃气轮机组等。考虑到发电系统的碳排放等环境影响，在满足电网运行技术约束的前提下，还应最大限度地接受和利用风电和太阳能发电等低碳能源。

本部分重点介绍由北京理工大学能源与环境政策研究中心自主研发的中国气候变化综合评估模型/国家能源技术模型（China's Climate Change Integrated Assessment Model/National Energy Technology，C^3IAM/NET）的电力子模型 C^3IAM/NET-Power。电力行业规划分为需求预测和技术优化两大部分（见图 3－41），该模型没有使用前文介绍的传统需求预测方法，而是从自下而上的角度即终端行业用电技术出发，预测未来各个终端行业生产所需的用电技术规模以及相应的生产用电总量（钢铁、有色、水泥、化工、建筑、交通等行业分别见后文第 4 章至第 9 章）。具体建模步骤为：首先在考虑经济发展、产业升级、城镇化加快、智能化技术普及等社会经济形态变化的基础上，对各个终端用电行业分别进行产品和服务需求预测；其次，纳入技术进步、原料替代、燃料替代、工艺调整等优化因素，以最优生产方式模拟各终端行业的生产过程，得到相应的能源流和物质流。最后，分离出各终端行业能源流中的电力消费量，汇总得到全国用电量需求，进入 C^3IAM/NET-Power 模型，进行电力生产过程的优化。

C^3IAM/NET-Power 模型从技术视角切入，不仅考虑了经济目标，以最低发电

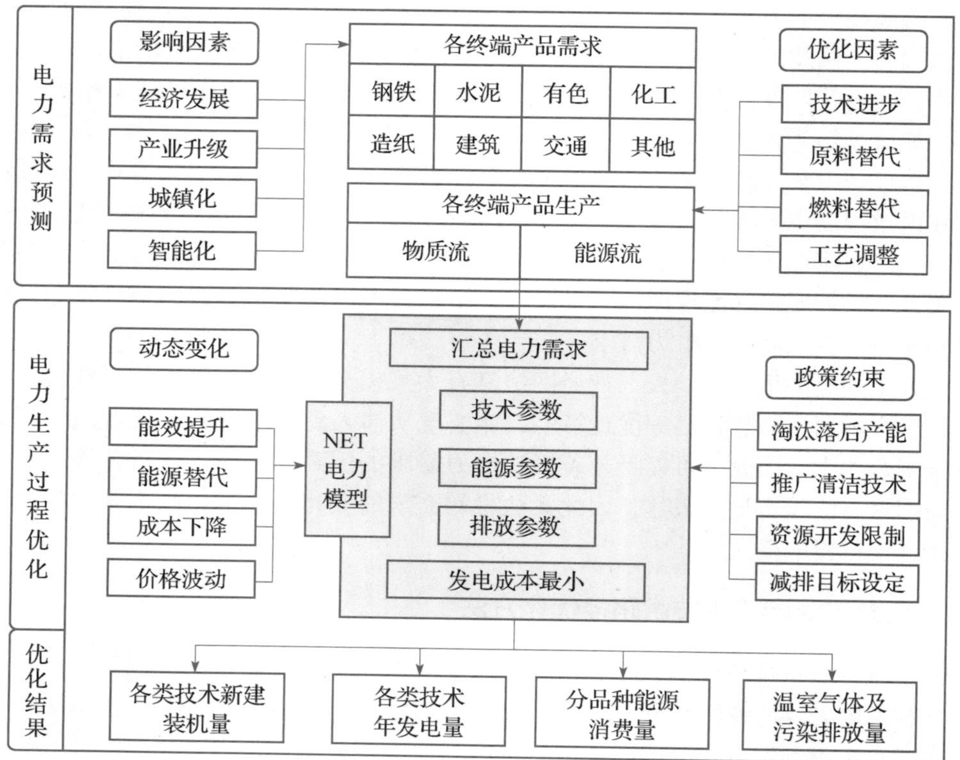

图 3-41　C^3IAM/NET-Power 模型框架

成本供应全社会用电需求，同时兼顾到政策要求，如淘汰落后产能、提升低碳技术比例、资源开发限制等。模型纳入各类发电技术，其中煤电包括亚临界、超临界、超超临界、整体煤气化联合循环发电机组，以及配置 CCUS 的超临界、超超临界和整体煤气化联合循环发电机组；此外还有水电、核电、天然气发电、陆上风电、海上风电、太阳能发电、生物质能发电和生物质 CCUS 技术。通过设定电源投资成本、能源转换效率、能源排放因子等一系列技术参数、能源参数和排放参数，对发电过程进行建模。在长期规划中还考虑了成本下降、技术效率提升、能源价格波动等动态变化因素，使各项技术依靠成本优势和效率优势产生替代和互补。在多项约束和竞争下，共同选择出电力行业的最优发电技术布局方案，以及所需的化石能源投入和相应环境影响。

C^3IAM/NET-Power 模型的数学表达如下：

1. 目标函数

模型以规划期内各年的年度总成本最小为目标函数，包含各项发电技术的单位初始投资成本、运营和维护成本、燃料成本和电力传输成本。总成本计算公式如下：

$$\min TC = \sum_{i=1}^{n} IC_{i,t,g} + OM_{i,t,g} + EC_{i,t,g} + TRC_{t,g,g'} \tag{3-1}$$

式中，TC 表示第 t 年电力系统总成本；i 表示第 i 种发电技术；n 表示发电技术数量；g 和 g' 表示区域；$IC_{i,t,g}$ 表示技术 i 第 t 年在区域 g 的投资成本；$OM_{i,t,g}$ 表示技术 i 第 t 年在区域 g 的运维成本；$EC_{i,t,g}$ 表示技术 i 第 t 年在区域 g 的燃料成本；$TRC_{t,g,g'}$ 表示第 t 年区域 g 向区域 g' 输送电量的传输成本。各项成本的计算方法如式 3－2 至式 3－5 所示。

$$IC_{i,t,g}=\sum_{g} ic_{i,g}\cdot(1-\gamma_{i,t})\cdot X_{i,t,g}\cdot\frac{r(1+r)^{L_i}}{(1+r)^{L_i}-1} \tag{3-2}$$

式中，$ic_{i,g}$ 表示新建技术 i 在区域 g 的单位投资成本，它在不同年份随技术进步、政策补贴等变化；$1-\gamma_{i,t}$ 表示技术 i 在第 t 年的综合成本变化率；$X_{i,t,g}$ 表示第 t 年区域 g 对技术 i 的总新建（或改进）装机量；$\frac{r(1+r)^{L_i}}{(1+r)^{L_i}-1}$将技术 i 的成本年化分摊到生命周期 L_i 内的每一年，r 表示电力部门技术投资的内部收益率。

$$OM_{i,t,g}=\sum_{g} m_{i,t}\cdot D_{i,t,g}\cdot h_{i,t,g} \tag{3-3}$$

式中，$m_{i,t}$ 表示技术 i 在第 t 年的单位发电量的运行和维护成本；$D_{i,t,g}$ 表示技术 i 第 t 年在区域 g 的实际运行装机量；$h_{i,t,g}$ 表示技术 i 第 t 年在区域 g 的运行小时数。

$$EC_{i,t,g}=\sum_{g} D_{i,t,g}\cdot h_{i,t,g}\cdot\beta_{i,t,g}\cdot(1-\rho_{i,t})\cdot e_{i,t,g} \tag{3-4}$$

式中，$\beta_{i,t,g}$ 表示技术 i 第 t 年在区域 g 运行单位小时的燃料消耗率；$1-\rho_{i,t}$ 表示技术 i 由于技术进步在第 t 年运行单位小时所减少的燃料消耗率；$e_{i,t,g}$ 表示技术 i 第 t 年在区域 g 的消耗燃料成本。

$$TRC_{t,g,g'}=\sum_{g}^{g\neq g'}\sum_{g}{}'tp_{t,g,g'}\cdot l_{g,g'} \tag{3-5}$$

式中，$tp_{t,g,g'}$ 表示第 t 年区域 g 向区域 g' 传输的电力总量；$l_{g,g'}$ 表示区域 g 向区域 g' 单位传输电量的成本。

2. 约束条件

电力需求约束：满足终端用电需求是电力系统规划中最基本的目标，每个区域的总发电量和净输入电量之和应大于该地区的电力需求量。

$$\sum_{i=1}^{n} D_{i,t,g}\cdot h_{i,t,g}+\sum_{g}{}'tp_{i,t,g,g'}\cdot(1-\theta_g)-\sum_{g}{}'tp_{i,t,g,g'}\geqslant P_{t,g} \tag{3-6}$$

式中，θ_g 表示区域 g 的输电线损；$P_{t,g}$ 表示区域 g 第 t 年的电力需求量。电力需求量来自各个终端部门（钢铁、水泥、交通、建筑等）每项耗电生产技术的电力消费量总和。

$$P_{t,g}=\sum_{e,q} P_{t,g,e,q} \tag{3-7}$$

$$P_{t,g,e,q}=Q_{t,g,e,q}\cdot v_q\cdot(1-\delta_{q,t}) \tag{3-8}$$

式中，$P_{t,g,e,q}$ 表示区域 g 第 t 年部门 e 的生产技术 q 的用电需求；$Q_{t,g,e,q}$ 表示区域 g 第 t 年部门 e 的生产技术 q 的年运行量；v_q 表示生产技术 q 单位运行量所消耗的电力；$1-\delta_{q,t}$ 表示由于技术进步，生产技术 q 在第 t 年单位运行所消耗的电力节省量。

运行装机约束：各区域发电技术每年实际运行的装机容量不得超过该技术当年的库存量。技术 i 在第 t 年的库存量指前一年折旧后的装机容量加新建量减去淘汰后的装机量。

$$D_{i,t,g} \leqslant S_{i,t,g} \tag{3-9}$$

$$S_{i,t,g} = S_{i,t-1,g}\left(1-\frac{1}{L}\right) + X_{i,t,g} - Y_{i,t,g} \tag{3-10}$$

式中，$S_{i,t,g}$ 表示技术 i 第 t 年在区域 g 的库存量；$Y_{i,t,g}$ 表示技术 i 第 t 年在区域 g 淘汰的装机量。

总装机容量约束：考虑政策和物理环境容量约束，各区域相关发电装机技术容量存在上下限。例如，对于落后产能，未来装机量不应超过政策规划值；对于先进技术、低碳技术，未来装机量下限也有相应的政策支持规划值；对于受物理资源容量限制的水电、风电等可再生能源技术，有区域技术可开发限制。

$$\underline{S}_{i,t,g} \leqslant S_{i,t,g} \leqslant \overline{S}_{i,t,g} \tag{3-11}$$

式中，$\underline{S}_{i,t,g}$ 表示技术 i 第 t 年在区域 g 的容量下限；$\overline{S}_{i,t,g}$ 表示技术 i 第 t 年在区域 g 的容量上限。

发电比例约束：根据政策规划目标或技术发展预期，对关键技术的发电比例设置约束。例如，对于需要淘汰的落后产能，其发电占比在基年值上按历史趋势或政策目标为上限逐年下降；对于风电或光伏发电等低碳技术，其发电占比按政策要求增加，或参考情景设计而定。

$$\rho_{i,t,g}^{\min} \leqslant \frac{D_{i,t,g} \cdot h_{i,t,g}}{\sum_{i} D_{i,t,g} \cdot h_{i,t,g}} \leqslant \rho_{i,t,g}^{\max} \tag{3-12}$$

式中，$\rho_{i,t,g}^{\min}$ 表示技术 i 第 t 年在区域 g 的发电量占比下限；$\rho_{i,t,g}^{\max}$ 表示技术 i 第 t 年在区域 g 的发电量占比上限。

在构建新型电力系统过程中，未来高渗透率可再生能源存在巨大的波动性和不确定性，在技术优化模型的基础上还可以进一步细化时间和空间尺度进行电力系统调度。如在小时级别上优化调度灵活性资源，平滑需求波动和可再生能源波动，使系统保持实时供需平衡。灵活性资源是指满足系统在时间、空间尺度上的弹性、灵活性要求，具备响应速度快、持续时间长和可平移等特征的各类电力系统资源。灵活性资源在电源、电网、负荷和储能四方面以不同形式存在。电源侧如常规水电、抽水蓄能电站、燃煤发电厂和燃气发电厂等；电网侧即区域电网输送调度、柔性输电、微电网等；用户侧即引导用户优化用电方式的电力需求响应或管理，如激励型需求管理、电价型需求管理；储能侧主要包括电池储能、抽水蓄能、飞轮储能、压缩空气储能等。当可变可再生能源（风电和光伏等）发电量高于用电需求量时，则根据成本最低原则将其输入用户侧或储能侧的储能设备中，或通过电网输送到其他有电力需求的区域，消纳多余电力以实现电力供需平衡；当可变可再生能源发电量低于用电需求时，同样根据成本最低原则调度灵活性电源（煤电、天然气电、水电等）进行发电，或鼓励用户侧关闭非必要用电设备，或从电网侧及储能侧调入电力和放电，补充短缺电力以实现电力供需平衡。综上，通过“源网荷储”资源的统一调度，实现整个电力系统的低碳、经济、安全、稳定综合优化。

案例

本章从理论和现实基础分别对电力部门碳减排技术的界定、现状、发展和管理进行了全面概述，下面将综合所有知识点，分别在理论应用层面和实践应用层面展示两个电力碳减排技术案例。第一个案例从宏观角度介绍中国减排目标计划和路径设计方案，第二个案例从微观角度介绍张家口碳减排项目实践效益和经验。

案例一：中国电力部门碳中和路径设计

实现“双碳”目标，不仅要在能源消费侧全面推进电气化和节能提效，还要在能源供给侧构建多元化清洁能源供应体系，两方面均对电力部门的低碳转型提出了更高的要求和更大的挑战。首先，重点耗能行业中工业电制氢技术应用、绿色建筑电力供热制冷、公路和铁路电动交通推广、乡村“煤改电”取暖等一系列措施将带来电气化水平的加快提升，进而导致电力需求将面临前所未有的持续增加，因此，电力需求预测需考虑各部门的时代发展新形势和更多变化因素。其次，多元化清洁低碳发电技术的发展存在更大不确定性：未来风力发电和光伏发电有望“平价上网”，但其高比例应用的稳定性和质量问题仍依赖储能技术的突破；CCUS 技术大规模部署有助于构建兼具韧性和弹性的能源系统，但仍缺乏市场化激励和大规模商业发展基础；核电是非化石能源中兼具高效和稳定优势的零碳电力，但其未来发展仍在安全性和社会接纳度方面存在争议。由上可知，未来低碳减排技术的推广程度难以确定，而电力需求总量持续增加，均加剧了长期大规模多元技术部署和成本效益权衡问题的复杂性。一旦可再生能源技术成本下降缓慢、储能技术迟迟难以突破，或 CCUS 技术的减排价值难以得到商业规模转化等，电力部门碳中和的进程和效果都将大打折扣。因此，亟须同时考虑关键技术可能出现的局限性、供电经济成本、资源潜力、社会安全等因素，探索实现经济环境可持续发展的低碳电力转型路径。

案例采用电力部门与终端部门耦合的 C^3IAM/NET 模型预测电力需求，同时根据社会经济发展速度的不确定性和关键碳减排技术发展的不确定性预期设计低需求、中需求、高需求，以及低速、中速、中高速、高速转型多种情景（见表 3－10），以开展碳中和愿景下电力低碳转型路径优化研究。

表 3－10 情景设计组合

情景组合	情景内涵
电力低需求	GDP 低速发展，不高于 5%；终端部门电气化率较低
电力中需求	GDP 中速发展，不高于 5.6%；终端部门电气化率中等
电力高需求	GDP 高速发展，不高于 6%；终端部门电气化率较高
碳减排技术低速转型	可再生能源电力较慢发展；核电、CCUS 小规模发展
碳减排技术中速转型	可再生能源电力中速发展；核电、CCUS 大规模发展
碳减排技术高速转型	可再生能源电力高速发展；核电、CCUS 小规模发展
碳减排技术中高速转型	2050 年前可再生能源电力中速发展，核电、CCUS 小规模发展；2050 年后加速发展

图 3－42 预测结果显示，2030 年后我国电力需求增速放缓，2050 年后总体趋于平缓。电力需求总量到 2030 年快速增加至 11.1 万亿千瓦时～12.2 万亿千瓦时，2060 年达 12.0 万亿千瓦时～21.5 万亿千瓦时。从需求结构来看，2020—2060 年货运、城际客运、城市客运用电需求显著增加、占比较大，可见电气化发展对交通部门较为关键。

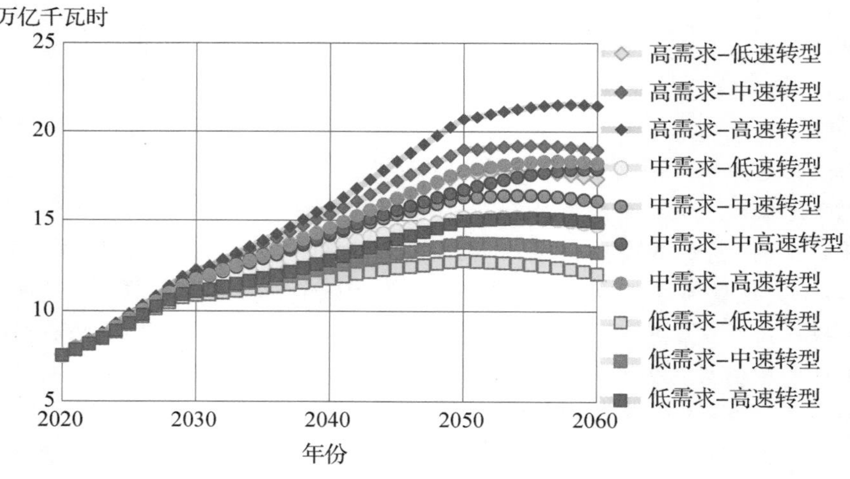

图 3－42 2020—2060 年电力需求路径

在持续增长的电力需求下，电力部门转型路径和减排潜力面临更大挑战。以全社会电力需求中度发展为例，综合低速至高速低碳转型来看（见图 3－43），需控制碳排放总量快速进入平台期，在 2027—2029 年实现碳达峰，高速转型下峰值为 41 亿吨～44 亿吨（不包含自备电厂排放量）。2030 年后 CCUS 部署加快，进入深度减排阶段，CO_2 排放总量快速下降，在 2060 年前实现电力行业零碳排放，2020—2060 年期间累计减排 461 亿吨～840 亿吨。

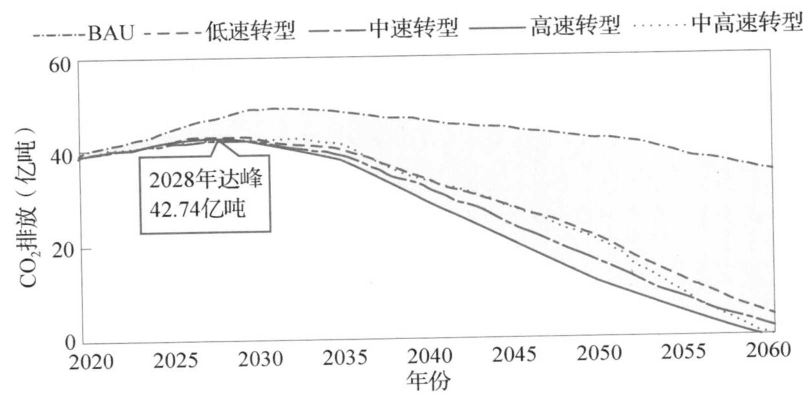

图 3-43　2020—2060 年电力碳排放路径（不包含自备电厂排放量）

为实现上述减排路径，未来电力结构需持续优化，在技术更新建设支持下逐步向以低碳能源为主体转换。2030 年可再生能源电力占比达到 41%～42%（见图 3-44）；2060 年达到 75%～80%，实现以新能源为主体的新型电力系统。其中，水电占比长期稳定在 13%左右，风电和光伏发电则大幅增加，2030 年占比分别约为 14%和 12%，2060 年则分别达到约 34%和 23%。同时，电力系统波动性大增，须加快推动储能项目建设，建议 2060 年保持 9%～15%火电（以天然气电为主），为系统提供灵活性电力；此外须加快推动储能项目建设，共同保障供电系统可靠、安全、稳定运行。

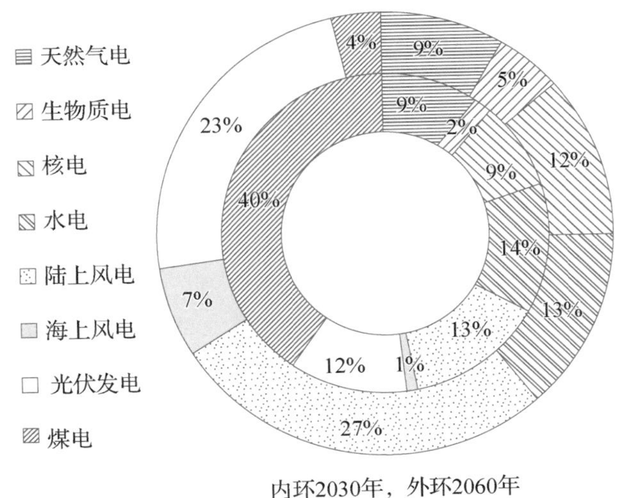

图 3-44　电力中速转型下 2030 年和 2060 年发电结构

为满足电力需求增长和电力结构优化，发电技术路径优化规划如图 3-45 所示。预期中度电力需求下，考虑低速、中高速和高速电力转型情况，煤电机组总量控制在 11.5 亿千瓦以内，在短期内仍发挥重要保供作用，2030 年后逐步有序退出，2060 年仍需保留 2.0 亿千瓦～3.3 亿千瓦规模，配置 CCUS 作为灵活性调峰电源。电力 CCUS 技术不可或缺，需在 2030 年后加快部署，2060 年碳捕集能力达 5.4 亿吨～9.2 亿吨。天然气电作为清洁低碳火电需快速发展，2030 年达 4.1 亿千瓦～4.2 亿千瓦，2060 年达 5.8 亿千瓦～6.0 亿千瓦，约为 2020 年规模的 6 倍。核电也需有序扩建，2030 年达约 1.2 亿千瓦，2060 年进一步扩张至 2.2 亿千瓦～3.0 亿千瓦。风电和光伏装机仍需加快建设，2030 年分别达到 9.5 亿千瓦～10.0 亿千瓦和 11.7 亿千瓦～13.2 亿千瓦。

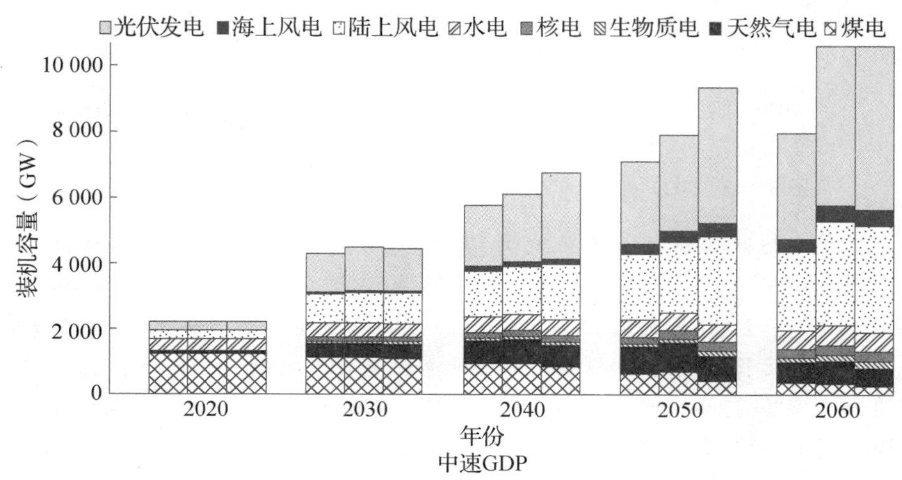

图 3-45　2020—2060 年发电技术路径

注：柱子从左到右表示低速、中高速、高速转型。

实现零碳电力和全国碳中和依赖低碳减排技术发展的支撑，根据案例的最优技术规划结果，提出以下三点建议：第一，CCUS 技术不可或缺，应在 2060 年至少达到 5 亿吨年捕集能力，CCUS 早期布局可助力电力部门较早进入加速减排时期。第二，以风电、光伏发电为主的可再生能源电力的发展依赖于成本下降速度，需增加技术研发投入助力其尽早发挥零碳优势，获取更多长期效益补偿。同时，相应的储能规模必须尽快部署，以避免低碳能源技术发展瓶颈，同时确保电网安全性。第三，不同电力碳中和方案的成本效益不同，晚期布局 CCUS 和实现零碳电力成本较低，但累计排放较高；早期发展可再生能源技术和实现零碳电力则相反，需综合发电结构等其他方面进行权衡选择。

案例二：河北张家口可再生能源示范区

张家口位于河北省西北部，是我国华北地区风能和太阳能资源最丰富的地区之一。自 2015 年国务院批复同意设立张家口可再生能源示范区以来，张家口可再生能源示范区先行先试，在体制机制创新、商业模式创新、应用技术创新、规模化开发、多元化应用、本地化消纳等领域均取得进展。截至 2021 年 8 月，张家口市可再生能源装机规模达到 2 158 万千瓦，其中风电装机占比最多，位居全国第一，光伏发电装机占比其次。可再生能源消费量占终端能源消费总量比例达到 30%，成为全国非水可再生能源第一大市。

张家口依托于重大工程建设和体制机制创新，解决新能源大规模并网消纳难题。2020年6月，张北柔性直流电网试验示范工程正式投运，工程输电线路总长662.665公里，创造12项世界第一，提供了破解新能源大规模开发利用世界级难题的中国方案。依托张北柔性直流电网试验示范工程和北京冬奥会跨区域绿电交易机制，张家口绿电输送北京和张家口赛区冬奥场馆，赛时实现奥运史上首次所有场馆100%使用绿色电力。每年可向北京输送140亿千瓦时的张家口绿电，相当于北京年用电量的十分之一，年减排1 280万吨CO_2。同年8月，张北—雄安1 000千伏特高压交流输变电工程正式投运，每年超70亿千瓦时的低碳能源从张家口送到雄安新区。

在机制方面，首创"政府+电网+发电企业+用户侧"共同参与的"四方协作机制"，即由政府牵头，与电网公司合作建立可再生能源电力市场化交易平台，风电企业将最低保障收购小时数之外的发电量通过挂牌和竞价方式在平台开展交易，通过市场化交易，将低碳电力直接销售给电供暖用户；同时，通过风电企业让利和降低输配电价政策，使电供暖成本与燃煤集中供热基本持平，提高就地消纳比例。在新型的多对多交易机制下，"弃风弃光电"变为"低成本经济电"，从根本上降低可再生能源电力使用成本，促进可再生能源多元化应用，推动低碳电力的大规模消纳。2017年10月开可再生能源电力市场化交易先河，已累计交易37次、交易电量19.95亿千瓦时。

在商业模式方面，张家口市与国家电网节能公司合作成立了国泰绿能新能源开发公司，开展光伏扶贫等多领域合作，探索低碳能源助力脱贫。全市累计建成光伏扶贫电站135.9万千瓦，规模位居全国第一，带动14.25万户贫困人口稳定脱贫。

在多元化应用方面，全市清洁供暖工程加速建设，完成电供暖面积1 457万平方米。可再生能源高端装备制造聚集区纵深发展，23家企业落户，主营收入超75亿元。大数据产业依托绿色电力供应蓬勃发展，签约大数据项目22项，投入运营了张北云联、阿里庙滩、怀来秦淮等数据中心，每年可消纳绿色电力约34亿千瓦时。

张家口市还在创建国家氢能产业示范城市，加快推进氢能产业创新中心、坝上地区氢能基地等重点项目建设。2021年底张家口已初步形成制氢、加氢、储氢、氢能产业装备制造、氢能整车制造等全产业链格局，2022年为北京冬奥会和冬残奥会承担张家口赛区两个加氢站的氢能源供应，累计为600多辆氢燃料电池汽车供应绿氢97吨，约占张家口赛区氢能源供给总量的75%。截至2021年，张家口市已投运氢燃料公交车304辆，覆盖城区9条公交线路，累计运行超1 950万公里，完成载客量超6 000万人次，成为全国氢燃料公交车运营数量领先的城市之一。张北县百兆瓦先进压缩空气储能示范项目主要建设风、光、储一体化储能站，建设规模为100兆瓦/400兆瓦时，系统设计效率达70.4%。该项目2017年开始规划设计，并于2021年完成电站主体土建施工和主要设备安装及系统集成，顺利并网，成为国际上规模最大、效率最高的首座百兆瓦先进压缩空气储能电站。

习题

1. 请简述电力系统的构成及各组成部分的主要功能。
2. 低碳发电技术包括哪些类型？简述低碳发电技术的优缺点。
3. 请针对不同电力碳减排技术分别列出一项支持其发展的关键政策及内容。
4. 请总结未来中国电力系统低碳转型的发展方向，分析其机遇和挑战。

第 4 章

钢铁行业碳减排技术经济管理

本章要点

1. 了解钢铁在生活中的应用。

2. 熟练掌握钢铁的各个生产环节以及各工艺中包含的碳减排技术。

3. 掌握钢铁行业的碳减排技术经济管理政策，并领会这些政策分别发挥的作用。

4. 掌握钢铁行业的碳减排技术经济管理过程和方法。

钢铁是世界上最重要的工程及建筑材料，与我们的生活息息相关。钢铁行业作为国家最重要的工业产业之一，其低碳发展对我国经济快速、高质量增长具有重要的意义。本章将从钢铁行业生产概述、生产技术概况、碳减排技术经济管理措施、碳减排技术经济管理方法及应用案例等方面进行阐述，对钢铁行业的发展及未来碳减排技术的布局进行分析。

第 1 节　钢铁行业生产概述

钢铁工业是指生产生铁、钢、钢材、工业纯铁及铁合金的工业，是世界所有工业化国家的基础工业之一，是国民经济发展、国家基础设施建造、工业现代化和国防建设的物质基础。本节将对钢铁行业在生活中的应用与消费分布、钢铁工业发展历程及其主要生产工艺进行介绍。

一、钢铁的应用与消费分布

钢是世界上最具创新性和不可或缺的材料之一，应用于生产生活的方方面面。钢铁工业作为基础材料工业，为行业（建筑、交通、能源、军工、航空航天等）生产运行提供最主要的原材料。

2019 年，建筑用钢占钢铁消费的 52%，是用钢最大的部门。建筑中的大跨度与承担动荷载的结构、高层与超高层建筑以及塔桅、输电线路塔架等高耸结构多是使用钢结构。钢材在交通行业也被广泛应用，2019 年交通用钢占钢铁消费的 17%①。汽车零件的主要原材料是碳素钢，汽车大梁的主要原材料是合金钢。除此之外，日常生活中的家用电器，如冰箱、烤箱等，都以钢材作为主要的制造材料。钢材在医疗领域也得到了充分利用。自 1916 年以来，不锈钢被应用在镊子、窥器、探针等医疗器械上，由于其硬度高、承受高温能力强和抗腐蚀的特点，不锈钢也被应用于制造人体植入物，在医疗领域发挥了极大的作用。

由此可见，钢铁对生产生活的方方面面都产生了巨大的影响，社会各个行业都与钢铁有着密切联系（见图 4-1），可以说，一个国家钢铁工业的发展状况间接反映了国民经济的发达程度。

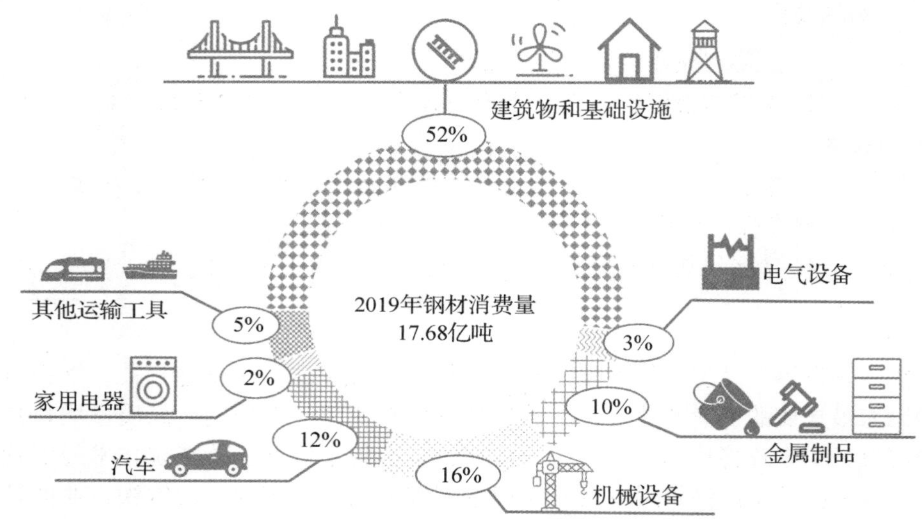

图 4-1　2019 年世界钢铁使用分布

资料来源：世界钢铁协会《钢铁统计年鉴》。

二、钢铁工业发展历程

近代钢铁工业起源于英国，并在德国、法国、美国、俄罗斯、日本等国陆续得到发展。人类最初大规模炼铁使用的燃料是木炭，但早在 17 世纪最初的 10 年，英国的木材资源供应已经非常短缺，燃料的饥荒成为阻碍炼铁业发展的关键问题，解决问题的唯一途径就是找到一种合适的燃料替代木炭炼铁。当时，煤炭作为燃料已在玻璃、制砖等行业得到广泛应用，因此用煤替代木炭便成了唯一的选择。18 世纪初，亚伯拉罕·达比（Abraham Darby）真正实现了用煤替代木炭进行炼铁。他发现焦炭不如木炭那么容易燃烧，有必要改进鼓风设施和调整炉内结构以获得更充足的空气。因此，他改进了高炉的内径使之适应焦炭炼铁，并为高炉安

① 数据来源于世界钢铁协会，参见 http：//worldsteel. org。

装了一套新的鼓风设施。改进后的高炉于 1709 年成功用焦炭炼出生铁。但达比的高炉是以上下水池中水的落差形成动力来鼓风的，而在干旱的夏天上水池蓄水不足，需将水运送到上水池。一开始人们用马车来输送水，后来使用蒸汽机将水提升到上水池，用水轮机提供高炉鼓风的动力。1776 年，蒸汽机彻底代替了水力鼓风在高炉炼铁中得到应用。至此，炼铁业不仅摆脱了对木材的依赖，也摆脱了对水力的依赖，从而获得了充分的发展空间。

现代炼钢法最早起始于 1856 年英国人贝塞麦（H. Bessemer）发明的酸性底吹转炉炼钢法，该方法首次解决了大规模生产液态钢的问题，奠定了近代炼钢工艺方法的基础。由于空气与铁水直接作用，贝塞麦炼钢方法因而具有很快的冶炼速度，成为当时主要的炼钢方法。但是，贝塞麦工艺采用的酸性炉衬不能造碱性炉渣，因而不能进行脱磷和脱硫。1879 年英国人托马斯（S. G. Thomas）发明了碱性空气底吹转炉炼钢法，成功地解决了冶炼高磷生铁的问题。由于西欧许多铁矿为高磷铁矿，直到 20 世纪 70 年代末，托马斯炼钢法仍被法国、卢森堡、比利时等国的一些钢铁厂所采用。

几乎在贝塞麦炼钢工艺开发成功的同时，1856 年平炉炼钢法（称为 Siemens-Martin 法）也被成功发明。最早的平炉仍为酸性炉衬，但随后碱性平炉炼钢法很快被开发成功。在当时，平炉炼钢的操作和控制较空气转炉炼钢平稳，能适用于各种原料条件，铁水（生铁）和废钢的比例可以在很宽的范围内变化。除平炉炼钢法外，电弧炉炼钢法在 1899 年也被成功发明。在 20 世纪 50 年代氧气顶吹转炉炼钢法发明前，平炉炼钢法是世界上最主要的炼钢法。

第二次世界大战结束后的 20 世纪 50 年代，世界钢铁工业进入快速发展时期，在这一时期开发成功的氧气顶吹转炉炼钢技术和钢水浇铸开始推广采用的连铸工艺对随后钢铁工业的发展起到了非常重要的作用。

1952 年氧气顶吹转炉炼钢法在奥地利被成功发明，由于具有反应速率快、热效率高以及产出的钢质量好、品种多等优点，该方法迅速被日本和西欧采用。在 20 世纪 70 年代，氧气转炉炼钢法已经取代平炉炼钢法成为主要的炼钢方法。中国第一座自动化纯氧顶吹转炉车间于 1966 年在上海建成，对发展中国钢铁工业具有重要、深远的意义。在氧气顶吹转炉炼钢迅速发展的同时，德、美、法等国成功发明了氧气底吹转炉炼钢法，该方法通过喷吹甲烷、重油、柴油等对喷口进行冷却，使纯氧能从炉底吹入熔池而不致损坏炉底。

20 世纪 80 年代中后期，西欧、日、美等相继开发成功了顶底复吹氧气转炉炼钢法，在此方法中，氧气由顶部氧枪供入，同时由炉底喷口吹入氩、氮等气体对熔池进行搅拌（也可吹入少部分氧气）。顶底复吹氧气转炉炼钢既具备顶吹转炉炼钢化渣好、废钢用量多的长处，同时也兼备氧气底吹转炉炼钢熔池搅拌充分、铁和锰氧化损失少、金属喷溅少等优点，因而目前世界上较大容量的转炉绝大多数都采用了顶底复吹转炉炼钢工艺。

三、钢铁工业产量变化

现代钢铁工业始于 19 世纪初期，至今已有近二百年的历史。钢铁的产量在发展初期非常有限，只有为数不多的生产国家，且生产地十分集中。1937 年粗钢总产量约为 1.33 亿吨，美国、西欧和苏联是战前世界三大钢铁生产基地，产量占世界总产量的近 90%。第二次世界大战后，特别是 20 世纪 50 年代以来，世界钢铁工业发展突飞猛进，在产量上有了一个较大的飞跃（见图 4－2），而且钢铁生产的地域结构也发生了一定的变化。纵观世界钢铁工业的发展与布局，可以发现战后钢铁产量与钢铁生产国数量明显增加，钢铁工业地域东移。20 世纪 50—70 年代是世界钢铁产量迅速增长时期，1950 年粗钢产量为 1.89 亿吨，到 1980 年达到了 7.17 亿吨，其间净增加 5.28 亿吨，年平均增长 1 700 多万吨。同期，钢铁产量在 1 000 万吨以上的国家由 4 个增加到了 16 个，也出现了设备能力超过 1 亿吨的国家。这段时期，造船、汽车和建筑业迅速发展，扩大了钢铁的需求量，钢铁工业成为许多国家的重点发展部门。此外，战败国要恢复发展经济，老钢铁生产国要保持其垄断地位，各个国家纷纷在此时期扩大生产设备规模，导致此时期的钢铁产量激增。进入 80 年代，世界性经济危机造成市场萎缩，能源市场供给紧张，发达国家进行产业结构大调整，钢铁工业的产量出现了普遍的停滞和下降。在经历了世界性经济危机后，钢铁产量回升，增长强劲。2020 年世界粗钢总产量为 18.78 亿吨，同比增长 0.5%，钢铁生产总量呈现上升势头。

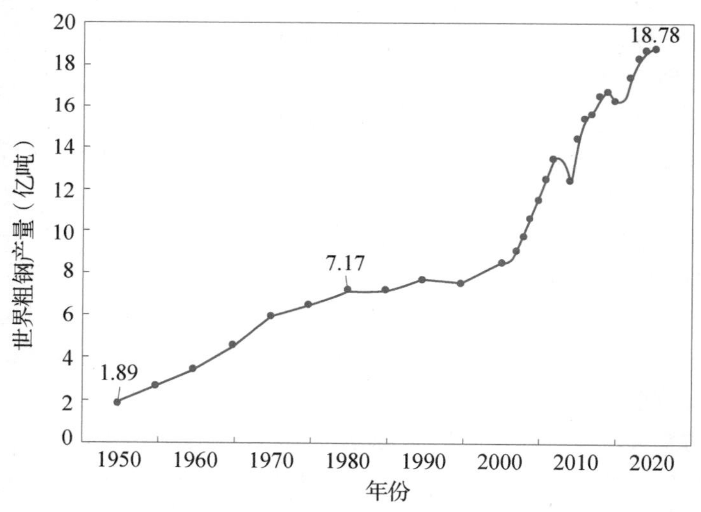

图 4－2　1950—2020 年世界钢铁产量

资料来源：世界钢铁协会《钢铁统计年鉴》。

2020 年，中国粗钢总产量占世界总产量的 44.50%，位列全球第一（见图 4－3）。回顾中国钢铁工业的发展历程，1949—1957 年，新中国刚刚成立，钢铁工业开始恢复生产，中国钢铁工业进入初步发展时期；1958—1977 年，中国钢铁工业进入曲折发展时期，经过“一五”时期的稳定高速增长，钢铁工业的规模有了初步基础，在建设过程中积累了丰富的经验；1978—1992 年，随着改革开放的展开，中国钢铁工业进入体制调整与快速发展时期；1993 年以来，中国钢铁工业进入市场体制下的收敛增长时期。国家统计局数据显示，2020 年，全国粗钢产量为 10.65

亿吨，同比增长 5.2%，中国成为目前全球最大的钢铁生产国（见图 4-4）。

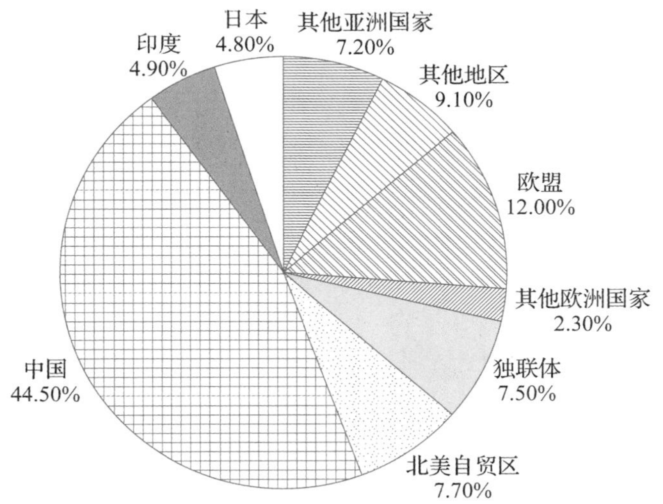

图 4-3　2020 年世界粗钢产量分地区构成

资料来源：世界钢铁协会《钢铁统计年鉴》。

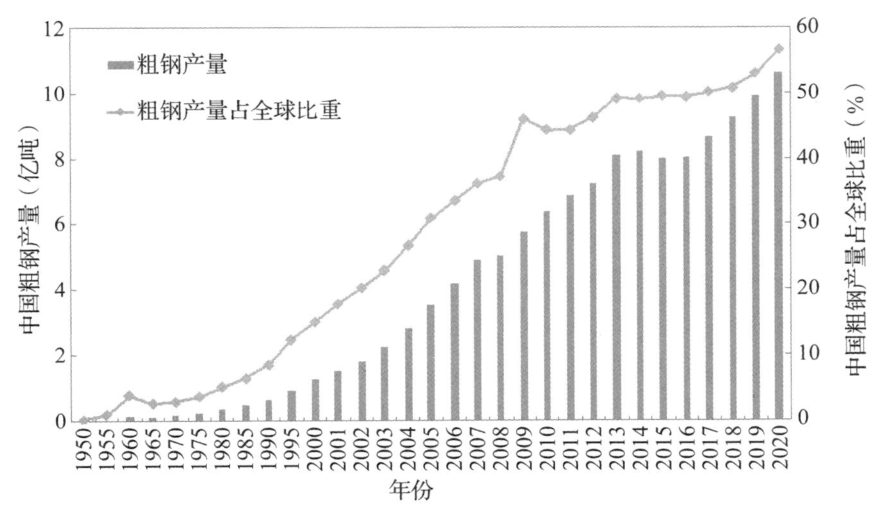

图 4-4　1950—2020 年中国粗钢产量

资料来源：历年《中国钢铁工业年鉴》。

四、钢铁生产工艺

钢铁生产是一项系统工程，目前世界上主要有两条工艺路线，即长流程和短流程两类，生产流程如图 4-5 所示。

长流程目前应用最广，其工艺特点是铁矿石原料经过烧结、球团处理后，采用高炉生产铁液，经铁液预处理后，由转炉炼钢、炉外精炼至合格成分钢液，由连铸浇注成不同形状的钢坯，轧制成各类钢材。短流程根据原料分为两类：一类

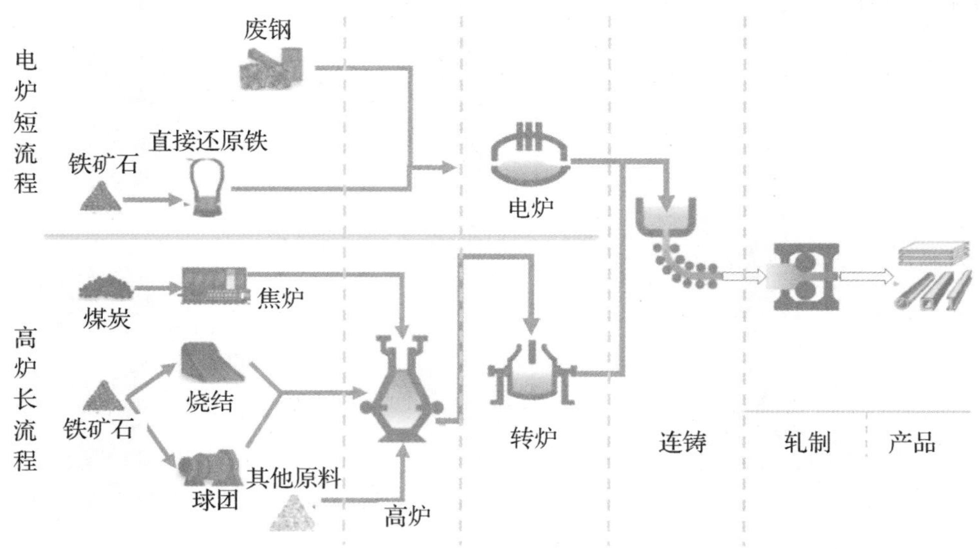

图 4-5 钢铁生产流程简图

是铁矿石经直接熔融还原后，采用电炉或转炉炼钢，其主要特点在于铁矿石原料不经过烧结、球团处理，没有高炉炼铁生产环节；另一类是以废钢为原料，由电炉融化冶炼后，进入后部工序，也没有高炉炼铁生产环节，为了提高生产效率，目前国内外许多钢铁厂在电炉冶炼中也采取兑加铁液的工艺。

钢铁生产工艺主要包括铁前工艺、炼铁、炼钢、连铸和轧钢等工艺。

（1）铁前工艺：在炼铁前，需要进行炼焦与烧结或球团两个过程，对投入高炉的原材料进行加工，以获得适合投入高炉进行冶炼的炉料。

（2）炼铁：把烧结矿和块矿中的铁还原出来的过程。焦炭、烧结矿、块矿连同少量的石灰石，一起送入高炉中冶炼成液态生铁（铁液），然后送往炼钢厂作为炼钢的原料。

（3）炼钢：把原料（铁液和废钢等）里过多的碳及硫、磷等杂质脱除并加入适量的合金成分。

（4）连铸：将钢液经中间罐连续注入用水冷却的结晶器，凝成坯壳后，从结晶器以稳定的速度拉出，再经二次喷水冷却，待全部凝固后，剪切（或火焰切割）成指定长度的连铸坯。

（5）轧钢：把连铸的钢坯（锭）以热轧方式在不同的轧钢机内轧制成各类钢材，形成钢铁制品。

第 2 节　钢铁生产技术概况

钢铁的基本生产过程是将原材料煤炭、铁矿石等通过铁前工艺加工后投入炼铁炉，在炼铁炉内把烧结矿和块矿炼成生铁，再以生铁为原料，用不同方法炼成钢，再铸成钢锭或连铸坯。熟铁、钢和生铁都是铁碳合金，以碳的含量多少来区别。一般含碳量小于 0.03% 的叫熟铁或纯铁，含碳量在 0.03% ～2% 的叫钢，含碳量在 2% 以上的叫生铁。熟铁软，塑性好，容易变形，强度和硬度均较低，用途不广；生铁含碳很多，硬而脆，几乎没有塑性；钢具有生铁和熟铁两种优点，为人类广泛利用，由铁水炼成。

本节将分工艺对钢铁的生产过程以及先进技术进行详细介绍。

一、铁前工艺

在炼铁前，需要进行炼焦与烧结或球团两个过程，对投入高炉的原材料进行加工。

1. 炼焦

炼焦过程主要是将煤投入到焦炉中，隔绝空气加热到 1 000℃，获得焦炭、化学产品和煤气。炼焦过程获得的主要产品是焦炭，焦炭在高炉炼铁中主要起到两个作用：一是作为发热剂为高炉炼铁提供热量；二是作为还原剂还原金属铁以及其他合金元素。

现代焦炭的生产过程分为洗煤、配煤、炼焦和产品处理等工序。炼焦过程结束后，要将炼制好的炽热焦炭冷却到便于运输和贮存的温度，这个过程称为“熄焦”，目前主要有干法熄焦和湿法熄焦两种方法。图 4－6 为炼焦生产流程示意图。

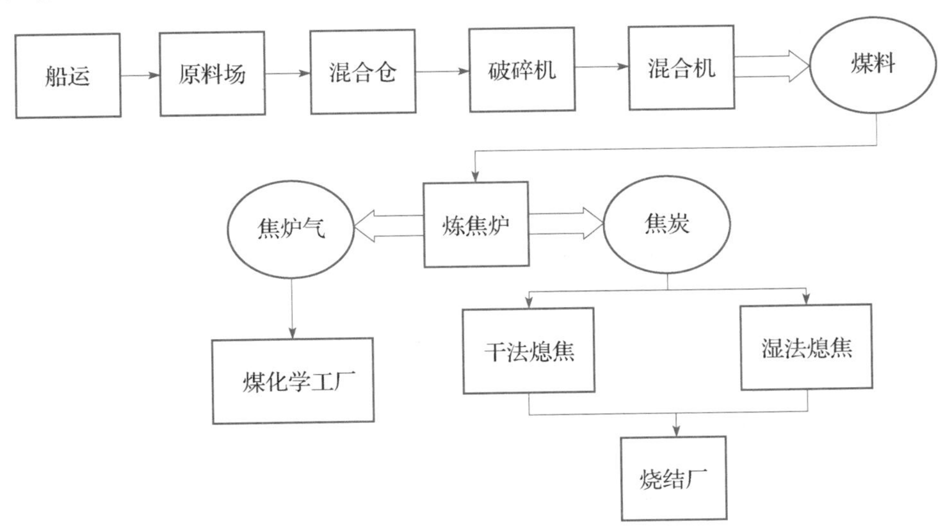

图 4－6　炼焦生产流程简图

除了焦炭之外，炼焦的全部生产流程中还会产生氮氧化物、硫化物等有害气体以及废气、废水等污染物，可以通过技术改造加装节能装置或推广碳减排技术，从而达到节能减排、清洁生产的目的。碳减排技术见表 4－1。

表 4－1 炼焦过程中的碳减排技术

生产过程	方法	原理	目的
配煤	煤调湿技术	将炼焦煤在装炉前去掉一部分水分，使入炉煤水分控制在6%左右，确保入炉煤水分稳定	增加装入煤的堆密度，提高焦炭强度，提高炼焦生产能力，减少焦化废水排放量，清洁生产
	铁焦工艺	将低品位煤和铁矿石粉碎到规定粒度，并按照一定比例混合后压制成型，经干馏、炭化，形成含有金属铁的一种新型焦炭	降低高炉热储备区温度，促进高炉内铁氧化物的还原，从而改善高炉的反应效率及碳利用率，进而降低高炉燃料比和实现 CO_2 减排
熄焦	干法熄焦	将红热的焦炭放入熄焦室内，用惰性气体循环回收焦炭的物理热	将熄焦过程对环境的污染降到最低水平，减少了常规湿法熄焦高压水喷淋过程中排放的含酚、HCN、H_2S、NH_3 的废气。同时，干法熄焦产生的蒸汽相当于替代了燃煤锅炉产生的蒸汽，从而降低燃煤对周围环境的影响

2. 烧结、球团

由于采矿得到的粉矿粒度太小，无法满足冶炼的要求，因此需要进行铁矿粉造块以增大粒度。烧结法和球团法是铁矿粉造块的两种方法，两种方法分别获得的块矿为烧结矿和球团矿。铁矿粉造块提高了原料在高炉中的利用率，扩大炼铁用的原料种类，同时可以改善矿石的冶金性能，适应高炉炼铁对铁矿石的质量要求。

（1）烧结。

烧结是将粉状含铁原料，配入适量的燃料和熔剂，加入适量的水，经混合和造块后在烧结设备上使物料发生一系列物理化学变化，并将矿粉粘结成块的过程。目前生产上广泛采用带式抽风烧结机生产烧结矿。图 4－7 为烧结生产的工艺流

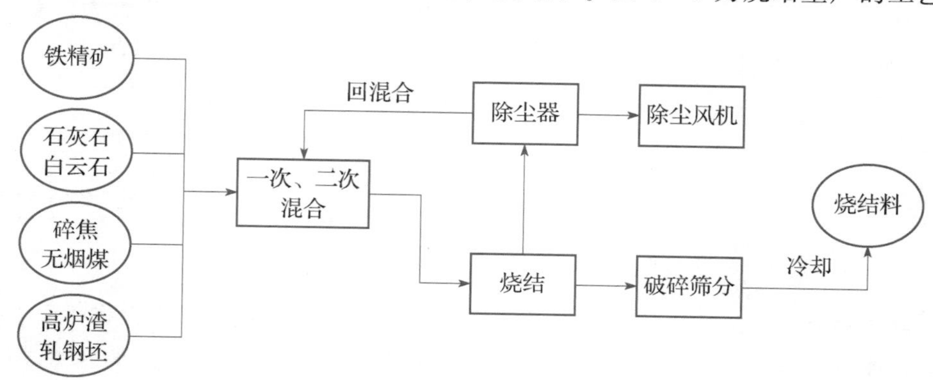

图 4－7 烧结系统工艺流程简图

程。烧结生产主要包括烧结料的准备、配料与混合、烧结和产品处理等工序。烧结过程的污染物排放主要来自原料装卸作业和炉箅的燃烧反应，如 CO、SO_x、NO_x 等，烧结厂可以加装不同的碳减排装置来减少污染、降低能耗（见表 4－2）。

表 4－2　烧结工序中的碳减排技术/设备

方法	原理	目的
小球烧结技术	用小球烧结料制成一定粒度的小球进行烧结	改善烧结混合料的透气性，提高烧结矿的产量和质量
烧结漏风率降低设备	由于设备漏风，烧结工序的电耗 70%～80% 都消耗在主抽风机上，因此使用降低烧结漏风率的设备	节约能耗、降低成本的同时减轻环境保护负担
低温烧结	在较低烧结温度（1 200℃）条件下，发展氧化气氛，促进固相反应，使烧结矿形成以低温纤细状铁酸钙为主粘结相，去粘结其他矿物质，形成交织多相结构的生产工艺	达到显著节能效果，改善烧结矿性能
厚料层烧结技术	通过加高烧结机台车栏板，增加料层厚度，从而利用料层的自动蓄热，减少混合料中的配碳量，发展烧结料层中的氧化气氛	降低固体燃耗，提高烧结矿质量

（2）球团。

将细磨铁精矿粉或者其他的含铁粉料添加少量添加剂混合后，再加水湿润，通过造球机滚动成球，再经过干燥焙烧，固结成为具有一定程度和冶金性能的球型含铁原料，这个过程称为“球团”。图 4－8 展示了球团工艺的简要流程。球团生产与烧结生产一样，是为高炉提供“糖料”的一种加工方法，但球团矿的原料和加工成本更低，比烧结矿的品位更高，由于烧结环节的漏风率过高，球团矿相比于烧结矿也具有更低的能耗指标。

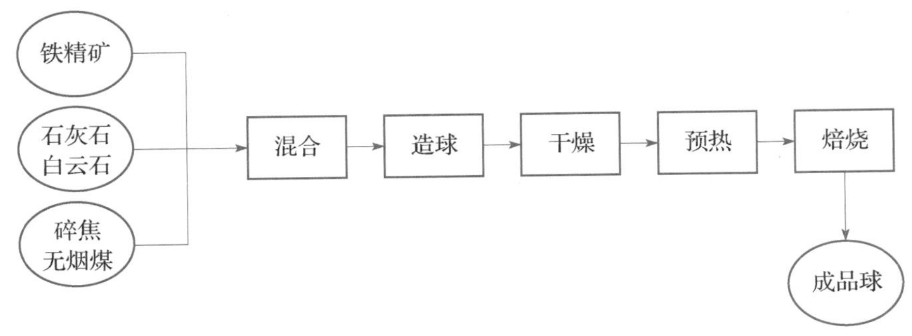

图 4－8　球团系统工艺流程简图

球团生产一般包括原料准备、配料、混合、造球、干燥和焙烧、冷却、成品和返矿处理等工序。目前主要的几种球团焙烧方法有：竖炉焙烧球团、带式焙烧机焙烧球团、链篦机—回转窑焙烧球团。竖炉焙烧法最早采用，但这种方法由于本身固有的缺点而发展缓慢。目前采用最多的是带式焙烧机法，60%以上的球团矿是用带式焙烧机法焙烧的。链篦机—回转窑法出现较晚，但由于它具有对原料适应能力强、可实现大型化、可用燃料种类多等优点，所以发展较快，今后很可能成为主要的球团矿焙烧法。

链篦机—回转窑球团生产工艺可加装废热循环利用技术，废热循环利用主要是指冷却段和焙烧段产生的废热循环利用。球团过程产生的排放物与烧结过程基本相同，主要为CO、SO_x、NO_x和PM10等。

二、炼铁工艺

钢铁行业的碳排放主要来自炼铁过程，炼铁过程的碳排放主要来自碳还原。炼铁工艺主要分为高炉炼铁和非高炉炼铁两种。炼铁工序得到的产品主要是生铁。

高炉炼铁工艺将烧结矿或者球团矿、焦炭和石灰石投入到高炉设备中，在高温下，焦炭和喷吹物中的碳及碳燃烧生成的一氧化碳将烧结矿、块矿中的氧夺取出来，得到铁，这个过程叫作还原。装入高炉中的烧结矿或球团矿通过还原反应炼出生铁，铁水从出铁口放出。

21世纪以来，随着社会经济的全面发展，我国钢铁生产规模逐渐扩大，在高炉炼铁以及相关技术方面取得了显著的成绩，同时也存在着一定的问题，主要包括三方面：第一，自然资源短缺。中国高炉炼铁生产主要应用国内资源、进口资源，但因现有的很多高炉设备、高炉炼铁能源效率等无法满足预期要求，会增加能源消耗量，导致生产资源缺乏，实际效益与预期标准存在巨大差距，也会大大地增加能源应用成本。第二，设备结构传统化。虽然当前中国钢铁企业已经引进并应用大型化高炉，但无法保证大型化高炉覆盖面。同时因为企业内部不具备专业化工作人员，会在大型化高炉应用环节出现问题。第三，生态环境污染严重。在高炉炼铁过程中，有许多对人体有害、对环境有污染的气体被排放出来，如SO_2、H_2S等。此外，钢铁在生产环节所包括的程序较多，除了高炉炼铁工序，不同生产环节均会消耗能源，而往往因设备性能、功能有待提升，导致生产环节所产生的污染物质类别较多、污染量较大，对生态环境造成严重污染。

针对高炉炼铁现存的三个问题，可以通过在高炉上加装碳减排设备或推广碳减排技术进行改善，如表4－3所示。

表4－3　高炉炼铁的碳减排技术/设备

方法	原理	目的
高炉喷吹煤粉	从高炉风口向炉内直接喷吹磨细了的无烟煤粉或烟煤粉或二者的混合煤粉，以替代焦炭起提供热量和还原剂的作用	降低焦比，降低生铁成本，节省能耗

续表

方法	原理	目的
高炉炉顶煤气干式余压发电技术	在减压阀前将煤气引入一台透平膨胀机做功，将压力能和热能转化为机械能并驱动发电机发电	减少污染，降低能耗
干法除尘	干法布袋除尘，煤气温度不降低，可以充分利用煤气显热，降低电耗	当高炉煤气含尘量超过 $10mg/m^3$ 时，会对煤气系统造成危害，因此，需考虑煤气的净化除尘，相比湿法除尘能耗更低，更加清洁
氧气高炉	提高进入高炉的氧气纯度，让高炉内只生产对炼铁有用的 CO 和废气 CO_2，再将 CO 留在高炉内代替化石燃料炼铁，从而减少对化石燃料的使用	减少能源消耗，从而减少碳排放
高炉富氢冶炼	向高炉内喷吹焦炉煤气、天然气等富氢气体从而辅助冶炼	用氢气替代部分焦炭作为还原剂，提升能源利用效率，降低碳排放量

非高炉炼铁是指以铁矿石为原料并使用高炉以外的冶炼技术生产铁产品的方法。主要包括直接还原炼铁和熔融还原炼铁。直接还原炼铁（direct reduced iron，DRI）是将精铁粉或氧化铁放入炉内经低温还原形成低碳多孔状物质，其化学成分稳定，杂质含量少，主要用作电炉炼钢的原料，也可作为转炉炼钢的冷却剂，如果经二次还原还可供粉末冶金用，主要包括 MIDREX（竖炉法）、HYLSA（罐式法）和富氢直接还原铁三种方式；熔融还原炼铁（smelting reduction iron，SRI）是指不用高炉而是在高温熔融状态下还原铁矿石的方法，其产品是成分与高炉铁水相近的液态铁水。世界上熔融还原法有很多，如 COREX（气基竖炉）、HISMELT（熔融还原炉）等，其中 COREX 工艺是截至 21 世纪 20 年代唯一已投入实际应用的高炉以外的炼铁技术，HISMELT 工艺仍在工业实验阶段。

高炉炼铁与非高炉炼铁在原料、燃料和能耗上都存在着许多区别，如表 4－4 所示。总体来看，我国的非高炉炼铁技术水平仍然落后于国际先进水平。

表 4－4　高炉炼铁与非高炉炼铁的区别

项目	高炉炼铁	非高炉炼铁
原料	最主要的原料是铁矿石	原料可以是天然富矿、高品位铁精矿以及不适合高炉—转炉的长流程钢铁生产工艺使用的复合矿、难选矿以及各种工艺含铁废弃物等

续表

项目	高炉炼铁	非高炉炼铁
燃料	最主要的燃料是焦炭	燃料主要是焦煤以外的各类非焦煤、天然气或石油等
能耗	产量高、能耗低	由于生产过程中产出的大量高热值煤气没有充分利用起来，导致非高炉炼铁能耗更高

三、炼钢工艺

炼钢可以分为转炉炼钢和电弧炉炼钢两种工艺流程。

1. 转炉炼钢

转炉炼钢是以铁水、废钢、铁合金为主要原料，不借助外加能源，靠铁液本身的物理热和铁液组分间化学反应产生热量而在转炉中完成炼钢过程。铁水通过脱硫、脱碳之后变为钢。脱硫后的铁水被灌到碱性氧气转炉（BOF）中，并加入约25%的废钢，纯氧被吹入铁水中，用于脱碳。当碳含量降到2%以下时，才能真正炼成钢。

到21世纪20年代，转炉炼钢仍然是世界上最主要的炼钢方法，其钢产量约占世界钢总产量的63%（见图4－9），生铁资源的充裕也给转炉产量的增长提供了良好的条件，因此，转炉产量近年来也获得了快速增长。

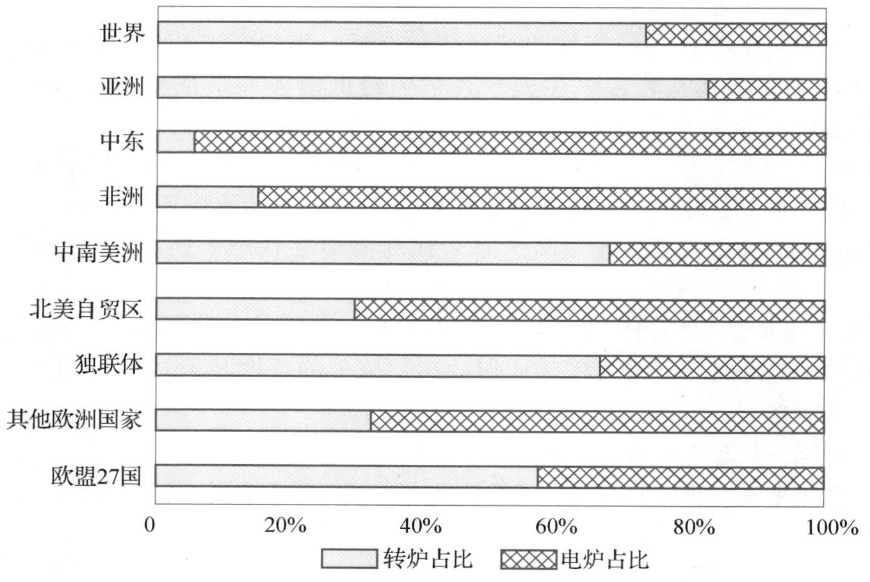

图4－9 2020年按工艺统计全球各地区粗钢产量占比

资料来源：世界钢铁协会《钢铁统计年鉴》。

转炉炼钢以高炉生产的铁水为主要原料，因此转炉炼钢的钢水纯度较高，杂质合金元素较少；转炉炼钢工艺依靠铁水氧化带来的化学热及物理热来进行，无外部能量输入，因此耗电量较低；同时转炉炼钢的生产周期相较于电弧炉炼钢更短，生产效率高。但是转炉只能熔化 10% ～15% 的废钢或合金，故不适宜冶炼高合金钢，尤其不适合冶炼合金工具钢、难熔钨铁等高熔点合金。转炉炼钢过程中的主要废气和粉尘来自吹氧过程中的转炉炉口，气体污染物主要是 CO，粉尘以氧化钙、氧化铁为主，可能含有废钢铁带入的重金属和锌类元素等。

2. 电弧炉炼钢

电弧炉炼钢是世界上最主要的两种炼钢方法之一，电弧炉炼钢可以以废钢、生铁、直接还原铁及铁水为原料（以废钢为主），并以电能为主要的能源，是一种短流程的炼钢工艺，并具有污染少、设备建造投资小等优点。近年来，随着我国废钢铁资源的逐渐累积及绿色环保要求的不断升级，全国电弧炉数量逐渐增加（见图 4－10），电弧炉炼钢得到迅速发展，同时也出现了多种绿色、节能的电弧炉。

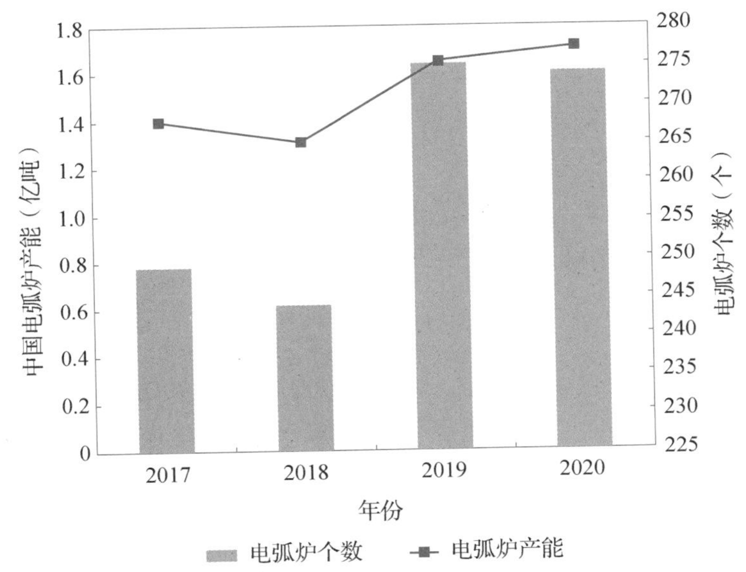

图 4－10 2017—2020 年中国钢铁工业协会会员企业电弧炉数量

资料来源：历年《中国钢铁工业年鉴》。

截至 2020 年，我国电弧炉生产粗钢产量占比近 10%，仍落后于世界先进水平（见图 4－11）。目前限制国内电弧炉应用扩展的主要原因是电弧炉炼钢的成本过高以及废钢的短缺，由于废钢价格、电价和电极价格较高，使得电弧炉炼钢的冶炼成本比转炉长流程炼钢成本高出很多，即使是采用最先进的高效预热型电炉，每吨钢水的冶炼成本相较于转炉也高出 6.34 元。我国电弧炉炼钢技术虽然已经取得了一定的成果，但与国际先进生产技术仍然有很大的差距，提高电炉冶炼效率、优化电弧炉炼钢的生产工艺，从而降低生产过程中的能源消耗、降低电弧炉炼钢生产对环境的污染等，是电弧炉炼钢的发展目标。

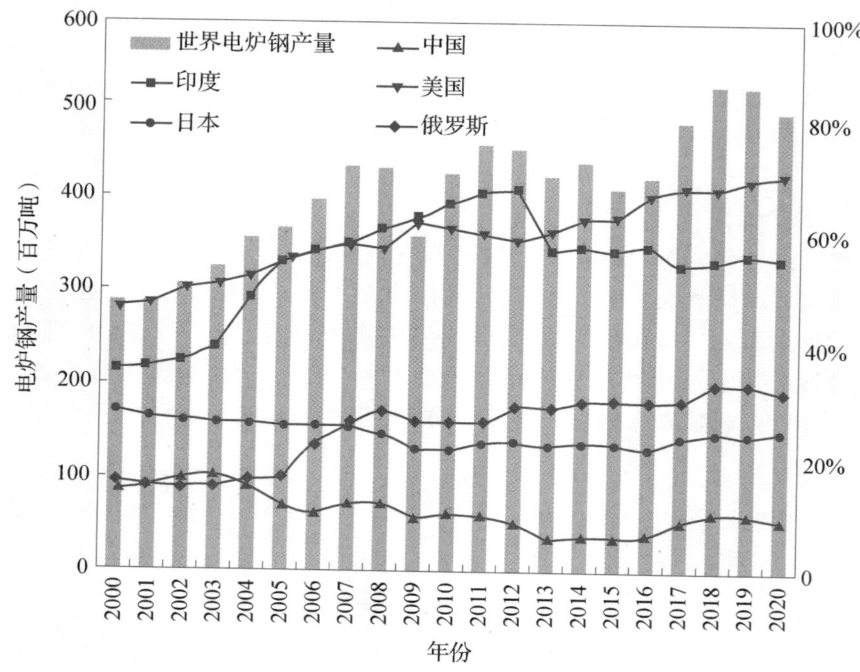

图 4－11　2000—2020 年典型产钢国电炉钢占比

资料来源：世界钢铁协会《钢铁统计年鉴》。

四、先进炼钢工艺

传统的钢铁生产工艺由于烧结、球团、炼铁和炼钢等工序会产生大量的温室气体以及 PM、SO_2、NO_x 等大气污染物，在铁矿石资源衰减、钢铁价格波动以及环保压力增大等多重因素的制约下，各种先进炼钢工艺逐渐被应用到实际生产过程中。本部分将以氢能炼钢和核能炼钢为例进行介绍。

1. 氢能炼钢

传统的高炉炼铁选用焦炭作为原料之一，通过焦炭燃烧提供还原反应所需要的热量并产生还原剂一氧化碳（CO），在高温下利用一氧化碳将铁矿石中的氧夺取出来，将铁矿石还原得到铁，并产生大量的二氧化碳气体（CO_2），同时传统高炉炼铁中的烧结、球团工序也会产生 NO_x、SO_2 等大气污染物。目前的炼钢企业大都采用该技术，因此钢铁行业碳排放量大，污染严重。而氢能炼钢则利用氢气（H_2）替代一氧化碳做还原剂，其还原产物为水（H_2O），没有二氧化碳排放，因此炼铁过程绿色无污染。

氢能炼钢具体化学反应如下：

$$Fe_2O_3+3H_2=2Fe+3H_2O$$

氢冶金工艺目前主要有高炉富氢冶炼和氢直接还原冶炼两类。高炉富氢冶炼就是往高炉内喷吹富氢气体（焦炉煤气、天然气）或氢气，高炉喷吹富氢气体或氢气有助于增加生铁产量，并在一定程度上降低碳排放，但由于高炉的冶炼特性，焦炭的骨架作用无法被完全替代，H_2 喷吹量存在极限值，实现碳减排的潜力受到限制。氢直接还原冶炼技术（见图 4－12）是利用“气基竖炉—电炉”短流程替代传统“高炉—转炉”冶炼流程，采用气基竖炉为还原反应器，省略了炼焦、烧结、炼铁等环节，还原气是由可再生电力生产的纯氢，还原产物是水，减排潜力较大。但是现有技术条件下，氢能炼钢受到氢气来源的不确定性以及高成本的限制，发展缓慢。

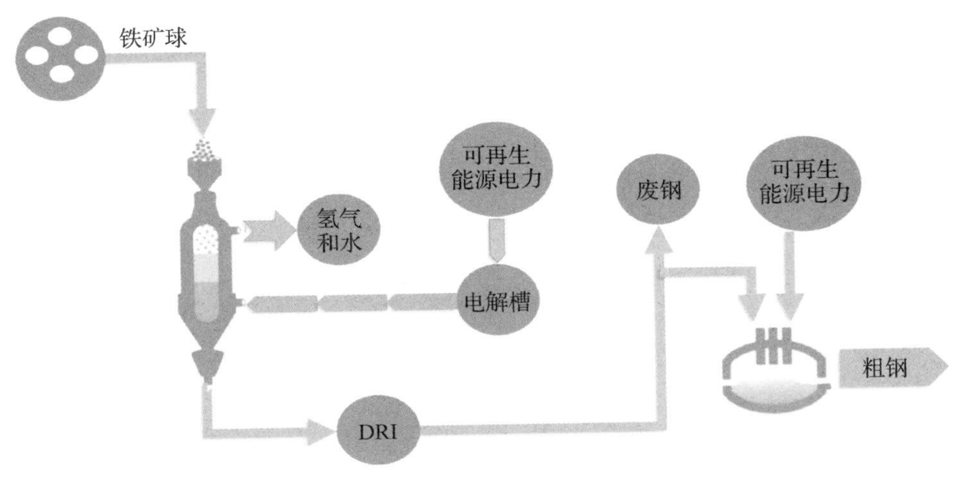

图 4－12　氢直接还原冶炼技术

2. 核能炼钢

钢铁工业消耗大量能源，消耗的一次能源主要来自煤炭，由于消耗大量的焦煤也引起了许多严重的环境问题，因此，为了促进能源资源多样化以及减轻环境压力，人们尝试将原子能引入炼钢过程。核能炼钢是通过核反应堆产生大量热量，高温核热可以直接用于将煤、石油或者天然气转化为氢气、一氧化碳的过程，因此，钢铁工业可以将这些转化气体注入高炉用于直接还原或者还原的过程。

1963 年，亚琛工业大学的教授们提出了将高温气冷反应堆（HTGR）热应用在炼钢过程中，这一提议成为许多国家开始研究核炼钢的转折点。目前已经建立了通过 HTGR 热将石油或者天然气转化为还原气的技术，在许多地方进行试点投入使用，但是出于安全性和经济性的考量，核能炼钢的普及程度并不广泛。图 4－13 是日本开发的核能炼钢系统，在这个过程中，核热通过热交换器的介质传递给二次氦气。从 1 000℃ 和 40atm 的高温气体反应器出来的一次氦气在 400℃ 时返回反应器，而二次氦气在 925℃ 和 45atm 时从热交换器中出来并降至 300℃。还原气体加热器、蒸汽重整器和蒸汽加热器并联安装在二次氦气回路的高温侧，蒸汽发生器位于低温侧。由于日本缺乏化石燃料，故选择炼油副产品的减压渣油作为生产还原气的原料。因此，大部分还原气、氢气和一氧化碳是通过石脑油的蒸汽重整和蒸汽裂解减压渣油获得的沥青气化产生的。还原气在还原气加热器中加热到 800℃～850℃，然后导入竖炉。如图 4－13 所示，竖炉炉顶煤气经过除尘等处理后在密闭系统中回收。

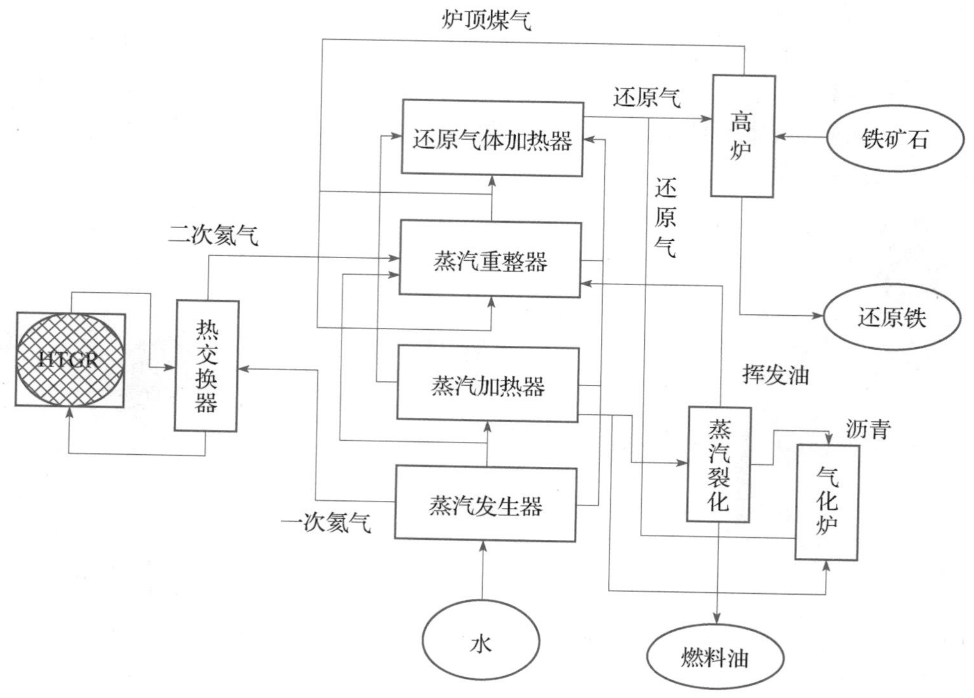

图 4－13　日本核炼钢工艺流程

资料来源：Keiji Shimokawa（2019）.

五、钢铁行业的碳移除

2016 年，阿拉伯联合酋长国开发了世界上第一个钢铁厂的大型商业规模碳捕集、利用与封存项目。位于阿布扎比的直接还原铁厂是目前钢铁行业唯一正在运行的 CCS（碳捕集与封存）工厂。该工厂每年能够捕集 80 万吨 CO_2，捕集后的 CO_2 被压缩和脱水后，经过 50 千米长管道，注入成熟的陆地油田，用于强化采油业务。由于其特别设计，直接还原铁厂在正常运行过程可排除 CO_2 含量达 90% 的废气流，因此不需要增加额外的碳捕集工艺步骤。

但是碳捕集与封存技术存在着成本高昂以及基础设施不完善的问题。据国际能源署报告，在特定地区背景下，创新型工艺生产路线（包括高炉 CCS 技术）的预期成本要比传统技术高 10%～50%，国际能源署同时指出，这部分增加的成本要显著高于今天的炼钢利润率。CCS 技术还面临着如何将大批量的压缩 CO_2 从排放点源运输到大规模的 CO_2 封存站点，尤其是海上封存站点的问题。若想大规模地应用 CCS 技术，需要持续的研发与完善的监管。

第 3 节　钢铁行业碳减排技术经济管理政策体系

钢铁行业是我国碳排放量最大的工业之一，推动钢铁行业节能减排、绿色发展是实现我国碳达峰碳中和的重要途径。为了实现钢铁行业的低碳发展，世界各国在钢铁生产的各个环节采取了一系列的举措，本节将从钢铁行业的低碳发展政策和碳减排技术标准展开，详细介绍针对钢铁行业碳减排的一系列政策体系。

一、钢铁行业低碳发展政策

为实现钢铁行业的低碳发展，各国采取了不同的转型策略。世界钢铁协会提出钢铁行业可持续发展的具体措施，包括：积极管理能源利用、技术转移、资源的有效利用及再利用等。目前，世界上的现代化钢厂已经达到能源效率和能源密集度的极限。中国的钢铁产量占据全球一半以上，产能仍以小型钢厂为主，未来一定时期内，先进技术的应用仍将是实现能源效率最大化、降低 CO_2 排放的关键（Lin et al.，2011）。结合全球钢铁工业现状、钢铁发展政策及节能技术的推广规划，短期、中期和长期阶段下钢铁行业实现低碳转型的策略具有差异性（见表 4-5）。

表 4-5　钢铁行业低碳发展典型举措

类别	技术措施	具体举措	推广时期
效率提升	持续推进淘汰落后产能	严控新增产能准入（例如 $400m^3$ 及以下的高炉），对现存落后产能严格淘汰标准	短期
	节能技术改造	推广副产品及余热二次回收、原材料预处理、参数控制等节能技术	短期
能源清洁化	建立高效、清洁、低碳的行业体系	加快发展非化石能源，推进清洁能源替代	中期
	提高钢铁生产电气化水平	通过使用清洁电力，降低钢铁生产间接排放水平	中期
工艺改进	原料结构改善	提高废钢和球团的使用比例	中期
	流程转换	引导高炉—转炉工艺有序转向电弧炉炼钢工艺	中期
		使用非高炉炼铁技术替代高炉炼铁（直接还原、熔融还原）	长期

续表

类别	技术措施	具体举措	推广时期
创新脱碳	使用突破性脱碳技术	氢冶炼工艺：以氢作为还原剂替代碳冶金	长期
		CCUS 技术：开展转炉喷吹 CO_2 炼钢、碳化钢渣综合利用等示范性应用	长期
循环利用	提高废钢回收率	建立废钢铁加工配送示范基地，构造稳固的废钢回收全产业链	中期
		对废钢进口、废钢加工企业实施减税、退税等措施	中期
市场激励	纳入碳市场	制定科学合理、可监测、可计量、可评估的碳配额分配机制	中期

短期来看，推广节能技术的应用是快速降低钢铁能耗的关键措施。碳达峰碳中和“1+N”政策体系的提出加速了重点行业的减排行动。其中，《关于完整准确全面贯彻新发展理念做好碳达峰碳中和工作的意见》作为系列文件中的顶层指导文件明确了节约优先的原则，要求进一步加强能源消费强度控制（国务院，2021）。节能技术的应用是钢铁行业能效提升的重要措施，为加快节能技术进步，引导钢铁企业采用先进适用的节能新技术、新装备、新工艺，各国制定相应的政策措施，编制了重点节能低碳技术的推广目录，如工信部发布的《国家工业节能技术推荐目录》（Gallagher et al.，2006；Zhang et al.，2008；工信部，2021）。从中期来看，原料结构改善、推广电弧炉、能源结构清洁化和提高废钢回收率将成为钢铁行业发展的重点。各国电炉钢的应用及推广成为评价其钢铁工业节能技术发展的重要依据。对废钢资源和工业用电进行补贴可作为电炉钢发展的配套扶持政策。而建立高效、清洁、低碳的行业体系，当务之急是加强天然气和生物质等清洁能源的大力应用（王勇 等，2019）。同时，将钢铁行业纳入碳市场，对控排企业增加碳排放政策约束和减碳成本，也将在中期促进钢铁行业自主减排。长期来看，熔融还原和直接还原炼铁等非高炉炼铁技术、氢能炼钢和碳捕集与封存技术是钢铁行业实现绿色低碳发展的革命性策略。

二、钢铁行业碳减排技术标准

钢铁工业节约潜力巨大，为此国内外大型钢铁企业纷纷采取先进技术，开展节能降耗和综合利用，不断优化工业的能耗指标。与国外先进水平相比，我国钢铁工业差距明显。2021 年，我国钢铁工业吨钢综合能耗为 770 千克标准煤，日本钢铁工业吨钢综合能耗为 656 千克标准煤，我国相较于日本高出 17.4%；2021 年，我国钢铁工业吨钢可比能耗为 698 千克标准煤，国外主要产钢国家（英、日、法、德）平均吨钢可比能耗为 641 千克标准煤，我国相较于国外先进水平高出 8.9%。

国家发展改革委、工信部、生态环境部、市场监管总局、国家能源局等部门于 2021 年 11 月 15 日发布了《高耗能行业重点领域能效标杆水平和基准水平（2021 年版）》，其中对钢铁行业不同工艺的技术标准作出了规定，如表 4－6 所示。其中，标杆水平对标国内外生产企业先进能效水平确定，基准水平参考国家现行单位产品能耗限额标准确定的准入值和限定值确定。《高耗能行业重点领域能效标杆水平和基准水平（2021 年版）》内容显示，高炉工序标杆水平单位产品能耗为 361 千克标准煤/吨，转炉工序标杆水平单位产品能耗为−30 千克标准煤/吨，30 吨<公称容量<50 吨电弧炉冶炼标杆水平单位产品能耗为 67 千克标准煤/吨，公称容量≥50 吨电弧炉冶炼标杆水平单位产品能耗为 61 千克标准煤/吨。

表 4－6　钢铁行业重点领域能效标杆水平和基准水平

<table>
<tr><th>国民经济行业分类</th><th colspan="2">重点领域</th><th>指标名称</th><th>指标单位</th><th>标杆水平</th><th>基准水平</th><th>参考标准</th></tr>
<tr><td>炼铁</td><td colspan="2">高炉工序</td><td>单位产品能耗</td><td>千克标准煤/吨</td><td>361</td><td>435</td><td rowspan="2">GB 21256</td></tr>
<tr><td rowspan="3">炼钢</td><td colspan="2">转炉工序</td><td>单位产品能耗</td><td>千克标准煤/吨</td><td>−30</td><td>−10</td></tr>
<tr><td rowspan="2">电弧炉冶炼</td><td>30 吨<公称容量<50 吨</td><td rowspan="2">单位产品能耗</td><td rowspan="2">千克标准煤/吨</td><td>67</td><td>86</td><td rowspan="2">GB 32050
注：电弧炉冶炼全不锈钢单位产品能耗提高 10%</td></tr>
<tr><td>公称容量≥50 吨</td><td>61</td><td>72</td></tr>
<tr><td rowspan="3">铁合金冶炼</td><td colspan="2">硅铁</td><td rowspan="3">单位产品综合能耗</td><td rowspan="3">千克标准煤/吨</td><td>1 770</td><td>1 900</td><td rowspan="3">GB 21341</td></tr>
<tr><td colspan="2">锰硅合金</td><td>860</td><td>950</td></tr>
<tr><td colspan="2">高碳铬铁</td><td>710</td><td>800</td></tr>
</table>

第 4 节　钢铁行业碳减排技术经济管理方法

在碳达峰碳中和的时代背景下，国家开展了一系列推动钢铁行业低碳减排、绿色发展的举措，大型钢铁企业积极应用新技术，这些都为钢铁行业碳减排提供了重要保障与动力。本节将对钢铁行业碳减排技术经济管理方法进行具体介绍。

一、钢铁碳减排研究框架

本节将描述钢铁行业节能减排路径的建模方法，模型的研究思路见图 4－14。对钢铁行业开展碳减排技术经济管理需明确技术的部署时间、速率和规模，而碳减排技术的规划需同时考虑以下几个方面：首先是产业发展。钢铁需求受城镇化率、产业结构、人口增长等多种社会经济因素的影响，而未来钢铁需求的变化将决定碳减排技术使用的规模。其次，钢铁碳减排技术的选择与行业生产系统经济性密切相关，从工程技术的角度看，传统设备由于已经投入大规模初始投资成本，在一定时期内不需要耗费大量资金，而新型设备往往需要再次进行大规模投资，前期成本较高，但由于其低能耗、高效率等特性，往往会在后期产生规模效应。再次，碳减排技术的初始投资门槛将随着技术进步显著下降。因此，钢铁行业碳减排技术的布局需综合考虑钢铁需求、生产系统成本及技术发展等多方面变化，并以此为约束，在保证生产成本最低且满足节能减排目标要求的前提下，对钢铁行业碳减排技术进行优化管理和布局，提出切实可行的应用方案。

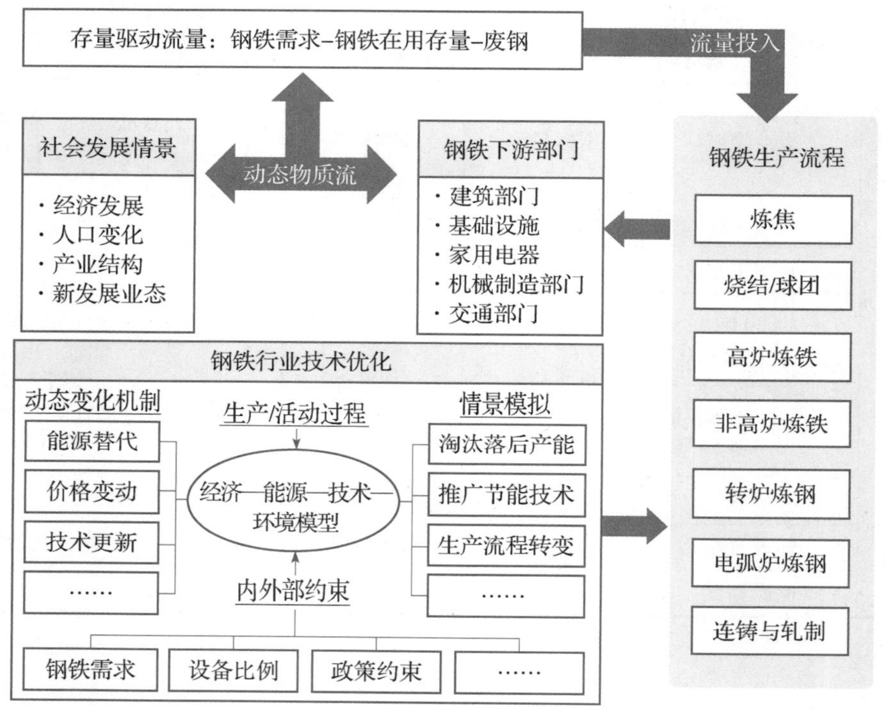

图 4－14　钢铁行业减排路径建模研究思路

因此，本节将从钢铁需求预测和需求约束下的碳减排技术优化布局两方面介绍钢铁行业碳减排技术经济管理方法。具体来说，首先，在综合经济发展的不同模式、人口增长、产业结构调整和城镇化率变动的基础上，采用动态物质流模型，考虑各钢铁下游行业子产品的使用寿命的变化，得到未来年钢铁产品的废弃量、需求量和社会的钢铁在用存量。以此为约束，在满足未来钢铁需求条件下，构建中国气候变化综合评估模型/国家能源技术模型（China's Climate Change Integrated Assessment Model/National Energy Technology，C^3IAM/NET）的钢铁子模型 C^3IAM/NET-IS，来选择经济性最好的最佳钢铁生产技术组合。模型同时考虑了未来钢铁行业淘汰落后产能政策的实施、发展短流程、能源结构清洁化、超低排放改造设施安装，同时也考虑了碳市场和补贴等政策的影响。按照钢铁生产流程及其能耗和排放特征，将钢铁生产流程分为炼焦、烧结/球团、高炉炼铁、转炉和电弧炉炼钢，以及连铸和轧制等工序，用于模拟从原料到最终钢材生产的物质流与能量流。经过 C^3IAM/NET-IS 模型成本优化选择后，得到成本最低的碳减排技术组合。在此基础上，通过计算不同技术组合下各能源品种的能耗量，可以评估此类技术组合可实现的温室气体和污染物的排放量，以及不同技术选择将带来的减排空间和减排成本。

二、钢铁需求预测

本研究通过三个步骤预测了未来的钢铁流量和钢铁生产结构（见图 4－15）。首先，根据各部门钢铁在用存量与经济社会因素之间建立的联立方程模型预测未来各区域各部门的钢铁在用存量。其次，基于动态物质流模型对五个下游用钢部门的寿命分布进行模拟，得到未来的钢铁需求量和社会废钢（end-of-life，EOL）的产生量。最后，根据学习曲线和质量平衡原理，得到未来粗钢产量、废钢回收率和未来钢铁生产流程的转变。下面将分别对动态物质流模型和钢铁生产结构预测进行介绍。

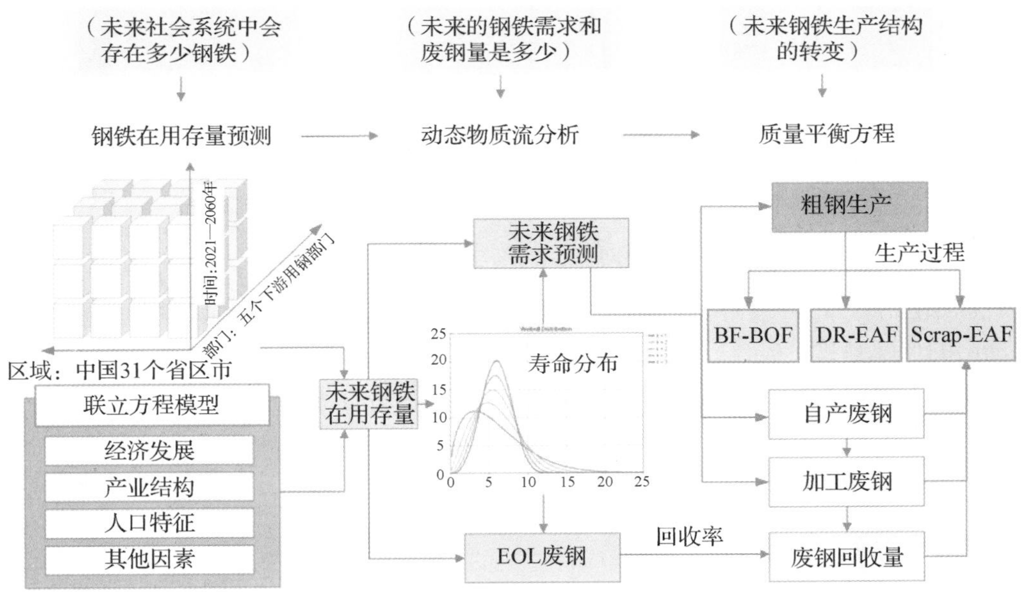

图 4－15　钢铁流量预测研究思路

1. 动态物质流模型

采用“存量驱动流量”的动态物质流模型，对钢铁需求、钢铁在用存量和废钢产生量之间的平衡进行测度。动态物质流模型被广泛用来预测未来的金属需求和废弃资源产生量（Müller et al.，2014；Wang et al.，2017）。未来的钢铁消费一部分用于满足新增的用钢需求，另一部分用于替换由于到达淘汰寿命而需要更换的钢铁服务。新增的钢铁需求受到经济发展、人口以及投资等因素的影响，反映为当年钢铁存量与上一年的变化值，而需要替换的钢铁产品（钢铁在用存量）则与含钢产品的寿命分布有关（Pauliuk et al.，2012）。

$$S_{i,t,d}=S_{i,t-1,d}+I_{i,t,d}-Q_{i,t,d} \tag{4-1}$$

式中，$S_{i,t,d}$ 表示 d 部门第 t 年 i 省份的钢铁在用存量；$I_{i,t,d}$ 表示 d 部门第 t 年 i 省份的钢材消费量；$Q_{i,t,d}$ 表示 d 部门第 t 年 i 省份的钢材退役量。$d=1$、2、3、4、5 分别代表建筑、基础设施、家用电器、机械和交通部门。

对于 i 省份 d 部门而言，使用年限为 $t-t'$ 年的钢材退役的可能性为 $L_d(t-t')$。第 t 年 d 部门钢材退役量是其钢材历史消费和寿命分布函数的乘积和。本研究以 1949 年为中国钢材累积的起始年份，则钢材退役量可表示为：

$$Q_{i,t,d}=\sum_{t'=1949}^{t} I_{i,t',d}\cdot L_d(t-t') \tag{4-2}$$

$L_d(t-t')$ 的形式采用右倾分布模拟具有更高的准确性（Miatto et al.，2017）。本章采用 Weibull 分布模拟各部门钢材淘汰率（Wang et al.，2017）。Weibull 分布的分布函数如下：

$$F_d(t-t')=1-\exp\left[-\left(\frac{t-t'}{\eta_d}\right)^{\beta_d}\right] \tag{4-3}$$

Weibull 分布的概率密度函数为：

$$f_d(t-t')=\left(\frac{\beta_d}{\eta_d}\right)\left(\frac{t-t'}{\eta_d}\right)^{\beta_d-1}\exp\left[-\left(\frac{t-t'}{\eta_d}\right)^{\beta_d}\right] \tag{4-4}$$

式中，$F_d(t-t')$ 表示 d 部门使用寿命为 $t-t'$ 年进行退役的累计分布；$f_d(t-t')$ 表示 d 部门使用寿命为 $t-t'$ 年进行退役的概率密度；β_d 为 d 部门的形状参数；η_d 为 d 部门的尺度参数。

d 部门钢材的平均使用寿命 $\bar{t}_d$、形状参数 β_d 以及尺度参数 η_d 的关系为：

$$\bar{t}_d=\eta_d\Gamma\left(1+\frac{1}{\beta_d}\right) \tag{4-5}$$

式中，Γ 为伽马函数。则

$$L_d(t-t')=F_d(t-t')-F_d(t-t'-1) \tag{4-6}$$

不同的钢铁产品在各部门中的寿命呈现差异。如 Wang et al.（2017）发现建筑物的平均寿命为 34.50 年、基础设施部门为 29.08 年、家用电器部门为 10.89 年、机械部门为 15.19 年、交通部门为 11.18 年，并采用 Weibull 分布函数估计产品寿命，其中，形状参数 β_d 假设为 5。由于建筑部门主导钢材消费，一方面，中国建筑部门频繁进行大规模的拆建活动；另一方面，随着技术的进步，建筑寿命延长，建筑行业的寿命分布具有高度的不确定性。因此，本章选取亚洲国家的平均建筑寿命，同时考虑不同的寿命情景，参考 Hatayama et al.（2010）设定建筑寿命短寿命情景为 29.08 年，基准情景（BAU）为 34.50 年，长寿命情景为 50 年。

2. 基于学习曲线的钢铁生产结构预测

（1）基于学习曲线的废钢回收率模拟。

废钢的供应由可用性（即可收集的理论量）和回收率决定。而前者是由使用的钢材量决定的，后者主要取决于收集、加工和运输废钢的经济性。按照废钢的来源可将废钢分为自产废钢、加工废钢和社会废钢。自产废钢主要指钢厂在生产过程中产生的切头、切尾、切屑、边角料等，这部分基本上可以由钢厂自己全部回收，回收率可以达到 100%。加工废钢主要为钢材下游的制造商在钢材加工过程中产生的废钢，这部分废钢成色较好，杂质少，回收较为容易，因此回收率也接近 100%。社会废钢是由终端汽车、建筑、机械等达到报废年限后产生的废旧钢铁，回收难度最大，也是未来废钢最重要的来源。

在 EOL 废钢回收过程中，EOL 废钢回收率一方面受到废钢价格的影响，另一方面随着废钢产生量累积产生学习效应。此处采用 Wang et al.（2017）的设定，建立 EOL 废钢回收量、废钢价格及 EOL 废钢产生量的关系，并同时考虑废钢的补贴政策。

$$\frac{p(t)}{(1+A(t))}=a\cdot e^{c\times r^{EOL}(t)}\cdot\left[\frac{CQ(t)}{CQ(t-1)}\right]^{\lambda}-E(t) \tag{4-7}$$

式中，$p(t)$ 为第 t 年废钢的实际回收价格；$A(t)$ 为第 t 年废钢回收的退税率；$E(t)$ 为第 t 年废钢回收处理的直接补贴；$CQ(t)$ 为第 t 年 EOL 废钢的累计产量；a 和 c 为待估参数，可通过历史数据进行估计；λ 为规模经济的参数，设定为 0.6（Vlachos et al.，2007）；$r^{EOL}(t)$ 表示第 t 年 EOL 废钢的回收率，历史年份取实际值，根据式 4－7 可内生得到未来年份的值。

$$O_t=Q_t\cdot r^{EOL}(t)+C_t\cdot w^h+I_t\cdot w^p \tag{4-8}$$

式中，O_t 为第 t 年的废钢回收量。由于近年来我国钢铁制造工艺的进步，生产过程中产生的废钢趋于稳定，因此自产废钢和加工废钢采用固定比例设置。C_t 表示第 t 年粗钢生产总量。废品率根据中国钢铁工业协会的结果（中国钢铁工业协会，2019）进行设定。w^h 表示自产废钢率，对应粗钢产量，取 5.58%。w^p 为加工废钢率，在钢材产品制造过程中产生，对应的是成品钢材的表观消费量，废品率取 6.58%。

（2）钢铁生产的质量平衡方程。

未来的钢铁需求对应的是实际的钢铁产品消耗，因此本研究预测得到的钢铁需求是真实钢铁消费（true steel use，TSU）。为了得到钢材的表观消费量和粗钢的生产量，本研究假设未来的钢铁资源效率保持不变，采用 Cullen et al.（2012）的设定，同时钢铁产品的进出口保持 2019 年的比例不变。假设未来回收的废钢全部用于生产过程。基于质量平衡方程，可得出不同生产工艺下的废钢产生量：

$$C_{t,\text{DR-EAF}}+C_{t,\text{Scrap-EAF}}+C_{t,\text{BF-BOF}}=C_t \tag{4-9}$$

$$\frac{C_{t,\text{Scrap-EAF}}\cdot\theta_E}{\tau}+\frac{C_{t,\text{BF-BOF}}\cdot\theta_B}{\tau}+O_{t,F}=O_t \tag{4-10}$$

式中，$C_{t,\text{DR-EAF}}$，$C_{t,\text{Scrap-EAF}}$，$C_{t,\text{BF-BOF}}$ 分别表示通过 DR-EAF（直接还原铁—电弧炉）、Scrap-EAF（废钢—电弧炉）以及传统 BF-BOF（高炉—碱性氧气转炉）三种生产方式生产的粗钢量；θ_E 和 θ_B 分别表示 Scrap-EAF 和 BF-BOF 两种方式下单位粗钢生产所消耗的废钢量，这里分别取 0.48 和 0.11（中国钢铁工业协会，2019）；$O_{t,F}$ 为铸造过程废钢消耗量，这里假设未来年保持不变（Wang et al.，2017）；O_t 为第 t 年回收的废钢量；τ 为资源效率，取值为 0.992（Cullen et al.，2012）。

三、钢铁行业技术路径优化方法

钢铁行业技术优化模型在本质上是一个线性规划模型，模型计算过程可概括为四个步骤：钢铁需求预测，选择满足需求的生产技术，计算能耗量，计算温室气体及各类污染物排放。下面对模型的目标函数和约束条件进行介绍。

1. 目标函数

目标函数是钢铁生产系统按年折算的总成本最小化。总成本包括三个部分：钢铁设备的年均投资成本、设备的运行维护成本以及附加的能源税和排放税等。按照钢铁生产系统划分，包含四个主要过程：铁前工艺（炼焦、烧结和球团）、炼铁工艺（高炉和非高炉炼铁）、炼钢工艺（转炉和电弧炉炼钢）以及连铸和轧制工艺。如式 4-11 所示，以各个过程综合成本最低为优化目标。

$$\min TC_t=IC_t+RC_t+EC_t \tag{4-11}$$

式中，TC_t 为折算到第 t 年的钢铁生产系统总成本；IC_t 为折算到第 t 年的设备的初始投资成本（见式 4-12）（Hibino et al.，2003）；RC_t 为第 t 年的运行成本，主要包括运行维护成本和能源成本；EC_t 表示第 t 年的能源税和排放税。

$$IC_t=\sum_l C_{t,l}\cdot(1-SIC_{t,l})\cdot\frac{r(1+r)^{T_l}}{(1+r)^{T_l}-1} \tag{4-12}$$

式中，$C_{t,l}$ 为设备 l 在第 t 年的新增初始投资成本；$SIC_{t,l}$ 为设备 l 在第 t 年初始投资的补贴率；r 为钢铁行业的内部收益率；T_l 为设备 l 的寿命期。

关于运营成本，考虑到未来钢铁能源效率的提高和补贴政策实施的可能性，RC_t 可以进一步表述为：

$$RC_t=\sum_l\left[OC_{t,l}+\sum_k P_{t,k}\cdot E_{t,k,l}\cdot(1-\eta_{t,l})+\sum_n P_{t,n}\cdot RM_{t,n,l}\cdot(1-\lambda_{t,l})\right]\cdot(1-SRC_{t,l})\cdot X_{t,l} \tag{4-13}$$

式中，$OC_{t,l}$ 为设备 l 在第 t 年的非能源消耗的运行费用（如维修、管理费用等）；$P_{t,k}$ 为能源品种 k 在第 t 年的能源价格；$E_{t,k,l}$ 为设备 l 在第 t 年消耗 k 品种能源的量；$\eta_{t,l}$ 为设备 l 在第 t 年的能效改进率；$P_{t,n}$ 为原材料 n 在第 t 年的价格；$RM_{t,n,l}$

为设备 l 在第 t 年消耗原材料 n 的量；$\lambda_{t,l}$ 为设备 l 在第 t 年的原料效率的提升；$SRC_{t,l}$ 为设备 l 在第 t 年的补贴率；$X_{t,l}$ 为设备 l 在第 t 年的运行数量，为本研究的决策变量。

征收能源税和排放税旨在提高化石能源和气体排放的环境成本，根据设备 l 需要的能耗和排放的气体，可以设定不同的能源税和排放税，同时考虑设备不完全燃烧的损耗率。

$$EC_t = \sum_l \sum_k \left\{ \sum_g [\lambda_{t,g} \cdot X_{t,l} \cdot (e^0_{t,g,l} + e^k_{t,g,l} \cdot E_{t,k,l} \cdot (1-\eta_{t,l}) \cdot \delta^k_{t,l})] + [\lambda_{t,k} \cdot E_{t,k,l} \cdot (1-\eta_{t,l}) \cdot X_{t,l}] \right\} \quad (4-14)$$

式中，$\lambda_{t,g}$ 为第 t 年气体 g 的排放税；$\lambda_{t,k}$ 为第 t 年能源 k 的能源税；$e^0_{t,g,l}$ 表示单位设备 l 在第 t 年由于非能源消耗（过程排放）排放气体 g 的量；$e^k_{t,g,l}$ 表示设备 l 在第 t 年由于单位 k 能源消耗产生气体 g 的排放系数；$\delta^k_{t,l}$ 为设备 l 在第 t 年能源 k 考虑不充分燃烧的燃烧率。

2. 约束条件

除目标函数之外，本章主要考虑的约束还包括未来钢铁需求、由于资源或政策限制的能源供应和消耗约束、生产过程中的内部物质和能源流以及改造和新增设备的数量约束等。详细说明如下：

钢铁需求约束：模型的结果均需建立在满足社会钢产品需求的基础上。

$$\sum_l X_{t,l} \cdot O_{t,l} \cdot (1+\varepsilon_{t,l}) \geqslant D_t \quad (4-15)$$

式中，$O_{t,l}$ 为设备 l 在第 t 年单位运行的钢材产出；$\varepsilon_{t,l}$ 为单位设备 l 在第 t 年生产效率的提升；D_t 表示钢产品在第 t 年的服务需求量。

能源消费约束：钢铁行业的能源消费需考虑不同能源品种的最大最小供应限制或政策约束，如政策要求降低煤炭消费的比例或提高可再生能源的供给。

$$E^{\min}_{t,k} \leqslant \sum_l E_{t,k,l} \cdot (1-\eta_{t,l}) \cdot X_{t,l} \leqslant E^{\max}_{t,k} \quad (4-16)$$

式中，$E^{\max}_{t,k}$ 为第 k 种能源在第 t 年的最大消费或供应限制；$E^{\min}_{t,k}$ 为第 k 种能源在第 t 年的最小消费或供应限制。

中间生产过程产品间的转换约束：钢铁生产中产品在各个工艺过程的流动可看作“原材料—产品—原材料”的串联过程，如炼焦过程产生的焦炭作为高炉的原材料投入，高炉生产的铁水又作为转炉炼钢的原材料投入生产。上一阶段的中间产品作为原材料（或能源）投入下一阶段，则下一阶段的原材料（或能源）应小于上一阶段中间产品的生产量。

$$\sum_l X_{t,l,s} \cdot O_{t,l,s} \cdot (1+\varepsilon_{t,l}) \geqslant \sum_{l'} M_{t,l',s} \cdot (1-\beta_{t,l'}) \cdot X_{t,l',s} \quad (4-17)$$

式中，$X_{t,l,s}$ 为生产中间产品 s 的设备 l 在第 t 年的运行量；$O_{t,l,s}$ 为单位设备 l 在第

t 年产出中间产品 s 的量；l'为消耗前一阶段生产的中间产品 s 的设备；$M_{t,l',s}$ 为下一阶段单位设备 l'在第 t 年消耗上一阶段的原材料（能源）的量；$X_{t,l',s}$ 为消耗中间产品 s 的设备 l'在第 t 年的运行量；$\beta_{t,l'}$为设备 l'在第 t 年投入原材料（能源）的改进率。

运行率约束：设备 l 第 t 年的运行量等于运行率乘以可利用的设备量。

$$X_{t,l}=\theta_{t,l} \cdot S_{t,l} \tag{4-18}$$

式中，$\theta_{t,l}$ 为设备 l 在第 t 年的运行率；$S_{t,l}$ 为设备 l 在第 t 年的设备存量。

设备存量动态变化约束：设备 l 在第 t 年的设备存量等于第 t-1 年的设备 l 存量加上第 t 年新增设备 l 的量减去第 t 年淘汰设备 l 的量。

$$S_{t,l}=S_{t-1,l} \cdot \left(1-\frac{1}{T_l}\right)+n_{t,l}-r_{t,l} \tag{4-19}$$

式中，T_l 为设备 l 的寿命；$n_{t,l}$ 为设备 l 在第 t 年的新增量；$r_{t,l}$ 为设备 l 在第 t 年的退役量。

新增设备约束：当年新增的设备 l 的数量满足新增限制，即对新增设备有高或低的效率限制，如新增的大中小型高炉、转炉和电弧炉必须满足钢铁行业设备准入条件，以及控制落后设备的新增数量等。

$$\omega_{t,l}^{\min} \leqslant n_{t,l} \leqslant \omega_{t,l}^{\max} \tag{4-20}$$

式中，$\omega_{t,l}^{\max}$ 为设备 l 在第 t 年的最大新增量；$\omega_{t,l}^{\min}$ 为设备 l 在第 t 年的最小新增量。如果没有限制，则 $\omega_{t,l}^{\min}=0$，同时 $\omega_{t,l}^{\max}=100\%$。

第 t 年新增的设备 l 需满足当年新设备增长率的约束。

$$(1+\gamma_{t,l}^{\min}) \cdot n_{t-1,l} \leqslant n_{t,l} \leqslant (1+\gamma_{t,l}^{\max}) \cdot n_{t-1,l} \tag{4-21}$$

式中，$\gamma_{t,l}^{\max}$ 为设备 l 在第 t 年的最大新增率；$\gamma_{t,l}^{\min}$ 为设备 l 在第 t 年的最小新增率。

钢铁设备库存约束：在目标年份中，淘汰落后产能之后，设备 l 的库存需满足政策要求，如政策要求提高先进产能的占比等。

$$\psi_{t,l}^{\min} \leqslant S_{t,l} \leqslant \psi_{t,l}^{\max} \tag{4-22}$$

式中，$\psi_{t,l}^{\max}$ 为设备 l 在第 t 年的最大库存量限制；$\psi_{t,l}^{\min}$ 为设备 l 在第 t 年的最小库存量限制。

3. C^3IAM/NET-IS 模型中的钢铁生产过程

在 C^3IAM/NET-IS 模型中，气体排放主要嵌入在不同能源技术的使用过程中，能源技术通过消耗燃料（煤、石油和天然气等）和电力来提供相应的服务，例如，在炼铁过程中，高炉通过消耗燃料和电力来生产铁水。还有少部分的温室气体通过原料的分解产生，如石灰石作为溶剂，在焙烧过程中分解产生 CO_2。图 4-16 展示了 C^3IAM/NET-IS 模型中的钢铁生产过程。钢铁生产技术分为传统技术与节能技术，图 4-16 中对节能技术标注了项目符号加以区分。节能技术是指不参与具体工业产品生产，专注于效率提升或热量回收以用于发电及再加热等的技术。例如，烧结余热回收利用技术，该技术可回收烧结过程产生的废气热量，并可进一步用于加热和发电。

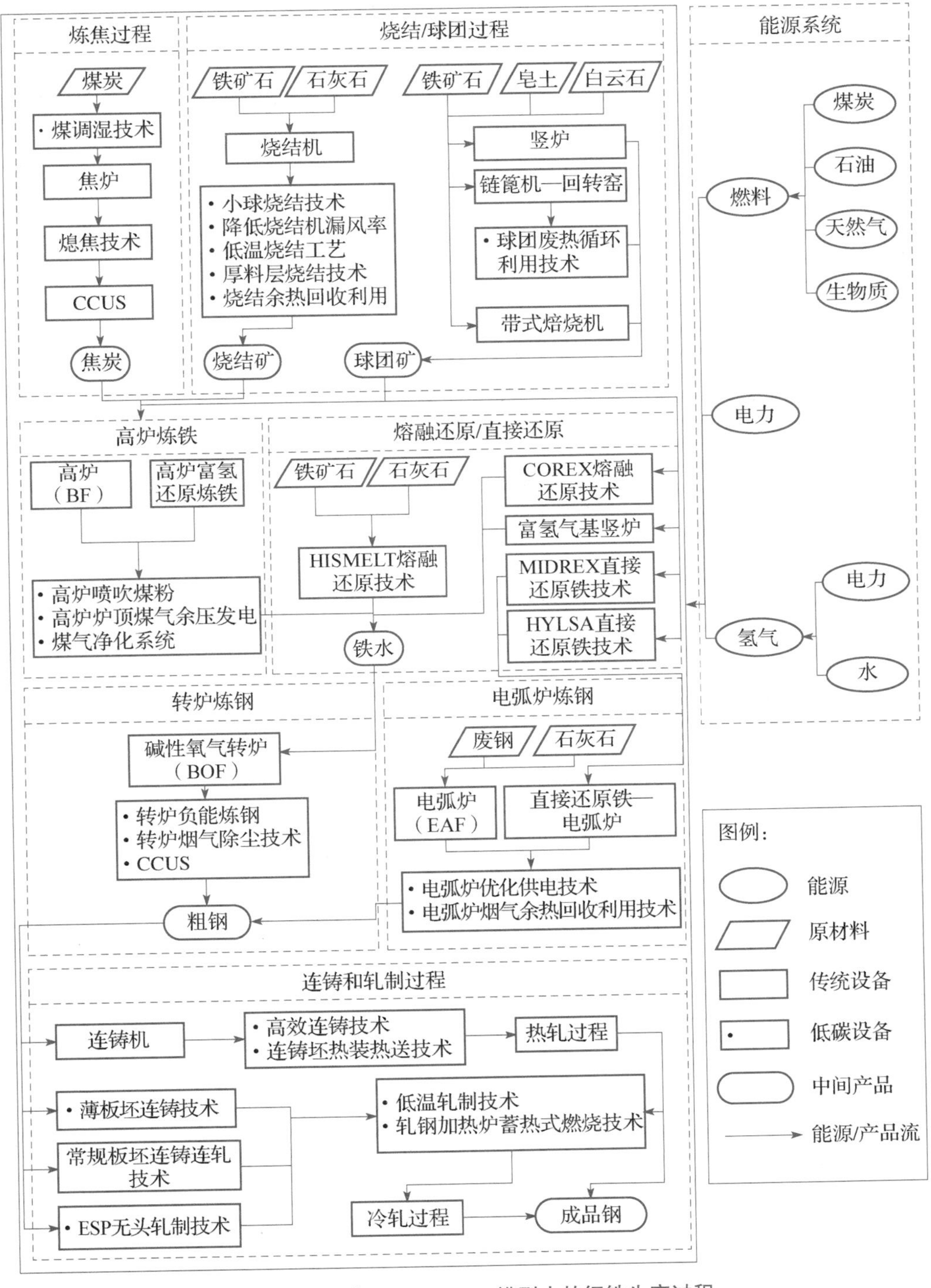

图 4－16　C³IAM/NET-IS 模型中的钢铁生产过程

表 4－7 列出了钢铁生产各过程中使用的主要工艺和技术。从技术角度来看，钢铁厂低碳或绿色发展的核心依赖于钢铁生产技术、提高能源效率的设备以及各种排放控制技术的使用。即钢铁的低碳发展可以看作是确定不同技术组合的决策问题。因此，为了减少钢铁生产对环境的影响，应关注钢铁生产过程中的有效技术部署。如表 4－7 所示，BF-BOF 和 EAF 生产过程中的节能技术包括三类：(1) 采用大型先进的生产设备或国际先进水平的设备替代传统小型落后的生产装置。(2) 改造或者加装节能的低碳技术。如 BF-BOF 生产中，炼焦过程的干法熄焦技术、高炉炼铁过程的高炉喷吹煤粉技术等，以及 EAF 生产中的电弧炉烟气余热回收利用技术等。(3) 采用先进的工艺替代传统的生产方式，如提高电炉钢的生产比例，即用短流程替代长流程的过程。C^3IAM/NET-IS 模型寻求经济最优下的钢铁技术发展路径，选择生产技术和节能技术的不同组合，计算钢铁行业未来的排放空间。

表 4－7 钢铁生产的主要工艺和技术

生产工艺	替代性生产技术 (技术替代和升级)	其他低碳技术 (技术改造)
炼焦过程	焦炉<4.3m 焦炉 4.3～7m 焦炉>7m 国际先进焦炉	煤调湿技术 干法熄焦 湿法熄焦 CCUS
烧结过程	烧结机<$90m^2$ 烧结机 90～$180m^2$ 烧结机>$180m^2$ 国际先进烧结机	小球烧结技术 降低烧结机漏风率 低温烧结工艺 厚料层烧结技术 烧结余热回收利用
球团过程	竖炉 链篦机—回转窑 带式焙烧机	球团废热循环利用技术
高炉炼铁	高炉<$400m^3$ 高炉 400～1 $200m^3$ 高炉>1 $200m^3$ 国际先进高炉	高炉喷吹煤粉 高炉炉顶煤气干式余压发电技术 高炉炉顶煤气湿式余压发电技术 高炉煤气干法除尘 高炉煤气湿法除尘
非高炉炼铁	HISMELT 熔融还原 COREX 熔融还原 富氢气基竖炉 MIDREX 直接还原铁 HYLSA 直接还原铁	
转炉炼钢	转炉<30t 转炉 30～120t 转炉>120t 国际先进转炉	转炉负能炼钢 转炉烟气干法除尘 转炉烟气湿法除尘 CCUS

续表

生产工艺	替代性生产技术（技术替代和升级）	其他低碳技术（技术改造）
电弧炉炼钢	电弧炉<30t 电弧炉 30～100t 电弧炉>100t 使用直接还原铁的电弧炉	电弧炉优化供电技术 电弧炉烟气余热回收利用技术
连铸与轧制过程	连铸机 国际先进连铸机 薄板坯连铸技术 常规板坯连铸连轧技术 ESP 无头轧制技术 热轧过程 国际先进热轧技术 冷轧过程 国际先进冷轧技术	高效连铸技术 连铸坯热装热送技术 低温轧制技术 轧钢加热炉蓄热式燃烧技术
全流程		钢铁行业能源管控系统（EMS）

案例

案例一：中国钢铁低碳路径设计

作为主要碳排放源，钢铁行业碳减排是我国实现碳中和目标的重要环节。钢铁行业碳减排措施主要包括提高能源效率、生产流程转换、节能技术改造、技术创新、燃料转换、氢能炼钢、CCUS 等。在这些措施中，提升生产设备效率及节能技术设备改造，如煤调湿技术及余热回收技术的应用，可在短期内显著降低钢铁生产的单位排放。随着技术创新，氢能冶金加上 CCUS 的应用实践，已基本可以实现钢铁工业净零排放，如瑞典 HYBRIT 项目。虽然上述措施都可以在一定程度上助力于碳中和目标的实现，但具体措施的实施时间、程度和代价仍不明确。一方面，中国的钢铁设备多于近 20 年新建，存在碳锁定效应，若立即进行全面改造将面临高昂的成本代价。另一方面，不同减排措施的实施也将对原材料的使用产生不同的影响。例如，在生产流程转换中，由 BF-BOF 转向 EAF 生产会减少铁矿石的开采，但会增加对废钢的需求。而采用技术创新，发展非高炉炼铁技术又会增加一次资源铁矿石的使用。同时，中国的铁矿石也面临着资源安全的巨大挑战，2020 年铁矿石对外依存度高达 82.3%。未来国内废钢的供应量能否支撑 EAF 的发展等问题仍待解决。目前国家加速推进实施钢铁工业低碳发展相关举措，但对其经济性和资源安全性缺乏考虑。在碳中和目标下，钢铁工业有必要综合考虑不同发展路径下的减排潜力、资源利用和成本代价，从而为政策制定者和企业提供更全面的决策依据。利用本章构建的钢铁行业技术路径优化方法（C^3IAM/NET-IS），可分析钢铁行业不同减排措施的减排潜力、能源消耗和原材料使用情况，同时提出一种更为切实可行的钢铁行业碳减排技术发展路径。

1. 情景设置

未来钢铁行业减排面临多种选择，而各个措施的实施时间、强度和作用对象都具有显著差异。为了更好评估各减排措施的减排潜力，选择最佳的政策组合，本章选取了钢铁生产侧 11 种可能的发展战略，包括按照现有政策淘汰落后产能、推动节能技术改造、增加烧结比、增加废钢比、转向清洁燃料、发展氢能炼钢和 CCUS、实施碳税政策、调整原材料进出口量等进行情景设置（IEA，2020a；McKinsey，2020；Wang et al.，2021）。按照不同政策的成熟度、发展目标，将 11 种措施的未来发展设置如表 4－8 所示。

表 4－8　情景描述

情景	情景设置
BAU （淘汰落后产能）	• 继续实施淘汰落后产能（工信部，2016） • EAF 按照政策要求发展，2025 年达到 15%～20%（工信部，2020a），2060 年达到 60%（UBS，2021） • 高炉入炉原料球团比 2060 年达到 80% 以上（王新东 等，2019） • 2025 年废钢比达到 30%（工信部，2020a），未来仍实行废钢进口禁令 • 2060 年煤炭占比降至 55% 以下，天然气占比增至 10% 以上（An et al.，2018） • 氢能冶金技术（高炉富氢还原、氢基熔融还原和富氢气基竖炉）2060 年分别达到 25%、30%、30% 以上 • CCS 于 2040 年开始布局，2060 年推广率达到 20% 以上（Zhao et al.，2021） • 2025 年铁矿石自给率达到 25% 以上*，2060 年达到 50%；进口 DRI 比重 2060 年将至 50% 以下
EST （推进节能技术改造）	• 在 BAU 基础上加快发展节能技术（An et al.，2018）
PE （高炉原料结构调整—增加烧结比）	• 在 EST 基础上增加高炉入炉原料中球团的比例，2050 年之后球团比为 100%（采用瑞典 SSAB 公司高炉原料结构）（刘征建 等，2021）
YSS0 （炼钢工序原料结构调整—增加废钢比）	• 在 PE 基础上增加 BOF 入炉原料中废钢的比例，2060 年达到 35% 以上；对于 EAF 的原料投入 2060 年实现 50% 的废钢投入+50% 的直接还原铁（Van Ruijven et al.，2016；Fan et al.，2021）
YSS1 （炼钢工序原料结构调整—进一步增加废钢比）	• 在 YSS0 基础上再次增加 BOF 入炉原料中废钢的比例至 2060 年 50% 以上；2060 年 EAF 全部采用废钢冶炼（Morfeldt et al.，2015）
PS （转向短流程生产）	• 在 YSS1 基础上将钢铁生产流程从 BF-BOF 加快转向 EAF，2050 年 EAF 比例达到 60%，2060 年达到 80%
CF （转向清洁燃料）	• 在 PS 基础上降低煤炭比重到 2060 年 15% 以下，加快天然气和生物质的使用，2060 年分别达到 25% 和 40% 以上（余碧莹 等，2021）

续表

情景	情景设置
H2 （发展氢能炼钢）	• 在 CF 基础上发展氢能冶金，高炉富氢还原、氢基熔融还原和富氢气基竖炉三种技术 2060 年分别达到 80%、65%、45% 以上（Vogl et al.，2018；Shen et al.，2021）
CCUS （发展 CCUS）	• 在 H2 基础上进一步发展 CCUS，2060 年 CCUS 占比增加至 70% 以上（Zhao et al.，2021）
ET （实施碳税政策）	• 在 CCUS 基础上实行碳税政策，设定碳税 2030 年为 96.6 CNY/ton，2060 年为 644 CNY/ton（Cao et al.，2021）
IM （调整原材料进出口）	• 在 ET 基础上保障铁矿石的自给率到 2060 年达到 85% 以上，同时为促进 EAF 发展，在充分利用国产废钢前提下放开废钢进口，并增加国产 DRI 的比重至 80% 以上

注：* 数据来源于 http://www.csteelnews.com/xwzx/ylnc/202108/t20210827_54237.html。

BAU 情景依据中国钢铁工业现有政策趋势进行设定。根据钢铁工业现行淘汰落后产能的标准对技术进行淘汰（工信部，2016），并按照政策要求对原料结构和能耗结构等目标进行约束（工信部，2020a）。在此基础上，节能技术成为短期内发展的主流，依据国家技术清单（工信部，2012，2014），EST 情景将进一步加快节能技术的实施力度（Hasanbeigi et al.，2014）。由于资源禀赋和环保要求的差异，国内外高炉炉料结构差异很大。其中，我国 70%～80% 为烧结矿，球团占比约 15%。而美国、欧盟等国家和地区大约 90% 以上为球团矿。相比于烧结工序，球团的单位能耗显著降低，PE 情景下进一步调整高炉的球团比，将有效降低排放量（Harvey，2020）。对于炼钢炉料结构，YSS0 和 YSS1 情景分别对废钢在 BOF 和 EAF 中的投入比例进行了讨论。YSS0 情景下，转炉中废钢比例增加，对于 EAF 的炉料配比，考虑到 Scrap 供应的不确定性，参考中东地区的设定，未来 DRI 和 Scrap 同步发展。YSS1 情景下，我国废钢供应量充足，回收率较高，废钢在 BOF 中的比例进一步提升，同时 EAF 采用全废冶炼方式（Harvey，2020）。PS 情景讨论了在资源约束下，钢铁生产由 BF-BOF 加速转向 EAF 的可行性（An et al.，2018）。碳中和目标下，非化石能源消费比重进一步提升（国务院，2021），2025 年，非化石能源消费比重达到 20% 左右，2030 年达到 25% 左右。按照国家能源结构调整的战略要求力度，设置本章的 CF 情景。氢能冶炼和 CCUS 等深度脱碳技术目前在中国仍处于研发或试用阶段，未进行商业性应用，本章设定 H2 和 CCUS 情景分别讨论加速深度脱碳技术的应用效果（Bhaskar et al.，2020）。除了技术措施，财税措施的实施也会进一步刺激钢铁企业转型，ET 情景下模拟了碳税的实施效果。IM 情景下对于目前钢铁的主要原材料铁矿石、废钢以及 DRI 的进出口结构进行了调整，以探讨资源安全的影响。

2. 结果讨论

（1）减排潜力。

2020—2060年，随着钢材需求的下滑，中国钢铁工业的碳排放量总体呈现下降趋势（见图4-17）。11种情景下，钢铁工业的碳排放量将于2021—2023年达峰，峰值为15.14亿吨～15.31亿吨。在可行技术路径下最大限度减排，2060年，钢铁工业CO_2排放量约为0.73亿吨，需依靠碳汇进一步吸收。与Zhao et al.（2021）碳中和目标下能源系统2020—2060年CO_2排放空间（3 758亿吨）相比，2020—2060年间，钢铁工业的累积CO_2排放量为248.17亿吨～346.56亿吨，占全国CO_2排放空间的6.60%～9.22%，实施10种措施的综合减排效果预计占能源系统减排责任的42.05%。

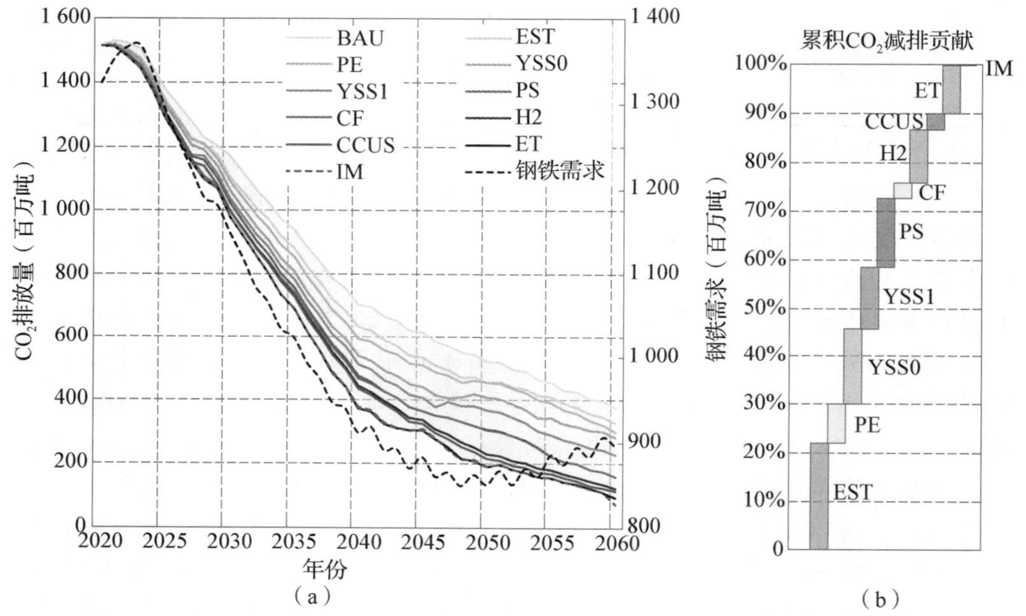

图4-17　2020—2060年中国钢铁行业CO_2排放量

如图4-17b所示，对10种措施的累积减排效果进行比较可以发现，引入更多的低碳技术（EST情景）是减排贡献最大的措施，与BAU情景相比，将在2020—2060年带来21.72亿吨的CO_2减排量（22.07%）。在EST情景基础上逐步实施三类调整原料结构措施（提高球团比、EAF采用半DRI半废钢冶炼和采用全废冶炼）将使累积CO_2排放分别减少7.76亿吨、15.52亿吨和12.60亿吨，三类调整原料结构措施的累积减排贡献将达到36.47%。将钢铁生产从BF-BOF加速转向EAF的PS情景，将在2020—2060年间实现累积CO_2减排1 386.11兆吨（14.09%）。虽然使用突破性氢能炼钢和CCUS是目前钢铁深度减排的重点，但其大规模发展处于中后期，累积减排潜力相对较低（10.77%和3.26%）。随着财税政策（碳税情景）的实施，钢铁工业也将倒逼低碳技术发展，从而带来显著的减排效果（9.99%）。

将钢铁工业的累积减排潜力按照五年为一个规划期进行划分可以看出，2021—

2030 年期间，各类减排措施处于实施的初始阶段，综合减排潜力相对较低（10.02 亿吨）(见图 4-18)。2030 年后，随着钢铁生产结构和原料结构的进一步优化，钢铁工业的减排潜力将显著增加。其中，2041—2045 年钢铁工业的减排潜力达到最大值，为 16.35 亿吨。2050 年前，发展低碳技术是减排效果最显著的措施，但减排贡献度却从 2021—2025 年的 40.68% 下降至 2046—2050 年的 22.44%。与此同时，氢能炼钢（H2 情景）的减排贡献逐步提升，从 2021—2025 年的 5.73% 增加至 2051—2055 年的 21.51%，成为该阶段减排效果最大的技术。从 BF-BOF 转向 EAF 生产的减排效果将在 2055 年后显现（24.03%）。原料结构调整的三类措施（PE、YSS0、YSS1）的减排效果将分别体现在 2031—2035 年（1.31 亿吨）、2041—2045 年（3.20 亿吨）、2056—2060 年（2.78 亿吨）。在不同的五年规划期，可依据钢铁工业整体减排空间和各类减排措施的贡献大小，合理制定碳排放目标及有序推进各类措施的实施。

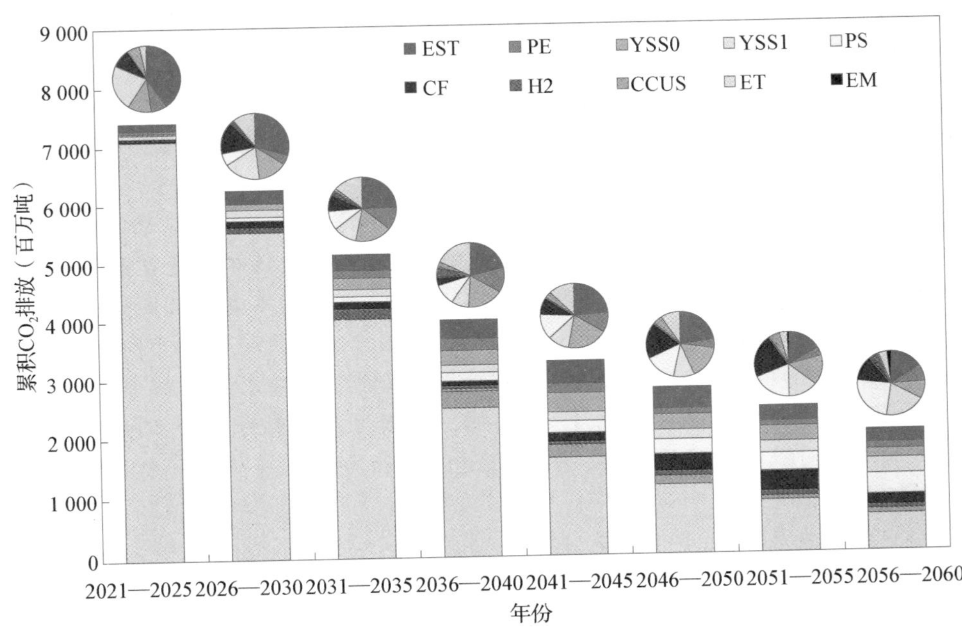

图 4-18　2021—2060 年中国钢铁行业减排量

（2）能源消耗。

图 4-19a 显示了所有 11 种情景下的年度能源消耗水平。在 2021—2045 年间，由于国内外的钢铁需求放缓，随着淘汰落后产能政策的有效实施，大型设备逐渐替换小型落后的生产设备，使得能耗逐年降低。与 2020 年相比，2060 年钢铁工业能耗下降了 51.62%～75.51%，至 165.76 百万吨标准煤～327.46 百万吨标准煤。原料结构调整对能耗变化影响最大。当提升 BOF 中废钢比至 30% 以及在 EAF 中将原料结构调整为半 DRI 半废钢时（YSS0 情景），由于 DRI 的生产技术由煤基还原工艺转向富氢气基竖炉，氢气的使用带动了大量电力需求，导致 2045 年后 YSS0 情景下能耗量反弹，2060 年能耗与 2045 年相比增加了 25.84%。而与 YSS0 情景相比，当采用全废 EAF 炼钢（YSS1 情景）时，由于

废钢代替了DRI的投入，使得能耗累积减少了1 351.60百万吨标准煤。在综合实施了10种措施（IM情景）后，2060年钢铁行业的电气化率将达到93.85%，与BAU相比电气化程度增长了29.78%（见图4－19b）。比较各类措施的电力消耗量可以看出（见图4－19c），当调整EAF原料投入为半DRI半废钢时（YSS0情景），将累积消耗电力20.11PWh。而将EAF原料结构改变为全废冶炼时（YSS1情景），与YSS0相比，将累积节约电力3.76PWh。

（3）原材料使用。

图4－20选取原料结构变动相关情景进行分析，可以看出，随着钢铁需求和生产方式的变动，与2020年相比，2060年铁矿石需求将减少7.41亿吨～12.04亿吨，废钢需求将增加1.47亿吨～5.83亿吨。如果将EAF原料结构调整为半DRI半废钢（YSS0情景），由于DRI使用铁矿石作为原料，则2020—2060年间仍然保持对铁矿石的高需求（累积343.51亿吨），与BAU相比，废钢需求将累积减少0.59亿吨。如果采用全废EAF炼钢（YSS1情景），与YSS0情景相比，则需要累积增加29.20亿吨的废钢使用。按照Pauliuk et al.（2012）的研究，2060年废钢可供使用量为3.49亿吨～5.21亿吨，如果仅仅依赖国内的废钢供应，则不能满足全废EAF冶炼的需求（5.85亿吨）。在此基础上加速发展EAF（PS情景），则会使原材料使用由铁矿石进一步转向废钢，与YSS1情景相比，废钢需求将累积增加19.01%。为了进一步保障铁矿石的供应安全，若全面收紧铁矿石进口至20%以下（IM情景），2060年铁矿石自给率将增至85%。作为铁矿石需求大国，虽然我国的铁矿石储量位居全球第四（USGS，2021），但国产矿品位较低、开发成本较高，80%以上依赖进口。随着国家对提高铁矿资源保障能力的要求（工信部，2020a），2060年国内优质铁矿石需求量为1.23亿吨，废钢资源需求为7.95亿吨。这就要求一方面加大对铁矿勘探的力度，引进先进开采和冶炼技术，另一方面增强废钢资源的回收率。

（4）技术发展路径。

图4－21展现出在IM情景下不同节能技术的发展路径。可以看出，2020—2030年，煤调湿技术和烧结余热回收技术成为年均增长率最高的技术（22.82%、17.13%）。而烧结过程中的其他节能技术（小球烧结技术、降低烧结漏风率、低温烧结工艺、厚料层烧结技术）在2030年后得到全面应用，2035年市场占有率达到85%以上。2030年后，焦炉和高炉—转炉过程将会逐步发展CCUS，2060年CCUS在钢铁生产过程的加装占比将高达85.35%。目前，焦煤资源呈现世界性短缺，供应紧张和价格高涨已成制约传统钢铁工业发展的重要因素。在目前依据成本最优的目标下，在2020—2050年间熔融还原过程将以HISMELT熔融还原技术为主流发展技术。该技术可以舍弃炼焦和烧结环节，不使用块矿和焦煤，通过简化炼铁流程，降低成本。2050年HISMELT熔融还原技术市场占比达到45.51%。2050年后氢基熔融还原将加速发展，2060年占比达到65.87%。直接还原铁（DRI）炼铁在未来的发展受到成本的制约。在我国钢铁工业未来的发展中，基于废钢的EAF生产将是成本最优的选择。

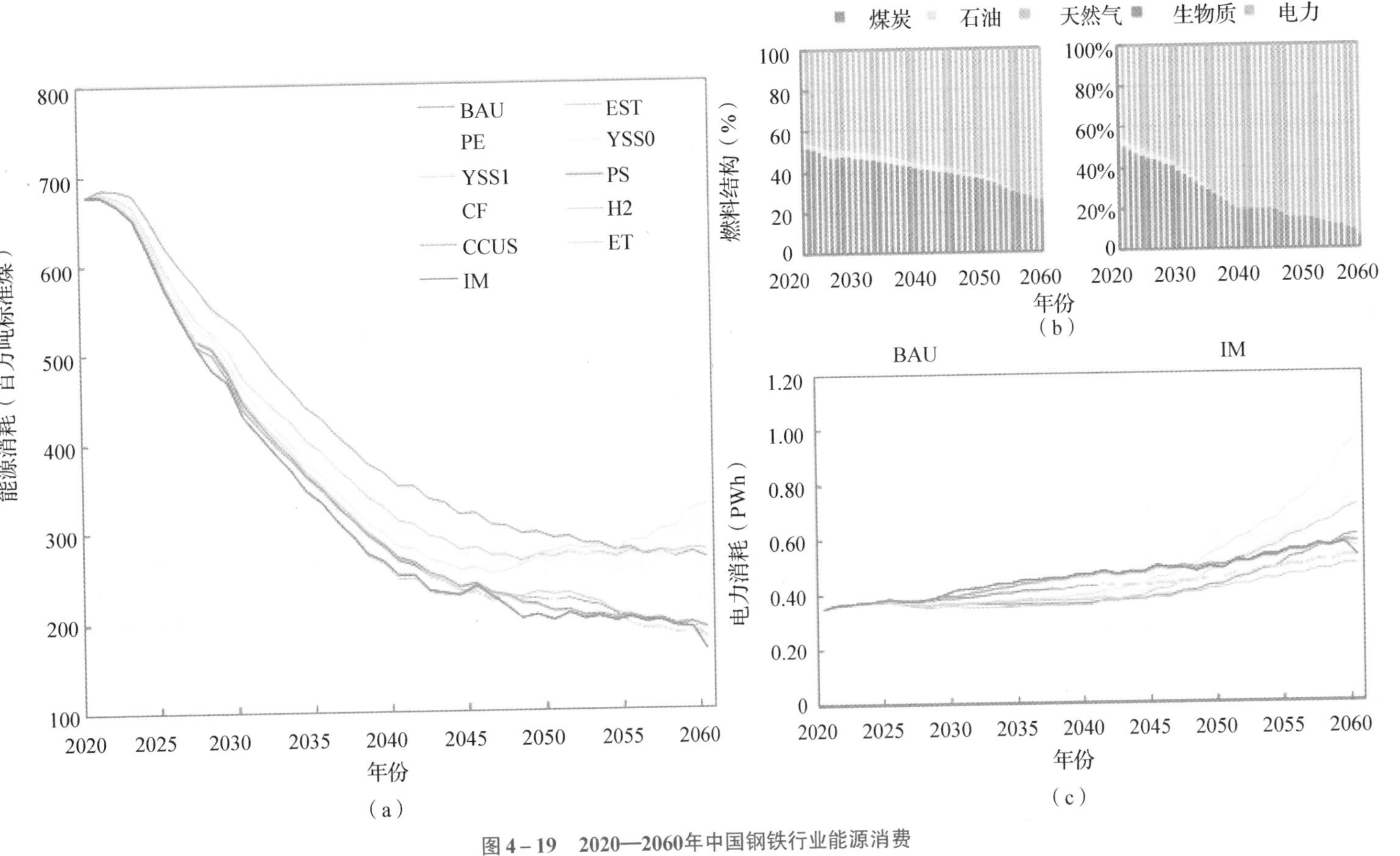

图 4-19　2020—2060年中国钢铁行业能源消费

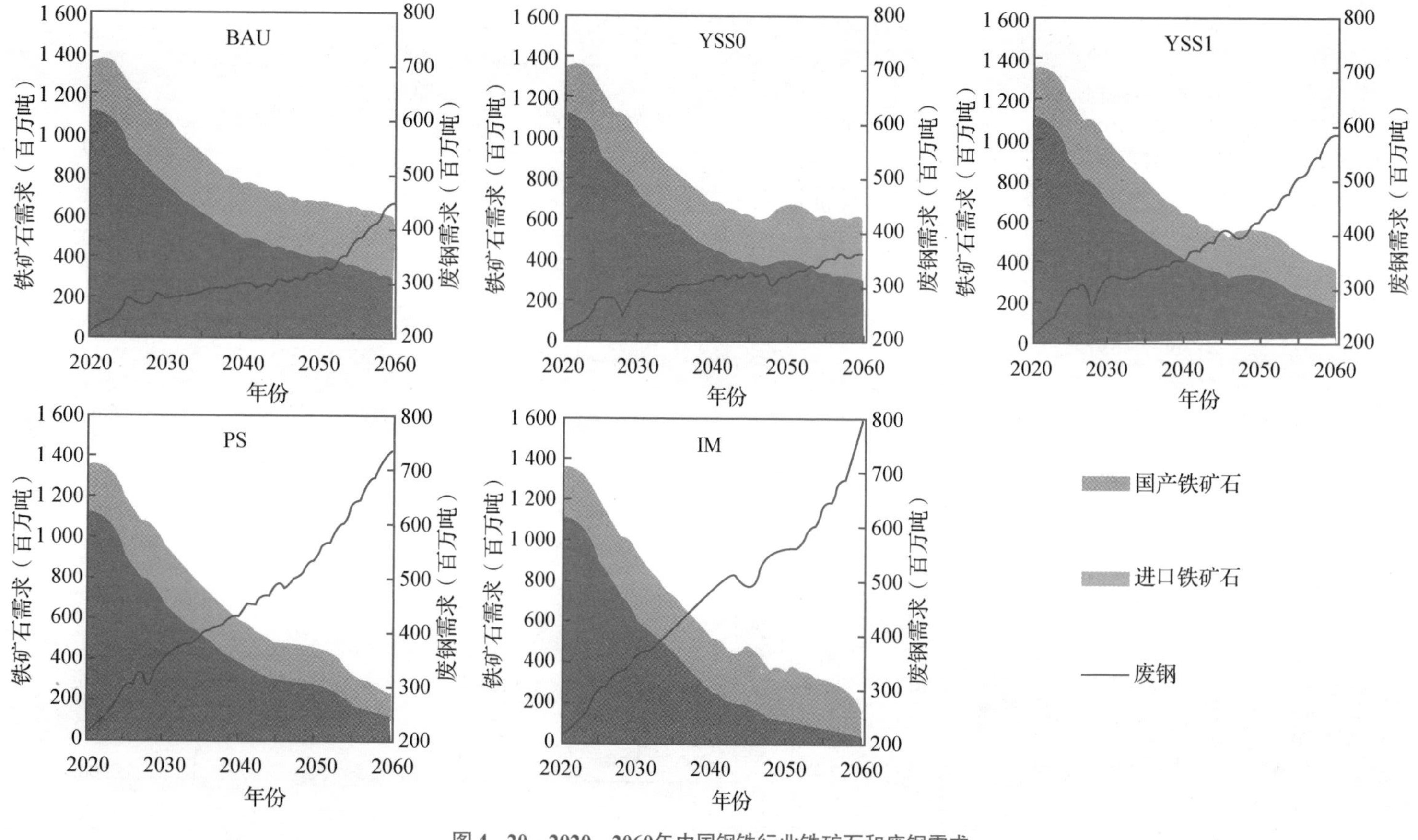

图 4-20 2020—2060年中国钢铁行业铁矿石和废钢需求

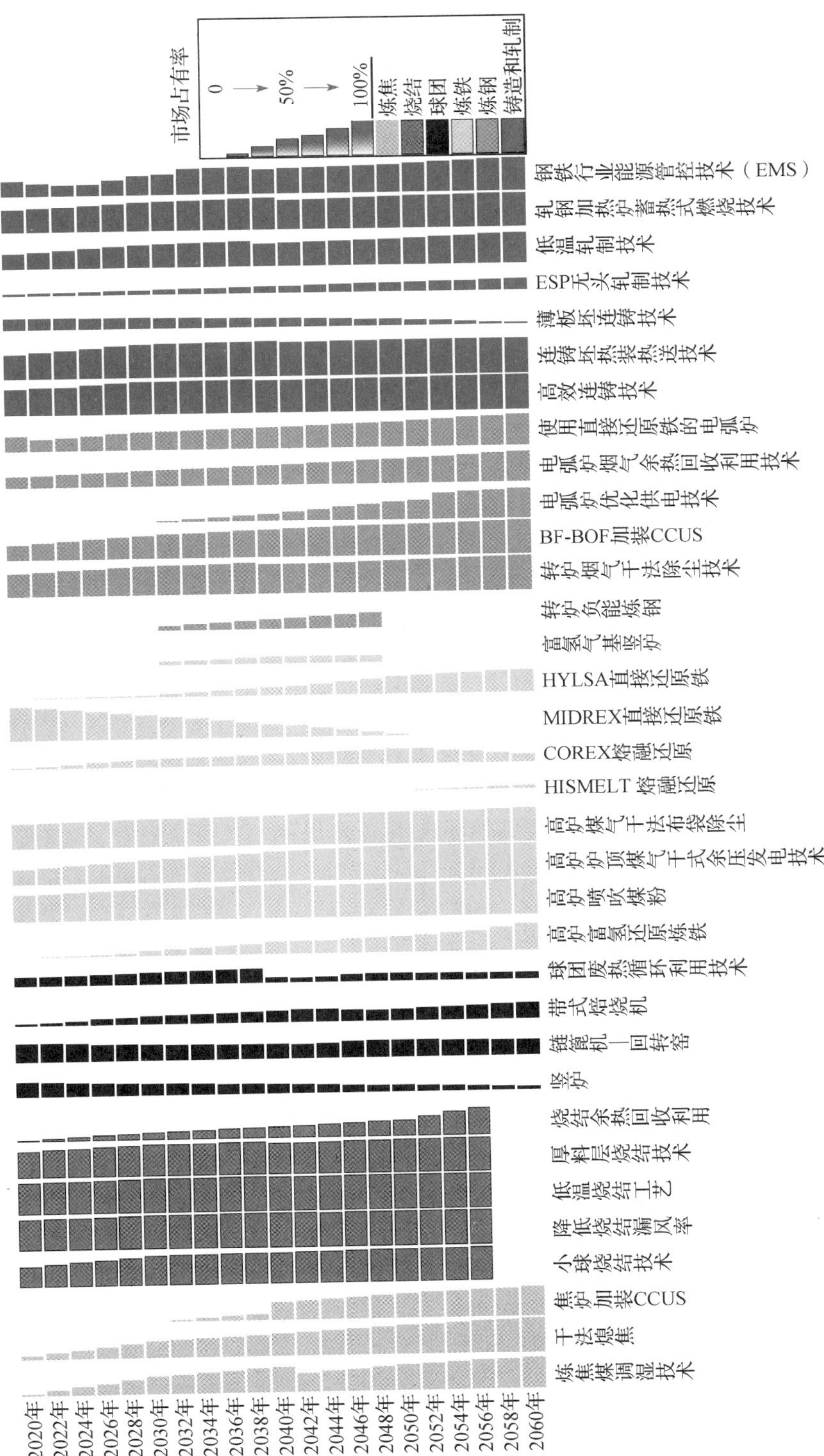

图 4－21　IM情景下2020—2060年中国钢铁行业节能技术市场占有率

案例二：钢铁行业低碳项目管理实践

低碳冶炼是钢铁行业实现“双碳”目标的关键所在，而氢能冶炼是钢铁生产实现无化石能源冶炼、达到零碳排放的重要技术。就国际层面而言，在钢铁巨头蒂森克虏伯等的推动下，国际“氢冶金”技术早已走在前列。

1. 瑞典钢铁 HYBRIT 项目

瑞典钢铁 HYBRIT 项目成立于 2016 年，具体项目规划见表 4－9。

表 4－9　瑞典钢铁 HYBRIT 项目进展计划

时间	阶段	工作内容
2016 年	项目成立	由瑞典钢铁公司、瑞典大瀑布电力公司和瑞典矿业集团联合成立
2016—2017 年	项目预研阶段	评估非化石能源冶炼的潜力，以及二氧化碳的捕集、利用与封存等
2018—2024 年	中试研究阶段	小范围试运行
2025—2035 年	示范运行阶段	进行运行测试，以确保到 2035 年实现商业化运行

瑞典钢铁 HYBRIT 项目的基本思路是在高炉生产过程中用氢气取代传统工艺的煤和焦炭（氢气由清洁能源发电产生的电力电解水产生），氢气在较低的温度下对球团矿进行直接还原，产生海绵铁（直接还原铁），并从炉顶排出水蒸气和多余的氢气，水蒸气在冷凝和洗涤后实现循环使用（见图 4－22）。

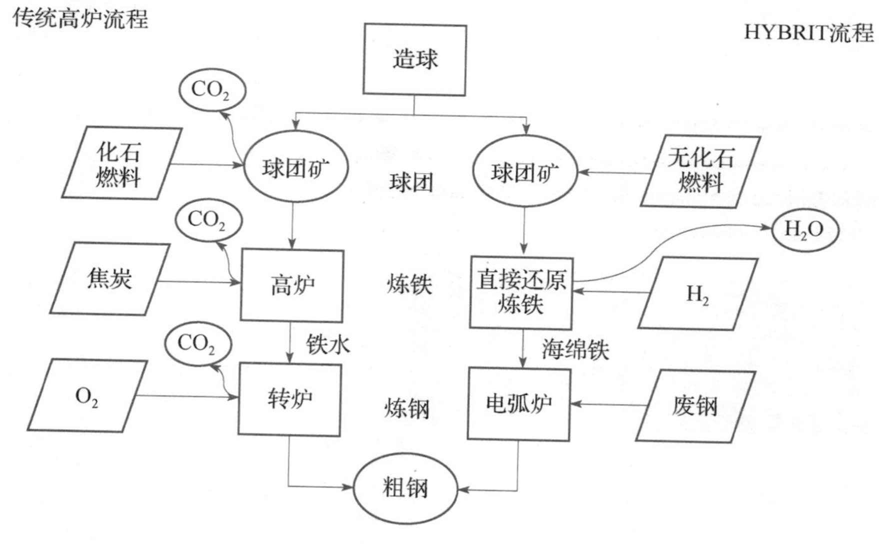

图 4－22　HYBRIT 项目工艺流程

瑞典钢铁 HYBRIT 项目也取得了阶段性的效果。根据其 2018 年初公布的研究结果，按照 2017 年底的电力、焦炭价格和二氧化碳排放交易价格，HYBRIT 项目采用的氢冶金工艺成本比传统高炉冶炼工艺高 20%～30%。SSAB 公司采用长流程工艺的吨钢二氧化碳排放量为 1 600 千克（欧洲其他国家的水平为 2 000～2 100 千克），电力消耗为 538 千瓦时；采用 HYBRIT 工艺的吨钢二氧化碳排放量仅 25 千克，电力消耗为 4 051 千瓦时。

2. 萨尔茨吉特 SALCOS 项目

萨尔茨吉特 SALCOS 项目于 2016 年 4 月由德国萨尔茨吉特钢铁公司启动。萨尔茨吉特先期策划实施了萨尔茨吉特风电制氢项目（Wind H_2），2016 年 4 月正式启动了 GrInHy1.0（Green Industrial Hydrogen，绿色工业制氢）项目，2019 年 1 月开展了 GrInHy2.0 项目（见表 4-10）。

表 4-10　萨尔茨吉特 SALCOS 项目进展

时间	项目	项目思路
2016 年	萨尔茨吉特风电制氢项目（Wind H_2）	采用风力发电，电解水制氢和氧，再将氢气输送给冷轧工序作为还原性气体，将氧气输送给高炉使用
2016 年	GrInHy1.0 项目	采用可逆式固体氧化物电解工艺生产氢气和氧气，并将多余的氢气储存起来。当风能（或其他可再生能源）波动时，电解槽转变成燃料电池，向电网供电，平衡电力需求
2019 年	GrInHy2.0 项目	通过钢企产生的余热资源生产水蒸气，用水蒸气与绿色再生能源发电，然后采用高温电解水法生产氢气。氢气既可用于直接还原铁生产，也可用于钢铁生产的后道工序，如作为冷轧退火的还原气体

萨尔茨吉特 SALCOS 项目的基本思路是对原有的高炉—转炉炼钢工艺路线进行逐步改造，把以高炉为基础的碳密集型炼钢工艺逐步转变为直接还原炼铁—电弧炉工艺路线，同时实现富余氢气的多用途利用（见图 4-23）。

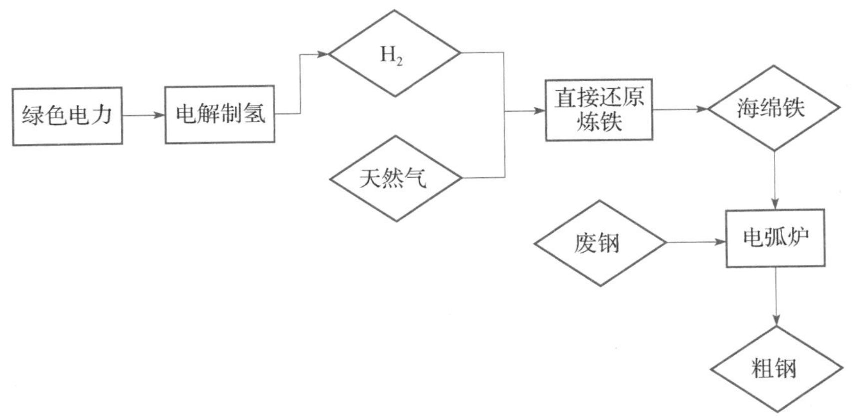

图 4-23　SALCOS 项目工艺流程

3. 奥钢联 H_2FUTURE 项目

奥钢联 H_2FUTURE 项目于2017年由奥钢联发起，联合了西门子公司（质子交换膜电解槽的技术提供方，主要负责电解水产氢）、奥地利电网公司（为电解水提供电力支持）和奥地利 K_1-MET 中心组（负责研发钢铁生产过程中氢气可替代碳或碳基能源的工序）。

目前，氢能炼钢存在着制氢成本高昂、储氢技术难以突破的困境，随着技术的不断突破，在碳中和背景下，氢气炼钢仍然前景广阔。将氢气加入钢铁企业的产业链中（见图4－24），能够升级传统钢铁制造、扩大氢气的使用量、有效利用废钢以及减少铁矿石的使用量，将形成产业结构和能源结构的双赢局面。随着未来环保成本的不断上升，氢能炼钢的环保效益将会覆盖其较高的成本，从而使企业从中获益。在碳中和的大背景下，氢能炼钢具有较大的发展空间与潜力。

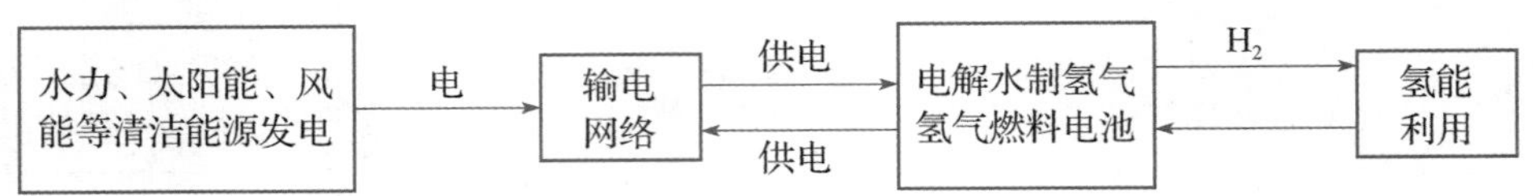

图4－24 H_2FUTURE 项目工艺流程

习题

1. 钢铁在社会中的作用是什么？主要消费于哪些部门？
2. 钢铁生产主要分为哪些步骤？简要介绍各生产流程的技术原理。
3. 列举先进炼钢工艺，比较其与传统工艺的区别。
4. 描述钢铁行业低碳发展的主要举措。
5. 解释钢铁在社会系统中的运动轨迹。如何对未来钢铁需求进行科学预测？
6. 钢铁生产技术选择和生产成本之间是否存在某些关联？请予以解释。
7. 什么因素会影响未来钢铁生产技术的选择？
8. 请简要论述钢铁行业实现碳中和的可行路径。

第5章 有色金属行业碳减排技术经济管理

本章要点

1. 了解有色金属主要种类并掌握碳排放的主要来源。
2. 深入了解全球及我国的铝土矿资源分布情况。
3. 掌握目前工业上生产金属铝的主要方法。
4. 熟悉铝电解的生产工艺流程。
5. 熟练掌握我国铝冶炼行业的碳减排措施和技术经济管理方法。

本章将介绍有色金属行业的基本概况，并着重分析有色金属行业中能耗及碳排放量占比较大的铝冶炼行业，从该行业的概况、工艺技术、碳排放来源、碳排放现状、碳减排技术经济管理措施和方法及应用案例等几个方面进行讲解。

第1节 有色金属行业基本概况

冶金工业包含黑色金属工业和有色金属工业，二者在我国的经济发展和现代化建设中均发挥了重要作用。有色金属是除铁、锰、铬构成的黑色金属外的所有金属的总称。发展先进的工业、领先的科技及牢靠的国防力量离不开有色金属行业的支持。有色金属在汽车制造、机械制造、金属冶炼等领域得以广泛运用。本节主要讲解有色金属行业的基本情况以及能耗和碳排放现状。

一、有色金属行业简介

有色金属是国民经济、人民日常生活及国防工业、科学技术发展必不可少的基础材料和重要战略物资。农业现代化、工业现代化、国防和科学技术现代化都离不开有色金属。世界上许多国家，尤其是工业发达国家，都在竞相发展有色金属工业，增加有色金属的战略储备。

狭义的有色金属又称非铁金属，是除铁、锰、铬以外的所有金属的统称，包括铜、铅、锌、铝、镁等。广义的有色金属还包括有色合金。有色合金是以一种有色金属为基体（通常大于50%），加入一种或几种其他元素而构成的合金。

有色金属可分为以下四类：

（1）重金属：一般密度在4.5克/立方厘米以上，如铜、铅、锌等。

（2）轻金属：密度小（0.53～4.5克/立方厘米），化学性质活泼，如铝、镁等。

（3）贵金属：地壳中含量较少，提取困难，价格较高，密度大，化学性质稳定，如金、银、铂等。

（4）稀有金属：如钨、钼、锗、锂、镧、铀等。

有色金属品种众多，不同品种的用途存在较大的差异。具体来看，铜、铝和钼等品种在当前快速发展的新能源、新基建等战略新兴产业中具有重要的用途。光伏和风电对铜、铝等有色金属具有较大的需求。根据国际可再生能源机构（IRENA）预测，自2021年到2050年，风电装机预计耗铜量约1 395万吨，耗铝量约600万吨；光伏装机预计耗铜量约5 418万吨，耗铝量约8 772万吨。5G基站、城际高铁及轨道交通、特高压等新基建项目对铜、铝等有色金属的依赖程度较传统基建更高。铝合金是5G基站建设中的重要材料，在智慧灯杆、天线、散热材料等领域有广泛用途，其用铝占比为90%左右。此外，钼及其合金在高精尖装备制造、太阳能电池、光伏材料等新兴产业部门也有着广泛的应用和良好的前景。

世界有色金属资源分布很不均衡。部分有色金属的主要矿产国分布如表5－1所示。大约60%的储量集中在亚洲、非洲和拉丁美洲等一些发展中国家，40%的储量分布于工业发达国家，这部分储量的80%又集中在原苏联地区、美国、加拿大和澳大利亚。国外铝资源主要分布在几内亚（占世界总储量的34%）、澳大利亚（占19%）和巴西（占10%）；铜资源主要分布在美国（占19%）和智利（占19%）；铅资源主要分布在澳大利亚（占30%）、中国（占14%）和美国（占10%）；锌资源主要分布在澳大利亚（占23%）、中国（占18%）和秘鲁（占10%）；镍资源主要分布在印度尼西亚（占19%）、澳大利亚（占19%）和巴西（占15%）。

表5－1　部分有色金属矿产分布国

金属类别	主要分布国
铝	几内亚、澳大利亚、巴西、牙买加、印度
铜	美国、智利、澳大利亚、秘鲁、墨西哥
铅	澳大利亚、中国、美国、秘鲁、墨西哥
锌	澳大利亚、中国、秘鲁、墨西哥、俄罗斯
镍	印度尼西亚、澳大利亚、巴西、俄罗斯、古巴
钛	澳大利亚、中国、印度、巴西、南非
镁	中国、俄罗斯、朝鲜、土耳其、巴西

续表

金属类别	主要分布国
锡	中国、印度尼西亚、缅甸、澳大利亚、巴西
锑	中国、俄罗斯、玻利维亚、吉尔吉斯斯坦、缅甸
钨	中国、加拿大、俄罗斯、美国、韩国
钴	刚果（金）、澳大利亚、古巴、菲律宾、加拿大

中国是世界上为数不多的矿产资源种类较齐全、矿产自给程度较高的国家之一，一部分矿种（矿组）的储量名列世界前茅甚至首位，但人均占有量却低于世界水平。从全球范围来看，中国是最大的有色金属生产国和消费国，中国有色金属工业的规模也已发展为全球最大，全国十种有色金属（即铜、铝、铅、锌、锡、镍、锑、汞、镁及钛）的总产量居全球第一位。其中云南省地质构造复杂，金属矿甚是丰富，金属矿以有色金属矿为主，种类多，储量大，尤以个旧锡矿、东川铜矿以及储量名列全国前茅的钛矿而著名，有“有色金属王国”之称。

截至 2020 年，中国有色金属产量突破 6 000 万吨，部分产品仍保持较快增长。如图 5－1 所示，近年来我国有色金属产量总体保持稳中有升的发展态势。“十三五”期间，我国 10 种常用有色金属（包括铜矿、铅锌矿、铝土矿、镍矿、钨矿、菱镁矿、钴矿、锡矿、钼矿、锑矿）产量年均增长 3.92%。从品种来看，铜、铅、钛增长速度较为突出，年均分别增长 4.71%、10.80% 和 20.32%，铝、锡、锑增速与此前的平均水平持平，锌、镍、镁、汞增速则低于 10 种有色金属产量的平均增速。

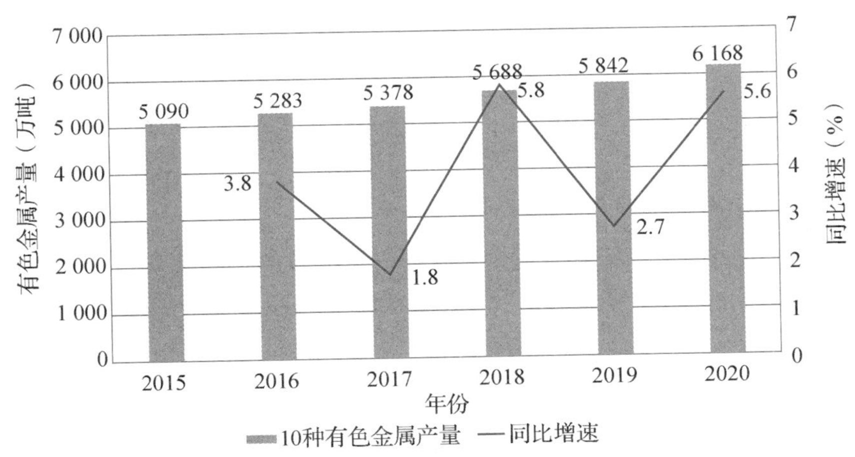

图 5－1　2015—2020 年中国 10 种常用有色金属产量增长情况

资料来源：国家统计局网站、中国有色金属工业网。

二、有色金属行业能耗及排放

中国有色金属矿产资源的复杂难处理性和现有选冶技术的局限性造成有色金属选冶流程长、工艺复杂，直接导致能耗高、水耗大、污染物排放量大，是我国碳排放的重点行业之一。受需求增加影响，目前我国有色金属行业碳排放总量呈逐年上升的趋势，据中国有色金属工业协会统计，2020 年我国有色金属行业二氧化碳排放总量为 6.6 亿吨，占全国碳排放总量的 4.7%，是 2010 年碳排放量的两倍。

从行业划分来看，有色金属行业的碳排放集中度较高，其中铝，尤其是电解铝，是有色金属碳排放的最大来源。表 5－2 是主要有色金属的碳排放测算结果，电解铝生产过程中的电力能耗是有色行业主要碳排放来源。2020 年，在全国有色金属二氧化碳排放总量的 6.6 亿吨中，铝冶炼行业碳排放量约 5 亿吨，占有色金属行业碳排放量的 76%。在铝行业内部，电解铝碳排放 4.2 亿吨，分别占有色金属行业和铝行业碳排放总量的 64% 和 84%。

表 5－2　2020 年有色金属行业部分工艺碳排放测算

工艺	单位产品综合能耗	CO_2 排放系数	单位 CO_2 排放系数	总 CO_2 排放量	占比
氧化铝	430 千克标准煤/吨	2.467 8 千克 CO_2/千克	1 061 千克 CO_2/吨	7 199 万吨	10.90%
电解铝	13 200 千瓦时/吨	0.895 3 千克 CO_2/千瓦时	11 818 千克 CO_2/吨	44 116 万吨	66.84%
铜冶炼	420 千克标准煤/吨	2.467 8 千克 CO_2/千克	1 036 千克 CO_2/吨	919 万吨	1.39%
铅冶炼	540 千克标准煤/吨	2.467 8 千克 CO_2/千克	1 333 千克 CO_2/吨	785 万吨	1.19%
锌冶炼	1 000 千克标准煤/吨	2.467 8 千克 CO_2/千克	2 468 千克 CO_2/吨	1 587 万吨	2.40%
合计				54 606 万吨	82.72%

资料来源：中华人民共和国国家标准、碳排放交易网、生态环境部应对气候变化司。

注：氧化铝生产环节使用 2 级能耗标准拜耳法工艺能耗限额限定值；铜冶炼环节使用铜精矿至阴极铜工艺综合能耗，直接将度电耗量折算成标煤耗量；锌冶炼环节使用湿法炼锌工艺综合能耗准入值；2019 年度减排项目中国区域电网基准线排放因子平均值为 0.895 3kgCO_2/kWh。

由于有色金属行业产品类型众多，而铝冶炼行业能耗及碳排放量在有色金属行业中占比最大，因此本章将以铝冶炼行业为例，从该行业生产过程、技术概况、碳减排技术管理政策措施、碳减排技术经济管理方法及应用案例等方面进行阐述，对铝冶炼行业的低碳发展及减排技术规划进行讲解。

第 2 节　铝冶炼行业概况

铝的应用非常广泛，铝冶炼行业是国家重要的基础产业。经过 70 余年的发展，我国铝冶炼行业的产业规模、关键技术、产业竞争力已经步入世界前列，这为我国在新时代向铝工业世界强国迈进奠定了坚实的产业基础。作为能源和碳密集型行业，在未来减缓气候变化和实现我国“双碳”目标进程中，铝冶炼行业将承担重大的责任。因此，铝冶炼行业开展碳减排技术经济管理具有重要意义。本节主要对铝的基本知识和铝冶炼行业的发展历程进行介绍。

一、铝的基本知识

铝是一种轻金属，其化合物在自然界中分布广泛，地壳中铝的含量约为 8%（重量），仅次于氧和硅，位居第三位。在金属品种中，铝仅次于钢铁，为第二大类金属。由于铝的储量非常丰富，同时具有较多优良性能，使得铝在工业和生活中应用广泛。铝的密度为 2.7 克/立方厘米（约是铁、铜密度的三分之一），延展性好，导电能力为铜线的三分之二，但是质量仅为铜线的三分之一，价格更便宜，大量用于高压电线、电缆、无线电制造工业。纯铝的密度相对较低，但是铝合金的密度、硬度都有提高。铝产品广泛应用于建筑、交通运输、机械设备、电力、包装等领域。其中，建筑部门用铝占比最高，2020 年所占比例达到 29%，如图 5－2 所示。

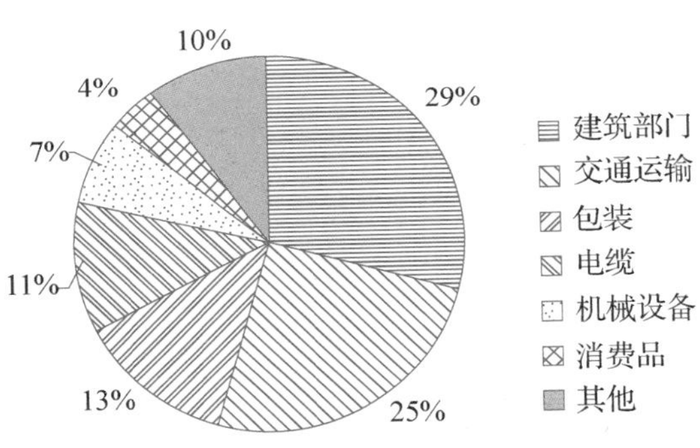

图 5－2　铝产品应用领域电解铝消费结构

在自然界中，含铝矿物和岩石种类十分丰富，如铝土矿、页岩、明矾石、霞石正长岩、黏土、煤矸石、粉煤灰等，这些矿物及岩石都可以作为提取铝的原料。然而到目前为止，唯一具有商业开采价值的原料只有铝土矿。铝土矿床根据赋存状态及其下伏基岩性质大体可以分成三种类型：红土型铝土矿床、岩溶型铝土矿床、沉积型（齐赫文型）铝土矿床。铝土矿矿石类型根据其所含矿物成分大致可以分为三水铝石型、一水软铝石型、一水硬铝石型三种基本类型。除此之外，还有三水铝石/一水软铝石混合型、一水软铝石/一水硬铝石混合型铝土矿。

红土型铝土矿床主要由三水铝石型和三水铝石/一水软铝石混合型铝土矿组成，该类型矿床储量占全球铝矿总储量的 88% 左右，是主要的铝土矿矿床，其最显著的特点是高铁、中铝、低硅和高铝硅比，而且其易采易溶的特性适宜流程简单、耗能低的拜耳法，是生产氧化铝的优质原料。岩溶型铝土矿床的矿石类型因成矿时代和产出地域不同而呈现出多样化的特征，该类矿床多分布于南欧、加勒比海和亚洲北部，亚洲以中国为代表的该矿床以一水硬铝石为主，显现出高铝、高硅、低铁、中等铝硅比的特点，而其他地区的类型则较为丰富，既有中生代一水软铝石，也有新生代三水铝石型及多种混合型。沉积型铝土矿床大多赋存于中国和中东欧地区，主要由一水硬铝石型和一水硬铝石/一水软铝石混合型铝土矿组成，矿石的质量较差。

铝土矿资源的供应安全是实现各国铝冶炼行业发展的决定性因素。从全球来看，铝土矿资源分布广泛，遍及五大洲50多个国家，资源丰富，储量巨大。据美国地质调查局（United States Geological Survey，USGS）估计，2019年全球铝土矿资源量为550亿吨～750亿吨，其中非洲176亿吨～240亿吨（占32%），大洋洲126亿吨～172亿吨（占23%），南美洲和加勒比地区116亿吨～158亿吨（占21%），亚洲99亿吨～135亿吨（占18%），其他地区33亿吨～45亿吨（占6%），如图5－3所示。

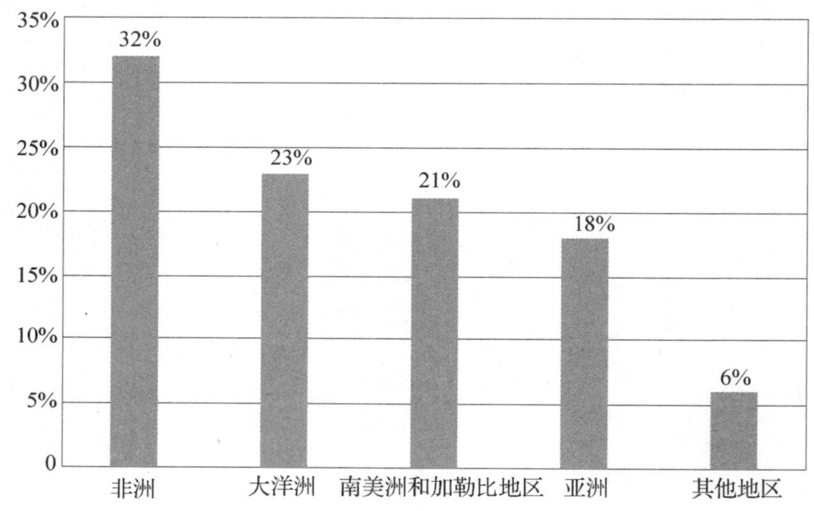

图5－3　2019年全球铝土矿资源占比

我国铝土矿资源相对匮乏，探明储量仅占全球总储量的3.3%，但却是全球第二大铝土矿生产国。数据显示，2020年我国铝土矿产量约为9 200万吨，约占全球总产量的四分之一。从资源赋存状况来看，我国铝土矿资源储量较少且分布较为集中，品位较低。我国铝土矿资源的特点可归纳如下：铝土矿以岩溶型为主（包括广西堆积型铝土矿），仅在海南、广西、福建等地发现少量红土型铝土矿，绝大部分是一水硬铝石型，与三水软铝石和一水软铝石相比，工艺流程复杂、投资大、能耗高；矿床规模较小，缺乏世界级大型铝土矿床（资源/储量5亿吨以上），单个资源/规模超过亿吨的矿床（群）也少见；共（伴）生组分多，主要伴生矿产有耐火黏土、石灰岩、铁矿等，伴生组分有镓、锂、钛等稀有金属，可综合开发利用。总之，我国铝土矿资源总量小、采储比低，而且采选冶（金属的采矿、选矿和冶炼）的难度较大、成本偏高，无明显的资源禀赋优势。我国铝土矿不同矿产类型储量、基础储量及资源量如表5－3所示。

Box 5.1 小概念

1. 储量是矿产储量的简称，泛指矿产的蕴藏量，是矿产地质工作的一项主要成果。基础储量是查明矿产资源的一部分。它能满足现行采矿和生产所需的指标要求（包括品位、质量、厚度、开采技术条件等），是经过详查、勘探所获控制的、探明的，并通过可行性研究、预可行性研究认为属于经济的、边际经济的部分。

2. 资源量是指查明矿产资源的一部分和潜在矿产资源，包括经可行性研究或预可行性研究证实为次边际经济的矿产资源，经过勘查而未进行可行性研究或预可行性研究的内蕴经济的矿产资源，以及经过预查后预测的矿产资源。

表 5－3　我国铝土矿不同矿产类型储量、基础储量及资源量

矿床类型	储量		基础储量		资源量	
	数量（亿吨）	占比（%）	数量（亿吨）	占比（%）	数量（亿吨）	占比（%）
沉积型	2.57	52.96	5.28	53.69	27.34	89.94
堆积型	2.28	47.04	4.55	46.31	2.79	9.17
红土型	0.00	0.00	0.00	0.00	0.27	0.89
合计	4.85	100.00	9.83	100.00	30.40	100.00

二、铝冶炼行业的发展历程

我国开采并使用铝矿的历史十分悠久，很早开始就从明矾石中提取明矾以供医药及工业上应用，是世界上最早生产铝合金的国家。明代宋应星所著的《天工开物》（公元 1637 年）一书中记载了矾石的制造和用途。虽然自然界中铝的资源储量很高，但是铝的工业生产却很晚，直到 19 世纪 20 年代铝才真正被制备出来，比金属铜和铁晚了两千多年。“Aluminium” 一词是从古罗马语 “Alumen”（明矾）衍生而来的。1746 年德国科学家波特（Pott）用明矾制得一种金属氧化物，1876 年莫万（Morveau）称此种氧化物为氧化铝（拉丁文为 Alumine，英文为 Alumina）。1807 年英国人戴维（Davy）试图电解熔融氧化铝得到金属铝未成功，1808 年他称此种拟想中的金属为 “Aluminium”，从此沿用此名。

金属铝最初是用化学法制取的。1825 年丹麦科学家奥斯特（Oersted）用钾汞齐还原无水氧化铝，得到一种灰色的金属粉末，该粉末在研磨时呈现金属光泽，但当时未能加以鉴定。1827 年德国化学家沃勒（Wohler）用钾还原氧化铝，得到少许细微的金属颗粒。1845 年他把氯化铝气体通过熔融的金属钾表面，得到金属铝珠，于是铝的一些物理化学性质得到初步测定。1854 年法国科学家德维尔（Deville）用钠还原 $NaAlCl_4$ 络合盐，并建厂生产一些铝制头盔、餐具及玩具，其价格昂贵，等同于黄金。

在采用化学法炼铝期间，德国的本生（Bunsen）和法国的德维尔继英国的戴

维之后研究电解法炼铝。1854 年本生声称通过采用炭阳极和炭阴极电解 NaCl-$AlCl_3$ 络合盐能得到金属铝。德维尔电解此络合盐和冰晶石的混合物也得到了金属铝。1886 年美国的霍尔（Hall）和法国的埃鲁特（Heroult）同时分别获得用冰晶石-氧化铝熔盐电解法制取金属铝的专利。与化学法相比，电解法成本低而且成品质量好，故沿用至今。1888 年美国匹兹堡建立第一家电解铝厂，铝生产进入一个新阶段。1888 年发明的拜耳法由铝土矿生产氧化铝以及直流电解技术的进步，为铝生产向工业规模发展奠定了基础。到 19 世纪末期，铝的生产成本开始明显下降，铝本身已成为一种普通的常用金属。20 世纪初期，铝材除了日常用品外，主要在交通运输工业上得到了应用。1901 年用铝板制造汽车车体；1903 年美国铝业公司把铝部件供给莱特兄弟制造小型飞机。汽车发动机开始采用铝合金铸件，造船工业也开始采用铝合金厚板、型材和铸件。随着铝产量的增加和科学技术的进步，铝材在其他工业部门（如医药器材、铝印刷版及炼钢用的脱氧剂、包装容器等）的应用也越来越广泛，大大刺激了铝工业的发展。1910 年世界的铝产量增加到 4.5 万吨以上，已开始大规模生产铝箔和其他新产品，如铝软管、铝家具、铝门窗和幕墙，同时铝制炊具及家用铝箔等各种新产品也相继出现，使铝的普及化程度向前推进了一大步。

德国冶金学家威尔姆（Wilm）于 1906 年发明了硬铝合金（Al-Cu-Mg 合金），使铝的强度提高两倍，在第一次世界大战期间被大量应用于飞机制造和其他军事工业。此后又陆续开发了 Al-Mn、Al-Mg、Al-Mg-Si、Al-Zn-Mg 等不同成分和热处理状态的铝合金，这些合金具有不同的特性和功能，大大拓展了铝的用途，使铝在建筑、汽车、铁路、船舶及飞机制造等工业部门的应用得到迅速的发展。第二次世界大战期间，铝工业在军事工业的强烈刺激下获得了高速增长，1943 年原铝①总产量猛增到 200 万吨。战后，由于军需的锐减，1945 年原铝总产量下降到 100 万吨，但由于各大铝业公司积极开发民用新产品，把铝材的应用逐步推广到仪器仪表、电子电气、交通运输、日用五金、食用包装等各个领域，使铝的需求量逐年增加。1956 年世界铝产量超过铜，居有色金属首位。到 20 世纪 80 年代初期，世界原铝产量已超过 1 600 万吨。铝工业的生产规模和生产技术达到了相当高的水平。

第 3 节　铝冶炼工艺技术简介

最早提炼铝的方法可追溯至距今两百年之前。一般而言，约两吨铝矿石能够生成一吨氧化铝，两吨氧化铝生产一吨电解铝。本节主要介绍铝冶炼行业的生产流程，并详细讲解氧化铝精炼、铝电解等主要生产工艺过程。

---

① 原铝：指工业铝电解槽所产出的液体铝，经过净化、澄清和除渣之后铸成的商品铝锭，含铝量一般不超过 99.8%。

一、铝冶炼行业生产流程

现代铝工业生产流程主要包括铝土矿开采、氧化铝精炼、阳极制备、铝电解、铸锭五个核心环节。首先通过拜耳法、烧结法等方法从矿石中提取氧化铝，然后使直流电通过由氧化铝、冰晶石作为溶剂组成的电解质，将氧化铝分解为铝和氧气，最后通过铸锭得到铝材（见图 5－4）。

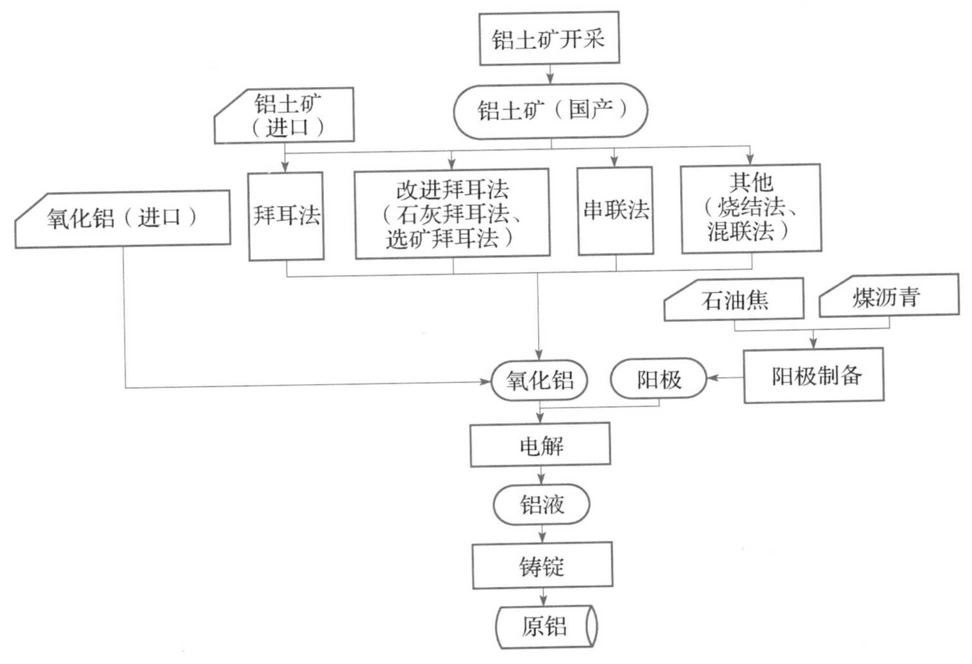

图 5－4　铝冶炼行业的生产流程

二、氧化铝精炼

氧化铝是电解法炼铝的主要原料。生产氧化铝的方法大致可分为碱法、酸法、酸碱联合法和热法，但是在工业生产中得到广泛应用的只有碱法。接下来，我们将介绍氧化铝精炼工艺。

1. 碱法生产氧化铝

碱法生产氧化铝实际上是用碱或碱性物（NaOH 或者 Na_2CO_3）处理铝土矿，使得矿石中的氧化铝和碱反应制成铝酸钠溶液。矿石中的铁、钛等杂质及大部分硅则成为不溶性的化合物进入赤泥中。与赤泥分离后的铝酸钠溶液经净化处理后可以分解析出氢氧化铝，将氢氧化铝与碱液分离，并经过洗涤和煅烧，得到产品氧化铝。分离氢氧化铝后的溶液称为母液，可以用来处理下一批铝土矿，因而也称为循环母液。

碱法生产氧化铝的工艺又分为拜耳法、烧结法、选矿拜耳法、石灰拜耳法、联合法（包括串联法、并联法、混联法），表 5－4 详细展示了各种氧化铝精炼方法的特点，下文将重点介绍烧结法、拜耳法和联合法生产氧化铝的过程。

表 5－4　氧化铝精炼方法能源消耗及特点

方法	能源消耗 (吉焦/吨氧化铝)	特点
拜耳法	8～13.6	A/S（指矿石中或者铝酸钠溶液中 Al_2O_3 与 SiO_2 含量的比值）>8 的各种铝土矿矿石
烧结法	36～40.5	A/S<5 的铝土矿、霞石、拜耳法生成的赤泥
选矿拜耳法	16.0～16.1	A/S 在 5～6 的一水硬铝石，经过选矿提高 A/S 比值后再进入拜耳法流程
石灰拜耳法	16.3	A/S 在 5～8 的一水硬铝石，在原有拜耳法的基础上增加石灰用量即可
联合法	21～52	拜耳法处理低硅铝土矿，烧结法处理高硅铝土矿或者赤泥，两种工艺相互联系，相辅相成。根据联系方式不同分为串联法、并联法、混联法

（1）烧结法。该方法是我国最早应用于生产氧化铝的方法之一。在处理铝硅比在 4 以下的矿石时，烧结法几乎是唯一得到实际应用的方法。烧结法在处理 SiO_2 含量更高的其他炼铝原料如霞石、绢云母与正长石等方面也得到了应用，可以同时制取氧化铝、钾肥和水泥等产品，实现了综合利用。在我国已经查明的铝矿资源中，高硅铝土矿占有很大的数量，因而烧结法对于我国氧化铝工业具有很重要的意义。碱－石灰烧结法的原理是：由碱、石灰和铝土矿组成的炉料经过烧结，使炉料中的氧化铝转变为易溶的铝酸钠，氧化铁转变为易水解的铁酸钠，氧化硅转变为不溶的原硅酸钙。具体反应式如下：

$$Al_2O_3+Na_2CO_3=Na_2O\cdot Al_2O_3+CO_2 \tag{5-1}$$

$$SiO_2+2CaO=2CaO\cdot SiO_2 \tag{5-2}$$

$$Fe_2O_3+Na_2CO_3=Na_2O\cdot Fe_2O_3+CO_2 \tag{5-3}$$

由这三种化合物组成的熟料在用稀碱溶液溶出时，固相铝酸钠溶于溶液：

$$Na_2O\cdot Al_2O_3+aq=2NaAl(OH)_4+aq \tag{5-4}$$

铁酸钠水解为氢氧化钠和氧化铁水合物：

$$Na_2O\cdot Fe_2O_3+aq=2NaOH+Fe_2O_3\cdot H_2O\downarrow+aq \tag{5-5}$$

原硅酸钙不与溶液反应，全部转入赤泥，从而达到制备铝酸钠溶液，并使有害杂质氧化硅、氧化铁与有用成分氧化铝分离的目的，该过程称为赤泥分离。得到的铝酸钠溶液经净化处理后，通入 CO_2 气体进行碳酸化分解，得到晶体氢氧化铝，而碳分母液的主要成分是碳酸钠，可以循环返回配料。

图 5－5 展示了烧结法生产氧化铝的工艺流程。烧结法生产氧化铝主要包含生

料浆制备、烧结、溶出、赤泥分离、脱硅、晶种分解、碳酸化分解、蒸发、焙烧九个工艺环节，其中烧结和焙烧是主要的耗能环节，烧结环节中需要使用煤粉和重油将制成的生料浆在回转窑中进行高温煅烧，焙烧环节需要使用重油将氢氧化铝送焙烧窑焙烧得到氧化铝。

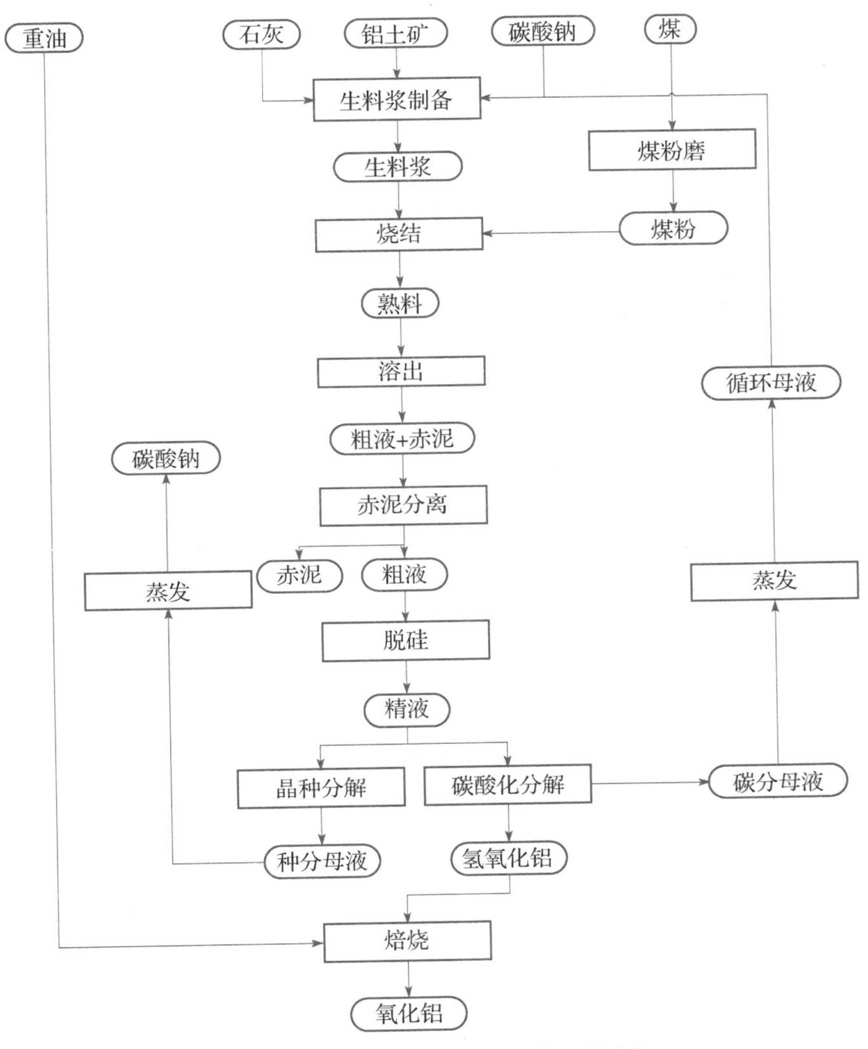

图 5－5　烧结法生产氧化铝的工艺流程

(2) 拜耳法。该方法是生产氧化铝的主要方法之一。该方法用于处理低硅铝土矿，特别是用于处理三水铝石型铝土矿时，流程简单，作业方便，产品质量高，具有其他方法无可比拟的优点。目前，全世界 90% 以上的氧化铝和氢氧化铝是采用拜耳法生产的。拜耳法包括两个主要过程，也就是拜耳提出的两项专利：一项是他发现 Na_2O 与 Al_2O_3 物质的量比为 1.8 的铝酸钠溶液在常温下只要添加氢氧化铝作为晶种，不断搅拌，溶液中的氧化铝便可呈氢氧化铝徐徐析出，直到其中 Na_2O 与 Al_2O_3 物质的量比提高到 6 为止，这也就是铝酸钠溶液的晶种分解过程；另一项是他发现已经析出了大部分氢氧化铝的溶液，在加热时，又可以溶出铝土矿中的氧化铝水合物，这也就是利用种分母液溶出铝土矿的过程。交替使用这两个过程就能够一批批地处理铝土矿，从中得到纯氢氧化铝产品，构成所谓的拜耳循环。拜耳法的实质就是下面的反应在不同条件下的交替进行：

$$Al_2O_3 \cdot (1\text{或}3)H_2O+2NaOH+aq \underset{\text{加晶种分解}}{\overset{\text{溶出}}{\rightleftharpoons}} 2NaAl(OH)_4+aq \qquad (5-6)$$

图 5－6 展示了拜耳法生产氧化铝的工艺流程。拜耳法生产氧化铝主要包含配料、高压溶出、赤泥分离、精滤、晶种分解、蒸发、焙烧七个工艺环节，其中高压溶出、晶种分解、蒸发、焙烧是主要的耗能环节，这些环节中大多都用到了蒸汽消耗，使用了重油、天然气、煤炭等能源。石灰拜耳法和选矿拜耳法是针对我国铝土矿石资源而设计的方法，石灰拜耳法是在原有拜耳法的基础上增加石灰用量，选矿拜耳法是在配料环节之前加入选矿环节，两种方法的其他环节与拜耳法一致，并无变动，可统称为改进拜耳法。

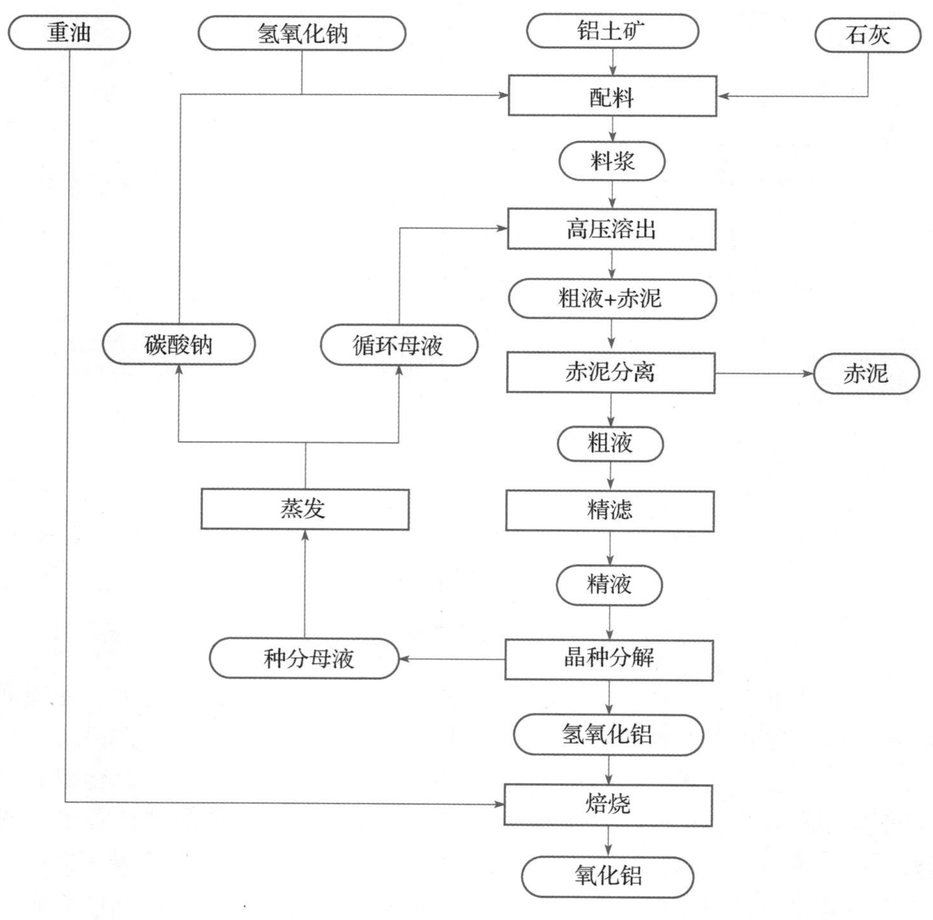

图 5－6　拜耳法生产氧化铝的工艺流程

（3）联合法。烧结法和拜耳法是目前工业上生产氧化铝的主要方法，各有优缺点，当生产规模较大时，采用拜耳法和烧结法的联合生产流程，可以同时具备两种方法的优点而消除其缺点，取得比单一方法更好的经济效果，同时可以更充分地利用铝矿资源。联合法可分为并联、串联和混联三种基本流程，主要适用于处理中、低品位的铝土矿。其中，串联法是利用拜耳法处理矿石，利用烧结法处理拜耳赤泥；并联法是利用拜耳法处理低硅矿石，利用烧结法处理高硅矿石，两者精液混合处理；混联法又是串联法与并联法的集成，是混合法中的主流方法。图 5－7 展示了混联法生产氧化铝的工艺流程，包含烧结法与拜耳法所有的工艺环节。

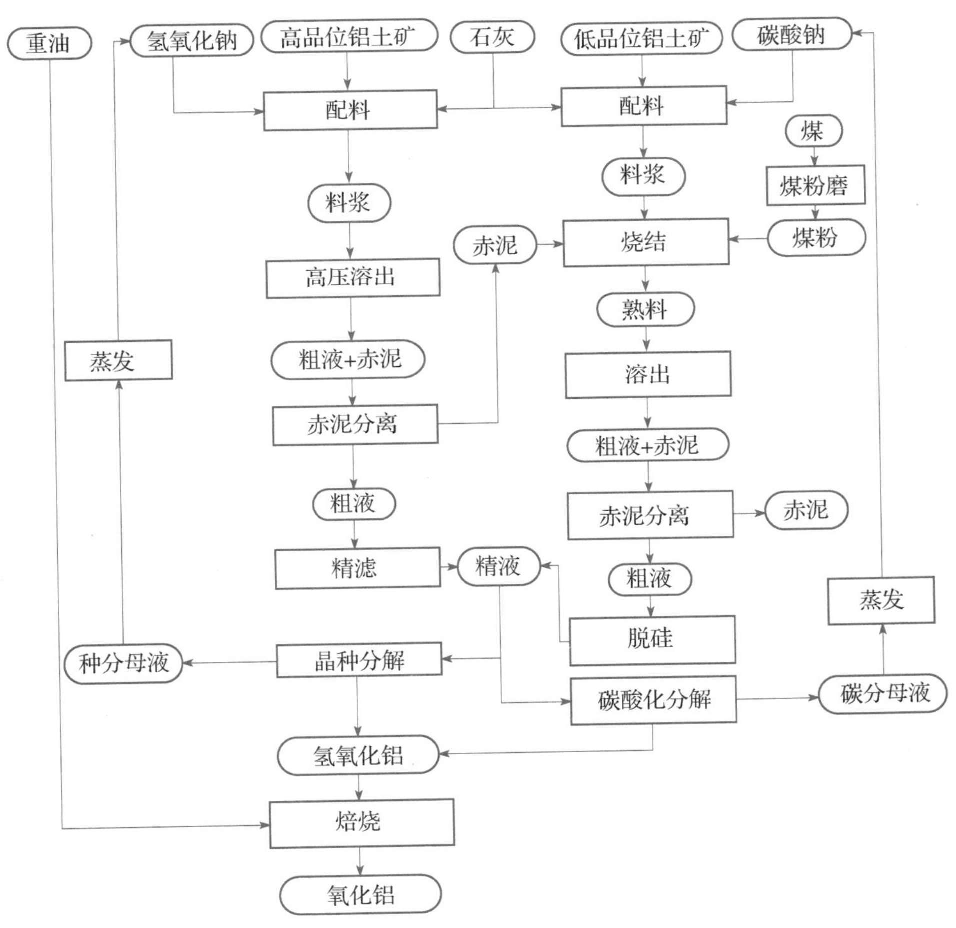

图 5－7　混联法生产氧化铝的工艺流程

2. 其他方法

除碱法外，还有酸法生产氧化铝。该法是用硝酸、硫酸、盐酸等无机酸处理含铝原料而得到相应铝盐的酸性水溶液，然后使这些铝盐或水合物晶体或碱式铝盐从溶液中析出，也可用碱中和这些铝盐水溶液，使其以氢氧化铝形式析出。煅烧氢氧化铝、各种铝盐的水合物或碱式铝盐，便得到氧化铝。酸法溶出与碱法不同，原料中的二氧化硅大多数情况下几乎不进入溶液。氧化铁多少要进入溶液一些，需用特殊方法分离溶液中的铁，因而要损失氧化铝和碱。碱金属和碱土金属的氧化物与酸作用，生成工业价值不大的盐类。因此，酸法主要适用于处理低铁无碱的硅酸盐矿物。

此外，还有酸碱联合法生产氧化铝，该方法是先用酸法从高硅铝矿中制取含铁、钛等杂质的不纯氢氧化铝，然后再用碱法（拜耳法）处理，实质上是使用酸法除硅、碱法除铁。最后，还有热法生产氧化铝，该方法适用于处理高硅高铁铝矿，其实质是在电炉或者高炉内进行矿石的还原熔炼，同时获得硅铁合金（或生铁）与含氧化铝的炉渣，两者借密度差分开后，再用碱法从炉渣中提取氧化铝。

3. 氧化铝精炼环节先进技术

随着科技水平的不断提高，在氧化铝精炼过程中出现了许多先进的节能减排技术，下文将介绍氧化铝精炼环节的重点碳减排技术，如铝土矿一段棒磨二段球磨—旋流分级技术、强化溶出技术、氧化铝管式降膜蒸发技术、焙烧炉烟气余热深度回收技术以及高效赤泥快速分离及节能搅拌技术。

（1）铝土矿一段棒磨二段球磨—旋流分级技术。该技术应用在氧化铝精炼的配料阶段。该技术是由旋流器与棒磨机、球磨机组成闭路磨矿系统，适用于一水硬铝石型铝土矿作为原料的氧化铝生产厂家。该技术的综合能耗约为 3.8 千克标准煤/吨铝土矿，耗电量约为 30 千瓦时/吨铝土矿，与一段磨矿相比，单位时间磨矿处理量可提高 5%以上，系统作业率可提高 3%，节电达 15%～18%，容易控制产品细度，粒度分布更为合理，有利于高压溶出和赤泥沉降。

（2）强化溶出技术。该技术应用在氧化铝精炼的高压溶出阶段。铝土矿溶出是在超过熔点沸点的温度下进行的，这个过程中不仅应该把矿石中的 Al_2O_3 充分溶出来，而且要得到苛性比值（铝酸钠溶液中氧化钠与氧化铝摩尔比）尽可能低的溶出液和具有良好的沉降性能的赤泥，这样可以提高拜耳法的循环效率。使用该技术生产每吨氧化铝可以节约煤炭超过 4 千克标准煤、电力超过 4 千瓦时。

（3）氧化铝管式降膜蒸发技术。该技术应用在氧化铝精炼的蒸发阶段。在拜耳法氧化铝生产中，循环母液的蒸发浓缩是平衡全厂液量至关重要的工序，因早期其蒸汽消耗量占全厂总蒸汽消耗的 40%～50%、成本占生产总成本的 10%左右而备受关注，所以对节能新型蒸发器的研究开发和使用从未停止。目前较为先进的七效管式降膜蒸发技术比传统的六效管式降膜蒸发技术生产每吨氧化铝可节约煤炭超过 12 千克标准煤、电力超过 1.8 千瓦时。

（4）焙烧炉烟气余热深度回收技术。该技术应用在氧化铝精炼的蒸发阶段。考虑到在氧化铝生产工艺中，焙烧能耗占氧化铝综合能耗的 25%～30%，通常情况下，氢氧化铝焙烧炉的排放烟气温度最高可达 200℃，高温的焙烧炉烟气必然会带走一部分氧化铝。与此同时，由于焙烧炉烟气余热产生大量热量并排放至空气中，造成大量的能量浪费。因此，可以利用焙烧炉烟气的部分显热实现烟气余热深度回收，采用喷淋方式使低温水与焙烧炉烟气直接换热，将高温烟气显热直接传递给低温水，并保证水蒸气潜热也进入了低温循环水中。将回收的焙烧炉烟气余热用于预浓缩氧化铝厂的蒸发原液，减少蒸发站蒸水量，从而降低蒸发的汽耗，进一步实现降低氧化铝生产能耗的目的。使用该技术生产每吨氧化铝可节约重油超过 5 千克标准煤。

（5）高效赤泥快速分离及节能搅拌技术。该技术应用在氧化铝精炼的赤泥分离阶段。目前拜耳法生产氧化铝赤泥主要采用大型平底沉降槽和深锥高效沉降槽处理。大型平底沉降槽对生产的波动适应性强，絮凝剂用量较少，清理结疤、检修维护方便，但存在氧化铝水解损失大、洗涤效率较差等缺点。深锥高效沉降槽洗涤效率好，水解损失小，但存在絮凝剂用量多、清理结疤难、检修维护工作量大等缺点。高效压滤机是一种高效快速固液分离的设备，其分离洗涤效率高，赤泥附碱损失较低，同时分离时间段可降低氧化铝的水解损失，降低洗水用量，提高循环效率，降低蒸发蒸汽消耗。因此，将高效压滤机引入赤泥分离及洗涤工段，能够提高赤泥洗涤效率并带来经济效益。使用该技术生产每吨氧化铝可节约煤炭超过 3.5 千克标准煤。

此外，在晶种分解和焙烧阶段，分解槽大型化及节能搅拌技术、铝酸钠溶液微扰动平推流晶种分解节能技术和焙烧炉烟气余热深度回收技术是先进技术，能够带来不同程度的节能和减碳效果。

三、铝电解

在电解铝生产初期，电解电流的强度只达到几十千安，电能消耗维持在 3.5 万千瓦时/吨。随着电解铝生产技术的不断优化，现代电解铝生产中，电解工艺电流强度可以达到 500 千安左右，同时电能消耗降到 1.3 万千瓦时/吨以下，电解铝生产中的节能降耗效益明显提升。

1. 铝电解工艺流程

目前，铝工业生产中普遍采用冰晶石-氧化铝融盐电解法。铝电解生产在熔盐电解槽中进行，熔融冰晶石是溶剂，氧化铝作为溶质，以碳素体作为阳极、铝液作为阴极通入强大的直流电后，在 950℃～970℃下，在电解槽内的两极上进行电化学反应，即电解。化学反应主要通过以下方程进行：

$$2Al_2O_3+3C=4Al+3CO_2\uparrow \tag{5-7}$$

式中，阳极反应为：

$$2O_2^-+C-4e^-=CO_2\uparrow \tag{5-8}$$

阴极反应为：

$$Al^{3+}+3e^-=Al \tag{5-9}$$

阳极产物主要是 CO_2 和 CO 气体，其中含有定量的氟化氢等有害气体和固体粉尘。为保护环境和人类健康需对阳极气体进行净化处理，除去有害气体和粉尘后排入大气。阴极产物是铝液，铝液通过真空抬包从槽内抽出，送往铸造车间，在保温炉内经净化澄清后，浇铸成铝锭或直接加工成线坯型材等。

电解铝生产工艺流程如图 5 - 8 所示。

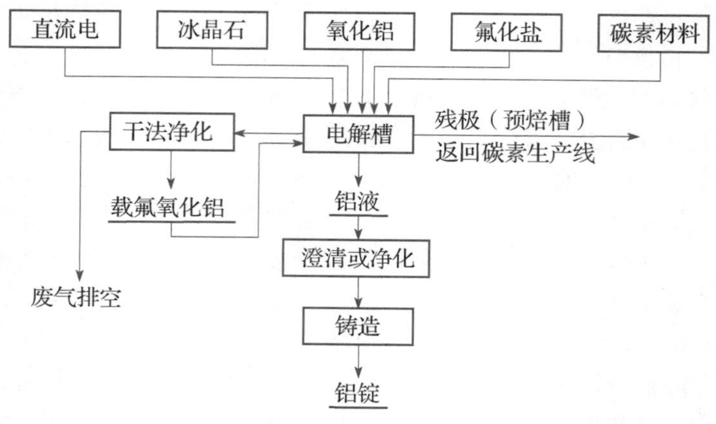

图 5 - 8　电解铝生产工艺流程

铝电解生产预焙槽可分为侧插阳极棒自焙槽、上插阳极棒自焙槽和预焙阳极槽三大类。自焙槽生产电解铝技术有装备简单、建设周期短、投资少的特点，但却有烟气无法处理、污染环境严重、机械化困难、劳动强度大、不易大型化、单槽产量低等一些不易克服的缺点，目前已基本上被淘汰。当前世界上大部分国家及生产企业都在使用大型预焙槽，大型预焙槽的电流强度很大，不仅自动化程度高、能耗低、单槽产量高，而且符合环保法规的要求。我国在现代铝电解技术领域已跨入世界行列，目前已形成了自主的现代铝电解技术体系，180 千安、280 千安、320 千安、400 千安、500 千安以及 600 千安等超大型预焙阳极铝电解槽技术相继诞生，各项技术指标已达到或超过了国际先进水平。

2. 铝电解环节先进技术

铝电解是生产铝过程中最为耗能的环节，占总能耗的八成左右。因此，铝电解环节碳减排技术的推广尤为重要。下文将介绍该环节中几项重点先进技术。

（1）铝电解槽新型导流结构节能组合技术。新型导流结构铝电解槽通过采用新型水平网络状结构阴极、保温型内衬等新技术，降低了电解槽铝液的流速，减少了水平电流，大幅提高了电解槽运行的平稳度，显著降低了槽电压。使用该技术生产每吨铝液比使用传统技术节约电力可达 1 200 千瓦时以上。

（2）新型阴极结构铝电解槽节能技术。传统电解槽阴极铝液面波动的幅度较大，而且要设计成散热型，导致能量损失较大，同时能量利用率也长期低于 50%。新型阴极结构电解槽技术有效地解决了这一问题，其通过压缩极距降低了槽电压，减少了铝液波动，进而使电耗大幅降低。该技术与改造前的普通电解槽相比，生产每吨铝液节约电力可达约 1 000 千瓦时。

（3）低温低电压铝电解槽结构优化技术。该技术为电解槽实施低温（920℃～935℃）和低电压（3. 7～3. 8V）高效节能工艺奠定基础，电解槽可取得高电流效率（93%～94%）、低直流电耗（12 000～12 400 千瓦时）和低阳极效应系数

（001～003）的先进指标。该技术至少可实现槽电压降低 50 毫伏以上，折合降耗约 160 千瓦时/吨铝（电流效率取 93%）。

（4）铝电解槽新型焦粒焙烧启动技术。该技术通过在电解槽焙烧过程中的改进，提高铝产量以及降低废气排放量。以 300 千安电解槽计算，采用新方法焙烧启动电解槽可多产铝超过 870 吨，同时采用该技术启动电解槽焙烧时间缩短后，还可大量减少 CO、CF_4 等有害气体的排放。

（5）低温低电压铝电解工艺用导气式阳极技术。针对低温低电压工艺条件下气膜过电位较高的现状，提出了一种结构合理、加工简单的铝电解用导气型预焙阳极。其特征是在阳极底部和两侧均设有导气沟，且导气沟之间形成一个阳极气泡排放通道系统，有利于阳极气体的排出。该技术可降低阳极气膜压降约 2 040 毫伏的效果，折合直流电耗达 64～128 千瓦时/吨铝（电流效率取 93%）；此外，由于其具有提高电解槽稳定性的作用，因此可大幅度降低电解极距，对降低槽电压的间接贡献可达 200～300 毫伏，折合直流电耗达 640～960 千瓦时/吨铝。

（6）铝电解槽高润湿耐渗透 TiB2/C 复合阴极技术。可润湿性阴极因其表面与熔融金属铝能够很好地湿润，不需要在阴极上保存 20 厘米左右的熔融铝层，仅仅挂上一层 3～5 毫米厚的铝液膜即可形成平整稳定的阴极，因而不会降低极距，导致铝的二次反应加剧，致使电流效率降低；磁场也不会对电解产生巨大干扰。因此，应用可润湿性阴极材料可降低极距，实现大幅度节能。使用该技术生产每吨铝液比使用传统技术节约电力可达 570 千瓦时以上。

（7）铝电解“全息”操作及控制技术。通过编制铝电解槽车间各项工艺操作标准化手册、槽控系统升级改造和开发基于统计过程控制的监督管理系统，对电解生产进行控制和管理。应用“全息”操作及控制技术，大幅度降低了电解槽的效应系数，减少了氟化物等污染物的排放，减少了电解过程中直流电的消耗。使用该技术后，电流效率可提高约 0. 6 个百分点，直流电耗可节约 200 千瓦时以上。

（8）铝电解阳极电流分布在线监测技术。该技术能获得槽稳定性、阳极病变、效应趋势等方面的“二维”分布信息，为铝电解过程监控提供新的手段。使用该技术后，吨铝电耗降低了 320 千瓦时左右。

（9）铝电解“三度寻优”技术。通过计算机控制系统实现对氧化铝浓度、氟化铝过剩量和多级噪声的控制，使得电解槽的物料与能量能够有效平衡、合理匹配。使用该技术后，吨铝电耗降低了 140 千瓦时左右。

（10）预焙铝电解槽电流强化与高效节能综合技术。该技术以铝电解槽工艺和控制技术创新为主要手段，并辅以电解槽保温结构与物理场调整优化，使电解槽能在低电压（370～388V）和相对较高的阳极电流密度（0. 79～0. 85 安/平方厘米）下高效稳定运行，达到大幅降低能耗同时增产增效的目的。使用该技术后，吨铝电耗降低了 200 千瓦时以上。

（11）铝电解系列（全电流）不停电停开槽技术。该技术利用多台分置联动开关组成的开关组，在停槽操作时，在短路母线接点的两侧装上开关，将开关组接通后再接通短路母线达到停槽。使用该技术后，吨铝电耗降低了 70 千瓦时以上。

四、再生铝工业

再生铝，又称为“二次铝”，是以废铝为原料，经过一系列再加工生产提炼而得到的铝产品及铝合金产品，是铝金属的一个重要来源。铝会与空气中的氧形成化学反应产生氧化膜，抗腐蚀性强，回收铝的损失非常少，废铝的回收率一般能达到 95% 以上。因此，当铝及铝合金制品报废后，对其进行二次回收可以提高资源利用率，节能又环保。

我国的再生铝产业起步于 20 世纪 70 年代，相对西方发达国家来说，我国的再生铝工业发展相对较晚。进入 21 世纪，我国再生铝产量迎来了快速增长期，最近的 20 年我国再生铝的年产量年均增长率超过 13%。2019 年，我国再生铝总产量约为 715 万吨，占全世界再生铝总量的 22%，成为世界上年产再生铝最多的国家之一。2019 年，我国铝生产总量为 4 219 万吨，而再生铝约占铝总产量的 17%，还相对较低，距离发达国家还有比较大的差距。

由于应用领域不同，铝产品的生命周期差异较大。其中，包装铝的生命周期只有几个月，汽车上用铝的平均生命周期为 10 余年，而建材铝的生命周期可以长达 30～40 年。最近几十年，美国、欧洲和日本在再生铝领域一直处于世界领先水平。随着经济全球化的发展，废铝已进入国际市场，成为一种可流动的资源。图 5－9 展示了 2018 年全球及中、美、日再生铝产量占铝产量比重情况。中国是世界上铝金属生产和消费大国，但对再生铝的生产重视还不够，再生铝的生产起步较晚，在废旧铝的回收以及再生铝的生产系统上还不完善，再生铝的生产能力和工艺水平比较低，产量也不高。

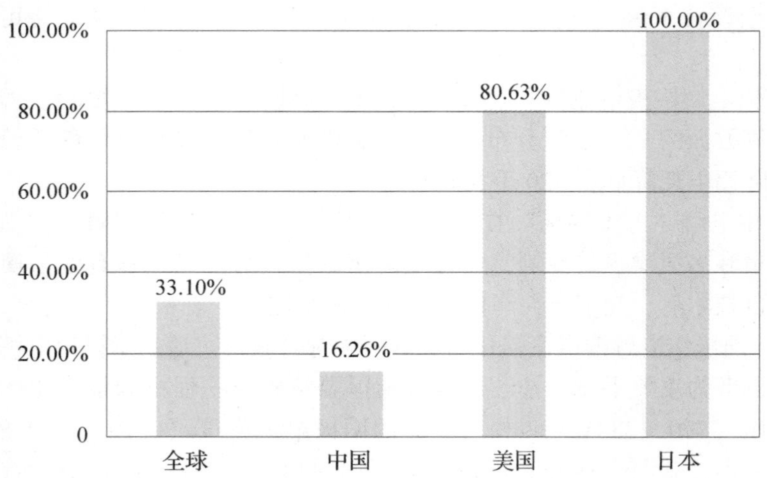

图 5－9　2018 年全球及中、美、日再生铝产量占铝产量比重情况

20 世纪 90 年代中期，西欧国家不同应用领域的废铝平均回收率为 57%，平均再生率为 48%，其中交通领域的废铝回收和再生的效果较好，其回收率和再生率分别可以达到 92% 和 74%。目前，德国、荷兰、法国、英国、意大利和西班牙，建材废铝的再生率已超过 95%。就全球来说，汽车工业和航天工业的废铝回收率达到 90%～95%，建筑业达到 80%～85%，废铝罐回收率在 30% 和 90% 之间不等。欧洲一些国家，如挪威和瑞典的废铝罐回收率较高，能达到 95%，北美废铝罐回收率在 50% 左右。

第 4 节　铝冶炼行业能耗及碳排放

2018 年，全球铝产量为 9 500 万吨，其中，原铝产量 6 400 万吨，再生铝产量 3 100 万吨。全球铝行业 CO_2 排放量为 11.3 亿吨当量。同期，我国铝产量为 4 275 万吨，其中，原铝产量 3 580 万吨，再生铝产量 695 万吨，我国铝行业 CO_2 排放量为 5.2 亿吨当量。将能耗分配到 5 个环节，各环节用能占比如图 5－10a 所示，氧化铝精炼与铝电解两个环节占整体能源消耗的 96.2%，是实现原铝冶炼行业节能潜力的主要环节。原铝在生产过程中会排放大量 CO_2，根据核算，2019 年，中国生产一吨原铝碳排放约 14.8 吨 CO_2（包括燃料燃烧排放、过程排放、电力生产间接排放）。将碳排放分配到 5 个环节，各环节碳排放占比如图 5－10b 所示，氧化铝精炼与铝电解两个环节占整体碳排放的 95% 以上，是实现原铝冶炼行业碳减排的主要环节。

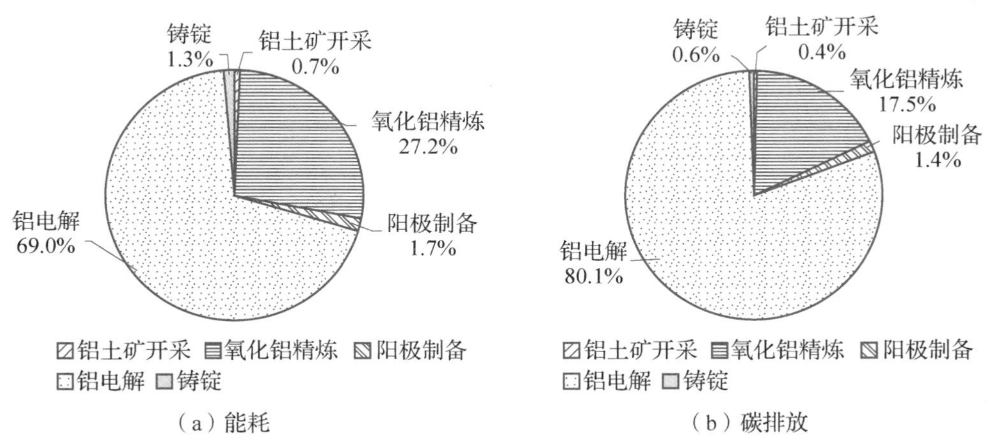

图 5－10　各环节能耗及碳排放占比

接下来进一步分析氧化铝精炼与铝电解两大环节的能耗与碳排放情况。在氧化铝精炼环节，需要的能源品种主要有煤炭、柴油、重油、天然气、电力，多种方法生产氧化铝所需要的能源品种是一致的，但消耗量有较大差异，按照能耗强度由大到小的顺序依次是烧结法、混联法、串联法、石灰拜耳法、选矿拜耳法、拜耳法，其中拜耳法是最为节能的生产方法。根据槽型大小，电解槽分为 160～200 千安、

201～300 千安、301～400 千安、401～500 千安、大于 500 千安五种。每种电解槽生产一吨铝消耗的电量不同，槽型越大，吨铝电力消耗量越少。根据工信部发布的《符合〈铝行业规范条件〉企业名单》，2015 年，不同槽型在行业的比例如图 5－11 所示，目前主流电解槽介于 301 千安和 500 千安。2006—2019 年，我国电解铝交流电电耗从 14 575 千瓦时/吨下降至 13 555 千瓦时/吨，下降了约 7%。

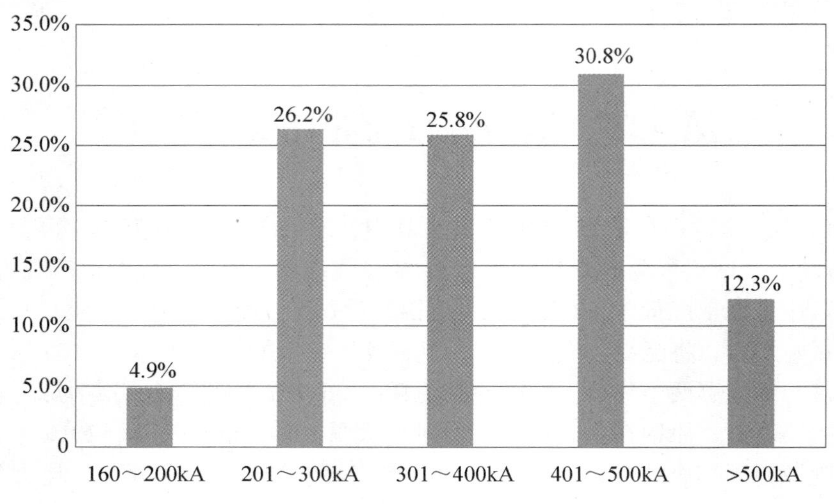

图 5－11　不同槽型在行业的比例

对于再生铝行业，再生铝冶炼消耗的能源主要是天然气和电力。在中国，每生产一吨再生铝能耗约为原铝生产的 4%。另外，我国再生铝熔炼设备以反射炉为主，与世界先进水平相比能耗依然较高，但随着国外先进炉型的引进以及国内炉型的改进，能耗水平在逐年降低。

第 5 节　铝冶炼行业碳减排技术经济管理措施

近年来，为了进一步加快铝行业转型升级、促进铝行业的技术进步、推动铝冶炼行业高质量发展，国家制定了一系列政策文件和行业规范条件及标准。本节主要介绍现有的铝冶炼行业低碳发展措施以及技术标准，总结归纳各类节能减排措施，为后续铝行业碳减排技术经济管理奠定基础。

一、铝冶炼行业低碳发展措施

1. 国外铝冶炼行业低碳措施

国外铝冶炼行业发展历史悠久，有着丰富的经验和先进的技术优势，这也为我国铝冶炼行业的低碳发展提供了参考。

（1）注重产业链发展。

国外多家大型电解铝企业的主要战略体现为优先发展上游产业。丰富的电力资源和充足的原料供应是电解铝生产的两大基础保障。例如，俄铝拥有 80 多年生产电解铝的丰富经验和先进的技术优势，其炼铝厂的选址大多定于西伯利亚，拥有丰富的水电资源，电力成本较低。此外，作为电解铝原料的氧化铝及用于生产氧化铝的铝土矿资源，俄铝相对缺乏，为确保俄铝冶炼厂得到稳定的铝土矿及氧化铝供应，俄铝以多种形式投资上游原料产业。

铝工业要想实现长足发展，不仅需要上游能源和资源的保障，更需要强大的下游需求支撑。例如，美铝从自身发展需要出发，以更好地服务客户为价值理念，投入大量人力、物力、财力，积极开展新产品的研发，致力于生产轮毂、锻件、紧固件系统、精密铸件等高技术、高附加值产品，不断延伸下游产业链条，为航空航天、汽车、包装、建筑、商业运输、消费电子等多个应用领域提供优质产品，从而成为全球铝制造业的领导者。

（2）重视技术研发。

先进的技术能够更加高效地生产，从而节约能源。从国外铝工业的发展看，以科技促发展的战略发挥了重要作用，其中既有国家的大力支持，也有企业的自主行为。例如，为了支持铝行业技术的发展，美国和加拿大两国政府均先后两次制定铝工业技术路线图，其中美国分别在 1997 年和 2003 年制定，加拿大分别在 2000 年和 2006 年制定。通过制定技术路线图，在政府部门、铝生产商、设备供应商、大学及科研机构等多部门之间建立起有效的协作机制，对推动铝工业技术的发展和进步起到了积极作用。除了政府的促进作用外，企业也高度重视技术研发，以期不断提高技术水平，建立自身的技术优势。目前，全球几家大型铝业公司都建有自己的研发中心。如美铝在 20 世纪就组建了全球铝业首个研发中心，致力于新型材料、新型合金的研发和新工艺、新技术的改进；加拿大铝业公司在法国沃雷普和瑞士诺豪森各设立了 1 个研究中心，致力于航空材料及其他高端铝材的技术研发。

（3）实现可持续发展。

随着全球环境污染问题的日益严重以及资源消耗的不断增加，可持续发展成为当今铝工业日益关注的焦点。一方面，世界领先铝业公司积极采用新技术和新能源以提高资源和能源的利用效率，实现节能减排，减少环境污染。如美铝为了贯彻可持续发展战略，不断提高能源的利用率，对电解铝厂及氧化铝厂的废热进行回收，采用风能、太阳能、生物能源等新能源以减少碳排放，采用惰性阳极，对矿区进行复垦，以及进行废物（如铝罐）回收等。另一方面，由于再生铝具有低耗能、低污染和低生产成本等优点，许多铝业公司正在积极提高再生铝的份额，以减少铝工业对资源和能源的依赖，减少对环境的污染。

2. 国内铝冶炼行业低碳措施

作为能源密集型和排放密集型行业，铝冶炼行业的节能减排工作一直受到国家的重视，国家出台了一系列政策文件来促进铝冶炼行业的节能减排，特别是国务院印发的《2030 年前碳达峰行动方案》中，提出要推动有色金属行业碳达峰。具体包括：巩固化解电解铝过剩产能成果，严格执行产能置换，严控新增产能；

推进清洁能源替代，提高水电、风电、太阳能发电等应用比重；加快再生有色金属产业发展，完善废弃有色金属资源回收、分选和加工网络，提高再生有色金属产量；加快推广应用先进适用绿色低碳技术，提升有色金属生产过程余热回收水平，推动单位产品能耗持续下降。这里将铝冶炼行业低碳发展举措总结归纳为以下四个方面：

（1）淘汰落后产能，严控产能增长。

21世纪以来铝冶炼行业的高速扩张使得行业出现了产能严重过剩问题。在产能置换方面，工信部于2015年印发《部分产能严重过剩行业产能置换实施办法》，提出为遏制产能严重过剩以及行业盲目扩张，严格控制新增产能，及时化解产能过剩的矛盾，须对原铝行业实行等量置换或减量置换。2017年底和2018年初，工信部先后发布《关于企业集团内部电解铝产能跨省置换工作的通知》和《关于电解铝企业通过兼并重组等方式实施产能置换有关事项的通知》，提出可以在行业内新建先进产能等量或减量置换落后产能，这样既可以控制产能过速增长，又能加速落后产能的淘汰。在三个方面措施的落实下，烧结法生产氧化铝、小型电解槽等落后产能逐渐被淘汰，根据2022年工信部发布的数据，目前电解铝行业的落后产能已经基本出清。但是在氧化铝精炼环节，还存在着少量的落后产能。

（2）推广先进技术，实施清洁技术改造。

推广先进节能减排技术是促进行业节能减排的主力方向。在工信部发布的《有色金属行业节能减排先进适用技术目录》中配套发布了技术应用案例，其中包括一批铝冶炼行业先进技术，具体介绍了技术的节能概况、成本以及推广发展速率。近年来，国家进一步提高了对先进技术的重视程度，工信部陆续推出《国家工业节能技术装备推荐目录》，国家发展改革委陆续推出《国家重点节能低碳减排技术推广目录》，推进企业实施清洁技术改造。根据这些技术清单，我们共搜集到适用于中国铝冶炼行业的先进技术22项，其中包括10项氧化铝精炼先进技术、1项阳极制备先进技术、11项铝电解先进技术。具体的先进技术清单及详细特点如表5-5所示。目前，虽然众多先进技术逐渐被推广，但减排效果需要进一步评估。

（3）优化行业电力结构，实行铝电合营。

针对铝冶炼行业需要消耗大量电力的特征，政府提出了优化行业电力结构指导意见，此后在其他文件中也多有强调。随后形成了以下的指导方向：以满足国内需求为主，严格限制能源资源不具备条件地区建设氧化铝和电解铝产能；在总量控制的前提下，积极推动能源短缺地区的电解铝产能向能源资源丰富的西部地区合理有序转移，包含铝电合营措施。虽然起初铝电合营包括煤电铝合营与水电铝合营，但是煤电受地域限制比水电小，行业用电结构逐渐由煤电主导，且基本上是落后的小型煤电厂。截至2020年底，我国电解铝运行产能消耗的自备电占比65.2%，网电占比34.8%，自备电全部为火电。为了行业减排，进一步优化行业电力结构，需要推动水电铝合营，承接煤电铝合营产能转移，已成为重要减排措施。

(4) 调整生产结构，推动再生铝行业发展。

长期以来，铝土矿资源和能源一直是限制我国铝冶炼行业发展的两个主要短板。由于再生铝生产消耗能源仅为原铝生产的4%左右，并且以废铝为原料，不需要大量消耗铝土矿等自然资源，因此提高废铝回收率，以再生铝替代原铝，推动生产结构调整，可以促进行业整体的节能减排。

我国颁布多项政策规范铝冶炼行业，大力支持再生铝行业的发展。国务院、国家发展改革委、工信部等先后针对我国再生铝行业出台多项支持和规范政策，大力推动我国再生铝行业发展。如：2021 年 7 月，《"十四五"循环经济发展规划》为再生铝产业设定了 2025 年达到 1 150 万吨的年产量目标；2020 年 3 月，《关于加快建立绿色生产和消费法规政策体系的意见》建立再生资源分级质控和标识制度，推广资源再生产品和原料。

表 5－5　先进技术清单及详细特点

技术名称	适用阶段	节能详情
一段棒磨二段球磨—旋流分级技术	氧化铝精炼—配料阶段	每吨氧化铝节约电力 4. 5kWh
强化溶出技术	氧化铝精炼—高压溶出阶段	每吨氧化铝节约煤炭 4. 1kgce、电力 4. 1kWh
六效管式降膜蒸发技术(一水矿石)	氧化铝精炼—蒸发阶段	每吨氧化铝节约煤炭 12. 3kgce、电力 1. 8kWh
七效管式降膜蒸发技术(一水矿石)	氧化铝精炼—蒸发阶段	每吨氧化铝节约煤炭 24. 6kgce、电力 3. 6kWh
六效管式降膜蒸发技术(三水矿石)	氧化铝精炼—蒸发阶段	每吨氧化铝节约煤炭 12. 3kgce、电力 1. 8kWh
七效管式降膜蒸发技术(三水矿石)	氧化铝精炼—蒸发阶段	每吨氧化铝节约煤炭 24. 6kgce、电力 3. 6kWh
高效赤泥快速分离及洗涤技术	氧化铝精炼—赤泥分离阶段	每吨氧化铝节约煤炭 3. 5kgce
分解槽大型化及节能搅拌技术	氧化铝精炼—晶种分解阶段	每吨氧化铝节约电力 7. 0kWh
铝酸钠溶液微扰动平推流晶种分解节能技术	氧化铝精炼—晶种分解阶段	每吨氧化铝节约电力 86. 8kWh
焙烧炉烟气余热回收利用节能技术	氧化铝精炼—焙烧阶段	每吨氧化铝节约重油 5. 3kgce

续表

技术名称	适用阶段	节能详情
大型高效阳极焙烧炉系统控制节能技术	阳极制备环节	每吨阳极节约天然气 14.6kgce、电力 23.0kWh
铝电解槽新型焦粒焙烧启动技术	铝电解环节	每吨铝液节约电力 47kWh
铝电解槽新型导流结构节能组合技术	铝电解环节	每吨铝液节约电力 1 200kWh
新型阴极结构铝电解槽节能技术	铝电解环节	每吨铝液节约电力 1 024kWh
低温低电压铝电解槽结构优化技术	铝电解环节	每吨铝液节约电力 160kWh
低温低电压铝电解工艺用导气式阳极技术	铝电解环节	每吨铝液节约电力 90kWh
铝电解槽高润湿耐渗透 TiB2/C 复合阴极技术	铝电解环节	每吨铝液节约电力 570kWh
铝电解槽“全息”操作及控制技术	铝电解环节	每吨铝液节约电力 253kWh
铝电解阳极电流分布在线监测技术	铝电解环节	每吨铝液节约电力 320kWh
铝电解“三度寻优”技术	铝电解环节	每吨铝液节约电力 140kWh
预焙铝电解槽电流强化与高效节能综合技术	铝电解环节	每吨铝液节约电力 200kWh
铝电解系列（全电流）不停电停开槽技术	铝电解环节	每吨铝液节约电力 70kWh

二、铝冶炼行业碳减排技术标准

为推进铝行业供给侧结构性改革，促进行业技术进步，推动行业高质量发展，工信部公布了 2020 版《铝行业规范条件》（下称《规范条件》）。该规范条件适用于已建成投产的铝土矿开采、氧化铝、电解铝、再生铝企业，是促进行业技术进步和规范发展的引导性文件。铝冶炼行业部分标准如表 5－6 所示。

表 5－6　铝冶炼行业部分标准

标准类型	标准号	标准名称
方法标准	GB/T 6609	氧化铝化学分析方法和物理性能测定方法（系列标准）
	GB/T 3190	变形铝及铝合金化学成分
	YS/T 629	高纯氧化铝化学分析方法（系列标准）
	YS/T 630	氧化铝化学分析方法
管理类标准	GB/T 18916.12	取水定额 第 12 部分：氧化铝生产
	GB/T 33232—2016	节水型企业 氧化铝行业
	GB 30186—2013	氧化铝安全生产规范
	GB 25327—2017	氧化铝单位产品能源消耗限额
其他	YS/T 619	精细氧化铝分类及牌号命名
	YS/T 1034—2015	氧化铝生产过程草酸钠脱除规范技术

1. 质量、工艺和装备

企业应建立、实施并保持满足 GB/T 19001 要求的质量管理体系，并鼓励通过质量管理体系第三方认证。铝土矿产品质量应符合《铝土矿石》（GB/T 24483），该标准规定了铝土矿石的分类、要求、试验方法、检验方法、检验规则及标志、运输、贮存、订货单（或合同）内容。氧化铝产品质量应符合《冶金级氧化铝》（YS/T 803），该标准规定了冶金级氧化铝的要求、试验方法、检验规则及标志、包装、运输、贮存、订货单（或合同）内容等。重熔用铝锭产品质量应符合《重熔用铝锭》（GB/T 1196），再生铝产品质量应符合《铸造铝合金锭》（GB/T 8733）或《变形铝及铝合金化学成分》（GB/T 3190）。

鼓励铝土矿企业采用自动化程度较高的机械化装备，并依据铝土矿资源情况增设脱硫和除铁生产系统。氧化铝企业应根据铝土矿资源情况选择拜耳法、串联法等效率高、能耗低、水耗低、环保达标、资源综合利用效果好、安全可靠的先进生产工艺及装备。电解铝企业须采用高效低耗、环境友好的大型预焙电解槽技术，不得采用国家明令禁止或淘汰的设备、工艺。再生铝企业应采用烟气余热利用等其他先进节能技术以及提高金属回收率的先进熔炼炉型，并配套建设铝灰渣综合回收、废铝熔炼烟气和粉尘高效处理及二噁英防控设备设施，有效去除原料中的含氯物质及切削油等杂质，鼓励不断优化预处理系统，提高保级利用技术的应用，禁止利用直接燃煤反射炉和 4 吨以下其他反射炉生产再生铝，禁止采用坩埚炉熔炼再生铝合金。

鼓励有条件的企业开展智能矿山、智能工厂建设。鼓励矿山企业按照《智慧矿山信息系统通用技术规范》（GB/T 34679）要求，开展智慧矿山建设；鼓励冶炼企业应用自动化、智能化装备，建立企业智能数据采集、生产管理、决策分析系统，逐步实现安全高效、节能降耗、绿色循环的发展目标。

2. 能源消耗

企业应建立、实施并保持满足 GB/T 23331 要求的能源管理体系，并鼓励通过能源管理体系第三方认证。能源计量器具应符合《用能单位能源计量器具配备和管理通则》（GB 17167）的有关要求，鼓励企业建立能源管控中心，所有企业能耗须符合国家相关标准的规定。以一水铝石矿或其选精矿为原料的氧化铝企业，综合能耗应不大于《氧化铝单位产品能源消耗限额》（GB 25327）中规定的能耗限额等级 2 级能耗值；以三水铝石矿为原料的氧化铝企业综合能耗应不大于《氧化铝单位产品能源消耗限额》（GB 25327）中规定的能耗限额等级 1 级能耗值。电解铝企业铝液综合交流电耗应不大于 13 500 千瓦时/吨（不含脱硫脱硝）；再生铝企业综合能耗应低于 130 千克标准煤/吨铝。

3. 资源消耗及综合利用

《规范条件》中规定，利用铝硅比大于 7 的铝土矿生产氧化铝的企业，氧化铝综合回收率应达到 80% 以上；利用铝硅比大于等于 5. 5 小于等于 7 的铝土矿原矿（或选精矿）生产氧化铝的企业，氧化铝综合回收率应达到 75% 以上；利用铝硅比小于 5. 5 的矿石生产氧化铝的企业，应采用先进可靠技术尽可能提高氧化铝综合回收率。氧化铝生产单位产品取水量定额应满足《取水定额 第 12 部分：氧化铝生产》（GB/T 18916. 12）中规定的新建企业取水定额标准，工艺废水零排放。鼓励氧化铝企业利用提高资源利用率、降低能耗和碱消耗等新技术，加快多种形式赤泥综合利用技术的开发和产业化，逐步减少赤泥堆存量。

《规范条件》中提出，电解铝企业氧化铝单耗原则上应低于 1 920 千克/吨铝，原铝液消耗氟化盐应低于 18 千克/吨铝，炭阳极净耗应低于 410 千克/吨铝，电解铝生产单位产品取水量定额应满足《取水定额 第 16 部分：电解铝生产》（GB/T 18916. 16）中规定的新建企业取水定额标准。鼓励电解铝企业大修渣、铝灰渣等综合利用以及电解槽余热回收利用。再生铝企业铝或铝合金的总回收率应在 95% 以上，鼓励铝灰渣资源化利用。循环水重复利用率应在 98% 以上。

第 6 节　铝冶炼行业碳减排技术经济管理方法

由于减碳措施的多样性以及先进技术成本和效率的差异性，为了实现铝冶炼行业兼顾经济性、可行性的低碳发展目标，亟须开展碳减排技术经济管理，本节将重点介绍铝冶炼行业碳减排技术经济管理方法。

铝冶炼行业碳减排技术经济管理方法是建立在满足全社会对铝产品需求的前提下，以铝冶炼行业生产工艺为基础，模拟从铝土矿开采到原铝及再生铝生产的工艺流程，在考虑政策、各类技术、需求约束等因素的基础上，基于经济性最优的原则对该行业的节能减排路径进行管理的方法。对铝产品的需求预测是开展碳减排技术经济管理的前提，预测过程中需要延续国家铝行业产品需求的历史趋势，同时考虑国家未来社会经济发展形势及发达国家铝产品需求的演变路径，从而分析铝冶炼行业生产活动的变化规律。在对铝产品的需求预测基础上，通过以需定产，对铝冶炼行业各个环节的重点用能技术进行组合优化，引入各类低碳发展措施，从而得到既能实现减排目标又兼顾经济性的碳减排技术发展路径，以回答该行业在碳达峰碳中和背景下的节能减排潜力，以及不同技术布局策略将带来的减排成本和收益，从而实现铝冶炼行业的低碳转型。为了评估中国铝冶炼行业相关节能减排政策的实施效果，同时规划行业具体的节能减排路径以推动行业绿色转型，北京理工大学能源与环境政策研究中心自主研发了 C^3IAM/NET-AL 模型用于模拟铝行业的节能减排路径。下面将从铝产品需求预测和铝冶炼行业碳减排技术优化两个方面进行方法介绍。

一、铝产品需求预测

关于金属需求长期预测的研究方法主要分为两类。第一类通过计量分析的方法将金属消费量与多种影响因素（如 GDP、人口等）建立联系，部分研究发现金属消费量随着人均 GDP 等影响因素的增长，呈现先上升后下降的趋势。此种方法比较简单，仅使用消费量与 GDP 等有限影响因素的关系进行预测，比值容易波动。第二类研究使用动态物质流方法，以在用存量为驱动力进行金属需求预测。物质流分析描述了特定物质的输入、输出以及贮存等过程，是对社会经济系统中物质流动与资源利用、环境影响之间的定量分析，为资源环境优化管理提供了科学依据。最初，动态物质流方法根据某一段历史时间周期内某行业某物质流动来分析生态环境类等关键指标的变化，例如污染物产生率、物质使用强度等；之后，此方法得到广泛应用并发展成熟。2006 年，Müller 首次将动态物质流方法从历史时期分析拓展到未来年份预测，分析了 1900—2100 年期间荷兰住宅中混凝土的需求演进趋势，随后，众多学者不断完善，逐渐形成了以在用库存为驱动力，利用 Logit 函数来模拟物质未来需求变化规律的动态物质流方法。动态物质流方法为准确估算折旧物质产生量提供了科学可靠的方法，该方法不受产量变化（稳定、增长或下降）等因素的限制，适用于任何国家或地区。

1. 模型框架

C^3IAM/NET-AL 需求预测模型采用动态物质流方法进行预测。图 5 - 12 展示了从原铝生产到废铝回收的循环过程，本研究依托此循环过程来模拟整个铝行业产业链上的物质流动。每年流入居民生活的铝产品累积到在用库存中，按照最终用途分为七个部门，依次是交通部门（Tra）、建筑部门（B&C）、机械设备部门（M&E）、电力器材部门（EE）、耐用消费品部门（Con）、包装部门（P&C）以及其他部门（Other）。铝产品到达生命周期时形成旧废料，回收处理后形成再生铝，再次进入铝循环。另外，制造过程中产生的废料称为新废料，会在制造工厂内 100% 回收并重复利用，不进入社会上流通，因此本研究所涉及的铝供应结构包含原铝以及旧废料生产的再生铝，不包含新废料生产的再生铝。

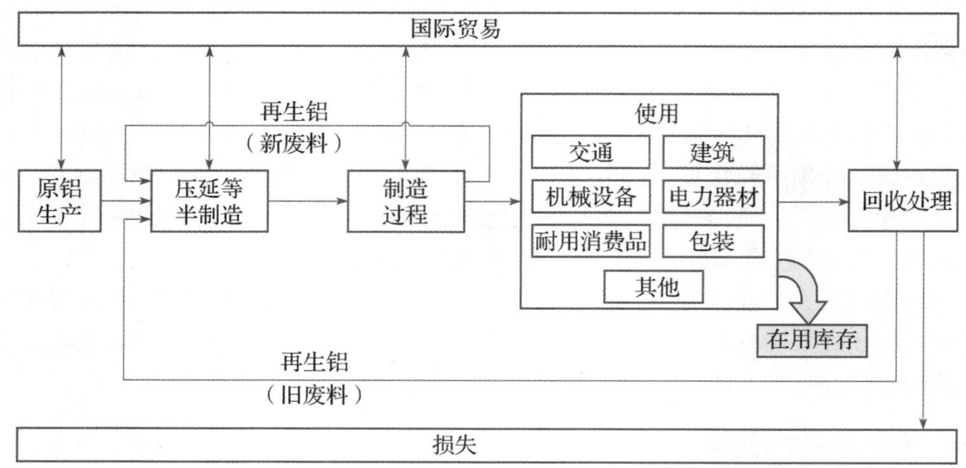

图 5－12　从原铝生产到废铝回收的循环过程

C^3IAM/NET-AL 需求预测模型模拟在整个铝行业产业链上的铝元素流动。模型首先根据中国历史年份铝元素流动建立历史年份的分析框架，铝元素不断在经济运转中积累，形成了在用库存；然后模型利用 Logit 函数模拟在用库存的发展路径；最后模型根据未来在用库存的发展路径倒推得到未来铝冶炼产品的流量，即原铝与再生铝的需求量。

2. 模型数学描述

式 5－10 至式 5－14 为 C^3IAM/NET-AL 需求预测模型的数学描述。表 5－7 展示了方程中具体参数的含义。

$$C_{i,t}=P_{i,t}+I_{i,t}-E_{i,t} \tag{5-10}$$

$$O_{i,t}=\int_{t_0}^{t} L_i(t)\cdot C_{i,t}\mathrm{d}t \tag{5-11}$$

$$S_{i,t}=\int_{t_0}^{t}(C_{i,t}-O_{i,t})\mathrm{d}t \tag{5-12}$$

$$s_{i,t}=\frac{S_{i,t}}{pop_t} \tag{5-13}$$

$$s_{i,t}=\frac{s_{i,sat}}{1+s^{\alpha-\beta\cdot G_t}} \tag{5-14}$$

式 5－10 表示在铝行业循环过程中各个环节的消费量，消费量等于产量与净进口量之和。式 5－11 表示铝行业各个最终消费部门的流出量，即废铝产生量，数值等于每年最终消费部门铝产品流入量与部门铝产品寿命周期概率密度分布函数乘积的积分。式 5－12 表示铝行业各个最终消费部门每年的在用库存累积值，数值等于每年净流入量的积分。式 5－13 表示铝行业各个最终消费部门每年的人均在用库存值。式 5－14 表示人均在用库存值符合 Logit 函数规律，与未来人均 GDP 相关。将历史年份各个环节铝产品流量数据代入到式 5－10 至式 5－14 可以得到历史年份的人均库存量，然后基于历史年份的人均 GDP，进而拟合得到参数 α 和 β。最后在未来预测的人均 GDP 的基础上得到未来人均库存量，再次代入到式 5－10 至式 5－14 中倒推得到未来原铝产量与再生铝产量。

表 5－7　公式中符号及含义

符号	含义
$C_{i,t}$	部门 i 在第 t 年时的铝产品消费量
$P_{i,t}$	部门 i 在第 t 年时的铝产品产量
$I_{i,t}$	部门 i 在第 t 年时的铝产品进口量
$E_{i,t}$	部门 i 在第 t 年时的铝产品出口量
$O_{i,t}$	部门 i 在第 t 年时达到生命周期的铝产品数量（流出量）
$L_i(t)$	部门 i 铝产品的寿命概率密度函数
$S_{i,t}$	部门 i 在第 t 年时的铝产品在用库存量
$s_{i,t}$	部门 i 在第 t 年时的铝产品人均在用库存量
pop_t	第 t 年的人口数量
$s_{i,sat}$	部门 i 的铝产品人均在用库存饱和量
α	拟合参数
β	拟合参数
G_t	第 t 年的人均 GDP

二、铝冶炼行业碳减排技术优化

C^3IAM/NET-AL 模型采用自下而上的优化方法来开展碳减排技术路径优化。图 5－13 展示了模型具体的能源流和物质流，其中包括生产系统、能源系统（其他环节）、电解环节电力系统、温室气体排放系统。

在生产系统中，原铝流程考虑了从铝土矿到原铝的七个环节，包括铝土矿开采、铝土矿进口、氧化铝精炼、氧化铝进口、阳极制备、铝电解、铸锭；其中氧化铝精炼环节考虑了拜耳法、选矿拜耳法、石灰拜耳法、烧结法、串联法、混联法；铝电解环节考虑了 160～200 千安、201～300 千安、301～400 千安、401～500 千安、大于 500 千安五种电解槽；再生铝流程考虑了从废铝到再生铝的生产过程。另外，此系统还引入了具体的节能减排策略。在能源系统，煤、柴油、燃料油、天然气等燃料与电力一起为生产系统提供能源投入。电解环节的用电过程被剥离出能源系统单独成为电解环节电力系统，因为中国实行的铝电合营政策使得中国原铝产业有自备电厂；在此系统中电力来源从行业层面出发，考虑了自备火电、自备水电、电网三种供电形式。铝生产过程与能源使用均伴随着温室气体排放，在温室气体排放系统中二氧化碳有三个来源，分别是燃料的燃烧、生产过程排放（石灰的使用以及电解化学反应等）、消耗电力所带来的间接碳排放。

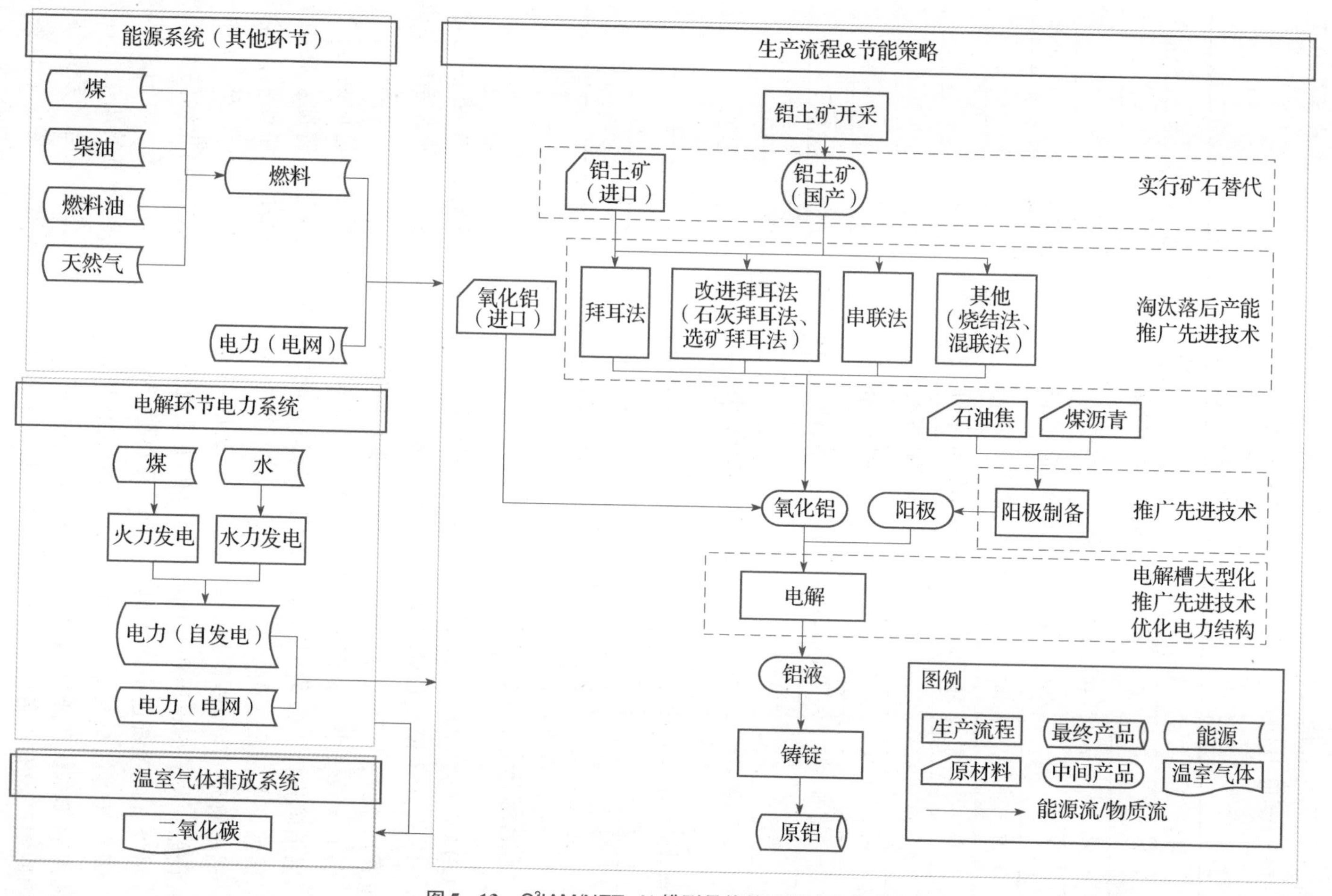

图 5-13　C³IAM/NET-AL模型具体的能源流和物质流

C^3IAM/NET-AL 模型以成本最小为目标，综合考虑铝需求约束、中间生产过程产品间的转换约束、设备运行率以及设备存量、设备存量约束、技术推广约束、能源消耗约束和碳排放约束等多方面因素，最终评估不同低碳措施下的碳减排潜力和技术布局方案，或提出节能减排目标下的最优路径。具体的数学表述如下所述：

1. 目标函数

模型目标函数是铝冶炼全过程年化后的总成本最小，具体成本包括年化后的铝冶炼各环节设备投资成本、设备运行成本（包括设备维修管理费用、原材料及燃料成本）。模型目标函数如式 5－15 至式 5－17 所示。表 5－8 展示了目标函数中各参数的含义。

$$\min TC_t = IC_t + RC_t \tag{5-15}$$

$$IC_t = \sum_l C_l \cdot \frac{a(1+a)^{T_l}}{(1+a)^{T_l}-1} \cdot R_{l,t} \tag{5-16}$$

$$RC_t = \sum_l \left[OC_{l,t} + \sum_k P_{k,t} \cdot E_{k,l} + \sum_n P_{n,t} \cdot M_{n,l}\right] \cdot X_{l,t} \tag{5-17}$$

表 5－8　目标函数中各参数含义

符号	含义
TC_t	折算到第 t 年的原铝行业生产总成本
IC_t	折算到第 t 年的投资成本
RC_t	第 t 年的运行成本
C_l	设备 l 的初始投资成本
a	原铝行业的折旧率
T_l	设备 l 的寿命期
$R_{l,t}$	设备 l 在第 t 年的新增数量
$OC_{l,t}$	设备 l 在第 t 年的运行成本（非能源使用：包括维修、管理费用等）
$P_{k,t}$	能源 k 在第 t 年的价格
$E_{k,l}$	设备 l 所消耗能源 k 的量
$P_{n,t}$	原材料 n 在第 t 年的价格
$M_{n,l}$	设备 l 所消耗原材料 n 的量
$X_{l,t}$	设备 l 在第 t 年的运行数量

2. 模型约束

模型约束主要考虑以下七个方面：

铝需求约束：模型的结果均需建立在满足社会铝需求的基础上。需求约束如下：

$$\sum_l X_{l,t} \cdot O_{l,t} \geqslant D_t \tag{5-18}$$

中间生产过程产品间的转换约束：在原铝生产工艺中，上一阶段中间产品作为原料（或能源）投入下一阶段，则下一阶段的原料（或能源）应小于上一阶段中间产品的生产量。

对于采矿过程，转换约束按照式 5－19 计算：

$$\sum_{l} XC_{l,s,t} \cdot OC_{l,s,t} \geqslant \sum_{l^*} XC_{l^*,s,t} \cdot OC_{l^*,s,t} \tag{5-19}$$

对于氧化铝精炼过程，转换约束按照式 5－20 计算：

$$\sum_{l} XL_{l,s,t} \cdot OL_{l,s,t} \geqslant \sum_{l^*} XL_{l^*,s,t} \cdot OL_{l^*,s,t} \tag{5-20}$$

对于阳极制备过程，转换约束按照式 5－21 计算：

$$\sum_{l} XZ_{l,s,t} \cdot OZ_{l,s,t} \geqslant \sum_{l^*} XZ_{l^*,s,t} \cdot OZ_{l^*,s,t} \tag{5-21}$$

对于铝电解过程，转换约束按照式 5－22 计算：

$$\sum_{l} XJ_{l,s,t} \cdot OJ_{l,s,t} \geqslant \sum_{l^*} XJ_{l^*,s,t} \cdot OJ_{l^*,s,t} \tag{5-22}$$

对于铸锭过程，转换约束按照式 5－23 计算：

$$\sum_{l} XD_{l,s,t} \cdot OD_{l,s,t} \geqslant \sum_{l^*} XD_{l^*,s,t} \cdot OD_{l^*,s,t} \tag{5-23}$$

设备运行率以及设备存量：设备在第 t 年运行的数量等于设备在第 t 年的运行率与设备在第 t 年的存量之积；设备在第 t 年的存量由设备在第 t-1 年的存量、新增设备数量以及到达寿命周期的设备数量共同确定。

$$X_{l,t}=\theta_{l,t} \cdot S_{l,t} \tag{5-24}$$

$$S_{l,t}=S_{l,t-1} \cdot (1-\frac{1}{T_l})+R_{l,t}-D_{l,t} \tag{5-25}$$

设备存量约束：当年设备 l 的存量满足存量限制，例如，根据现有的政策要求需淘汰落后产能，当年要求淘汰的设备必须完成淘汰任务。

$$\psi_{l,t}^{\min} \leqslant S_{l,t} \leqslant \psi_{l,t}^{\max} \tag{5-26}$$

技术推广约束：设备 l 是某项新技术推广的载体，根据现有的政策要求，设备 l 在第 t 年的新增数量需要满足新技术推广速度的要求。

$$(1+\gamma_{l,t}^{\min}) \cdot R_{l,t-1} \leqslant R_{l,t} \leqslant (1+\gamma_{l,t}^{\max}) \cdot R_{l,t-1} \tag{5-27}$$

能源消费约束：所有设备运行量乘以单位设备能源消费量（可分能源品种）的总和不得超过或低于某个限制值，从而满足铝冶炼行业能源总量控制的政策约束。

$$ENE_{k,t}^{\min} \leqslant \sum_{l} (S_{l,k,t} \cdot \theta_{l,k,t} \cdot e_{l,k,t}) \leqslant ENE_{k,t}^{\max} \tag{5-28}$$

碳排放约束：所有设备运行量乘以单位设备排放量的总和不得超过某个限制

值，从而满足铝冶炼行业低碳发展目标的约束。

$$\sum_{l}(S_{l,k,t}\cdot\theta_{l,k,t}\cdot e_{l,k,t})\cdot c_{k,t}\leqslant EMS_{k,t}^{\max}\tag{5-29}$$

式 5－18 至式 5－29 所示的约束方程中各参数的含义如表 5－9 所示。

表 5－9　约束方程中各参数含义

符号	含义
$O_{l,t}$	单位设备 l 在第 t 年生产的铝产量
D_t	第 t 年的铝产品需求量
s	中间产品 s
$XC_{l,s,t}$	采矿过程生产中间产品 s 的设备 l 在第 t 年的运行数量
$XL_{l,s,t}$	氧化铝精炼过程生产中间产品 s 的设备 l 在第 t 年的运行数量
$XZ_{l,s,t}$	阳极制备过程生产中间产品 s 的设备 l 在第 t 年的运行数量
$XJ_{l,s,t}$	铝电解过程生产中间产品 s 的设备 l 在第 t 年的运行数量
$XD_{l,s,t}$	铸锭过程生产中间产品 s 的设备 l 在第 t 年的运行数量
$OC_{l,s,t}$	采矿过程单位设备 l 在第 t 年生产的中间产品 s 的量
$OL_{l,s,t}$	氧化铝精炼过程单位设备 l 在第 t 年生产的中间产品 s 的量
$OZ_{l,s,t}$	阳极制备过程单位设备 l 在第 t 年生产的中间产品 s 的量
$OJ_{l,s,t}$	铝电解过程单位设备 l 在第 t 年生产的中间产品 s 的量
$OD_{l,s,t}$	铸锭过程单位设备 l 在第 t 年生产的中间产品 s 的量
l^*	消耗中间产品 s 的设备 l^*
$XC_{l^*,s,t}$	采矿过程在下一阶段消耗中间产品 s 的设备 l^* 在第 t 年的运行数量
$XL_{l^*,s,t}$	氧化铝精炼过程在下一阶段消耗中间产品 s 的设备 l^* 在第 t 年的运行数量
$XZ_{l^*,s,t}$	阳极制备过程在下一阶段消耗中间产品 s 的设备 l^* 在第 t 年的运行数量
$XJ_{l^*,s,t}$	铝电解过程在下一阶段消耗中间产品 s 的设备 l^* 在第 t 年的运行数量
$XD_{l^*,s,t}$	铸锭过程在下一阶段消耗中间产品 s 的设备 l^* 在第 t 年的运行数量
$OC_{l^*,s,t}$	采矿过程单位设备 l^* 在第 t 年消耗的中间产品 s 的量
$OL_{l^*,s,t}$	氧化铝精炼过程单位设备 l^* 在第 t 年消耗的中间产品 s 的量
$OZ_{l^*,s,t}$	阳极制备过程单位设备 l^* 在第 t 年消耗的中间产品 s 的量
$OJ_{l^*,s,t}$	铝电解过程单位设备 l^* 在第 t 年消耗的中间产品 s 的量
$OD_{l^*,s,t}$	铸锭过程单位设备 l^* 在第 t 年消耗的中间产品 s 的量
$\theta_{l,t}$	设备 l 在第 t 年的运行率
$e_{l,k,t}$	单位设备 l 在第 t 年消耗能源 k 的量
$c_{k,t}$	第 t 年能源 k 的排放因子
$S_{l,t}$	设备 l 在第 t 年的存量
$S_{l,t-1}$	设备 l 在第 $t-1$ 年的存量

续表

符号	含义
$D_{l,t}$	在第 t 年到达生命周期的设备 l 的数量
$\psi_{l,t}^{min}$	设备 l 存量在第 t 年的最小限制
$\psi_{l,t}^{max}$	设备 l 存量在第 t 年的最大限制
$\gamma_{l,t}^{min}$	设备 l 在第 t 年的最小新增率
$R_{l,t-1}$	设备 l 在第 t-1 年的新增数量
$\gamma_{l,t}^{max}$	设备 l 在第 t 年的最大新增率
$ENE_{k,t}^{min}$	能源 k 在第 t 年的最小消费限制
$ENE_{k,t}^{max}$	能源 k 在第 t 年的最大消费限制
$EMS_{k,t}^{max}$	能源 k 在第 t 年的最大碳排放限制

案例

随着碳达峰碳中和目标的提出，铝冶炼行业迎来了新的发展机遇和挑战。本案例的第一部分运用本章第 6 节提出的铝冶炼行业碳减排技术经济管理方法，对中国铝冶炼行业相关节能减排政策的实施效果进行模拟，得到铝冶炼行业各类碳减排技术的发展路径。第二部分介绍中国水电铝合营较为成功的云南铝业股份有限公司，并从该公司的背景、技术、理念等方面进行剖析。

案例一：中国铝冶炼行业碳中和路径设计

1. 铝行业产品需求预测

本部分首先使用动态物质流模型模拟在整个铝行业产业链上的铝元素流动。模型首先根据中国 1949—2018 年 70 年内铝元素流动建立历史年份的分析框架，模拟铝元素不断在经济运转中的积累过程，形成在用存量；然后利用 Logit 函数模拟在用存量的发展路径；最后根据未来在用存量的发展路径倒推得到未来铝冶炼产品的流量，即原铝与再生铝的需求量。

考虑到未来全社会对铝产品需求的不确定性，本研究基于中国铝行业的人均在用存量饱和值可能达到发达国家水平的假定设置了两种存量情景：（1）高存量情景（H），以美国为基准，人均在用存量饱和值为 532kg/人，表明社会经济发展将高度依赖铝产品的投入；（2）低存量情景（L），以德国为基准，人均在用存量饱和值为 409kg/人，表明社会经济发展对铝产品的依赖较小。未来年份的人均在用库存值可由式 5－14 计算而来。

根据倒推得到的历年流出量，即旧废料量，经过回收处理后才能生成再生铝。本研究设定了三种回收处理率，及再生铝产量与旧废料产生量之间的比值：（1）高回收处理率（h），2060 年时值为 95%，由于在再生铝生产过程中有一定的损失率，因此 95% 的回收处理率可以表示近乎 100% 的回收；（2）低回收处理率（l），2060 年时值为 75%，与现状基本保持一致；（3）中回收处理率（m），2060 年时值为 85%，为高低回收处理率的平均值。中间年份的回收处理率根据 2018 年和

2060 年的值线性生成。

在两种存量设置及三种废铝回收率设置共同组合下，本研究共设定六种需求情景：高存量高回收率情景（Hh）、高存量中回收率情景（Hm）、高存量低回收率情景（Hl）、低存量高回收率情景（Lh）、低存量中回收率情景（Lm）、低存量低回收率情景（Ll）。

两种存量模式以及三种回收处理率组合构成的六种情景下的铝冶炼产品需求变化趋势如图 5－14 所示。铝工业整体产量趋势表现为先上升，达到峰值后逐渐下降，最后保持稳定。在高存量模式下，整体产量将在 2025 年达峰，峰值为 6 272 万吨，在 2036 年后保持稳定的流入，为 5 000 万吨左右；在低存量模式下，整体产量将在 2025 年达峰，峰值为 5 159 万吨，在 2034 年后保持稳定的流入，为 4 200 万吨左右。原铝产量在达峰后由于再生铝的替代而逐渐减少。由于回收处理率的不同，在高存量模式下，原铝产量将在 2025 年达峰，峰值介于 5 134 万吨～5 190 万吨；在低存量模式下，原铝产量将在 2024 年达峰，峰值介于 4 117 万吨～4 158 万吨。

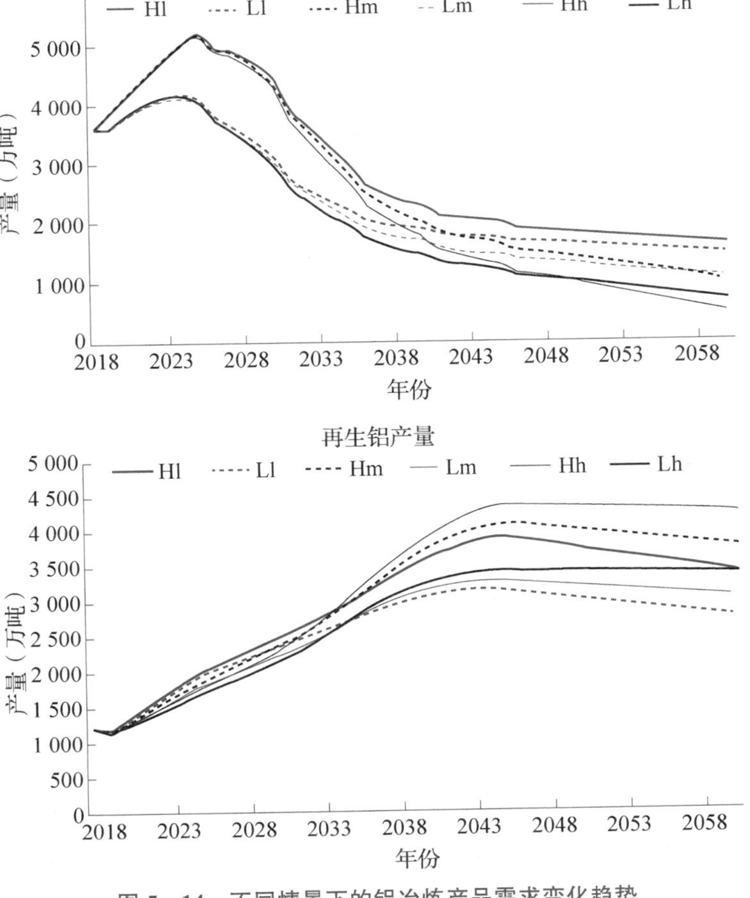

图 5－14　不同情景下的铝冶炼产品需求变化趋势

随着在用存量中的铝不断到达生命周期，废铝将迎来爆发期，2020 年后再生铝增速明显加快。在高回收处理率情况下，2060 年，不同存量模式下再生铝产量为 3 011 万吨～3 814 万吨；在中回收处理率情况下，2060 年，不同存量模式下再生铝产量为 2 308 万吨～2 924 万吨；在低回收处理率情况下，2060 年，不同存量模式下再生铝产量为 869 万吨～2 367 万吨。

原铝与再生铝产量的变化趋势标志着由再生铝主导的铝产品供应结构即将到来，再生铝产量在铝冶炼产品整体供应量中所占比重迅速上升，2035 年后由于库存逐渐饱和而增速趋缓。

2. 碳减排情景设计

未来的碳减排技术管理取决于实施何种低碳措施，因此基于国家宏观政策与行业发展趋势，此处设置四种情景，分别为淘汰落后产能情景（BAU）、在 BAU 的基础上推广先进技术情景（LT）、在 LT 的基础上优化电力结构情景（ES）以及在 ES 的基础上调整生产结构情景（PS），具体情景描述如表 5－10 所示。

表 5－10　情景描述

情景名称	情景描述
BAU（淘汰落后产能）	淘汰烧结法、混联法等氧化铝生产环节的落后产能；铝土矿对外依存度不断提高，拜耳法得到推广，其余氧化铝需求由改进拜耳法（石灰拜耳法、选矿拜耳法）提供；先进技术适当发展；铝电解环节自备煤电产能不再增加，自备水电产能保持原状，新的电力需求由电网提供
LT（BAU+推广先进技术）	在 BAU 的基础上，进一步淘汰氧化铝串联法产能；大力推广先进节能低碳技术；电解槽不断向大型化发展
ES（LT+优化电力结构）	在 LT 的基础上，推广水电铝合营发展。此时新的电力需求来源于自备水电与电网，具体需求量根据成本最小化原则确定
PS（ES+调整生产结构）	在 ES 的基础上，提高废铝回收率，推动再生铝行业发展，以再生铝替代原铝

3. 碳减排技术优化路径

应用 C^3IAM/NET-AL 模型对中国铝冶炼行业进行碳减排技术经济管理，得到优化的技术发展路径和相应的铝行业能源消耗、碳排放等。图 5－15 展示了不同需求和低碳措施组合作用下的中国铝冶炼行业能源消耗量。从曲线趋势角度而言，总体趋势为先上升后下降，高处一簇曲线代表高存量模式下三种需求对应不同减排情景下的能源消耗量，中间一簇曲线对应中库存模式，低处一簇曲线对应存量模式。从达峰角度而言，所有情景显示能耗都会在产量达峰时达峰。在高存量模式对应的三种需求下，能耗在 2025 年达峰，峰值介于 1.99 亿吨标准煤～2.16 亿吨标准煤；在低存量模式对应的三种需求下，能耗在 2024 年达峰，峰值介于 1.75

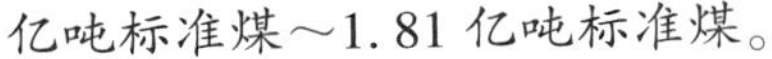
亿吨标准煤～1.81 亿吨标准煤。

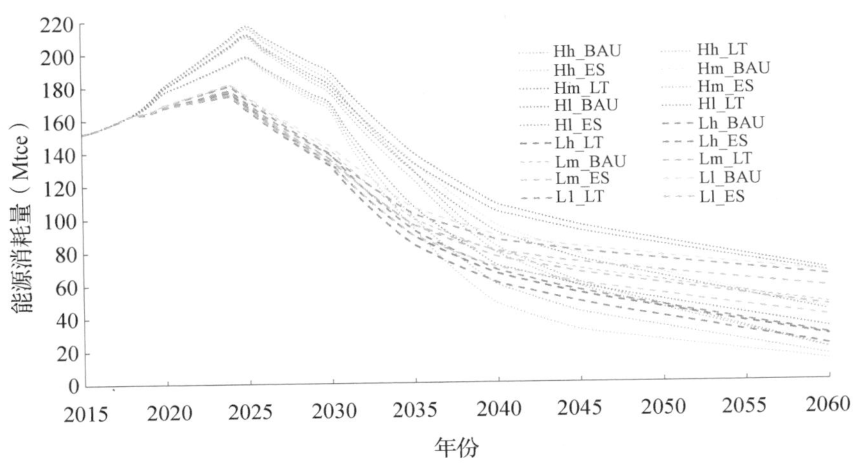

图 5－15　2015—2060 年各情景下能源消耗总量

图 5－16 展示了 18 种情景铝冶炼行业的 CO_2 排放量。从曲线趋势而言，与能耗曲线类似，总体趋势为先上升后因为产量下降而迅速下降。从达峰角度而言，所有情景显示 CO_2 排放量都会在产量以及能耗达峰时达峰。在高存量模式对应的三种需求下，碳排放在 2025 年达峰，峰值介于 5.8 亿吨～6.7 亿吨，可以看出此模式下优化电力结构所带来的减排潜力巨大；在低存量模式对应的三种需求下，碳排放在 2024 年达峰，峰值介于 5.4 亿吨～5.6 亿吨，各项减排措施所带来的减排潜力相差不大。

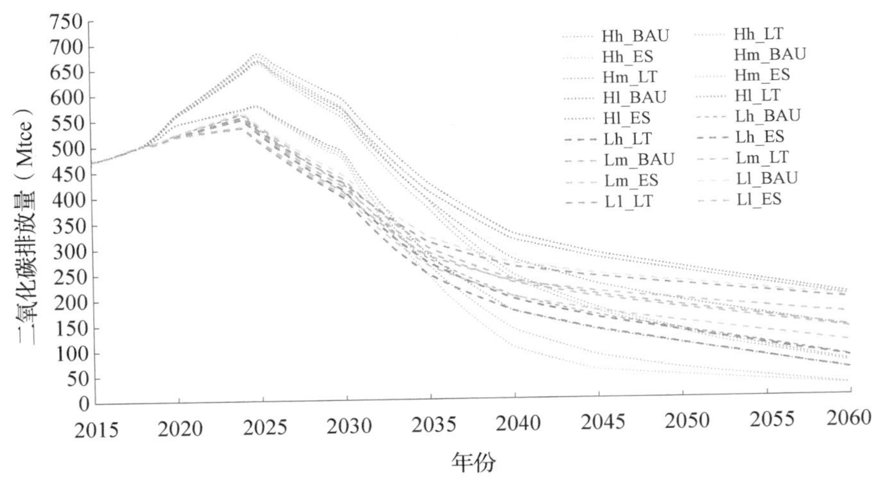

图 5－16　2015—2060 年各情景下碳排放总量

要实现上述节能和减排效果，需对各个环节的生产技术组合进行优化和重组。在考虑政策、各类技术、需求约束等因素的基础上，C^3IAM/NET-AL 模型基于成本最小化原则选择出了最优的技术发展路径。以低存量中回收率情景为例，图5－17展示了铝冶炼行业的技术发展路径。在氧化铝精炼环节，应大力推广的先进技术是一段棒磨二段球磨—旋流分级技术和强化溶出技术，技术占比应由2020年的39%和71%推广至2060年的100%。此外，多效管式降膜蒸发技术也应得到广泛推广，尤其是以三水矿石为原料的七效管式降膜蒸发技术，到2060年应推广至64%左右。在阳极制备环节，先进技术为大型高效阳极焙烧炉系统控制节能技术，此项技术节能效果显著，到2060年，该技术使阳极制备环节节约能源150万吨标准煤，普及率应达到75%。对于大型电解槽，目前主流槽型为300～400kA电解槽，为了提高能效，电解槽的大型化是未来铝冶炼行业长期关注和发展的重点，到2050年，应实现小型电解槽逐渐被淘汰，全部电解槽大于500kA，2060年600kA槽型推广率达到71%左右。在铝电解环节，到2060年，铝电解槽新型焦粒焙烧启动技术、低温低电压铝电解槽结构优化技术、低温低电压铝电解工艺用导气式阳极技术、铝电解槽“全息”操作及控制技术、预焙铝电解槽电流强化与高效节能综合技术等先进技术预计累计节电约800TWh，这几项技术到2060年的技术普及率应达到100%、45%、45%、58%与43%。同时，电力结构优化是铝冶炼行业减排的重中之重，未来应广泛推广水电铝合营，从而优化行业电力结构，到2060年，水电占比应提高至33%以上。

低碳技术的普及，将对成本产生显著影响。由于低碳技术成本相对传统技术偏高，但同时低碳技术可以通过降低能源投入而减少成本，因此铝冶炼行业低碳发展的成本变化存在很大的不确定性。仍以低存量中回收率情景为例进行分析。关于氧化铝精炼的10项技术中，一段棒磨二段球磨—旋流分级技术、分解槽大型化及节能搅拌技术、六效管式降膜蒸发技术（一水矿石）、七效管式降膜蒸发技术（一水矿石）的单位减排成本为正值，节约的能源成本并不能弥补投资及运维成本支出；相对于BAU情景，2019—2060年累计成本增加了38亿元；但是，在综合考虑10项先进技术后，可以累计获得145亿元的正收益。关于铝电解的11项技术中，包括铝电解槽新型焦粒焙烧启动技术、新型阴极结构铝电解槽节能技术、低温低电压铝电解槽结构优化技术、低温低电压铝电解工艺用导气式阳极技术、铝电解阳极电流分布在线监测技术以及预焙铝电解槽电流强化与高效节能综合技术在内的6项先进技术的单位减排成本为正值，节约的电力成本并不能弥补投资及运维成本支出；相对于BAU情景，2019—2060年累计成本增加了305亿元；即使在综合考虑其他5项具有经济收益的先进技术后，仍需70亿元的成本。相对于BAU情景，推广先进技术情景（LT）每年的总成本都会有所提高，2019—2060年成本累计增加785亿元；相对于LT情景，优化生产结构情景（ES）的总成本在2024年之前由于自备水电的投资而有所增加，但是在2025年后由于自备水电不需要进一步投资以及电价的降低导致总成本比LT情景略低，2019—2060年成本累计减少2 489亿元，说明推广水电铝合营不仅可以减少碳排放，同时可以带来经济收益。

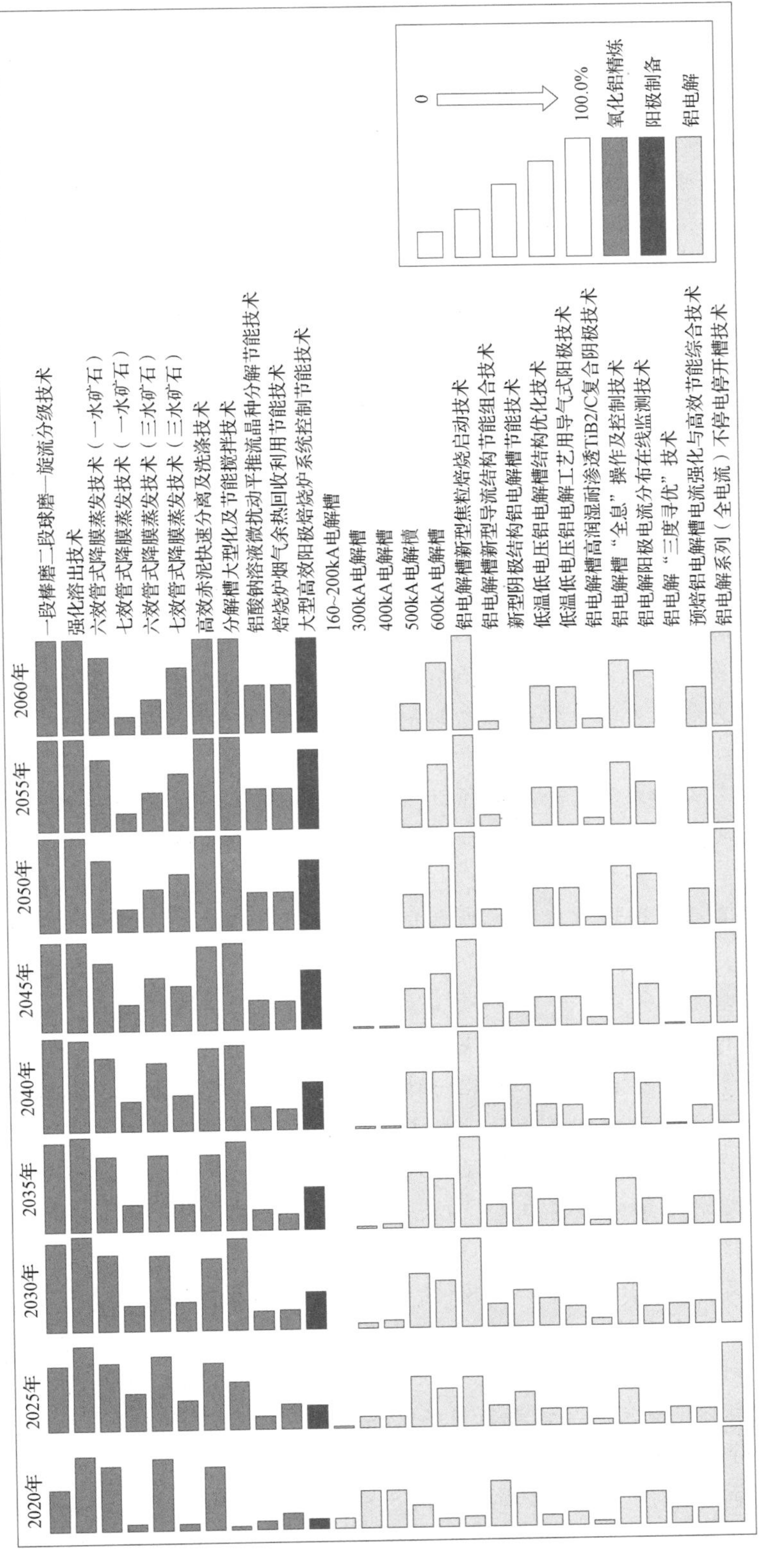

图 5-17　2020—2060年低存量中回收率情景下铝冶炼行业的技术推广路径

案例二：绿色铝·在云铝

云南铝业股份有限公司前身为云南铝厂，是全国有色行业、中国西部省份工业企业中唯一一家“国家环境友好企业”。云铝准确把握铝行业发展规律，以打造绿色、低碳、清洁、可持续的“绿色铝材一体化”产业模式为核心，构建了集铝土矿—氧化铝—碳素制品—铝冶炼—铝加工为一体的产业链。该企业依托云南及周边优质资源、清洁能源禀赋，以提高发展质量和效益为中心，切实依靠创新驱动和开放合作，实现公司绿色、创新和可持续发展。

云南铝业的绿色发展建立在云南省政府的大力扶持以及该地区水资源禀赋较高的基础上。云南省电解铝项目突飞猛进，正应了中国“北铝南移、东铝西移”的产业布局。究其原因，电解铝转移，必须向能源、资源富集价廉的地域转移，云南则拥有以下特点：

一是水电价格低于国内各省。云南境内水能资源丰富，是全国水电资源大省，经济可开发水电站装机容量约一万亿千瓦，主要集中在金沙江、澜沧江、怒江三江流域。作为水电资源大省，云南省一直致力于把水电优势转化为发展优势，打造世界一流的“绿色能源”品牌。为了就地转换富余的水电，提高工业增加值，云南省主推“水电铝+精深加工”的集群化布局，在全省培育打造5个左右水电铝加工一体化重点产业园区，形成600万吨至800万吨水电铝规模，打造具有综合竞争力和世界影响力的千亿级水电铝一体化基地。

二是铝土矿资源丰富。云南省素有“有色金属王国”之称，省内铝土矿资源储量丰富，仅文山和大理两个地区预计可供开发的铝土矿远景储量就达4亿吨以上，再加上与越南、老挝等铝土矿储量丰富的国家临近，如果打通铝土矿的陆路进口运输通道，资源将会得到保障。

三是铝产品立足国内，辐射东盟各国。对内，云南与珠三角、成渝经济圈运距较近；对外，云南是“一带一路”倡议下辐射东南亚各国的桥头堡和大通道，铝产品出口前景未来可期。

在以上三种因素中，电价具有决定性的吸引力。此外，云南省在水电、矿产资源富集的贫困地区重点布局水电铝一体化大型项目，有力助推了云南决胜全面脱贫攻坚战。绿色清洁的水电资源、丰富的铝土矿供应保障以及完善的铝产业上下游链条，铝产业将成为云南工业经济增长的第三极，云南正在成为继山东、新疆、内蒙古之后的电解铝大省。

在国家积极推进电力体制改革的大环境下，云铝公司积极推动构建和参与云南省电力市场化交易，2016年用电量189亿千瓦时全部纳入市场化交易，2017年公司全年用电量214亿千瓦时，2018年全年用电量227.4亿千瓦时，2019年全年用电量263.94亿千瓦时，2020年公司外购电量337.44亿千瓦时，2021年全年用电量326.3亿千瓦时，大部分电量采取与云南省内水电站签订电力双边直接交易的模式，这意味着云铝公司今后都将全部使用优质清洁可再生的云南丰富的水电资源。

从技术层面来看，云铝结合新型曲面阴极电解槽的特点和生产实际情况，探索大型预焙铝曲面阴极电解槽焙烧启动新方法和与之匹配的最佳操作，达到“安全、高效、低成本”的目的。针对 400 千安铝电解槽焦粒焙烧启动电耗高、装槽物料多且价格昂贵，导致整个焙烧启动期间成本偏高的问题，云铝采取缩短焙烧时间、减少冰晶石用量、降低启动电压等措施，每台电解槽可降低焙烧启动成本约 4 万元，减少氟化氢等温室气体排放量约 24%。此外，云铝还大力发展以下先进技术：煅烧回转窑烟气脱硫系统投入运行，脱硫率达 95% 以上；实施碳素煅烧回转窑烟气脱硫技术项目，在国内同行业率先对煅烧回转窑烟气采用脱硫技术进行烟气综合治理；持续开展低温低电压铝电解新技术、大型曲面阴极高能效铝电解新技术、铝电解计算机控制技术研究及应用，吨铝可比交流电耗低于全国平均水平。

习题

1. 有色金属的种类有哪些？它们分别能应用在哪些领域？
2. 铝行业对于我国的重要性是什么？
3. 铝冶炼过程可以分为几个部分？
4. 在中国，铝冶炼行业生产中各流程的碳排放占比分别是多少？哪个流程碳排放最高？
5. 对于铝冶炼行业，如何进行碳减排技术经济管理才能实现更高的环境和经济收益？

第6章

水泥行业碳减排技术经济管理

本章要点

1. 了解水泥的起源与应用。
2. 准确理解水泥生产的工艺过程。
3. 熟悉水泥行业发展概况。
4. 掌握水泥行业碳减排技术经济管理方法。
5. 了解水泥行业碳减排技术经济管理相关案例。

水泥作为重要的建筑材料，广泛应用于土木建筑、交通、水利、电力、石油、化工和国防等领域，被称为“建筑业的粮食”。然而，水泥生产作为一个能源密集型和碳排放密集型的工业制造过程，面临着能耗高、排放多等严峻问题。水泥行业的节能减排对实现碳达峰碳中和目标有着重要意义。本章将从水泥的起源和应用、水泥生产工艺过程概况、水泥行业发展概况、水泥行业碳减排技术经济管理方法和应用案例等方面介绍水泥行业碳减排技术经济管理。

第1节　水泥的起源和应用

水泥历史源远流长，用途广泛，其作为最主要的建筑材料之一，广泛应用于工业民用建筑、道路、水利及国防工程。本节将介绍水泥的起源及各类水泥在生活中的应用。

一、水泥的起源

水泥的起源是一个循序渐进的历程，如图6－1所示。大约1750年，英国航海业已较发达，当时航海业灯塔使用木材和“罗马砂浆”作为材料。然而，这两种材料难以经受海水的侵蚀。1756年，史密顿在建造灯塔的过程中发现，用含有黏土的石灰石烧制而成的水硬性石灰不易受海水的侵蚀，这一重要发现为近代水泥的研制和发展奠定了基础。

1796 年，英国人派克将黏土质石灰岩磨细后制成料球，在高温下煅烧，而后进行磨细制成水泥，称为“罗马水泥”。

1813 年，法国人毕加将石灰和黏土按 3：1 混合制成“天然水泥”，这种水泥性能良好，美国人也制成了“天然水泥”。与此同时，英国人福斯特将两份白垩和一份黏土混合后加水湿磨成泥浆，后经沉淀、干燥、煅烧，得到浅黄色成品，冷却后细磨成“英国水泥”。其生产方法已接近近代水泥。

1824 年，英国人阿斯普丁以石灰石和黏土为原料，按一定比例配合并掺水后搅拌均匀成泥浆，置泥浆于盘上，加热干燥后将干料打击成块，然后装入石灰窑煅烧至石灰石内碳酸气全部逸出。再将煅烧后的烧块冷却和打碎磨细，制成水泥，即“波特兰水泥”，我国称之为硅酸盐水泥。

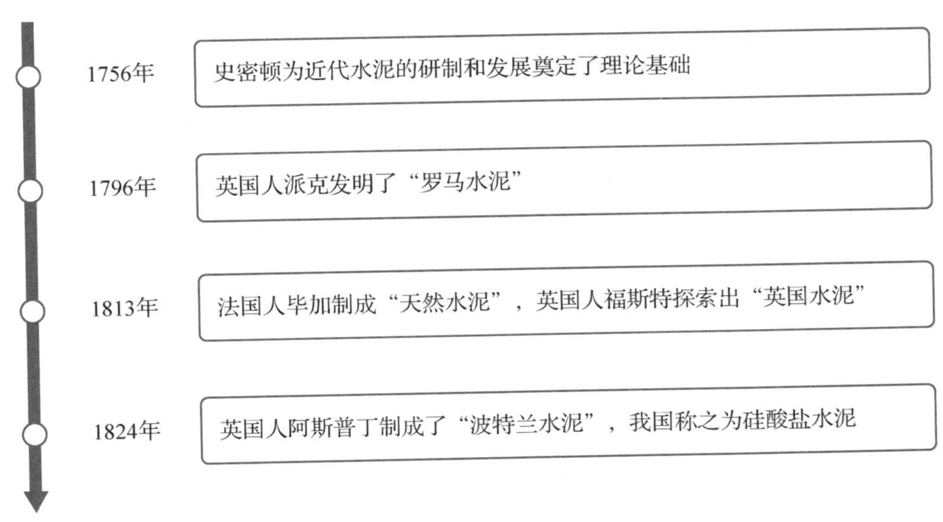

图 6-1　水泥的起源

二、水泥的分类和用途

水泥可以分为三大类型：通用水泥、专用水泥和特性水泥。

1. 通用水泥及其用途

通用水泥是以硅酸盐水泥熟料①和适量的石膏及规定的混合材料制成的水硬性胶凝材料，包括硅酸盐水泥、普通硅酸盐水泥、矿渣硅酸盐水泥、火山灰质硅酸盐水泥、粉煤灰硅酸盐水泥和复合硅酸盐水泥。其主要用途如表 6-1 所示。

① 水泥熟料：以石灰石和黏土、铁质原料为主要原料，按适当比例配制成生料，烧至部分或全部熔融，并经冷却而获得的半成品。

表 6-1　各类通用水泥用途

类别	用途
硅酸盐水泥	用于配制高强度等级混凝土、早期强度要求较高的工程，在低温条件下需要强度发展较快的工程；也可用于一般地上工程和不受侵蚀的地下工程、无腐蚀性水中的受冻工程
普通硅酸盐水泥	用于配制一般强度等级混凝土、在低温条件下需要强度发展较快的工程；也可用于一般地上工程和不受侵蚀的地下工程、无腐蚀性水中的受冻工程
矿渣硅酸盐水泥	用于地下、水中和海水中工程以及经常受高水压的工程；也可用于大体积混凝土工程、蒸汽养护工程和一般地上工程
火山灰质硅酸盐水泥	用于大体积混凝土工程，地下、水中工程及经常受较高水压的工程和配制低强度等级混凝土；也可用于受海水及含硫酸盐类溶液侵蚀的工程、蒸汽养护工程及远距离输送的砂浆和混凝土
粉煤灰硅酸盐水泥	主要用于水工大体积混凝土工程、一般民用和工业建筑工程，配制低强度混凝土；也可用于混凝土和钢筋混凝土的地下及水中结构、用蒸汽养护的构件
复合硅酸盐水泥	可广泛应用于工业与民用建筑工程中

2. 专用水泥及其用途

专用水泥指具有专门用途的水泥，包括油井水泥、道路水泥和砌筑水泥等。

油井水泥专用于油井、气井的固井工程。道路水泥应用于各类混凝土路面工程、广场，也适用于耐磨、抗干缩等性能要求较高的其他工程。砌筑水泥主要用于工业与民用建筑的砌筑和抹面砂浆、垫层混凝土。

3. 特性水泥及其用途

特性水泥指具有某种特殊性能的水泥，包括铝酸盐水泥、快硬水泥、中低热水泥、抗硫酸盐硅酸盐水泥、膨胀水泥与自应力水泥、白色水泥和彩色水泥、防辐射水泥等。

铝酸盐水泥和快硬水泥主要用于军事工程、紧急抢修工程及低温施工工程等。中低热水泥用于大坝或大体积混凝土的内部及水利工程。抗硫酸盐硅酸盐水泥主要用于受硫酸盐侵蚀的海港、水利、地下、隧道、涵洞、道路和桥梁基础等工程，也可用于工业与民用建筑工程。膨胀水泥与自应力水泥主要用于防水层、浇灌机械底座、建筑物接缝和修补工程，还可用来加固结构、制作预应力混凝土构件。白色水泥和彩色水泥用于建筑物的装饰，也可用于雕塑工艺制品。防辐射水泥对 X 射线、γ 射线、快中子和热中子具有较好的屏蔽作用，可用于核电工程。

第 2 节　水泥生产工艺过程概况

水泥生产方法按照生料制备方法的不同，可以划分为湿法和干法。熟料煅烧窑按照结构类型的不同，可以划分为立窑和回转窑。“十一五”期间，中国水泥行业大力淘汰立窑等落后高耗能窑型，推广高效的新型干法窑技术。截至 2021 年，使用新型干法窑技术生产水泥的比例已接近 100%。新型干法水泥生产工艺可分为生料制备、熟料煅烧和水泥粉磨三个过程，俗称“两磨一烧”系统，如图 6－2 所示。本节将从水泥生产三大过程着手分别介绍技术概况。

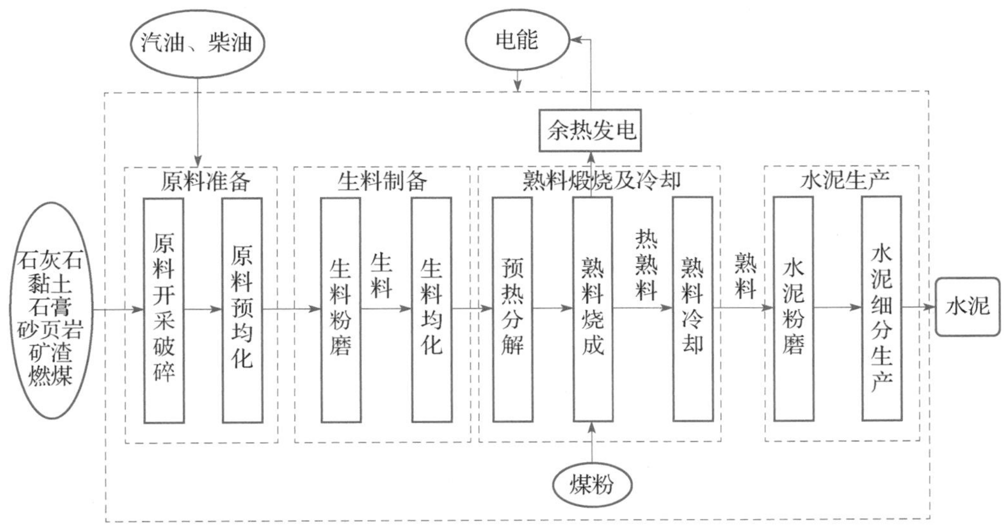

图 6－2　水泥新型干法窑生产工艺流程

一、生料制备过程及其技术概况

1. 生料制备工艺过程

生料是由石灰质原料、黏土质原料及少量校正原料按比例配合，粉磨到一定细度的物料。在制备生料前，要进行原料的破碎及预均化。首先是原料破碎，水泥生产所需要的大部分原料如石灰石、黏土、铁矿石及煤等都要进行破碎。其中，石灰石是水泥生产用量最大的原料，由于其开采后的粒度较大、硬度较高，因此石灰石的破碎在水泥厂的物料破碎中占有比较重要的地位。此后，进行原料预均化。预均化技术就是在原料的存取过程中，运用科学的堆取料技术，实现原料的初步均化，使原料堆场同时具备贮存与均化的功能。

原料准备完成后，进入生料制备阶段，该阶段分为两个步骤。

第一，生料粉磨。生料粉磨是在外力作用下，通过冲击、挤压、研磨等克服物体变形时的应力与质点之间的内聚力，使块状物料变成细粉的过程。

第二，生料均化。生料均化采用空气搅拌、重力作用，产生“漏斗效应”，使生料粉在向下卸落时，尽量切割多层料面，充分混合。利用不同的流化空气，使库内平行料面发生大小不同的流化膨胀作用，有的区域卸料，有的区域流化，从而使库内料面产生倾斜，进行径向混合均化。新型干法水泥生产过程中，稳定入窑生料成分是熟料烧成的前提，生料均化系统起着稳定入窑生料成分的最后一道把关作用。

2. 生料制备技术概况

在生料粉磨车间，原料会被粉磨得更细，以保证高质量的混合。在此阶段会使用消耗电能的磨机，主要包括立磨技术和球磨技术，前者利用滚筒外泄的压力将原料碾碎，后者则依靠钢球对材料进行研磨。立磨技术相对于球磨技术可以有效地提高粉磨效率，降低能耗。此外，辊压机粉磨技术也是一种节能的技术，采用高压挤压料层粉碎原理，配以适当的打散分级装置，可以明显降低能耗。表 6-2 展示了三种生料粉磨技术单位产量的电能消耗量，可以看出立磨和辊压技术的能源效率相比球磨技术有较大提升，《部分工业行业淘汰落后生产工艺装备和产品指导目录》指出淘汰低能效落后产能技术①，未来生料球磨技术会逐渐退出市场，由更高效的立磨和辊压技术替代。

表 6-2　生料制备技术参数

工艺技术	技术类别	单位产量电耗（吨/标准煤）
生料球磨技术	落后技术	5.32
生料立磨技术	节能技术	3.44
生料辊压技术	节能技术	3.49

资料来源：《建材行业节能减排先进适用技术指南》、《国家重点节能技术推广目录》（第一批到第七批），数据截至 2018 年。

二、熟料煅烧过程及其技术概况

1. 熟料煅烧工艺过程

水泥熟料主要由 CaO、SiO_2、Al_2O_3 和 Fe_2O_3 中的两种或两种以上氧化物组成。熟料煅烧包含三个步骤，分别是预热分解、熟料烧成和熟料冷却。

第一，预热分解。生料的预热和部分分解在预热器中完成，预热器可代替回转窑部分功能，达到缩短回窑长度的目的，同时将窑内以堆积状态进行的气料换热过程，转移到预热器内在悬浮状态下进行，使生料能够同窑内排出的炽热气体充分混合，增大了气料接触面积，传热速度快，热交换效率高，达到提高窑系统生产效率、降低熟料烧成热耗的目的。这一阶段主要涉及 $MgCO_3$ 和 $CaCO_3$ 的分解反应：

① 淘汰直径 2.2 米及以下的磨机（生产特种水泥的除外）、水泥粉磨站直径 3.0 米以下的球磨机（西部省份的边远地区除外）。

$$MgCO_3 = MgO + CO_2 \uparrow \tag{6-1}$$

$$CaCO_3 = CaO + CO_2 \uparrow \tag{6-2}$$

第二，熟料烧成。生料在旋风预热器中完成预热和预分解后，下一道工序是进入回转窑中进行熟料的烧成。在回转窑中碳酸盐进一步地迅速分解并发生一系列的固相反应①，生成水泥熟料中的矿物。具体的化学反应方程式如下：

800℃～900℃时：

$$CaO + Al_2O_3 = CaO \cdot Al_2O_3 \tag{6-3}$$

$$CaO + Fe_2O_3 = CaO \cdot Fe_2O_3 \tag{6-4}$$

900℃～1 100℃时：

$$2CaO + SiO_2 = 2CaO \cdot SiO_2 \tag{6-5}$$

$$CaO + Fe_2O_3 = CaO \cdot Fe_2O_3 \tag{6-6}$$

$$7CaO \cdot Al_2O_3 + 5CaO = 12CaO \cdot Al_2O_3 \tag{6-7}$$

$$CaO \cdot Fe_2O_3 + CaO = 2CaO \cdot Fe_2O_3 \tag{6-8}$$

1 100℃～1 300℃时：

$$12CaO \cdot 7Al_2O_3 + 9CaO = 7(4CaO \cdot Al_2O_3) \tag{6-9}$$

$$7[2CaO \cdot Fe_2O_3] + 2CaO + 12CaO \cdot 7Al_2O_3 = 7(4CaO \cdot Al_2O_3 \cdot Fe_2O_3) \tag{6-10}$$

随着物料温度升高，矿物会变成液相②，最终在液相中产生大量熟料。具体的化学反应方程式为：

$$2CaO \cdot SiO_2 + CaO = 3CaO \cdot SiO_2 \tag{6-11}$$

第三，熟料冷却。熟料烧成后，温度开始降低。最后由水泥熟料冷却机将回转窑卸出的高温熟料冷却到下游输送、贮存库和水泥磨所能承受的温度，同时回收高温熟料的显热③，提高系统的热效率和熟料质量。

2. 熟料煅烧技术概况

根据我国发布的《产业结构调整指导目录（2019 年本）》，熟料煅烧所使用的回转窑有日产小于 2 000 吨和大于 2 000 吨两种规模，其中产能为 2 000 吨/日以下干法窑生产单位水泥消耗的煤和电较高，属于落后产能技术，未来将逐步淘汰。未来水泥行业主要新建或者扩建产能大于 2 000 吨/日的新型干法窑。

为了减少熟料煅烧过程中的能耗和排放，在进入回转窑之前，可以对物质进行预处理。预烧成窑炉技术是通过提高回转窑入窑物料温度，大幅度减少或消除

① 生料中 $CaCO_3$ 分解生成的高活性 CaO 与其他氧化物通过固相反应最终形成硅酸二钙、铝酸三钙、铁铝酸四钙。

② 当温度达到 1 300℃时，C_3A、C_4AF 以及 R_2O（Na_2O、K_2O）等熔剂矿物会产生液相，C_2S 与 CaO 会很快被这些高温液相所溶解，并进行化学反应而形成 C_3S 矿物。

③ 显热是物体在加热或冷却过程中，温度升高或降低而不改变其原有相态所需吸收或放出的热量。

水泥回转窑内残留的低效传热过程，解决水泥烧成中的热瓶颈问题，实现熟料的细粒快烧和高效冷却，从而提高水泥质量，降低烧成热耗和粉磨电耗，提高熟料质量的综合效果。余热发电技术是水泥部门重点关注的节能技术，采用电热联供、电热冷联供等技术提高工厂一次能源利用率，设置余热回收系统，有效利用工艺过程和设备产生的余（废）热。余热发电技术已成熟，节能效果明显，适合在新型水泥干法生产线大力推广，有较广阔的发展潜力。除此之外，在现有的回转窑加装先进设备对整个生产过程进行改进也是现有水泥节能技术的发展趋势。高固气比悬浮预热分解技术和多通道燃煤技术可以提高现有大中型回转窑的能源效率。前者大幅度提高气固换热效率，实现小体积、低温分解炉内碳酸盐，使分解率和炉内热稳定性大幅度提高，从而使水泥窑单机产能和热效率大幅提升。后者采用热回流和浓缩燃烧技术，减少常温一次空气吸热量，达到节能和环保的目的。表 6－3 列举了各类技术生产单位产品的电耗和煤耗，可以发现采用预处理技术以及加装改进技术设备，能减少生产过程中的能源消耗量。

表 6－3　熟料煅烧技术

工艺技术	技术类别	单位产量电耗（吨/标准煤）	单位产量能耗（吨/标准煤）
预烧成窑炉技术	节能技术	—	—
小型新型干法窑（<2 000 吨/日）	落后技术	4.00	122.00
高固气比悬浮预热分解技术+中型新型干法窑	节能技术	3.76	102.00
多通道燃煤技术+大型新型干法窑	节能技术	3.59	105.00
余热发电技术	节能技术	−3.08	—

资料来源：《建材行业节能减排先进适用技术指南》、《国家重点节能技术推广目录》（第一批到第七批），数据截至 2018 年。

熟料冷却过程相对简单，多采用不同能源效率的冷却机对熟料进行冷却，如表 6－4 所示。篦式冷却机是一种骤冷式冷却机，熟料由窑进入冷却机后，在篦板上铺成一定厚度的料层，鼓入的冷空气由篦下向上垂直于熟料运动方向穿过料层而流动，因此，热效率较高。振动篦式冷却机的冷却速度快，5～10 分钟即可使熟料冷却到 60℃～120℃，有利于改善熟料质量。

表 6－4　熟料冷却技术

工艺技术	技术类别	单位产量电耗（吨/标准煤）
普通冷却机	落后技术	1.40
第四代篦式高效冷却机	节能技术	1.28

资料来源：《建材行业节能减排先进适用技术指南》、《国家重点节能技术推广目录》（第一批到第六批）、《国家工业节能技术应用指南与案例（2020）》，数据截至 2020 年。

三、水泥粉磨过程及其技术概况

1. 水泥粉磨工艺过程

水泥粉磨是水泥制造的最后工序，也是耗电最多的工序。其主要功能在于将水泥熟料粉磨至适宜的粒度（以细度、比表面积等表示），形成一定的颗粒级配，增大其水化面积，加速水化速度，满足水泥浆体凝结、硬化要求。

2. 水泥粉磨技术概况

经过高温煅烧后得到的熟料是水泥产品的半成品，熟料与不同比例石膏和混合材料共同粉磨，形成不同标号的水泥成品。如表 6－5 所示，各类粉磨技术和设备的电力消耗不尽相同。水泥球磨技术、立磨技术与联合粉磨技术是水泥粉磨过程中现有的三种主要粉磨技术。与球磨技术相比，立磨和联合粉磨技术的能效水平较高。目前，在国内建材、矿山等行业粉磨生产系统中，仍以球磨机作为研磨物料的主机，同时球磨机单机生产的能耗极高，因此，粉磨系统的节能改造是水泥企业节能的重点环节。水泥预粉磨技术可以对高耗能的球磨技术进行技术改造及新（扩）建，对物料进行高效的碾磨，再通过后续的自流振动筛进行分级，使得进入球磨机的粒径控制在 2 毫米以下，对球磨机内部衬板、隔仓及分仓长度进行优化改进，有效降低粉磨电耗。高效节能选粉技术是可用于水泥粉磨的预处理技术，采用热回流和浓缩燃烧技术、减少常温一次空气吸热量，达到节能和环保的目的，同时对物料进行充分分散和多次分选，选粉效率达到 80% 以上，可以有效改善水泥质量，同时降低单位水泥的系统电耗。

表 6－5　水泥粉磨技术

工艺技术	技术类别	单位产量电耗（吨/标准煤）
高效节能选粉技术	节能技术	—
水泥球磨技术	落后技术	9. 22
水泥立磨技术	节能技术	6. 13
水泥联合粉磨技术	节能技术	6. 33
水泥预粉磨技术（球磨机改进技术）	节能技术	4. 60

资料来源：《建材行业节能减排先进适用技术指南》、《国家重点节能技术推广目录》（第一批到第七批），数据截至 2018 年。

第 3 节　水泥行业发展概况

近年来，以中国、印度为代表的发展中国家的水泥产品需求量较大，且未来水泥需求量的变化趋势尚不明晰。水泥行业能耗与排放问题也较为严峻，世界各国都提出了一系列举措来助力水泥行业碳减排。本节将从水泥生产和消费现状、水泥行业的能耗与排放情况和水泥行业低碳发展主要举措三方面介绍水泥行业发展概况。

一、水泥生产和消费现状

20 世纪初，水泥被大规模生产及使用，美国的水泥产量远超其他国家，居全球第一，并保持这一格局直到20世纪中期。水泥行业经历了快速发展和产业结构调整，以中国、日本和印度为代表的新兴市场崛起。改革开放以来，我国水泥产量突飞猛进，尤其是在20世纪90年代以后，我国水泥产量连年位于全球第一。

近几十年来，全球水泥行业的大部分产能主要集中在中国、印度、越南、美国和俄罗斯。作为全球水泥制造第一大国，2019年，中国水泥产量约占全球产量的57%，2020年，中国水泥产量达23.8亿吨，较2019年增加了0.47亿吨，同比增长2.01%；全球水泥制造第二大国印度，2019年的水泥产量约占全球产量的8%。从全球各地区对水泥的需求量来看，2019年，中国对水泥的需求量约占全球需求量的61%，是全球最大的水泥需求国家；其次是印度，对水泥的需求量约占全球需求量的7%。图6-3为2019年全球水泥产量和需求量分布情况。

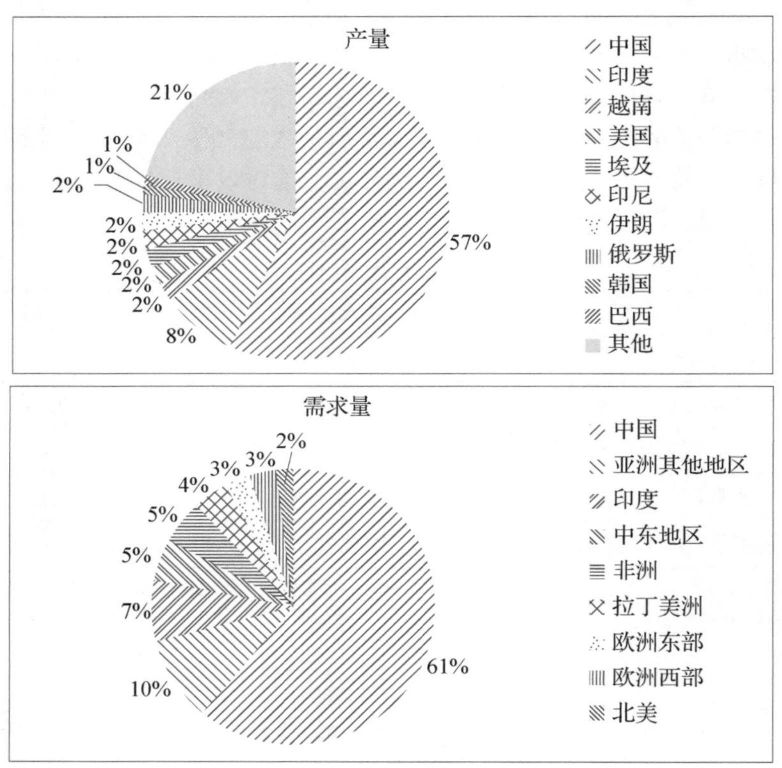

图6-3　2019年全球水泥产量和需求量分布情况

资料来源：前瞻产业研究院。

二、水泥行业的能耗与排放情况

近年来，我国水泥综合能耗不断下降，从2000年的172千克标准煤/吨下降到2019年的131千克标准煤/吨，降幅为23.8%（国家统计局能源统计司，2021）。尽管我国生产单位水泥的综合能耗不断下降，但是与发达国家（例如日本、德国）的差距仍然较大，我国在2019年生产单位水泥的综合能耗为131千克标准煤/吨，而德国和日本在2014年已降至97千克标准煤/吨和111千克标准煤/吨。因此，作为世界上最大的水泥生产国，我国实现水泥行业低碳发展具有重要意义。

2018 年，全球水泥行业 CO_2 排放量达 23 亿吨，约占工业 CO_2 排放总量的 27%，占全球 CO_2 排放总量的 7%（IEA，2020b）。水泥生产过程的 CO_2 排放（见图 6-4），分为直接排放和间接排放。其中，直接排放又分为过程排放和燃料排放。过程排放指的是原料中的主要成分碳酸钙受热分解产生的 CO_2 排放；燃料排放指的是煤等化石燃料燃烧产生的 CO_2 排放。间接排放指的是各个工艺过程中各种设备消耗电量所产生的 CO_2 排放，也即电力间接排放。在当前以石灰石为主要原料的水泥生产过程中，过程排放 CO_2 占比最高。图 6-5 为三种排放来源的占比范围。

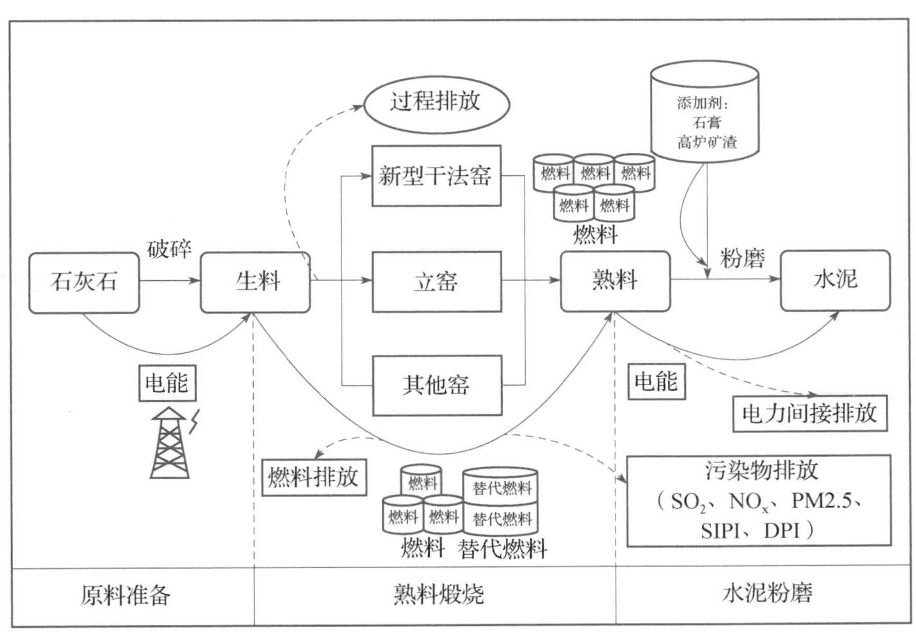

图 6-4　水泥生产过程的 CO_2 排放

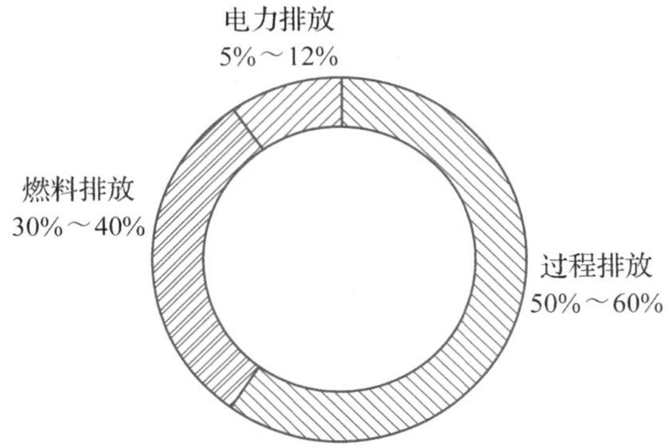

图 6-5　当前水泥生产主要工艺的过程、燃料和电力排放占比范围

资料来源：魏一鸣等（2018）.

三、水泥行业低碳发展主要举措

国内外水泥行业低碳发展主要举措包括：提高能源效率，使用替代燃料，减少水泥熟料比例，使用碳捕集、利用与封存技术，使用替代原料等。

1. 提高能源效率

提高能源效率是当下最基本的低碳转型策略，也是世界各国普遍实施的转型策略。我国《水泥单位产品能源消耗限额》（GB 16780）自 2008 年首次发布以来，对水泥产业结构调整和节能减排政策实施发挥了重要作用。2021 年 10 月 11 日发布的第二次修订标准，细化了对不同类型水泥企业单位产品能耗限额的要求，针对现有企业、新建和改扩建企业单位产品能耗都有 5% 以上的大幅提高。

当前，世界各国致力于在新建水泥厂部署现有先进技术，改造现有设施，在经济可行的情况下提高能源效率。尽管各国已不断部署先进生产技术或对现有设备进行技术改造，部分绿色前沿技术仍然存在较大的发展空间，如旋风预热分解器、多通道燃煤技术、篦式冷却技术、高压研磨机和立磨机。

在熟料烧成方面，预烧成、多级旋风预热器和多通道燃煤技术的干法窑作为熟料生产当下最先进的技术系统，可有效降低能源强度。在熟料冷却方面，与旋转式冷却机相比，篦式熟料冷却技术能够从热熟料回收更多的余热。当其与分解炉结合使用时，一方面回收的余热可用于干燥原料，另一方面可利用余热进行发电，实现能源的二次利用。

电能的利用贯穿整个水泥生产过程。其消耗主要发生在水泥研磨（31% ～ 44%）、生料研磨（26%）和熟料生产（28% 左右）等过程。研磨是水泥生产的重要工艺，使用高效的研磨技术，可以降低水泥生产的电力强度。相比于球磨机，高压研磨机和立磨机作为最先进的研磨技术，理论上可以节约高达 50%（高压研磨机）和 70%（立磨机）的电力消耗量。此外，水泥研磨的电力需求高度依赖于对产品质量的要求。水泥的强度等级越高，需研磨至越细。因此，通过采用高效的研磨技术，生产现场具体可实现的节电量取决于对产品的细度要求。

2. 使用替代燃料

与常规燃料相比，改用碳密集度更低的替代燃料，可以有效降低 CO_2 排放量。煤是水泥生产中应用最广泛的燃料，占全球水泥热消耗的 70%。截至 2018 年，全球水泥行业生物质和废弃物等替代燃料的使用比例仅为 18.5%。

（1）替代燃料种类。

在水泥窑中，用作替代燃料的典型废弃物包括：被丢弃或撕碎的轮胎，废油和溶剂，预处理或原始的工业废料，不可回收的塑料、纺织品和纸张残留物，城市固体废弃物，自来水及污水处理厂的污泥等物质。

完全以生物质为基础的替代燃料包括废弃木材、锯屑和污水污泥。在技术层面上，使用其他来自快速繁育的作物品种（如某些木材、草和藻类）中的生物质是可行的，但对于全球水泥行业来说经济性不足。

欧洲水泥协会在其 2020 年发布的碳中和路线中表示，将采取循环经济行动，支持水泥生产中不可回收废物和生物质废物燃料的利用；美国波兰特水泥协会在其 2021 年发布的碳中和路线图中提出，将增加替代燃料的种类，特别是那些最终被填埋的材料，以供水泥厂使用。

（2）水泥窑协同处置技术。

水泥窑协同处置技术是使用替代燃料和处理固废的核心技术。利用水泥窑协同处理固体废物，可节省固废处置设施的投资及运行费用，实现社会效益和经济效益的双赢。在我国，华新水泥利用水泥窑焚烧废弃物的天然优势，借鉴瑞士豪瑞集团在全球废物处理技术领域的先进理念和成功经验，结合中国城市生活垃圾、市政污泥和工业危险废弃物的特点，研发出了国际先进、国内首例的华新水泥窑协同处置技术。

水泥窑协同处置生活垃圾技术的核心是在原生垃圾产生地或靠近原生垃圾产生地的水泥工厂内，建设全封闭的生活垃圾生态处理工厂，使生活垃圾得到破碎、干化，机械分选出衍生燃料和适用于水泥生产的替代原料，这些产物经密闭车辆等方式运至水泥工厂，在正常生产水泥的同时，把这些垃圾衍生燃（原）料一并消纳烧尽。垃圾衍生燃料燃烧时所产生的热能直接用于水泥的煅烧，节省部分燃煤，并提升余热发电效率；垃圾衍生原料可用于部分替代水泥生产使用的天然矿石原料或校正原料。

案例

水泥窑协同处置危废

除了可以处置工业废弃物、城市垃圾等固废外，水泥窑还可以处置应急突发事故产生的危险废物。水泥窑协同处置危险废物技术，是水泥工业根据自身的工艺特点衍生出的一种“新”的废弃物处置手段。

其实，相对于协同处置固废，新建水泥窑协同处置技改项目更青睐于协同处置危废，原因如下：首先，相对于国外，由于我国预处理设施和体系不完备，水泥企业为固废的预处理承担了较大的成本投入（增加新设施等），同时在运营阶段也要增加成本；其次，由于市场化的影响，水泥窑协同处置工业固废收益很少，甚至为负。然而，相对于焚烧企业，水泥窑协同处置危废在燃料、人力、炉温控制和设施建设成本上具有先天优势。最重要的是，相对于固废处置每吨几十元的收益，危废处置的收益为 3 000～4 000 元/吨，可大大提高水泥生产企业的利润水平。

目前，在《国家危险废物名录（2021 年版）》中列出的危废类别有 60 余种，水泥窑协同可以处置 40 余种。

3. 减少水泥熟料比例

普通硅酸盐水泥是由熟料、石膏和混合材料混合粉磨而成，而熟料制备过程中产生的 CO_2 排放量要远高于水泥粉磨环节（该环节 CO_2 排放量是由粉磨电力而产生的间接排放），因此，在一定范围内降低水泥熟料的比例，即进行熟料替代可显著降低其 CO_2 排放量。为积极应对国际气候变化，同时降低水泥生产成本，改善水泥性能，全球水泥行业熟料系数比例呈现逐年下降的趋势。但世界各地区的熟料比存在显著的差异，截至 2021 年，我国水泥的平均熟料系数为 66%，而其他各国的平均熟料系数普遍高达 72%～86%。

从技术角度来看，降低水泥产品中的熟料占比有很大的可能性。除熟料外，诸如高炉渣、粉煤灰、火山灰、石灰石、石膏以及煅烧的黏土等其他用于制备水泥的物质在全球范围内广泛存在。在一定范围和条件下，通过混合这些物质能够制备熟料比例较低的水泥产品，从而降低生产过程中的 CO_2 排放量。然而，高炉渣、粉煤灰等物质的可用性和限制性因地区而异，最终取决于地区生产水泥的实际行业标准，以满足该地区对于水泥产品各类性能的实际需求。

4. 使用碳捕集、利用与封存技术

将碳捕集、利用与封存技术融入水泥生产过程，可实现 CO_2 的长期储存或隔离。从远期来看，碳捕集、利用与封存技术是减少 CO_2 排放的一种方法，通过这种方法可以捕集诸如发电厂和其他工业排放源产生的 CO_2，并使其在很长一段时间内远离大气。除电力行业外，水泥行业是碳排放较高的部门之一。因此，碳捕集、利用与封存技术在水泥行业的应用是当下讨论的热点之一。截至 2021 年，全球范围内对有关水泥行业碳捕集、利用与封存技术的应用进行了一些试点研究，主要涉及燃烧后捕集技术和富氧燃烧技术（燃烧中捕集）。而燃烧前捕集技术在水泥生产中的捕集潜力有限，因为只能捕集与能源相关的 CO_2，其排放量仅仅占到水泥行业总排放量的 35% 左右。

我国以及欧洲水泥协会、英国混凝土与矿物制品协会、美国波特兰水泥协会都提出未来将投资碳捕集、利用与封存技术关键基础设施，大力发展碳捕集、利用与封存技术。

案例

海德堡水泥将在水泥厂安装全球首个全尺寸 CCS 设施

2018 年，挪威政府入围布雷维克工业规模的 CO_2 捕集试验。2019 年，海德堡水泥公司和挪威国有能源集团 Equinor 签署了关于 CO_2 捕集和封存的文件。该项目的资金主要来自挪威政府，是挪威“长期研究”气候投资项目的一部分。

2020 年 10 月，挪威议会批准了在挪威布雷维克的 HeidelbergCement Norcem 工厂建立的全尺寸碳捕集设施的投资。布雷维克碳捕集与封存（CCS）项目将实现每年 40 万吨的 CO_2 捕集以及永久性存储的运输，这是世界上水泥生产厂中第一个工业规模的 CCS 项目。该项目的目标是于 2024 年开始从水泥生产过程中分离出 CO_2，最终实现水泥生产的 CO_2 排放量减少 50%。

海德堡水泥公司承诺到 2025 年将其每吨水泥材料的净 CO_2 排放量与 1990 年相比降低 30%，并为所有工厂确定了具体的 CO_2 减排措施。

5. 使用替代原料

开展水泥生产原料替代，利用工业固体废物等非碳酸盐原料生产水泥，可减少 CO_2 过程排放。此外，加快发展新型水泥，使用碳强度较低的原料进行生产也可有效减少水泥生产中占比最大的过程排放量。

（1）使用工业固体废物等非碳酸盐原料。

在保证产品质量和生态安全的前提下，使用钢铁、火力发电、乙炔、氨碱等生产企业每年排放的大量钢渣、矿渣、粉煤灰、硅钙渣、电石渣、碱渣等工业固体废弃物作为生产水泥的原料，不仅可以在水泥产品中提高消纳产业废弃物的能力，同时也可有效降低过程排放。

（2）使用可替代水泥复合材料。

在煅烧窑生产熟料过程中，除燃料燃烧会产生直接排放之外，原料在高温下进行分解也产生 CO_2（被称为 CO_2 过程排放），其占水泥生产直接 CO_2 排放总量的三分之二。由于熟料中含有 40%～80% 的硅酸三钙石，导致生产每吨熟料会产生约 0.52 吨的 CO_2 过程排放量，尽管降低水泥熟料比例，可以降低单位水泥的碳排放强度，进而减少单位水泥的 CO_2 排放量，但是，降低熟料比实际上是增加水泥产品中除熟料之外的其他成分（例如高炉渣、粉煤灰、火山灰、石灰石、石膏以及煅烧的黏土），而熟料本身的成分没有发生改变。而使用替代水泥复合材料可以成为未来水泥行业低碳发展的新途径。

替代水泥复合材料是在传统硅酸盐水泥熟料的基础上，加入不同种类、组合的人造矿物材料，通过材料复合影响熟料成分，达到减少 CO_2 过程排放、降低烧结温度或吸收 CO_2 等目的。

截至 2021 年，已有一些可替代水泥复合材料投入到商业化使用或在试验阶段，其优点如表 6－6 所示。

表 6－6　可替代水泥复合材料及其优点

名称	优点
贝利特硫铝酸盐熟料	• 钙含量较低，所需石灰石的量大大减少 • 烧成温度较低，减少了燃料的使用量 • 水化热较低，可用于大型混凝土大坝和地基建设
硫铝酸钙熟料	• 在熟料制备过程可减少 CO_2 的排放量 • 性能高，减少了水泥的伸缩开裂情况
贝利特硫铝酸钙熟料	• 可降低 CO_2 过程排放的强度 • 生产过程中的烧结温度较低，可使电力需求降低
硅酸钙碳化熟料	• 可在固化过程中吸收 CO_2，从而减少碳排放量
预水化硅酸钙熟料	• 可在控制压力条件下以较低的烧结温度进行生产 • 通过使用石英等惰性填充物，生产过程中 CO_2 排放得以降低

虽然，将传统硅酸盐水泥熟料替代为复合材料，理论上可以为 CO_2 减排提供一种新途径，是未来水泥行业低碳转型的关注点，但是由于缺乏关于上述复合材料独立的、公开的、可靠的生命周期分析，且还未对替代复合物或相关的生产成本进行量化分析，同时它们在商业适用性方面的功能差别很大，替代材料的实际应用情况仍然受制于生产成本、原材料产地、市场局限性以及技术发展程度。

第4节　水泥行业碳减排技术经济管理方法

本节主要探讨水泥行业碳减排技术经济管理方法。水泥行业碳减排技术经济管理的目标是在满足碳减排要求的基础上优化碳减排技术的布局，从而实现水泥行业或企业的低成本生产。然而，需要多少技术设备进行生产又取决于全社会对水泥产品的需求量（包括国内使用和进出口）。鉴于此，北京理工大学能源与环境政策研究中心课题组自主开发了 C^3IAM/NET-Cement 模型，用于未来水泥产品的需求预测，并在此基础上，通过以需定产，开展兼顾经济性和减排收益的水泥行业碳减排技术管理。首先，根据水泥产品的终端使用需求，选取能够反映未来变化的关键影响因素，构建统计模型，进行水泥需求预测；其次，以满足未来水泥产品生产需求为约束，以生产过程中的总经济成本最小化为目标，在水泥行业特殊的行业政策和特点约束下，进行碳减排技术优化，并给出相应的行业能源消耗、CO_2 排放及节能减排技术路径。下文对水泥行业碳减排技术选择框架、水泥产品需求预测和碳减排技术路径优化方法进行介绍。

一、碳减排技术选择框架介绍

本部分主要探讨水泥生产过程中能源消耗和 CO_2 排放占比达到 90% 以上的生产过程。具体包括生料制备过程、熟料煅烧过程、熟料冷却过程以及水泥粉磨过程。

具体来看，在生料制备过程中，以石灰石为主要原料，电能作为磨机消耗的主要能源，生产得到的产品是水泥生料。在此过程中，现有的技术包括高耗能的技术（如生料球磨技术）及先进节能技术（如生料立磨技术和生料辊压技术）（见图 6-6）。未来水泥生料的制备依据三种设备的单位产能成本、能源成本、单位产能能耗以及国家相关政策约束，选择最佳的技术组合。

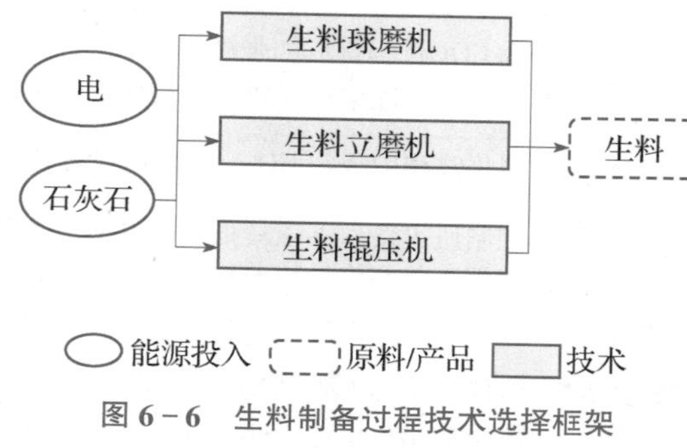

图 6-6　生料制备过程技术选择框架

熟料煅烧是水泥生产最重要的过程，约 70% 的能源消耗量、CO_2 和污染物排放来自熟料煅烧的主要设备回转窑。图 6-7 展示了水泥行业的熟料煅烧过程技术选择框架，这一过程消耗了大量的煤炭，新型干法窑是其中最关键的设备。为了提高能源效率，减少能耗及 CO_2 和污染物排放，现有一些附加技术可以提高新型干法窑的能耗水平。例如，加装高固气比悬浮预热分解技术于中型新型干法窑、多通道燃煤技术于大型新型干法窑可以改善干法窑的能源效率，且成本相对较低。将碳捕集、利用与封存技术加装于大型新型干法窑是未来水泥行业减排的重要措施。因此熟料煅烧的核心环节涉及了 7 种技术选择。除了加装附加技术提高能源效率，实施预处理技术（预烧成窑炉技术）也可提高煤在燃烧时的效率，由此可以设置是否安装预烧成窑炉技术。在进行高温煅烧之后，干法窑中蕴含着大量的热能，此时可以采用余热发电技术进行能源的二次使用，在干法窑安装余热发电设备也是未来水泥企业需要全面实现的目标。

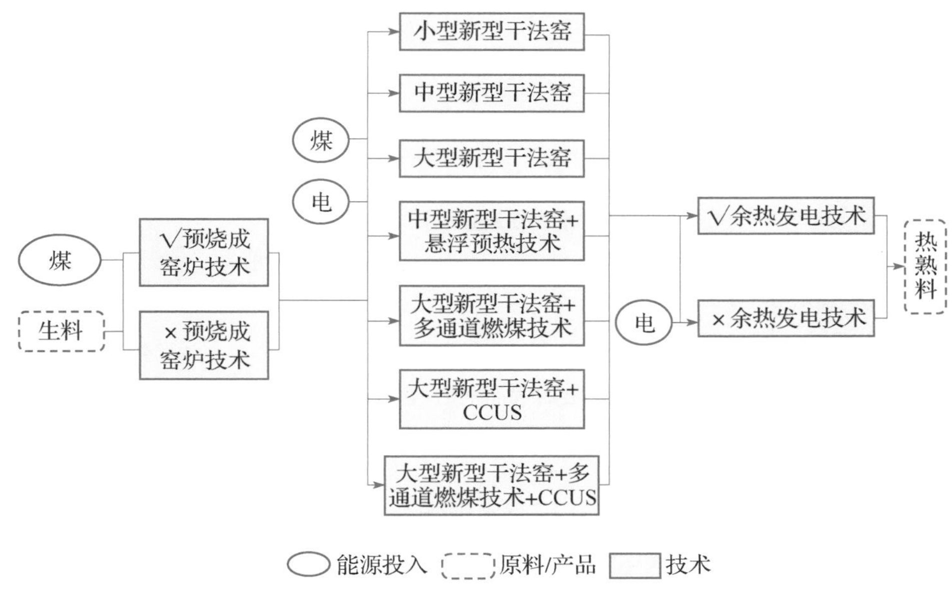

图 6－7　熟料煅烧过程技术选择框架

熟料冷却过程中涉及的技术选择较为简单（见图 6－8），包括三种不同能效水平的冷却机在单位产能成本、单位产能电耗以及政策约束下的技术选择。水泥粉磨过程中，最主要的步骤是水泥熟料与不同比例的石膏和混合物混合粉磨之后得到不同标号的水泥产品。这个过程中涉及了不同种类的水泥粉磨技术（见图 6－9）。

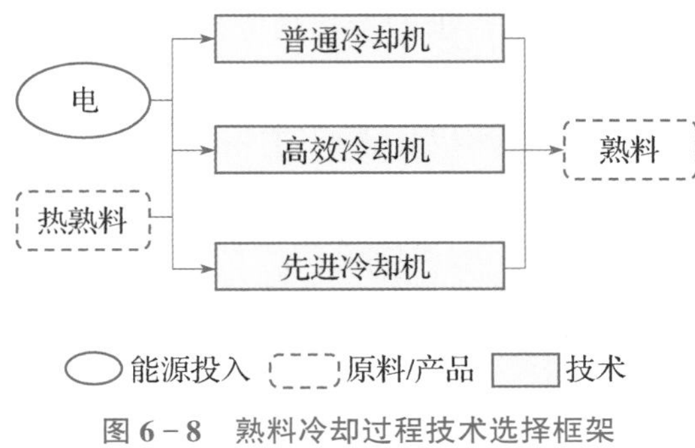

图 6－8　熟料冷却过程技术选择框架

同生料粉磨相同，球磨机是能耗较高的落后技术，但是现有附加改进技术（预粉磨技术）可以实现对球磨系统的效率改进从而降低球磨系统的电能消耗量。如图6－9所示，最终粉磨阶段构建了四种粉磨技术的技术选择框架。除此之外，预处理技术（高效节能选粉技术）可以提高水泥粉磨的能源效率，因此本书设置了是否选择高效节能选粉技术作为预处理技术。

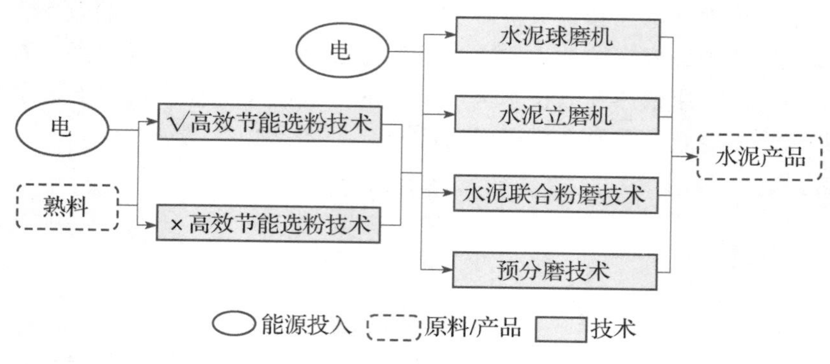

图6－9　水泥粉磨过程技术选择框架

二、水泥产品需求预测

1. 水泥产品需求预测方法综述

纵观国内外学者的研究，水泥产品需求预测方法可分为两大类：类比趋势法和终端部门需求法。

（1）类比趋势法。

类比趋势法是指通过分析发达国家水泥产量的发展历程，总结相关规律，并选用某些具有代表性的数量指标来与我国进行类比。由于发达国家的水泥产业已经经历了完整的产业生命周期，因此可以结合发达国家和地区的经验来预测我国的水泥需求量。

此类研究主要通过考虑未来水泥需求的实际发展历程，类比发达国家的发展历程，寻找水泥需求量达峰的时间和具体值。曾学敏（2006）将人均累积消费达到一吨作为饱和点出现的标准，分析了发达国家和地区的回落后稳定水平。杨永（2011）结合几个发达国家和地区（美国、日本等）的经验，利用逻辑生长曲线同时结合情景分析方法拟合水泥需求的变化趋势，进而预测规划期内的水泥需求量。Wang et al.（2014）参照发达国家的情况，将水泥需求量的发展趋势分为三段：上升趋势、达峰后趋于下降趋势、趋于平稳。同时依据人均GDP增长速度的不同设置未来三种发展情景，以人均GDP为依据确定峰值，在达峰前采用线性回归的方式，达峰之后以发达国家的人均水泥需求量作为标准，通过总人口数确定产量。此类研究可以粗略地描绘未来水泥行业的发展趋势，但缺乏理论基础，预测结果往往误差较大。同时，这种预测方法无法准确地描述出饱和点的时间。除此之外，选取一个或两个发达国家的发展历程直接套用于中国是不合适的，单纯使用某个预测指标例如饱和点来预测中国水泥产量的饱和点也缺乏合理性。

（2）终端部门需求法。

终端部门需求法是通过分析水泥行业下游部门对水泥的实际需求，得到整个社会的水泥需求量。已有的相关研究一般是单独考虑一到两个部门的水泥实际需求量，也有较少的研究考虑得较为全面，从水泥下游需求的所有部门来预测全社会未来的水泥需求量。韦保仁（2007）和史伟等（2011）考虑了新增公路里程、新增房屋住宅面积两个因素，从公路和住宅两个部门的需求出发，采用分段分析，结合情景设计来预测未来社会的水泥需求量。Ke et al.（2013）基于对历史生产、物理和宏观经济驱动因素的分析，开发了三种水泥产量的预测情景。其建筑和基础设施建设预测情景基于劳伦斯伯克利国家实验室的中国建筑和基础设施建设预测，指出水泥需求与城市化和基础设施发展的建筑需求密切相关（Zhou et al.，2011），因此结合了住宅、商业建筑、公路等下游部门的未来需求来预测未来水泥产量。Li et al.（2016）利用 Thestock-based 模型，从建筑、公路、铁路、农村基础设施及其他五个部门较为全面地预测了水泥行业的需求量。由于关于下游部门的实际水泥用量的数据较为缺乏且不统一，同时难以考虑使用水泥产品的所有下游部门，因此，此类方法可能出现预测结果偏小的情况。

2. 中国水泥产品需求量影响因素

由于终端部门需求法难以全面考虑水泥产品的下游部门，而且我国人均水泥产量与社会经济水平的关系和发达国家相似同时又独具特色，因此本章拟借鉴发达国家历史经验同时结合下游部门实际需求，以水泥产量达峰的省份为数据基础，确定中国水泥产品需求量影响因素，进而建立需求预测模型。中国水泥产品需求量影响因素如下：

（1）社会经济水平。

水泥作为重要的建筑材料，其需求量①与一个国家的经济发展状态有着较大的相关性。已经有一些研究通过分析发达国家或地区的水泥消费历程，发现不同发达国家或地区水泥需求量的变化趋势基本一致。GDP 是衡量一个国家经济发展水平的重要指标。当一个国家或地区处在经济起步阶段即 GDP 数值较低时，水泥需求量较低且随着 GDP 的增长呈缓慢上升态势；当一个国家或地区进入经济高速增长期即 GDP 数值较高、增速较快时，水泥需求量呈快速增长态势，而水泥需求的高峰期应当出现在这一时期；当一个国家或地区进入经济成熟期即 GDP 增速放缓后，水泥需求量逐渐趋于饱和，会呈现逐渐下降之后慢慢趋于平缓的态势。通过分析发达国家或地区人均水泥需求量的变化趋势发现，当人均水泥需求量增速基本不变，水泥需求量趋于饱和达到峰值时，意味着一个国家或地区的基础设施建设基本完成，城市化进程基本完成，城市化水平相对较高。

① 本书所说的水泥需求量指的是未来需要生产的水泥的量，包括国内的终端需求和用于出口的水泥需求。

我们假设各发达国家的经济发展和工业化进程的历史过程相似，对发达国家的历史数据使用统计方法进行散点分析，以确定发达国家水泥产量的整体发展趋势。具体做法是：以人均 GDP 为横坐标，以人均水泥产量为纵坐标，构建世界公认的 27 个发达国家和地区的人均水泥产量和人均 GDP 的散点图，探索水泥产量与人均 GDP 之间的趋势。同时，在同一坐标系下对中国的历史数据进行散点分析，如图 6－10 所示，右侧散点表示主要发达国家的历史人均水泥产量，左侧散点表示中国的历史人均水泥产量。

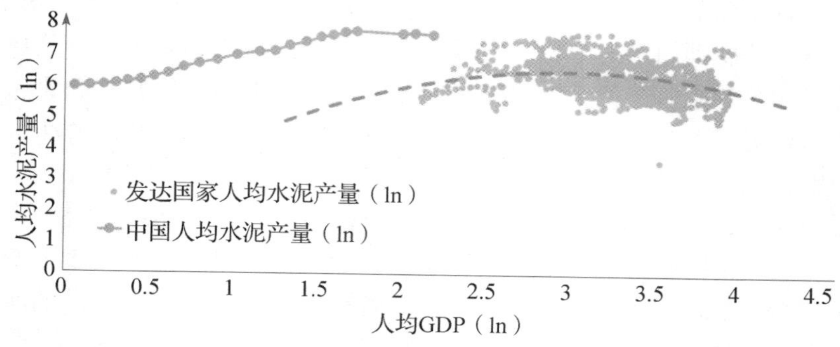

图 6－10　中国和发达国家人均水泥产量与人均 GDP 之间关系的对比

通过对发达国家和中国的历史水泥产量进行散点分析，可以发现发达国家水泥产量较为集中，不同国家人均单位 GDP 对应的人均水泥产量也大致相同，而人均水泥产量随着人均 GDP 的增长呈现出先增长至达峰然后下降的趋势。然而，值得注意的是，虽然中国的历史水泥产量长期以来随人均 GDP 增长而呈上升趋势，与发达国家工业化前期的发展趋势类似，但是其与发达国家人均单位 GDP 对应的人均水泥产量绝对量存在着较大的差距。中国在人均 GDP（ln）处于 0.5 时，已经与发达国家人均 GDP（ln）处于 3 时的人均水泥产量相同。

产生这种现象可能的原因如下：第一，中国农村以前所未有的速度向城市化发展，1978 年，居住于中国城市的人口不到总人口的 20%，而这个比例到 2020 年已上升至 63.89%。中国惊人的城市化进程使得水泥产量和消费量不断上升。第二，与一些发达国家例如美国的实际情况不同，全世界的建筑材料在 20 世纪发生了变化。1950 年，全世界钢铁和水泥产量相当，而到 2010 年，钢铁产量增长了约 8 倍，水泥产量却增长迅猛，增长了大约 25 倍。在美国，木材是建造房屋的常用材料，但中国木材相对缺乏，多数中国人住在以水泥为建材的各类建筑中。第三，许多水泥企业在中国属于国有企业，使得企业享受政府支持并获得廉价资本。如同其他产能过剩的产业如钢铁、造船业一样，中国的水泥行业也经历了一段生产的过度膨胀发展期。因此，中国水泥产量的发展与发达国家既存在相似之处又具有自身的特色，不能直接使用发达国家人均水泥产量与人均 GDP 模拟出的历史路径来预测中国水泥产品未来的发展趋势，但可以借鉴发达国家水泥产量呈现的历史发展趋势，假设中国人均水泥产量与人均 GDP 之间存在着倒 U 形的关系。

（2）建筑面积、公路里程。

考虑到我国水泥行业的实际发展情况，水泥产量自改革开放以来一直处于上升趋势，到 2014 年达到现有最高峰 24 亿吨，2015—2021 年的水泥产量呈现出一定的波动趋势，未来水泥产量何时达峰还无法估计。一方面，水泥行业面临较为严重的产能过剩问题，国家于 2021 年颁布的《2030 年前碳达峰行动方案》提出，将加快淘汰低效产能，严禁新增水泥熟料产能；另一方面，中国社会经济仍然以较快的速度发展，城镇化率的不断提升离不开建筑的建造和基础设施的建设，这可能导致水泥需求量增加，因此，未来水泥需求量将受到多种因素的复杂影响。考虑建筑和公路这两个下游部门①对于水泥的需求，本书分别用每年的房屋施工面积、二级等级公路里程和等级外公路里程三个指标进行度量。

（3）基于省级数据的其他因素。

为了更清楚地探索中国水泥产量与各类影响因素之间的关系，本书对中国 31 个省份②的人均水泥产量与人均 GDP 之间的趋势进行了分析。发现中国 31 个省份的人均水泥产量在经济发展前期均随着人均 GDP 的增长而呈现上升趋势，当 GDP 增长到一定程度之后，一些省份（河北、河南、重庆、江苏、浙江等）开始出现峰值，水泥产量已达峰，这与发达国家水泥产量的发展趋势吻合。因此，本书拟通过探索中国 31 个省份的水泥产量与各个影响因素之间的关系来预测未来全中国的水泥需求量。

除人均 GDP、建筑面积、公路里程对水泥需求量产生影响之外，城镇化率、资本形成率（投资率）、第三产业占比也会对水泥需求量产生影响。随着城镇化进程的加快，城市人口数量逐渐增加，引起城市规模的扩张，需要建造更多的房屋和加大基础设施建设来满足社会发展的需求，对水泥的需求量也会逐渐加大。整体来看，31 个省份城镇化率与水泥产量之间的关系呈现先增加后下降的趋势，大部分省份处于水泥产量随城镇化率上升的阶段，北京、上海等地的经济发展较快，城镇化水平高，且水泥厂基本迁出至邻近省份，因此其水泥产量与城镇化率之间的关系处于下降的阶段。在经济发达国家，第三产业在 GDP 中所占的比重很大，并且继续呈上升趋势，已经成为这些国家最庞大的产业部门。与其他国家横向比较，我国第三产业相对滞后，第三产业在 GDP 中所占比重较低，远远低于发达国家水平。近年来，随着经济发展水平不断提升，地区的产业结构也会发生调整，产业结构趋向高级化，第三产业上升为主导产业，高耗能和高污染的第二产业的占比会逐渐降低，对水泥的需求量也会不断下降。资本形成率（投资率）③ 与水泥需求量呈现正向关系，通过观察可供国内使用的国内生产总值在投资与消费之间的分配发现，固定资产投资额是其中的主要部分，当房地产等产业加大投资力度时，水泥的需求量随之增大。

① 本书选取建筑和公路两个部门的原因是建造房屋和修建道路是水泥最主要的两大用途。

② 包括除台湾省、香港特别行政区、澳门特别行政区外的 22 个省、4 个直辖市、5 个自治区。

③ 指一定时期（年度）内总投资占国内生产总值的比率。

3. 水泥产品需求预测变量选取与模型构建

基于水泥产品需求的影响因素分析，本书拟选取中国 31 个省份为研究对象，从下游建筑和公路部门的实际需求出发，结合社会经济结构的变化，考虑 GDP、人口、城镇化率、第三产业占比、资本形成率、房屋施工面积、二级等级公路里程和等级外公路里程等多种因素对水泥需求量的影响，同时借鉴发达国家的历史经验，较为全面地预测中国未来水泥需求量。考虑到影响水泥需求量的其他变量（未包含在模型中或无法观测的变量）的效应只随省份变化而不随时间变化，因此采用个体固定效应计量模型分情景预测不同经济结构下中国社会的水泥产品需求量。模型的方程如下：

$$\begin{aligned}\ln(C_{it}) = &\beta_0+\beta_1\ln(y_{it})+\beta_2(\ln(y_{it}))^2+\beta_3\ln(urban_{it})+\beta_4\ln(area_{it})\\&+\beta_5\ln(road\_2_{it})+\beta_6\ln(road\_0_{it})+\beta_7\ln(third_{it})\\&+\beta_8\ln(inv_{it})+\varepsilon_{it}\end{aligned} \quad (6-12)$$

式中，i 和 t 分别指代省份和年份；C_{it} 表示 i 省份在第 t 年的人均水泥产量；y_{it} 衡量 i 省份在第 t 年的经济发展水平，用人均 GDP 表示；$urban_{it}$、$area_{it}$、$road\_2_{it}$、$road\_0_{it}$、$third_{it}$、inv_{it} 分别表示 i 省份在第 t 年的城镇化率、人均房屋施工面积、人均二级等级公路里程、人均等级外公路里程、第三产业占比和资本形成率；β_k 是第 k 个变量的系数；ε_{it} 为服从经典计量经济学假设的独立同分布（i. i. d.）的随机扰动项。采用对数的形式是为了降低数据的波动性，消除异方差性。方程的实际意义是，我们假定整个中国的水泥产量未来是按照水泥生产发展较快的省份的平均历史趋势发展，因此，可以通过现有水泥产量达峰的省份的发展情况拟合一条适合于全中国水泥未来需求量的曲线，以预测未来水泥产品的需求量。

三、水泥行业碳减排技术路径优化方法

在满足未来全社会对水泥产品需求供应的前提下，进一步开展行业碳减排技术路径优化。C^3IAM/NET-Cement 模型在本质上是一个从工艺流程和技术出发的优化模型。模型数学表达如下：

1. 目标函数

C^3IAM/NET-Cement 模型以总成本最小化为目标，包括年化的初始投资成本、运营维护成本、能源成本、能源税和排放税。其目标函数为：

$$\begin{aligned}TC_t = &\sum_l \left(AC_{l,t}\cdot R_{l,t} + OM_{l,t}\cdot H_{l,t} + \sum_k p_{k,t}\cdot Eg_{k,t}\right)\\&+ Eg_t\cdot Tax_t^{Ene} + \sum_j Q_{j,t}\cdot Tax_{j,t}^{Emi}\end{aligned} \quad (6-13)$$

式中，TC_t 为第 t 年的总成本；$AC_{l,t}$ 为设备 l 在第 t 年的平均年化成本；$R_{l,t}$ 为设备 l 在第 t 年的新增数量；$OM_{l,t}$ 为第 t 年每单位设备 l 的运营维护成本；$H_{l,t}$ 为设备 l 在第 t 年的运行数量；$p_{k,t}$ 为能源 k 在第 t 年的价格；$Eg_{k,t}$ 为能源 k 在第 t 年的消费量；Eg_t 为第 t 年水泥工业总能源消费量；Tax_t^{Ene} 为第 t 年对单位能源消耗所征

收的能源税；$Q_{j,t}$ 为第 t 年水泥工业第 j 种气体或污染物的总排放量；$Tax_{j,t}^{Emi}$ 为第 t 年对单位气体或污染物 j 排放所征收的税。

该模型中，其年化的投资成本主要受初始投资总额、设备寿命和折旧率影响，如式 6－14 所示。

$$AC_{l,t}=C_l^0 \cdot \frac{\alpha(1+\alpha)^{T_l}}{(1+\alpha)^{T_{l-1}}} \tag{6－14}$$

式中，C_l^0 为设备 l 总投资；α 为水泥工业折现率；T_l 为设备 l 的寿命。

设备运营数量主要取决于两个因素：可以生产同一种产品或同一种中间产品的所有设备的总量（按提供的服务量折算）以及该种设备在总量中的占有率，如式 6－15 所示。

$$H_{l,t}=H_t^{product} \cdot Pr_{l,t} \tag{6－15}$$

式中，$H_t^{product}$ 为第 t 年用于生产同一种产品或同一种中间产品的所有设备的运行数量；$Pr_{l,t}$ 为设备 l 在第 t 年的普及率。

2. 模型约束

需求约束：当年水泥供应量应不低于当年水泥的社会需求量。

$$\sum_l [H_{l,t} \cdot O_{l,t} \cdot (1+\theta_{l,t})] \geqslant D_t \geqslant 0 \tag{6－16}$$

式中，未来水泥需求量由本书自行建立的水泥需求量的预测模型获得。$O_{l,t}$ 为第 t 年单位设备 l 的产出量；$\theta_{l,t}$ 为第 t 年设备 l 由于技术改进所带来的产出效率提升；D_t 为第 t 年水泥需求量。

能源供给约束：即当年用于生产水泥的能源使用量不应超过最大可供应量，但应不小于最小消费量（如有政策要求）。

$$0 \leqslant E_{k,t}^{\min} \leqslant Eg_{k,t} \leqslant E_{k,t}^{\max} \tag{6－17}$$

式中，$E_{k,t}^{\min}$ 为第 t 年能源 k 的最小消费量（如有政策要求）；$E_{k,t}^{\max}$ 为第 t 年能源 k 的最大可供应量。

中间服务约束：即对于以中间产品为原料的生产设备，其原料投入量应该不大于上游设备的产出量。

$$\sum_l [H_{l,t} \cdot O_{l,t} \cdot (1+\varphi_{l,t})] \leqslant \sum_{l0} [H_{l0,t} \cdot O_{l0,t} \cdot (1+\theta_{l0,t})] \tag{6－18}$$

式中，$\varphi_{l,t}$ 为第 t 年设备 l 由于技术改进所带来的原料投入减少比率；$H_{l0,t}$ 为第 t 年设备 l 的上游设备 $l0$ 的运行数量；$O_{l0,t}$ 为第 t 年单位设备 l 的上游设备 $l0$ 的产出量；$\theta_{l0,t}$ 为第 t 年设备 l 的上游设备 $l0$ 由于技术改进所带来的产出效率提升。

C^3IAM/NET-Cement 模型中考虑了设备折旧、新增设备和淘汰掉的设备的数量，采用动态递归对设备的存量进行计算。当年的设备存量主要受到前一年的设备存量、本年新增设备数量和本年淘汰设备数量影响。鉴于设备淘汰主要来源于原有设备，故而本模型中对淘汰设备数量进行了约束，即其应小于前一年设备的存量。

$$S_{l,t}=S_{l,t-1}\cdot\left(1-\frac{1}{T_l}\right)+R_{l,t}-G_{l,t} \tag{6-19}$$

$$S_{l,t-1}\cdot\left(1-\frac{1}{T_l}\right)-G_{l,t}\geqslant 0 \tag{6-20}$$

式中，$S_{l,t}$ 为设备 l 在第 t 年的存量；$S_{l,t-1}$ 为设备 l 在第 $t-1$ 年的存量；$G_{l,t}$ 为设备 l 在第 t 年的淘汰数量。

能源消费总量以标准煤（tce）计，对不同设备和工艺类别的能源按照能源品种进行计算，如式 6－21 和式 6－22 所示。除设备运行数量、单位设备能耗等因素外，模型充分考虑了技术进步对于节能减排所带来的影响，故而引入单位设备生产所消耗能源的下降比率 $\lambda_{k,l,t}$。

$$Eg_{k,t}=\sum_{l}\left[(1-\lambda_{k,l,t})\cdot E_{k,l,t}\cdot H_{l,t}\right] \tag{6-21}$$

$$Eg_{t}=\sum_{k}(Eg_{k,t}\cdot\mu_k) \tag{6-22}$$

式中，$\lambda_{k,l,t}$ 为第 t 年设备 l 由于能效提高所带来的对能源 k 的节约率；$E_{k,l,t}$ 为第 t 年单位数量的设备 l 对能源 k 的消费量；μ_k 为能源 k 折标准煤的换算系数。

水泥行业总排放主要由三部分组成：燃料燃烧排放、生产过程排放和电力使用所带来的间接排放（见式 6－23、式 6－24 和式 6－25）。其中，电力排放中的单位发电排放因子由 C^3IAM/NET-Power 模型导出，充分考虑了我国当前发电现状和未来结构变化所带来的影响。

$$Q_{j,t}=\sum_{l}\left[(q_{j,l,t}^{prcs}+q_{j,l,t}^{cmbt})\cdot ER_{j,l}\cdot H_{l,t}\right]+Q_{j,t}^{elec} \tag{6-23}$$

$$q_{j,l,t}^{cmbt}=\sum_{k}\left[q_{k,j,l,t}^{cmbt0}\cdot E_{k,j,l,t}\cdot(1-\lambda_{k,l,t})\cdot\eta_{k,l}\right] \tag{6-24}$$

$$Q_{j,t}^{elec}=q_{j,t}^{elec}\cdot Eg_{elec,t} \tag{6-25}$$

式中，$q_{j,l,t}^{prcs}$ 为第 t 年单位数量的设备 l 在水泥生产中对于第 j 种气体或污染物的过程排放量；$q_{j,l,t}^{cmbt}$ 为第 t 年单位数量的设备 l 由于能源燃烧所带来的第 j 种气体或污染物排放量；$ER_{j,l}$ 为单位设备 l 对于第 j 种气体或污染物的排放率；$Q_{j,t}^{elec}$ 为第 t 年由于外购电力所带来的第 j 种气体或污染物排放；$q_{k,j,l,t}^{cmbt0}$ 为能源 k 完全燃烧时单位数量的设备 l 在第 t 年由于消耗能源 k 所带来的第 j 种气体或污染物排放；$\eta_{k,l}$ 为能源 k 在设备 l 的燃烧率；$q_{j,t}^{elec}$ 为第 t 年外购电力对于第 j 种气体或污染物的排放系数；$Eg_{elec,t}$ 为第 t 年外购电力消费量。

本模型充分考虑了政策和资源约束，以使其更符合现实状况和体现国家政策。对于每年的设备实际使用量设置了资源约束，即其应不小于用于提供社会服务的理论数量，且应不大于当年的设备存量。设备的推广率，应介于政策或其发展趋势中的上下界限之间，且处于 0 至 1 之间。为保证具有现实意义，部分参数或变量应满足大于等于 0 或者介于 0 和 1 之间的限制（见式 6－26 至式 6－28）。

此外，本模型充分考虑了政策需求。对于政策鼓励发展的节能低碳技术，本模型认为其未来市场渗透率应不小于基年对应值（见式 6－29）；而对于一些政策限制其发展的较为落后技术，其未来市场渗透率应不大于基年对应值（见式 6－30）。

$$0\leqslant H_{l,t}^{0}\leqslant H_{l,t}\leqslant S_{l,t} \tag{6-26}$$

$$0\leqslant Pr_{l,t}^{L}\leqslant Pr_{l,t}\leqslant Pr_{l,t}^{U}\leqslant 100\% \tag{6-27}$$

$$0\leqslant \lambda_{k,l,t},ER_{j,l,t},\eta_{k,t}\leqslant 100\% \tag{6-28}$$

$$Pr_{l,t}^{L0}\geqslant Pr_{l,base} \tag{6-29}$$

$$Pr_{l,t}^{U0}\leqslant Pr_{l,base} \tag{6-30}$$

$$AC_{l,t},R_{l,t},G_{l,t},p_{k,t},E_{k,l,t},Eg_{k,t},Eg_{t},q_{j,t}^{elec},Tax_{t}^{Ene},Q_{j,t},Tax_{j,t}^{Emi}\geqslant 0 \tag{6-31}$$

式中，$Pr_{l,t}^{L}$ 为设备 l 在第 t 年的最小普及率；$Pr_{l,t}^{U}$ 为设备 l 在第 t 年的最大普及率；$Pr_{l,t}^{U0}$ 为第 t 年对于政策要求淘汰或限制发展的设备 l 的最大推广率；$Pr_{l,base}$ 为设备 l 在基准年的推广率；$Pr_{l,t}^{L0}$ 为第 t 年对于政策鼓励发展的设备 l 的最小推广率。

案例

我国于 2020 年 9 月明确提出了 2060 年前实现碳中和，而水泥行业作为高耗能、高排放行业之一，它的低碳转型对于这一目标的实现具有重要意义。因此，本部分对在碳中和愿景下的水泥行业低碳转型路径进行分析。同时，由于中国海螺水泥和德国海德堡水泥分别作为国内外水泥行业中的“龙头企业”，拥有着水泥行业较为先进的节能设备、技术和试点项目，本部分也选取海螺水泥和海德堡水泥，对其碳减排技术经济管理进行介绍。

案例一：碳中和愿景下水泥行业低碳转型路径

1. 情景介绍

当前，由于疫情冲击、外贸形势严峻等因素，我国 GDP 增长面临一定的挑战，但同时绿色投资、高技术投资和数字经济仍将为我国 GDP 高质量发展提供坚实支撑，因此，GDP 增速具有一定的不确定性。在人口方面，第七次全国人口普查结果显示，近 10 年间，我国总人口增速持续放缓，应对人口老龄化的现实迫切性空前凸显，但自 2021 年 5 月三孩政策及配套支持措施实施以来，政策效果逐步显现，我国未来人口变化仍面临较多的不确定因素。此外，我国城镇化速度也存在一定争议。基于此，本部分关于水泥产品未来需求量的预测，设置了三种情景，即高社会经济增长速度（简称“高需求”）、中社会经济增长速度（简称“中需求”）和低社会经济增长速度（简称“低需求”），以探讨在不同社会经济水平下未来水泥产品的需求量。同时根据关键低碳减排技术发展的不确定性也设置了三种情景，分别为高能源系统转型力度（简称“高转型”）、中能源系统转型力度（简称“中转型”）和低能源系统转型力度（简称“低转型”）。组合情景设置如表 6－7 所示。

表 6－7 情景设置

	情景	简称	ID
A	社会经济增长速度—高	高需求	A1
	社会经济增长速度—中	中需求	A2
	社会经济增长速度—低	低需求	A3
B	能源系统转型力度—高	高转型	B1
	能源系统转型力度—中	中转型	B2
	能源系统转型力度—低	低转型	B3

2. 低碳转型路径

（1）水泥产品需求预测。

图 6－11 展示了 3 种社会经济发展情景下水泥产品需求量的预测结果。可以看出，不同社会经济情景下的水泥产品需求量存在明显差异。长期来看，未来水泥需求量呈下降趋势，但受政策影响较大。

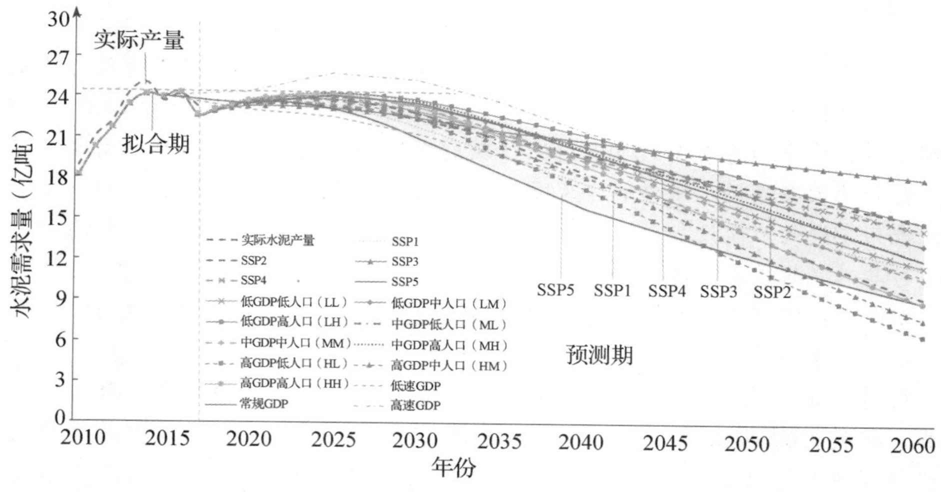

图 6－11 2010—2060 年不同社会经济情景下水泥产品需求量的预测结果

（2）关键技术布局。

图 6－12 展示了碳中和背景下 2020—2060 年中国水泥行业关键技术布局情况。在生料制备阶段，2020—2028 年间，生料球磨技术逐渐被淘汰，原因在于其属于落后产能技术（单位产能电耗较高），生料立磨技术与生料辊压技术属于先进节能技术，在 2030 年之前，两种节能技术的技术占比相似，在 2030 年之后，在总成本最小化的目标下以及各类约束下，生料辊压技术越来越多地被选择，渐渐超越了生料立磨技术，技术占比最大达 65%。此外，还可考虑原料替代。原料替代自 2040 年起迅速推广，推广率从 23% 增加到 2060 年的 82%。

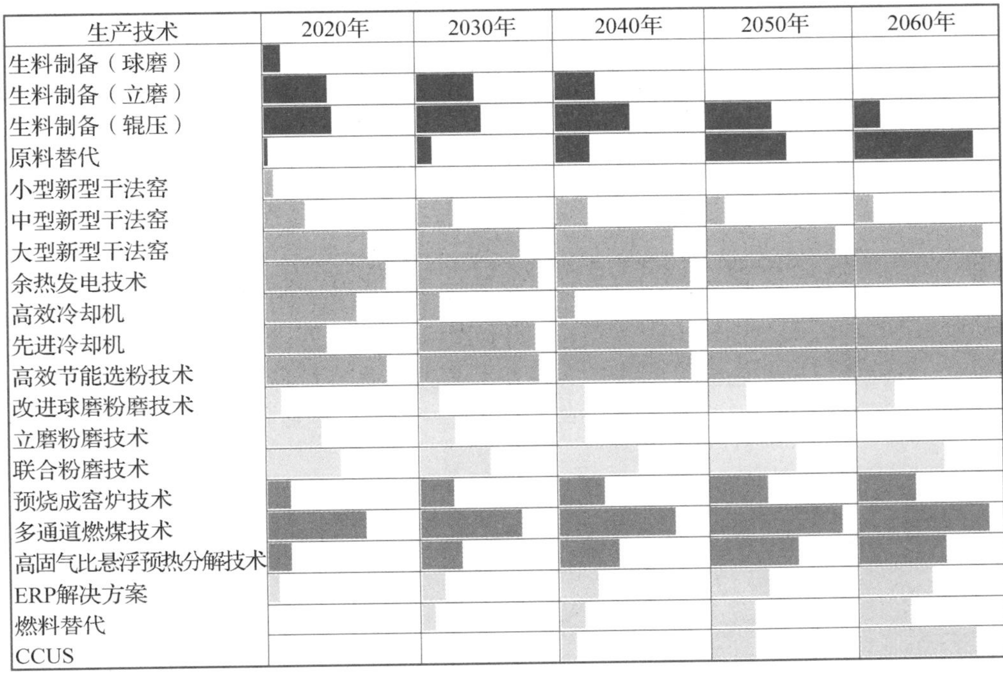

图 6－12　2020—2060 年碳中和背景下中国水泥行业关键技术布局

熟料煅烧阶段涉及 5 种技术，主要有：小型新型干法窑，中型新型干法窑，中型新型干法窑的改进技术（包括中型新型干法窑+高固气比悬浮预热分解技术），大型新型干法窑，大型新型干法窑+多通道燃煤技术。其中，小型新型干法窑属于高耗能的落后技术，其余 4 种技术较为先进。在技术选择的过程中，小型新型干法窑逐渐被淘汰，到 2029 年时全部退出；中型和大型新型干法窑虽然相比小型新型干法窑较为节能，但是它们的附属节能技术高固气比悬浮预热分解技术和多通道燃煤技术的单位成本低且节能效果相对更好，因此，在模型选择的过程中，以加装这些附属节能技术为主要选择手段，中型和大型干法窑在 2020 年之后即逐渐发展为中型新型干法窑+高固气比悬浮预热分解技术和大型新型干法窑+多通道燃煤技术，到 2060 年推广率分别达到 60% 和 90%。在熟料煅烧过程中，还涉及了一些预处理技术和能源二次循环使用技术，如预烧成窑炉技术和余热发电技术，这些技术的占比逐年增加，到 2060 年，预烧成窑炉技术和余热发电技术的推广率分别达到 40% 和 100%。除 5 种技术外，还可考虑燃料替代，燃料替代自 2021 年开始推广，到 2060 年推广率达 35%。

在熟料冷却过程中，高效冷却技术是现今最为先进的冷却技术，先进冷却技术在未来有可能发展为更为先进的技术。2050 年时，高效冷却技术全部淘汰，先进冷却技术占比达 100%。

在水泥粉磨阶段，与生料制备阶段类似，球磨技术的能耗较大，属于落后产能技术，预粉磨技术是球磨技术的改进技术，可以有效提高能源效率，降低能源消耗量。除此之外，立磨技术和联合粉磨技术也是能耗较低的节能减排技术。其中，立磨技术在 2050 年全部淘汰，球磨改进技术和联合粉磨技术两种节能技术进一步发展，到 2060 年，技术占比分别达到 26% 和 60%。除此之外，水泥粉磨阶段的预处理技术——高效节能选粉技术的技术占比进一步增加，到 2050 年便已达到 100%。

碳捕集、利用与封存技术自 2031 年开始推广使用，其占比逐渐增大，到 2060 年增至 80%。ERP① 解决方案占比在 2060 年增至 50%。

（3）CO_2 排放量。

图 6－13 为不同情景下 CO_2 排放情况。当“十四五”期间继续加大基础设施建设力度时，水泥行业碳排放仍有小幅增长空间，但 2025 年前需尽早达峰；若水泥需求不再继续增长，随着先进技术的普及和行业技术标准的提高，水泥行业排放将快速下降。2060 年，剩余碳排放为 0.3 亿吨～1.7 亿吨。

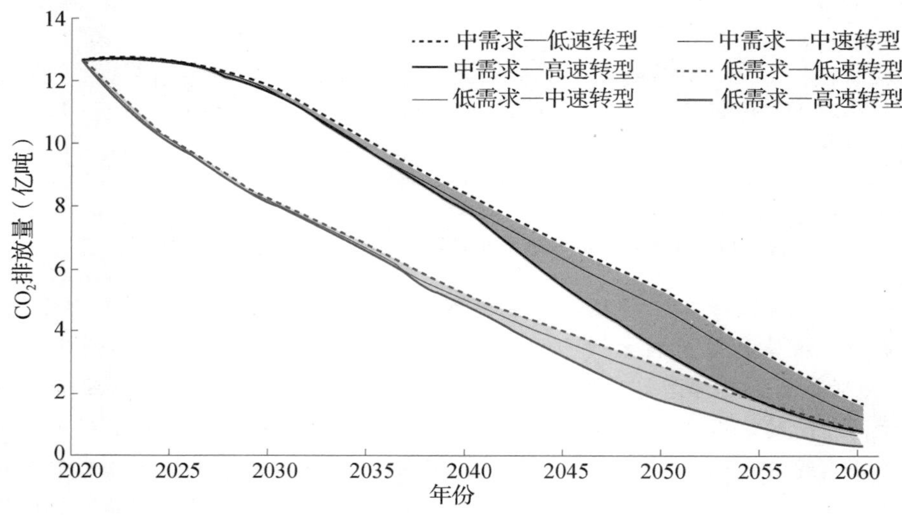

图 6－13　2020—2060 年不同情景下 CO_2 排放量

案例二：国内外先进水泥企业碳减排技术经济管理

本部分重点介绍中国海螺水泥在碳捕集、利用与封存技术领域和智能工厂方面的探索，以及德国海德堡水泥在降低水泥熟料比例和使用替代原料方面的进展。

1. 安徽海螺水泥股份有限公司碳减排技术经济管理

下文以白马山水泥厂 5 万吨级 CO_2 捕集纯化示范项目和中国首个全流程智能水泥工厂“全椒海螺”项目为例对安徽海螺水泥股份有限公司碳减排技术经济管理进行介绍。

（1）白马山水泥厂 5 万吨级 CO_2 捕集纯化示范项目。

为贯彻落实国家低碳发展战略，海螺集团以“自主贡献”的方式积极参与 CO_2 减排行动。公司通过技术论证与研发，选择化学吸收法作为核心技术方案，

① ERP 指组织用于管理日常业务活动的一套系统，将大量业务流程联系起来，实现业务流程间的数据流动。

于 2017 年初开工建设，其间历时一年，投资 5 000 余万元，在下属白马山水泥厂建成了 5 万吨级 CO_2 捕集纯化示范项目，于 2018 年 10 月底正式建成投运。自 2018 年起，该项目生产销售的工业级 CO_2 纯度已达 99.99%，可广泛应用于焊接、食品保鲜、干冰生产、激光等领域。

（2）中国首个全流程智能水泥工厂——全椒海螺。

安徽海螺集团投入资金在全椒县建设的智能水泥厂，采用国内外先进技术和工艺，并把这种技术和工艺与信息技术深度融合。此工厂既减少了粉尘污染，又降低了劳动强度。根据测算，通过实时不间断检测样品质量，实行设备自行检测、数据自动收集、隐患提前暴露，使现场巡检工作量下降 40%、设备运行周期延长 37%、专业用工优化 20% 以上。

基于智能工厂项目，全椒水泥的“两磨一烧”环节实现了平均吨熟料标准煤耗下降 1.79 千克，吨熟料综合电耗下降 1.14 千瓦时，能耗指标得到进一步优化。截至 2019 年，全椒海螺智能工厂获得各项专利 37 项。2019 年，智能工厂获世界制造业大会“创新产品金奖”。

2. 海德堡水泥集团碳减排技术经济管理

海德堡水泥集团在降低水泥熟料比例和使用替代原料方面具有丰富的经验。

（1）降低水泥熟料比例。

海德堡水泥在波特兰水泥的基础上，使用特殊的添加剂来改善产品的 CO_2 平衡，替代材料是钢厂和燃煤电厂的废物，在生产复合水泥时部分替代了硅酸盐水泥熟料，同时通过大力推广复合水泥，使公司整个水泥生产的熟料比例降低到 74.7%。多年来，公司也一直致力于开发替代性结合材料，这几乎完全消除了公司对传统熟料的需求。

（2）使用替代原料。

2017 年，海德堡水泥加大产品开发力度，提高可持续发展绩效，制定了支持可持续发展的解决方案。公司在德国莱门的中央研究实验室和意大利贝加莫的产品创新实验室开发碳足迹更少、建筑节能性能更好的水泥产品。此外，公司开发了各种替代传统水泥的方法以减少对环境的影响，比如：一种创新的贝利特-钙硫铝酸盐-三钠石水泥（熟料含量较低的复合水泥），还有许多以其他工业部门的生产废料作为原料生产的替代产品，实现了废物利用和减少碳排放的双重目标。

习题

1. 请简述水泥生产过程。
2. 水泥生产过程中 CO_2 排放来源有哪些？哪一来源占比最大？
3. 试总结水泥行业的特点。
4. 请简述目前国内外水泥行业低碳发展主要举措。
5. 水泥产品需求预测有哪些方法？
6. 结合教材内容，你认为未来水泥行业将如何实现低碳发展？

第 7 章

化工行业碳减排技术经济管理

本章要点

1. 了解化工行业组成及化学品的应用场景。
2. 熟练掌握关键化工产品生产工艺流程。
3. 深入理解化工行业低碳发展政策。
4. 掌握化工行业碳减排技术经济管理方法。

化学工业在各国的国民经济中占有重要地位，是许多国家的基础产业和支柱产业，化学工业的发展速度和发展规模对社会经济的各个部门有着直接影响。从全球化工产值来看，2018 年世界化工市场产值总计 33 480 亿美元，2019 年约为 34 150 亿美元。中国已成为最大的化工生产国，2019 年中国化工产值达到 11 980 亿美元，约占全球的 35%。由于化学工业属于能源密集型部门，门类繁多、工艺复杂、产品多样，工业生产中能耗大、排放高，对环境影响大。因此，对化学工业进行碳减排技术经济管理，对于经济和社会发展具有重要的现实意义。本章中的化工行业是指我国国民经济行业分类中的化学原料和化学制品制造业。

第 1 节　化工行业概述

化工行业涉及生产生活的各个方面，我们生活在依赖化学品的世界里，超过 95% 的制造品依赖化工过程。本节主要介绍化工行业产业链概况、化工产品的用途以及化工行业的发展历程。

一、化工行业产业链

化工生产涉及生产生活的各个方面，从工业生产原料，到衣食住行中的各类用品，几乎都有化工产品的影子。从衣服中的化学纤维、食品的添加剂到生活中随处可见的塑料及其制品，从农业生产中的化肥农药，到日常生活中的油漆、涂料，再到焰火与日用化学品，都与化工生产有关。化工产品主要包括有机化工品和无机化工品。其中有机化工产业链包括石油化工产业链、煤化工产业链和天然气化工产业链等，产业链广、产品多达数千种，如图 7－1 所示。

二、化工产品在生活中的应用

1. 有机化工及产品应用

有机化工是利用自然界中的煤、石油、天然气等原料，通过各种化学加工方法制成各种有机产品（乙烯、丙烯、丁二烯、聚乙烯、苯、甲苯、苯乙烯、醇、酸、环氧化物等）的工业。

有机化工产品与国民经济各部门有着广泛的联系。首先，农业的发展与有机化工密切相关，如：化学农药、除草剂、杀虫剂、植物生长激素等可防止病虫害，进而提高农作物质量；塑料农膜可提前育苗、延长植物生长期；合成酒精可节省工业用粮。

其次，有机化工可为轻工、医药、通信、建筑、重工业等提供原料或辅助材料，如日常生活中使用的洗涤剂、表面活性剂、染料、油漆涂料、工业溶剂、萃取剂、抗冻剂、化妆品、照相材料等，均来自有机化工原料和中间体，以及直接独立应用的产品。

交通运输部门所需要的合成燃料和各类交通工具的轮胎，以及铁路车辆、轮船、飞机内部装饰所用的塑料、黏合板等新型的高分子材料，也都与有机化工密切相关。有机化工也为国防工业和尖端科学技术提供特种化学品，如高能燃料以及尖端技术和核武器所需要的耐高温、耐辐射、耐腐蚀等特殊功能材料。

因此，有机化工的发展，在一定程度上可反映出一个国家的科技和工业发展水平。

2. 无机化工及产品应用

无机化工是以天然资源和工业副产物为原料生产硫酸、硝酸、盐酸、磷酸等无机酸以及纯碱、烧碱、合成氨、化肥、无机盐等化工产品的工业。包括硫酸工业、纯碱工业、氯碱工业、合成氨工业、化肥工业和无机盐工业。广义上也包括无机非金属材料和精细无机化学品如陶瓷、无机颜料等的生产。

无机化工产品大多用途广泛，涉及国民经济的各个部门。如硫酸主要用于生产化学肥料，包括生产磷铵、重过磷酸钙、硫铵等，也是塑料、人造纤维、染料、油漆、制药等生产中不可缺少的化工原料，还用于制取农药、除草剂、杀鼠剂、炼铝、炼铁、炼铜及制取硝化甘油、硝化纤维、三硝基甲苯等，炸药、原子能工业、火箭工业等也需要用到硫酸；硝酸大部分用于制造硝酸铵、硝酸磷肥和各种硝酸盐，同时用于制取炸药，有机合成工业、制药、塑料、有色金属、冶炼等方面都需要用到硝酸；纯碱主要用于生产各种玻璃，制取各种钠盐和金属磷酸盐等化学药品，其次用于造纸、肥皂和洗涤剂、染料、陶瓷、冶金、食品工业及日常

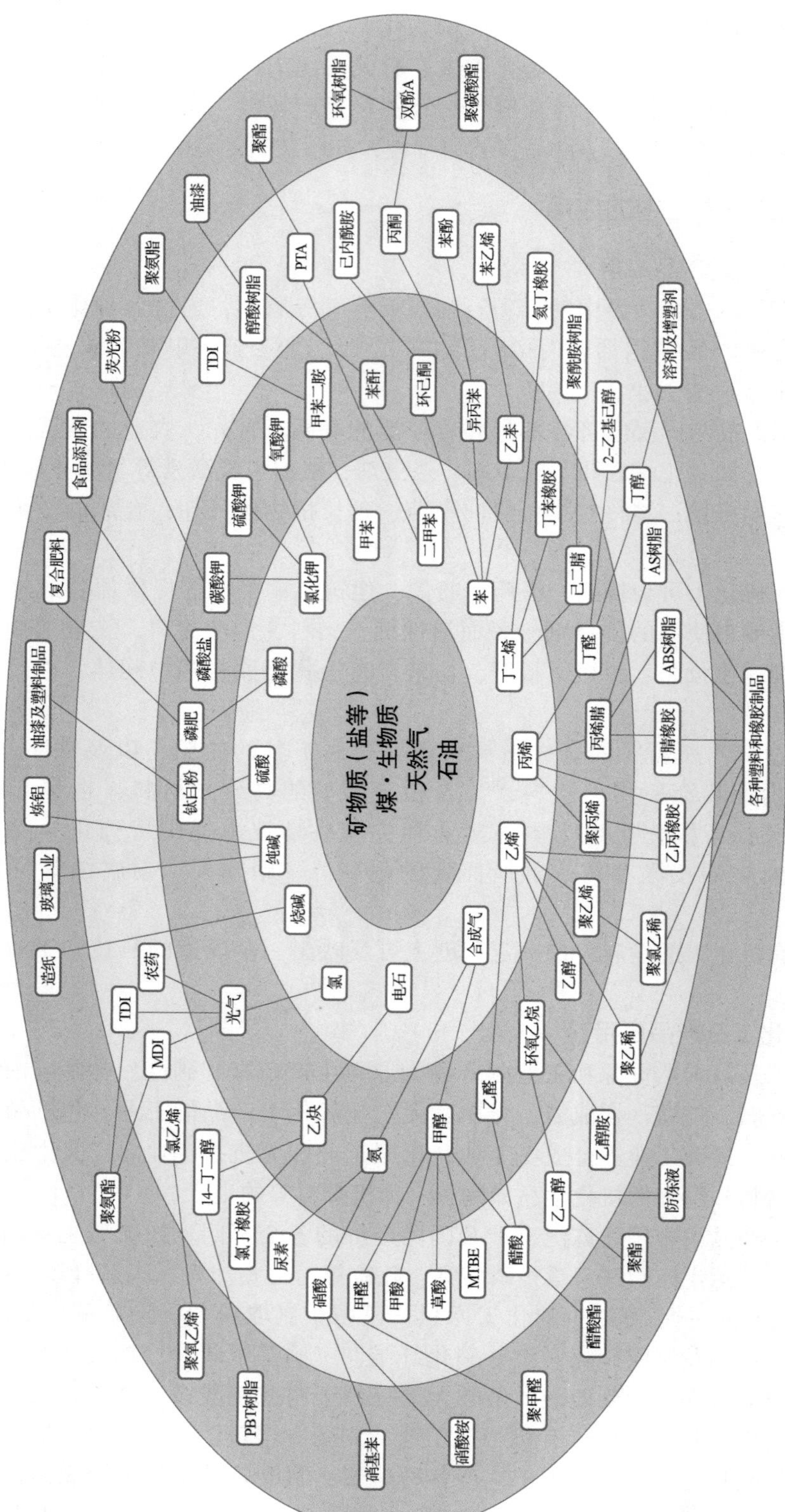

图7-1 化工产业链

资料来源：中国化工博物馆。

生活中；烧碱广泛用于造纸、纺织、肥皂、炼铝、石油、合成纤维、橡胶等工业部门。氨主要用于农业，氮肥、复合肥料都离不开氨，同时还广泛用于制药、炼油、合成纤维、合成树脂等工业部门，也是常用的冷冻剂。

三、化工行业发展历程

1. 原始化学加工时期

早在原始人类时期，“化学工业”这一名词还未出现的时候，日常的生活和生产中就已经开始运用化学知识。据考古发现，最开始使用火的是北京猿人，他们通过用火把生食变成熟食。随后人们学会了制作陶器，又逐渐掌握了冶炼、玻璃制作和酿造等许多技术。我国从公元前 1500 年到公元 1660 年进入了炼丹术时期，古人在炼制过程中留下了许多著作，为之后化学反应规律的发现提供了丰富的经验和教训。公元 7 世纪，中国即有焰硝、硫黄和木炭混合做火药的记载。欧洲在 3 世纪之初进入炼金术时期，15 世纪由炼金术渐转为制药，15—17 世纪被称为制药时期。在这个时期，由于配制药物的需要，在实验室发现了硫酸、硝酸、盐酸和有机酸等化学药品的制备方法，为 18 世纪中叶建立化学工业奠定了基础。

2. 近代化学工业时期

从 18 世纪中叶至 20 世纪是近代化学工业发展的阶段。

（1）无机化工。18 世纪中叶，纺织、印染工业迅速发展，这促使硫酸逐步得到应用。1746 年，英国人罗巴克发明了生产硫酸的铅室法，建成了世界上第一座铅室法硫酸厂。随着肥皂、玻璃和造纸工业的发展，这有效促进了以食盐和硫酸等为原料进行反应生产纯碱的方法，这一方法被称为路布兰法。1861 年，人们发现用盐水吸收氨和二氧化碳生产碳酸氢钠，成本更低，产品质量更加纯净，因而其逐渐取代了路布兰法。1893 年开始，以电解饱和食盐水溶液生产烧碱和氯气的方法逐步得到推广应用。到 19 世纪末叶，无机化学工业形成了以硫酸、纯碱、烧碱、盐酸为主要产品的格局。

（2）有机化工。1806 年贝采里乌斯首次提出“有机化学”这一名词。随着钢铁、炼焦等工业的进一步发展，煤焦油发挥了越来越重要的作用。18 世纪上半叶，科学家们在以煤焦油中的芳香族化合物为原料的实验中，相继发现了硝基苯、苯胺等，为后来染料的人工合成和工业化奠定了基础。18 世纪后半叶，工业上利用焦炭炼铁首次获得成功，这加快了煤炭焦化产业的发展历程。1892 年，美国人威尔逊发现，将廉价的石灰和焦炭作为原料置于电炉中加热，可制取电石。后来发现电石经水解可以生产乙炔，并可进一步生产乙醛、醋酸等一系列基本有机原料。

（3）石油化工。近代石油炼制工业发展大致分为四个阶段。第一个阶段为 1850 年前后，人们从石油中炼制照明用油，主要用途为照明。第二个阶段以提炼燃料用油为主，并建成了常压、减压蒸馏石油装置，这是石油化学工业的开端。第三个阶段，为满足战争需求，促使油品的催化裂化及催化重整过程得以成功开发。第四个阶段为炼制各种馏分，作为石油化工原料。

（4）高分子材料。19 世纪是高分子化工萌芽时期，1839 年美国人用硫黄及橡胶助剂结合的方式加热天然橡胶，可作为轮胎及其他橡胶制品的原料。1885 年，康达柯夫用人工合成的方法合成异戊二烯。第一次世界大战期间，德国人用二甲基丁二烯制造合成橡胶，在世界上首先实现了合成橡胶的工业化生产。1932 年苏联大规模生产丁钠橡胶。1937 年美国人卡罗瑟斯成功合成尼龙 66，用熔融法纺丝。随着石油化工的发展，涤纶、维尼纶、腈纶等也陆续投产，逐渐占据了天然纤维和人造纤维大部分市场。

（5）合成氨工业。20 世纪初期，德国化学家弗里茨·哈伯发现，在高温高压条件下，氮气和氢气可在催化剂的作用下生成合成氨，后来他又补充了使未反应的气体再循环的设想；而博施解决了钢材腐蚀、设备寿命低等问题并成功将实验商业化，就形成了著名的哈伯-博施合成氨法。

3. 现代化学工业时期

化工行业的发展伴随着化石能源的大量消耗，高耗能、高排放的生产模式在一定程度上加剧了气候变化。为积极应对气候变化，世界各国相继提出碳达峰碳中和目标，朝着绿色、低碳方向发展和转型。于此背景下，人们在追求经济发展的同时，更加注重绿色、环保、健康的生产生活模式，这也促使化工行业正由粗犷式发展逐渐向绿色化工、循环经济以及可持续发展方向转变，以便实现化工行业的高质量发展，助力化工行业由大到强转变。

第 2 节　关键化工品生产工艺及碳减排技术

虽然化工产品成千上万，但位于产业链上游的部分关键产品是化工生产所需关注的重点。以 2018 年为例，乙烯、合成氨、甲醇和电石的 CO_2 排放在所有化工产品排放总量中占比超过一半，达到 50.2% 左右（见图 7－2）。合成氨是最大的排放源，2018 年排放 1.76 亿吨 CO_2，占总量的 20.1%；甲醇生产所产生的 CO_2 排放为 1.09 亿吨，占总量的 12.4%；电石产生的 CO_2 排放为 0.88 亿吨，占总量的 10.0% 左右；乙烯生产活动共产生 0.67 亿吨 CO_2，占总量的 7.7%。因此，本节将重点关注乙烯、合成氨、甲醇和电石四种化工产品的生产工艺及碳减排技术。

一、乙烯生产工艺

乙烯主要有蒸汽裂解、煤制烯烃和外购甲醇制烯烃三种生产方式。其中，蒸汽裂解方式占据主导地位，2019 年其产能约占乙烯总产能的 76%。在我国“富煤、贫油、少气”的资源禀赋下，近年来煤制烯烃得到快速发展。

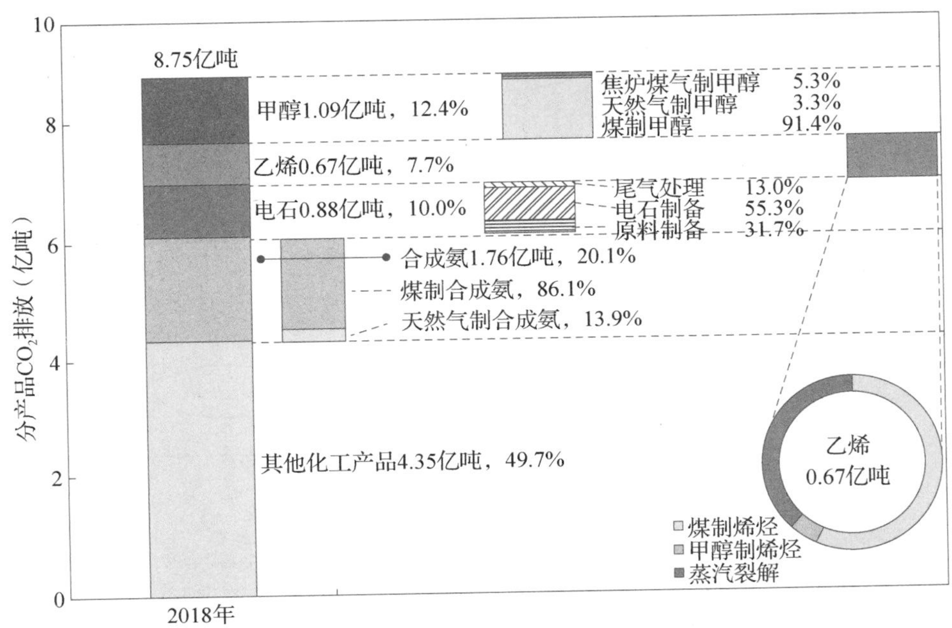

图7－2　2018年化工行业碳排放在不同产品中的分布

1. 蒸汽裂解

蒸汽裂解原料结构多样，多源于上游的石油炼化工艺，其中石脑油是我国当前蒸汽裂解制乙烯中最主要的原料，2019年占53.7%左右。而在北美和中东地区则往往采用较为轻质的乙烷作为原料，根据《中国能源统计年鉴（2019）》，乙烷的单位乙烯综合能耗较石脑油等原料低25.2%左右，CO_2排放也更低。该路线主要以燃料油、LPG（液化石油气）、电力和不同压强的蒸汽作为能源，经过裂解、急冷、压缩和分离等工艺生产而得乙烯、副产品丙烯和丁二烯等（见图7－3），主要CO_2排放来源为燃料燃烧。

2. 煤制烯烃

煤制烯烃（coal to olefins，CTO）路线中，煤炭既是原料又是燃料。该路线生产乙烯的主要原理为原料煤气化后生成富含CO和H_2的合成气，合成气经过变换与净化生成甲醇，并基于甲醇进一步反应生成烯烃（methanol to olefins，MTO）等，最后经过分离等工艺获得乙烯（见图7－3）。该种方式的主要CO_2排放来源为燃料燃烧和煤气化中的CO变换。

3. 外购甲醇制烯烃

由于煤制甲醇是煤制烯烃的一个中间环节，部分生产装置通过外购甲醇的方式直接生产乙烯。尤其是在东部沿海地区，一些乙烯生产厂家利用海上交通的便利条件，进口甲醇并直接利用甲醇合成烯烃，但由于甲醇价格波动较大，相关生产线较少。该项工艺由于没有上游高排放的甲醇生产环节，能耗与排放均较低，非减排重点。

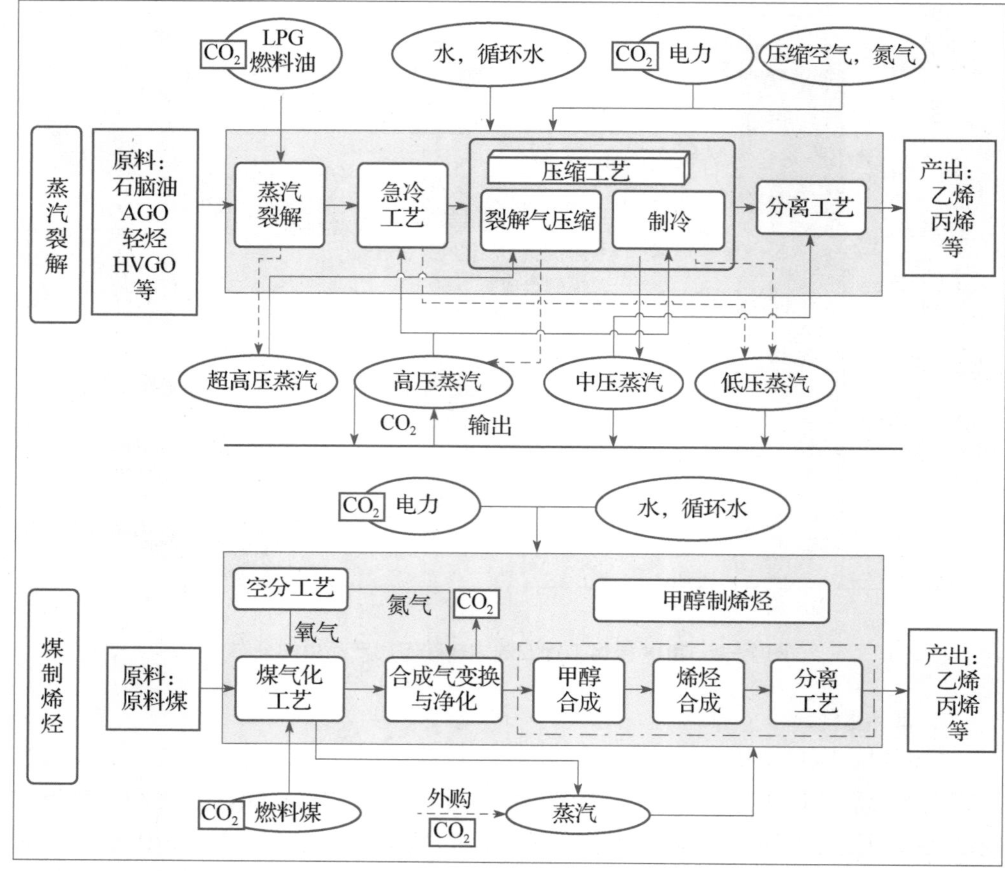

图 7－3　乙烯生产工艺流程（蒸汽裂解路线和煤制烯烃路线）

二、合成氨生产工艺

当前合成氨生产主要有煤化工路线和天然气化工路线两种。

1. 煤制合成氨

煤制合成氨以煤炭为原料和主要燃料，同时采用电力和蒸汽供能。其主要工艺有空分、煤气化、脱硫脱碳、压缩合成和冷却分离等（见图 7－4）。与煤制烯烃相似，煤制合成氨的过程中也伴随着 CO 变换产生大量的 CO_2 排放。此外，燃料煤等能源的消耗也会产生直接或间接 CO_2 排放。

2. 天然气制合成氨

天然气制合成氨主要工艺为蒸汽甲烷重整（steam methane reforming，SMR）、CO 变换、压缩合成和冷却分离等工艺步骤，以天然气为原料和主要燃料，同时采用电力和蒸汽供能（见图 7－4）。其 CO_2 排放来源为 CO 变换和燃料使用。由于其与煤炭相比清洁，产生的碳排放远低于煤化工路线，因此在国际上得到广泛采用。

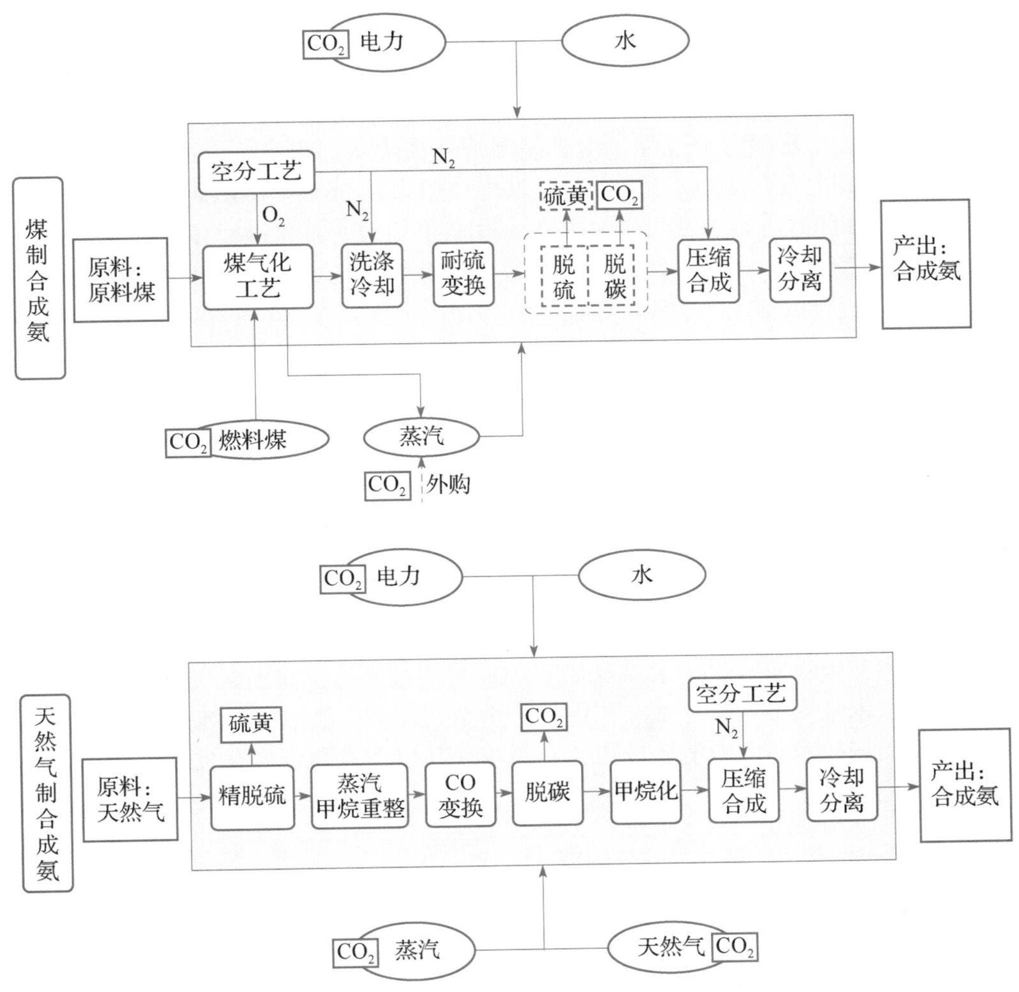

图 7－4　合成氨生产工艺流程（煤炭路线和天然气路线）

三、甲醇生产工艺

甲醇生产现阶段以煤炭路线为主、天然气和焦炉煤气路线为辅。

煤制甲醇工艺路线包括燃料的气化、气体的脱硫、变换、脱碳及甲醇合成与精制；天然气制甲醇主要采用蒸汽转化的方法，由压缩、脱硫、蒸汽转化、合成、精馏等过程组成；焦炉煤气制甲醇路线主要经过净化、催化转化、压缩、甲醇合成及精馏等过程。

煤制甲醇和天然气制甲醇的 CO_2 主要来自 CO 变换及燃料燃烧。其中，由于我国天然气利用政策原因，未来天然气制甲醇和制氨将不再受鼓励，原则上不再新建相关装置。而焦炉煤气制甲醇路线属于循环经济，鼓励发展。

四、电石生产工艺

电石生产方式较为单一，当前主要采用电热法，其以石灰和焦炭等为原料，在电石炉内通过高温反应生成电石。按照生产阶段，电石生产可以分为原料制备、电石制造和尾气处理三个过程，主要能源消耗为焦炭、煤炭、天然气和电力等。2019 年，世界电石产能为 4 200 万吨，其中中国占比 96%。内燃式电石炉已退出主导地位，密闭式电石炉逐步成为主流，2019 年其比重提升到 85%。

除燃料燃烧外，由于原料制备主要为石灰石裂解过程，其也产生高浓度且大量的 CO_2 过程排放。

五、碳减排技术

在前述生产方式和传统生产工艺的基础上，化工生产有些常规节能低碳技术，成本相对不是很高，如粉煤气化技术、水煤浆气化技术、工业冷却循环水系统节能优化技术、余热余能回收利用技术等，这些技术推广利用后可以带来较好的节能减排效益；除此之外，化工生产中还有一些突破性的碳减排技术，由于技术发展不是很成熟，现阶段推广成本很高，但在未来具有更大的节能减排潜力，这些技术在多种化工产品组中可以得到应用，如碳捕集与封存技术（CCS）、基于低碳制氢的技术、生物质转化技术以及基于 CO_2 利用技术等，如图 7－5 所示。其中，低碳制氢技术是众多低碳化工工艺中的一个重要环节，其以电解水制氢技术为典型代表；而该技术对电力消耗极高，若要实现其生产过程低碳化发展，关键前提为电力供应清洁化。

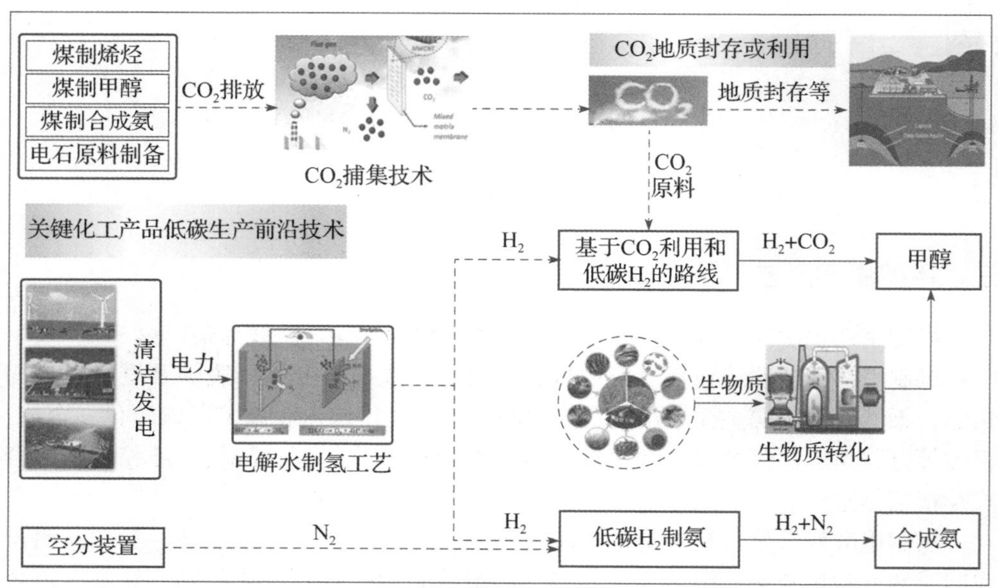

图 7－5　关键化工产品低碳转型中的前沿技术

第 3 节　化工行业发展概况

从全球范围来看，化工行业是石油和天然气消耗最多的工业部门，也是最大的能源消费工业部门。然而，由于化工行业能源消耗并非全部作为燃料燃烧供能，约有一半的能源消耗是作为原料投入生产过程中，故化工行业的碳排放量要少于钢铁和水泥行业，居于第三位。为实现化工行业碳减排的目标，首先需要了解掌握化工行业的现状，本节主要介绍化工产品的产量变化以及化工行业的能耗与碳排放现状。

一、化工产品产量变化

中国是世界上第一大化学品生产国，多种产品产量居世界前列，硫酸、纯碱、电石、烧碱、合成氨和农用化肥等的产量长期位居世界首位，乙烯产量当前处于第二位，仅次于美国。2000 年以来，多种关键化工产品的产量总体呈现增长态势（见图 7－6），且有望进一步增长。2020 年，硫酸产量达到 9 238 万吨，约占世界生产总量的 36%；合成氨和农用化肥（主要指氮磷钾肥折纯量）产量分别为 4 954 万吨和 5 496 万吨，占世界生产总量的比例分别达 20% 和 18%；乙烯产量 2 160 万吨，占总量的 10% 左右。

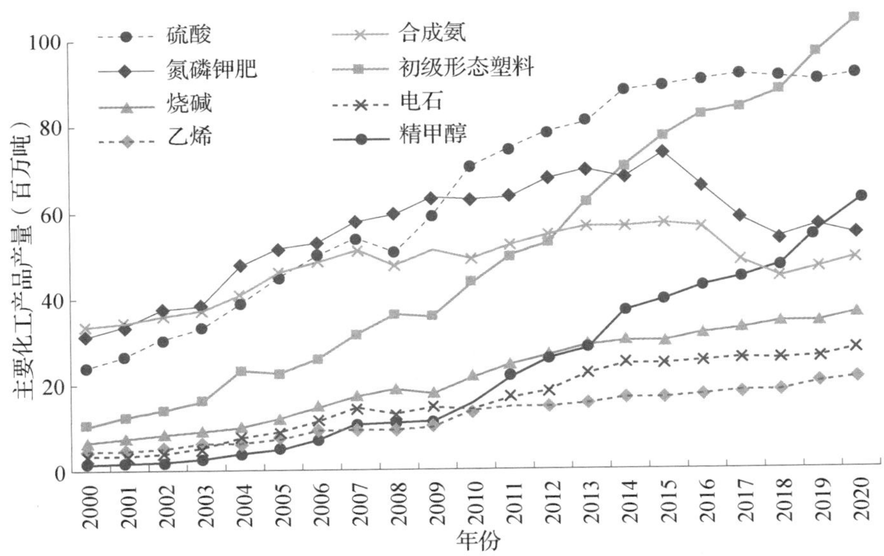

图 7－6　2000—2020 年化工行业主要产品产量变化趋势

资料来源：国家统计局、联合国粮农组织、全国中氮情报协作网、中国石化新闻网等。

二、化工行业能耗与碳排放

我国化工行业以化石能源为主，化工行业巨大的体量导致其能源消费量不断增加，占全国总量的 11% 左右（国家统计局能源统计司，2020）。化工行业能源消费中，当前煤油气等化石能源消费约占化工总量的58%左右，但电力消费所占比重逐步提升（见图7－7）。

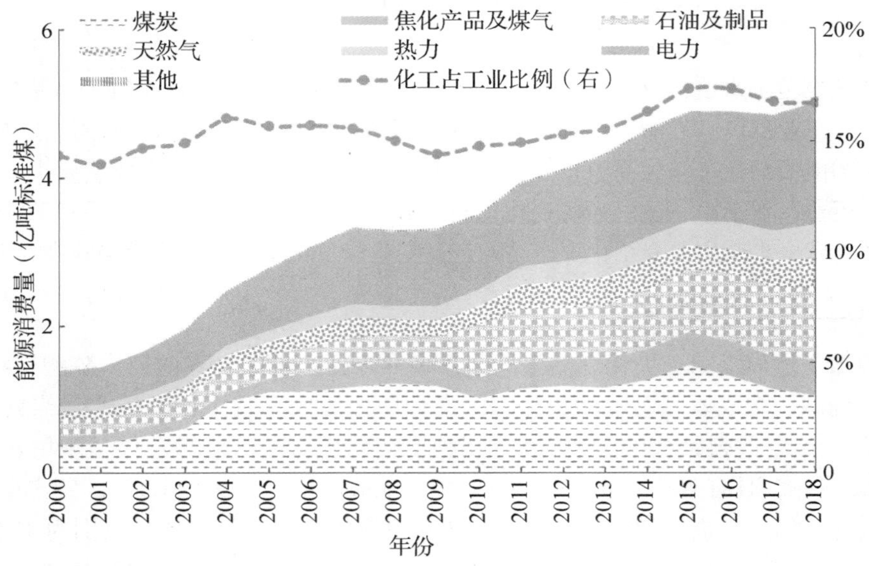

图7－7　2000—2018年中国化工行业能源消费结构

资料来源：《中国能源统计年鉴》及作者整理，电力消费采用发电煤耗法计算。

巨大的生产体量以及能源消费导致化工行业产生了大量的CO_2排放，其由1991年的2.32亿吨增至2018年的8.75亿吨（见图7－8）。其中，不同排放源对总排放贡献差异较大。1991—1996年间，化石能源相关CO_2排放占据总排放量的70%以上，电力和热力产生的间接排放则分别在29.5%～36.4%、5.5%～7.4%

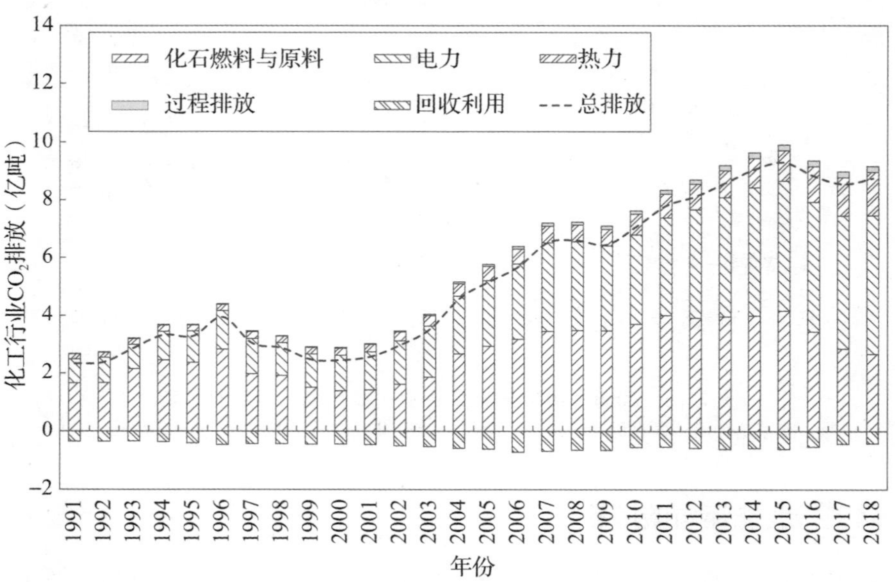

图7－8　1991—2018年中国化工行业CO_2排放来源

之间，过程排放对总排放贡献较小，仅有 0. 6% ～0. 8%；回收利用部分对整体排放的影响较大，为 11. 0% ～15. 1%。总体来看，化石能源相关的排放所占份额在波动中逐步下降，而电力和热力使用产生的间接排放份额则逐步增加，过程排放份额虽然也有所增加但一直未突破 2. 5%，回收利用部分是负排放，其对整体的减排效应极值出现在 2006 年，为-0. 72 亿吨，影响程度（绝对值）在 1999 年达到最大，为 18. 2%。

三、化工行业相关政策

自 2016 年以来，尤其是 2020 年 9 月提出碳中和战略后，我国陆续出台了一系列国家层面的政策文件，从指导方针、节能减排目标约束以及低碳技术发展等方面引导化工行业低碳转型。

2016 年 6 月，工信部发布了《工业绿色发展规划（2016—2020 年）》，提出：推进化工等重点行业低碳转型，提升碳生产力水平；实施烯烃原料轻质化、先进煤气化等技术改造；煤化工行业重点推动产品结构优化；推进循环生产。2016 年 12 月，国务院在《“十三五”节能减排综合工作方案》中指出要促进传统产业转型升级，促进资源循环利用，化工等重点耗能行业能源利用效率达到或接近世界先进水平。2021 年 3 月，工信部在《石化化工行业鼓励推广应用的技术和产品目录》中提出了大型气流床气化技术、焦炉气制甲醇绿色技术等 32 项技术或产品，以促进化工行业低碳发展。2021 年 11 月，工信部在《“十四五”工业绿色发展规划》中指出：要制定化工行业实施碳达峰实施方案，明确降碳实施路径；加快推动化工行业绿色化升级改造；加快化工行业能源消费低碳化转型。

第 4 节　化工行业碳减排技术经济管理措施

全球对化工产品的需求日益增加，化工行业生产过程能耗大、排放高，亟须碳减排和绿色转型。通过总结国内外经验，本节分别从化工行业生产过程中的原料结构、生产方式和技术路径等方面提出化工行业碳减排技术经济管理措施。

一、优化原料结构，调整生产方式

不同原料结构和生产方式间的碳排放存在较为显著的差异。优化原料结构和调整生产方式是化工行业节能减排的一大关键。现阶段，基于我国“富煤、贫油、少气”的资源禀赋，我国化工行业原料结构仍以重质化化石能源为主，而中东和北美地区则是以天然气、轻烃等轻质化能源为主，相较于轻质化能源，重质化能源的使用意味着带来更多的 CO_2 排放。化工产品不仅种类多样，同种化工产品生产也有不同的生产方式，不同生产方式下单位化工产品的能耗和排放也会不同。

通过对生产过程原料结构的清洁化、轻质化发展，可以有效促进化工行业低碳转型。例如，蒸汽裂解生产方式可以选择乙烷和轻烃等轻质原料，减少或限制重质材料（石脑油、常压柴油、加氢尾油等）的使用；合理控制煤制烯烃的发展；甲醇生产中推广以焦炉气为原料的循环经济路线以及以生物质等为原料的低碳生产方式等。

二、推进节能低碳技术，推行清洁燃料替代

除生产结构调整外，技术导向是化工节能减排的另一大关键。化工行业是技术密集型行业，推动技术创新、推进节能低碳技术使用是化工行业节能减排的有效途径。技术是核心生产力，而清洁燃料的替代使用则是良好的辅助手段。

国家发展改革委等发布的《高耗能行业重点领域能效标杆水平和基准水平（2021 年版）》，确定了化工产品重点领域能效标杆水平和基准水平（见表 7－1），在未来发展中要求进一步加快清洁能源开发利用，更大幅度提高清洁能源消费比重，推广节能低碳技术应用，推动化工行业绿色升级改造，加快能源消费低碳化转型。

表 7－1　烯烃、合成氨、电石和煤制甲醇能效标杆水平和基准水平

产品	生产方式/原料	单位	标杆水平	基准水平	参考标准
烯烃	煤制烯烃	千克标准煤/吨	2 800	3 300	GB 30180
	石脑烃类	千克标准油/吨	590	640	GB 30250
合成氨	优质无烟块煤	千克标准煤/吨	1 100	1 350	GB 21344
	非优质无烟块煤、型煤		1 200	1 520	
	粉煤（包括无烟粉煤、烟煤）		1 350	1 550	
	天然气		1 000	1 200	
电石	电热法	千克标准煤/吨	805	940	GB 21343
煤制甲醇	褐煤	千克标准煤/吨	1 550	2 000	GB 29436
	烟煤		1 400	1 800	
	无烟煤		1 250	1 600	

通过推动重大关键核心技术的创新以及重大成套技术的研发，如推进合成气直接制烯烃、甲烷直接转化制烯烃等技术的研发，加快百万吨级低阶煤提质（热解）成套装备、日处理煤 3 000 吨及以上大型粉煤气化炉、日处理煤 4 000 吨及以上水煤浆气化炉、年产百万吨以上氨合成和甲醇合成成套技术装备等的生产与实施等，可以有效减少碳排放。其他低碳技术如表 7－2 所示。

表 7-2 化工行业部分节能低碳技术

序号	技术名称	适用范围
1	矿热炉节能技术	电石
2	矿热炉烟气余热利用技术	电石
3	40.5MVA 节能环保型密闭电石生产技术	电石
4	63MVA 节能环保型密闭电石生产技术	电石
5	非稳态余热回收及饱和蒸汽发电技术	电炉或转炉等
6	无引风机无换向阀蓄热燃烧节能技术	火焰燃烧节能
7	精滤工艺全自动自清洁节能过滤技术	精滤工序
8	矿或冶炼气制酸低温热回收技术	矿或冶炼气制酸
9	粉煤加压气化技术	煤气化工艺
10	非熔渣—熔渣水煤浆分级气化技术	煤气化工艺
11	多喷嘴对置式水煤浆气化技术	煤气化工艺
12	顶置多喷嘴粉煤加压气化炉技术	煤气化工艺
13	模块化梯级回热式清洁燃煤气化技术	煤气化领域
14	煤气化多联产燃气轮机发电技术	煤气化领域
15	合成氨节能改造综合技术	中小型氮肥装置
16	节能型尿素生产技术	水溶液全循环尿素生产装置
17	高效复合型蒸发式冷却（凝）器技术	甲醇、合成氨、尿素等
18	基于相变移热的等温变换节能技术	煤制甲醇、合成氨等过程中 CO 变换
19	新型高效膜极距离子膜电解技术	食盐水电解、氯化钾电解
20	大型高参数板壳式换热技术	重整、芳烃、乙烯等装置
21	炭黑生产过程余热利用和尾气发电（供热）技术	炭黑生产
22	燃煤催化燃烧节能技术	工业用燃煤锅炉
23	玻璃板式换热器余热回收技术	加热炉、锅炉等烟气余热回收
24	高压高效缠绕管换热技术	高压冷换
25	乏汽与凝结水闭式全热能回收技术	使用蒸汽进行间接加热的热交换系统
26	氯化氢合成余热利用技术	氯碱企业的氯化氢或盐酸合成炉
27	溶剂萃取法精制工业磷酸技术	湿法精制磷酸
28	工业冷却循环水系统节能优化技术	循环水系统
29	蒸汽系统运行优化与节能技术	动力车间
30	石化企业能源平衡与优化调度技术	石化行业

续表

序号	技术名称	适用范围
31	芳烃装置低温热回收发电技术	芳烃装置
32	黄磷生产过程余热利用及尾气发电技术	黄磷生产
33	硝酸生产反应余热余压利用技术	硝酸生产
34	水平带式真空滤碱节能技术	纯碱生产过程中重碱过滤
35	大型往复式压缩机流量无级调控技术	煤化工等领域往复压缩机
36	富含 CO 的气态二次能源综合利用技术	CO 回收利用
37	变换气制碱及其清洗新工艺技术	联合制碱
38	等温变换节能技术	进行 CO 变换反应的化工项目

注：本表主要依据国家发展改革委发布的《国家重点节能低碳技术推广目录（2017 年本）》节能部分和低碳部分整理而成。

三、引入突破性低碳技术，加速创新和推广应用

关键化工产品的 CO_2 排放一方面来源于能源供能，另一方面来自生产工艺过程，尤其是煤化工路线和天然气化工路线的 CO 变换工艺，以及电石生产中的原料制备环节，均产生高浓度且大量的 CO_2 排放。当前生产方式的能源供应以及原料消耗依赖化石能源，这是 CO_2 排放居高不下的直接原因。对几种产品而言，乙烯和甲醇属于有机化工品，其合成需要碳和氢，合成氨的生产需要氮和氢，因此三者生产中需要有碳源、氢源和氮源供应，其中氮气通过空气分离装置比较容易获得。当前生产中的碳源和氢源均来自化石能源，尚难以被替代，在生产过程中无法避免产生大量且高浓度的 CO_2 气体。而通过能效提升等方式来实现减排的空间不大。

采用本章第 2 节中所述的突破性低碳技术，通过清洁生产（如基于生物质转化、低碳氢气和 CO_2 利用的化学品生产技术）和末端治理（如 CCS 等技术）均可以有效减少 CO_2 排放，甚至实现化工生产中的近零排放或负排放。

第 5 节　化工行业碳减排技术经济管理方法

由于化工产品种类繁多，生产过程复杂，本节主要针对乙烯、甲醇、合成氨和电石四种关键产品，阐述化工行业碳减排技术经济管理方法，为促进化工行业碳减排提供指导。碳减排技术经济管理的内涵就是在兼顾成本和减排效益的前提下，针对碳减排技术进行布局优化以实现碳减排目标，也就是解决碳减排技术如何选择、何时应用、应用规模有多大等问题。由于碳减排技术是应用于产品生产过程以达到减排效果，而技术的应用和部署又受到产品需求的影响，为解决上述

问题，首先需要对化工产品的需求状况进行了解并预测未来的产品需求发展趋势，在此基础上再对碳减排技术进行经济管理。因此，碳减排技术经济管理方法包括需求预测、技术管理和成本分析等。本节设计了关键产品碳减排技术选择框架，运用 C^3IAM/NET-Chemical 模型，以未来需求预测为基础，以政策发展规划为支撑和约束，对碳减排技术发展路径进行优化。

一、碳减排技术选择框架

为充分考虑产品与技术交互、常规生产技术与突破性技术相融合，本节设计了“关键产品—生产方式—基本生产技术—先进改进技术—突破性技术”五级技术选择框架，如图 7－9 和图 7－10 所示。同种生产方式有不同的生产工艺或技术，生产技术包括基本生产技术和先进改进技术。基本生产技术是指用于完成生产过程的基本的必备技术，每个生产工艺或方式可由多种可相互替代的技术组成；而先进改进技术则不同，其可以选择性加装，加装后将带来更好的节能减排效果，同时也会带动投资成本增加。

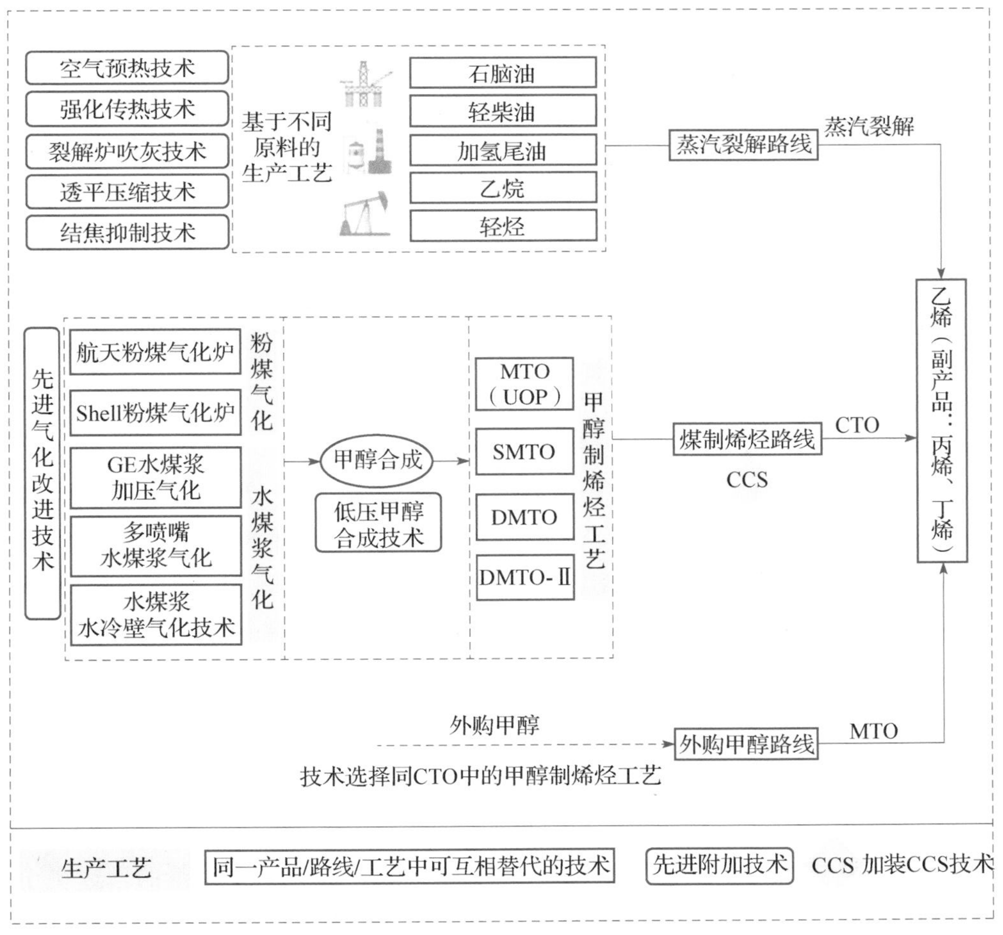

图 7－9　乙烯生产技术选择框架

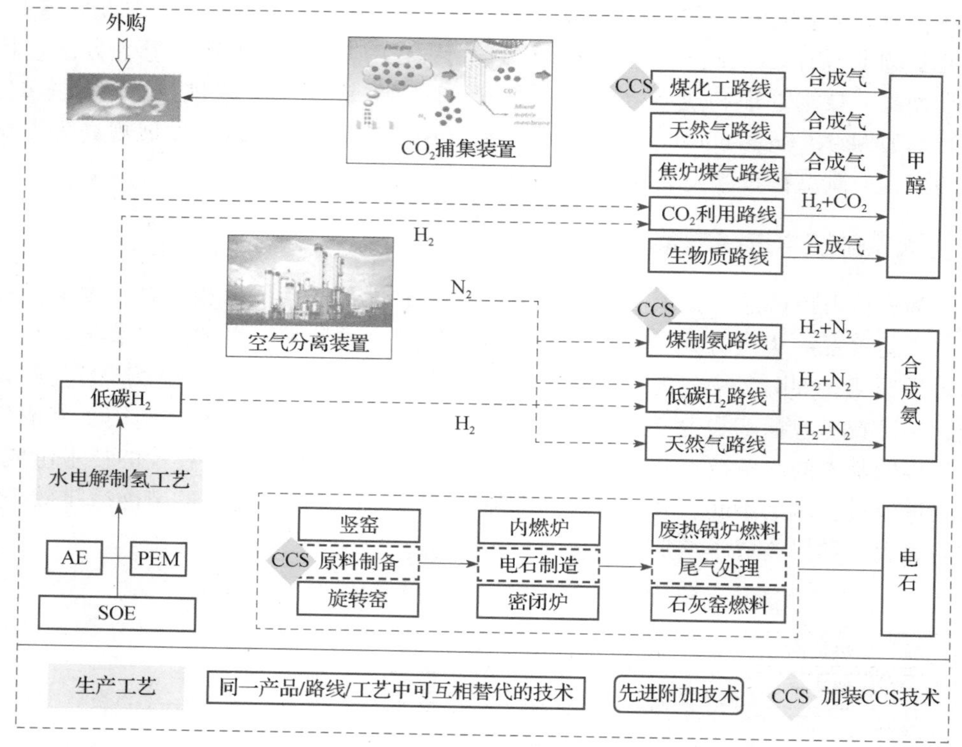

图 7－10　甲醇、合成氨和电石生产技术选择框架

基于生物质、绿色氢气和循环经济的技术是化工行业脱碳的重要方式。在技术发展更迭中，这些技术虽然尚未被规模化使用，但却展现出了强劲的发展潜力和减排能力，本书将其视为突破性技术纳入考虑。突破性技术主要包括 CCS 技术、生物质转化技术以及基于低碳制氢和 CO_2 利用的技术。

二、化工关键产品需求预测方法

由于化工产品是工业生产中广泛使用的重要基础原料，并最终应用于社会生产生活中，因此绝大多数化工产品的产量与 GDP、第二产业增加值等经济参数之间存在较强的数量关系。随着第二产业增加值不断增加，乙烯、合成氨、电石、纯碱、烧碱等重要基础化工产品的产量与之表现出较强的规律性，但在第二产业增加值增加到一定程度时，部分产品（如合成氨和氮肥）产量将与之呈现负相关关系，这主要是由合成氨和氮肥的终端需求多为第一产业所导致的。

由于化工产品产量与经济增长之间具有强相关性，其产量的经济发展弹性也呈现出较强的规律性。这里将产量经济发展弹性系数定义为化工产品产量增速与经济发展增速之比，其波动反映了经济增长与化工产品产量增长之间的关系。该弹性系数的绝对值大于、等于和小于 1 分别表示对应化工产品产量的增速快于、等于和滞后于经济发展增速，其绝对值的增加或减小表示对应产品产量增速对于经济发展增速的敏感性升高或下降。在选取某一特定时间为基准时，所对应的弹性系数（本章称之为定基弹性系数）往往表现出更加稳定的特点，从而尽量减少因常规弹性系数剧烈波动带来的影响，以更好地进行定量分析。参考相关文献或研究报告中的研究，本章对关键化工产品的需求预测采用定基弹性系数与增速情景分析相结合的方法。此处着重介绍定基弹性系数计算方法，其原理如式7-1所示。

$$\alpha_{i,t}=\frac{(P_{i,t}-P_{i,t_0})/P_{i,t_0}}{(E_{i,t}-E_{i,t_0})/E_{i,t_0}}=\frac{P_{i,t}-P_{i,t_0}}{E_{i,t}-E_{i,t_0}}\cdot\frac{E_{i,t_0}}{P_{i,t_0}} \tag{7-1}$$

式中，$P_{i,t}$ 和 P_{i,t_0} 分别表示产品 i 在目标年 t 和基准年 t_0 的需求；$E_{i,t}$ 和 E_{i,t_0} 分别表示产品 i 所选取的经济参数在目标年 t 和基准年 t_0 的数值；$\alpha_{i,t}$ 则为需求与某项经济参数之间的弹性系数。

在对相关经济参数的未来发展进行预测后，基于式7-1可进一步求得化工产品的未来需求，如式7-2所示。

$$P_t=\alpha_t\cdot\frac{P_{t_0}\cdot(E_t-E_{t_0})}{E_{t_0}}+P_{t_0} \tag{7-2}$$

三、碳减排技术路径规划方法

为了对化工行业开展碳减排技术规划，模拟本章第5节技术框架中的能源和物质流动及技术选择，同时充分考虑政策规划、技术成熟度和经济可行性等因素，我们采用由北京理工大学能源与环境政策研究中心自主开发的 C^3IAM/NET-Chemical 模型，以自下而上视角，在满足政策与社会发展等约束的前提下，以成本最小化为目标，对未来化工生产技术发展进行优化。

C^3IAM/NET-Chemical 模型包含4个部分：化工行业基础数据模块、化工产品需求预测模块、技术—能源—环境模型和低碳政策模块（见图7-11）。其中，数据模块是基础，包含社会经济发展、物品价格信息、化工生产工艺参数和行业政策规划等基础数据，为模型运行和优化提供基础参数。需求预测模块主要着眼于未来，为每种化工产品量身定制预测方法，以便于对未来进行模拟。低碳政策模块主要是考虑国家和行业发展中的低碳政策和技术等方式。技术—能源—环境模型是 C^3IAM/NET-Chemical 的核心模块，其基于基础数据，并结合未来需求及低碳技术和政策发展趋势，对未来化工产品或行业的技术发展路径、节能减排潜力和成本等进行计算。

模型目标函数为化工生产总成本最小，成本包括化工生产中所涉及的投资成本、运营维护成本（不含能源成本）、能源使用成本和碳税，如式7-3所示。其中，投资成本进行了年均化处理，年均化成本（$AC_{i,l,t}$）主要由初始投资成本（$C_{i,l}$）、折旧率（α）和设备寿命（$T_{i,l}$）决定，如式7-4所示。

$$\begin{aligned}\text{Min } TC_t = {} & \sum_i\sum_l(AC_{i,l,t}\cdot R_{i,l,t}+OM_{i,l,t}\cdot H_{i,l,t})+\sum_k p_{k,t}\cdot Eg_{k,t}\\ & +Q_t\cdot Tax_t^{CO_2}\end{aligned} \tag{7-3}$$

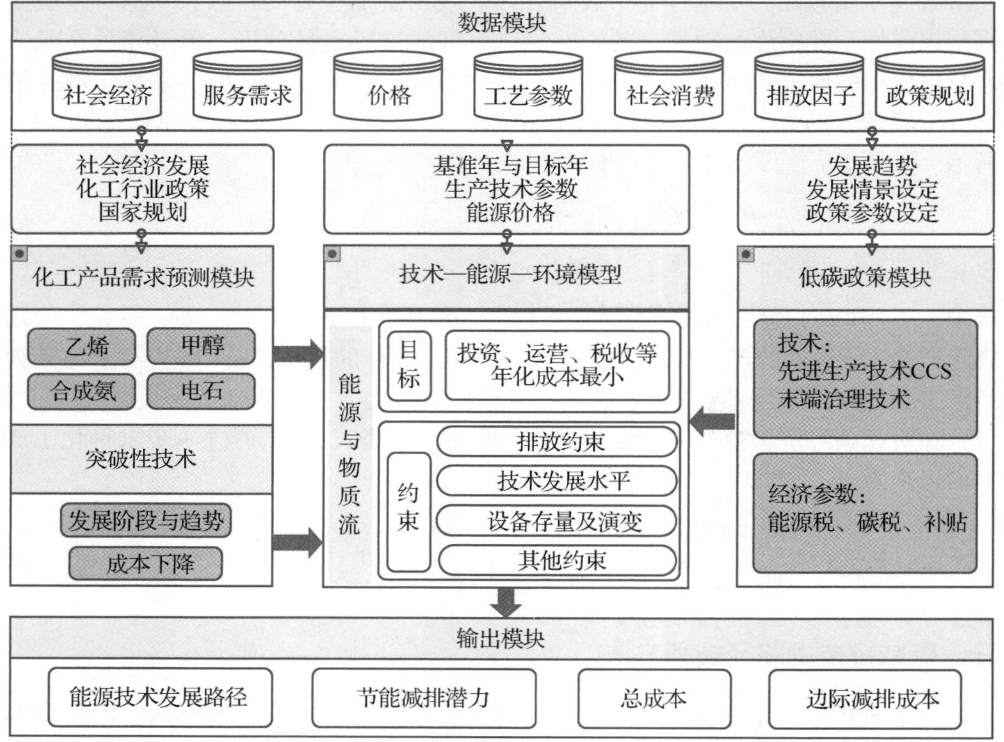

图 7-11 C³IAM/NET-Chemical 模型框架

$$AC_{i,l,t}=C_{i,l}\cdot\frac{\alpha(1+\alpha)^{T_{i,l}}}{(1+\alpha)^{T_{i,i}}-1} \tag{7-4}$$

其中关键的决策变量为每种化工技术在每年需要新增的数量（$R_{i,l,t}$），以及每种技术在当年的总运行数量（$H_{i,l,t}$）。每种化工设备或技术的总运行数量由其下游工艺对其产出的总需求（$H_{i,L,t}$）、该技术产出在与其有同种产出的所有技术中的份额占比（$Pr_{i,l,t}$）决定，如式 7-5 所示。参数 L 是具有同种化工产出①的技术或设备 l 的集合，集合中所有技术的份额之和应为 100%，如式 7-6 所示。

$$H_{i,l,t}=H_{i,L,t}\cdot Pr_{i,l,t} \tag{7-5}$$

$$\sum_{l} Pr_{i,l,t}=100\%,\quad l\in L \tag{7-6}$$

化工生产设备存量（$S_{i,l,t}$），也即产能，是指在基于资源可获得性的前提下某种化工产品的最大生产能力，其主要由前一年的产能存量（$S_{i,l,t-1}$）、当年新增量（$R_{i,l,t}$）以及设备淘汰量（$G_{i,l,t}$）所决定，如式 7-7 所示，其数量会对总投资产生重要影响。

① 一种技术可能会有多种产出，这里指的是主要产出，不包括副产品。

$$S_{i,l,t}=S_{i,l,t-1}\cdot\left(1-\frac{1}{T_{i,l}}\right)+R_{i,l,t}-G_{i,l,t} \tag{7-7}$$

化工行业能源消费总量（Eg_t）由各能源品种的消费量（$Eg_{k,t}$）加总得到，如式 7－8 所示。对于各能源品种的消费，从产品和生产技术维度进行计算，如式 7－9 所示，主要由单位设备运行所需能源（$E_{i,k,l,t}$）和设备运行数量（$H_{i,l,t}$）决定，其中还综合考虑了随着技术进步所带来的节能效应（$\lambda_{i,k,l,t}$）；为了使不同能源品种的能源消费具有可比性和可计算性，本章将不同品种的能源按照折算系数（μ_k）折算为标准煤。所涉及的能源品种主要为燃料油、液化石油气（LPG）、电力、煤炭、生物质和不同压力的蒸汽等。

$$Eg_t=\sum_k Eg_{k,t} \tag{7-8}$$

$$Eg_{k,t}=\sum_i\sum_l\left[(1-\lambda_{i,k,l,t})\cdot E_{i,k,l,t}\cdot H_{i,l,t}\cdot\mu_k\right] \tag{7-9}$$

化工行业 CO_2 总排放（Q_t）充分考虑了燃料燃烧排放（$Q_{i,l,t}^{cmbt}$）、化工生产过程排放（$Q_{i,l,t}^{prcs}$）、间接排放（$Q_{i,l,t}^{indr}$）、CO_2 捕集量（$Q_{i,l,t}^{ccs}$）和外购 CO_2 的利用（$Q_{i,l,t}^{pcu}$）等，如式 7－10 所示。燃料燃烧排放根据各设备技术的运行数量（$H_{i,l,t}$）、单位运行量燃烧排放（$q_{i,l,t}^{cmbt}$）和设备的排放率（$ER_{i,l}$）计算，如式 7－11 所示。其中，单位运行量的排放取决于其能源消耗量（$E_{i,k,l,t}$）、能源完全燃烧时的排放因子（$q_{i,k,l,t}^{cmbt0}$）以及能源的实际燃烧率（η_k），如式 7－12 所示。类似地，过程排放则受各设备技术的运行数量、单位运行量的过程排放（$q_{i,l,t}^{prcs}$）和设备的排放率影响，如式 7－13 所示。

$$Q_t=\sum_i\sum_l\left(Q_{i,l,t}^{cmbt}+Q_{i,l,t}^{prcs}+Q_{i,l,t}^{indr}-Q_{i,l,t}^{ccs}-Q_{i,l,t}^{pcu}\right) \tag{7-10}$$

$$Q_{i,l,t}^{cmbt}=\sum_l\left(H_{i,l,t}\cdot q_{i,l,t}^{cmbt}\cdot ER_{i,l}\right) \tag{7-11}$$

$$q_{i,l,t}^{cmbt}=\sum_k\left[q_{i,k,l,t}^{cmbt0}\cdot E_{i,k,l,t}\cdot(1-L_{k,l,t})\cdot\eta_k\right] \tag{7-12}$$

$$Q_{i,l,t}^{prcs}=\sum_l\left[H_{i,l,t}\cdot q_{i,l,t}^{prcs}\cdot ER_{i,l}\right] \tag{7-13}$$

本章中的间接排放是指外购电力和蒸汽在其生产过程中所产生的排放，由化工生产对其的消费量及其自身生产中的排放因子决定，如式 7－14 所示。

化工行业 CO_2 捕集量取决于 CO_2 捕集装置的运行数量以及单位设备的捕集效率，如式 7－15 所示。捕集后的 CO_2 有两种流向：（1）被用于生产其他化学品；（2）被进行地质封存。在 CO_2 利用时，若化工生产中所捕集的 CO_2 量无法满足生产，将会采取从市场购买的方式进行补给，外购 CO_2 量由设备运行量和外购 CO_2 的需求系数决定，如式 7－16 所示。

$$Q_t^{indr}=\sum_i\sum_k Eg_{i,k,t}\cdot q_{k,t}^{indr},\quad k\in(electricity,steam) \tag{7-14}$$

$$Q_{i,l,t}^{ccs}=\sum_l\left(H_{i,l,t}\cdot b_{i,l,t}^{ccs}\right),\quad l\in L^{ccs} \tag{7-15}$$

$$Q_{i,l,t}^{pcu} = \sum_{l} (H_{i,l,t} \cdot b_{i,l,t}^{pcu}), \quad l \in L^{pcu} \tag{7-16}$$

此外，基于国家和行业发展规划及实际情况，需特别设置相关约束条件。化工生产中，设备实际运行数量应该不小于满足需求的理论值，且不能超过设备存量，如式 7－17 所示。每年设备新增量应该满足实际需要和化工行业发展规划，其数量应在可行的最大、最小值约束范围内，如式 7－18 所示。特别地，根据国家发展和改革委员会令第 15 号《天然气利用政策》和工信部规〔2016〕318 号《石化和化学工业发展规划（2016—2020 年）》，原则上不再新建天然气制合成氨和天然气制甲醇装置，因此相关技术设备（ll）未来新增数量为 0，如式 7－19 所示。

$$0 \leqslant H_{i,l,t}^{0} \leqslant H_{i,l,t} \leqslant S_{i,l,t} \tag{7-17}$$

$$R_{i,l,t}^{\min} \leqslant R_{i,l,t} \leqslant R_{i,l,t}^{\max} \tag{7-18}$$

$$R_{i,ll,t} = 0, \quad ll \in (L^{ngta}, L^{ngtm}) \tag{7-19}$$

对于每项技术设备而言，其在提供相同服务的组合里所占比例需满足一定条件。如，该份额应介于 0 和 100% 之间，且模型中会根据实际发展和未来需要设定最大、最小发展约束，如式 7－20 所示。特别地，对于需要逐步淘汰的落后化工技术，其最大份额不得超过前一年，如式 7－21 所示；而对于政策支持发展的先进化工技术，在支持期限内，其当年最小份额不应低于前一年，如式 7－22 所示。此外，化工设备对能源消费的节约率、设备对 CO_2 等气体的排放率和能源燃烧率等变量应介于 0 和 1 之间，如式 7－23 所示；用于化工生产的成本、能源消费量、价格和碳排放量等相关变量需要满足非负，如式 7－24 所示。

$$0 \leqslant Pr_{i,l,t}^{L} \leqslant Pr_{i,l,t} \leqslant Pr_{i,l,t}^{U} \leqslant 100\% \tag{7-20}$$

$$Pr_{i,l,t}^{U'} \leqslant Pr_{i,l,base} \tag{7-21}$$

$$Pr_{i,l,t}^{L'} \geqslant Pr_{i,l,base} \tag{7-22}$$

$$0 \leqslant \lambda_{k,l,t}, ER_{i,l}, \eta_{k} \leqslant 100\% \tag{7-23}$$

$$AC_{i,l,t}, R_{i,l,t}, G_{i,l,t}, p_{k,t}, E_{i,k,l,t}, Eg_{i,k,t}, Eg_{t}, Q_{t}, Tax_{t}^{CO_2} \geqslant 0 \tag{7-24}$$

案例

本部分介绍化工行业碳减排技术发展路径和巴斯夫集团碳管理两个应用案例，分别从关键化工产品的产业整体层面和生产企业两个角度，综合运用碳减排技术经济管理方法，对化工行业如何实现碳减排进行案例分析，以更好地指导化工行业碳减排。

案例一：化工行业低碳转型路径

本案例针对化工行业实现低碳转型过程中所遇到的化石能源依赖度高、常规生产技术减排潜力不大等瓶颈问题，运用碳减排技术经济管理方法，依据先进技术推广时间和速度的不同设置情景，分析化工行业减排潜力，并探究出化工行业碳减排技术发展路径。

1. 情景设置

本章在第 3 节深入分析了关键化工产品生产工艺 CO_2 排放高的根本原因。因此，此处在预测规划化工行业碳中和发展路径时，需要根据不同突破性低碳生产技术的应用难度、生产成本和减排能效等因素，对于不同的突破性低碳技术，考虑其不同的推广应用时间、范围和比例。

基于本章第 5 节中的技术选择框架，根据乙烯、合成氨、甲醇和电石生产中的先进生产路线或技术的推广速度不同，设置了基准情景（BAU）和 4 种低碳转型情景：低速转型（LT）、中速转型（MT）、高速转型（HT）和强力转型（ST）。几种情景间逐步递进，如表 7－3 所示。其中，基准情景为所有技术趋势照常发展，其间存在技术进步和生产方式的更迭，但速度相对缓慢，且无突破性技术引入。四种转型情景则分别在其前一种情景前提下作出如下推进：常规生产路线中的先进技术进一步推广，引入 CCS 技术，引入基于低碳 H_2、CO_2 利用和生物质转化的突破性技术，突破性技术进一步推广。我们假设高速转型情景中，基于低碳 H_2 或 CO_2 利用的技术以及 CCS 技术的投产时间始于 2031 年，生物甲醇技术始于 2036 年，电解水制氢中的碱性电解当前已经存在，而质子交换膜电解和固体氧化物电解的技术量产则分别始于 2031 年和 2036 年。在强力转型情景下，我们假设 CCS 技术和质子交换膜技术提前至 2026 年开始逐步推广。然而，突破性技术开始推广的具体时间和推广程度取决于整体优化。

表 7－3 技术发展情景设置

情景名称	情景概况	情景描述
基准情景（BAU）	BAU	趋势照常发展，技术进步缓慢，且天然气制氨和天然气制甲醇路线逐步退出（政策原因）
低速转型（LT）	BAU+常规技术进步	在 BAU 的基础上，蒸汽裂解原料结构进一步轻质化，先进煤气化技术、先进烯烃合成技术进一步推广，煤制烯烃路线所占份额较 BAU 中低 合成氨和甲醇生产中的清洁路线、电石生产中的低碳石灰窑和密闭电石炉进一步推广
中速转型（MT）	LT+CCS	在 LT 的基础上，可对煤制烯烃、煤制甲醇、煤制合成氨和电石生产中的原料制备工艺加装 CCS 技术（2031 年开始推广）
高速转型（HT）	MT+绿氢路线+CO_2 利用+生物质路线	在 MT 的基础上，可推广更多的突破性技术，包括发展低碳氢气制氨、基于 CO_2 利用和生物质路线的甲醇生产路线（除固体氧化物电解制氢和生物质制甲醇技术 2036 年开始推广外，其他技术为 2031 年开始推广），其中 CO_2 优先采用化工 CCS 技术捕集量

续表

情景名称	情景概况	情景描述
强力转型（ST）	HT+突破性技术进一步推广	在HT的技术上，进一步加大突破性技术的推广和应用（CCS技术和质子交换膜电解技术提前至2026年开始推广，其他突破性技术开始时间不变但推广速度加快），用以表示一种潜在的高强度减排情景

结合2种需求情景和5种技术发展情景，此处共设计10种情景，即：高需求—基准情景（H-BAU）、高需求—低速转型（H-LT）、高需求—中速转型（H-MT）、高需求—高速转型（H-HT）、高需求—强力转型（H-ST）、低需求—基准情景（L-BAU）、低需求—低速转型（L-LT）、低需求—中速转型（L-MT）、低需求—高速转型（L-HT）和低需求—强力转型（L-ST）。

2. 化工行业碳减排潜力

就四种产品 CO_2 排放总量来看，未来无论是在低需求还是高需求的情况下，其在低速转型（LT）、中速转型（MT）、高速转型（HT）和强力转型（ST）四种转型情景下均可实现 CO_2 达峰，但不同情景间排放量差异较大；而在基准情景（BAU）下则不能达峰。若未来基础化工产品需求相对较小，则2030年、2050年和2060年的 CO_2 排放分别为5.38亿吨～5.63亿吨、2.46亿吨～5.21亿吨和1.66亿吨～5.05亿吨；若需求较大，总体 CO_2 排放在2030年、2050年和2060年时则可能达到5.78亿吨～6.05亿吨、3.02亿吨～6.35亿吨和2.15亿吨～6.40亿吨（见图7-12a）。

在同种需求下，不同技术发展情景之间差异较为明显。以未来需求高速增长为例，对于通过现有技术或生产方式的改进和替代的BAU情景而言，其虽在一定程度上抑制了排放的高速增长，但其技术上的减排效果小于因需求增长而带来的排放增加，故而总体呈现上涨趋势。其中2031—2035年间受到合成氨排放快速下降的影响而短时下降，但这种趋势在2050年以后趋于平缓（见图7-12a）。由BAU情景和LT情景对比可以发现，进一步推动现有生产路线的调整以及当前低碳技术发展确实可以降低总体 CO_2 排放，但减排效果有限，其在2030年、2040年、2050年和2060年时可分别实现减排3.5%、7.5%、12.0%和17.4%左右。而若要实现进一步的减排，则需在此基础上引入突破性技术：（1）在仅引入CCS技术的中速转型情景（MT）中，由于CCS技术适用范围广，在四种产品生产中均有所涉及，其在2050年和2060年时相比BAU情景可将 CO_2 减排程度进一步加大至31.1%和46.0%；（2）在中速转型情景（MT）中进一步引入基于低碳制氢的生产路线、生物质路线和 CO_2 利用路线，即为高速转型情景（HT），其在2050年和2060年时相比BAU情景可以实现减排39.3%和58.1%；（3）若突破性技术能得到进一步发展，即为强力转型情景（ST），则其在2050年和2060年时可分别减排52.4%和66.5%，减排效果显著。

就总排放的产品结构而言，其由合成氨占主导逐渐转向乙烯占主导，各情景下略有差异。以高需求中涉及各类型技术的高速转型情景（H-HT）为例（见图7－12c），合成氨总排放的贡献率逐渐下降，其由2021年的37%左右下降至2050年的14%和2060年的16%。甲醇所占的碳排放份额呈现出先增后减的趋势，这主要是由于前期受到需求增加的影响所占份额较高，而后期尤其是2035年后随着生物质路线和CO_2利用路线等多种突破性技术的共同作用，排放下降较快，所占份额回落，而若在低速转型情景下则其份额持续增加。乙烯所占份额逐步增加，主要受到两方面影响：（1）乙烯需求增加带动排放向增长态势发展；（2）在高速转型情景（HT）中，甲醇和合成氨突破性技术更多，减排强度更大，导致乙烯份额相对较高，其贡献率由2020年的17%增加至2060年的49%左右。电石排放所占份额较为稳定，在18%和21%之间波动。

对于减排绝对量，前期乙烯贡献最大，后期主要由甲醇贡献。以高需求高速转型情景为例，2030年时乙烯和甲醇分别可实现减排0.11亿吨和0.06亿吨，对总减排贡献度分别为52.4%和28.6%；而在2060年时其对总体减排贡献率分别为35.0%和44.1%。电石和合成氨的减排贡献率则相对较小（见图7－12b和图7－12d）。

3. 碳减排技术发展路径

不同的CO_2排放和能源消费情况是由差异化的技术布局导致的，每种技术布局均可视为一条技术发展路径，为政策制定提供决策支持。技术发展路径可以为各项生产技术未来规划提供参考，各项技术在与其形成竞争关系的所有技术中所占份额，则可以表现出各项技术未来的发展趋势。理论上，先进生产技术推广程度越大则减排效果越好；实际上，各项生产技术要受到技术发展、成本优势和政策规划等多种因素影响，本章的结果可以为化工发展规划提供参考和决策支持。部分关键技术的发展路径如图7－13和图7－14所示。

对于甲醇生产，天然气路线由于政策限制原因将逐步退出。虽就单条路线而言，煤制甲醇路线份额最大，2060年时占比约为35%，但总体来看，清洁生产路线和循环经济路线所占份额（65%）已远超煤制甲醇路线。而煤化工路线中CCS技术得到推广，占该条路线的71%左右（占所有甲醇产量的25%左右）。焦炉煤气制甲醇路线主要用炼焦尾气为原料进行生产，属于循环经济路线，在2030年前其所占份额逐渐增加至23%左右，其后由于生物质路线和CO_2利用等突破性路线的推广而逐渐下降并稳定在15%左右。生物质路线将实现较大幅度的增长，于2031年左右开始推广，到2060年时占比达到30%左右。以低碳H_2和CO_2为原料的突破性技术路线份额也呈现增长趋势，但由于成本较高，并不能迅速占领市场，在2060年时占比约为20%（见图7－13）。

制氢工艺作为其他突破性技术的重要辅助技术，在基础化工产品的低碳转型中扮演重要角色。碱性电解技术由于成本相对较低、技术更为成熟，在2040年以前占据绝对主导地位，其后随着更为高效的固体氧化物电解（SOE）和质子交换膜电解（PEM）技术日趋成熟及成本逐渐降低，碱性电解技术逐步退出，SOE和PEM技术在2060年时占比分别为60%和35%左右（见图7－13）。

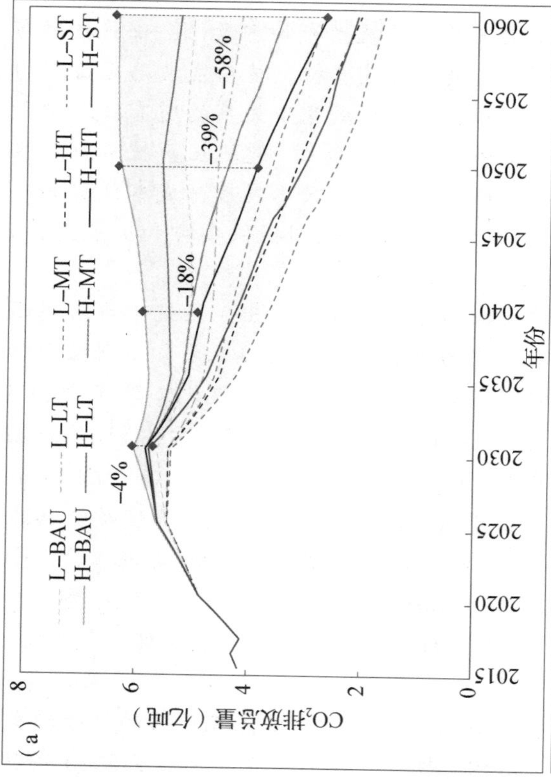

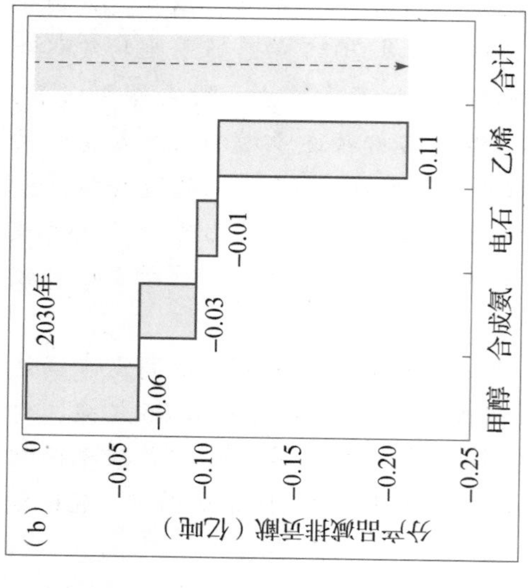

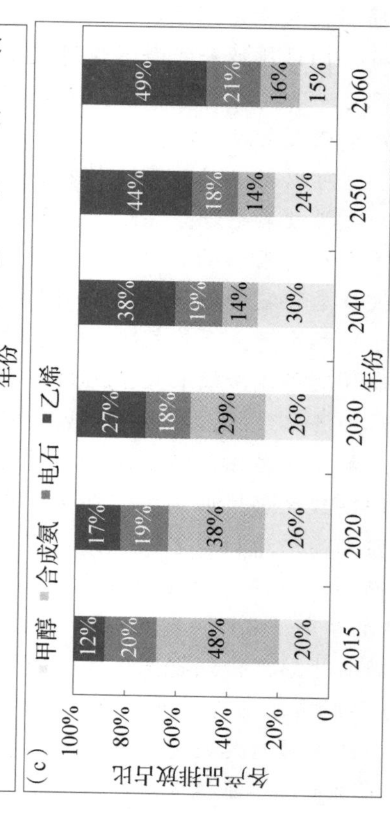

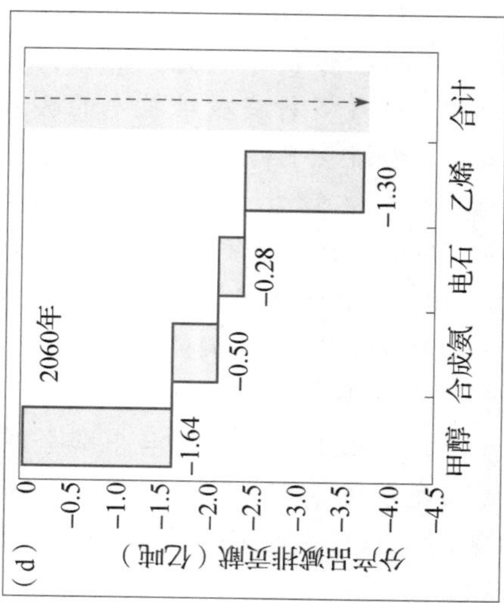

图 7-12　2015—2060年CO_2排放量及其产品结构和减排空间

注：图b、c和d均是以高需求高速转型情景（H-HT）为例进行结果呈现。

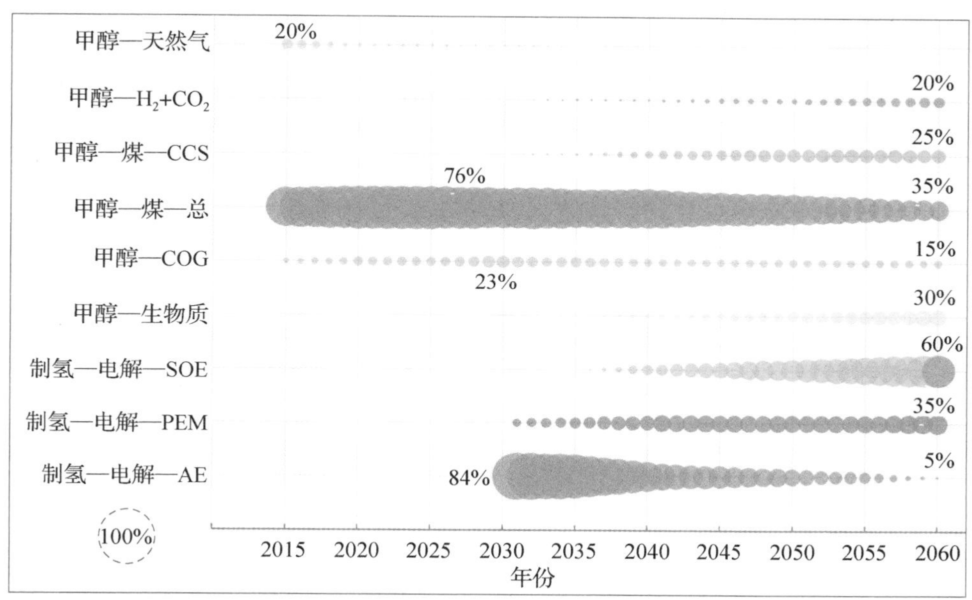

图 7－13　2015—2060 年甲醇和制氢工艺中的部分关键技术发展路径

注：气泡宽度表示相对大小；图中情景为高速转型情景。

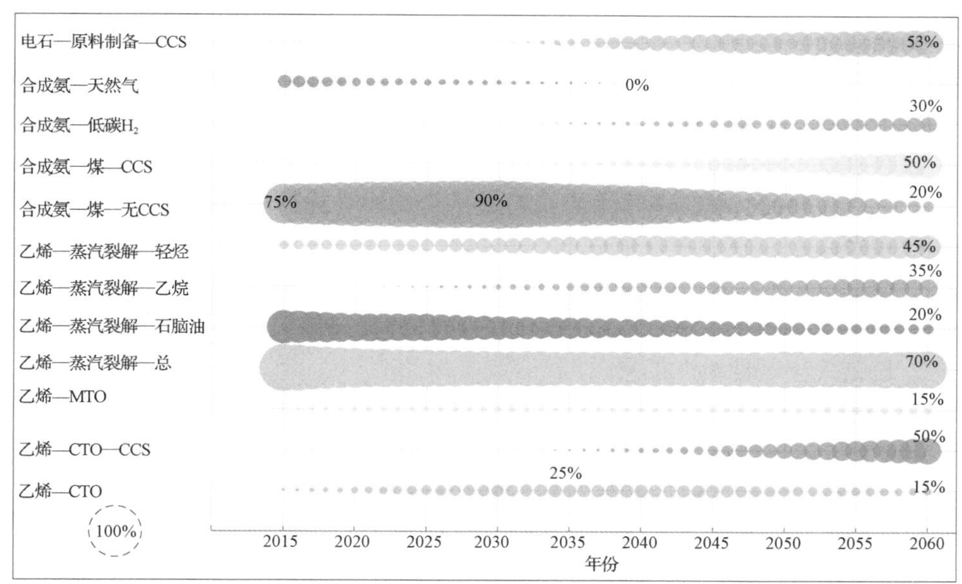

图 7－14　2015—2060 年电石、合成氨和乙烯生产中的部分关键技术发展路径

注：气泡宽度表示相对大小；图中情景为高速转型情景。

电石、合成氨和乙烯生产技术布局如图 7－14 所示。电石生产在原料制备过程中加装 CCS 装置的比例不断增加，2060 年达到 53% 左右。对于合成氨生产，天然气路线由于政策原因不再新建，所以在当前产能逐步退出后将不再参与生产；基于低碳 H_2 的生产路线由于成本较高和技术发展成熟原因，未来虽然将得到逐步推广，但并不能占据主导地位，2060 年增至 30% 左右；相比之下合成氨生产仍以煤炭路线为主，但其将逐渐清洁化发展，尤其是 CCS 的普及率将逐步推广至 70% 左右（占全部路线的 50% 左右）。对于乙烯而言，煤炭路线份额呈先增后减的趋势，最大份额出现在 2036 年左右，为 25%；外购甲醇制乙烯终究无法占据主导地位；裂解路线一直占据半壁江山以上，2030 年和 2060 年分别为 65% 和 70% 左右，但是其原料结构逐渐轻质化，基于轻烃和乙烷生产的路线所占份额逐渐增加，2060 年时占比分别为 45% 和 35% 左右，而基于石脑油生产的路线则失去主导地位，占比约为 20%。

不同转型情景下碳减排技术发展路径有所差异，其对化工生产成本的影响也不尽相同。2021—2060 年期间，低速、中速、高速和强力转型情景下累计总成本分别为 51.92 万亿元、52.95 万亿元、55.83 万亿元和 58.28 万亿元。由此可见，更高强度的碳减排将面临更为高昂的成本，其间中速、高速和强力转型分别比低速转型高约 1.03 万亿元、3.91 万亿元和 6.36 万亿元，主要是受到先进技术的进一步推广和突破性技术的逐步引入影响，促使成本增加。

案例二：巴斯夫集团碳管理

1. 企业现状

巴斯夫是一家德国的化工企业，是世界上最大的化工公司，在 2021 年全球化工企业排行榜中位居第一名。巴斯夫 2020 年的销售额约为 590 亿欧元，业务涉及范围分为六个部分：化学品、材料、工业解决方案、表面技术、营养与护理、农业解决方案。

巴斯夫将温室气体排放主要分为三类，其中与 CO_2 相关的分类界定分别为：（1）直接排放，即来自巴斯夫生产基地的排放，包括生产装置和提供能源与蒸汽等装置的排放；（2）供应商在生产巴斯夫所需能源（天然气、电力等）时产生的间接 CO_2 排放；（3）整个价值链产生的其他所有 CO_2 排放（如供应商和客户产品使用、废弃物处理、运输阶段等）。其中，对于第一类和第二类 CO_2 排放，其 2020 年排放量分别为 1 700 万吨和 410 万吨。

2. 巴斯夫突破性生产工艺

（1）电加热蒸汽电解炉。

到目前为止，国际上蒸汽裂解生产乙烯路线中所用的传统蒸汽裂解炉均是使用化石燃料加热而运行的。在生产过程中，需要将蒸汽裂解装置加热到 850℃ 的温度，才能将石脑油裂解为烯烃和芳烃，而后进行进一步的加工。因此，在这个生产过程中，化石能源的燃烧造成了 CO_2 的大量排放。

巴斯夫一直是通过天然气燃烧供能使传统的裂解炉达到 850℃，CO_2 排放量很大。为解决这个问题，现正在研发一种新型的蒸汽裂解炉——电加热蒸汽裂解炉。电加热蒸汽裂解炉使用可再生能源电力替代运行这些蒸汽裂解装置，将会减少 90% 的 CO_2 排放（见图 7 - 15）。

（2）零碳排放产生工艺：烯烃。

烯烃是一种核心且大量的中间产物，巴斯夫正在尝试开发全新的低排放烯烃

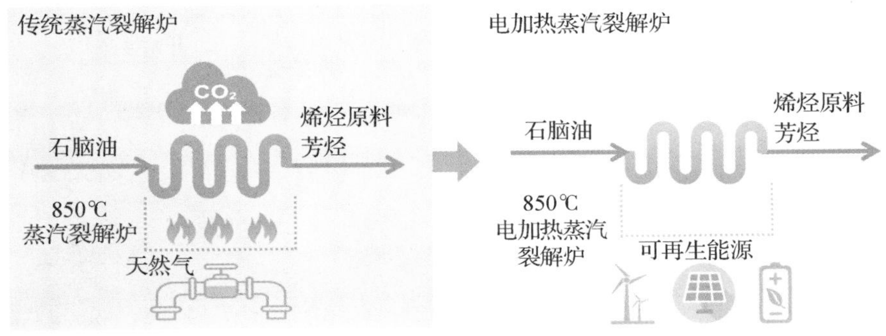

图 7－15　电加热蒸汽裂解炉替代传统蒸汽裂解炉

生产工艺，这一领域非常重要。目前，烯烃通过在 1 000℃高温的蒸汽裂解装置中裂解石脑油制备而成。这一工艺会排放大量 CO_2。

通过使用甲烷替代石脑油，并在电加热蒸汽裂解炉中重整可以完全避免 CO_2 的排放。巴斯夫和林德集团的研究人员合作开发了一套全新催化剂系统，可以通过甲烷干重整制备合成气。所制得的合成气可以借助中间产物二甲醚转化为烯烃。相比于石脑油，甲烷的能量含量略高，氢含量也更多。因此，烯烃生产工艺除了利用合成二甲醚产生的 CO_2，还可以利用额外的 CO_2。这样，烯烃生产工艺不仅实现了碳中和，还通过利用额外的 CO_2 实现“碳汇”。

（3）不产生 CO_2 的氢制取：甲烷热解。

化工行业需要使用大量的氢。例如，巴斯夫将氢用作合成氨的反应物。在许多可持续的未来应用中，氢是不可或缺的能源承载和存储介质，因此，氢还将继续发挥更加重要的作用。目前，蒸汽重整是通过天然气或煤提取氢气最主要的工业应用规模工艺，但这一工艺会释放大量 CO_2。

巴斯夫正与合作伙伴共同开发利用天然气生产纯净氢气的新工艺技术——甲烷高温裂解技术。甲烷高温裂解技术是由天然气提供甲烷，在反应器中加热产生氢气，副产品是固体碳颗粒。在新工艺中使用的能源相对较少，如果采用可再生能源电力，甚至可以实现 CO_2 零排放。

目前尚不清楚高温裂解产生的碳颗粒将作何用处。总的来说，固体碳，尤其是高纯固体碳，可销售的市场非常多，例如铝、钢、轮胎和建筑行业等。固体碳的储存也基本上可以实现，因为产生的热裂解碳并非有害物质，且可以稳定储存。

该技术的可行性已在实验室得到验证，带有可移动炭床的初步反应堆概念经过实验室规模的测试后已产生了固体碳样本。接下来必须对高温裂解过程、反应堆设计和加热概念展开基础研究。该项目的新试点装置目前正在德国路德维希港基地进行调试。如装置可以成功运行，就能将甲烷高温裂解技术商用化（见图 7－16）。

生物气体产生的生物甲烷也可以用作甲烷高温裂解的原材料。由此产生的热裂解碳可作为气候中和碳提供给其他行业，比如只能在有限范围内实现减排的行业。如果能将这种生物基碳储存起来或永久结合，则可以实现所谓的“负碳技术”。

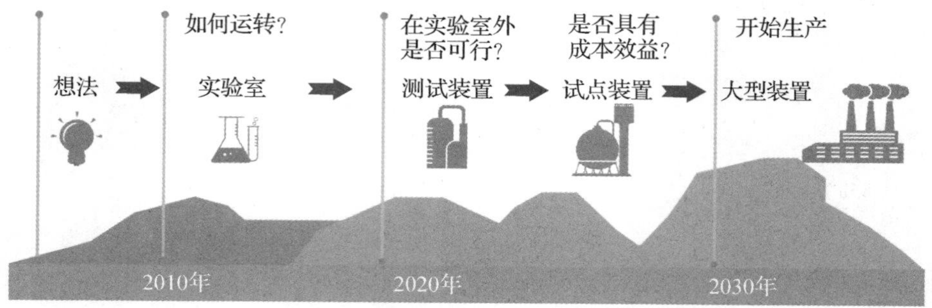

图 7-16 甲烷热解技术发展阶段

(4)零碳排放产生工艺：甲醇。

甲醇是化工行业的重要原料。因此，巴斯夫研究人员开发了生产这一基础化学品的气候友好型工艺——零排放甲醇生产工艺，目的不只是要减少 CO_2 排放，更是要实现全流程的零碳排放。这一工艺是巴斯夫碳管理研发项目的一部分，现已开发完成。

在新工艺中，合成气是天然气或沼气通过部分氧化产生的，不会产生 CO_2 排放，再使用特殊催化剂，可以将其转化为粗甲醇，纯化后可以进一步加工合成。尽管甲醇合成和蒸馏可以基本原封不动地采用原有工艺步骤，但如果要收集和处理其中产生的废弃蒸汽则需要进行创新。针对这个问题，巴斯夫采用纯氧燃烧(氧燃料燃烧)合成气。然后通过巴斯夫的 OASE ®气体洗涤工艺完全去除废气中的 CO_2。为确保这些 CO_2 不会丢失，并被再次用于甲醇合成，采集的 CO_2 将被重新送入该工艺流程之中。同时，还需要添加氢气作为生产甲醇的补充原料，氢气的生产过程同样也是零碳排放。

习题

1. 简要描述化工行业发展史，并举例说明化工产品在生活中的具体应用。

2. 简要描述化工行业整体能耗及碳排放现状和特点，说明我国与国外有何差距。

3. 四种关键产品乙烯、合成氨、甲醇和电石的关键生产流程是什么？哪些技术或工艺是碳排放的主要来源？

4. 列举化工行业实现碳减排技术经济管理的主要举措。

5. 为促进碳达峰碳中和目标的实现，关键化工产品的碳减排技术发展路径是什么样的？

6. 结合本章案例，选取一到两种其他化工产品，探索影响其碳排放的主要工艺及政策因素，并对如何实现这些产品的碳减排提出你自己的思考。

第 8 章

建筑部门碳减排技术经济管理

本章要点

1. 掌握建筑部门 CO_2 排放的概念内涵。
2. 了解全球及中国建筑部门 CO_2 排放特征。
3. 了解建筑部门碳减排技术经济管理措施的类别。
4. 掌握建筑部门服务需求预测方法的内涵及特点。
5. 掌握建筑部门碳减排技术布局优化方法的原理及思想。

建筑部门作为 CO_2 减排的重点部门，在我国应对气候变化及实现高质量发展过程中起着举足轻重的作用。本章首先在介绍建筑部门的定义、建筑部门 CO_2 排放来源及建筑部门碳减排技术相关概念的基础上，对全球和中国的 CO_2 排放现状进行了概述。其次，从改善建筑围护结构热工性能、提高终端用能设备效率、大力推广清洁低碳终端设备、倡导低碳生活方式等方面介绍了建筑部门碳减排技术经济管理措施。再次，介绍了建筑部门碳减排技术经济管理中的服务需求预测方法和碳减排技术布局优化方法。最后，介绍了碳减排技术经济管理方法的应用案例。

第 1 节　建筑部门碳排放来源

一、建筑部门的定义

根据用途不同可以将建筑分为工业建筑、农业建筑、居住建筑和公共建筑。由于工业建筑和农业建筑需要服务于相应的生产活动，其能耗和排放已经被分别纳入工业和农业部门，因此，本章中的建筑部门主要指居住建筑和公共建筑。

居住建筑包括城镇和农村各类用于居住的建筑，如独栋住宅、联排别墅、多层公寓等。公共建筑是指用于提供公共服务和商业服务的建筑，包括机场、医院、学校、商场、旅馆、餐厅、办公楼、文娱场所等。建筑的划分如图 8－1 所示。

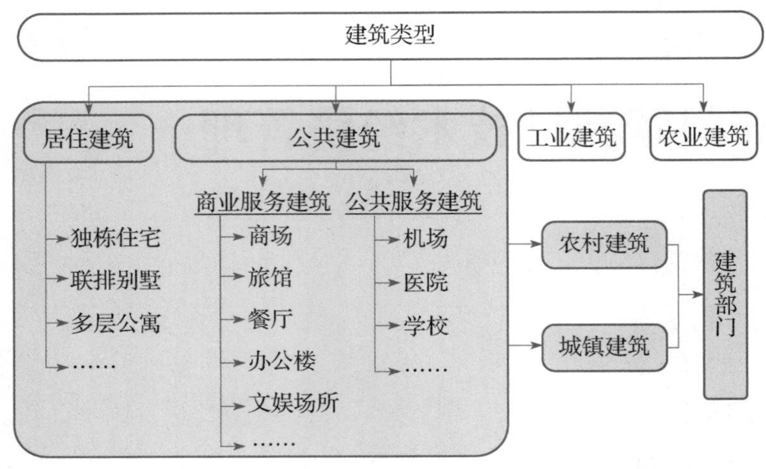

图 8－1　建筑的划分

二、建筑部门 CO_2 排放来源

建筑部门 CO_2 排放是指为了满足建筑内各类活动和服务而产生的直接和间接碳排放。从全生命周期角度出发，建筑部门 CO_2 排放包括建筑材料生产、建筑建造、建筑运行和建筑拆除阶段产生的 CO_2（见图 8－2）。建筑材料生产阶段 CO_2 排放是指建筑材料，如钢铁、水泥、玻璃等，生产和制造阶段使用煤炭、油气、电力等能源而产生的 CO_2 排放，也包括建筑材料生产阶段的过程排放（如水泥煅烧）。建筑建造阶段 CO_2 排放是指在建筑建造过程中由于能源消耗而产生的 CO_2 排放。建筑运行阶段 CO_2 排放是指为了维持室内环境的冷热舒适性及满足室内生活、工作、休闲和娱乐活动而产生的 CO_2 排放。建筑拆除阶段 CO_2 排放是指在建筑拆除和废弃物处置阶段由于能源使用而导致的 CO_2 排放。

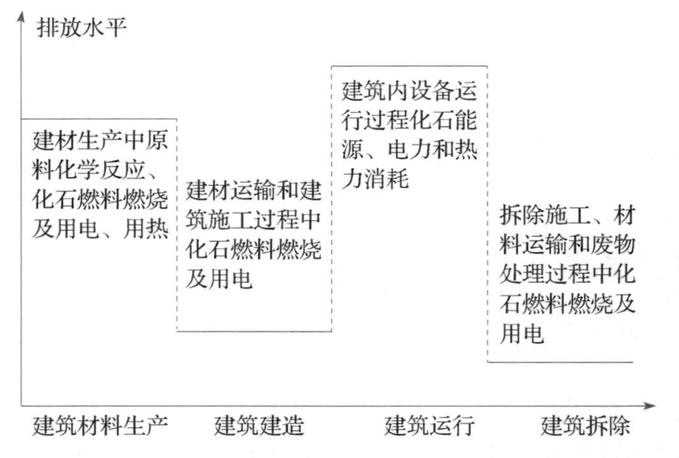

图 8－2　建筑部门碳排放来源示意图

狭义的建筑部门 CO_2 排放是指建筑在运行阶段产生的 CO_2 排放。具体而言，是建筑在运行过程中为了满足取暖、制冷、热水、炊事、照明等各类服务需求而产生的直接 CO_2 排放和间接 CO_2 排放（电力和热力在生产过程中产生的 CO_2 排放）（见图 8－3）。因为建筑运行阶段 CO_2 排放占建筑部门 CO_2 排放总量的 50% 以上，所以本章主要讨论建筑运行阶段的 CO_2 排放。

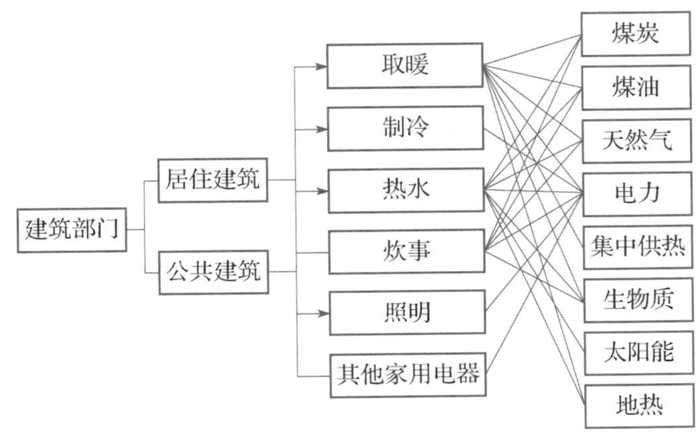

图 8－3　建筑部门能源服务需求与消费的能源类型

三、建筑部门碳减排技术介绍

为了满足建筑部门的能源服务需求，需要用能设备将能源转换为服务。例如，为了利用电力满足制冷需求，需要使用空调这种用能设备；为了利用太阳能满足热水供应需求，需要使用太阳能热水器等用能设备。因此，建筑部门运行阶段的 CO_2 排放量取决于用能设备的能源消耗量和能源类型，而用能设备的能源消耗量和能源类型是由建筑本身的保温隔热性能、设备种类和用户对设备的使用行为决定的，如图 8－4 所示。

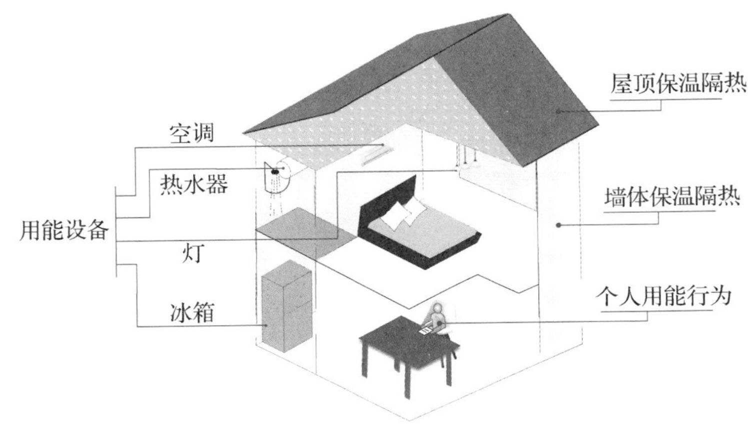

图 8－4　建筑运行阶段 CO_2 排放决定因素

减少建筑运行阶段的 CO_2 排放，就是要让建筑在提供舒适居住环境的基础上，实现节能减碳。建筑部门碳减排技术主要包括围护结构低碳保温材料技术、低碳用能技术以及智慧能源管理技术。其中，低碳用能技术可以根据设备提供的服务种类划分为低碳供暖技术、低碳制冷技术、低碳炊事技术、低碳热水供应技术和低碳照明技术。

1. 围护结构低碳保温材料技术

建筑是由围护结构（包括墙体、屋面、门窗、地面等）围合起来的空间，这一空间环境的优劣，取决于室外自然气候条件和围护结构的保温隔热材料性能（热工性能）。建筑材料的热工性能越好，对供暖和制冷的需求就越少，建筑运行阶段的 CO_2 排放就越少。

现阶段应用最多的建筑外墙保温隔热材料是岩棉板、苯板、挤塑板等。要实现较好的节能效果，外墙导热系数往往需要低于 0.045W/(m^2 · K)。然而，保温隔热性能并非建筑外墙保温材料选择的唯一考量因素，尺寸稳定性、吸水性、防火性、质量可靠性、施工便捷性等因素同样重要。常见的建筑外墙保温隔热材料及其保湿性能、优势和劣势见表 8－1。

表 8－1　建筑外墙保温隔热材料一览

材料名称	保温性能	优势	劣势	应用
真空绝热板	高	保温性能极佳	造价高；破损后保温性能会骤降；现有施工工艺引发结露的风险大；施工平整度较难控制，薄抹灰系统脱落风险大	
气凝胶	高	耐高温、导热系数低、密度小、强度高、绿色环保、防水不燃、隔声减震	造价贵	冶金、化工、国防、航空航天等领域的高效隔热保温材料，尚未广泛用于建筑工程领域。我国还处于实验室产品阶段
发泡聚氨酯	高	整体性和防水性极佳		适用于屋面保温和防水、地下室墙体覆土内的保温防水，应用于干挂幕墙内的保温，施工操作方便，最大程度防止热桥作用

续表

材料名称	保温性能	优势	劣势	应用
挤塑聚苯板（XPS 板）	高	防水、保温、刚度大、抗压性能好	透气性差，尺寸稳定性差，与无机粘结砂浆的可粘结性较差，常见外墙系统脱落、饰面开裂事故，造价高	用于屋面、地面、地下室墙体覆土内的保温非常合适
酚醛板	高	保温性能较好	易粉化、机械强度低、脆性高、无延伸性和吸水率高，易出现严重的饰面开裂、脱落等质量事故	日本广泛采用酚醛板。国内目前推广力度小，生产技术较为落后。由于其风险性高，江苏省曾专门出台专家会议纪要，不推荐酚醛板用于外墙外保温系统
石墨聚苯板	高	性价比高		用于低于 54 米的居住建筑、低于 50 米的公共建筑、低于 24 米的幕墙式建筑的薄抹灰保温系统综合表现佳
真金板	高	经过改性处理防火性能达到 A2 级，泡沫颗粒本身不会燃烧	市场产品质量参差不齐	
膨胀聚苯板	高			应用最广泛，最成熟
岩棉板	高		吸水性高，会因受潮而降低保温性能	在欧洲仅次于聚苯板保温材料，主要用于高层建筑防火要求较高的建筑部位。在国内，岩棉板保温广泛应用于干挂幕墙内部，薄抹灰体系的应用刚刚兴起
复合硅酸镁铝绝热材料	中	不燃、环保，使用寿命长		

续表

材料名称	保温性能	优势	劣势	应用
HX 隔离式保温板	中	能克服施工过程中引燃的缺陷问题	生产工艺相对复杂，造价高	
聚苯颗粒保温砂浆	低		保温性能较差，吸水率较高	在国内南方的应用范围较大，不适用于高节能要求的建筑外保温项目
泡沫玻璃保温板	低		造价贵，保温性能略差	
纤维增强复合保温板	低	防火性能较好，强度高，不易破碎	保温效果一般	
发泡水泥板	低		保温性能差，经长久耐候性影响会出现坍塌问题	
无机保温砂浆	低			节能效果一般，市场产品质量难以保证，在国内外多个区域被禁止使用
发泡陶瓷板	低	耐高温、耐候、不燃	造价昂贵，保温性能较差	
泡沫混凝土	低		保温性能差	

资料来源：汪立青（2015）.

门窗是围护结构保温隔热的薄弱环节。目前应用较多的节能玻璃有中空玻璃、真空玻璃和镀膜玻璃。中空玻璃在玻璃斜置或平置时对流明显，因此运用在屋顶时节能效果有限。真空玻璃对热量和声波的传递接近于完全阻隔，使得冬天室内热量不易散失，夏天室内冷气不易外逸，能显著提高室内的舒适度，具有较好的节能效果。镀膜玻璃（又称低辐射玻璃、Low-E 玻璃）可以使照射于玻璃的远红外光被玻璃表面膜层反射，从而降低玻璃的热辐射，实现节能。衡量玻璃节能效果的重要指标包括传热系数、可见光透过率和阳光热获得系数，不同种类玻璃的性能见表 8－2。2019 年住建部发布的《近零能耗建筑技术标准》（GB/T 51350—2019）要求严寒地区近零能耗建筑中，居住建筑和公共建筑外窗的传热系数分别不高于 1.0W/(m^2·K) 和 1.2W/(m^2·K)。按照目前的技术水平，只有低辐射真空玻璃有可能满足这一规定。

表 8-2　不同种类玻璃的传热系数、可见光透过率和阳光热获得系数

玻璃种类	结构（厚度/mm）	传热系数（W/（m^2·K））	可见光透过率（%）	阳光热获得系数 GCSH
普通中空玻璃	3F+6A+3F	3.5～3.59	78～80.2	0.754
普通中空玻璃	5F+12A+5F	3.15～3.32	76～78.6	0.72
吸热中空玻璃	5X+12A+6F	2.7～2.8	31～61	0.42～0.54
单层阳光反射玻璃	5SR（灰）	3.7～3.9	32～43	0.41～0.50
阳光反射中空玻璃	5SR+12A+5F	1.8～2.1	23～38	0.33～0.42
单层低辐射玻璃	4Low-E	3.8～4.0	76～83	0.65～0.74
低辐射中空玻璃	6F+12A+6L	1.8～2.06	72～76	0.64～0.71
低辐射氩气中空玻璃	6F+12 Argon+6L	1.7～1.85	72～76	0.64～0.71
普通真空玻璃	3F+0.12V+3F	2.23～2.5	72～77	0.66～0.70
低辐射真空玻璃	4F+0.12V+4L	0.81～1.55	70～74	0.63～0.69
双层低辐射真空玻璃	4L+0.12V+4L	0.7～1.23	68～72	0.60～0.66

资料来源：韩乐（2020）.

注：F—普通浮法玻璃；X—吸热玻璃；SR—阳光反射玻璃；L（Low-E）—低辐射镀膜玻璃；A—空气层；V—真空层；Argon—充氩气。

2. 低碳供暖技术

供暖带来的 CO_2 排放是建筑运行阶段最主要的 CO_2 排放来源之一，也是建筑低碳转型过程中最具挑战性的环节之一。

目前的供暖技术主要有锅炉、热电联产、工业余热、热泵等集中供热方式，以及户式燃煤炉、户式燃气炉、户式生物质炉、空调分散供暖和直接电加热等分散供暖方式。

传统的户式燃煤炉、户式生物质炉直接燃烧低品质煤炭和未经处理的生物质材料，不仅效率很低，而且造成严重的室内污染，威胁居民健康。电直热供热是一种将电能通过电阻直接转化为热能的供热方式，投资小、运行简单，但考虑发电效率后，电直热供热的全流程效率不高，电费相对较高，对农村扩容电网要求高，正在被更加清洁高效的供暖方式所取代，如采用户式燃气炉供暖，或使用生物质成型燃料节能炉供暖、空调分散供暖等。

锅炉供暖是指利用煤炭、天然气、电力或者生物质等能源直接将锅炉内的水加热，然后通过管道将热水运输至建筑内，利用散热器为建筑供暖的技术。从全流程来看，燃煤锅炉、燃气锅炉和电锅炉供暖（特别是使用化石能源发电供暖）效率低，排放高，不符合未来低碳高效供暖的发展方向，正在被逐渐淘汰。生物

质锅炉集中供暖清洁高效，但受生物质资源限制。

热电联产供暖是指发电厂既生产电能，又利用汽轮发电机做过功的蒸汽对用户统一供暖，根据使用的能源类型可以分为燃煤热电联产供暖和燃气热电联产供暖。热电联产供热是目前城镇供暖的主要方式，在效率、成本、降低 CO_2 排放等方面均具有一定的优势。

工业余热供暖是利用工业生产过程中的低品位剩余热量供暖，既不影响生产工艺，也不影响生产能耗，不需要额外消耗化石能源，因此直接排放为零。目前我国北方工业余热供暖推广缓慢，供暖面积仅一亿多平方米，主要原因是：第一，生产工艺本身的热量波动或检修以及工业面临的政策限产、停产都可能导致余热产出不稳定；第二，目前的工业余热项目主要集中在钢铁厂和石化厂两类余热密度大的行业，对于许多其他工厂周边的城镇，缺少可借鉴的示范案例及专业技术服务；第三，部分政策对限产期间参与余热供暖的企业并无倾斜，不足以调动工厂参与工业余热项目的积极性。

热泵供暖是当前较为先进的供暖方式，包括空气源热泵供暖、水源热泵供暖、地源热泵供暖等，通过从室外空气、水源和土壤中提取热量，辅以少量的电力，使热量品质达到供热要求并送到室内。

相关数据表明，2020 年，煤炭、石油和天然气锅炉在全球供暖设备销售中的份额已下降至 50% 以下，市场正从以化石燃料为主的技术组合缓慢过渡到更高效、更低碳的解决方案（IEA，2021d）。自 2015 年以来，全球建筑部门可再生热力消费份额稳步增加（IEA，2020b），如图 8－5 所示。

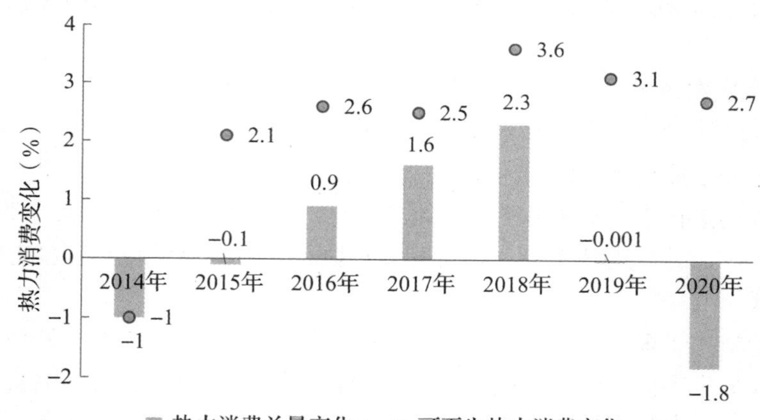

图 8－5　2014—2020 年全球热力消费和可再生热力消费变化

资料来源：IEA（2020）.

3. 低碳制冷技术

建筑部门制冷低碳转型是全球能源转型中最关键的盲点之一。全球用于制冷的能源消耗比建筑中任何其他终端用能消费增长都要快。从 1990 年到 2020 年，中国空调保有量从城镇居民 0.34 台/百户增长到 149.6 台/百户，实现了从零到基本普及的转变。如果没有强有力的政策干预，未来十年与制冷相关的能源需求将继续飙升（IEA，2019）。

目前中国应用最广泛的制冷技术是微型分体式空调制冷，也就是带有一个室外压缩机或冷凝机、一个室内机组的空调制冷机。2017 年，微型分体式空调能耗已占中国城市居民建筑制冷总能耗的 80%。除此之外，其他常见的制冷技术包括多联机空调制冷（也称“一拖多”，即一个室外机组连接两台及以上室内机组）、中央空调系统制冷、风扇制冷等。尽管多联机空调制冷和中央空调系统制冷的效率比微型分体式空调制冷略高，但是往往会提供更长时间、更大空间的制冷服务，从而导致消耗更多能源。据统计，多联机空调制冷和中央空调系统制冷的能耗强度分别是微型分体式空调制冷的 2 倍和 5 倍左右，而这两类设备的数量和比例均在逐年增加，特别是非住宅建筑中大规模的中央空调制冷技术迅速普及，导致制冷能耗不断攀升。

根据不同的制冷原理，空调还可以分为热泵型和单冷式。其中，热泵型空调既可以在夏季炎热时制冷，也可以在冬季寒冷时供暖，单冷式空调则只能制冷。图 8－6 展示了现有国家标准中不同类型空调的能效等级限定范围。

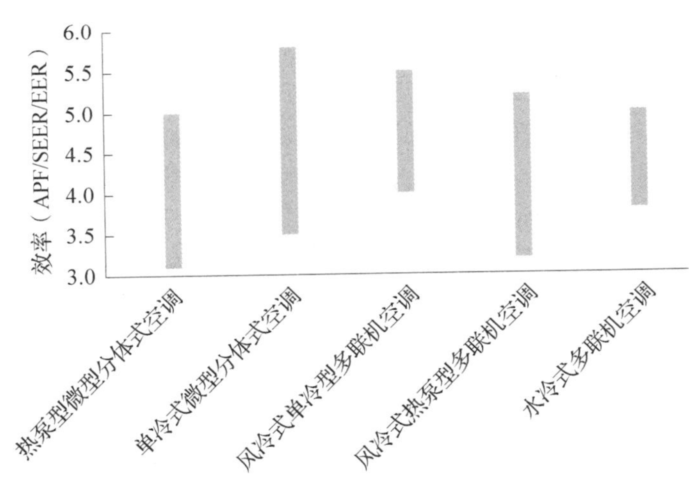

图 8－6　不同空调工作效率

资料来源：房间空气调节器能效限定值及能效等级标准（GB 21455—2019）；多联式空调（热泵）机组能效限定值及能效等级标准（GB 21454—2021）.

注：热泵型微型分体式空调和风冷式热泵型多联机空调效率用全年能源消耗效率（annual performance factor，APF）衡量，APF 是指空调器在制冷季节和制热季节期间，从室内空气中除去的冷量和送入室内的热量的总和与同期间内消耗电量的总和之比。单冷式微型分体式空调和风冷式单冷型多联机空调效率用制冷季节能源消耗效率（seasonal energy efficiency ratio，SEER）衡量，SEER 是指制冷季节期间，空调器进行制冷运行时从室内除去的热量总和与消耗电量的总和之比。水冷式多联机空调效率用制冷能效比（energy efficiency ratio，EER）衡量，EER 是指在额定工况和规定条件下，空调器进行制冷运行时，制冷量与有效输入功率之比。

以上所有的制冷技术均为电能直接制冷，这类技术已经较为成熟并得到了广泛运用。此外，还有一些新型低碳制冷技术正处于研发示范阶段，包括太阳能制冷技术、热声制冷技术、辐射制冷技术、磁制冷技术等。

4. 低碳炊事技术

2020 年，全球仍有 25 亿人未能使用清洁炊事设备（IEA，2021e），而厨房往往是农村家庭空气污染最严重的地方。传统炊事设备主要使用低品质的煤、未经处理的生物质能、煤气、液化石油气、天然气等燃料。炊事电气化和使用生物质成型燃料炊具是实现低碳炊事的最可行途径。

各类电炊事设备的不断出现，已经完全覆盖了传统炊事设备可以提供的功能，在技术上炊事设备可以实现完全电气化。一般电炊事设备的热效率可以达到 80% 以上，远高于燃气炊具 40% ～60% 的效率。综合来看，燃气炊具改为电炊具后，燃料成本基本不变。

生物质成型燃料炊事设备是除电炊事设备外的另一种低碳选择。生物质成型燃料大幅提高了生物质的能量密度，使其与中热值煤相当，且运输与储存性质均能达到煤炭的效率，但比煤炭的碳排放少。

5. 低碳热水供应技术

热水已经成为人们日常生活中的必需品，热水器也成为许多家庭的标配。根据 2021 年《中国统计年鉴》数据，2020 年末，中国农村居民平均每百户热水器拥有量达到了 76. 2 台，城镇居民平均每百户热水器拥有量更是达到了 100. 7 台。低碳热水器主要包括电热水器、燃气热水器、真空管太阳能热水器、平板太阳能热水器和空气能热水器（又称空气源热泵热水器）等。

电热水器直接将电能转化为热能来加热冷水，从而获得热水。燃气热水器通过燃烧天然气加热冷水，从而获得热水，并将热水输送到用水点。太阳能热水器利用太阳能集热器将光能转化为热能，以实现对冷水的缓慢加热，并将加热后的热水储存在水箱内。空气能热水器通过把空气中的低温热量吸收进来，经过氟介质气化，然后通过压缩机压缩后增压升温，再通过换热器转化给水加热。以我国的一个三口之家为例，不同地区、不同类型和不同能效等级的热水器满足全家一年热水需求的能源消耗量如图 8 - 7 所示。可以发现，电热水器是目前主流热水器中能耗最高的热水器，其次是燃气热水器，在温和地区空气能热水器能耗最低，在其他地区真空管太阳能热水器能耗最低。空气能热水器的使用效果受气候影响大，在寒冷地区使用效果不如太阳能热水器。

6. 低碳照明技术

衡量照明效率的指标是光效（luminous efficacy），其定义是在 25℃ 环境下光源发出的光通量除以其功率，单位是 lm/W（流明/瓦）。在照明效率一定的前提下，光效高的产品消耗的电力更少，带来的间接排放也更少。LED 灯是主要的低碳照明技术，通常情况下，LED 灯的光效可以达到 110 lm/W，而荧光灯的光效为 30～50 lm/W，白炽灯的光效为 5～10 lm/W，LED 灯比白炽灯节能 70% 以上。此外，LED 灯还可以减小室内发热量，降低室内空调负荷。表 8 - 3 展示了 LED 筒灯光效国家标准。

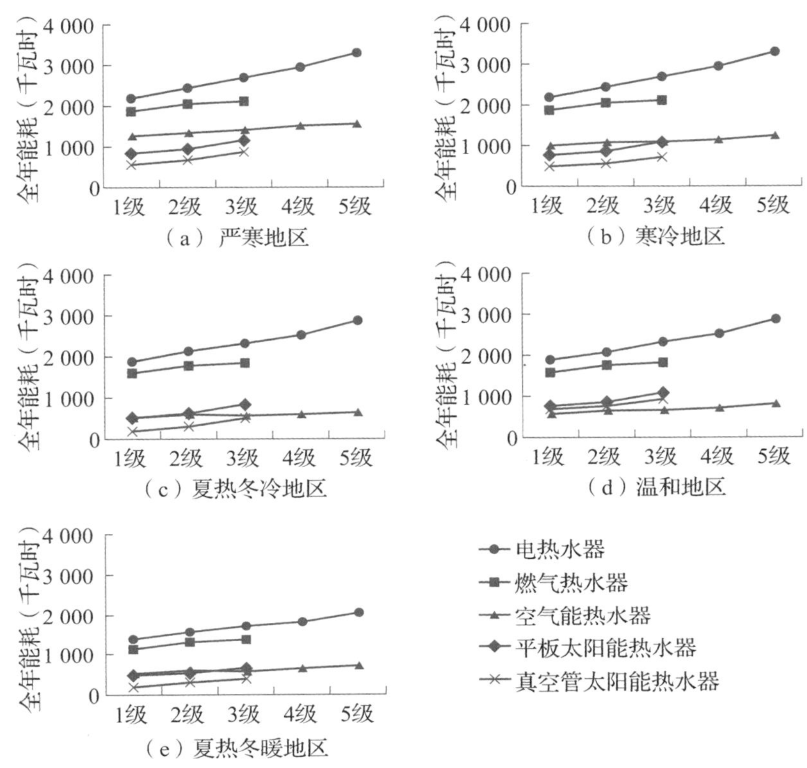

图 8-7　热水器能耗比较

资料来源：陈月冬（2019）.

表 8-3　LED 筒灯光效国家标准

额定功率（W）	额定相关色温（（CCT）K）	光效（lm/W）		
		1 级	2 级	3 级
≤5	CCT≤3 500	95	80	60
	CCT>3 500	100	85	65
>5	CCT≤3 500	105	90	70
	CCT>3 500	110	95	75

资料来源：国家市场监督管理总局（2019）.

注：额定相关色温是指在均匀色品图上距离最短的温度，用于区分光的颜色。

我国 LED 照明产品的销售额占比已从 2015 年的 30% 提升至 2020 年的 60% 以上。相反，“十三五”期间的白炽灯产量比“十二五”期间减少约 5 亿只，出口量同比减少 1.48 亿只以上；荧光灯产量同比减少 20 亿只以上，出口量同比减少 19 亿只以上（中国照明电器协会，2021）。

7. 智慧能源管理技术

建筑能源管理系统（building energy management system，BEMS）通过采用更加精细和更加智能化的管理方式影响和改变人的用能行为，从而减少能源消费和碳排放。研究表明，智慧能源管理系统节能效果可以达到 5% ～30%

(Al-Ghaili et al. , 2021)。

具体而言，智慧能源管理系统通过实现以下五类功能中的一个或多个，使得在保证建筑内舒适性的前提下，达到节约能源、减少碳排放的目的。(1) 监测，即实时监测整个建筑与各用能设备的能源使用情况，展示相关指标和用能、节能信息。(2) 控制，即对建筑内各用能设备的能源利用进行控制，如按照预先设定的设备启停时间表打开或关闭用能设备或在阶梯价格情况下进行需求侧响应，控制设备运行状态，节约能源成本，最终实现热舒适、室内空气质量、通风与能源使用的平衡。(3) 分析，即对未来能源需求进行预测，进而确定设备最优控制或管理策略，诊断设备的运行状况，指出可能的故障检测，提出设备的维护计划。(4) 管理，即通过将经济信息与能源使用成本联系在一起，对社会经济行为进行管理，并与控制功能相结合，实现节能。例如，通过反馈邻居能源消费、平均能源消费等信息影响建筑使用者行为。(5) 其他高级功能或特殊功能，如通过模式识别、建模和云计算技术等进一步提高建筑能源管理系统的智能化程度，建立能源费用预付系统，通过负荷识别家用电器的运行状态，智能管控能源使用与储存模式，通过日光辅助管理将光线引导至室内空间以减少照明系统能耗等。

第 2 节　建筑部门碳排放现状

本节将介绍全球及中国建筑部门的碳排放现状，并对比中国及其他国家建筑运行阶段的碳排放情况。

一、全球建筑部门碳排放现状

2018 年，全球能源相关的 CO_2 排放量为 346 亿吨。其中，建筑材料生产及建筑建造阶段 CO_2 排放量为 38 亿吨，占比为 11%；建筑运行阶段 CO_2 排放量为 97 亿吨（包含电力和热力生产的间接排放），占比 28%（见图 8－8）。

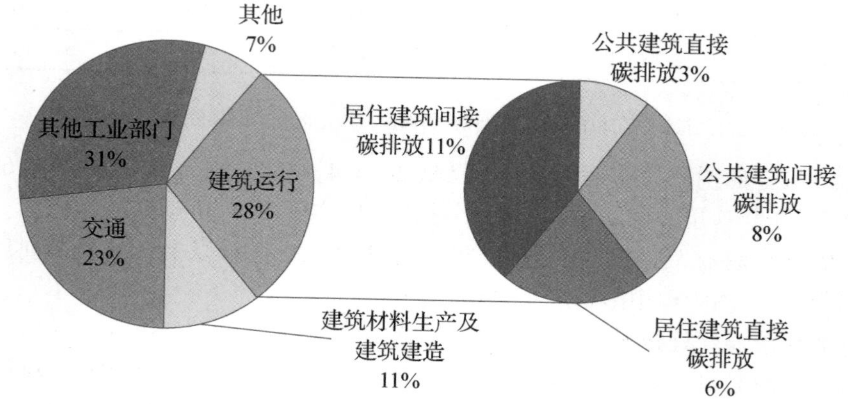

图 8－8　2018 年全球建筑部门 CO_2 排放

资料来源：IEA (2020c).

2018 年，全球居住建筑在运行阶段的直接 CO_2 排放量为 21 亿吨，占比为 6%，间接 CO_2 排放量（电力生产和热力生产阶段的 CO_2 排放）为 38.1 亿吨，占比为 11%。与居住建筑不同的是，全球公共建筑在运行阶段的直接和间接 CO_2 排放分别为 10.4 亿吨和 27.7 亿吨，占比分别为 3% 和 8%（见图 8-8）。

二、中国建筑碳排放概况

2000—2018 年，我国建筑全生命周期 CO_2 排放总量由 9.6 亿吨增长到 36 亿吨，增长了 2.7 倍，年均增速为 7.6%（见图 8-9）。

从建筑全生命周期各个阶段分析，2000—2018 年，我国建筑运行阶段 CO_2 排放占比逐渐降低，建筑材料生产阶段 CO_2 排放占比逐渐增加。具体而言，我国建筑运行阶段 CO_2 排放占比由 2000 年的 65% 降低至 2018 年的 54%，降低了 11 个百分点；建筑材料生产阶段 CO_2 排放由 2000 年的 32% 上升至 2018 年的 43%，增加了 11 个百分点（见图 8-9）。

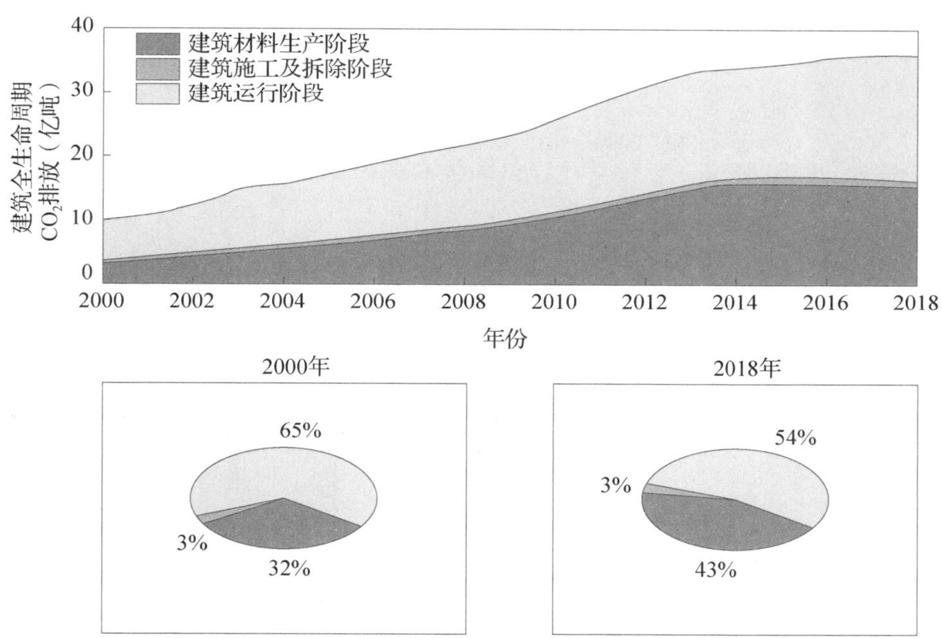

图 8-9　2000—2018 年我国建筑全生命周期 CO_2 排放

资料来源：中国建筑节能协会 . http://123.56.125.66/dataserver.

1. 建筑材料生产阶段碳排放

2000—2018 年，我国建筑材料生产阶段 CO_2 排放总量由 3.1 亿吨增长至 15.51 亿吨，增长了 4.0 倍，年均增速为 9.4%。其中，钢材、水泥、铝材生产的 CO_2 排放分别由 2000 年的 1.1 亿吨、1.4 亿吨和 0.14 亿吨增长至 2018 年的 5.3 亿吨、7.3 亿吨和 0.74 亿吨，分别增长了 3.9 倍、4.1 倍和 4.1 倍，年均增速分别为 9.2%、9.4% 和 9.5%。除钢材、水泥、铝材外的其他建筑材料生产阶段 CO_2 排放由 0.4 亿吨增长至 2.1 亿吨，增长了 4.2 倍，年均增速为 9.5%（见图 8-10）。

从各类建筑材料生产阶段产生的 CO_2 排放占比来看，2018 年，水泥生产阶段产生的 CO_2 排放占比最高，达到 47.4%。钢材、铝材生产阶段产生的 CO_2 排放占比分别为 34.4% 和 4.8%（见图 8－10）。

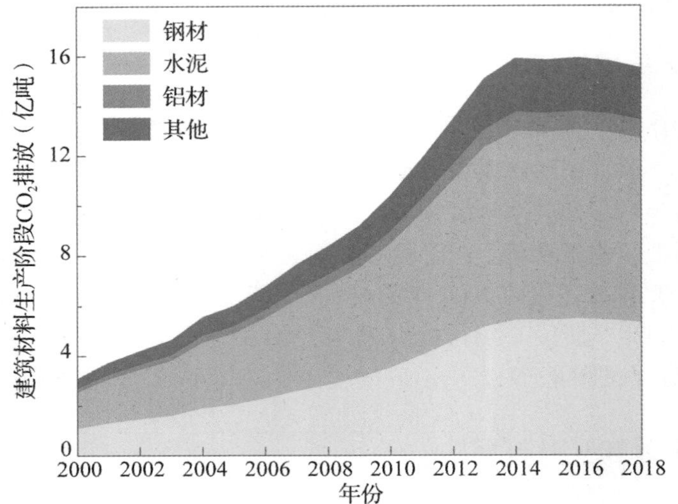

图 8－10　2000—2018 年建筑材料生产阶段 CO_2 排放

资料来源：中国建筑节能协会. http://123.56.125.66/dataserver.

2. 建筑施工及拆除阶段碳排放

2000—2018 年，我国建筑施工及拆除阶段 CO_2 排放由 0.3 亿吨增长至 0.95 亿吨，增长了 2.2 倍，年均增速为 6.6%（见图 8－11）。2018 年，我国建筑施工及拆除阶段 CO_2 排放占建筑全生命周期 CO_2 排放总量的 2.6%。

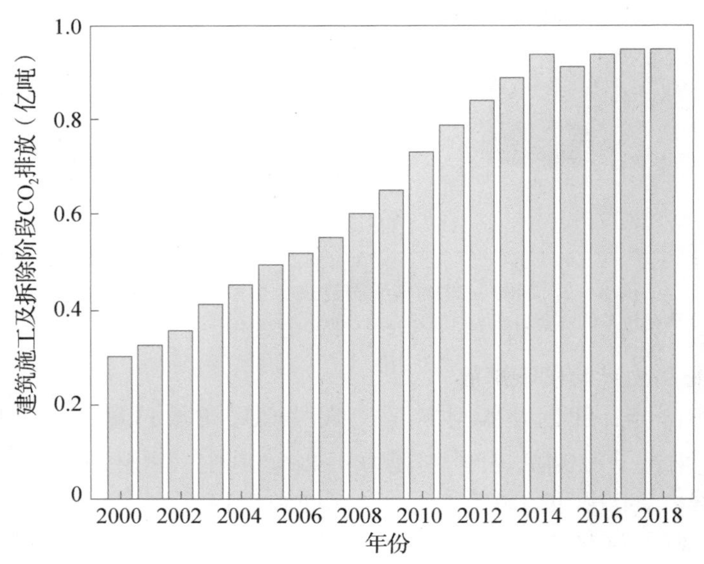

图 8－11　2000—2018 年建筑施工及拆除阶段 CO_2 排放

资料来源：中国建筑节能协会. http://123.56.125.66/dataserver.

3. 建筑运行阶段碳排放

2000—2018 年，我国建筑运行阶段 CO_2 排放由 6. 2 亿吨增长至 19. 57 亿吨，增长了 2. 2 倍，年均增速为 6. 6%。在此阶段，电力生产间接产生的 CO_2 排放增长最快，由 2000 年的 2. 1 亿吨增长至 2018 年的 11. 1 亿吨，增长了 4. 2 倍，年均增速为 9. 6%。直接消耗的化石能源产生的 CO_2 排放和热力生产导致的间接 CO_2 排放分别由 2000 年的 3. 2 亿吨和 0. 9 亿吨增长至 2018 年的 6. 07 亿吨和 2. 4 亿吨，分别增长了 89. 4% 和 163. 3%，年均增速分别为 3. 6% 和 5. 5%（见图 8 - 12）。

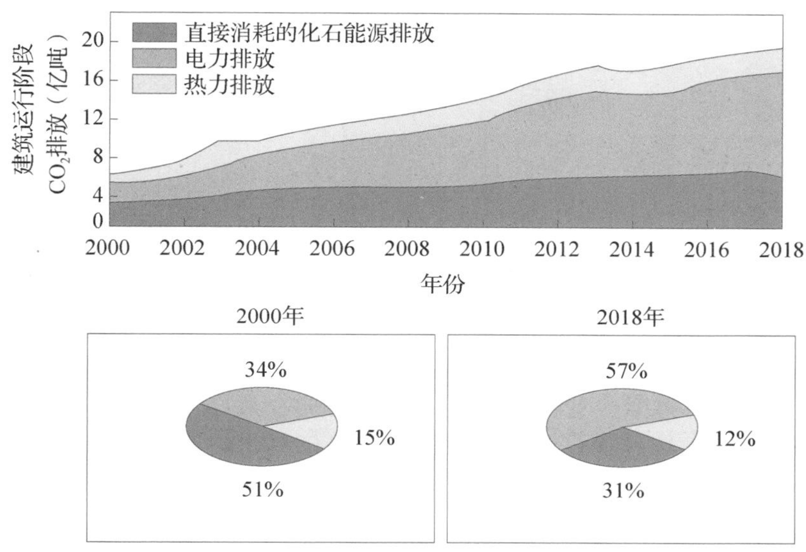

图 8 - 12　2000—2018 年建筑运行阶段 CO_2 排放

资料来源：中国建筑节能协会 . http://123. 56. 125. 66/dataserver.

从 CO_2 排放占比方面分析，2000—2018 年，电力生产引起的间接 CO_2 排放占比逐渐增加，直接消耗化石燃料产生的 CO_2 排放占比逐渐降低。具体而言，电力生产导致的间接 CO_2 排放占比由 2000 年的 34% 增长至 2018 年的 57%，增长了 23 个百分点；直接消耗化石燃料产生的 CO_2 排放占比由 2000 年的 51% 下降至 2018 年的 31%，降低了 20 个百分点（见图 8 - 12）。这主要是终端电气化水平加速提升的结果。

分建筑类型来看，我国公共建筑运行阶段 CO_2 排放增长最快，由 2000 年的 2. 1 亿吨增长至 2018 年的 7. 9 亿吨，增长了 2. 7 倍，年均增长 7. 6%。相比之下，城镇居住建筑和农村居住建筑运行阶段 CO_2 排放分别由 2000 年的 2. 4 亿吨和 1. 7 亿吨增长至 2018 年的 6. 8 亿吨和 4. 8 亿吨，均增长了约 1. 8 倍，年均增速分别为 6. 0% 和 5. 8%（见图 8 - 13）。

2018 年，我国公共建筑运行阶段 CO_2 排放占比最高，达到 40%，城镇居住建筑和农村居住建筑运行阶段 CO_2 排放占比分别为 35% 和 25%（见图 8 - 13）。

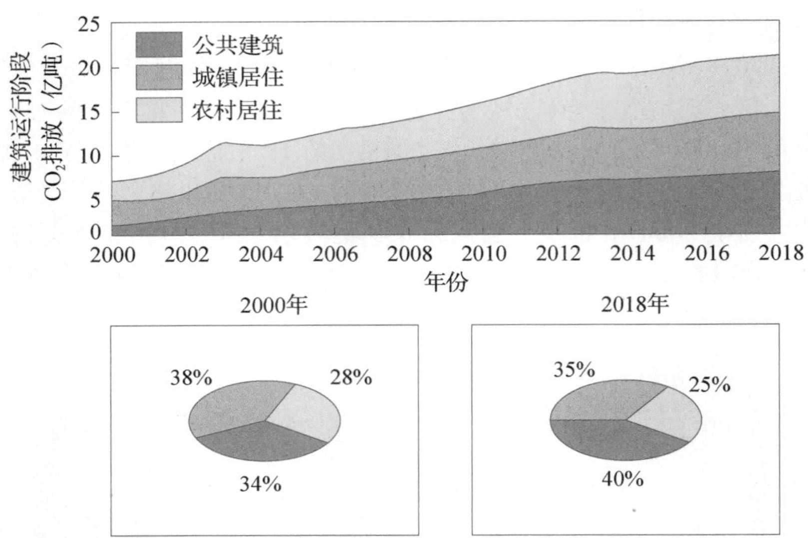

图 8－13　2000—2018 年公共建筑、城镇居住建筑和农村居住建筑运行阶段 CO_2 排放

资料来源：中国建筑节能协会，http://123.56.125.66/dataserver.

三、建筑部门碳排放的国际比较

人均建筑面积是造成不同国家建筑运行碳排放存在差异的主要原因。因此，下文从人均建筑面积和建筑运行碳排放两个角度对中国和其他国家的数据进行比较。

1. 人均建筑面积的国际比较

我国人均居住建筑面积和人均公共建筑面积远低于发达国家。2018 年，我国人均居住建筑面积为 34 平方米，仅为美国的 4/7（60 平方米/人），也远远低于法国（47 平方米/人）、德国（46 平方米/人）、日本（45.4 平方米/人）和英国（41 平方米/人）等国家（见图 8－14a）。此外，我国人均公共建筑面积与发达国家存在着巨大差距。2018 年，我国人均公共建筑面积仅为 9.3 平方米，这一数值是美国（26 平方米/人）的 1/3、德国（22 平方米/人）的 3/7、日本（16 平方米/人）的 4/7、法国（15 平方米/人）的 5/8（见图 8－14b）。

2. 建筑运行阶段 CO_2 排放的国际比较

图 8－15 展示了不同国家建筑运行阶段的 CO_2 排放（不包括电力和热力生产的间接排放）。从图 8－15 可以看出，美国建筑运行阶段 CO_2 排放远高于其他国家。2018 年，美国建筑运行阶段 CO_2 排放总量为 5.5 亿吨，我国建筑运行阶段 CO_2 排放为 5.4 亿吨，比美国低 1.6%。日本、英国、德国建筑运行阶段 CO_2 排放总量分别为 1.1 亿吨、1.2 亿吨和 0.87 亿吨，分别约为美国的 1/5、2/9 和 1/6。

我国建筑运行阶段 CO_2 排放总量虽高，但人均 CO_2 排放和单位面积 CO_2 排放远低于美国、日本、英国等发达国家。图 8－16 展示了世界主要国家建筑运行阶段人均 CO_2 排放和单位面积 CO_2 排放。由图 8－16 可知，我国建筑运行阶段人均

CO_2 排放约是加拿大的 1/5、美国和德国的 1/4、英国和法国的 2/5、日本的 1/2；单位面积 CO_2 排放约是加拿大和英国的 1/3、德国的 3/7、美国的 1/2、法国的 4/7、日本的 2/3。

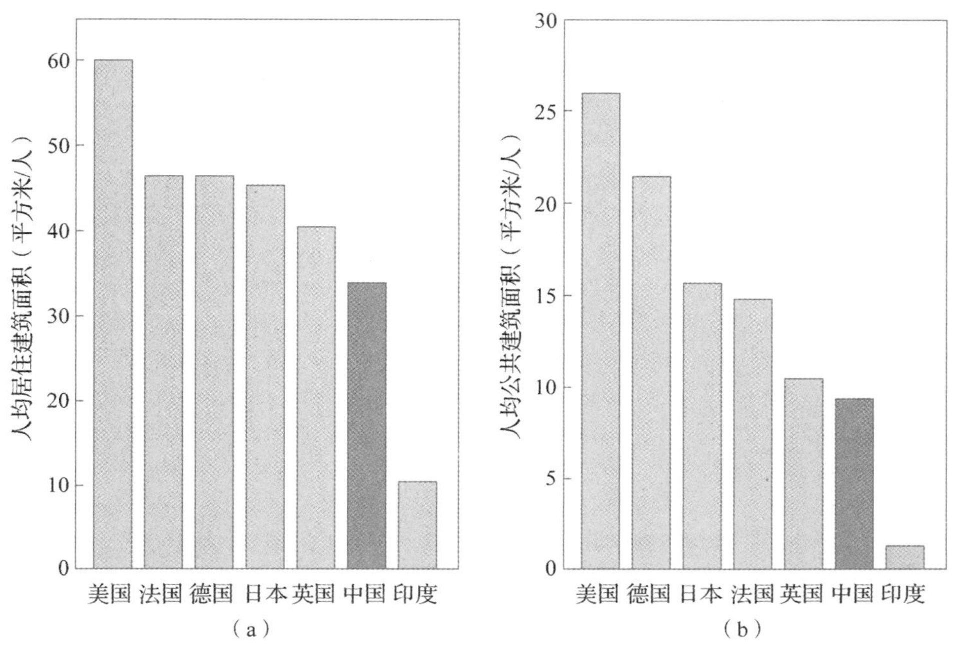

图 8－14　2018 年人均建筑面积的国际比较

资料来源：TU-BERC（2020）.

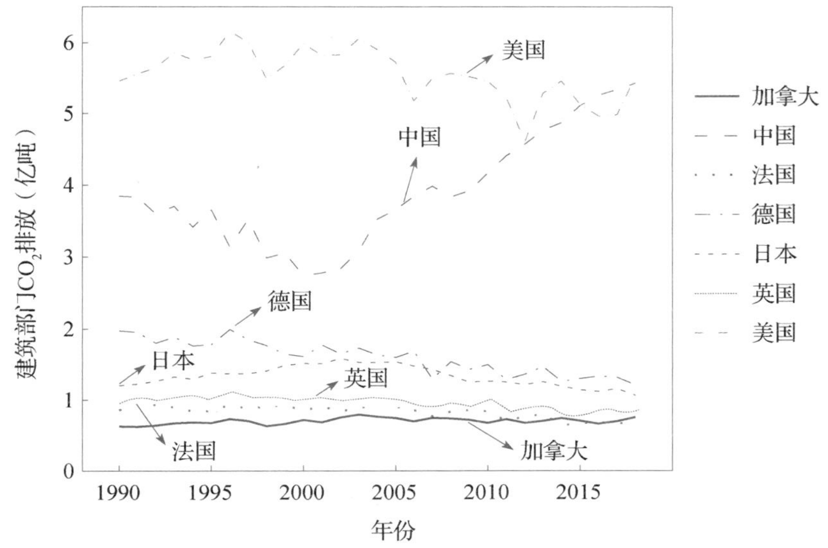

图 8－15　1990—2018 年建筑运行阶段 CO_2 排放的国际比较
（不包含电力和热力生产的间接排放）

资料来源：https://www.climatewatchdata.org.

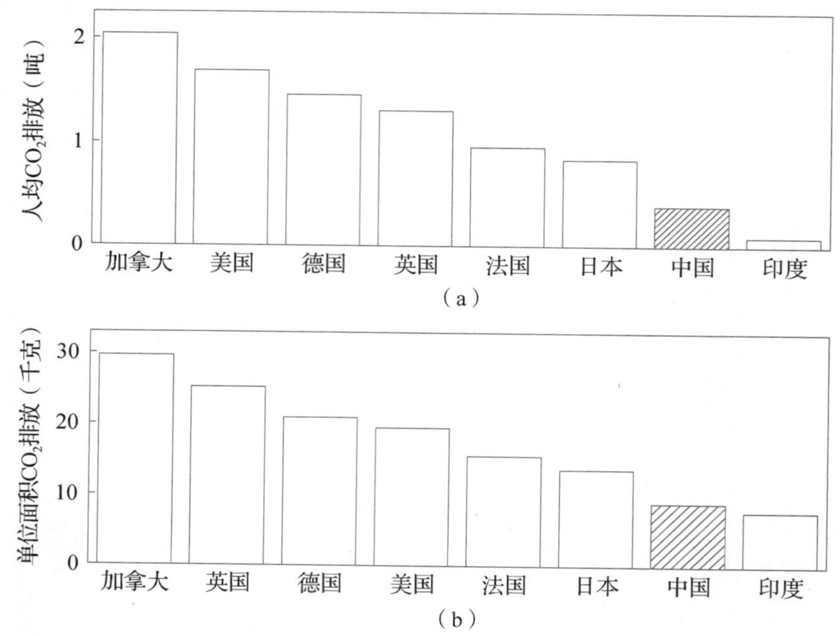

图 8－16　2018 年建筑运行阶段人均和单位面积 CO_2 排放的国际比较（不包含电力和热力生产的间接排放）

资料来源：https://www.climatewatchdata.org.

第 3 节　建筑部门碳减排技术经济管理措施

在介绍建筑部门碳减排技术和排放现状的基础上，本节进一步梳理建筑部门碳减排技术经济管理措施，并介绍各国采取的先进措施和取得的效果。总体而言，改善建筑围护结构热工性能、提高终端用能设备效率、大力推广清洁低碳终端设备、倡导低碳生活方式是减少建筑部门碳排放的主要途径，如图 8－17 所示。

一、改善建筑围护结构热工性能

改善建筑围护结构热工性能可以显著减少建筑内部与外部空气之间的热量交换，在冬季减少室内热量散失，在夏季减少室外热量进入，从而减少对取暖和制冷的需求，进而减少 CO_2 排放。改善建筑围护结构热工性能，既包括对既有建筑进行改造，也包括对新建建筑采用热工性能更好的围护结构材料。例如，推广发泡聚氨酯、挤塑聚苯板等作为墙体保温材料以及采用低辐射真空玻璃等。

改善既有建筑围护结构热工性能的主要措施是提供各类资金支持。例如，2021 年 3 月，美国就业计划（the American Jobs Plan）提出要投资 2 130 亿美元用于生产、维护和改造超过 200 万个负担得起且可持续的居住场所，尤其是要为中低收入人群建造和改造超过 500 000 套房屋（House，2021）；2021 年 4 月，加拿

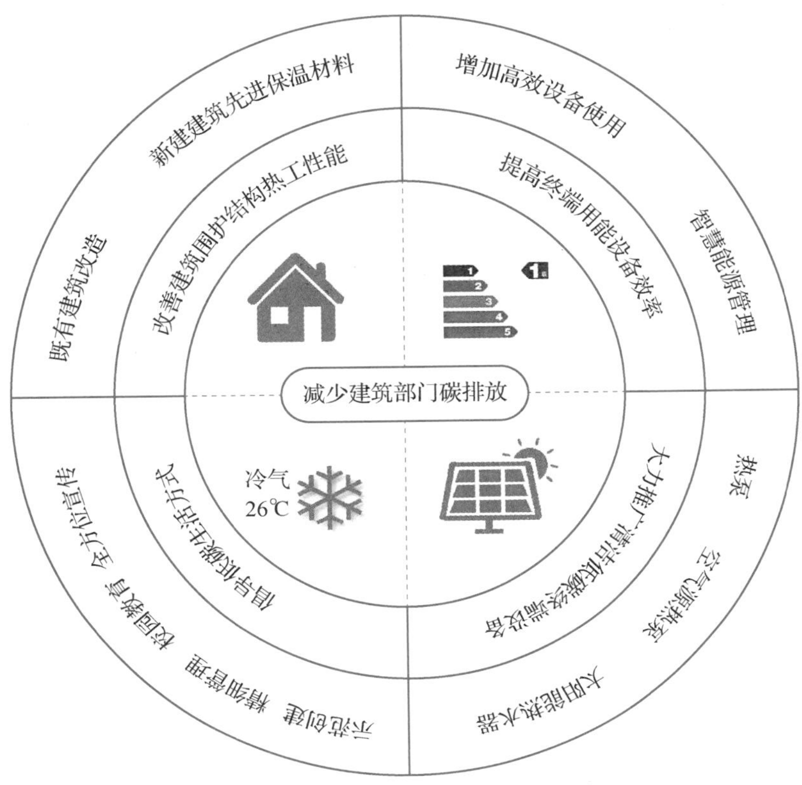

图 8-17　建筑部门碳减排主要途径

大政府启动了社区建筑改造计划（Community Buildings Retrofit Initiative），支持加拿大市政当局和非营利组织进行改造和其他升级，通过提高能源性能、降低运营成本来降低排放，延长社区建筑的寿命（Canada，2021）。

对于新建建筑，提高节能设计标准则是从源头实现节能减排的重要手段。例如，丹麦 2018 年更新的建筑法（Danish Building Regulations，BR18）以法律的形式对新建建筑的能源效率作出了强制要求。其中，所有新建建筑围护结构的传热系数（U 值）必须符合欧盟法规 No. 1253/2014 的要求，墙壁、窗户、地板、屋顶的传热系数分别不应超过 0. 3、1. 8、0. 2 和 0. 2W/(m^2 · K)。

2001 年起，开始探索既有建筑节能改造示范与补贴工作。2012 年，住房和城乡建设部与财政部共同启动和实施 10 个以上公共建筑节能改造重点城市建设，中央财政对公共建筑节能改造给予 20 元/m^2 的补贴，地方政府自行确定配套补贴标准。同年，财政部安排对夏热冬冷地区既有居住建筑节能改造提供资金补助，补助范围主要包括建筑外门窗节能改造支出、建筑外遮阳系统节能改造支出、建筑屋顶及外墙保温节能改造支出。补助标准综合考虑了不同地区经济发展水平、改造内容、改造实施进度、节能及改善热舒适性效果等因素，地区补助基准为东部地区 15 元/m^2，中部地区 20 元/m^2，西部地区 25 元/m^2。严寒地区和寒冷地区居住建筑节能改造补贴标准则分别达到了 55 元/m^2 和 45 元/m^2。2019 年，住房和城乡建设部会同财政部修订印发《中央财政城镇保障性安居工程专项资金管理办法》（财综〔2019〕31 号），明确中央补助资金支持老旧小区改造包括建筑节能改造内容，可以采取投资补助、项目资本金注入、贷款贴息等方式。2020 年 7 月，《国务院办公厅关于全面推进城镇老旧小区改造工作的指导意见》（国办发〔2020〕23 号）对银行机构支持城镇老旧小区改造提出要求。在已有补贴政策基础上，2021 年出台了国家标准《既有建筑维护与改造通用规范》（GB 55022—2021），首次系统地对既有建筑改造进行强制性约束，完善了已有的政策体系。

1986 年起，中国通过一系列标准的出台和修订，持续对新建建筑的围护结构热工性能进行改进，如图 8－18 所示。以 20 世纪 80 年代建筑能耗水平作为基准，中国建筑节能设计标准实现了从节能率 30% 到 75% 的跨越式发展，并进一步探索了近零能耗建筑的技术标准。2021 年，天津市低碳发展研究中心牵头制定了中国首个零碳建筑团体标准，引导建筑进一步以减排为目标降低能耗，增加可再生能源利用，为国家标准《零碳建筑技术标准》（编制中）提供了借鉴。在上述工作基础上，住房和城乡建设部于 2021 年 10 月 13 日出台了《建筑节能与可再生能源利用通用规范》，将既有建筑改造、新建建筑节能设计、可再生能源系统、施工调试验收与运行管理等内容全部覆盖，设计能耗水平进一步降低，规定严寒和寒冷地区居住建筑平均节能率应为 75%，其他气候区居住建筑平均节能率应为 65%，公共建筑平均节能率应为 72%，同时，首次明确了建筑碳排放强度强制标准，对建筑部门实现碳达峰碳中和具有重大指导意义。

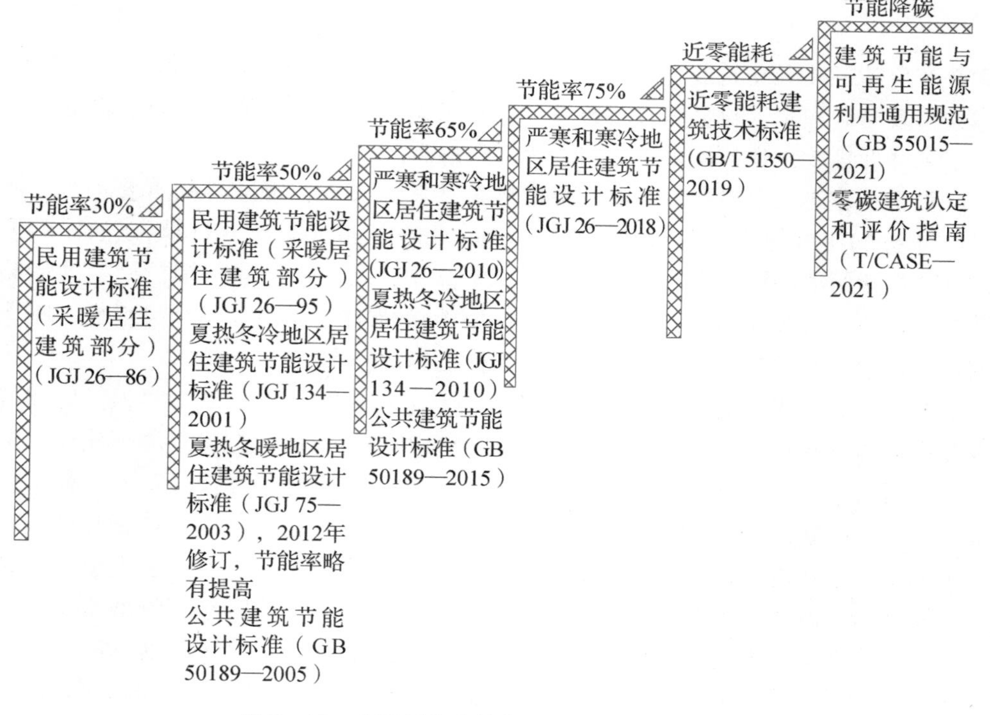

图 8－18　中国新建建筑节能设计标准发展历程

图 8－19 展示了部分欧洲国家居住建筑和公共建筑外墙传热系数的下降程度。在不到十年的时间里，绝大多数国家建筑保温隔热性能均有了显著提升。其中最为明显的是，法国居住建筑外墙传热系数在 2008—2017 年间下降了 44%，斯洛文尼亚的公共建筑外墙传热系数在 2014—2017 年间下降了 45%。此外，意大利的居住建筑和公共建筑外墙传热系数分别下降了 44% 和 33%，提升率均位于欧洲第二。

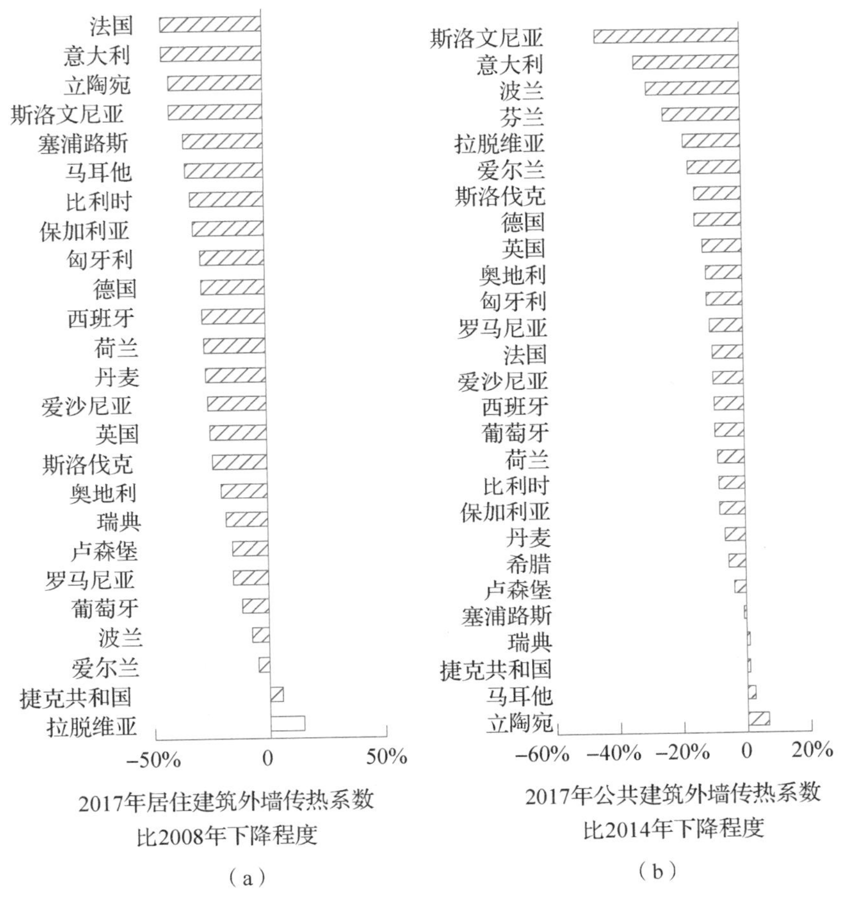

图 8－19　各国居住建筑与公共建筑外墙传热系数变化程度

二、提高终端用能设备效率

通过提高终端用能设备效率，减少低能效设备的使用，可以在不降低用户体验的前提下实现整体能源使用量节约和碳排放减少。提高终端用能设备效率可以从两个方面入手。一是直接增加高能效设备的使用，减少或者替换原有的低能效设备，限制低能效设备的交易与使用。例如，采用能效等级更高的热泵型空调或单冷型空调；照明设备选用高效节能的 LED 灯；采用能源效率更高的热水器。二是通过智慧能源管理系统实现用能过程的精益管理。具体来说，就是通过本章第 1 节中介绍的智慧能源管理技术的监测、控制、分析、管理等功能对用能设备的运行进行智能管控，用最少的能源消费实现最高的舒适度。提高终端用能设备效率具体的政策措施包括引导性政策和约束性政策两类。

引导性政策是指政府通过资金补贴、能效标识、低碳产品目录等引导市场主动选择高效设备。例如，在资金补贴政策方面，意大利将“绿色革命和生态转型”作为国家复苏计划（2021—2026 年）的目标之一，针对能效提升，特别是供热供冷系统能效提高制定了减税机制，设计了 153.6 亿欧元的能源效率措施，涉及学校建筑、司法建筑的能源效率提升，公共和私人住宅建筑的能源效率提升及抗震改造、区域供热等各项提升建筑能效的融资。欧盟在 2018 年发布的《改造指令》(Amending Directive) 和 2021 年 12 月修订的《能源效率指令》(Energy Efficiency Directive) 中，提出要支持建筑能源系统的数字化，提高能源性能证书的可靠性、质量和数字化，出售或出租建筑物时必须提供能源性能证书。

约束性政策是指通过能效限值最低标准等强制淘汰低能效设备。例如，欧盟《能源效率指令》(2021) 提出要逐步引入建筑最低能效限值标准，日本自 1998 年起实施“领跑者计划”，要求不满足能效标准者退出市场。

我国始终将提高终端用能设备效率作为建筑部门节能减排的重要措施。截至 2021 年，我国已经建立了包括各类家用空调、商用空调、照明灯具等建筑用能设备在内的能效标准体系，并制定了相应的能效标识管理办法。自 2012 年起，工信部每年均会发布《“能效之星”产品目录》，涉及空调、电冰箱、热水器、洗衣机、平板电视、电饭锅、吸油烟机、空气净化器等主要家用电器，促进了高效节能家电产品的推广应用，有助于引导和推动生产及消费方式转变。

已有 100 多个国家对空调、照明灯具等用能设备使用强制能效标准和/或能效标识。能效标识适用于公共建筑、住宅和工业领域的 100 多种电器和设备，但是多数具有能效标识的产品覆盖范围较小。例如，只有 40～50 个国家和地区实施了洗衣机、洗碗机或电视的最低能效标准。图 8-20 展示了目前居民部门空调、冰箱和灯具能效标识和强制能效标准推广程度，可以看到，30 多年来三类设备的能效标识和标准制度覆盖范围迅速增加，全部达到了 75% 以上，但仍有未实施能效标识和标准制度的地区。

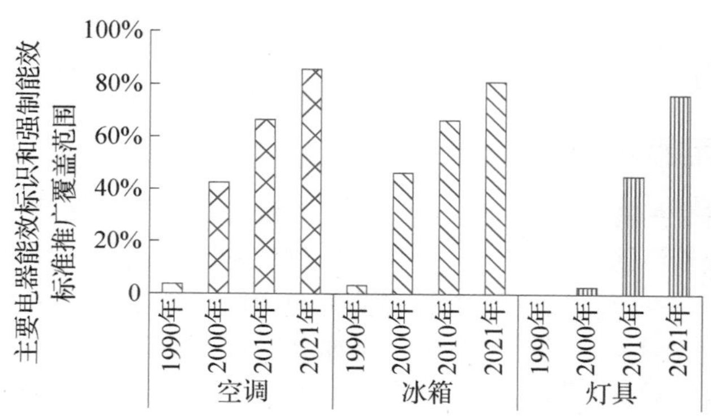

图 8-20 居民部门部分设备能效标识和强制能效标准制度推广程度

日本“领跑者计划”

日本政府从 1998 年起推出了“领跑者计划”（Top Runner Program）。该计划针对居住和公共建筑中各类设备，将当前市场上的最高能效水平设定为效率目标，同时规定目标达成时间表，设备厂商须在时间表规定的年限内达成效率目标。到目标年时，再根据目标年当年的市场最高能效水平设定新的效率目标和目标达成时间表。

如果厂商未满足“领跑者计划”设定的标准，日本经济产业省（METI）将会采取审查、建议等措施进行干涉，若厂商不遵守建议，会受到警告、公告或罚款等处罚。若产品在目标年后仍达不到能效标准，则不允许在市场上销售。对于表现优秀的厂商，“领跑者计划”提供研发支持、低息贷款、贷款担保、列入政府采购目录等激励措施。

此外，日本立法要求电器零售商提供统一的节能标签，标明产品是否达到领跑者标准，同时显示能效等级和预期年度电费，引导消费者选购节能高效产品。

通过这种前瞻性的目标设置，“领跑者计划”直接推动了高能效产品的研发和生产，产品和信息的提供促进了销售和购买，购买行为又反过来推动了高能效产品的生产，有效地激励了市场竞争和创新，推动节能技术不断进步，实施效果显著。例如，2004 年家用空调的能源效率比 1996 年提升了 67.8%，2010 年比 2004 年进一步提升了 22.4%。

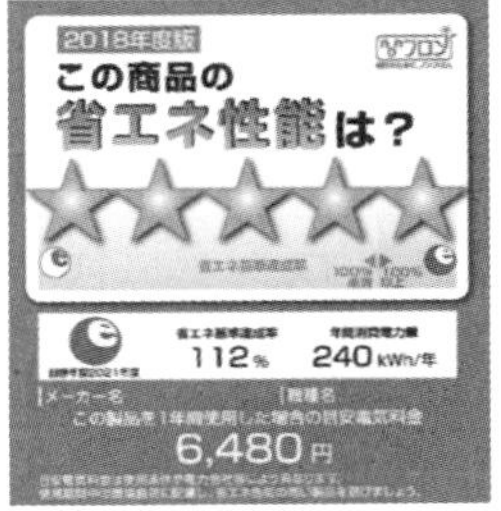

日本节能标签示例

三、大力推广清洁低碳终端设备

大力推广清洁低碳终端设备，即增加地热、生物质、太阳能、清洁电力设备的使用，如地源热泵、空气源热泵、太阳能热水器等，能够在满足建筑能源服务需求的同时从源头上减少化石能源消耗，从而减少碳排放。但同时需注意着力解决新能源不稳定导致的使用体验下降问题，如通过隔墙售电方式实现建筑间的清洁能源调剂和区域互济，通过场外新能源补给、电网主网兜底，形成多元电源支撑、大电网与分布式微网并举的供需耦合新机制，建设“光储直柔”新型建筑，实行需求响应，在用电高峰期和清洁能源供给紧张时，根据可调节负荷属性灵活调整使用时间，实现建筑内部的能源共济和有序用电。大幅增加清洁能源使用，减少对化石能源的依赖是减少建筑部门 CO_2 排放的根本手段和必然选择。

已有多个国家通过提供低息贷款、直接补贴、减税等方式降低清洁能源设备成本，或对化石能源设备使用增加限制，通过强制措施促进清洁能源设备的使用，改善建筑部门能源结构，如表 8－4 所示。

表 8-4 清洁能源设备推广实践

国家/地区	政策类型	具体描述
中国	强制措施	在《建筑节能与可再生能源利用通用规范（GB 55015—2021)》中要求新建建筑应安装太阳能系统
西班牙	强制措施	禁止中央政府购买使用化石燃料的锅炉
加拿大不列颠哥伦比亚省	低息贷款	鼓励用高效的电热泵替代化石燃料供热
丹麦	直接补贴	支持供热系统低碳转型，包括可再生能源区域供热和电热泵替代燃油供热系统
英国	设立基金	支持可再生能源供热，承诺将在 2025 年后建造的所有新住宅中用低碳供暖系统取代燃气锅炉
意大利	减税	针对热泵安装实行减税机制
芬兰	资金支持	逐步淘汰住宅和市政公共建筑中的燃油供热
法国	资金支持	为电力/生物质/太阳能供热系统建设、油气供热系统更换提供支持
葡萄牙	资金支持	为热泵安装、可持续建筑提供支持

2000 年以来，我国在清洁能源推广方面取得显著成效。电力已经成为我国建筑部门的主要能源，2020 年，电力占建筑最终能源消耗的 35% 以上，几乎是 2010 年的 2.5 倍。2010—2020 年，我国对全球建筑用电量增长的贡献约为 60%。生物能源是建筑部门第二重要的燃料，满足建筑部门 15% 的能源需求，而 2010 年这一比例约为 30%。生物能源主要用于烹饪，也用于满足农村建筑中的取暖和热水等服务需求。传统生物质能未经处理，热值低，空气污染高；生物质成型燃料能量密度大幅提高，与中热值煤相当，且碳排放少。随着室内空气质量提升政策的推行，2000 年以来建筑中传统生物质能的使用量下降了约 60%。近年来，煤炭的直接使用也大幅下降，但仍占建筑部门能源消费的 10% 以上。此外，煤油的份额略有增加，天然气的份额在 2010—2020 年间增加了一倍多，取代了煤炭和传统生物质。集中供暖是取暖的主要方式。最后，在建筑中直接使用现代可再生能源的情况显著增加。自 2013 年以来，中国累计安装了全球 70% 以上的太阳能集热器，是世界领先的太阳能集热器市场，满足了近 6% 的建筑能源需求（IEA，2021c）。

四、倡导低碳生活方式

用能设备选择和设备使用方式决定了设备最终的能源消耗与碳排放水平。建筑的技术改造需要大量的投资，回收期长，但人的生活方式转变可以非常灵活，并且能够获得快速回报，同时这种转变往往成本极低且持续时间久。有研究表明，在状况相似的住宅中，仅由于居住者行为的差异，可能导致能源消耗相差 3 倍

(Fabi et al., 2013)。可以通过多种方式对个体行为进行干预，如节能信息反馈、节能技巧推广等。此处以节能信息反馈为例进行说明，图 8－21 和图 8－22 分别展示了家庭电力消费情况与同社区电力消费情况对比。

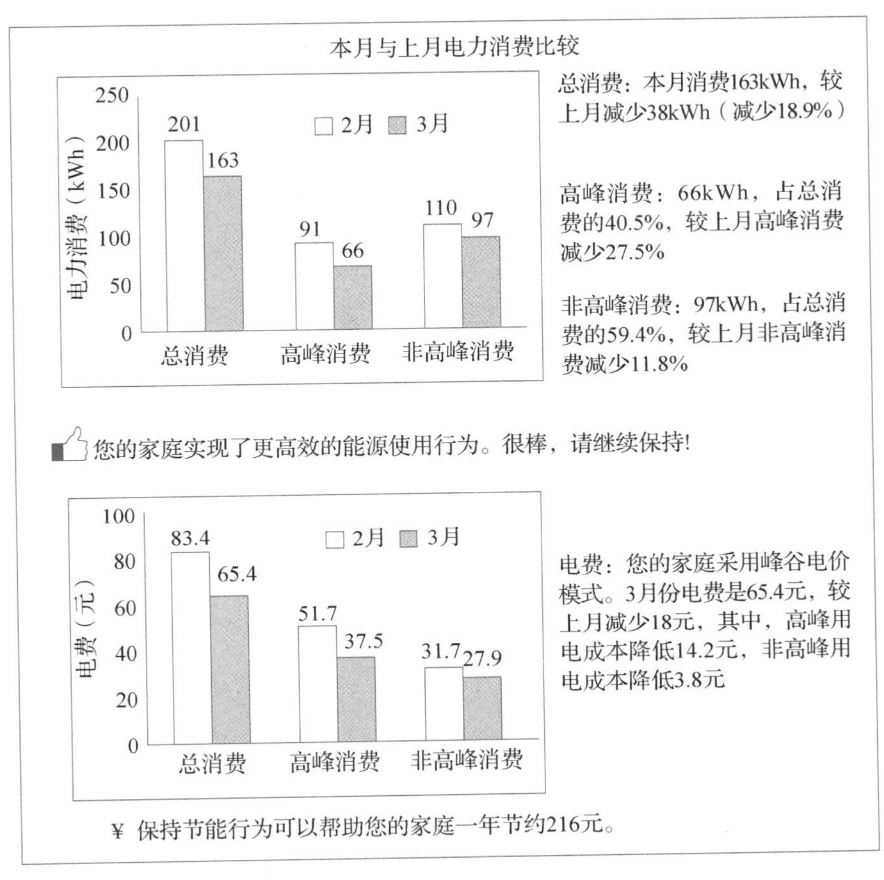

图 8－21　家庭电力消费情况信息反馈示例

资料来源：Shen et al.（2022）.

此外，碳普惠平台的搭建也有助于引导居民在日常生活中选择相对低碳的消费行为。碳普惠是对公众生活中低碳行为的碳减排量进行量化和赋予一定价值，并建立以政策鼓励、商业激励和碳减排量交易相结合的正向引导机制。2022 年由中华环保联合会发布的团体标准《公民绿色低碳行为温室气体减排量化导则》(T/ACEF 031—2022) 将使用清洁能源、使用绿色节能产品、节约用电、绿色节能建筑等行为纳入公民绿色低碳行为范畴，确立了公民绿色低碳行为温室气体减排量化原则、评估范围、评估程序和内容。以政府主导的碳普惠平台有“广东碳普惠”“碳惠天府”等，截至 2021 年 6 月中旬，广东碳市场累计备案签发了 171 个碳普惠项目，签发 191.96 万吨碳普惠减排量。以企业主导的碳普惠平台主要集中在互联网企业，如“蚂蚁森林”。截至 2021 年 5 月，通过蚂蚁森林践行绿色低碳生活方式的用户已超过 6 亿，累计减少 CO_2 排放 2 000 万吨。

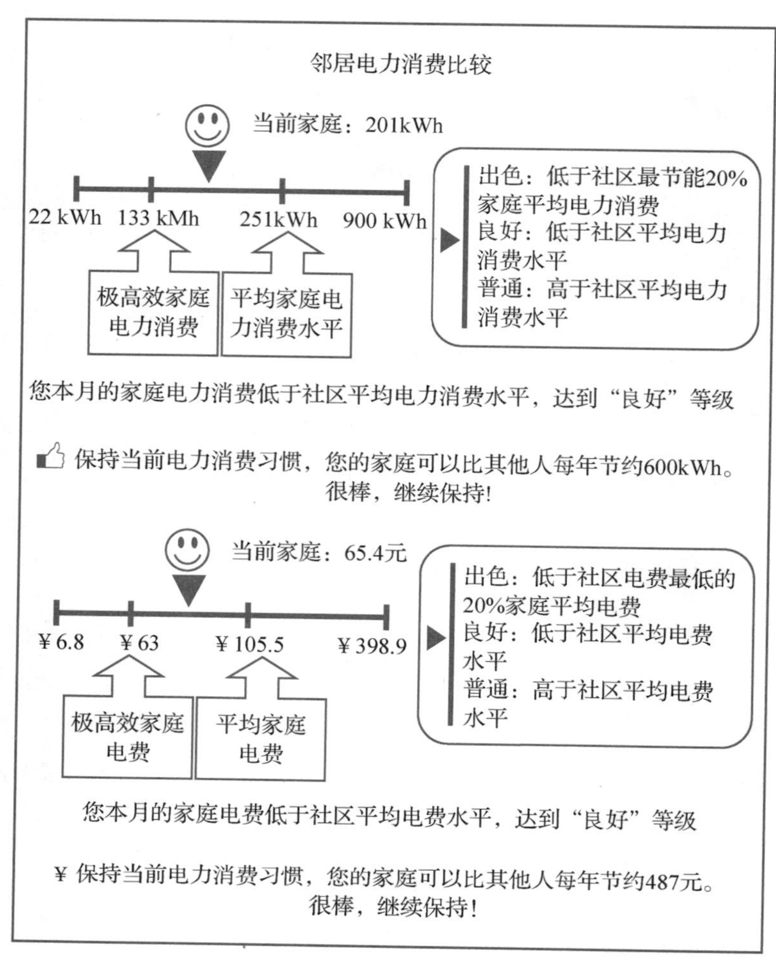

图 8－22　本社区电力消费情况信息反馈示例

资料来源：Shen et al.（2022）.

五、综合性措施

除了前文介绍的针对性政策措施外，很多国家也采取了综合性措施，充分发挥建筑低碳转型各方面的潜力，特别是综合衡量建筑全生命周期整体能源性能的建筑评价体系。国际上已有一系列针对建筑全生命周期的能效评价标识与认证，如英国环境评价法（BREEAM）、美国能源及环境设计先导计划（LEED）、加拿大绿色建筑挑战（GBC）、日本建筑物综合环境效率评估体系（CASBEE）、澳大利亚国家建筑环境评估（NABERS）、德国可持续建筑评估体系（DGNB）等，此处主要对前三个评估体系进行详细介绍。

始创于 1990 年的 BREEAM 是世界上第一个完整的绿色建筑评估方法。BREEAM 评估体系采取“因地制宜、平衡效益”的核心理念，建立了在全生命周期内对各类建筑性能进行评估的综合体系，评估内容包含管理、能源、健康舒适、交通、水资源、材料、土地利用、污染、生态环境等方面。BREEAM 标准包括适合不同类型建筑的专用版本，其中 EcoHomes 是 BREEAM 标准应用最为广泛的版本之一，该体系中能源消耗所占的比例最大。

LEED 是美国绿色建筑协会（USGBC）制定的一套建筑评价体系，从全生命周期的角度考察各类建筑的性能，为建筑的绿色设计、施工和运营提供一个明确的标准。LEED 是自愿采用的评估体系标准，主要目的是规范一个完整、准确的绿色建筑概念，推动建筑绿色集成技术的发展，为建造绿色建筑提供一套可实施的技术路线。LEED 主要强调建筑在整体、综合性能方面达到要求而很少设置硬性指标，各指标间可通过相关调整形成相互补充，以方便使用者根据本地区的技术经济条件建造绿色建筑。LEED 评估体系及其技术框架由五大方面及若干指标构成，主要从可持续建筑场址、水资源利用、建筑节能与大气、资源与材料、室内空气质量等方面对建筑进行综合考察。除了 LEED 本身的完善外，美国还尝试让 LEED 认证的建筑得到更高的估值。LEED 认证是一种商业行为，要收取一定的佣金。国际上，已有澳大利亚、中国、日本、西班牙、法国、印度对 LEED 进行了深入研究，并在本国的建筑绿色相关标准中应用。

GBC 是从 1996 年起由加拿大自然资源部发起并有 14 个国家参加的一项国际合作行动。绿色建筑挑战的目的是发展一套统一的性能参数指标，建立全球化的绿色建筑性能评价标准和认证系统，使有用的建筑性能信息可以在国家之间交换，最终使不同地区和国家之间的绿色建筑实例具有可比性。GBC 的核心内容是通过“绿色建筑评价工具”（green building tool，GBTool）为各国各地区绿色生态建筑的评价提供一个统一的平台，从而推动国际绿色生态建筑的全面发展。GBTool 从资源效率、环境负荷、室内环境质量、服务质量、经济性、使用前管理和社区交通等 7 个方面对绿色建筑进行评价。GBTool 根据国际绿色生态建筑发展的总体目标，提出了基本评价内容和统一的评价框架。具体的评价项目、评价基准和权重系数由各个国家的专家小组根据国家或地区的实际情况来确定。因此，不同国家或地区的 GBTool 版本具有地区适应性和国际可比性。

BREEAM、LEED、GBC 的优缺点对比如表 8－5 所示。

表 8－5　国际建筑评价标识与认证对比

认证名称	优点	缺点
BREEAM	考察建筑全生命周期；条款式的评估体系，操作简单，易于理解和接受；评估框架开放、透明，可根据实际情况增加评估条款；建筑环境影响评价软件拥有巨大的数据库，使设计师可在早期阶段进行项目影响评估	基于英国国情开发，未考虑其他地域性问题，其适应性受到限制；评估过程较复杂，须由多名持有 BREEAM 执照的专业评估师操作

续表

认证名称	优点	缺点
LEED	第三方认证机制，既不属于设计方又不属于使用方，增加了该体系的信誉度和权威性；评定标准专业化且评定范围已扩展形成完善的链条；体系设计简洁，便于理解、把握和实施评估	未对建筑全生命周期环境影响作出全面的考察；对环境性能打分不设定负值，被评估者可能基于成本或者达到要求的难易程度，确定选择设计策略
GBC	多国参与，设计更为开放，变化更为显著；充分尊重地方特色，评价基准灵活且适应性强，设置评价性能标准和权重系数，充分反映了用户对不同区域、不同技术、不同建筑体系甚至不同文化的价值取向	评估结果的可比性大大削弱；评估操作及 Excel 界面过于复杂，不利于其在市场上的推广应用；未建立适用于此体系的数据库；主要用作指导设计，未能兼顾设计与认证两种职能

中国在 2019 年发布了新版《绿色建筑评价标准》（GB/T 50378—2019），将绿色建筑定义为在建筑的全生命周期内，节约资源、保护环境、减少污染，为人们提供健康、舒适的使用空间，最大限度地实现人与自然和谐共生的高质量建筑。评价指标体系由安全耐久、健康舒适、生活便利、资源节约、环境宜居、提高与创新六个方面组成，评价等级分为基本级、一星级、二星级和三星级，从而引导建筑朝更加可持续的方向发展。

第 4 节　建筑部门碳减排技术经济管理方法

建筑部门碳减排技术经济管理基于最优化思想，采用动态规划等方法对建筑部门各类碳减排技术进行优化布局，回答在何时采用何种技术、采用多少技术等科学问题。然而，未来各种技术的需求量取决于建筑部门未来需要提供的取暖、制冷、热水、照明、炊事以及其他家用电器及设备等的服务量。因此，在碳减排技术优化布局之前，需要对建筑部门未来的服务需求进行预测。本节将对建筑部门能源服务需求预测方法及碳减排技术布局优化方法进行介绍。

一、建筑部门能源服务需求预测方法

1. 常用需求预测方法

建筑部门能源服务需求预测方法主要有非线性函数法和工程学方法两类。

（1）非线性函数法。

非线性函数法通常将服务需求设定为人均 GDP 的非线性函数，服务需求随着人均 GDP 的增长而增长，但是当人均 GDP 增长到一定程度时，服务需求达到饱

和水平，不再增长。目前，部分综合评估模型采用非线性函数法对建筑部门的服务需求进行预测。具有代表性的有 GCAM（Global Change Assessment Model）模型和 TIMES 模型。下面以 GCAM 模型为例，对非线性函数法进行介绍。

在 GCAM 模型中，服务需求由建筑面积和单位建筑面积上的服务需求相乘得到。对于建筑面积，在 GCAM 模型中将人均建筑面积设定为人均 GDP 的非线性函数。人均建筑面积的预测方法如式 8－1 所示。

$$f_t=(s-a)\left[1-\exp\left(-\frac{\ln 2}{\mu}I_t\left(\frac{P_t}{P_0}\right)^{\beta}\right)\right]+a \tag{8-1}$$

式中，t 代表年份；f_t 表示第 t 年的人均建筑面积；s 是人均建筑面积的饱和水平；a 是外生的调优参数；P_t 表示第 t 年平准化的服务价格；P_0 表示基准年平准化的服务价格；I_t 为人均收入水平；μ 为服务需求达到饱和水平一半时的人均 GDP；β 为能源需求服务的价格弹性。

在 GCAM 模型中，单位面积上的热水、照明、炊事及其他家用电器/用电设备的服务需求被设定为人均 GDP 和能源服务价格的非线性函数。而单位面积上的取暖和制冷需求不仅与人均 GDP 和服务价格有关，也与采暖度日数（HDD）、制冷度日数（CDD）、建筑墙体热传导系数、建筑体型系数及建筑内部得热量有关。具体如式 8－2 至式 8－4 所示。

$$d_t=k\cdot s\left[1-\exp\left(-\frac{\ln 2}{\mu}\cdot\frac{I_t}{p}\right)\right] \tag{8-2}$$

$$h_t=k\cdot(HDD_t\cdot\eta_t\cdot R_t-\lambda_h\cdot IG_t)\left[1-\exp\left(-\frac{\ln 2}{\mu}\cdot\frac{I_t}{P_t}\right)\right] \tag{8-3}$$

$$c_t=k\cdot(CDD_t\cdot\eta_t\cdot R_t-\lambda_c\cdot IG_t)\left[1-\exp\left(-\frac{\ln 2}{\mu}\cdot\frac{I_t}{P_t}\right)\right] \tag{8-4}$$

式中，d_t 代表第 t 年单位建筑面积上的热水、照明、炊事及其他家用电器的服务需求；h_t 代表第 t 年单位面积上的取暖需求；c_t 代表第 t 年单位面积上的制冷需求；k 为校核参数；HDD_t 代表第 t 年的采暖度日数；CDD_t 代表第 t 年的制冷度日数；η_t 为第 t 年建筑墙体的平均热传导系数；IG_t 为第 t 年从其他建筑能源服务中获得的热量；λ_h 表示从其他能源服务中获得热量的参数因子；λ_c 表示从其他能源服务中获得制冷量的参数因子；R_t 为第 t 年建筑的平均体型系数。

（2）工程学方法。

工程学方法根据各类服务需求提供设备每日的工作时间、功率、保有量、家庭数量、人口等计算建筑部门各类能源服务需求。如，Xing et al.（2015）采用工程学方法对建筑部门的热水和其他家用电器的服务需求进行预测。具体的预测方法如式 8－5 和式 8－6 所示。

$$DL_{r,t}=P_{r,t}\cdot\sum_s\sum_i c\rho v_i\cdot(TS_i-TT_{r,s})\cdot F_{r,s,i} \tag{8-5}$$

式中，r 表示区域；t 表示年份；i 表示热水服务需求的类别（洗漱、沐浴、炊事等)；s表示季节（夏季、冬季、其他）；c表示水的热容值（kJ/(kg·℃)）；ρ表示水的密度；v_i表示活动i的耗水量；TS_i表示活动i的热水供应温度；$TT_{r,s}$表示s季节区域r自来水的平均温度；$F_{r,s,i}$表示s季节区域r的居民在活动i方面的用水频率；$P_{r,t}$为第t年区域r的总人口；$DL_{r,t}$表示区域r在第t年的热水服务需求。

$$OTL_{r,t}=U_r\cdot A_{r,t}=f(\gamma,\psi)\cdot A_{r,t} \tag{8-6}$$

式中，$OTL_{r,t}$表示区域r在第t年的照明、炊事及其他家用电器的服务需求；$A_{r,t}$表示区域r在第t年总的照明、炊事及其他家用电器的保有量；γ表示设备的工作时间；ψ表示设备的工作功率。

对比以上两种服务需求预测方法可以发现，非线性函数法认为单位建筑面积或人均服务需求随着收入的增长而增长，但是增长到一定程度时不再增长，达到饱和水平。换言之，非线性函数法可以预测出建筑部门各类服务需求的饱和时间及饱和水平。工程学方法是通过考虑提供各类服务需求的各种设备每日的工作时间、保有量、功率等参数计算出每一种设备每日能够提供的服务需求量，最后结合每一种设备每年的工作天数等信息，计算并加总得到每一种设备每年能够提供的服务需求及各类服务的总需求。综合来看，工程学方法尽管计算思路简单且更为精准，但是参数较多，如各类设备的保有量、功率、日平均工作时间、年平均工作天数等。然而，由于提供各类服务需求的设备种类繁杂，在实际计算过程中通常很难穷尽，因此这将给服务需求预测带来偏差。

综合分析非线性函数法及工程学方法的优缺点，本章将采用非线性函数法对建筑部门的服务需求进行预测。

2. 建筑部门服务需求预测变量选取

现有研究表明，居民收入水平、人口、建筑面积、采暖度日数（HDD）、制冷度日数（CDD）、建筑墙体的热传导系数、空调渗透率是影响建筑部门各类服务需求的关键因素。对于每一类服务需求，其关键影响因素往往存在很大差异。对于取暖而言，除了受建筑面积影响外，采暖度日数（HDD）和建筑墙体热传导系数是影响取暖需求的关键因素。与取暖不同的是，制冷需求不仅与建筑墙体热传导系数、制冷度日数（CDD）、建筑面积等有关，还与空调渗透率密切相关。热水、照明及其他家用电器等服务需求除了受建筑面积、居民收入影响外，还与其饱和水平密切相关。炊事需求则主要受人口影响。各类服务需求的主要影响因素见表8-6。

表8-6　各类服务需求的主要影响因素

服务需求类别	关键影响因素
取暖	建筑面积、HDD、建筑墙体热传导系数
制冷	建筑面积、CDD、建筑墙体热传导系数、空调渗透率
炊事	人口
照明	饱和水平、建筑面积、收入水平
热水	饱和水平、建筑面积、人口、收入水平
其他家用电器	饱和水平、建筑面积、收入水平

3. 建筑部门服务需求预测模型构建

（1）建筑面积预测建模。

建筑面积是影响各类服务需求的关键因素，因此在预测服务需求时首先需要预测未来各类建筑的建筑面积。

根据发达国家的历史经验，人均建筑面积随着人均 GDP 的增长而增长。本章参考 Harvey（2014）和 Eom et al.（2012）的研究，假设人均建筑面积是人均 GDP 的函数，并服从 Logistic 曲线。人均建筑面积的建模方法如式 8－7 所示。

$$PFS_i(I_t)=\frac{PFS_{i,\infty}}{1+[(PFS_{i,\infty}-PFS_{i,base})/PFS_{i,base}]\cdot e^{-\varepsilon_i(I_t-I_{base})}} \tag{8-7}$$

式中，t 代表年份；i 表示建筑子部门（居住建筑、公共建筑）；I_t 表示第 t 年的人均 GDP；PFS_i（I_t）为第 t 年人均 GDP 为 I_t 时居住建筑或公共建筑的人均建筑面积；$PFS_{i,base}$ 表示基年居住建筑或公共建筑的人均建筑面积；$PFS_{i,\infty}$ 代表居住建筑或公共建筑人均建筑面积的饱和水平；ε_i 为居住建筑或公共建筑人均建筑面积增长参数。

（2）服务需求预测建模。

取暖（space heating）。采暖度日数（HDD）和建筑墙体围护结构性能决定了建筑的取暖需求。参考 Levesque et al.（2018）建立的方法，本章预测建筑取暖需求的方法如式 8－8 所示。

$$SH_{i,t}=\alpha_i\cdot HDD_{pop,t}\cdot U_{i,t} \tag{8-8}$$

式中，t 表示年份；i 代表建筑子部门（居住建筑、公共建筑）；α_i 为校核参数；$SH_{i,t}$ 表示第 t 年居住建筑或公共建筑单位建筑面积上的取暖需求；$HDD_{pop,t}$ 为第 t 年人口加权的采暖度日数（℃ · day）；$U_{i,t}$ 表示第 t 年居住建筑或公共建筑建筑墙体的平均热传导系数（$W/(m^2\cdot K)$）①。

制冷（space cooling）。制冷需求除受到制冷度日数（CDD）和建筑墙体围护结构性能影响外，还与空调渗透率密切相关。空调渗透率则由气候导致的空调最大饱和度和人均 GDP 决定，而气候导致的空调最大饱和度与制冷度日数（CDD）密切相关。因此，本章选取制冷度日数（CDD）、建筑墙体的平均热传导系数和人均 GDP 作为主要变量对建筑部门的制冷需求进行建模，如式 8－9 和式 8－10 所示。

$$SCL_{i,t}=\eta_i\cdot CDD_{pop,t}\cdot U_{i,t}\cdot PET_{i,t} \tag{8-9}$$

$$PET_{i,t}=[1-0.949e^{-0.00187CDD_{pop,t}}]\cdot\frac{CI_{i,\infty}}{1+[(CI_{i,\infty}-CI_{i,base})/CI_{i,base}]}\cdot e^{-\omega_i(I_t-I_{base})} \tag{8-10}$$

① 建筑墙体的热传导系数是影响取暖和制冷需求的关键因素，因为建筑墙体围护结构可以阻碍室内外空气的交换。相关研究表明，建筑墙体围护结构性能的提高可以减少 30%～80% 冷热损失。建筑墙体维护结构性能一般用建筑墙体的热传导系数进行表征。建筑墙体热传导系数越小，表示建筑墙体的保温隔热性能越好。

式中，i 代表建筑子部门（居住建筑、公共建筑）；$SCL_{i,t}$ 表示第 t 年居住建筑或公共建筑单位建筑面积上的制冷需求（千克标准煤/平方米）；η_i 为校核参数；$U_{i,t}$ 表示第 t 年居住建筑或公共建筑墙体的平均热传导系数；$CDD_{pop,t}$ 为第 t 年人口加权的制冷度日数（℃・day）；$PET_{i,t}$ 表示居住建筑或公共建筑第 t 年的空调渗透率；I_t 代表第 t 年的人均 GDP；I_{base} 表示基年的人均 GDP；$CI_{i,\infty}$ 代表居住建筑或公共建筑空调渗透率的饱和值；$CI_{i,base}$ 为居住建筑或公共建筑基年的空调渗透率；ω_i 表示居住建筑或公共建筑空调渗透率的增长参数。

热水（hot water）。热水服务需求随着收入的增长而增长。然而，当人均热水服务需求达到一定水平时（饱和水平），热水服务需求将不再增长。此外，随着居民行为方式的转变（如采用低流量淋浴头、由沐浴转变为淋浴、减少淋浴时间等），热水服务需求将会减少。参考 Harvey（2014）的研究，本章假设人均热水服务需求（千克标准煤/(人・年)）或单位建筑面积上的热水服务需求（千克标准煤/(平方米・年)）是人均 GDP 的函数，并随着行为方式的转变而下降。热水服务需求的建模方法如式 8－11 所示。

$$HW_{i,t}=\frac{HW_{i,\infty}}{1+(HW_{i,\infty}-HW_{i,base})/HW_{i,base}\cdot e^{-\beta_{i,1}(I_t-I_{base})}}\cdot\frac{\dfrac{HW'_{i,\infty}}{HW_{i,\infty}}}{1+\left(\dfrac{HW'_{i,\infty}}{HW_{i,\infty}}-1\right)\cdot e^{-\beta_{i,2}(t-t_0)}} \tag{8-11}$$

式中，t 表示目标年；t_0 表示基年；$HW_{i,t}$ 表示第 t 年居住建筑的人均热水服务需求（千克标准煤/(人・年)）或公共建筑单位建筑面积上的热水服务需求（千克标准煤/(平方米・年)）；$HW_{i,\infty}$ 为收入效应影响下居住建筑或公共建筑热水服务需求的饱和水平；$HW'_{i,\infty}$ 为考虑行为方式转变后居住建筑或公共建筑热水服务需求的饱和水平；$HW_{i,base}$ 表示基年居住建筑的人均热水服务需求（千克标准煤/(人・年)）或公共建筑单位建筑面积上的热水服务需求；I_{base} 表示基年的人均 GDP；I_t 表示第 t 年的人均 GDP；$\beta_{i,1}$ 为人均热水服务需求或单位建筑面积上热水服务需求的增长参数；$\beta_{i,2}$ 表示考虑行为方式转变后人均热水服务需求或单位建筑面积上热水服务需求的下降参数。

炊事（cooking）。与其他服务需求不同的是，人均炊事需求并不随着人均收入的增长而增长。本章参考 Levesque et al.（2018）和 Harvey（2014）的研究，假设未来的人均炊事服务需求与基年保持一致。

照明（lighting）。单位建筑面积上的照明需求（千瓦时/(平方米・年)）与人均 GDP 密切相关。一般而言，单位建筑面积上的照明需求随着人均收入的增长而增长，当单位建筑面积上的照明需求达到一定程度时（饱和水平）将不再增长。参考 Harvey（2014）的研究，本章对照明需求的建模方法如式 8－12 所示。

$$LGT_{i,t}=\frac{LGT_{i,\infty}}{1+(LGT_{i,\infty}-LGT_{i,base})/LGT_{i,base}\cdot e^{-p_{i,1}(I_t-I_{base})}}\cdot\frac{\frac{LGT'_{i,\infty}}{LGT_{i,\infty}}}{1+\left(\frac{LGT'_{i,\infty}}{LGT_{i,\infty}}-1\right)\cdot e^{-p_{i,2}(t-t_0)}}\tag{8-12}$$

式中，$LGT_{i,t}$ 表示居住建筑或公共建筑第 t 年单位建筑面积上的照明需求（千瓦时/(平方米・年)）；$LGT_{i,\infty}$ 为收入效应作用下居住建筑或公共建筑单位建筑面积上照明需求的饱和水平；$LGT'_{i,\infty}$ 为考虑照明设备效率提升后居住建筑或公共建筑单位建筑面积上照明服务需求的饱和水平；$LGT_{i,base}$ 表示基年居住建筑或公共建筑单位建筑面积上的照明需求；$p_{i,1}$ 为收入效应作用下居住建筑或公共建筑照明需求的增长参数；$p_{i,2}$ 表示考虑照明设备效率提升后居住建筑或公共建筑单位建筑面积上照明需求的下降参数。

其他家用电器及设备（other appliance/equipment）。其他家用电器及设备包括洗衣机、电冰箱、洗碗机、个人电脑、电梯等。随着数字化和智能化的发展，其他家用电器及设备的服务需求将随着人均 GDP 的增长而增长。参考 Levesque et al.（2018）和 Harvey（2014）的研究，本章对其他家用电器及设备服务需求的建模方法如式 8－13 所示。

$$OTE_{i,t}=\frac{OTE_{i,\infty}}{1+(OTE_{i,\infty}-OTE_{i,base})/OTE_{i,base}\cdot e^{h_{i,1}(I_t-I_{base})}}\cdot\frac{\frac{OTE'_{i,\infty}}{OTE_{i,\infty}}}{1+\left(\frac{OTE'_{i,\infty}}{OTE_{i,\infty}}-1\right)\cdot e^{-h_{i,2}(t-t_0)}}\tag{8-13}$$

式中，$OTE_{i,t}$ 表示第 t 年居住建筑或公共建筑其他家用电器及设备的服务需求（千瓦时/(人・年)）或（千瓦时/(平方米・年)）；$OTE_{i,\infty}$ 为收入效应作用下居住建筑或公共建筑其他家用电器及设备服务需求的饱和水平；$OTE'_{i,\infty}$ 为考虑设备效率提升后居住建筑或公共建筑其他家用电器及设备服务需求的饱和水平；$OTE_{i,base}$ 表示基年居住建筑或公共建筑其他家用电器及设备的服务需求；$h_{i,1}$ 为收入效应作用下居住建筑或公共建筑其他家用电器及设备服务需求的增长参数；$h_{i,2}$ 为技术进步效应作用下居住建筑或公共建筑其他家用电器及设备服务需求的下降参数。

二、建筑部门碳减排技术布局优化方法

本章采用北京理工大学能源与环境政策研究中心自主开发的中国气候变化综合评估模型/国家能源技术模型的建筑子模型（C^3IAM/NET-Building）对建筑部门碳减排技术进行布局优化。C^3IAM/NET-Building 模型集成了建筑部门广泛使用的终端用能设备（如煤炉、天然气炉、太阳能热水器、地源热泵、空调等），用来模拟能源（如煤炭、天然气、电力等）从各类建筑终端用能设备的输入端到提供最终服务需求（如空间制热、制冷、热水、炊事、照明等）的能量流，从而计算各类设备的

能源消耗和 CO_2 排放。C^3IAM/NET-Building 模型也可用于模拟能源技术的选择行为。在若干政策约束下，C^3IAM/NET-Building 模型基于动态规划原理和算法寻求以成本最小化方式满足建筑内各类服务需求的技术组合。下面对其数学表达进行介绍。

1. 目标函数

C^3IAM/NET-Building 模型以规划期内年度总成本最小化为目标函数，如式 8－14 所示。总成本包括建筑终端用能设备的购置成本或初始投资成本、运行维护成本和能源成本。

$$\text{Min}\begin{cases} THT_{heating,t} = \sum_i (CHT_{heating,i,t} + MHT_{heating,i,t}) + FHT_{heating,t} \\ TCL_{cooling,t} = \sum_l (CCL_{cooling,l,t} + MCL_{cooling,l,t}) + FCL_{cooling,t} \\ THW_{hotwater,t} = \sum_m (CHW_{hotwater,m,t} + MHW_{hotwater,m,t}) + FHW_{hotwater,t} \\ TCK_{cooking,t} = \sum_j (CCK_{cooking,j,t} + MCK_{cooking,j,t}) + FCK_{cooking,t} \\ TLT_{lighting,t} = \sum_k (CLT_{lighting,k,t} + MLT_{lighting,k,t}) + FLT_{lighting,t} \\ TAL_{appliance,t} = \sum_r (CAL_{appliance,r,t} + MAL_{appliance,r,t}) + FAL_{appliance,t} \end{cases} \tag{8-14}$$

式中，t 表示年份；i 表示取暖设备类型；l 表示制冷设备类型；m 表示提供热水服务的设备类型；j 表示炊事设备类型；k 表示照明设备类型；r 表示其他家用电器及设备类型；$THT_{heating,t}$ 表示第 t 年取暖总成本；$TCL_{cooling,t}$ 表示第 t 年制冷总成本；$THW_{hotwater,t}$ 表示第 t 年热水服务总成本；$TCK_{cooking,t}$ 表示第 t 年炊事服务总成本；$TLT_{lighting,t}$ 表示第 t 年照明服务总成本；$TAL_{appliance,t}$ 表示第 t 年其他家用电器及设备服务总成本；$CHT_{heating,i,t}$ 表示第 t 年取暖设备 i 的年化初始投资成本；$CCL_{cooling,l,t}$ 表示第 t 年制冷设备 l 的年化初始投资成本；$CHW_{hotwater,m,t}$ 表示第 t 年热水服务设备 m 的年化初始投资成本；$CCK_{cooking,j,t}$ 表示第 t 年炊事设备 j 的年化初始投资成本；$CLT_{lighting,k,t}$ 表示第 t 年照明设备 k 的年化初始投资成本；$CAL_{appliance,r,t}$ 表示第 t 年其他家用电器及设备 r 的年化初始投资成本；$MHT_{heating,i,t}$ 表示第 t 年取暖设备 i 的运行维护成本；$MCL_{cooling,l,t}$ 表示第 t 年制冷设备 l 的运行维护成本；$MHW_{hotwater,m,t}$ 表示第 t 年热水服务设备 m 的运行维护成本；$MCK_{cooking,j,t}$ 表示第 t 年炊事设备 j 的运行维护成本；$MLT_{lighting,k,t}$ 表示第 t 年照明设备 k 的运行维护成本；$MAL_{appliance,r,t}$ 表示第 t 年其他家用电器及设备 r 的运行维护成本；$FHT_{heating,t}$ 表示第 t 年取暖的能源成本；$FCL_{cooling,t}$ 表示第 t 年制冷的能源成本；$FHW_{hotwater,t}$ 表示第 t 年热水服务的能源成本；$FCK_{cooking,t}$ 表示第 t 年炊事服务的能源成本；$FLT_{lighting,t}$ 表示第 t 年照明服务的能源成本；$FAL_{appliance,t}$ 表示第 t 年其他家用电器及设备的能源成本。

建筑终端用能设备的年化初始投资成本、运行维护成本及能源成本的计算方法分别如式 8－15 至式 8－17 所示。

$$
\begin{cases}
CHT_{heating,j,t}=ICHT^{0}_{heating,i,t}\cdot\dfrac{h(1+h)^{LHT_{heating,i}}}{h(1+h)^{LHT_{heating,i}}-1}\\
CCL_{cooling,l,t}=ICCL^{0}_{cooling,l,t}\cdot\dfrac{h(1+h)^{LCL_{cooling,l}}}{h(1+h)^{LCL_{cooling,l}}-1}\\
CHW_{hotwater,m,t}=ICHW^{0}_{hotwater,m,t}\cdot\dfrac{h(1+h)^{LHW_{hotwater,m}}}{h(1+h)^{LHW_{hotwater,m}}-1}\\
CCK_{cooking,j,t}=ICCK^{0}_{cooking,j,t}\cdot\dfrac{h(1+h)^{LCK_{cooking,j}}}{h(1+h)^{LCK_{cooking,j}}-1}\\
TLT_{lighting,k,t}=ICLT^{0}_{lighting,k,t}\cdot\dfrac{h(1+h)^{LLT_{lighting,k}}}{h(1+h)^{LLT_{lighting,k}}-1}\\
TAL_{appliance,r,t}=ICAL^{0}_{appliance,r,t}\cdot\dfrac{h(1+h)^{LAL_{appliance,r}}}{h(1+h)^{LAL_{appliance,r}}-1}
\end{cases}
\tag{8-15}
$$

式中，$ICHT^{0}_{heating,i,t}$表示取暖设备 i 在第 t 年的购置成本；$ICCL^{0}_{cooling,l,t}$ 表示制冷设备 l 在第 t 年的购置成本；$ICHW^{0}_{hotwater,m,t}$ 表示热水服务设备 m 在第 t 年的购置成本；$ICCK^{0}_{cooking,j,t}$ 表示炊事设备 j 在第 t 年的购置成本；$ICLT^{0}_{lighting,k,t}$表示照明设备 k 在第 t 年的购置成本；$ICAL^{0}_{appliance,r,t}$ 表示其他家用电器及设备 r 在第 t 年的购置成本；h 表示贴现率；$LHT_{heating,i}$ 表示取暖设备 i 的寿命；$LCL_{cooling,l}$ 表示制冷设备 l 的寿命；$LHW_{hotwater,m}$ 表示热水服务设备 m 的寿命；$LCK_{cooking,j}$ 表示炊事设备 j 的寿命；$LLT_{lighting,k}$ 表示照明设备 k 的寿命；$LAL_{appliance,r}$ 表示其他家用电器及设备 r 的寿命。

$$
\begin{cases}
MHT_{heating,i,t}=AHT_{heating,i,t}\cdot OHT_{heating,i,t}\\
MCL_{cooling,l,t}=ACL_{cooling,l,t}\cdot OCL_{cooling,l,t}\\
MHW_{hotwater,m,t}=AHW_{hotwater,m,t}\cdot OHW_{hotwater,m,t}\\
MCK_{cooking,j,t}=ACK_{cooking,j,t}\cdot OCK_{cooking,j,t}\\
MLT_{lighting,k,t}=ALT_{lighting,k,t}\cdot OLT_{lighting,k,t}\\
MAL_{appliance,r,t}=AAL_{appliance,r,t}\cdot OAL_{appliance,r,t}
\end{cases}
\tag{8-16}
$$

式中，$AHT_{heating,i,t}$ 表示取暖设备 i 在第 t 年的单位运行成本；$OHT_{heating,i,t}$ 表示取暖设备 i 在第 t 年的运行数量；$ACL_{cooling,l,t}$ 表示制冷设备 l 在第 t 年的单位运行成本；$OCL_{cooling,l,t}$ 表示制冷设备 l 在第 t 年的运行数量；$AHW_{hotwater,m,t}$ 表示热水服务设备 m 在第 t 年的单位运行成本；$OHW_{hotwater,m,t}$ 表示热水服务设备 m 在第 t 年的运行数量；$ACK_{cooking,j,t}$ 表示炊事设备 j 在第 t 年的单位运行成本；$OCK_{cooking,j,t}$ 表示炊事设备 j 在第 t 年的运行数量；$ALT_{lighting,k,t}$ 表示照明设备 k 在第 t 年的单位运行成本；$OLT_{lighting,k,t}$ 表示照明设备 k 在第 t 年的运行数量；$AAL_{appliance,r,t}$ 表示其他家用电器及设备 r 在第 t 年的单位运行成本；$OAL_{appliance,r,t}$ 表示其他家用电器及设备 r 在第 t 年的运行数量。

$$\begin{cases} FHT_{heating,t} = \sum_{y} PR_{y,t} \cdot \sum_{i} ZHT_{i,y,t} \cdot DHT_{i,y,t} \cdot OHT_{i,y,t} \\ FCL_{cooling,t} = \sum_{y} PR_{y,t} \cdot \sum_{l} ZCL_{l,y,t} \cdot DCL_{l,y,t} \cdot OCL_{l,y,t} \\ FHW_{hotwater,t} = \sum_{y} PR_{y,t} \cdot \sum_{m} ZHW_{m,y,t} \cdot DHW_{m,y,t} \cdot OHW_{m,y,t} \\ FCK_{cooking,t} = \sum_{y} PR_{y,t} \cdot \sum_{j} ZCK_{j,y,t} \cdot DCK_{j,y,t} \cdot OCK_{j,y,t} \\ FLT_{lighting,t} = \sum_{y} PR_{y,t} \cdot \sum_{k} ZLT_{k,y,t} \cdot DLT_{k,y,t} \cdot OLT_{k,y,t} \\ FAL_{appliance,t} = \sum_{y} PR_{y,t} \cdot \sum_{r} ZAL_{r,y,t} \cdot DAL_{r,y,t} \cdot OAL_{r,y,t} \end{cases} \tag{8-17}$$

式中，$PR_{y,t}$ 代表能源 y 在第 t 年的价格；$ZHT_{i,y,t}$ 代表取暖设备 i 在第 t 年提供单位取暖需求所消耗的能源；$DHT_{i,y,t}$ 代表单位取暖设备 i 在第 t 年能够提供的取暖需求；$ZCL_{l,y,t}$ 代表制冷设备 l 在第 t 年提供单位制冷需求所消耗的能源；$DCL_{l,y,t}$ 代表单位制冷设备 l 在第 t 年能够提供的制冷需求；$ZHW_{m,y,t}$ 代表热水服务设备 m 在第 t 年提供单位热水需求所消耗的能源；$DHW_{m,y,t}$ 代表单位热水服务设备 m 在第 t 年能够提供的热水需求；$ZCK_{j,y,t}$ 代表炊事设备 j 在第 t 年提供单位炊事需求所消耗的能源；$DCK_{j,y,t}$ 代表单位炊事设备 j 在第 t 年能够提供的炊事需求；$ZLT_{k,y,t}$ 代表照明设备 k 在第 t 年提供单位照明需求所消耗的能源；$DLT_{k,y,t}$ 代表单位照明设备 k 在第 t 年能够提供的照明需求；$ZAL_{r,y,t}$ 代表其他家用电器及设备 r 在第 t 年提供单位服务所消耗的能源；$DAL_{r,y,t}$ 代表单位其他家用电器及设备 r 在第 t 年能够提供的服务需求。

2. 模型约束

C^{3}IAM/NET-Building 模型的约束条件主要包括服务需求约束、建筑终端用能设备淘汰量约束、建筑终端用能设备运行量约束及各类能源提供的服务比例约束等。

（1）服务需求约束。

服务需求约束是 C^{3}IAM/NET-Building 模型最重要的约束，即建筑终端用能设备每年提供的服务需求总和应大于建筑部门总的服务需求，具体如式 8－18 所示。

$$\begin{cases} \sum_{i} DHT_{i,t} \cdot OHT_{i,t} \geqslant DHT_{heating,i} \\ \sum_{l} DCL_{l,t} \cdot OCL_{l,t} \geqslant DCL_{cooling,t} \\ \sum_{m} DHW_{m,t} \cdot OHW_{m,t} \geqslant DHW_{hotwater,t} \\ \sum_{j} DCK_{j,t} \cdot OCK_{j,t} \geqslant DCK_{cooking,t} \\ \sum_{k} DLT_{k,t} \cdot OLT_{k,t} \geqslant DLT_{lighting,t} \\ \sum_{r} DAL_{r,t} \cdot OAL_{r,t} \geqslant DAL_{appliance,t} \end{cases} \tag{8-18}$$

式中，$DHT_{heating,i}$ 表示第 t 年的取暖需求；$DCL_{cooling,t}$ 表示第 t 年的制冷需求；$DHW_{hotwater,t}$ 表示第 t 年的热水服务需求；$DCK_{cooking,t}$ 表示第 t 年的炊事需求；$DLT_{lighting,t}$ 表示第 t 年的照明需求；$DAL_{appliance,t}$ 表示第 t 年的其他家用电器及设备服务需求。

（2）建筑终端用能设备淘汰量约束。

建筑终端用能设备淘汰量约束是指每年淘汰或者被替换的用能设备不能大于建筑终端用能设备存量，如式 8－19 所示。

$$\begin{cases} RHT_{i,t} \leqslant SHT_{i,t} \\ RCL_{l,t} \leqslant SCL_{l,t} \\ RHW_{m,t} \leqslant SHW_{m,t} \\ RCK_{j,t} \leqslant SCK_{j,t} \\ RLT_{k,t} \leqslant SLT_{k,t} \\ RAL_{r,t} \leqslant SAL_{r,t} \end{cases} \tag{8-19}$$

式中，$RHT_{i,t}$ 代表取暖设备 i 在第 t 年的淘汰量；$SHT_{i,t}$ 代表取暖设备 i 在第 t 年的存量；$RCL_{l,t}$ 代表制冷设备 l 在第 t 年的淘汰量；$SCL_{l,t}$ 代表制冷设备 l 在第 t 年的存量；$RHW_{m,t}$ 代表热水服务设备 m 在第 t 年的淘汰量；$SHW_{m,t}$ 代表热水服务设备 m 在第 t 年的存量；$RCK_{j,t}$ 代表炊事设备 j 在第 t 年的淘汰量；$SCK_{j,t}$ 代表炊事设备 j 在第 t 年的存量；$RLT_{k,t}$ 代表照明设备 k 在第 t 年的淘汰量；$SLT_{k,t}$ 代表照明设备 k 在第 t 年的存量；$RAL_{r,t}$ 代表其他家用电器及设备 r 在第 t 年的淘汰量；$SAL_{r,t}$ 代表其他家用电器及设备 r 在第 t 年的存量。

建筑终端用能设备存量的计算方法如式 8－20 所示。

$$\begin{cases} SHT_{i,t} = SHT_{i,t-1} + GHT_{i,t} - RHT_{i,t} \\ SCL_{l,t} = SCL_{l,t-1} + GCL_{l,t} - RCL_{l,t} \\ SHW_{m,t} = SHW_{m,t-1} + GHW_{m,t} - RHW_{m,t} \\ SCK_{j,t} = SCK_{j,t-1} + GCK_{j,t} - RCK_{j,t} \\ SLT_{k,t} = SLT_{k,t-1} + GLT_{k,t} - RLT_{k,t} \\ SAL_{r,t} = SAL_{r,t-1} + GAL_{r,t} - RAL_{r,t} \end{cases} \tag{8-20}$$

式中，$GHT_{i,t}$ 表示取暖设备 i 在第 t 年的新增量；$GCL_{l,t}$ 表示制冷设备 l 在第 t 年的新增量；$GHW_{m,t}$ 表示热水服务设备 m 在第 t 年的新增量；$GCK_{j,t}$ 表示炊事设备 j 在第 t 年的新增量；$GLT_{k,t}$ 表示照明设备 k 在第 t 年的新增量；$GAL_{r,t}$ 表示其他家用电器及设备 r 在第 t 年的新增量。

（3）建筑终端用能设备运行量约束。

建筑终端用能设备运行量不应超过该设备的最大存量，建筑终端用能设备运行量约束如式 8－21 所示。

$$\begin{cases} OHT_{i,t} \leqslant SHT_{i,t}^{\max} \\ OCL_{l,t} \leqslant SCL_{l,t}^{\max} \\ OHW_{m,t} \leqslant SHW_{m,t}^{\max} \\ OCK_{j,t} \leqslant SCK_{j,t}^{\max} \\ OLT_{k,t} \leqslant SLT_{k,t}^{\max} \\ OAL_{r,t} \leqslant SAL_{r,t}^{\max} \end{cases} \tag{8-21}$$

式中，$SHT_{i,t}^{\max}$表示取暖设备i在第t年的最大存量；$SCL_{l,t}^{\max}$表示制冷设备l在第t年的最大存量；$SHW_{m,t}^{\max}$表示热水服务设备m在第t年的最大存量；$SCK_{j,t}^{\max}$表示炊事设备j在第t年的最大存量；$SLT_{k,t}^{\max}$表示照明设备k在第t年的最大存量；$SAL_{r,t}^{\max}$表示其他家用电器及设备r在第t年的最大存量。

（4）各类能源提供的服务比例约束。

根据政策目标或技术发展趋势，需要对部分能源提供的服务比例设置约束。如，对于煤炭、煤油和液化石油气，其提供的服务比例最低为0，最高不应超过基年所提供的比例；对于电力提供的服务比例应逐年增加。各类能源提供的服务比例约束如式8－22所示。

$$\begin{cases} XHT_{y,t} = \dfrac{\sum_i DHT_{i,y,t} \cdot OHT_{i,y,t}}{\sum_y \sum_i DHT_{i,y,t} \cdot OHT_{i,y,t}} \\ XCL_{y,t} = \dfrac{\sum_l DCL_{l,y,t} \cdot OCL_{l,y,t}}{\sum_y \sum_l DCL_{l,y,t} \cdot OCL_{l,y,t}} \\ XHW_{y,t} = \dfrac{\sum_m DHW_{m,y,t} \cdot OHW_{m,y,t}}{\sum_y \sum_m DHW_{m,y,t} \cdot OHW_{m,y,t}} \\ XCK_{y,t} = \dfrac{\sum_j DCK_{j,y,t} \cdot OCK_{j,y,t}}{\sum_y \sum_j DCK_{j,y,t} \cdot OCK_{j,y,t}} \\ ALT_{y,t} = \dfrac{\sum_k DLT_{k,y,t} \cdot OLT_{k,y,t}}{\sum_y \sum_k DLT_{k,y,t} \cdot OLT_{k,y,t}} \\ XAL_{y,t} = \dfrac{\sum_r DAL_{r,y,t} \cdot OAL_{r,y,t}}{\sum_y \sum_r DAL_{r,y,t} \cdot OAL_{r,y,t}} \end{cases} \tag{8-22}$$

式中，$XHT_{y,t}$表示能源y在第t年提供的取暖服务比例；$XCL_{y,t}$表示能源y在第t年提供的制冷服务比例；$XHW_{y,t}$表示能源y在第t年提供的热水服务比例；

$XCK_{y,t}$ 表示能源 y 在第 t 年提供的炊事服务比例；$ALT_{y,t}$ 表示能源 y 在第 t 年提供的照明服务比例；$XAL_{y,t}$ 表示能源 y 在第 t 年提供的其他家用电器及设备服务比例。

案例

案例一：中国建筑部门低碳转型技术路径设计

本案例应用本章第 4 节所介绍的建筑部门能源服务需求预测方法与技术布局优化方法设计中国建筑部门碳减排技术路径。具体而言，本案例模拟了使用各种能源（煤炭、石油、天然气、电力、太阳能、生物质能和地热能）的建筑终端用能设备（如燃煤锅炉、空调、热水器等）的能量流，计算出各类设备为满足居住建筑和公共建筑服务需求（空间供暖、制冷、热水、炊事、照明等）而导致的能源消耗和 CO_2 排放。在特定的约束条件下，以实现全国碳达峰碳中和目标为前提，利用优化模型在满足中国建筑部门服务需求的前提下求解成本最小的技术组合。

图 8－23 展示了不同能源服务需求情景和不同碳减排技术管理措施实施速度和力度下，成本最低的居住建筑和公共建筑 CO_2 排放路径。结果表明，居住建筑的碳排放峰值需要被限制在 14. 8 亿吨，公共建筑的碳排放峰值需要被限制在 6. 8 亿吨。到 2060 年，居住建筑和公共建筑的碳排放应分别控制在 2. 6 亿吨和 1. 4 亿吨以内。要实现全国碳中和目标，居住建筑和公共建筑需要在满足不断增长的能源服务需求的同时，分别减排 80% 和 75% 以上。

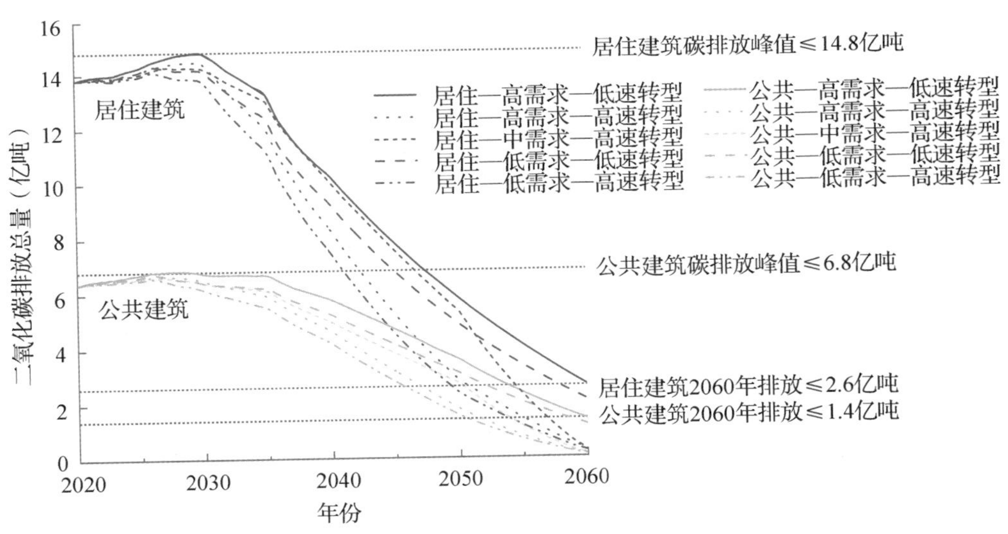

图 8－23　2020—2060 年中国建筑部门 CO_2 排放路径

图 8－24 展示了 2060 年关键技术提供的能源服务占比。要实现国家减排目标，清洁、高效的终端用能设备需要全面普及，如热泵、高效空调、LED 灯、电炊具等。例如，居住建筑高效空调（国家标准一级能效）提供的取暖需求比例需要达到 92%；热泵热水器需要为公共建筑提供 92% 的热水。电力和其他清洁能源

将成为最主要的能源来源，传统化石能源比例需要被进一步削减。

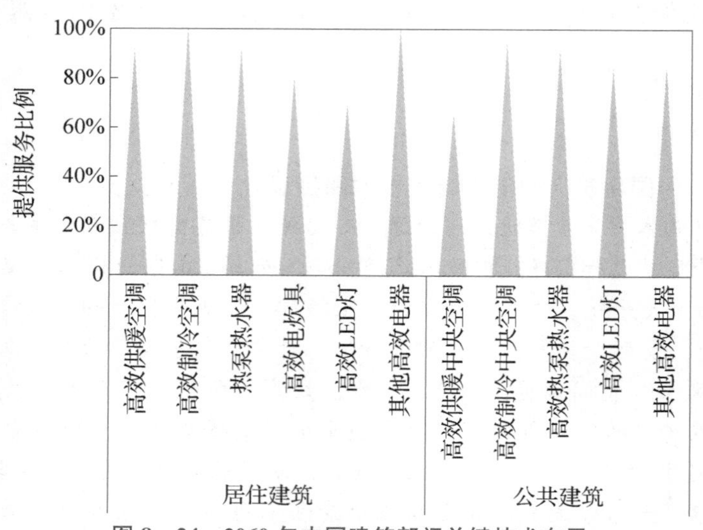

图 8-24　2060 年中国建筑部门关键技术布局

案例二：秦皇岛“在水一方”被动房试点示范项目

秦皇岛“在水一方”被动房试点示范项目位于秦皇岛市海港区，共有 9 栋示范楼，总建筑面积 8.03 万平方米。其中，C15 楼是按照德国被动式低能耗建筑标准建造完成的第一栋楼，高 18 层，建筑面积 6 467 平方米。“在水一方”被动房试点示范项目获得了绿色建筑二星标志、中德被动式低能耗建筑质量标识证书。根据对该项目总体能效性能、一次能源需求、围护结构设计、用能设备参数四个方面的评价结果，其供暖需求、制冷需求、一次能源总需求分别为 13、7、110 千瓦时/(m^2·年)，完全符合德国被动房的综合评价要求。其供暖需求约为“节能 65%”标准要求的 1/3，而安装成本只增加了 12%，同时显著改善了室内居住环境，重雾霾天室内 PM2.5 浓度仅为近邻普通建筑的 1/4 左右。

秦皇岛被动房的主要技术特点是：

（1）高效的外保温系统，屋顶、外墙、地下室顶板的热传导系数满足 $K \leq 0.15W/(m^2 \cdot K)$，非透明外围护结构用较厚的保温材料进行完整包覆，外墙外保温材料层材料厚度一般超过 200 毫米，对于金属连接件构造的热桥采取阻断热桥措施。

（2）采用双层 Low-E 高性能保温隔热外窗，具有良好的采光、隔热和保温性能，其外墙的热传导系数 K 性能为 $8W/(m^2 \cdot K)$、玻璃的太阳能总投射比≥0.35、玻璃选择性系数≥1.25，外窗对不同波长的光线可以进行选择性透过，在夏季将太阳能热隔绝在室外、在冬季将辐射到玻璃的近红外反射回室内，同时可充分利用自然光满足室内照明。

（3）房屋的气密性高，房屋及每一居住单元都具有包裹整个供暖空间的、连续完整的气密层，在室内外气压差为 50 帕的条件下，每小时的换气次数不超过 0.6 次。

(4) 充分利用可再生能源，利用太阳能满足室内冬季得热要求，利用太阳光照射满足采光和日间照明要求，安装太阳能热水器满足生活热水需求。

(5) 专用的室内能源环境系统，采用集供热、制冷和制备热水功能于一体的空气源热泵一体机，安装效率≥75%的高效热回收新风系统，新风系统在每次换气时可将热量损失控制在 25% 以内。

(6) 精细化施工，特别注重细节，对热桥阻断、防潮防水、噪声防护等都采取了相应的措施（张建国 等，2017）。

习题

1. 什么是建筑部门的能源服务需求？

2. 建筑部门 CO_2 排放的来源包括哪些？

3. 减少建筑部门 CO_2 排放可以采取哪些方式？在实际生活中你见过哪些减排尝试？

4. 建筑部门碳减排技术布局优化需要考虑哪些约束？

5. 请查找国内外相关资料，选择一个低碳建筑案例，介绍该建筑使用的碳减排技术，并测算其实际减排效果和相应的成本。

第 9 章

交通运输部门碳减排技术经济管理

本章要点

1. 理解交通运输相关概念和运载工具成本技术特征。
2. 把握交通运输发展现状。
3. 理解运载工具电动化替代等碳减排政策和措施。
4. 掌握运输需求预测和碳减排技术路径优化方法。
5. 了解碳中和背景下低碳发展路径和碳减排技术应用案例。

交通运输是国民经济的重要组成部分，是保证社会经济活动得以正常进行和发展的前提，在整个社会机制中起着纽带作用。交通运输活动过程中会消耗大量能源，同时产生温室气体排放。在交通运输发展的同时，必须考虑生态和环境可持续发展问题，这对交通运输部门提出了新要求。本章围绕交通运输部门碳减排技术经济管理介绍了交通运输部门的基本情况、需求现状、低碳减排政策、碳减排技术经济管理方法和碳减排技术应用案例。

第 1 节　交通运输概述

本节分别从交通运输相关概念、交通运输发展史、交通运输运载工具和共享出行等方面对交通运输部门进行介绍。

一、交通运输相关概念

交通运输：是指运载工具在运输网络上的流动和运载工具上载运的人员与物资在两地之间位移这一经济活动的总称。交通运输系统根据其服务性质以及所服务对象的不同，可分为城市运输和城际运输两大子系统。城市运输是指城市范围内的交通运输，一般城市有市区和郊区，城市运输包括市区内、市区与郊区之间以及各部分郊区之间的交通运输活动。城际运输指的是城市间的旅客和货物的交通运输活动。城市运输又细分为道路运输、轨道交通运输和水路运输，道路运输又细分为客运和货运；由于城市运输中轨道交通运输和水路运输的服务对象大部分为旅客，故不再区分客运和货运。城际运输分为国际运输和国内运输，二者分别细分为公路运输、铁路运输、航空运输、水路运输和管道运输；其中公路运输、铁路运输、航空运输和水路运输进一步分为客运和货运；由于管道运输均用来运输货物，所以不再区分客运和货运。交通运输系统组成结构如图 9-1 所示。

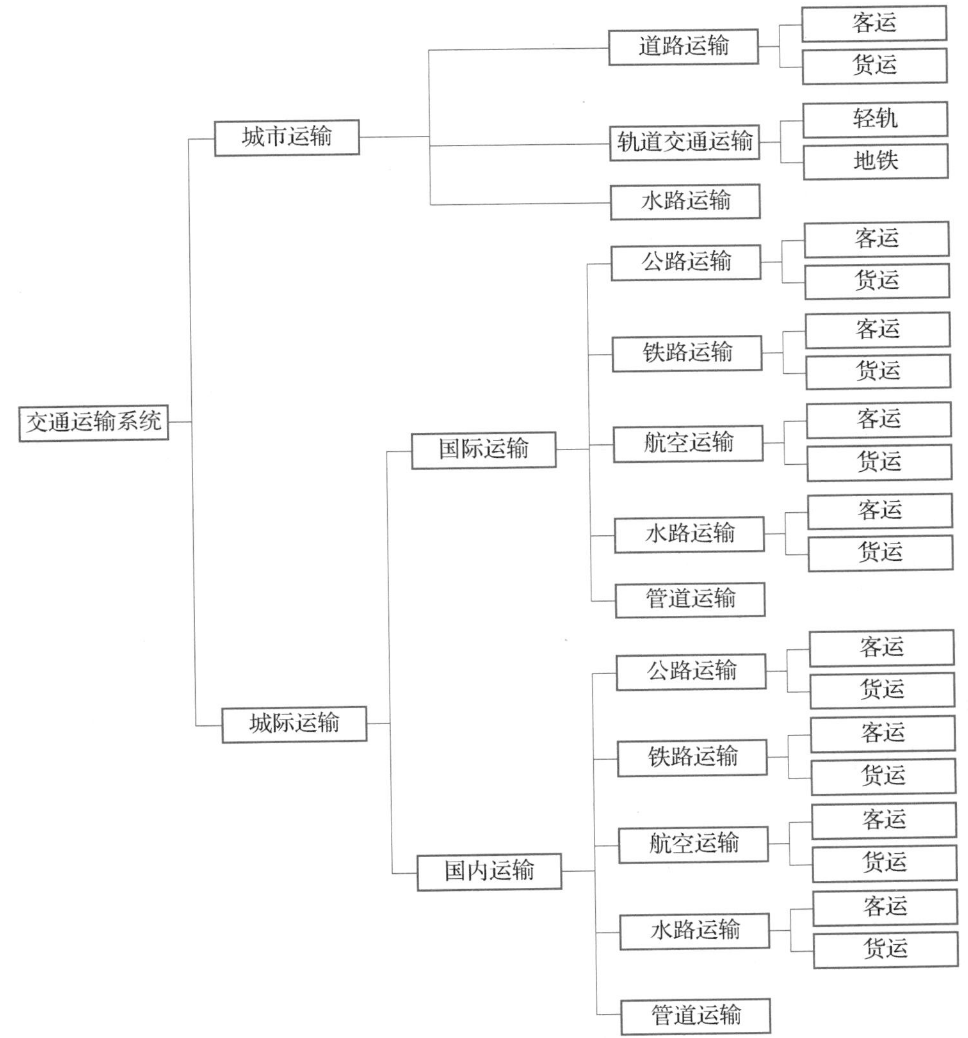

图 9-1　交通运输系统组成

运输方式：是指运输过程中由于使用不同的运载工具和线路，通过不同的组织管理形成的运输形式。运输方式主要包括公路运输、铁路运输、航空运输、水路运输和管道运输。具体来说：公路运输（含道路运输）是指在公路和道路上运送旅客和货物的运输方式，现代所用运载工具主要是汽车，因此，公路运输一般指汽车运输；铁路运输（含轨道交通运输）是指由内燃机、电力或蒸汽机车牵引的列车在固定的钢轨上行驶的运输系统；航空运输指的是由飞机利用空中航线飞行的运输系统；水路运输是指由船舶在内河、沿海或远洋航行的运输系统；管道运输是以管道为载体输送流体（气体、液体或浆液）物料的运输方式，管道运输的货物有原油、成品油、天然气、CO_2、煤浆等。

运载工具：其作用是用于装载所运送的旅客或货物。运载工具包括汽车、机车和列车、飞机、船舶等。运载工具保有量是指某一时间段内在市场上能够正常使用的运载工具的数量。

客运量或货运量：是指一定时期内，各种运载工具实际运送的旅客数量或货物重量。客运按人计算，货运按吨计算。旅客不论行程远近或票价多少，均按一人一次客运量统计；半价票、儿童票也按一人统计。货物不论运输距离长短、货物类别，均按实际重量统计。

旅客周转量或货物周转量：是指一定时期内，由各种运载工具运送的旅客数量或货物数量与其相应运输距离乘积的总和。

运输结构：是指一定时期在国家或地区范围内，各种运输方式在客、货运量或周转量中所占的比例关系。

二、交通运输发展史

人类最初采用人力或畜力进行运输。工业革命后，蒸汽机和内燃机的出现为交通运输注入新动力，拉开了现代交通运输的帷幕。21 世纪互联网的应用使得交通运输变得更加高效、便利和安全。本部分对交通运输发展史进行简要介绍。

1. 公路运输

1769 年，法国人尼古拉·约瑟夫·居纽发明了世界上第一辆蒸汽驱动三轮汽车。1885 年，德国人卡尔·本茨制造出世界上第一辆以内燃机为动力的三轮汽车，标志着现代汽车的诞生。第二次世界大战后，随着经济的发展、汽车技术和筑路技术的进步，公路运输蓬勃发展。截至 2021 年末，美国、德国、日本、中国等均已建成较为成熟的公路网。中国现代公路运输始于 20 世纪初。新中国成立后，公路运输进入了飞速发展时期。1956 年，新中国第一辆汽车——解放牌载重汽车在长春第一汽车制造厂下线，结束了中国无法大批量生产汽车的历史。改革开放后，各国厂商纷纷在中国投资建厂生产汽车。2005 年后，汽车大规模走入家庭，给人民生活带来了便利。1988 年，中国内地首条高速公路——沪嘉高速建成通车，实现了内地高速公路里程零的突破。2020 年全国公路总里程与高速公路里程位居世界前列。

城市内的道路运输发展历程大致可以分为三个时期。第一个时期以步行为主，第二个时期以公共汽电车为主，第三个时期以私人汽车与公共汽电车为主。1907 年，中国第一条公共汽电车线路在青岛诞生。1986 年，国家首次宣布允许私人拥有汽车，中国第一辆私家车在上海诞生。2021 年末，全国城市公共汽电车运营线路 75 770 条，运营线路总长度 159. 38 万公里。

2. 铁路运输

世界铁路运输发展史大致可分为开创（1825—1860 年）、发展（1860—1920

年）、成熟（1920—1960 年）和新发展（1960 年至今）四个时期。开创时期，1825 年，世界上第一条蒸汽铁路在英国正式通车，拉开了铁路运输的序幕。发展时期，随着欧美各国对资源需求量的大幅增加，铁路运输发展迅速；同时，通信技术、筑路技术、机车制造技术也取得较大进步。成熟时期，铁路运输技术得到进一步发展，主要成果包括无缝钢轨、闭塞信号系统等。新发展时期，铁路运输成就主要表现在修建高速铁路、发展重载货物运输以及实现铁路运输信息化和过程控制自动化三个方面。我国铁路运输始于 19 世纪末。新中国成立后，铁路运输发展迅速。1952 年，新中国第一条铁路成渝铁路全线通车。2021 年末，全国铁路营业里程达到 15.0 万公里。我国高铁的发展成就令世界瞩目。2017 年，全国铁路开始启用集成了列车控制等国产关键技术的最新动车组列车——“复兴号”进行运营，其能够以 350 公里/时的速度运营，使我国成为世界上高铁商业运营速度最快的国家。

1863 年，世界上第一条地铁——伦敦地铁开通，其采用蒸汽机车进行牵引。随后，地铁在纽约、巴黎等城市相继出现。1895 年，芝加哥开通了一条轻轨线路。20 世纪末，城市轨道交通运输已经在美国、英国、德国等国家发展成熟。新中国成立后，城市轨道交通运输快速发展。1969 年，中国第一条地铁线路建成通车；2001 年，中国首条轻轨在吉林省长春市成功试通车；2021 年末，中国城市轨道交通运输运营线路 275 条，运营里程 8 735.6 公里，位居世界前列。

3. 航空运输

航空运输的发展始于 20 世纪初。1903 年，莱特兄弟驾驶“飞行者一号”实现了第一次载人飞行，实现了人类千百年来的飞天梦想。1910 年后，随着飞机的技术进步，飞机被用来进行载客或载货运输。第二次世界大战后，国际航空运输业进入了高速发展时期。中国航空运输始于 20 世纪初。1920 年，我国最早的民航航线——北京至天津的航线正式开通。新中国成立后，我国于 1950 年开通了天津—北京—汉口—重庆与天津—北京—汉口—广州两条最早的航线。经过 70 余年的发展，2021 年，我国民航已拥有大、中、小各类型飞机及配套的机群，并完成了北京、上海等国际空港的建设。截至 2020 年，我国民航运输周转量、旅客周转量、货物周转量均位居世界第二。

4. 水路运输

1807 年，美国人富尔顿发明了由蒸汽机来提供动力的“克莱蒙特”号轮船，行驶在美国奥尔巴尼市至纽约市之间，开启了现代化的水路运输时代。1818 年，黑球航运公司开创了横渡大西洋的定期航线。经过二百余年的发展，世界上很多国家都拥有自己的商船船队，商船船队拥有各种类型的现代化运输船舶。中国现代水路运输始于 19 世纪中后期。1872 年，清政府创办了轮船招商局，推动中国水路运输向现代化发展。改革开放后，水路运输发展迅速。截至 2021 年底，我国船队运力规模位居世界第二，同时，洋山深水港区已经成为全球规模最大、技术最先进的自动化码头。

5. 管道运输

现代管道运输始于 19 世纪中叶。1865 年，美国宾夕法尼亚州建成第一条原油输送管道。第二次世界大战后，随着石油工业的蓬勃发展，管道运输进入了飞速发展时期。目前，管道主要用于运输原油、成品油、天然气、煤浆等。新中国成立后，我国管道运输得到了较大发展。20 世纪 50 年代初，甘肃玉门铺设了短距离的输油管道。1958 年，我国修建了从克拉玛依油田到独山子炼油厂的第一条原油干线管道，揭开了我国长距离管道运输的历史。从 1987 年开始，我国先后建成兰州—成都—重庆成品油管道等 24 条长输管道，形成“西油东进”“西气东输”“川气出川”的格局。2021 年，我国管道建设和运营水平跻身世界先进行列。

三、交通运输运载工具

不同运输方式的能耗和碳排放水平均有差异，完成单位周转量公路运输、铁路运输、航空运输和水路运输的能耗比约为 1∶0.19∶2.58∶0.13，碳排放比约为 1∶0.15∶6.32∶0.06，由此可见，水路运输是最节能且碳排放最少的运输方式，航空运输是最耗能且碳排放最多的运输方式。同时，各类运输服务的实现都离不开重要的交通运输运载工具。本部分分别从公路、铁路、航空、水路、管道、城市运输和新兴技术应用七个方面对运载工具进行阐述。交通运输运载工具技术类别及特点如表 9－1 所示。

表 9－1　交通运输运载工具技术类别及特点

运载工具分类	技术类别	燃料	排放物	特点
公路运输运载工具	燃油汽车	汽油、柴油	行驶中会排放 CO、CO_2、NO_x、碳氢化合物等	加油方便
	CNG 汽车（压缩天然气汽车）	压缩天然气	与汽油相比，可大幅度降低 CO、CO_2、SO_2 等排放；排放物没有苯、铅等致癌物质	加气较为方便
	LNG 汽车（液化天然气汽车）	液化天然气	与柴油相比，碳颗粒以及其他可悬浮颗粒物排放几乎为零	LNG 加气站较少，不如加油方便
	LPG 汽车（液化石油气汽车）	液化石油气、汽油	与汽油相比，LPG 汽车排气中的 CO、碳氢化合物、NO_x 等有害成分大为减少	使用较为方便
	普通混合动力汽车	汽油、柴油、电力	纯电动模式行驶可实现零碳排放	无须停车充电，使用较为方便；保养维修较为复杂

续表

运载工具分类	技术类别	燃料	排放物	特点
公路运输运载工具	插电式混合动力汽车	汽油、柴油、电力	纯电驱动模式可以实现零碳排放	2021 年充电桩数量无法满足充电需求
	纯电动汽车	电力	行驶时无排放	结构简单维修方便；续航里程较短；2021 年充电桩数量无法满足充电需求
	燃料电池汽车	甲醇、氢气	行驶时仅排放水	氢气储运较为困难；加气站等配套基础设施的建设无法满足需求；与其他类型汽车相比启动时间较长
铁路运输运载工具	内燃机车	柴油	燃烧产生废气，对环境有害	性能可靠；可在非电气化铁轨上运行，适用范围广
	电力机车	电力	运行时可以实现零排放	性能可靠；仅可在电气化铁路上行驶；一旦接触网出现故障或没有电力供应，会导致无法运行
航空运输运载工具	航空煤油飞机	航空煤油	煤油燃烧会产生 CO、CO_2、SO_2 等气体，对环境有害	应用较为广泛
	生物燃料飞机	航空生物燃料	与传统航空煤油相比，燃烧生物燃料可以减少 CO_2、氮氧化物、碳氢化合物、硫化物等气体排放	应用较少
	纯电动飞机	电力	在飞行时可以实现零排放，对环境十分友好	2021 年商业应用极少

续表

运载工具分类	技术类别	燃料	排放物	特点
水路运输运载工具	柴油机船舶	柴油	柴油燃烧产生 CO、CO_2、NO_x 等物质，对环境有害	较为广泛
	燃气轮机船舶	天然气	与柴油相比，燃烧天然气可以减少 CO_2、NO_x 和 SO_2 等物质排放	较为广泛
	核动力船舶	核燃料	运行时不会产生碳排放，对环境友好	民用应用较少
	氢能船舶	甲醇、氢气	产物只有水，非常环保	2021 年无商业化应用
	生物质能船舶	生物柴油	与柴油相比，燃烧生物柴油可以减少碳排放	应用较少
管道运输运载工具	水力管道	—	—	采矿、冶金、化工、煤炭、水利等方面大量采用水力管道运输
	气力管道	—	—	运用已几乎遍及各工业部门
	电力管道	—	—	可用于电力牵引集装箱运输、电力驱动 AGV 胶囊管道货物运输等
城市轨道交通运载工具	轻轨车	电力	运行时可以实现零排放	旅客输送能力适中；仅可在电气化铁路上行驶；一旦接触网出现故障或没有电力供应，会导致无法运行
	地铁车	电力	运行时可以实现零排放	旅客输送能力较大；仅可在电气化铁路上行驶；一旦接触网出现故障或没有电力供应，会导致无法运行

1. 公路运输运载工具

公路运输运载工具可分为燃油汽车、CNG 汽车、LNG 汽车、LPG 汽车、普通混合动力汽车、插电式混合动力汽车、纯电动汽车和燃料电池汽车。其中，新能源汽车包括插电式混合动力（含增程式）汽车、纯电动汽车和燃料电池汽车等。

燃油汽车：汽车发动机产生动力驱动燃油汽车行驶。汽车发动机是将热能转变成机械能的机器，根据燃料不同可以分为汽油发动机和柴油发动机。

CNG 汽车：CNG 汽车（compressed natural gas vehicle）是指以压缩天然气替代常规汽油或柴油作为汽车燃料的汽车。

LNG 汽车：LNG 汽车（liquid natural gas vehicle）以液化天然气为燃料，一次充气能够行驶 500km 甚至 1 000km 以上，非常适合长途运输使用。

LPG 汽车：LPG 汽车（liquefied petroleum gas vehicle）在不改变原车发动机系统和汽油供应系统的条件下增加一套 LPG 燃料供应装置，使车辆具有 LPG 和汽油两套独立的燃料供应系统，使用 LPG 的同时又能使用汽油作为燃料，并能实现自由切换。

普通混合动力汽车：以燃油发动机为主要动力源，以驱动电机为辅助动力源，驾驶员可以根据需要选择燃油或纯电动驱动模式。

插电式混合动力汽车：在全混合油电混合动力汽车基础上开发而来，插电式混合动力汽车配有充电接口，能够直接接入电网进行充电。

纯电动汽车：以车载电源为动力，用电动机驱动的汽车。

燃料电池汽车：利用氢气等燃料和空气中的氧气在催化剂的作用下在燃料电池中发生电化学反应产生电能，再利用电能通过电动机驱动车辆行驶。

公路运输运载工具成本和效率关系如图 9－2 所示。由图可见，与燃油汽车相比，压缩天然气汽车、液化天然气汽车和液化石油气汽车可以降低碳排放，但是成本相对更高；普通混合动力汽车、插电式混合动力汽车、纯电动汽车和燃料电池汽车的效率更高且可以减少碳排放，但是成本亦更高。

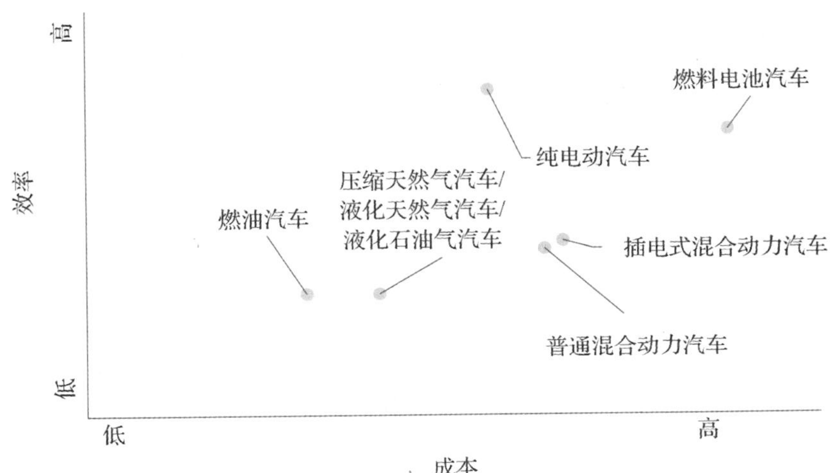

图 9－2　公路运输运载工具成本和效率关系

2. 铁路运输运载工具

铁路运输运载工具主要分为内燃机车和电力机车两类。

内燃机车：柴油机产生的动力通过传动装置传递到车轮，进而驱动内燃机车行驶。其中传动装置有机械传动、液力传动和电力传动三种类型。

电力机车：电力机车是一种自身不带动力的机车，它从电气化铁路接触网获取电能，而后通过电动机驱动机车行驶。

铁路运输运载工具成本和效率关系如图 9－3 所示。与内燃机车相比，电力机车的效率更高且碳排放更少，但是其成本较高。

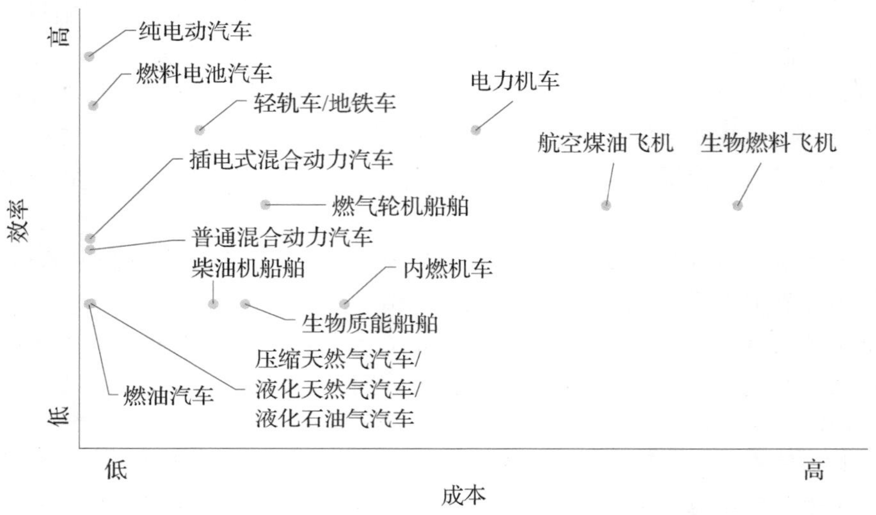

图 9－3　不同运输方式所使用的运载工具成本和效率关系

3. 航空运输运载工具

航空运输运载工具包括航空煤油飞机、生物燃料飞机和纯电动飞机。

航空煤油飞机：喷气式飞机以航空煤油为燃料。现代民航客机中，喷气式飞机得到了广泛应用。

生物燃料飞机：它主要使用航空生物燃料。航空生物燃料指的是以动植物油脂或农林废弃物等生物质为原料，采用加氢法或费托合成技术生产的航空燃料。

纯电动飞机：是指用电能驱动的飞机。纯电动飞机可分为太阳能电动飞机、蓄电池电动飞机和燃料电池电动飞机。2021 年暂无商业化应用。

航空运输运载工具成本和效率关系如图 9－3 所示。与航空煤油飞机相比，生物燃料飞机可以减少碳排放，但是其成本更高。由于纯电动飞机 2021 年暂无商业应用，所以暂未考虑纯电动飞机。

4. 水路运输运载工具

水路运输运载工具有内燃动力船舶、核动力船舶、氢能船舶和生物质能船舶。

内燃动力船舶：以内燃机为动力装置。船用内燃机可分为柴油机和燃气轮机，其燃料分别为柴油和天然气。

核动力船舶：核反应堆产生的能量以热能释放后，对锅炉里的水进行加热并产生蒸汽，对蒸汽轮机做工，从而驱动船舶行驶。

氢能船舶：以氢气为主要燃料。氢燃料电池中，氢气和氧气的化学能可以直接转换成电能，进而驱动船舶行驶。

生物质能船舶：生物质能船舶以生物柴油为燃料。生物柴油是指植物油（如菜籽油、大豆油、花生油、玉米油、棉籽油等）、动物油（如鱼油、猪油、牛油、羊油等）、废弃油脂或微生物油脂与甲醇或乙醇经酯转化而形成的脂肪酸甲酯或乙酯。生物柴油在内燃机中燃烧做功，推动船舶行驶。

水路运输运载工具成本和效率关系如图 9－3 所示。与柴油机船舶相比，生物质能船舶可以减少碳排放，但是其成本更高。由于核动力船舶民用应用较少、氢能船舶 2021 年无商业化应用，所以暂未考虑核动力船舶和氢能船舶。

由此可见，效率较高或碳排放较少的运载工具成本普遍较高，因此，在对交通运输部门碳减排技术进行管理过程中，需要兼顾经济性和碳减排目标的实现。

5. 管道运输运载工具

管道运输运载工具可以分为水力管道、气力管道和电力管道。管道运输普遍具有污染较小、受外界环境影响较少和灵活性差的特点。

水力管道：在管道中利用水力输送固体粒料或其他流体。世界各国在冶金、采矿、化工、煤炭、水利等方面已大量采用水力管道。

气力管道：利用空气压缩机将空气压入管道，推动管道中的货物沿着管壁滑行。管道两端设有控制室、装货站和卸货站。

电力管道：在管道中利用电能并通过传送带和牵引绳牵引货物，以实现货物运输。还可以利用电力驱动的 AGV（automated guided vehicle）无人搬运车，以实现货物运输。

6. 城市运输运载工具

道路运输与水路运输运载工具在上文中已介绍，下文重点介绍城市轨道交通运输运载工具。城市轨道交通运输运载工具分为轻轨车和地铁车两种。

轻轨车：单向输送能力为 1 万人/小时～3 万人/小时的轨道交通系统称为轻轨，所用车辆被称为轻轨车。

地铁车：单向输送能力为 3 万人/小时以上的城市轨道交通系统称为地铁，所用车辆称为地铁车。

7. 新型技术应用——自动驾驶公路运载工具

除了传统人员驾驶的车辆外，自动驾驶车辆愈加普及。自动驾驶功能是指，自动驾驶车辆上，在不需要驾驶员执行物理性驾驶操作的情况下，能够对车辆行驶任务进行指导与决策，并代替驾驶员操控行为使车辆完成安全行驶的功能。自动驾驶车辆相比于传统非自动驾驶车辆而言，可以通过车辆控制、预警等功能减少能耗和碳排放，具体如表 9－2 所示。

表 9－2　自动驾驶减少能耗和碳排放的方式

功能	具体描述	效果
对车辆加减速进行控制	与人员驾驶相比，自动驾驶可以减少加速和减速的次数，并使加速和减速过程更加缓和	减少能耗和碳排放
预警功能	对交通基础设施和其他交通参与者的信息进行采集和处理，实现闯红灯预警、车辆碰撞预警等功能	减少了交通事故发生概率，进而减少了因交通事故而导致的交通拥堵和交通拥堵所导致的碳排放
对停车位进行合理匹配	通过停车场与汽车控制系统之间的信息共享，引导车辆驶入距离目的地最近的停车位	减少了车辆在寻找和等待车位时的能耗和碳排放
更加快捷的路线规划	将道路拥堵状况等信息与车辆定位、速度等信息共享，计算出合理的出行路线	减少了交通拥堵，保证了通行效率，减少了能耗和碳排放

四、新型交通服务模式——共享出行

共享出行是对运载工具的共享，它将运载工具的使用权和所有权分离。共享出行服务的出现使得出行者不必具有运载工具的所有权，而是获得一定时间内运载工具的使用权，进而满足出行需求。同时，共享出行的出现改变了人们对传统出行方式（公交车、出租车、私家车等）的选择，其中最具代表性的便是网约车。网约车的出现对居民出行和小汽车的使用均产生了重大影响，其服务类型及其特点如表 9－3 所示。2017 年，中国网约车用户规模为 34 346 万人，2021 年为 45 261 万人，年均增长率为 7.14%。不同类型网约车对应的能耗和排放特征不一。比如，网约顺风车能够有效减少能耗和碳排放；然而网约快车、专车等服务由于替代了部分公共交通出行，导致短期内用能增加，但长期来看，网约快车、专车等服务可能降低人们的购车和换车意愿，从而减少车辆及相关基础设施在生产过程中的能耗和排放。

表 9－3　网约车的服务类型及特点

服务类型	汽车所有权	平均价格	目的地	时间消耗	就业方式	特点
网约出租车	出租车公司	与传统出租车相同	单一目的地	低于传统出租车	全职	司机和乘客可以在手机上进行实时匹配

续表

服务类型	汽车所有权	平均价格	目的地	时间消耗	就业方式	特点
顺风车	私人	远低于其他服务	与司机目的地相似	需等待乘客与司机相互确认	兼职	私家车车主可以在自己的旅途中搭载目的地或路线相似的乘客分担油耗成本
快车	私人	与出租车持平	单一目的地	与网约出租车持平	全职/兼职	私家车车主可以提供类似出租车服务
拼车	私人	总价与出租车持平但分摊给每组乘客	乘客间目的地相似	需要等待系统匹配	全职/兼职	私家车车主可提供类似出租车服务；可同时搭载几组目的地或路线相似的乘客
专车	私人/租车公司	价格高于其他服务	单一目的地	与网约出租车持平	全职/兼职	提供规范、优质和专业的用车服务

第 2 节　交通运输部门发展现状

在了解了交通运输系统基本概念和主要运载工具特征的基础上，本节分别从能耗和碳排放、运输需求、运载工具保有量和交通运输基础设施等方面进一步介绍交通运输部门发展现状。

一、能耗和碳排放

交通运输部门是能源消耗和碳排放的主要部门之一，其中公路运输的能耗和碳排放占比最大。2020 年，全球交通运输部门的能源消耗量约占全球能源消耗总量的 25%，其中，公路运输占全球交通运输能源消耗量的比例最高，约为 77%。2020 年，交通运输部门 CO_2 排放量占全球终端部门的 20%，其中，公路运输占交通运输部门碳排放的约 77%（IEA，2022）。

2020 年，中国交通运输部门能源消耗量约占全国能源消费总量的 14%。中国交通运输部门 CO_2 排放量占全国 CO_2 排放量的 9%。其中，公路运输 CO_2 排放量占比最大，为 80%（IEA，2021c；IEA，2022）。

二、运输需求

本部分分别从客运和货运角度对全球和中国的运输需求现状进行介绍。

客运方面，全球主要国家中，2019 年德国完成公路运输旅客周转量最多，为 0.981 万亿人公里，是最少的俄罗斯的 8.0 倍；中国完成铁路运输旅客周转量最多，为 1.471 万亿人公里，是最少的美国的 44.6 倍（见表 9－4）。2019 年，全球完成航空运输旅客周转量 8.70 万亿人公里。由于水路运输旅客周转量占比较小，故在客运中不予考虑。

表 9－4　全球主要国家客运需求状况

国家	年份	公路运输（百亿人公里）	年份	铁路运输（百亿人公里）
美国	2017	655.8	2019	3.3
德国	2019	98.1	2019	10.2
法国	2019	85.1	2019	11.3
英国	2019	77.0	2019	8.3
俄罗斯	2019	12.2	2019	13.4
澳大利亚	2018	31.4	2018	1.8
日本	2019	91.0	2019	43.5
中国	2019	88.6	2019	147.1

资料来源：OECD 网站；2020 年《中国统计年鉴》。

货运方面，全球主要国家中，2019 年中国完成公路、铁路和内河货运周转量均为最高，分别为 5.964 万亿吨公里、3.018 万亿吨公里和 4.991 万亿吨公里。2019 年，俄罗斯完成管道货运周转量最多，为 1.368 万亿吨公里（见表 9－5）。2019 年，全球完成航空货运周转量 2 000 亿吨公里。

表 9－5　全球主要国家货运需求状况

国家	年份	公路货运（百亿吨公里）	年份	铁路货运（百亿吨公里）	年份	内河货运（百亿吨公里）	年份	管道货运（百亿吨公里）
美国	2018	302.3	2019	236.4	2017	49.0	2018	85.8
德国	2019	31.2	2019	12.9	2019	5.1	2019	1.8
法国	2019	16.9	2019	3.4	2019	0.7	2019	1.2
英国	2019	16.4	2019	1.7	2019	0.02	2012	1.0
俄罗斯	2019	26.4	2019	260.3	2019	6.6	2019	136.8
澳大利亚	2019	21.9	2016	41.4	—	—	—	—
日本	2019	21.4	2019	2.0	—	—	—	—
中国	2019	596.4	2019	301.8	2019	499.1	2019	53.5

2010—2012 年，中国旅客周转量明显上升，2013 年有所下降后反弹，2019 年全国旅客周转量达 3.5 万亿人公里，2020 年受疫情影响下降明显（见图 9－4）。铁路运输和航空运输份额整体呈上升趋势，而公路运输份额整体呈下降趋势。

2010—2020年，铁路运输和航空运输旅客周转量份额分别从2010年的31.4%和14.5%增至2020年的42.9%和32.8%，而公路运输旅客周转量份额从2010年的53.8%下降到2020年的24.1%（见图9-5）。中国货物周转量整体呈上升趋势，运输结构调整取得了一定成效。2010—2020年，货物周转量从14.2万亿吨公里增至20.2万亿吨公里，年均增长率为3.6%（见图9-6）。2018年以来，公路运输货物周转量份额逐步下降，从2018年的34.8%降至2020年的29.8%，铁路运输和水路运输货物周转量份额逐步上升，分别从2018年的14.1%和48.4%增至2020年的15.1%和52.4%，"公转铁"和"公转水"效果凸显（见图9-7）。

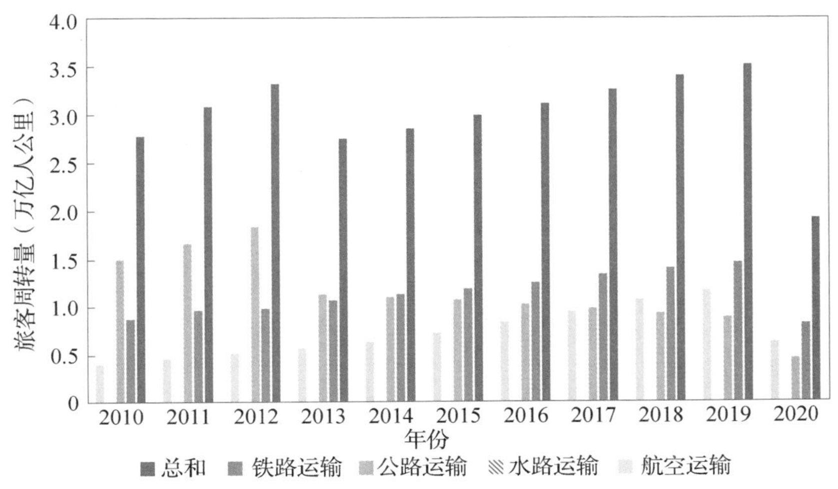

图9-4　2010—2020年中国旅客周转量

资料来源：国家统计局网站。

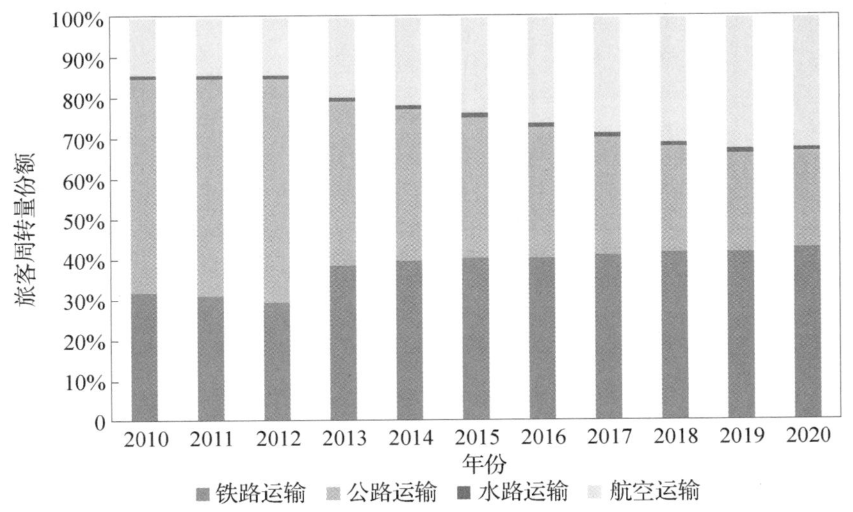

图9-5　2010—2020年中国各运输方式旅客周转量份额

资料来源：国家统计局网站。

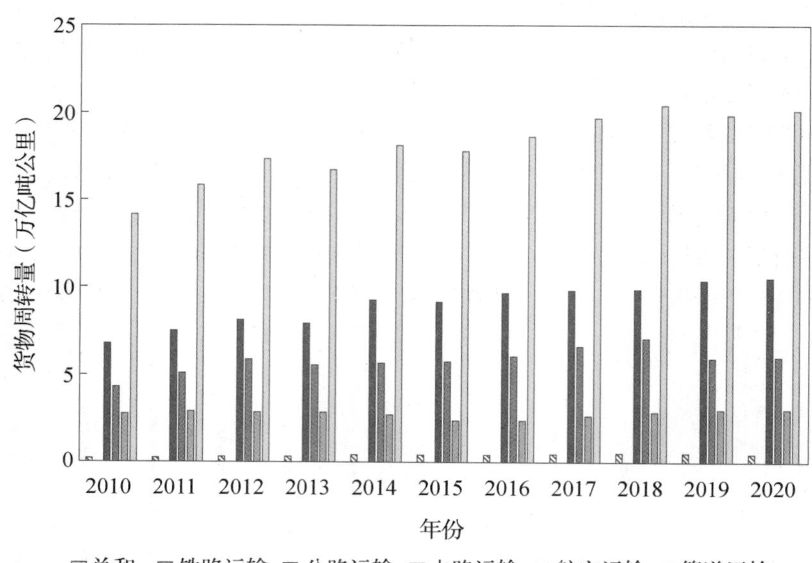

图 9－6 2010—2020 年中国货物周转量

资料来源：国家统计局网站。

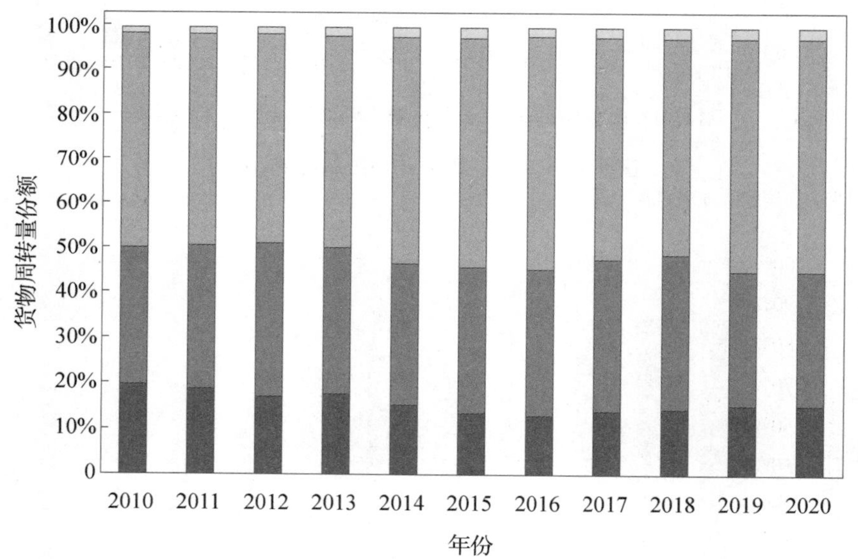

图 9－7 2010—2020 年中国各运输方式货物周转量份额

资料来源：国家统计局网站。

三、运载工具保有量

本部分对运载工具保有量及其变化趋势进行介绍。

1. 公路运输运载工具

全球公路运输运载工具保有量呈增加态势，其中，受政策影响，新能源汽车保有量增长迅速（见图 9－8）。2016—2020 年，全球公路运输运载工具保有量从 13 亿辆增至 15 亿辆，年均增长率为 3.6%。新能源汽车从 237.5 万辆增至 1 130.2 万辆，年均增长率为 47.7%。新能源汽车中，纯电动汽车保有量占比始终保持最高，燃料电池汽车保有量年均增速最快，约 79%。

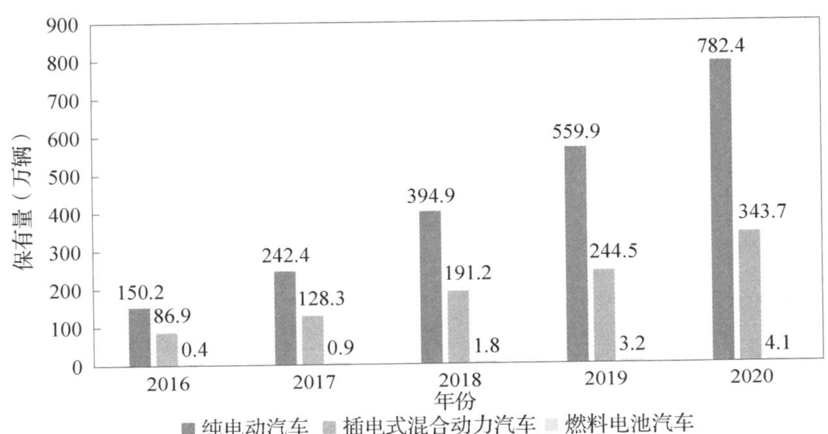

图 9－8　2016—2020 年全球纯电动汽车、插电式混合动力汽车和燃料电池汽车保有量

资料来源：IEA 网站。

中国公路运输运载工具保有量逐年增加，其中，新能源汽车保有量快速增长（见图 9－9）。2016—2020 年，中国公路运输运载工具保有量从 1.94 亿辆增至 2.81 亿辆，年均增长率为 9.7%。新能源汽车保有量从 109.0 万辆增至 492.4 万辆，年均增长率为 45.8%。新能源汽车中，纯电动汽车保有量占比始终保持最高，燃料电池汽车保有量年均增速最快，超 115%。

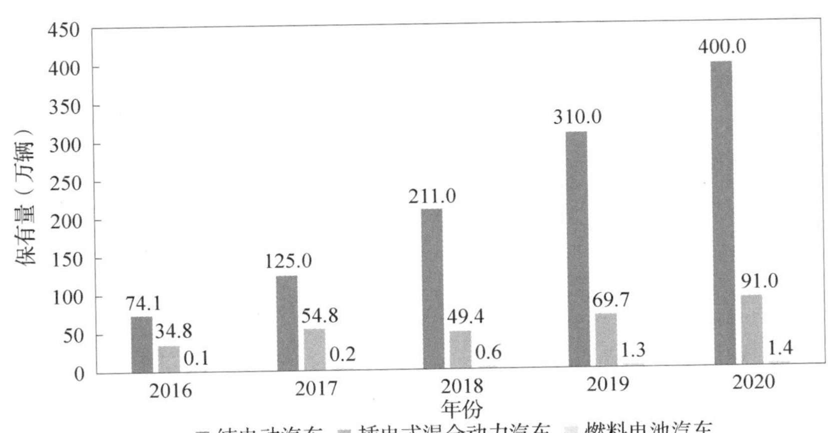

图 9－9　2016—2020 年中国纯电动汽车、插电式混合动力汽车和燃料电池汽车保有量

资料来源：公安部网站。

2. 铁路运输运载工具

重载化、高速化与电动化是未来铁路运输的主要发展方向，其中动车组列车是铁路运输高速化与电动化的典型代表。截至 2017 年，中国拥有动车组列车 2 935 列，除中国外，保有量靠前的三个国家依次是法国、日本、英国，分别为 477 列、401 列、330 列，紧随其后的四个国家依次是西班牙、德国、意大利、韩国，分别为 222 列、217 列、141 列、105 列（见图 9－10）。

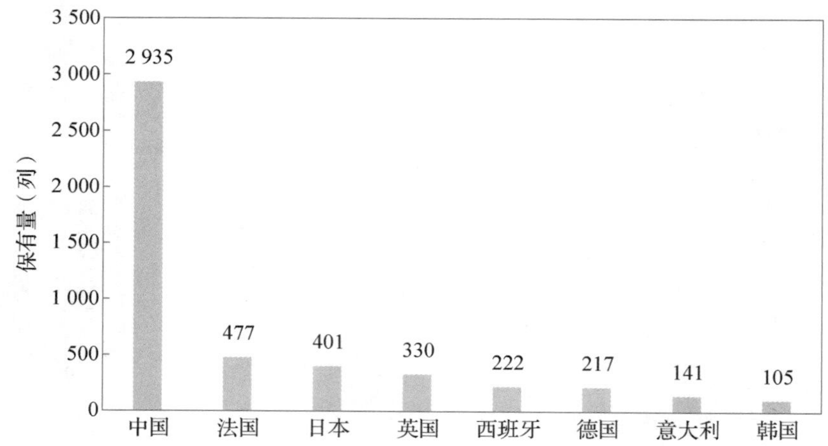

图 9－10　2017 年全球主要国家动车组列车保有量

资料来源：前瞻产业研究院网站。

随着中国高速铁路建设的稳步推进，中国动车组列车保有量逐年增加（见图 9－11）。动车组列车从 2014 年的 1 411 组增至 2020 年的 3 918 组，年均增长率为 18. 6%。

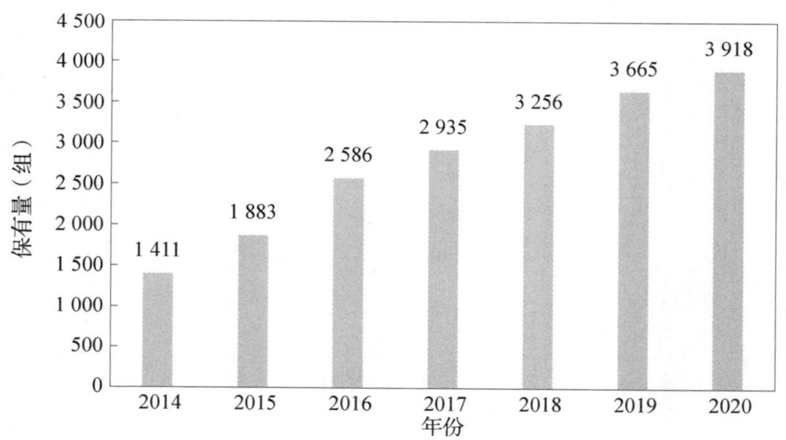

图 9－11　2014—2020 年中国动车组列车保有量

资料来源：历年《交通运输行业发展统计公报》。

3. 航空运输运载工具

受成本和技术制约，航空运输运载工具中大部分为航空煤油飞机，生物燃料飞机应用较少，纯电动飞机尚未投入商业化应用。2019 年，全球航空运输运载工具保有量中，美国 & 加拿大保有量最多，为 7 610 架（见图 9-12）。

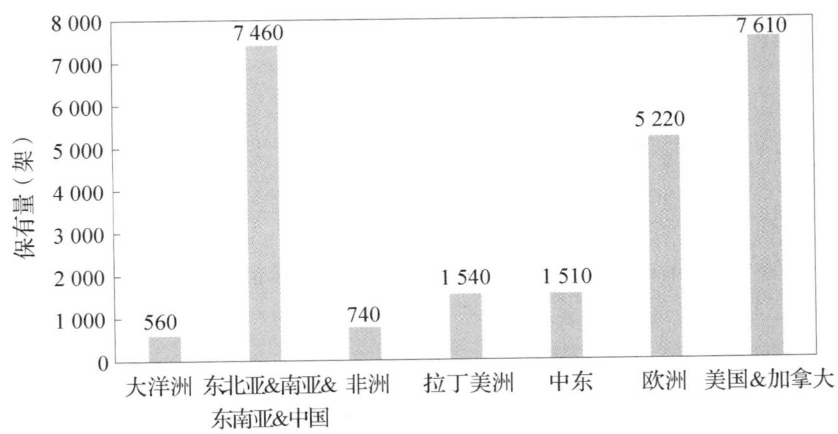

图 9-12　2019 年全球民航飞机保有量

资料来源：https://www.statista.com.didavsh.cn/statistics/262971/aircraft-fleets-by-region-worldwide/? locale=en.

4. 水路运输运载工具

水路运输运载工具的清洁化取得了一定效果。截至 2021 年 2 月，全球船队船舶数量（100 总吨以上）达到 100 001 艘。若按总吨计算，25% 的船舶运力是现代环保船舶，20% 的船舶运力配备了脱硫装置。截至 2021 年 6 月初，中国船东船队总计 10 347 艘，共 2.1 亿总吨。若按总吨计算，中国船队运力中节能型船舶比例为 29%，替代燃料比例为 1%。

四、交通运输基础设施

本部分对全球交通运输基础设施的建成情况进行描述。交通运输基础设施是指各种运输方式中为完成运输所需要的固定设施，包括公路、铁路、机场、航道、港口等。

1. 公路

在全球范围内，中国、美国、德国等国家高速公路里程较长，高速公路网已成规模，与其他国家相比具有较大优势。2020 年，中国、美国、加拿大、德国、法国、西班牙、日本、意大利的高速公路里程分别为 16.1 万公里、12.6 万公里、2.4 万公里、1.6 万公里、1.5 万公里、1.2 万公里、1.0 万公里、0.9 万公里（见图 9-13）。

中国公路总里程和高速公路总里程逐年上升，其中，高速公路总里程增长较快。2010—2020 年，公路总里程从 400.8 万公里增至 519.8 万公里，年均增长率为 2.6%；高速公路里程从 7.4 万公里增至 16.1 万公里，年均增长率为 8.0%（见图 9-14 和图 9-15）。

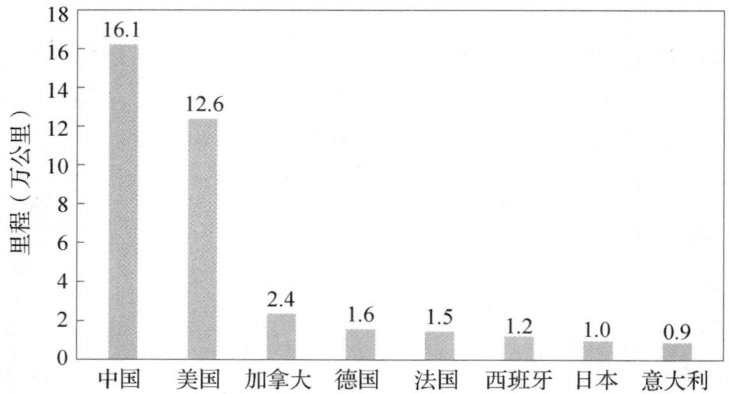

图 9－13　2020 年全球主要国家高速公路里程

资料来源：IBM（International Business Machines），前瞻产业研究院网站。

注：法国、西班牙为 2019 年数据。

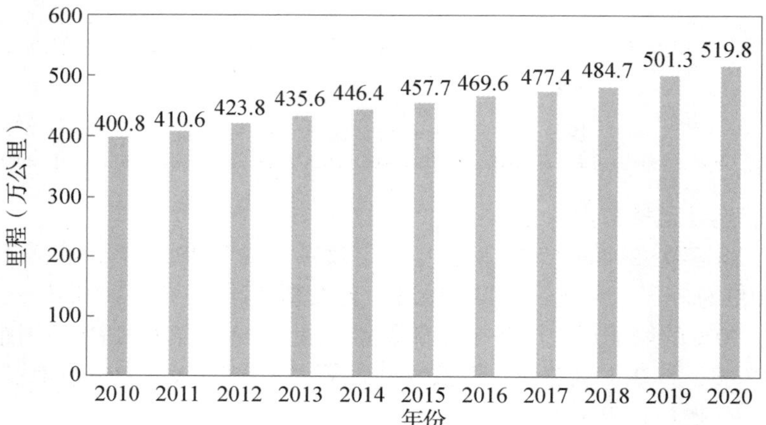

图 9－14　2010—2020 年中国公路里程

资料来源：国家统计局网站。

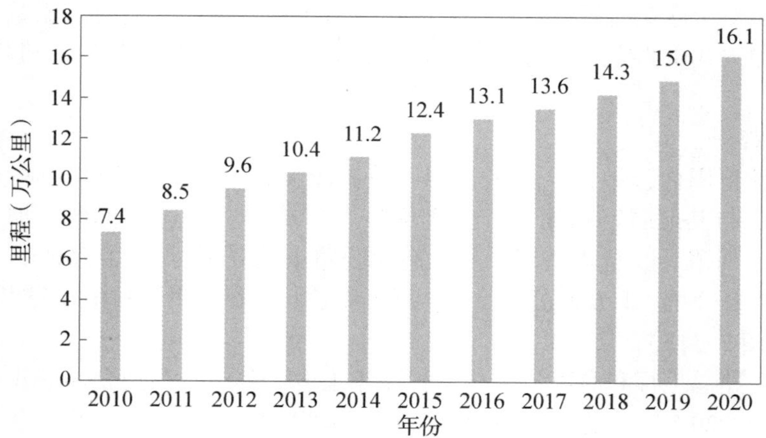

图 9－15　2010—2020 年中国高速公路里程

资料来源：国家统计局网站。

2. 铁路

2020 年，全球铁路运营里程在 1 万公里以上的国家有 21 个，铁路运营里程在 1 000～10 000 公里的国家有 64 个，铁路运营里程在 100～1 000 公里的国家有 46 个，铁路运营里程不足百公里的国家有 15 个。全球铁路运营里程排名前十的国家分别为美国、中国、俄罗斯、印度、加拿大、德国、澳大利亚、阿根廷、法国和巴西，其运营里程分别为 22.6 万公里、14.6 万公里、12.8 万公里、6.3 万公里、5.7 万公里、4.2 万公里、3.9 万公里、3.6 万公里、3.0 万公里和 3.0 万公里（见图 9－16）。其中，中国、西班牙、德国等国家高速铁路网已成规模。全球高速铁路运营里程排名前十的国家分别为中国、西班牙、德国、法国、日本、意大利、美国、英国、俄罗斯、韩国，其运营里程分别为 3.80 万公里、0.55 万公里、0.49 万公里、0.38 万公里、0.34 万公里、0.24 万公里、0.23 万公里、0.23 万公里、0.21 万公里和 0.14 万公里（见图 9－17）。中国高速铁路运营里程最长，占全球高速铁路运营里程的 59%，远超世界其他国家。

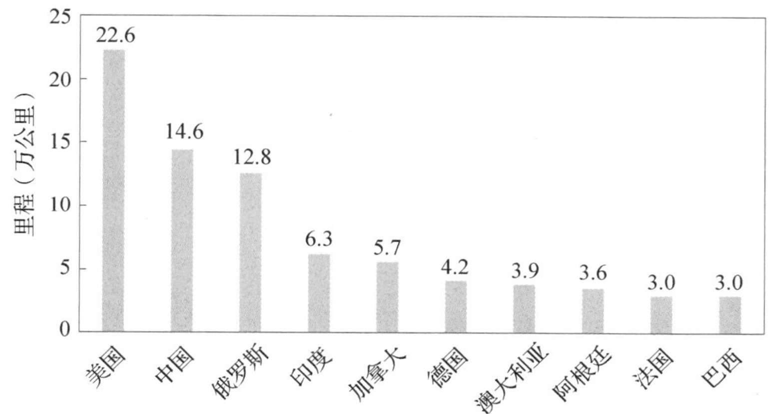

图 9－16　2020 年全球铁路运营里程排名前十国家

资料来源：国际铁路联盟。

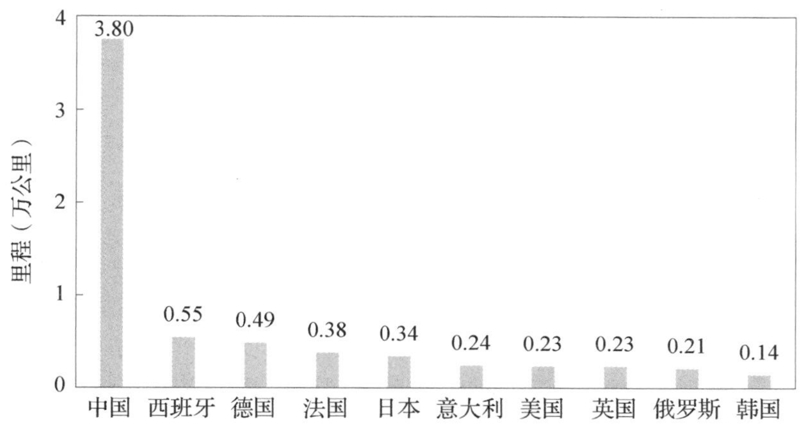

图 9－17　2020 年全球高速铁路运营里程排名前十国家

资料来源：国际铁路联盟。

中国铁路运营里程和高速铁路运营里程逐年增加，其中，高速铁路运营里程增速较快。2010 年，中国铁路运营里程为 9. 1 万公里，2020 年增至 14. 6 万公里，年均增长率为 4. 6%；2014 年，中国高速铁路运营里程仅为 1. 6 万公里，2020 年增至 3. 8 万公里，年均增长率为 15. 5%，增长迅速（见图 9 – 18 和图 9 – 19）。

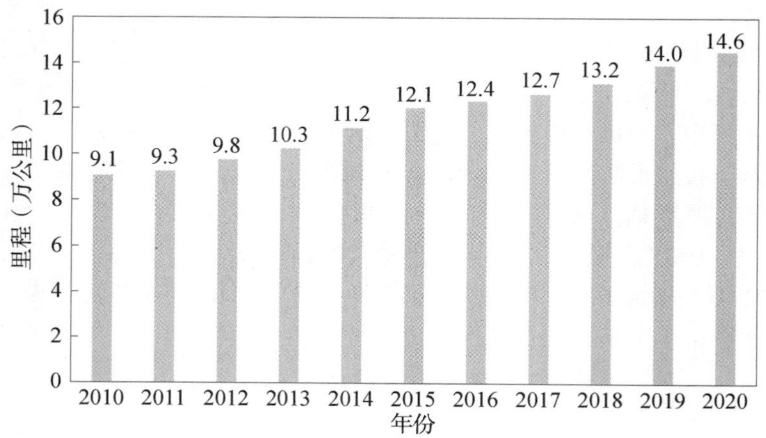

图 9 – 18　2010—2020 年中国铁路运营里程

资料来源：国家统计局网站。

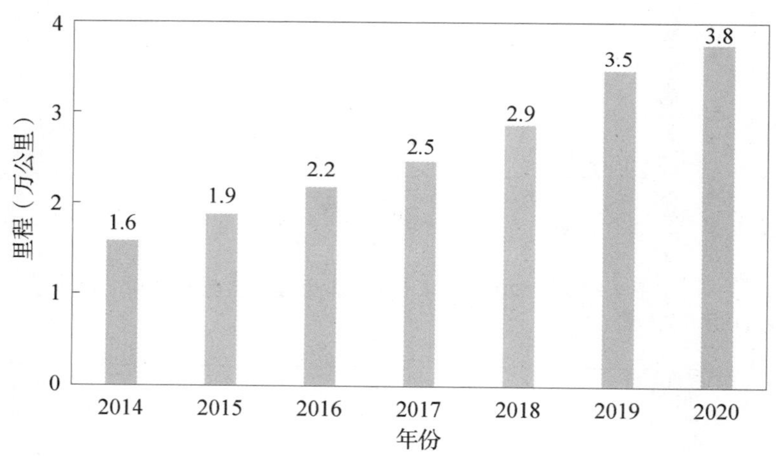

图 9 – 19　2014—2020 年中国高速铁路运营里程

资料来源：历年《交通运输行业发展统计公报》。

3. 机场

全球最繁忙机场主要集中在美国、中国、日本等国家。2019 年，全球排名前十最繁忙机场分别为亚特兰大国际机场、北京首都国际机场、洛杉矶国际机场、迪拜国际机场、东京羽田机场、芝加哥奥黑尔国际机场、伦敦希思罗机场、上海浦东机场、巴黎戴高乐机场和达拉斯–沃思堡国际机场，其客流量分别为 1. 11 亿人次、1. 00 亿人次、0. 88 亿人次、0. 86 亿人次、0. 86 亿人次、0. 84 亿人次、0. 81 亿人次、0. 76 亿人次、0. 76 亿人次和 0. 75 亿人次（见图 9 – 20）。

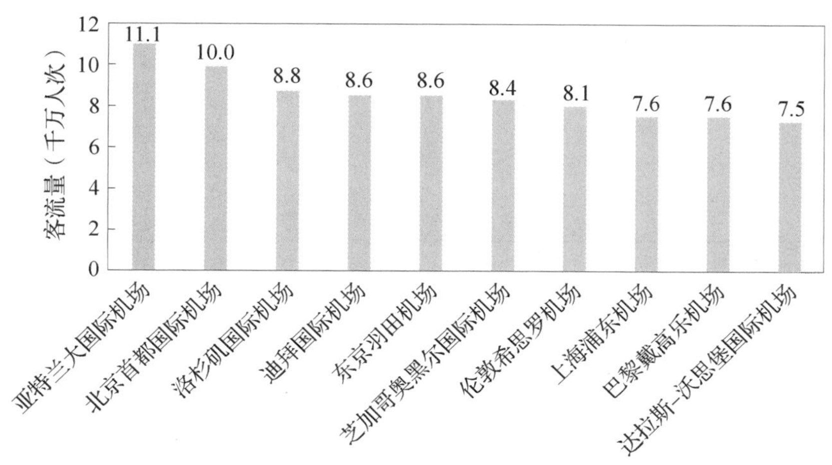

图9-20 2019年全球排名前十最繁忙机场

资料来源：国际机场理事会网站。

中国最繁忙机场主要集中在北京、上海、广州、深圳等城市。2019年，中国排名前十最繁忙机场依次为北京首都国际机场、上海浦东机场、广州白云机场、成都双流机场、深圳宝安机场、昆明长水机场、西安咸阳机场、上海虹桥机场、重庆江北机场和杭州萧山机场，其客流量分别为1.00亿人次、0.76亿人次、0.73亿人次、0.56亿人次、0.53亿人次、0.48亿人次、0.47亿人次、0.46亿人次、0.45亿人次和0.40亿人次（见图9-21）。

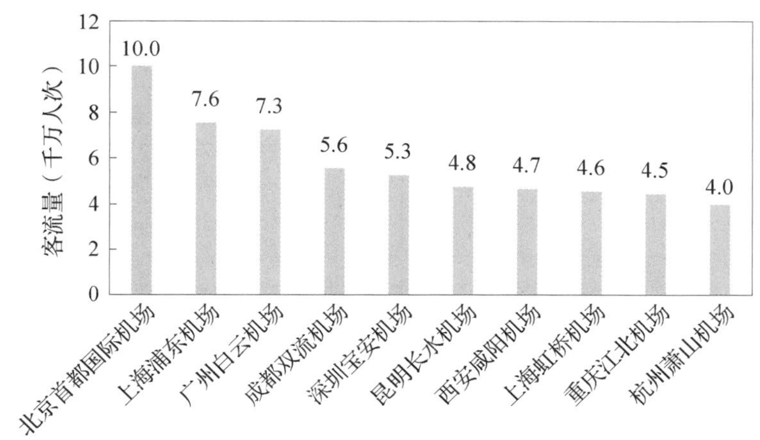

图9-21 2019年中国排名前十最繁忙机场

资料来源：中商产业研究院网站。

4. 内河航道、港口

在内河航道里程方面，中国、俄罗斯、欧盟等国家和地区排名较为靠前；在港口数量方面，美国、中国、英国等国家排名较为靠前。2019年，全球内河航道里程排名前十的国家和地区依次为中国、俄罗斯、欧盟、巴西、美国、印尼、哥伦比亚、越南、刚果（金）和印度，里程依次为12.7万公里、10.2万公里、5.2万公里、5.0万公里、4.1万公里、2.2万公里、1.8万公里、1.8万公里、1.5万公里和1.5万公里（见表9－6）。2021年，全球港口数量排名前十的国家依次为美国、中国、英国、日本、澳大利亚、菲律宾、马来西亚、泰国、韩国和阿联酋，数量依次为702、259、243、178、87、63、46、27、27和25个（见表9－7）。

表9－6　2019年全球内河航道里程排名前十的国家和地区

国家和地区	内河航道里程（万公里）
中国	12.7
俄罗斯	10.2
欧盟	5.2
巴西	5.0
美国	4.1
印尼	2.2
哥伦比亚	1.8
越南	1.8
刚果（金）	1.5
印度	1.5

表9－7　2021年全球港口数量排名前十的国家

国家	港口数量（个）
美国	702
中国	259
英国	243
日本	178
澳大利亚	87
菲律宾	63
马来西亚	46
泰国	27
韩国	27
阿联酋	25

中国内河航道里程整体上增加缓慢（见图 9 - 22）。2010 年内河航道里程为 12. 4 万公里，2020 年增至 12. 8 万公里，年均增长率为 0. 3%。

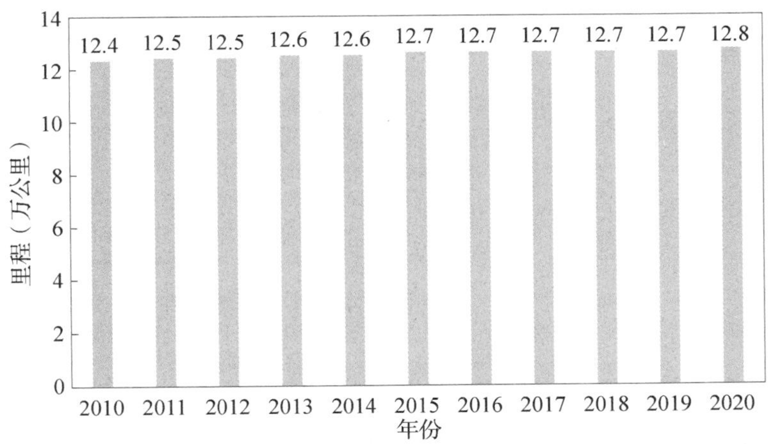

图 9 - 22　2010—2020 年中国内河航道里程

资料来源：国家统计局网站。

第 3 节　交通运输部门碳减排政策和措施

为了实现交通部门的低碳发展，可以采用避免（Avoid）、转移（Shift）和提升（Improve）的转型措施。避免指的是通过政策手段减少客运量或货运量。转移是指将较高排放运载工具所承担的客运量或货运量向较低排放的运载工具转移。提升指的是通过技术进步，从而减少运载工具单位行驶距离的碳排放量。下文分别从避免、转移和提升角度对公路运输、铁路运输、航空运输、水路运输的低碳发展政策措施进行介绍。

一、公路运输

为了实现公路运输的绿色转型，美国制定了 Clear Air Act、Corporate Average Fuel Economy 等法律文件和行业标准，以促进公路运输的低碳发展。欧盟国家和中国推行尾气排放标准，推动汽车企业生产更加环保的汽车。日本通过“领跑者计划”提高汽车的能源利用效率。中国于 2021 年先后发布了《中共中央国务院关于完整准确全面贯彻新发展理念做好碳达峰碳中和工作的意见》《2030 年前碳达峰行动方案》《中国应对气候变化的政策与行动》，旨在通过实施清洁燃料替代、运输结构转变等政策来减少交通运输部门碳排放。公路运输绿色转型可参考的部分措施如表 9 - 8 所示。

表 9-8 公路运输绿色转型可参考的部分措施

转型战略	措施	特点
Avoid（避免）	中国机动车限号，车牌摇号、拍卖购置	对私家车的购买和使用进行控制，减少人们使用私人汽车出行
	鼓励远程办公、居家办公	从根本上减少城市交通出行量，进而减少出行所产生的碳排放
	采用卫星城理念进行城市建设	将城市中心区功能进行分散，减少通勤量，进而减少通勤所产生的碳排放
Shift（转移）	促进“公转铁”“公转水”	优化货运运输结构，将高碳排放运载工具所承担的货运量转移到低碳排放运载工具上，以减少碳排放
	美国加州零排放车积分交易制度；中国“双积分”政策	对汽车制造商实行严格的积分交易体制，限制企业燃油车生产比例，提高新能源车生产比例
	日本购买新能源汽车及节能汽车可以享受税费优惠	推广新能源汽车和节能汽车的购买
	日本“领跑者计划”	提高客运和货运车辆的能源利用效率
	推动城市公共服务车辆电动化替代	先易后难，首先推动提供公共服务的运载工具向电动化转变
	加快城市轨道交通、公交专用道、快速公交系统等大容量公共交通基础设施建设	鼓励民众采用公交和城市轨道交通方式出行
	鼓励城市慢行系统发展	鼓励民众采用自行车和步行方式出行
	推动充换电站和加氢站建设	使新能源汽车的使用更加方便
	英国城市中心区域征收交通拥堵费	对城市中心公共路段的小汽车征收拥堵费，鼓励居民选择公共交通出行
Improve（提升）	欧盟欧 I 至欧 VI 排放标准，中国国 I 至国 VI 排放标准	制定排放标准，推动汽车企业生产更加环保的汽车
	开展交通基础设施绿色化提升改造	对交通基础设施进行绿色低碳改造，减少碳排放
	健全机动车能效标识	引导人们购买较环保的汽车
	研发涡轮增压、缸内直喷、可变气门正时等先进技术	推动节能技术的研发和应用

续表

转型战略	措施	特点
Improve（提升）	英国立法推广生物燃料应用	推广可再生能源的使用
	推广城市智能交通系统	通过大数据等先进技术打造一个更加高效、安全、绿色环保的城市交通系统
	加快城乡物流配送体系建设，创新绿色低碳、节约高效的配送模式	推动物流汽车的电动化，并通过大数据等技术手段优化配送路径，以减少碳排放

下面以“双积分”政策为例，介绍其实施原理和应用。中国“双积分”政策的制定在一定程度上借鉴了美国加州 ZEV（Zero Emission Vehicle）法案的经验。1990 年，美国加州颁布的 ZEV 法案规定，在该州汽车销量超过一定数量的企业，零排放汽车的生产必须达到一定比例，若无法达到要求，必须向其他公司购买积分或者缴纳罚款。中国“双积分”政策在此基础上结合我国实际情况进行创新，最早于 2018 年开始实行，修正案于 2021 年开始实施。

中国的汽车“双积分”是指乘用车企业平均燃料消耗量积分与乘用车企业新能源汽车积分，它的实施可以有效鼓励节能汽车和新能源汽车的发展。下文介绍的“双积分”政策中定义的参数含义仅适用于“双积分”部分的内容。

乘用车和商用车的定义，以及新能源乘用车、传统能源乘用车和低油耗乘用车的定义，如表 9－9 和表 9－10 所示。

表 9－9　乘用车和商用车定义

类别	定义
乘用车	在设计和技术特性上主要用于载运乘客及其随身行李和/或临时物品的汽车，包括驾驶员座位在内最多不超过 9 个座位
商用车	在设计和技术特性上用于运送人员和货物的汽车，并且可以牵引挂车。乘用车不包括在内

表 9－10　新能源乘用车、传统能源乘用车和低油耗乘用车定义

类别	定义
新能源乘用车	是指采用新型动力系统，完全或者主要依靠新型能源驱动的乘用车，包括插电式混合动力（含增程式）乘用车、纯电动乘用车和燃料电池乘用车等
传统能源乘用车	是指除新能源乘用车以外的，能够燃用汽油、柴油、气体燃料或者醇醚燃料等的乘用车（含非插电式混合动力乘用车）
低油耗乘用车	是指综合燃料消耗量不超过《乘用车燃料消耗量评价方法及指标》（GB 27999）中对应的车型燃料消耗量目标值与该核算年度的企业平均燃料消耗量要求之积（计算结果按四舍五入原则保留两位小数）的传统能源乘用车

1. 乘用车企业平均燃料消耗量积分

乘用车企业平均燃料消耗量积分，为该企业平均燃料消耗量的达标值和实际值之间的差额，与其乘用车生产量或者进口量的乘积。实际值低于达标值产生正积分，高于达标值产生负积分。

乘用车企业平均燃料消耗量达标值 D_{CAFC} 的计算方法如式 9－1 所示。

$$D_{CAFC}=T_{CAFC}\cdot\varphi \tag{9-1}$$

式中，T_{CAFC} 为乘用车企业平均燃料消耗量目标值，单位为升/百公里；φ 为企业平均燃料消耗量年度要求，如表 9－11 所示。

表 9－11　企业平均燃料消耗量年度要求 φ

年份	φ
2021	123%
2022	120%
2023	115%
2024	108%
2025 及以后	100%

乘用车企业平均燃料消耗量目标值 T_{CAFC} 的计算方法如式 9－2 所示。

$$T_{CAFC}=\frac{\sum_{i=1}^{n}T_i\cdot V_i}{\sum_{i=1}^{n}V_i} \tag{9-2}$$

式中，i 为乘用车车型序号；T_i 为第 i 个车型对应燃料消耗量目标值，单位为升/百公里；V_i 为第 i 个车型的年度生产量或进口量。车型燃料消耗量目标值 T_i 的计算方法如表 9－12 所示。

表 9－12　车型燃料消耗量目标值 Ti 计算方法

座位数	整备质量 CM（千克）	T_i
具有三排以下座椅的乘用车	CM≤1 090	4. 02
	1 090<CM≤2 510	0. 001 8×(CM−1 415)+4. 60
	CM>2 510	6. 57
具有三排及以上座椅的乘用车	CM≤1 090	4. 22
	1 090<CM≤2 510	0. 001 8×(CM−1 415)+4. 80
	CM>2 510	6. 77

R_{CAFC} 为乘用车企业平均燃料消耗量实际值，单位为升/百公里，其计算如式 9－3 所示。

$$R_{CAFC} = \frac{\sum_{i=1}^{n} FC_i \cdot V_i}{\sum_{i=1}^{n} V_i \cdot W_i} \tag{9-3}$$

式中，i 为乘用车车型序号；FC_i 为第 i 个车型的燃料消耗量，单位为升/百公里；V_i 为第 i 个车型的年度生产量或进口量；W_i 为第 i 个车型对应的倍数。W_i 取值如表 9－13 所示。

表 9－13　W_i 取值

分类	年份	W_i
纯电动乘用车、燃料电池乘用车和插电式混合动力乘用车	2021	2.0
	2022	1.8
	2023	1.6
	2024	1.3
	2025 及以后	1.0
除纯电动乘用车、燃料电池乘用车和插电式混合动力乘用车外车型燃料消耗量不大于 3.20 升/百公里	2021	1.4
	2022	1.3
	2023	1.2
	2024	1.1
	2025 及以后	1.0
除上述两种外	—	1.0

2. 乘用车企业新能源汽车积分

乘用车企业新能源汽车积分，为该企业新能源汽车积分实际值与达标值之间的差额。实际值高于达标值产生正积分，低于达标值产生负积分。

乘用车企业新能源汽车积分实际值 N 的计算方法如式 9－4 所示。

$$N = \sum_{i=1}^{n} E_i \cdot G_i \tag{9-4}$$

式中，E_i 是指新能源乘用车车型积分；G_i 是指该企业在核算年度内生产或者进口的新能源乘用车各车型生产量或者进口量。

新能源乘用车车型积分计算方法如表 9－14 所示。

表 9-14 新能源乘用车车型积分 E_i 计算方法

<table>
<tr><th>车辆类型</th><th>标准车型积分</th><th>标准车型积分备注</th><th colspan="3">车型积分 E_i 计算方法</th></tr>
<tr><td rowspan="15">纯电动乘用车</td><td rowspan="15">0. 0056×R+0. 4</td><td rowspan="15">R<100 时，标准车型积分为 0 分；
100≤R<150 时，标准车型积分为 1 分；
R≥150 时，标准车型积分按照左侧公式来计算；
标准车型积分上限为 3. 4 分</td><td colspan="3">车型积分＝标准车型积分×续驶里程调整系数×能量密度调整系数×电耗调整系数</td></tr>
<tr><td rowspan="5">续驶里程调整系数</td><td>R</td><td>续驶里程调整系数</td></tr>
<tr><td>100≤R<150</td><td>0. 7</td></tr>
<tr><td>150≤R<200</td><td>0. 8</td></tr>
<tr><td>200≤R<300</td><td>0. 9</td></tr>
<tr><td>R≥300</td><td>1</td></tr>
<tr><td rowspan="5">能量密度调整系数</td><td>质量能量密度</td><td>能量密度调整系数</td></tr>
<tr><td>质量能量密度<90Wh/kg</td><td>0</td></tr>
<tr><td>90Wh/kg≤质量能量密度<105Wh/kg</td><td>0. 8</td></tr>
<tr><td>105Wh/kg≤质量能量密度<125Wh/kg</td><td>0. 9</td></tr>
<tr><td>质量能量密度≥125Wh/kg</td><td>1</td></tr>
<tr><td rowspan="4">电耗调整系数</td><td>条件</td><td>电耗调整系数</td></tr>
<tr><td>车型电能消耗量（kW · h/100km，工况法）满足电能消耗量目标值</td><td>车型电能消耗量目标值除以电能消耗量实际值（上限为 1. 5 倍）</td></tr>
<tr><td>其余车型</td><td>0. 5</td></tr>
<tr><td colspan="2">纯电动乘用车电能消耗量目标值 Y（CM 为整备质量）：
CM≤1 000，Y＝0. 011 2×CM+0. 4；
1 000<CM≤1 600，
Y＝0. 004 8×CM+8. 60</td></tr>
<tr><td>插电式混合动力乘用车</td><td>1. 6</td><td>—</td><td colspan="3">若同时满足以下两项指标，车型积分为标准车型积分；若无法同时满足以下两项指标，车型积分按照标准车型积分的 0. 5 倍计算</td></tr>
</table>

续表

<table>
<tr><th>车辆类型</th><th>标准车型积分</th><th>标准车型积分备注</th><th colspan="2">车型积分 E_i 计算方法</th></tr>
<tr><td rowspan="2">插电式混合动力乘用车</td><td rowspan="2">1.6</td><td rowspan="2">—</td><td>指标 1</td><td>车型电量保持模式试验的燃料消耗量（不含电能转换的燃料消耗量）与《乘用车燃料消耗量限值》（GB 19578）中车型对应的燃料消耗量限值相比应当小于 70%</td></tr>
<tr><td>指标 2</td><td>车型电量消耗模式试验的电能消耗量应小于纯电动乘用车电能消耗量目标值的 135%</td></tr>
<tr><td>燃料电池乘用车</td><td>0.08×P</td><td>标准车型积分上限为 6 分</td><td colspan="2">燃料电池乘用车续驶里程不低于 300km，当 P（P 为燃料电池系统额定功率）不低于驱动电机额定功率的 30% 且不小于 10kW 时，车型积分按照标准车型积分计算；其余车型积分按照标准车型积分的 0.5 倍计算</td></tr>
</table>

注：R 为工况法下电动汽车续驶里程，单位为公里；车型积分计算结果按四舍五入原则保留两位小数。

乘用车企业新能源汽车积分达标值 S 的计算方法如式 9－5 所示。

$$S=F_i \cdot \mu \cdot \tau \tag{9-5}$$

式中，F_i 为该企业在核算年度内传统能源乘用车的生产量或者进口量；μ 为系数，当年份分别为 2021 年、2022 年和 2023 年时，传统能源乘用车中低油耗乘用车的 μ 值分别为 0.5、0.3 和 0.2；τ 为新能源汽车积分比例要求。新能源汽车积分比例要求如表 9－15 所示。

表 9－15　新能源汽车积分比例要求 τ

年份	新能源汽车积分比例要求 τ
2019	10%
2020	12%
2021	14%
2022	16%
2023	18%

3. 乘用车积分并行管理规则

乘用车企业平均燃料消耗量正积分，可以结转或者在关联企业间转让。乘用车企业平均燃料消耗量正积分结转到后续年度使用的，按照一定比例进行结转，结转有效期不超过三年。2018 年度及以前年度的正积分，每结转一次，结转比例为 80%；2019 年度及以后年度的正积分，每结转一次，结转比例为 90%。乘用车企业新能源汽车正积分，可以依据《乘用车企业平均燃料消耗量与新能源洗车积分并行管理办法》自由交易，并按照表9－16所示方式结转。乘用车企业平均燃料消耗量负积分，应当采取表9－17所示的方式进行抵偿归零。乘用车企业新能源汽车负积分，应通过新能源汽车正积分抵偿归零。乘用车企业2019年度产生的新能源汽车负积分，可以使用2020年度产生的新能源汽车正积分进行抵偿。

表9－16　乘用车企业新能源汽车正积分结转方式

结转方式编号	结转方式	备注
1	2019年度的新能源汽车正积分可以等额结转一年	结转有效期不超过三年
2	2020年度的新能源汽车正积分，每结转一次，结转比例为50%	
3	2021年度及以后年度乘用车企业平均燃料消耗量实际值（仅核算传统能源乘用车）与达标值的比值不高于123%的，允许其当年度产生的新能源汽车正积分结转，每结转一次，结转比例为50%。只生产或者进口新能源汽车的乘用车企业产生的新能源汽车正积分按照50%的比例结转	

表9－17　乘用车企业平均燃料消耗量负积分抵偿归零方式

抵偿归零方式编号	抵偿归零方式	备注
1	使用本企业结转的平均燃料消耗量正积分	四种抵偿方式可以组合使用。新能源汽车正积分可以抵扣同等数量的平均燃料消耗量负积分
2	使用本企业受让的平均燃料消耗量正积分（仅限其在当年度使用，不得再次转让）	
3	使用本企业产生的新能源汽车正积分	
4	购买新能源汽车正积分（仅限其在当年度使用，不得再次交易）	

案例　乘用车企业平均燃料消耗量积分与乘用车企业新能源汽车积分计算方法

假设2021年乘用车企业A各车型生产或进口汽车情况如表9－18所示。

表9－18　2021年企业A各车型生产或进口汽车情况

车型类别	整备质量CM（千克）	车辆类型	车型燃料消耗量（升/百公里）	座椅排数（排）	生产或进口数量V（辆）
甲	1 560	纯电动乘用车	0	2	2 000
乙	1 290	低油耗乘用车	5.2	3	4 000
丙	1 600	除低油耗乘用车之外的传统能源乘用车	7.5	3	60 000

企业A平均燃料消耗量积分计算如下：

$$\text{企业A平均燃料消耗量积分}=\left(\text{企业A平均燃料消耗量达标值}-\text{企业A平均燃料消耗量实际值}R_{CAFC}\right)\times\text{乘用车生产量或者进口量}$$

$$T_{CAFC}=\frac{\sum_{i=1}^{n}T_i\cdot V_i}{\sum_{i=1}^{n}V_i}=\frac{4.86\times2\,000+4.58\times4\,000+5.13\times60\,000}{2\,000+4\,000+60\,000}\approx5.09$$

$$\text{企业A平均燃料消耗量达标值}=\text{企业A平均燃料消耗量目标值}T_{CAFC}\times\text{2021年企业A平均燃料消耗量要求}$$
$$=5.09\times123\%\approx6.26$$

根据表9－13，车型甲、乙、丙的W值分别为2.0、1.0、1.0，则

$$R_{CAFC}=\frac{\sum_{i=1}^{n}FC_i\cdot V_i}{\sum_{i=1}^{n}V_i\cdot W_i}=\frac{0\times2\,000+5.2\times4\,000+7.5\times60\,000}{2\,000\times2.0+4\,000\times1.0+60\,000\times1.0}\approx6.92$$

综上，

$$\text{企业A平均燃料消耗量积分}=(6.26-6.92)\times(2\,000+4\,000+60\,000)$$
$$=-43\,560$$

假设2021年企业A新能源各车型具体技术参数如表9－19所示。

表9－19　2021年企业A新能源各车型具体技术参数

车辆类型	整备质量（千克）	车辆类型	续驶里程R（公里）	动力电池系统质量能量密度（瓦时/千克）	车型电能消耗量（千瓦时/百公里）
甲	1 560	纯电动乘用车	500	130	13.3

企业A新能源汽车积分计算如下：

$$\text{企业A新能源汽车积分}=\text{企业A新能源汽车积分实际值}-\text{企业A新能源汽车积分达标值}$$

根据表9－14可得出车型甲的电能消耗量目标值为16.09千瓦时/百公里，由于13.3<16.09，所以车型甲电能消耗量满足电能消耗量目标值，因此车型甲电耗调整系数为车型电能消耗量目标值除以电能消耗量实际值（上限为1.5倍），等于1.21，因此根据表9－14可得车型甲的车型积分为3.87。

$$\text{企业A新能源汽车积分实际值}=\text{企业A在2021年度内生产或者进口的车型甲的积分}\times\text{车型甲生产量或者进口量}$$
$$=3.87\times2\,000=7\,740$$

由于当年份为2021年时，传统能源乘用车中低油耗乘用车的μ为0.5，故

$$\text{企业A新能源汽车积分达标值}=\frac{\text{2021年车型丙的}}{\text{生产量或者进口量}}\times14\%+\frac{\text{2021年车型乙的}}{\text{生产量或者进口量}}\times0.5\times14\%$$
$$=60\,000\times14\%+4\,000\times0.5\times14\%=8\,680$$

综上，

$$\text{企业A新能源汽车积分}=\text{企业A新能源汽车积分实际值}-\text{企业A新能源汽车积分达标值}$$
$$=7\,740-8\,680=-940$$

二、铁路运输

铁路运输具有能耗和排放低、成本低的优势。美国和中国大力推行以铁路和水路为主的多式联运，以解决铁路运输和水路运输的衔接问题。与此同时，日本采用清洁能源如太阳能等为车站等基础设施供电，以减少对环境的污染。此外，铁路客票电子化、铁路无纸化办公也在为铁路运输的低碳发展添砖加瓦。铁路运输绿色转型可参考的部分措施如表 9－20 所示。

表 9－20　铁路运输绿色转型可参考的部分措施

转型类别	措施	特征
Shift（转移）	大力发展以铁路、水路为骨干的多式联运，推进工矿企业、港口、物流园区等铁路专用线建设	优化运输结构，提高运输效率
	加快大宗货物和中长距离货物运输“公转铁”	优化货运运输结构，将高碳排放运载工具所承担的货运量转移到低碳排放运载工具上，从而减少碳排放
	推行电子客票服务和无纸化办公	减少了前往购票点购票过程中的碳排放，减少了纸张制作和运输过程中的碳排放
	推进铁路电气化改造	提高铁路电气化率以减少燃油消耗量
	采用太阳能等为车站供电	加大清洁能源使用范围
Improve（提升）	提高内燃机车和电力机车的能源效率	通过技术创新提高能源利用效率，进而减少碳排放
	制定内燃机车排放标准	通过行业标准促进内燃机车技术升级
	动车组列车低碳设计	将低碳环保理念贯穿动车组列车设计过程，以减少碳排放

三、航空运输

航空运输具有方便快捷的特点，但同时其能耗较高、污染较大。为了实现航空运输业的低碳发展，各航空公司、机场和航空管理机构通过减少飞机滑行时间、优化飞行线路、减少盘旋等待时间等方式从起飞、飞行和降落三个阶段来减少航空运输的能耗和碳排放。与此同时，各飞机制造商采用新型复合材料等方式为飞机减重，并逐步加大对航空生物燃料的研发力度。航空运输绿色转型可参考的部分措施如表 9－21 所示。

表 9－21　航空运输绿色转型可参考的部分措施

转型类别	措施	特征
Avoid（避免）	对飞行线路进行优化	减少飞行距离，从根本上减少飞行过程中的能耗和碳排放
Shift（转移）	对纯电动飞机进行研发	推动纯电动飞机的研发，推动飞机向纯电动化方向发展
	加快生物燃料在航空燃料中的使用	推进可再生航空燃料的发展
Improve（提升）	提高飞机材料中复合材料的比例，推广电子飞行包，采用新型喷漆技术，采用重量更轻的座椅	能够降低飞机重量，从而减少飞行过程中的能耗和碳排放
	采用新型航空发动机	能够减少能耗和碳排放
	民用运输机场场内车辆装备等力争全面实现电动化	加快地勤等车辆的电动化替代
	提升民航运行管理效率，引导航空企业加强智慧运行	加快先进适用技术应用，实现系统化节能降碳
	中国推出民航节能减排专项资金	推进民航节能减排重大专项的实施

四、水路运输

水路运输具有能耗较低、排放较少和成本较低的优势。欧盟委员会通过法律手段来控制船舶的排放。美国和中国通过法律和制度手段大力推进以铁路和水路为骨干的多式联运，以解决不同运输方式之间的衔接问题。水路运输绿色转型可参考的部分措施如表 9－22 所示。

表 9－22　水路运输绿色转型可参考的部分措施

转型类别	措施	特征
Avoid（避免）	加快老旧船舶的淘汰	加快老旧高耗能船舶的淘汰，促进船舶向节能化、清洁化和新能源化的方向发展
	加大岸线、锚地等资源整合力度	提高土地利用效率
Shift（转移）	促进船舶靠港使用岸电常态化	船舶在码头停靠时，不使用船舶自身的柴油发电机为船舶供电，而使用码头陆地电源向船舶供电，以减少 CO_2 排放
	加快发展电动、液化天然气动力船舶，因地制宜开展沿海、内河绿色智能船舶示范应用	加快电动、液化天然气动力船舶研发和应用
Improve（提升）	采用更加节能的船舶推进系统	先进的推进系统能够减少燃料消耗和碳排放

第 4 节　交通运输部门碳减排技术经济管理方法

碳中和背景下，交通运输部门将推广能源效率更高的碳减排技术，然而这将伴随着较高的投资成本，所以构建碳减排技术经济管理体系尤为重要。要实施交通运输部门的碳减排技术经济管理，则应规划布局碳减排技术的发展路径，而碳减排技术的发展以满足未来全社会运输需求为前提。因此，交通运输部门碳减排技术经济管理的过程应分为两步：首先预测交通运输部门未来的客、货运输需求，然后以满足运输需求供应为前提，以成本最小为目标，同时以节能减排为约束，优化布局未来的碳减排技术。根据上述思路，本节主要介绍交通运输部门碳减排技术经济管理方法，该方法可为交通运输部门和企业决策提供科学支撑。

一、交通运输部门碳减排技术经济管理框架

交通运输部门碳减排技术经济管理是在成本最优的前提下规划未来交通运输碳减排技术的发展路径；同时，对交通基础设施及运载工具的规划，需以服务于全社会的客、货运输需求为前提。交通运输部门的碳减排技术经济管理框架如图 9－23 所示。

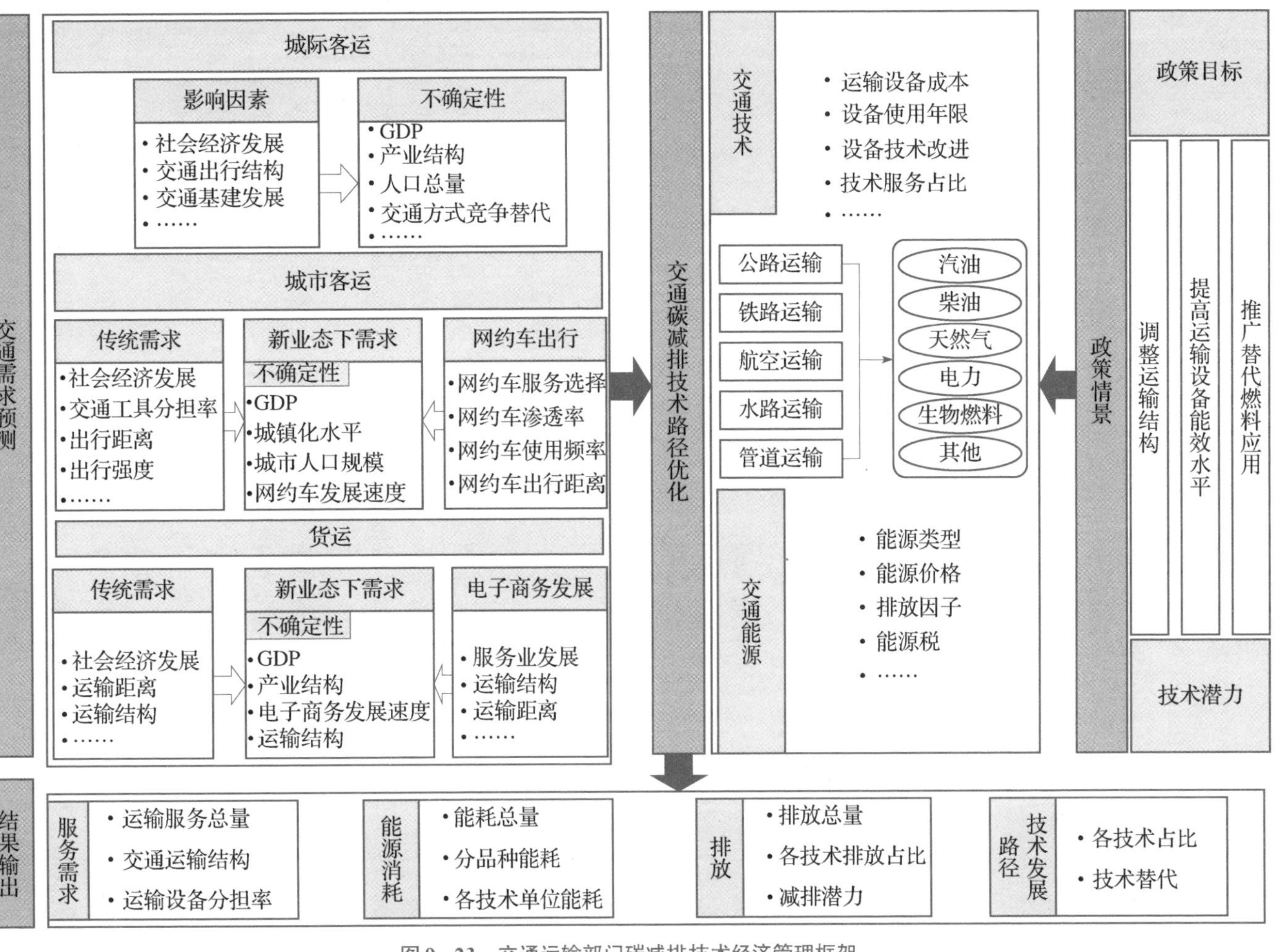

图 9－23　交通运输部门碳减排技术经济管理框架

本章采用北京理工大学能源与环境政策研究中心自主研发的中国气候变化综合评估模型/国家能源技术模型的交通子模型 C^3IAM/NET-Transport，对交通运输部门进行碳减排技术经济管理。C^3IAM/NET-Transport 模型通过考虑未来国内生产总值发展速度、人口发展趋势、服务业进程、交通运输基础设施水平等，并结合出行行为变化以及共享出行普及速度等，采用多因素回归方法对城际客运周转量和城市客运周转量进行预测；此外，根据疫情影响以及国内生产总值的潜在变化趋势，并考虑未来产业结构变化、电子商务加快发展等因素，结合货运行业的总体趋势，对我国货运周转量进行预测。C^3IAM/NET-Transport 模型在满足交通运输服务需求的前提下，以规划期内成本最小为目标，模拟中长期交通运输部门运输结构调整、运输效率提升、清洁能源技术发展等政策措施的影响，评估交通运输部门的节能减排潜力，优化未来交通运输部门低碳技术发展路径。

二、运输需求预测模型

交通运输基础设施规划、交通运输发展政策制定等都与运输需求预测有着密切联系。所以我们重点介绍交通运输需求预测的思想和通用方法。

根据预测的目的、角度和其他特性，可将需求预测分为不同类型。按照预测的对象不同，可以分为客运需求预测和货运需求预测。按照预测的层次不同，可以分为全国需求预测、国民经济各部门需求预测、各地区需求预测和各种运输方式的需求预测。按照预测期的长短，可以分为短期预测、中期预测和长期预测，一般 1～5 年为短期预测，5～10 年为中期预测，10 年以上则属于长期预测。

下面以客运需求预测为例，介绍运输需求预测思路和通用方法。此处结合经典四阶段法，提出适用于交通运输部门碳减排技术经济管理的运输需求预测方法。具体包括交通的发生与吸引预测、运输方式划分和周转量预测三个步骤①。

1. 交通的发生与吸引预测

预测交通的发生与吸引是指预测各个对象地区的运输需求总量，即交通生成量（trip generation），进而在总量的约束下，求出各交通小区（可以为国家、区域、省份、市县、行政小区等）的发生交通量（trip productions）与吸引交通量（trip attraction）。交通的发生、吸引与土地利用的性质、家庭规模、企业规模、收入、设施规模、居民生活方式（如远程办公、线上教育、线上医疗、共享出行、网络购物）等有密切的关系。发生交通量与吸引交通量预测精度将直接影响后续预测阶段乃至整个预测过程的精度。O_i 表示小区 i 的发生交通量（由小区 i 出发到各小区的交通量之和）；D_j 表示小区 j 的吸引交通量（从各小区到小区 j 的交通量之和）。小区 i 的吸引交通量和小区 j 的发生交通量以此类推。交通的发生与吸引预测方法主要有原单位法、函数法和增长率法。

---

① 本节定义的参数含义仅适用于本节介绍的模型。

(1) 原单位法。

原单位法可分为个人原单位法与面积原单位法。个人原单位法是指用居住人口或就业人口每人平均的交通生成量进行推算；面积原单位法是指以不同用途的土地面积或单位办公面积平均发生的交通量来预测。所以应首先分别计算发生原单位和吸引原单位，然后根据发生原单位和吸引原单位与人口、面积等属性的乘积来预测发生交通量与吸引交通量的值，可用式 9－6 表示：

$$\begin{cases} O_i = bx_i \\ D_j = cx_j \end{cases} \tag{9-6}$$

式中，b 为某出行目的的原单位出行发生次数，单位是次/(日・人)，该变量受到生活方式的影响，如远程办公、线上教育等线上活动将减少出行发生次数，共享出行则可能增加或减少出行发生次数；x 为常住人口、白天人口、从业人口、土地利用类别、面积等属性变量；c 为某出行目的的原单位出行吸引次数，该变量同样受到生活方式的影响；i，j 为交通小区。

(2) 函数法。

函数法是发生交通量和吸引交通量预测中常用的方法之一。函数法中多采用多元回归分析法，所以有时也将其直接称为多元回归分析法。具体如式 9－7 和式 9－8 所示：

$$O_i^p = d_0^p + d_1^p y_{1i}^p + d_2^p y_{2i}^p + \cdots \tag{9-7}$$

$$D_j^p = h_0^p + h_1^p y_{1j}^p + h_2^p y_{2j}^p + \cdots \tag{9-8}$$

式中，d 和 h 为回归系数；p 为出行目的；y 为自变量，如交通小区内收入、汽车保有率、家庭数、人口、就业人数、土地利用面积、生活方式（如电子商务销售额、互联网普及率、快递业务量等）等。

(3) 增长率法。

增长率法考虑了原单位随时间变动的情况，是指用其他指标的增长率乘以原单位，求出将来生成交通量的方法，如式 9－9 所示：

$$O_i^N = F_i \cdot O_i \tag{9-9}$$

式中，F_i 为发生交通量和吸引交通量的增长率；N 为年份。

增长率法可以解决原单位法和函数法难以解决的问题，它通过设定交通小区的增长率，可以反映土地利用、生活方式的变化所引起的人们出行的变化。增长率法可以预测对象区域外交通小区的将来交通量，如式 9－10 所示：

$$FF_i = R_i \cdot rr \tag{9-10}$$

式中，FF_i 为对象区域外交通小区 i 的发生交通量、吸引交通量的增长率；R_i 为对象区域外交通小区 i 的常住人口增长率；rr 为对象区域内全体常住人口增长率。

2. 运输方式划分

人们需要通过各种运输方式来满足日常生活中各项出行需求，不同运输方式之间存在替代和互补关系。交通运输分担率预测方法主要可分为集计模型和非集计模型，集计模型包括转移曲线法和回归模型法，非集计模型主要有概率模型法。

（1）转移曲线法。

转移曲线法是根据大量的调查统计资料绘出各种交通运输方式的分担与其影响因素之间的关系曲线。较为简单、直观的交通运输方式预测是用转移曲线诺模图进行预测。转移曲线法是目前国外广泛使用的交通运输方式分担预测方法，在国外交通运输方式较为单一、影响因素相对较少的情况下，该方法使用简单、方便，应用效果好。在我国交通运输方式众多、影响因素较为复杂的情况下，绘制出全面反映交通运输方式之间的转换关系的转移曲线，其工作量巨大且资料收集较为困难。同时，由于它是根据现状调查资料绘制出来，因此只能反映相关因素变化相对较小的情况，这使得该方法的应用受到一定的限制。

（2）回归模型法。

回归模型法是通过建立交通运输方式的分担率与其相关因素间的回归方程，作为预测交通运输方式模型。交通运输方式的回归方法有时与交通生成的回归方法组合使用，直接得出各种交通运输方式的交通生成，即是交通生成与交通运输方式的回归组合模型，如式 9－11 所示：

$$G_{im}=\alpha_{im}+\beta_{1m}X_1+\beta_{2m}X_2+\cdots+\beta_{nm}X_n \tag{9-11}$$

式中，G_{im} 为交通区 i、运输方式 m 的交通产生量；X_1，X_2，…，X_n 为相关因素，如人口、土地利用、生活水平指标、生活方式（如互联网普及率、电子商务销售额、快递业务量等）等；α_{im}，β_{1m}，β_{2m}，…，β_{nm} 为回归系数，根据现状调查或同级数据，采用最小二乘法确定。

（3）概率模型法。

概率模型法是非集计分析模型中的一种比较实用的模型。交通方式选择本质上是一类离散选择行为，即从各种交通方式中选择使出行者“效用”最大的一种方式。离散选择模型的函数形式有多种，其中有效且被广泛应用的是多项 Logit 模型。多项 Logit 模型可以表示为式 9－12：

$$P_{in}=\frac{e^{v_{in}}}{\sum_{j=1}^{j_n}e^{v_{in}}}\text{ 或 }P_{in}=\frac{e^{v_{in}}}{\sum_{j\in A_n}e^{v_{in}}} \tag{9-12}$$

式中，n 为个人；P_{in} 为第 i 种运输方式的选择概率；v_{in} 为第 i 种交通运输方式的效用函数，其形式可以是线性或者非线性；A_n 为运输方式选择者 n 的选择方案集合；j_n 为运输方式选择者 n 的选择方案集合 A_n 中包含的方案个数。

3. 周转量预测

此处以客运周转量为例来表征运输需求。运输方式 k 在单位时间内完成的周转量 TN_k 可以通过式 9－13 来计算。

$$TN_k = \sum_l TV_{k,l} \cdot \hat{u}_{k,l} \cdot Dis_{k,l} \tag{9-13}$$

式中，k 代表不同的运输方式；l 代表不同运输方式 k 中不同的运载工具；$TV_{k,l}$ 为运输方式 k 中运载工具 l 承担的交通量；$\hat{u}_{k,l}$ 为运输方式 k 中每个运载工具 l 的平均载客量，运载工具平均载客量的大小取决于不同的运输方式和同一种运输方式下运载工具的大小；$Dis_{k,l}$ 为运输方式 k 中运载工具 l 的运输距离，运输距离的长短取决于不同的运输方式和未来技术进步水平。

根据上述预测思路和预测方法，可以对不同时间和空间尺度、不同运输方式所需要供给的客运或货运运输需求进行预测，并以此为约束，进一步开展各类交通运输方式的碳减排技术路径优化。

三、交通运输部门碳减排技术路径优化方法

以前文预测的运输需求为基础，我们构建了交通运输部门碳减排技术路径优化模型。该模型基于成本最小化原则，对交通运输部门各类运载工具的规模进行组合优化，同时在考虑相关约束基础上，提出未来交通运输部门的碳减排技术发展路径，并得到不同路径下相应的能耗、排放、成本等①。

1. 目标函数

C^{3}IAM/NET-Transport 模型以完成年度全部客运、货运周转量的总成本最小化为规划目标，模型涵盖了城市客运、城际客运及货运。成本主要考虑了运载工具的初始投资成本、运营维护成本、燃料成本以及包括能源税与排放税在内的税费成本，如式 9－14 所示：

$$\begin{aligned} \min TC_t = & \sum_i (AICRD_{t,i} + OMRD_{t,i} + FCRD_{t,i}) \\ & + \sum_l (AICRY_{t,l} + OMRY_{t,l} + FCRY_{t,l}) \\ & + \sum_k (AICME_{t,k} + OMME_{t,k} + FCME_{t,k}) \\ & + \sum_j (AICAN_{t,j} + OMAN_{t,j} + FCAN_{t,j}) \\ & + \sum_e \Big(\sum_i QD_{t,e,i} + \sum_l QY_{t,e,l} + \sum_k QE_{t,e,k} + \sum_j QN_{t,e,j} \Big) \cdot Tax_{t,e}^{Ene} \\ & + \sum_m Q_{t,m} \cdot Tax_{t,m}^{Emi} \end{aligned} \tag{9-14}$$

式中，t 表示规划期内的年份；e 表示燃料品种，如汽油、柴油、天然气、电力等；m 表示运输设备排放的气体或污染物；i 表示公路运载工具，比如燃油汽车、混合动力汽车、纯电动汽车、燃料电池汽车等；l 表示铁路运载工具，比如内燃机车、电力机车等；k 表示水路运载工具，比如柴油机船舶、氢能船舶、生物质能船舶等；j 表示航空运载工具，比如航空煤油飞机、生物燃料飞机、纯电动飞机等。

① 本节定义的参数含义仅适用于本节介绍的模型。

TC_t 表示第 t 年的总成本。$AICRD_{t,i}$ 表示公路运输方式中，运载工具 i 在第 t 年的年均初始投资成本；$AICRY_{t,l}$ 表示铁路运输方式中，运载工具 l 在第 t 年的年均初始投资成本；$AICME_{t,k}$ 表示水路运输方式中，运载工具 k 在第 t 年的年均初始投资成本；$AICAN_{t,j}$ 表示航空运输方式中，运载工具 j 在第 t 年的年均初始投资成本。

$OMRD_{t,i}$ 表示公路运输方式中，运载工具 i 在第 t 年的运营维护成本；$OMRY_{t,l}$ 表示铁路运输方式中，运载工具 l 在第 t 年的运营维护成本；$OMME_{t,k}$ 表示水路运输方式中，运载工具 k 在第 t 年的运营维护成本；$OMAN_{t,j}$ 表示航空运输方式中，运载工具 j 在第 t 年的运营维护成本。

$FCRD_{t,i}$ 表示公路运输方式中，运载工具 i 在第 t 年消耗的燃料成本；$FCRY_{t,l}$ 表示铁路运输方式中，运载工具 l 在第 t 年消耗的燃料成本；$FCME_{t,k}$ 表示水路运输方式中，运载工具 k 在第 t 年消耗的燃料成本；$FCAN_{t,j}$ 表示航空运输方式中，运载工具 j 在第 t 年消耗的燃料成本。

$QD_{t,e,i}$ 表示第 t 年公路运输方式中的第 i 种运载工具对第 e 种能源的消耗量；$QY_{t,e,l}$ 表示第 t 年铁路运输方式中的第 l 种运载工具对第 e 种能源的消耗量；$QE_{t,e,k}$ 表示第 t 年水路运输方式中的第 k 种运载工具对第 e 种能源的消耗量；$QN_{t,e,j}$ 表示第 t 年航空运输方式中的第 j 种运载工具对第 e 种能源的消耗量；$Tax_{t,e}^{Ene}$ 表示第 t 年对单位能源 e 征收的能源税；$Q_{t,m}$ 表示第 t 年交通部门能源燃烧所带来的排放总量；$Tax_{t,m}^{Emi}$ 表示第 t 年对单位排放物 m 征收的排放税。

交通运载工具的初始投资成本可用式 9－15 表示：

$$\begin{cases} AICRD_{t,i}=ICRD_{t,i}\cdot\dfrac{rrd_i(1+rrd_i)^{TRD_i}}{(1+rrd_i)^{T_i}-1} \\ AICRY_{t,l}=ICRY_{t,l}\cdot\dfrac{rry_l(1+rry_l)^{TRY_l}}{(1+rry_l)^{T_l}-1} \\ AICME_{t,k}=ICME_{t,k}\cdot\dfrac{rme_k(1+rme_k)^{TME_k}}{(1+rme_k)^{T_k}-1} \\ AICAN_{t,j}=ICAN_{t,j}\cdot\dfrac{ran_j(1+ran_j)^{TAN_j}}{(1+ran_j)^{T_j}-1} \end{cases} \tag{9-15}$$

式中，$ICRD_{t,i}$ 表示在第 t 年公路运输方式中，运载工具 i 的新增初始投资成本；$ICRY_{t,l}$ 表示在第 t 年铁路运输方式中，运载工具 l 的新增初始投资成本；$ICME_{t,k}$ 表示在第 t 年水路运输方式中，运载工具 k 的新增初始投资成本；$ICAN_{t,j}$ 表示在第 t 年航空运输方式中，运载工具 j 的新增初始投资成本；rrd，rry，rme，ran 分别表示公路运输、铁路运输、水路运输和航空运输部门的贴现率；TRD_i，TRY_l，TME_k，TAN_j 分别表示公路运输、铁路运输、水路运输和航空运输方式中运载工具的平均使用寿命。

除初始投资成本外，运载工具在日常使用中还需要运营维护成本，如式9－16所示：

$$\begin{cases} OMRD_{t,i}=\lambda RD_{t,i}\cdot ORD_{t,i}\cdot hRD_{t,i} \\ OMRY_{t,l}=\lambda RY_{t,l}\cdot ORY_{t,l}\cdot hRY_{t,l} \\ OMME_{t,k}=\lambda ME_{t,k}\cdot OME_{t,k}\cdot hME_{t,k} \\ OMAN_{t,j}=\lambda AN_{t,j}\cdot OAN_{t,j}\cdot hAN_{t,j} \end{cases} \tag{9-16}$$

式中，$\lambda RD_{t,i}$，$\lambda RY_{t,l}$，$\lambda ME_{t,k}$，$\lambda AN_{t,j}$ 分别表示第 t 年公路运输、铁路运输、水路运输和航空运输方式中，运载工具提供单位运输量的运营维护成本；$ORD_{t,i}$，$ORY_{t,l}$，$OME_{t,k}$，$OAN_{t,j}$ 分别表示第 t 年公路运输、铁路运输、水路运输和航空运输方式中，实际使用的运载工具数量；$hRD_{t,i}$，$hRY_{t,l}$，$hME_{t,k}$，$hAN_{t,j}$ 分别表示公路运输、铁路运输、水路运输和航空运输方式中，运载工具在第 t 年提供的运输总量。

燃料成本可根据目标年为满足所有运输需求所需要的能源消耗量乘以各类能源的价格计算得到，如式9－17所示：

$$\begin{cases} FCRD_{t,i} = \sum_{e} HRD_{t,i}\cdot ERD_{t,i,e}\cdot ORD_{t,i}\cdot ep_{t,e} \\ FCRY_{t,l} = \sum_{e} HRY_{t,l}\cdot ERY_{t,l,e}\cdot ORY_{t,l}\cdot ep_{t,e} \\ FCME_{t,k} = \sum_{e} HME_{t,k}\cdot EME_{t,k,e}\cdot OME_{t,k}\cdot ep_{t,e} \\ FCAN_{t,j} = \sum_{e} HAN_{t,j}\cdot EAN_{t,j,e}\cdot OAN_{t,j}\cdot ep_{t,e} \end{cases} \tag{9-17}$$

式中，$HRD_{t,i}$，$HRY_{t,l}$，$HME_{t,k}$，$HAN_{t,j}$ 分别表示公路运输、铁路运输、水路运输和航空运输方式中，各运载工具在第 t 年提供的运输量；$ERD_{t,i,e}$，$ERY_{t,l,e}$，$EME_{t,k,e}$，$EAN_{t,j,e}$ 分别表示公路运输、铁路运输、水路运输和航空运输方式中，运载工具在第 t 年提供单位运输量所消耗的能源；$ep_{t,e}$ 表示能源 e 在第 t 年的价格。

交通运输部门能源消费总量可根据为满足目标年运输需求而使用的各运载工具所消耗的各类能源加总计算得到，如式9－18所示：

$$\begin{cases} QD_{t,e,i}=HRD_{t,i}\cdot ERD_{t,i,e}\cdot ORD_{t,i} \\ QY_{t,e,l}=HRY_{t,l}\cdot ERY_{t,l,e}\cdot ORY_{t,l} \\ QE_{t,e,k}=HME_{t,k}\cdot EME_{t,k,e}\cdot OME_{t,k} \\ QN_{t,e,j}=HAN_{t,j}\cdot EAN_{t,j,e}\cdot OAN_{t,j} \end{cases} \tag{9-18}$$

交通运输部门的碳排放总量基于目标年份的能源消费总量和各种能源的各类排放物的排放因子计算得到，如式9－19所示：

$$Q_{t,m} = \left(\sum_{i} QD_{t,e,i} + \sum_{l} QY_{t,e,l} + \sum_{k} QE_{t,e,k} + \sum_{j} QN_{t,e,j}\right)\cdot EF_{t,e} \tag{9-19}$$

式中，$EF_{t,e}$ 表示能源 e 在第 t 年产生排放物的排放因子。

2. 模型约束条件

除目标函数之外，C³IAM/NET-Transport 模型主要考虑的约束条件包括未来运输需求、运载工具动态保有量和运输份额等。

（1）运输需求约束。

交通运输部门的能耗与排放同运输需求密切相关，因此未来运输需求为主要约束条件。交通运输部门所提供的运输量应满足居民的出行需求以及货物运输需求。因此，第 t 年交通运输部门所提供的运输量应大于等于当年的运输需求量，如式 9－20 所示：

$$\begin{cases}\sum_i DRD_{t,i}\cdot(1+\varepsilon rd_{t,i})\cdot ORD_{t,i}\geqslant DRD_t\\ \sum_l DRY_{t,l}\cdot(1+\varepsilon ry_{t,l})\cdot ORY_{t,l}\geqslant DRY_t\\ \sum_k DME_{t,k}\cdot(1+\varepsilon me_{t,k})\cdot OME_{t,k}\geqslant DME_t\\ \sum_j DAN_{t,j}\cdot(1+\varepsilon an_{t,j})\cdot OAN_{t,j}\geqslant DAN_t\end{cases}\qquad(9-20)$$

式中，$DRD_{t,i}$，$DRY_{t,l}$，$DME_{t,k}$，$DAN_{t,j}$ 分别表示公路运输、铁路运输、水路运输和航空运输方式在第 t 年提供的交通运输能力；$\varepsilon rd_{t,i}$，$\varepsilon ry_{t,l}$，$\varepsilon me_{t,k}$，$\varepsilon an_{t,j}$ 分别表示公路运输、铁路运输、水路运输和航空运输方式中，运载工具在第 t 年使用效率的提升率，如上座率、营运效率的提升；DRD_t，DRY_t，DME_t，DAN_t 分别表示在第 t 年公路运输、铁路运输、水路运输和航空运输方式的运输需求量。

（2）运载工具动态保有量约束。

运载工具在使用过程中不断更新、更换以及淘汰。为刻画运载工具在规划年中的新增、折旧及淘汰过程，C³IAM/NET-Transport 模型采用了动态递归的求解方式对运载工具的保有量进行计算。运载工具某年的保有量由前一年的运载工具保有量、当年的新增运载工具数量以及当年淘汰的运载工具数量决定。目标年的运载工具保有量计算方法如式 9－21 所示：

$$\begin{cases}SRD_{t,i}=SRD_{t-1,i}\cdot\left(1-\dfrac{1}{TRD_i}\right)+rcrd_{t,i}-rtrd_{t,i}\\ SRY_{t,l}=SRY_{t-1,l}\cdot\left(1-\dfrac{1}{TRY_l}\right)+rcry_{t,l}-rtry_{t,l}\\ SME_{t,k}=SME_{t-1,k}\cdot\left(1-\dfrac{1}{TME_k}\right)+rcme_{t,k}-rtme_{t,k}\\ SAN_{t,j}=SAN_{t-1,j}\cdot\left(1-\dfrac{1}{TAN_j}\right)+rcan_{t,j}-rtan_{t,j}\end{cases}\qquad(9-21)$$

式中，$SRD_{t-1,i}$，$SRY_{t-1,l}$，$SME_{t-1,k}$，$SAN_{t-1,j}$ 分别表示第 $t-1$ 年公路运输、铁路运

输、水路运输和航空运输方式中运载工具的保有量；TRD_i，TRY_l，TME_k，TAN_j 分别表示公路运输、铁路运输、水路运输和航空运输方式中运载工具的使用寿命，在本模型中假设运载工具使用寿命均服从形状参数为 1 的韦伯分布（Weibull distribution）；$rcrd_{t,i}$，$rcry_{t,l}$，$rcme_{t,k}$，$rcan_{t,j}$ 分别表示第 t 年公路运输、铁路运输、水路运输和航空运输方式中新增的运载工具的数量；$rtrd_{t,i}$，$rtry_{t,l}$，$rtme_{t,k}$，$rtan_{t,j}$ 分别表示第 t 年公路运输、铁路运输、水路运输和航空运输方式中被淘汰的运载工具的数量。

（3）运输份额约束。

为灵活反映出政策在不同阶段的实施力度，并且避免模型出现运载工具技术不符合实际的跃进式发展，本模型引入运输服务份额约束，可依据技术扩散趋势、燃油效率标准、国家政策规划和设备市场普及规律等，对运载工具所承担的服务份额进行约束，如式 9－22 所示：

$$\begin{cases} 0 \leqslant RRD_{t,i}^{\min} \leqslant DRD_{t,i} \cdot ORD_{t,i} \Big/ \left(\sum_i DRD_{t,i} \cdot ORD_{t,i} \right) \leqslant RRD_{t,i}^{\max} \leqslant 100\% \\ 0 \leqslant RRY_{t,l}^{\min} \leqslant DRY_{t,l} \cdot ORY_{t,l} \Big/ \left(\sum_l DRY_{t,l} \cdot ORY_{t,l} \right) \leqslant RRY_{t,l}^{\max} \leqslant 100\% \\ 0 \leqslant RME_{t,k}^{\min} \leqslant DME_{t,k} \cdot OME_{t,k} \Big/ \left(\sum_k DME_{t,k} \cdot OME_{t,k} \right) \leqslant RME_{t,k}^{\max} \leqslant 100\% \\ 0 \leqslant RAN_{t,j}^{\min} \leqslant DAN_{t,j} \cdot OAN_{t,j} \Big/ \left(\sum_j DAN_{t,j} \cdot OAN_{t,j} \right) \leqslant RAN_{t,j}^{\max} \leqslant 100\% \end{cases} \tag{9-22}$$

式中，$RRD_{t,i}^{\min}$，$RRY_{t,l}^{\min}$，$RME_{t,k}^{\min}$，$RAN_{t,j}^{\min}$ 分别表示第 t 年公路运输、铁路运输、水路运输和航空运输方式中运载工具所承担的最小服务占比；$RRD_{t,i}^{\max}$，$RRY_{t,l}^{\max}$，$RME_{t,k}^{\max}$，$RAN_{t,j}^{\max}$ 分别表示第 t 年公路运输、铁路运输、水路运输和航空运输方式中运载工具所承担的最大服务占比。

案例

为了便于理解，本部分给出了应用上述提出的碳减排技术经济管理方法开展交通运输部门低碳发展路径分析的具体应用过程，同时介绍了交通运输部门低碳技术的经典案例，包括中国高铁和中国 C919 飞机的低碳环保设计。

案例一：碳中和背景下交通运输部门低碳发展路径

2019 年，中国交通运输部门能耗占全国总能耗的 9%，CO_2 排放量占全国碳排放总量的 10% 左右。近年来，交通运输部门直接 CO_2 排放量整体呈现增长趋势。随着社会经济的发展和人民生活水平的不断提高，未来运输需求必将会持续增加，而交通运输部门目前的整体运输结构趋向高耗能、高排放，未来将消耗更多的化石能源，势必会加剧对资源和环境的恶劣影响。因此，为了助力中国实现碳中和目标，交通运输部门的低碳转型迫在眉睫。针对当前交通运输部门面临的挑战，中国出台了一系列控制交通运输领域能源消费和 CO_2 排放的政策措施，结合当前的主要政策措施，设置运输结构调整、能源效率提升、燃料替代推进三种情景（见表9-23）来模拟不同政策作用下交通运输部门的最优碳减排技术路径以及相应的能耗和排放变化趋势。由于未来交通运输部门低碳转型速度（即运输结构调整速度、能源效率提升速度、燃料替代推进速度等）存在不确定性，根据转型速度设置了低转型、中转型、中高转型及高转型四种情景。在四种情景下运输结构向铁路、水路转移的速度逐渐提升，同时能源效率的提升速度逐渐加快，向电力、生物燃料、氢燃料等新能源推进的速度也逐渐加快。

表9-23 交通运输部门转型政策措施

政策	政策描述
运输结构调整	城际客运交通提升高铁的市场份额，货运交通整体实现从公路运输为主转向铁路、水路运输
能源效率提升	提高车辆的能源效率和运行效率
燃料替代推进	推动电力、生物燃料、氢燃料等新能源在交通运输部门的应用，先进技术占比增加

我国正处在社会经济转型的重要时期，社会经济发展的规模与速度存在着极大的不确定性。在不同经济发展水平下，我国未来运输需求的发展趋势也将存在巨大的差异。所以本研究设置了不同的社会经济增长速度，低速情景是较为悲观的发展情景（低需求），中速情景是正常发展速度（中需求），高速情景是较为乐观的发展情景（高需求），具体设置如表9-24所示。综上，本研究根据社会经济增长速度与低碳转型速度的不确定性，设置了交通运输部门碳减排技术经济管理的组合情景，包括低需求—低转型、低需求—中转型、低需求—中高转型、低需求—高转型、中需求—低转型、中需求—中转型、中需求—中高转型、中需求—高转型、高需求—低转型、高需求—中转型、高需求—中高转型、高需求—高转型等12种组合情景。

表9-24 GDP年均增速情景设置

情景	2021—2025年	2026—2030年	2031—2035年	2036—2040年	2041—2050年	2051—2060年
低速	5.0%	4.5%	3.5%	3.5%	2.5%	1.5%
正常	5.6%	5.5%	4.5%	4.5%	3.4%	2.4%
高速	6.0%	5.5%	5.0%	5.0%	4.5%	4.0%

下文将介绍在碳中和背景下城际客运、城市客运以及货物运输未来的低碳发展路径，并预测未来的交通服务需求、碳排放以及能源结构。

1. 客运、货运服务需求

考虑到我国未来社会经济发展的不确定性，首先预测了未来交通运输部门的周转量，如图9-24所示。从预测结果可以看到，城市客运周转量将呈现持续上升的趋势，到2060年预计将达到8.6万亿人公里，是2020年的近3倍。在各社会经济发展情景下，城际客运周转量将在2050年达到峰值，峰值为18.6万亿人公里～19.5万亿人公里。到2060年城际客运周转量预计达到18.1万亿人公里～19.4万亿人公里。在经济发展高速情景下，到2060年我国城际客运部门周转量最高可达到19.4万亿人公里，是2020年的2.6倍；在经济发展低速情景下，我国城际客运部门在2060年最少仍要承担18.1万亿人公里的客运周转量，是2020年的2.4倍。从图中可以看出，未来货运周转量将呈现持续上涨的趋势，到2060年我国货运周转量将达到34.9万亿吨公里～53.6万亿吨公里。在经济发展低速情景下，货运周转量最低，到2060年为34.9万亿吨公里，是2020年货物周转量的2倍。在经济发展高速情景下，货运周转量最高，到2060年将达到53.6万亿吨公里。

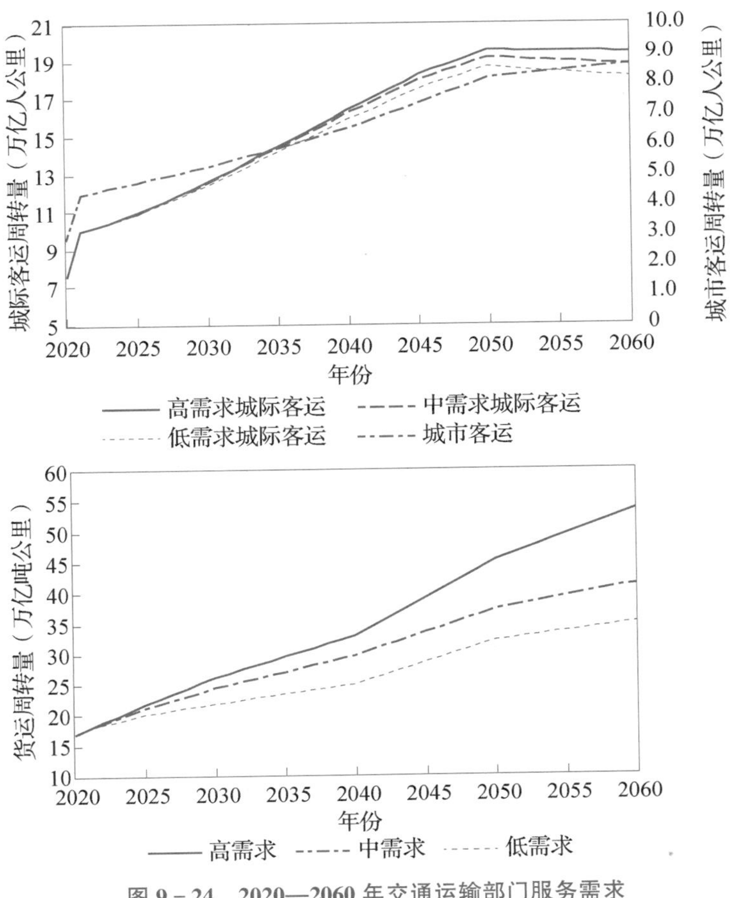

图9-24 2020—2060年交通运输部门服务需求

2. CO_2 排放量

为了助力中国碳中和目标的实现，在不同政策作用下，交通运输部门的 CO_2 排放量将呈现显著的下降趋势，并将在 2040 年前达峰。未来 CO_2 排放量如图 9－25 所示。

从结果来看，城市客运 CO_2 排放量有望在 2024—2026 年间达峰，峰值为 3.61 亿吨～3.64 亿吨 CO_2，到 2060 年仍存在 0.1 亿吨～1.3 亿吨排放。城际客运 CO_2 排放量有望在 2035—2039 年间达峰，峰值为 5.6 亿吨～6.0 亿吨 CO_2，到 2060 年仍存在 0.8 亿吨～3.2 亿吨的排放。货运 CO_2 排放量有望在 2034—2036 年达峰，峰值为 8.8 亿吨～11.6 亿吨 CO_2，到 2060 年仍存在 1.1 亿吨～6.3 亿吨的排放。从交通运输部门整体来看，有望在 2034—2036 年间达峰，峰值为 17.8 亿吨～21.1 亿吨 CO_2，到 2060 年仍存在 2.0 亿吨～10.9 亿吨排放。

图 9－26 展示了中需求—中高转型情景下交通运输部门不同政策措施的减排贡献。从结果来看，从 2020—2060 年，城市客运中提升能源效率累计贡献了 17% 的减排量，推进燃料替代则贡献了 83% 的减排量。城际客运中调整运输结构累计贡献了 10% 的减排量，提升能源效率累计贡献了 15% 的减排量，推进燃料替代则贡献了 75% 的减排量。货运中调整运输结构累计贡献了 34% 的减排量，提升能源效率累计贡献了 11% 的减排量，推进燃料替代则贡献了 55% 的减排量。所以调整运输结构和提升能源效率两大措施将使 CO_2 排放增长趋势放缓。为了实现更加远大的减排目标，需要进一步推广替代能源的使用。

3. 能源结构

为了助力中国碳中和目标的实现，交通运输部门的能源结构应转向清洁化。图 9－27 展示了在中需求—中高转型情景下未来交通运输部门的能源结构变化。

从图中可以看出，2020 年交通运输部门大多使用汽油、柴油，而在各类转型政策驱动下，到 2060 年则将转向使用电力、氢燃料等清洁燃料。

对于城市客运来说，2020 年汽油、柴油的比重合计为 72%，电力比重为 16.6%。在各类转型政策的作用下，电气化程度稳步提升，到 2060 年电力的比重将达到 84% 左右，另有少量氢燃料的使用。对于城际客运而言，2020 年汽油、柴油、燃料油以及航空煤油的比重合计超过 90%，电力占比为 8.5%。在各类转型政策的作用下，城际客运的汽油使用量将大大减少，城际客运总体能源结构趋向多元化、清洁化。到 2060 年，电力比重将不低于 60%，氢燃料以及生物燃料的使用也有所增加，将分别有望达到 9.7%、5.8%。

对于货运而言，2020 年汽油、柴油、燃料油的比重合计超过 90%，电力占比仅为 2.7%。在各类转型政策的作用下，货运未来对于汽油、柴油和燃料油的使用量将大大减少，取而代之的是电力的使用，这主要得益于卡车电动化和铁路电气化进程的推进。随着技术的发展，航空煤油的使用也将逐渐减少，转而使用生物燃料。2060 年依然存在少量燃料油和航空煤油的原因是混合生物燃料的使用，到 2060 年电力比重需超过 60%，氢燃料占比则需超过 14%。

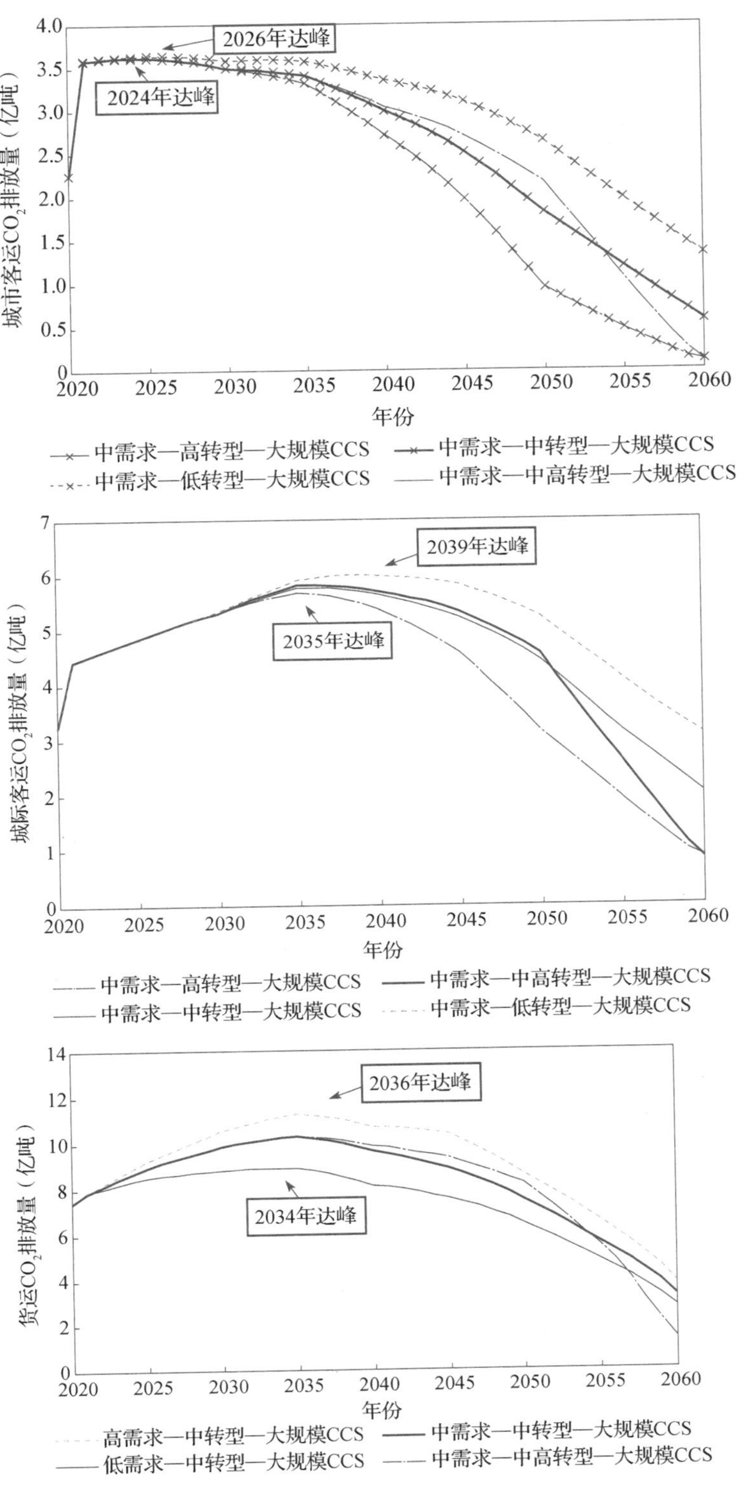

图 9－25　2020—2060 年交通运输部门 CO_2 排放量

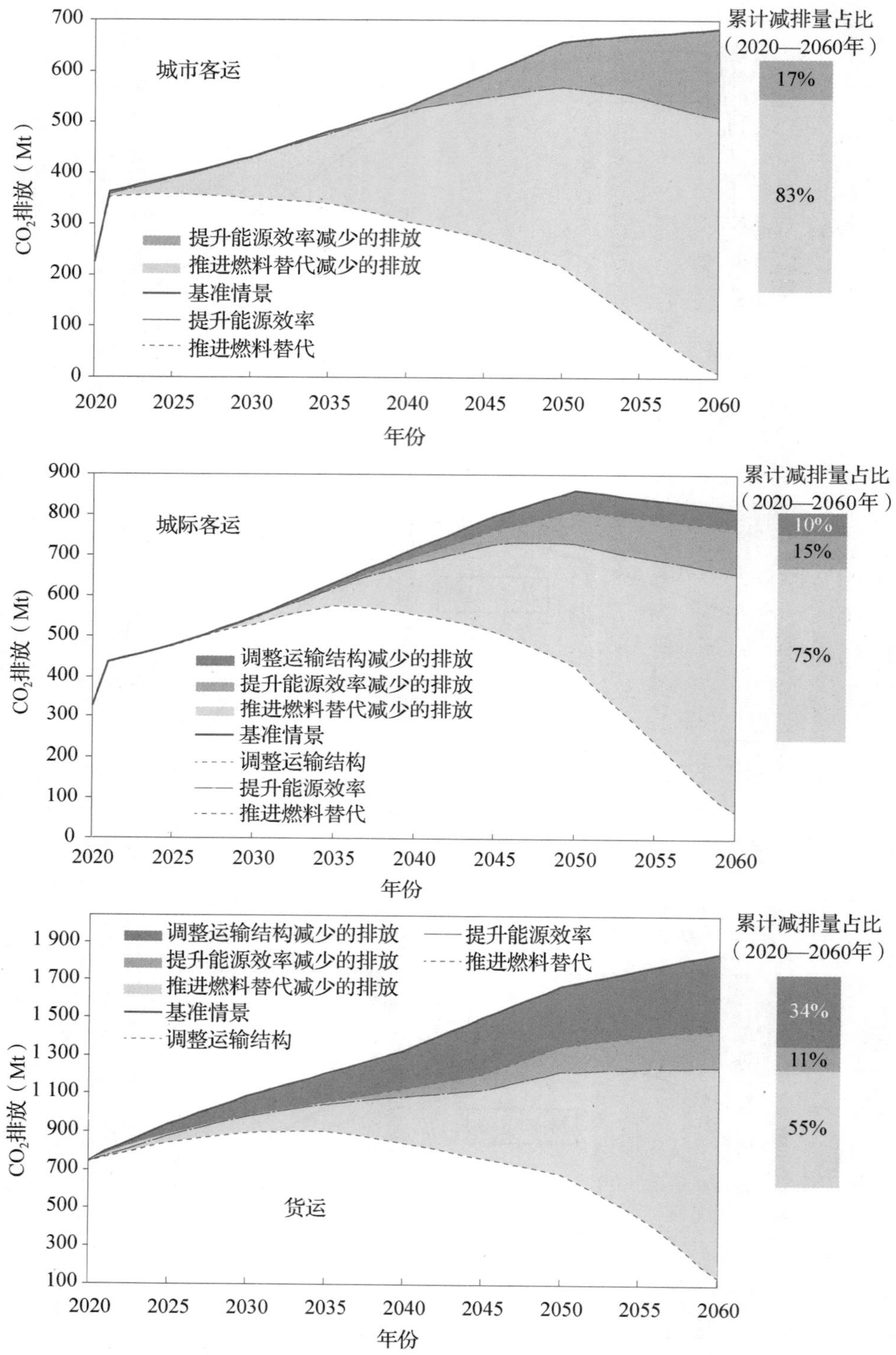

图 9－26　2020—2060 年交通运输部门不同政策措施的减排贡献（中需求—中高转型情景）

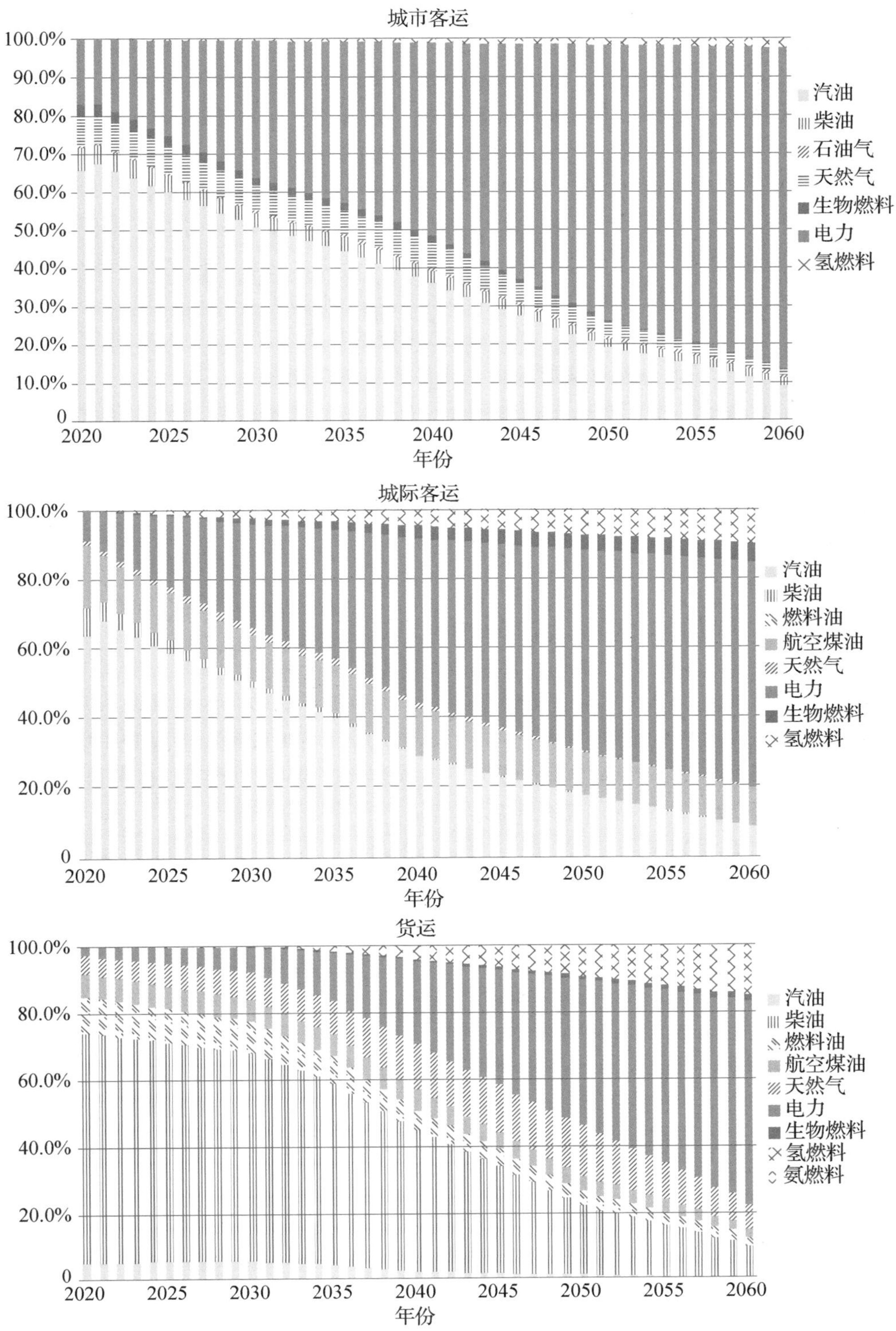

图 9－27　2020—2060 年交通运输部门能源结构（中需求—中高转型情景）

4. 交通运输部门碳减排技术发展路径

为了实现上述碳排放和能耗路径，交通运输部门需要大力发展各类碳减排技术。图 9－28 展示了中需求—中高转型情景下城市与城际客运技术布局。总体来看，各类客运运载工具都应向着燃料高效化、清洁化、电动化的方向发展。对于城市客运而言，应重点推广电动私家车与电动出租车，到 2060 年渗透率不低于 85%；柴油公交车应在 2060 年前全部淘汰，纯电动公交车 2060 年占比不低于 96%。对于城际客运而言，公路运输中的柴油巴士逐渐被电动巴士所替代，建议在 2040 年退出市场；到 2060 年，电动小汽车（含高效电动小汽车）和氢燃料电池小汽车的渗透率争取分别达到 55% 和 9% 以上；到 2050 年铁路客运应争取实现 100% 电气化；就航空客运而言，生物航空燃料不晚于 2025 年进入航空市场，到 2060 年，至少 50% 的航空运输服务由生物燃料飞机提供。

图 9－29 展示了中需求—中高转型情景下货运的技术布局。总体来看，2020 年货运公路运输使用的燃料以柴油和汽油为主，到 2060 年将主要被电力和氢燃料替代。轻型、中型卡车到 2060 年应以纯电动汽车为主；2030 年逐步推广氢燃料重型卡车和纯电动型卡车的规模化应用，到 2060 年渗透率均应达到 45% 以上；2020 年水路货运以燃料油为主要能源，2060 年生物燃料船舶应在水路货运中占有重要地位。

案例二：中国动车组列车、中国 C919 飞机

中国动车组列车技术全球领先，而且已经出口多个国家；同时，中国 C919 飞机是我国按照国际民航规章自行研制、具有自主知识产权的大型喷气式民用飞机，在我国民用飞机的研发历程中具有重要价值。中国动车组列车和中国 C919 飞机在我国运输发展中都具有里程碑式的意义。不仅如此，低碳环保理念在中国动车组列车和中国 C919 飞机上得以充分体现。

1. 中国动车组列车

中国动车组列车车次以字母“D”或“G”开头。以京沪线为例，从北京到上海，乘坐传统的特快列车大约需要 15 小时，而乘坐动车组列车最快仅需约 4.5 小时。由此可见，动车组列车的出现让出行变得更加方便快捷。

与此同时，动车组列车还可以促进节能减排。动车组列车每人百公里能耗仅为飞机的 18% 和大客车的 50% 左右，同时，动车组列车 CO_2 排放量仅为飞机的 6% 和汽车的 11%。北京 2022 年冬奥会期间，北京、延庆和张家口三个赛区之间充分利用京张高铁进行低碳转运，助力低碳冬奥的举办。有研究发现，高速铁路的建设使得客运量从普通铁路线向高速铁路线转移，从而提高了普通铁路线的货运能力，进而实现铁路货运部分取代了公路货运；由于普通铁路机车每公里温室气体排放量低于公路货运车辆，据学者 Lin 等测算，2008—2016 年，中国高速铁路网的建设减少温室气体排放量年均 1 475.8 万吨 CO_2 当量。不仅如此，动车组列车的设计充分体现了低碳环保的理念，以“复兴号”列车为例，低碳环保理念充分体现在其车身造型、空调、列车控制系统等方面。“复兴号”列车低碳环保设计如表 9－25 所示。

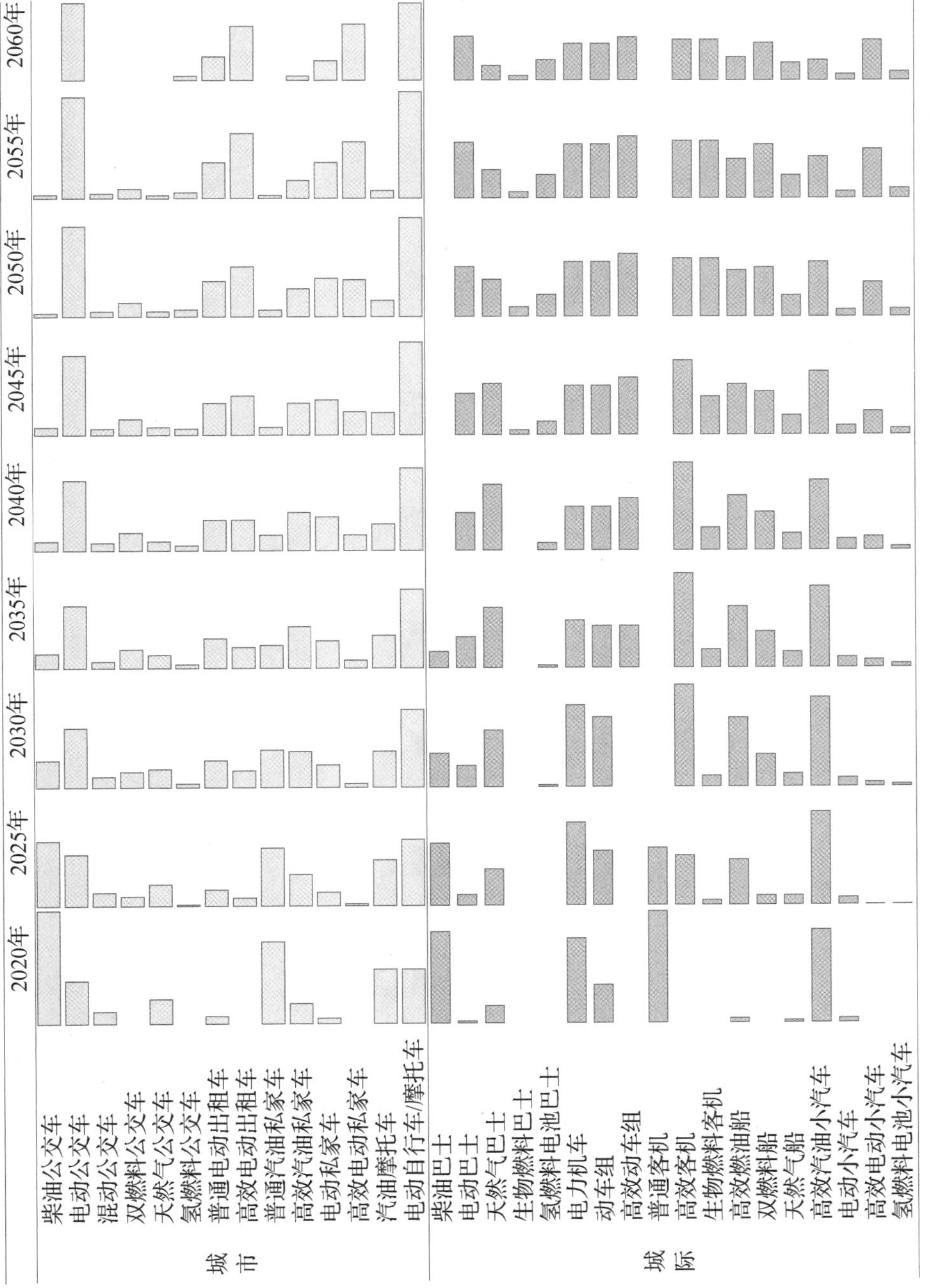

图 9-28　2020—2060年城市与城际客运技术布局（中需求—中高转型情景）

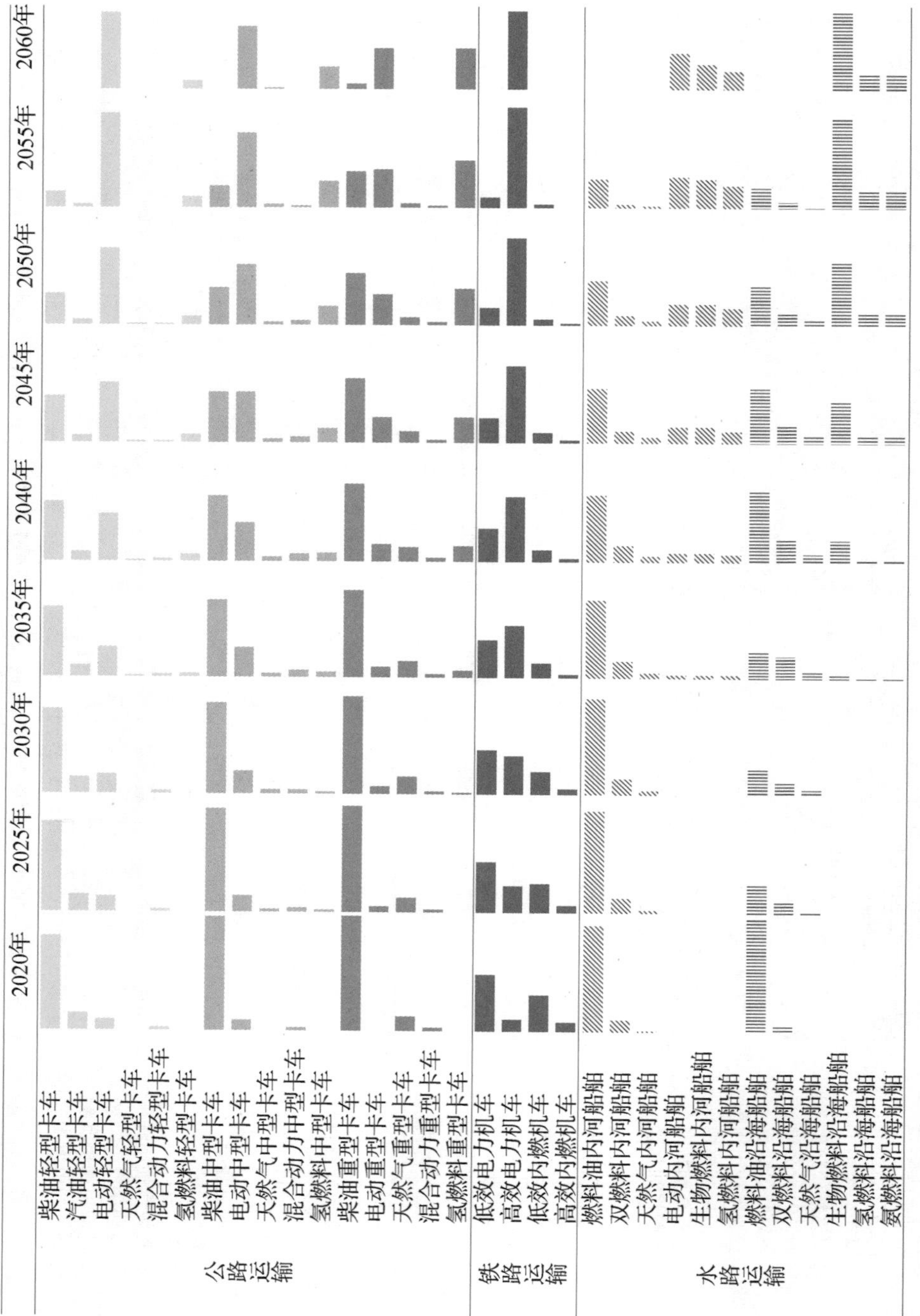

图 9-29 2020—2060年货运交通技术布局（中需求—中高转型情景）

表 9－25　“复兴号”列车低碳环保设计

低碳环保设计	节能减排效果
车头采用流线型设计，安装在车厢顶部的空调采用下沉式设计	减少了运行时的阻力，进而降低了能源消耗量和碳排放
车厢内采用变频空调	与传统空调相比能耗降低 10%，减少了能源消耗量和温室气体排放
“复兴号”高原内电双源列车（可用内燃机或电力驱动）柴油机采用可变增压和高原适应性技术	与传统高原内燃机车相比燃油消耗量降低了 4.7%，减少了碳排放
制动时可以实现电能回收，并将回收的电能传输至电网	降低了能源消耗和碳排放
采用我国自主研发的列车控制系统对多趟列车停车发车等环节进行智能控制	提高了运能利用率，降低了能耗和排放

2. 中国 C919 飞机

C919 大型客机是我国按照国际民航规章自行研制、具有自主知识产权的大型喷气式民用飞机，其最大航程超过 5 500 公里，性能与国际新一代的主流单通道客机相当。2017 年 5 月 5 日，国产大型客机 C919 成功首飞。与此同时，C919 飞机还是一款低碳环保的飞机，低碳环保理念在其发动机、机身材料、外观设计等方面得以充分体现。C919 飞机低碳环保设计如表 9－26 所示。

表 9－26　中国 C919 飞机低碳环保设计

低碳环保设计	具体描述	节能减排效果
采用新一代航空发动机	新一代航空发动机更加低碳环保	与同类型飞机相比减排 50%
采用大量的先进复合材料	机体所有活动面均采用复合材料	减轻了飞机重量，进而降低了飞行过程中的能耗和碳排放
采用四面式风挡玻璃	与传统 6 块风挡玻璃相比，4 块风挡玻璃的设计减少了接口数量	减少了飞机头部阻力，进而减少了飞行过程中的能耗和碳排放
采用先进的翼尖小翼设计	减少了机翼末端的涡流	减少了飞行中的阻力，进而减少了能耗和排放

习题

1. 阐释交通运输低碳发展的意义。
2. 结合教材内容并查阅资料，阐述交通运输部门低碳转型的主要措施。
3. 阐释中国高铁、C919 飞机对于我国交通发展的重要意义。
4. 阐释中国“双积分”政策的实施机制。

第 10 章

低碳技术预见

本章要点

1. 了解低碳技术预见的意义和发展历史。
2. 掌握主要低碳技术预见方法及其应用。

突破性低碳技术的发展，是决定气候减缓速度和效果的决定性因素之一。但是，与传统技术相比，低碳技术发展呈现明显的跳跃性和爆发性，并将对已有技术的规划造成冲击。为使国家在低碳技术创新、推广和科技战略布局时有据可循，需要从宏观和微观层面制定切实可行的低碳技术战略决策。因此，提前开展低碳技术未来的发展方向和可达路径预见具有重要意义。

第 1 节　技术预见的功能与作用

技术预见是对未来较长时期科学、技术、经济和社会发展的系统研究，其目标是确定具有战略性的研究领域，选择那些对经济和社会利益具有最大贡献的技术群。技术预见是一个系统性、长期性的战略决策过程，它可以为国家、部门和企业识别可持续发展所需要的关键技术，为潜在的突破性技术留出合理的规划空间，为科技战略布局指明方向。

低碳技术具有多元化特征，且多项技术处于技术发展初期，成本较高，未来发展易受到多重不确定性的影响。在低碳技术领域开展预见研究主要有以下三方面的作用。首先，对海量技术信息进行动态监测，识别关键技术集群和技术前沿，展望未来可能发展的潜在领域；其次，研判技术发展态势，掌握技术生命周期，为技术突破做好时间规划；最后，预测技术成本动态变化趋势，分析技术经济可行性，为创新主体提供技术优选路径。总体来说，技术预见通过对未来技术发展动向的前瞻性洞察，把握未来发展趋势，塑造潜在机会，为国家发展低碳技术提供坚实的理论基础和政策指导。

第 2 节　技术预见发展历程

20 世纪 40 年代，在第二次世界大战背景下，技术预测（technology forecast）活动在美国兴起，主要关注技术本身的发展规律，支撑国防科技进步。20 世纪 60 年代末，社会、经济、科技发展愈加复杂多变，传统的技术预测已不再适用。1983 年，英国学者 J. Irvine 和 B. R. Martin 在研究中提出“技术预见”（technology foresight）一词，除了技术本身以外，还系统考虑经济、社会、资源、环境等多方面的因素。20 世纪 90 年代初，世界主要国家开始重视技术预见研究，并在技术预见方面开展了大量工作。

技术预见方法体系的演变经历了四个阶段。第一阶段为 20 世纪 70 年代前，是技术预见基础方法的发源和发展阶段，这个时期的方法体系主要是围绕德尔菲法进行改良和拓展。第二阶段为 1970 年至 2000 年，此时期的预见方法体系在德尔菲法的基础上，融合了情景规划和趋势分析等战略分析方法，典型的实践案例包括日本从 1971 年开始的大规模科技预见调查（第一次至第七次）等。第三阶段为 21 世纪头 20 年，此阶段的方法体系是在前一阶段的基础上，引入了文献计量方法，代表性应用是 2005 年完成的日本第八次科技预见调查；此外，一些文献继续扩展了方法体系，基于文献和专利数据，通过构建数学模型来辅助技术预见。第四阶段为 21 世纪 20 年代以后，前述的方法体系不能很好地满足大数据时代的技术预见需求，全球的战略科学家都期待将大数据分析方法整合进入技术预见的方法体系，通过挖掘更多的信息、发现更多的知识、构建更加灵活的决策支持系统，最终实现技术预见的智能化。

第 3 节　技术预见方法

随着科学技术的发展，技术预见方法逐渐丰富。从对数据的依赖程度来看，低碳技术预见的方法可以分为三类：定性、半定量和定量方法。

一、定性研究方法

定性化预见研究范式强调历史经验和专家观点，如情景规划法（scenario planning）、专家小组法（expert panel）、头脑风暴法（brainstorming）等，被广泛应用于新兴领域和概念型技术的预见研究中，例如生物质能、低碳工业领域。目前，这些领域还缺乏完善的技术架构和翔实的技术基础数据，技术创新和突破主要依靠技术为导向。这类研究的范式特点是通过面对面的知识交流进行预测观点融合，但预测过程和结果会受到主观意识影响。得到的预见结果主要围绕系统创新顶层设计，把握战略布局方向，较难精准地给出具体的发展路径。其结果很大程度上依赖于参与人员的知识储备，缺乏一定的客观性。

二、半定量研究方法

半定量化预见研究范式，指应用数学思想对专家或评论员的主观观点、理性判断进行量化分析，在一定程度上达到主客观相互平衡，具体包括德尔菲法（delphi method）、交叉影响/结构分析法（cross-impact/structural analysis）、多准则决策（multi-criteria decision making）、定量情景分析法（quantitative scenarios）、技术路线图（road mapping）等。技术创新和突破除了以技术本身为导向外，还依赖于市场信号的引导。这类预见研究范式的特点是依靠背对背式的专家决策系统，考虑更多影响因素，引入系统性分析，适合有一定研发基础的技术领域，包括但不限于可再生能源、低碳交通技术和燃料电池等。

三、定量研究方法

定量化预见研究范式，利用科学知识图谱和智能化算法对技术数据和指标进行处理和分析，可以高效地挖掘数据背后的科学规律，预见发展方向，如文献计量法（bibliometrics）、专利分析法（patent analysis）、模型分析法（modelling）、趋势外推法/影响分析法（trend extrapolation/impact analysis）等。这类研究范式利用数据驱动的研究模式增强预见结果的客观性、准确性和科学性，适用于有大量研究基础、已有数据（结构化）的技术领域。其预见结果一般可以给出不同发展情景下按指定目标优化的技术路径组合。本节将介绍一些典型的定量化技术预见方法。

1. 文献计量法

文献计量法采用数学、统计学方法定量研究文献信息的分布和变化规律，从而对技术的现状和发展趋势进行评价和预测。一般来说，文献在时间和空间上均存在一定的分布规律。设置窗口期，通过对不同阶段的文献进行统计分析，可以反映相关领域的研究热度与研究趋势。文献之间的相互引用是文献与文献之间知识转移的痕迹，反映科学发展的规律和科学研究活动的规律，通过对文献进行引文分析，可以研究学科结构及信息源分布，测定学科的影响和重要性。

2. 专利分析法

专利数据包含详细的技术信息，正在成为分析技术发展和创新研发投资的有效研究工具。将专利数据应用于技术预见的研究主要分为两类：一类是通过对专利摘要或关键词进行文本挖掘，在一段时间内通过监测其变化实现技术监测，研究技术的发展特征。另一类是利用专利引文网络分析方法分析技术的演变情况，识别关键技术的关键发展路径。同时，结合文本聚类方法，利用专利地图分析工具对所有技术集群的主题分布进行可视化分析，可以描绘并预见未来潜在的技术发展领域。

3. 技术生命曲线法

经验研究发现，产品的生命周期或技术扩散过程符合 S 曲线规律（Foster, 1986）。一般来说，技术分为导入期（新兴期）、成长期、成熟期和饱和期。Andersen（1999）通过研究验证，专利的累积量随着时间变化而呈现出 S 曲线形态，可以用于帮助识别技术发展阶段。因此，研究人员常常利用专利累积量评估技术发展周期，如图 10－1 所示。在导入期，专利数量较少（累积量低于饱和量的 10%），技术知识积累有限，新技术刚刚被引入市场；在成长期，专利数量快速增长（累积量达到饱和量的 10%～50%），技术受到更多关注，迎来快速发展，更多企业涌入该技术领域；在成熟期，专利数量持续增长（累积量达到饱和量的 50%～90%），经过前期积累，技术已经日臻成熟，但创新速度有所放缓；在饱和期，专利数量趋于饱和（累积量高于饱和量的 90%），技术研究热度降低，技术已经市场化应用。

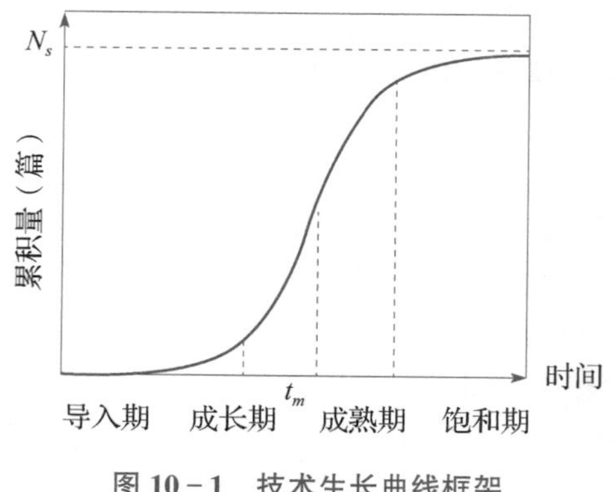

图 10－1　技术生长曲线框架

常用的 S 曲线主要有 Logit 曲线（Pearl et al.，1922）和 Gompertz 曲线（Winsor，1932）。前者为对称型 S 曲线，后者为非对称型 S 曲线。研究经验表明，Logit 生长曲线模型更适合低碳技术领域。当用专利累积量模拟技术生命周期时，对应的 Logit 曲线计算如式 10－1 所示（Meyer et al.，1999）：

$$N(t)=\frac{N_s}{1+\exp[-r(t-t_m)]} \tag{10-1}$$

式中，$N(t)$ 为 t 时间的专利累积量；N_S 为专利累积量的渐近极限值；r 为内禀增长率；t_m 为专利量达到 $0.5N_s$ 时的时间点。

不同时期的专利发展水平变化所需的时间 Δt（表征专利发展水平由 μ 增长至 ω）与内禀增长率之间的关系如式 10－2 所示。当专利累积量从饱和水平的 10%（时间 t_1）增长至 90%（时间 t_2）时，所用时间 $\Delta t'$ 与内禀增长率的乘积为 ln81。式 10－1 可演化为式 10－3 形式。

$$r\cdot\Delta t=r\cdot(t_2-t_1)=\ln\left(\frac{\omega}{\mu}\cdot\frac{1-\mu}{1-\omega}\right) \tag{10-2}$$

$$N(t)=\frac{N_s}{1+\exp\left[-\frac{\ln 81}{\Delta t'}(t-t_m)\right]} \tag{10-3}$$

经过拟合 S 曲线，可得到专利量饱和值，以及技术达到不同阶段所对应时间，从而确定技术发展阶段。

4. 成本学习曲线法

成本学习曲线理论基于经验学习，刻画了技术的单位成本随着市场化经验积累而降低的数学关系。市场化经验则可通过累积的产出、累积的知识、规模效应、投入要素的价格等因素来具体量化，探索“干中学”“研中学”的发展促进效果。学习曲线模型最早由 Wright（1936）提出，其研究发现随着飞机制造生产经验的积累，当产量翻倍时，单位投入时间和成本呈下降趋势。学习曲线理论可以衡量技术进步速度，预测技术成本的演化路径，以及它们和技术市场化发展程度的依赖关系。以累积产出相关的单因素学习曲线为例，其累积产出达到 Cum 时，产品的单位成本 C_{Cum} 可用式 10－4 表示。其中 C_0 表示第一个产品的单位成本。b 表示学习率指数，学习率 LR 是产量翻倍时的成本下降比例，两者之间的关系如式 10－5 所示：

$$C_{Cum}=C_0 \cdot Cum^{-b} \tag{10－4}$$

$$LR=1-2^{-b} \tag{10－5}$$

考虑累积产量、累积研发投入等多种学习机制对成本变化的影响，构建多因素学习曲线模型来预测成本变化，如式 10－6 和式 10－7 所示：

$$C_{tot} = C_0 \cdot \prod_x Q_x^{-b_x} \cdot \varepsilon \tag{10－6}$$

$$LR_x = 1-2^{-b_x} \tag{10－7}$$

式中，C_{tot} 是所有学习机制累积后的产品成本；Q_x 是第 x 种学习机制的累积量；b_x 表示第 x 种学习机制的学习率指数；LR_x 表示对应的学习率；ε 为误差修正项。

低碳技术系统多由各种大型设备或子系统组成，结构复杂。系统的未来成本在很大程度上取决于各关键组件的成本和进步速度。因此，研究人员提出基于关键组件的学习曲线模型，本质上是在复杂系统中通过关键组件的不同学习率计算得到更准确的系统整体学习率。系统的学习率 LR_{sys} 计算方法如式 10－8 所示：

$$LR_{sys} = \sum_y \lambda_y \cdot LR_y \tag{10－8}$$

式中，λ_y 为在第一个产品中第 y 个组件的成本占系统总成本的权重；LR_y 表示第 y 个组件的成本学习率。

5. 前引全路径动态规划算法

技术发展是知识随时间不断积累和引申的过程，这个过程体现在复杂的专利引文网络中。为了在复杂的专利引文网络中找到关键的技术信息，从而实现突破性技术监测，需要一个高效、自动、系统的算法。为此，Choi et al.（2009）提出了前引节点对算法，建立专利引用矩阵监测技术的发展路径。但该方法的计算单元为整个网络中的每个节点对，且仅考虑了每个节点及其下一节点的引用次数，即两层引文关系。基于动态规划算法，考虑多层复杂引文关系，可以用前引全路径动态规划算法，从整个引文网络的引用情况出发选取关键路径。该算法的流程如图 10－2 所示。

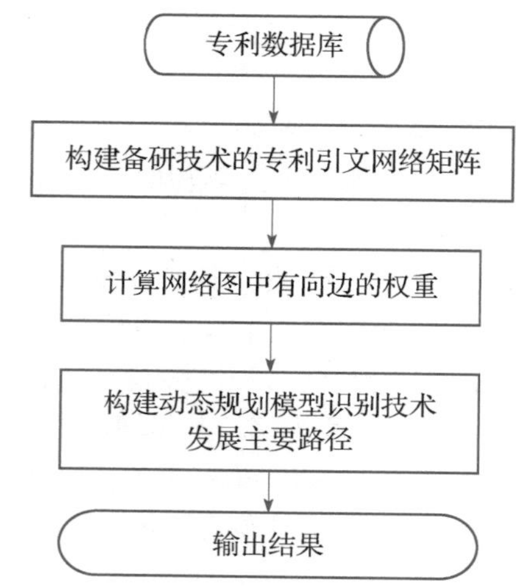

图 10-2 前引全路径动态规划算法流程图

步骤一：将复杂的专利引用网络表示为矩阵形式。

根据检索到的 n 个专利间的引用关系，建立一个 $n\times n$ 的专利引用方阵 M，它表示一个有向图，如图 10-3 所示。方阵 M 的元素 m_{ij} 是一个“0-1”变量，表示一个有向关系。当 m_{ij} 的值取为 1 时，表示专利 j 引用了专利 i，即这两个节点间存在一条有向边，由节点 i 指向节点 j。当 m_{ij} 的取值为 0 时，表示两个专利间没有引用关系，也不存在有向边。

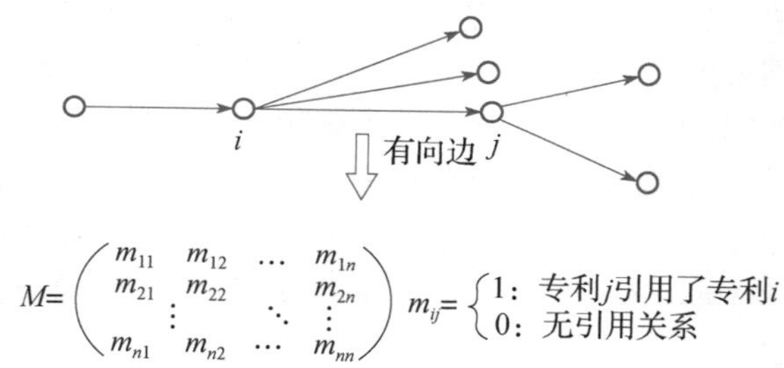

图 10-3 备研技术专利引文网络的矩阵转换示意图

步骤二：计算每个有向边的权重。

在复杂的引文网络中，被引专利可以看作是引用专利的技术基础，通过有向边的连接，知识从起点流向终点。引入图论中点的出度的概念，将一个专利 v 的被引次数看作它的出度，记为 $d^{+}(v)$，且 $d^{+}(v)\geqslant 0$。将专利 v 引用其他专利的数量看作它的入度，记为 $d^{-}(v)$，且 $d^{-}(v)\geqslant 0$。当 $d^{-}(v)=0$ 时，该点为起点，即该技术发展路径中的原始专利；当 $d^{+}(v)=0$ 时，该点为终点，即该当前技术发展路径中最先进的技术。

由节点 i 指向节点 j 的有向边为 e_{ij}，其权重 $W(e_{ij})$ 的计算方法见式 10-9，式中的出度均加一是为了避免由于终点的出度为零而使有向边的权重出现零的情况。

$$W(e_{ij})=[d^{+}(i)+1]\cdot[d^{+}(j)+1] \tag{10-9}$$

步骤三：识别专利网络中的关键路径，即技术主要发展路径。

假设从起点 *st* 开始到终点 *te* 有 *n* 条路径，每条路径的权重为这条路径上所有边的权重之和，记为 *FCPW*（forward-citation path weight），计算方法见式 10－10。从 *st* 点到 *te* 点的 *n* 条路径的路径权重组合记为 *FCPWs*，其中最大的路径权重记为 *MFCPW*。

$$FCPW(st \rightarrow te) = \sum W(e) \tag{10－10}$$

$$MFCPW(m) = \max\{W(e_{mc_i}) + MFCPW(c_i)\}\ (i=1,2,\cdots,g) \tag{10－11}$$

关键路径为每个起点到其所有终点的拥有最大路径权重的路径组合。使用前引全路径动态规划算法求出所有起点到其每个终点的最大路径权重，并记录对应路径上的所有节点，算法的具体计算流程如图 10－4 所示。首先，将所有

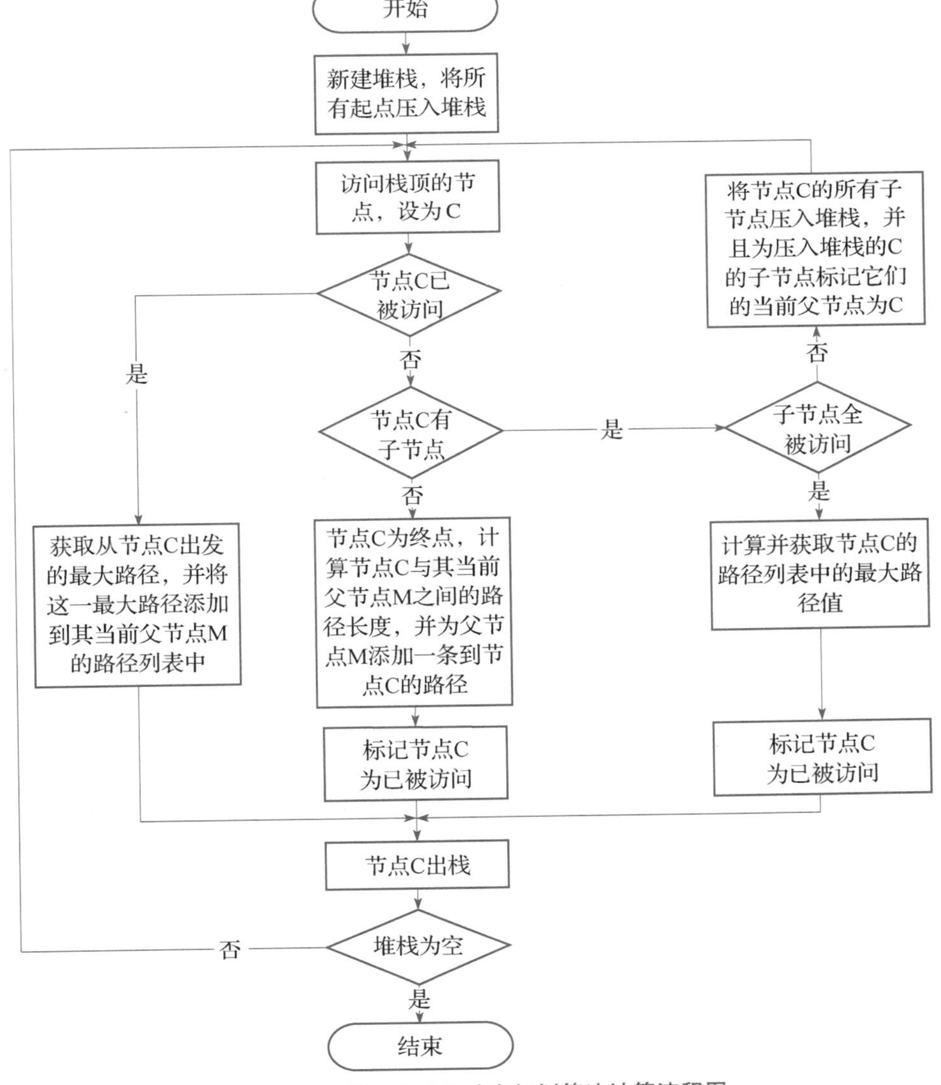

图 10－4　前引全路径动态规划算法计算流程图

起始节点（即起始专利）压入到堆栈中。访问栈顶节点 C，对于节点 C 的每个子节点 $c_i(i=1, 2, \cdots, g)$，其状态转移方程如式 10－11 所示。如果节点 C 已被访问，获取从其出发的最大路径，并将这一最大路径添加到其当前父节点 M 的路径列表中；若节点未被访问，且 C 的子节点中存在没有被访问过的节点，则将这些节点压入堆栈，并标记它们当前的父节点为 C，进行递归处理。直至堆栈为空。

6. 潜在狄利克雷分布主题模型

主题建模是语义挖掘的重要方法，它可以从海量语料库中识别潜在的重要主题。其中，基于三层贝叶斯概率分布下的潜在狄利克雷分布（latent Dirichlet allocation，LDA）主题建模方法（Blei et al.，2003）可根据语料中相邻词及词与词间的共现关系，来推测一个词的含义和它可能所属的潜在话题，是较有效的主题生成模型，其原理如图 10－5 所示。

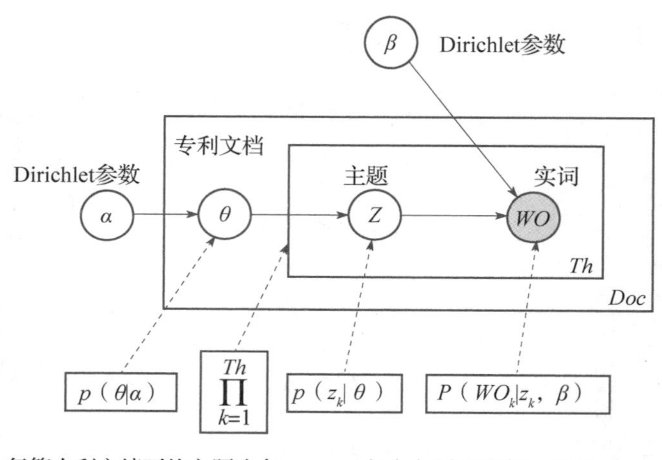

图 10－5　LDA 主题模型原理图

将每篇专利的摘要看成是一篇专利文档，每个专利文档都由一系列与技术有关的实词 WO 组成，将全部的专利文档集合看成是一个语料库，这个语料库包含多个不同的潜在子技术主题 Z，即不同的潜在技术类别。语料库中的每篇专利文档可以通过由参数 α 生成的狄利克雷分布 $\vec{\alpha}$ 确定该文档对应的技术主题分布 $\vec{\theta}$，再根据该主题分布 $\vec{\theta}$ 确定文档所包含的每个实词 WO 的技术主题 Z；同理，每个技术主题 Z 则可以通过由参数 β 生成的狄利克雷分布 $\vec{\beta}$ 确定每个主题对应的实词分布 $\vec{\varphi}$，再根据该实词分布 $\vec{\varphi}$ 生成每个主题下所包含的实词 WO。通过 LDA 模型的智能化语义训练可以有效估计语料库所对应的上述参数和分布，统计出备研技术专利语料库中“技术主题—文档实词”的共现匹配频率，从而计算得到每篇专利文档的技术主题分布概率，判断专利文档语义中所隐含的技术主题，自动化识别该语料库中的所有潜在技术类别。已有主题建模的研究多应用于互联网信息的主题抽取和算法的改进，近些年也有一些研究开始将其用于关键技术识别。

使用 Thomson Innovation 专利分析工具对专利摘要中的词频进行分析，通过文本聚类将相同主题下的关键词进行整合，进而创建可以直观显示技术主题布局的专利地图。结合 LDA 主题建模，可以更好地分析技术的潜在主题及主题间的分布，从而识别出技术集群中的热点技术、潜在技术、边缘技术和空白技术。

低碳技术处于发展初期，充满不确定性。开展低碳技术预见研究工作，为国家科技战略布局提供参考方向，具有重大意义。技术预见方法已从最初的定性研究发展到定量研究，引入数学模型和深度学习算法，大大扩展了技术预见的综合性，提高了技术预见的准确性。

案例

为帮助读者更好地了解低碳技术预见，本章将以低碳化工技术、氢能技术、新能源汽车技术以及碳捕集、利用与封存技术为例，从关键技术识别、技术发展阶段、成本预测分析等方面着手介绍技术预见。本章用技术生命曲线法和专利存量分析法预测了 CO_2 制甲醇和生物质制甲醇两种低碳化工技术的未来发展趋势，用技术生命曲线法预测了氢能制取、氢能储运、氢燃料电池三个氢能技术环节的未来发展趋势，用滑动窗集成法分析了三个氢能技术环节的主流技术和前沿技术，用学习曲线法预测了新能源汽车成本下降趋势，结合深度学习法对专利大数据进行分析，识别了碳捕集、利用与封存技术领域的关键技术集群。

1. 低碳化工技术

生物质由于碳中性的特点备受青睐，而将 CO_2 作为碳源进行利用以生产化学品不仅可以减少对化石能源的依赖，还可以实现高强度减排甚至负排放。甲醇生产是 CO_2 利用和生物质利用的优质选择。一方面，甲醇是重要的原料与燃料，应用范围广，众多大宗化工产品（如烯烃）的生产可被低碳甲醇路线替代；另一方面，当前社会发展对甲醇需求大，该技术的大规模推广将促使甲醇生产部门实现零碳甚至负排放，并助推多种化工产品生产的低碳化，从而为化工行业低碳转型以及全国碳中和愿景的实现提供支撑。本部分将以 CO_2 催化加氢制甲醇技术和生物质转化制甲醇技术为例，展开技术预见研究。

本研究基于德温特创新索引数据库①（Derwent Innovations Index），采用关键词与国际专利分类号②（International Patent Classification，IPC）相耦合的检索方式，进行相关专利检索。该数据库整合了世界 50 多个权威机构的专利数据，并将

① https://www.webofscience.com/wos/diidw/basic-search.

② 国际专利分类号，通常缩写为 IPC 号，是根据 1971 年签订的《国际专利分类斯特拉斯堡协定》编制的分类体系，用于按所属不同技术领域对专利和实用新型进行分类，是国际通用的专利文献分类和检索工具。https://ipcpub.wipo.int.

不同来源的专利统一标准化，是专利分析和国际比较中常用的综合数据平台。其中，生物质制甲醇的检索式为“TS = (((“Biomass” OR “lignocellulosic” OR “corn stover” OR “corn cob” OR “woodchip” OR “wood chip * ” OR “straw” OR “bagasse” OR “crop residues” OR “vertiver”) AND “to methanol”) OR((“bio-methanol” OR “biomethanol” OR “biomass based methanol” OR “methanol based on biomass”) AND (“produc * ” OR “manufactur * ”)))”，CO_2 催化加氢制甲醇技术的检索式为“TS = (“CO_2 to methanol” OR “carbon dioxide to methanol” OR “CO_2 based methanol” OR “carbon dioxide based methanol” OR “methanol based on CO_2” OR “methanol based on carbon dioxide”)”，检索时间为 2021 年 4 月。

技术的专利国际分类有助于发现当前技术中研究的侧重点，对于判别技术发展趋势具有一定的辅助作用。本章借助 Bibexcel 和 VOSviewer 等工具，对各 IPC 分类的聚类情况以及不同分类号间的共现关系进行计算和可视化，如图 10－6 和图 10－7 所示。

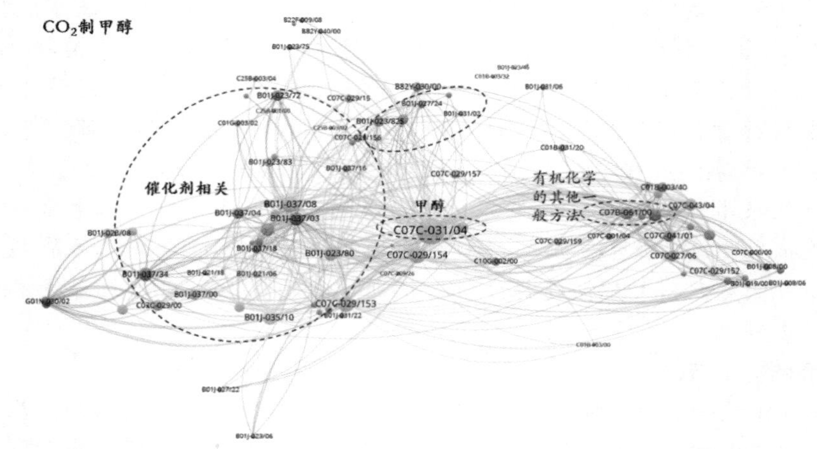

图 10－6 CO_2 制甲醇技术专利的 IPC 号关联

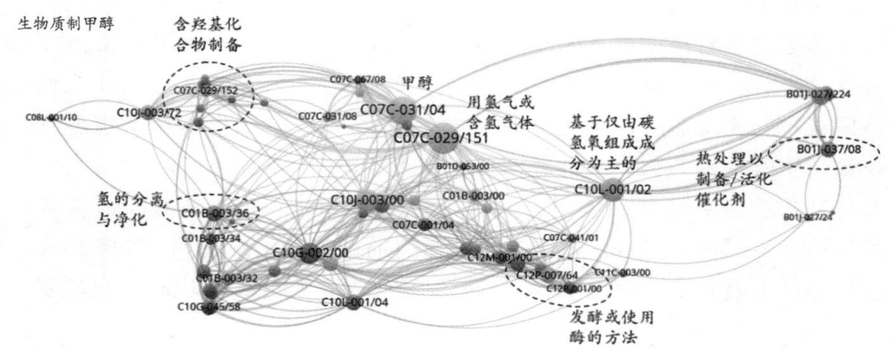

图 10－7 生物质制甲醇技术专利的 IPC 号关联

具体来看，对于 CO_2 制甲醇而言，当前专利申请与各类催化剂相关的生产或使用相关。而催化剂设计正是 CO_2 转化技术未来的重要研究趋势之一。生物质制甲醇主要围绕甲醇的生产，具体可分为基于气化（C10J-003）和生物法（C12P-001，C12P-005，C12P-007）的技术。

在对相关技术专利进行统计分析的基础上，为更好地模拟技术的未来发展趋势，本章采用 S 曲线结合模拟退火算法的方法对其进行预见。由于非线性拟合中容易出现“局部最优”的情况，本章在对专利发展趋势进行拟合时，采用了基于蒙特卡洛的模拟退火算法，其可实现全局最优（Vanderbilt et al.，1984）。核心思想为通过伪随机生成对模型中各参数的组合，并基于目标函数（离差平方和最小）将其结果与实际数据进行比较，然后进行下一次迭代。在寻找最优解的过程中，该算法基于 Metropolis 准则判别如何进行状态转移。

研究发现，S 曲线对各技术专利申请量的拟合效果良好，生物质制甲醇和 CO_2 催化加氢制甲醇技术的拟合优度（R^2）分别达到了 0.921 和 0.990，如图 10-8 所示。进一步地，通过对这两种技术的未来发展趋势进行预测发现，其当前均已经过了缓慢增长期，处于快速增长阶段。两种技术的专利累积申请数量饱和值分别为 448 和 669 项，且将分别于 2034 年和 2031 年左右达到饱和水平的 50%，即增量最大的时点，并于此后逐步进入成熟阶段。二者分别于 2052 年和 2044 年达到饱和水平的 90%，于 2058 年和 2048 年达到饱和水平的 95%，以及于 2072 年和

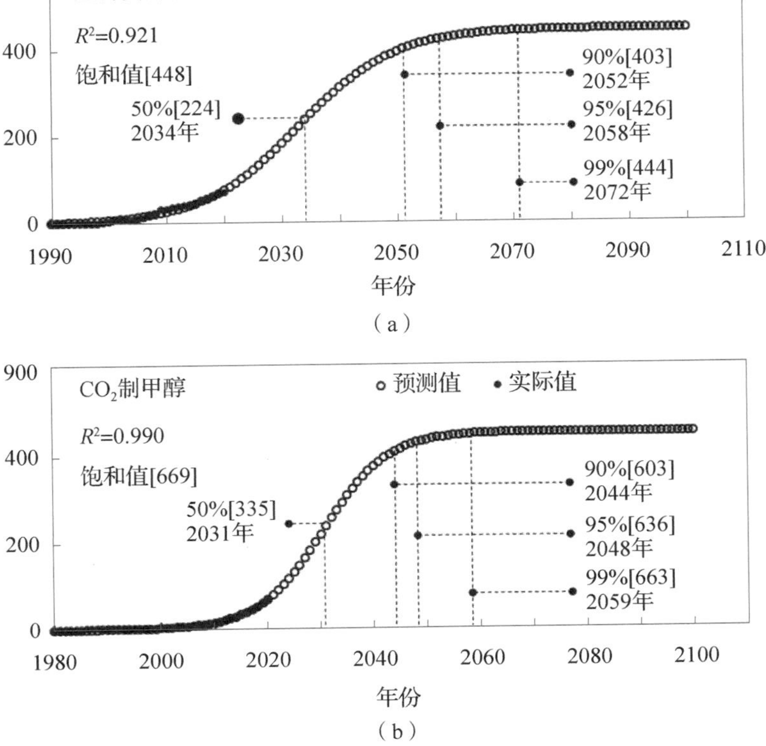

图 10-8　两种制甲醇技术的历史及未来专利累积量

2059 年达到饱和水平的 99%。由于 S 曲线的渐近线为饱和值，即无法达到完全饱和，因此将饱和值的 99% 水平视为完全饱和。

对于甲醇生产中的两种突破性技术路线——生物质路线和 CO_2 利用路线，后者专利总量相对增速更快，其从饱和水平的 10% 增长到 50%、90% 时所用的时间分别为 14 年和 27 年，而生物质路线所用时间则分别为 19 年和 37 年。

由于知识具有折旧作用，对技术发展的预见不能仅关注于专利总量，还要对在考虑知识折旧效应下的专利存量进行分析。考虑到新技术的知识折旧可能较缓，为充分体现知识折旧速度对技术发展影响的不确定性，本研究设置折旧率分别为 5%（低速）、10%（中速）和 15%（高速）三种情景。生物质制甲醇和 CO_2 制甲醇技术分别于 2038—2044 年和 2035—2040 年达到创新活跃度的峰值，并在此处出现拐点后下降。随着折旧比例增加，累积专利存量降低，达峰时间提前。累积专利存量下降代表其创新活跃度下降，在后期逐渐成为一种基础性的技术，被其他新兴技术替代并最终退出市场。

本章将技术在化工行业应用时的发展阶段划分为以下六个阶段：(1) 萌芽期：在此期间，专利数量较少，技术仍处于概念型或实验室阶段。(2) 发展初期：当增量从小幅变化到快速增加时（快速增长 A 期），技术由萌芽期进入发展初期，该分隔时间点可基于专利总量变化的 S 曲线判别。在此阶段，科研人员对此技术作出了一些有力的尝试，并可能达到中试规模甚至小规模的生产示范。(3) 成熟期 I：从专利总量来看，该阶段与发展初期的分界点为专利增量最大时对应的时间节点，属于专利总量快速增长 B 期。B 期与 A 期的区别在于增量变化，A 期的专利增量逐渐加大，而 B 期则逐渐减小。在成熟期 I 段，技术得到快速发展和推广，但所占市场份额仍较小。(4) 成熟期 II：其与成熟期 I 段的分界点在专利存量最高的时点，自该点之后，技术进一步成熟发展，并快速占领市场，份额逐渐加大。(5) 饱和期：该阶段以专利总量饱和为起始（专利总量饱和水平的 99%），技术逐渐成为一种普遍性的基础生产技术。(6) 完全退出：以专利存量近 0 为时间节点，此时的创新活跃度以及相对技术发展水平均已见底，技术完全退出市场。

两种技术的具体发展阶段如图 10－9 所示。CO_2 制甲醇技术较生物质路线发展更快，预计将在 2032—2059 年间作为生产领域的关键技术促进化工行业低碳转型，自 2060 年开始逐渐成为基础生产技术，在高速知识折旧情景下于 2080 年之后完全退出市场。生物质路线则将于 2035 年前后开始成熟并快速进行推广，于 2072 年前后进入饱和期成为基础生产技术，并于 2094 年后完全退出市场。基于 CO_2 利用的生产路线之所以发展较快，与其更为突出的减碳能力有关。就甲醇生产而言，CO_2 利用路线属于负排放的范畴，可将其他部门尤其是难以减排的环节所产生的 CO_2 排放变废为宝，因此其相关发展阶段较生物质路线更早。

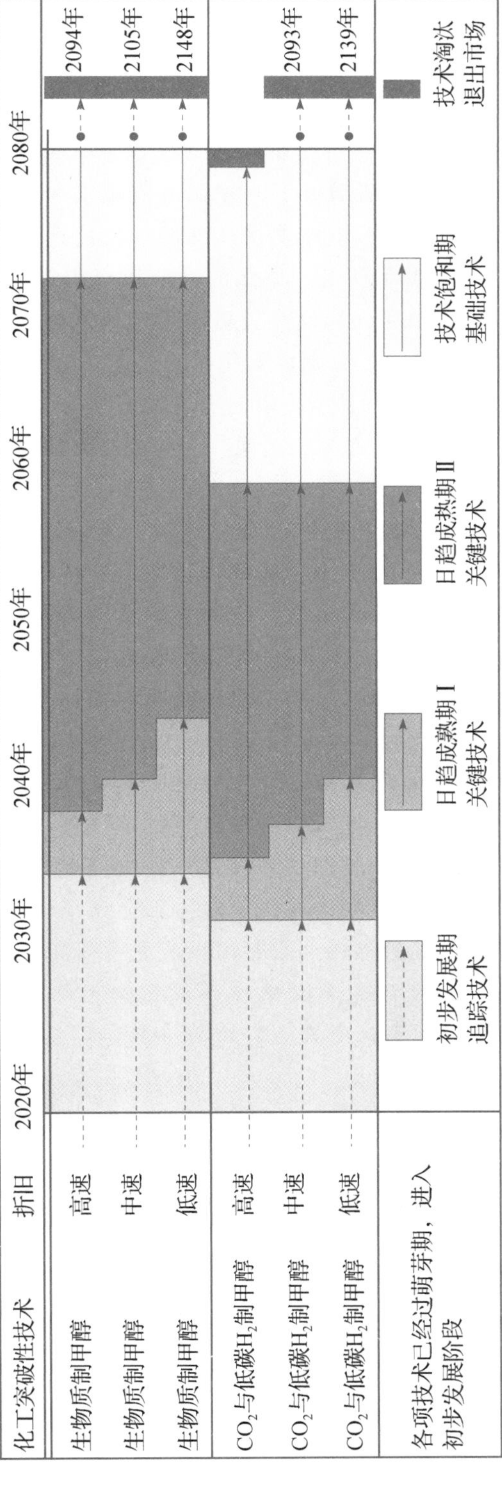

图 10－9　低碳制甲醇技术预见发展趋势

以上研究分析基于历史的专利数据，但考虑到自2020年9月以来，中国积极推进碳中和愿景，低碳技术由于具有优越的减排性能，其专利申请可能会迎来更为快速的增长，从而推动技术发展阶段提前。

2. 氢能技术

氢能，具有高质量能量密度和清洁低碳等优势，在工业领域是重要的脱碳工具，在能源领域是重要的清洁能源载体，对中国实现碳中和具有颇高的战略价值。发展氢能已被多个国家提升至国家战略高度。然而，氢能产业链长且技术多元化，选择合适的技术路线、突破技术瓶颈、降低氢能使用成本具有重要意义。为判断氢能各环节技术发展阶段，识别氢能发展关键技术与潜在技术，在Web of Science Core Collection的SCI-E数据库内，分别以氢气制取、氢气储运和氢燃料电池为关键词，对氢能技术研究相关文献进行检索，并进行文献计量分析。文献出版时间此处设为1900年至2020年，文献类型限定为论文，为降噪对文献学科类型加以限定。

（1）研判技术发展阶段。

由技术生长曲线模型得到氢气制取、氢气储运和氢燃料电池相关主题累计发文量随时间变化关系如图10－10所示，并根据拟合结果得到各项技术的生命周期阶段节点，如图10－11所示。整体来看，中国各项技术兴起晚于全球水平，但后来居上。根据文献计量结果显示，就氢气制取技术而言，中国正处于成长期，预计于2023年进入成熟期，比全球早3年，比美国早5年；于2030年进入饱和期，比全球早9年，而美国的氢气制取技术领域市场化成熟较晚。在氢气储运技术领域，中国虽然起步较晚，但成熟期和饱和期的到来远早于美国和全球平均水平，目前正处于成熟期，预计2024年进入饱和期，届时市场应用成熟，比全球平均水平早28年。在氢燃料电池领域，美国技术领先，2018年就进入了饱和期，而中国目前尚处于成熟期，预计于2027年进入饱和期，比全球平均水平晚3年。为避免发达国家技术壁垒，中国需在氢燃料电池领域投入更多研究，赶超国际先进水平。此外，中国氢气制取技术领域的饱和期略晚于氢气储运和氢燃料电池技术领域，可投入更多产学研力量以促进氢能全产业链均衡协调发展。

（2）识别热点技术和前沿技术。

本章通过对文献关键词进行聚类分析，识别技术分类情况和研究热点。为辨识热点技术变化趋势，按不同的时间窗口期对技术文献进行分析。以文章出版年份为时间维度，设置五个窗口期，分别为1900—2000年、2001—2005年、2006—2010年、2011—2015年、2016—2020年。选取每个窗口期内引用次数最高的50篇研究性文章，对文章研究主题进行分类，从而识别出每个窗口期的技术研究热点。

1）氢气制取技术热点演化。

氢气制取相关研究的文献主要包括四个热点主题：光催化制氢、电催化制氢、化石燃料重整制氢以及生物质制氢。不同时间阶段的研究主题分布情况如图10－12所示。

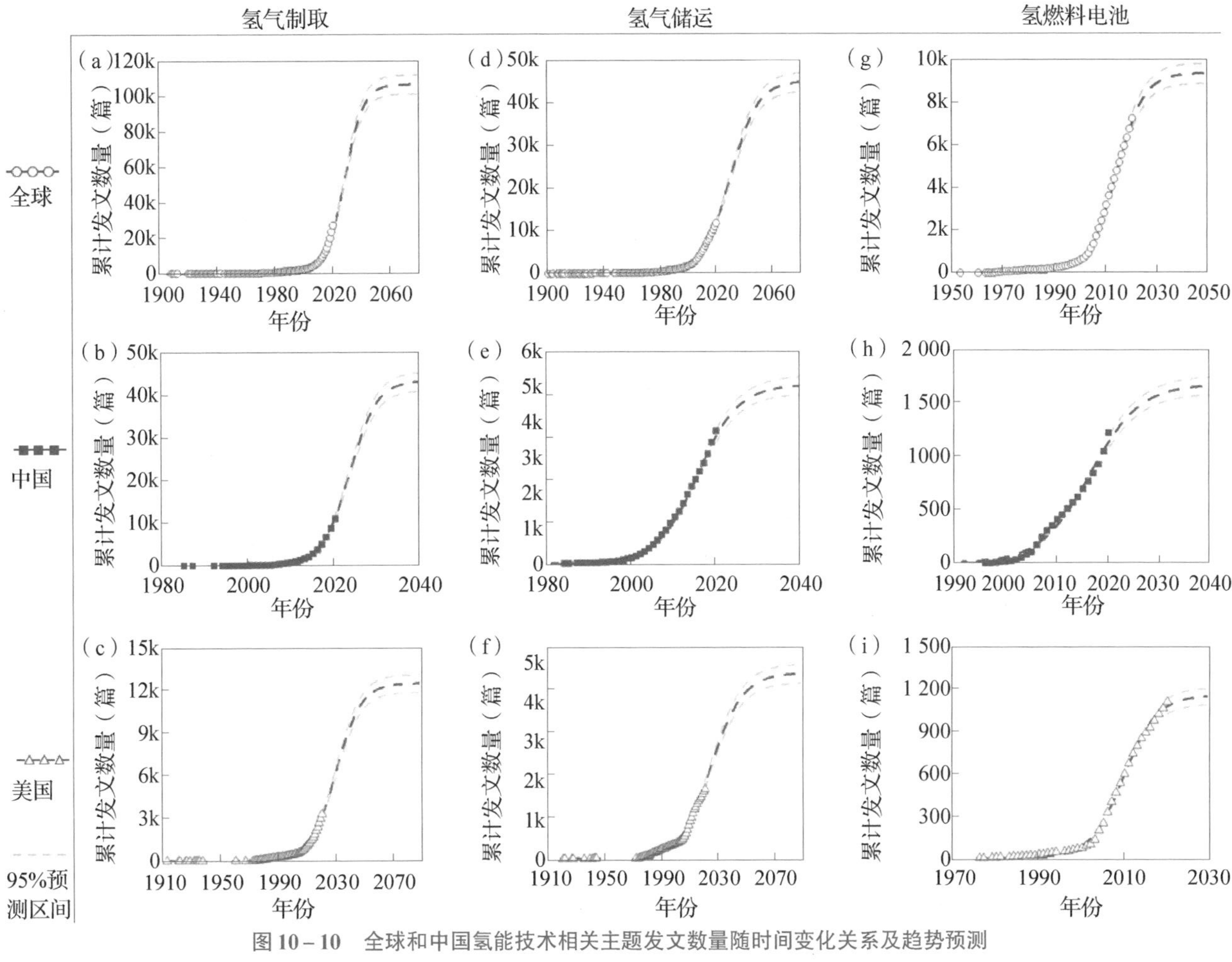

图 10-10　全球和中国氢能技术相关主题发文数量随时间变化关系及趋势预测

注：a～c氢气制取；d～f 氢气储运；g～i氢燃料电池。

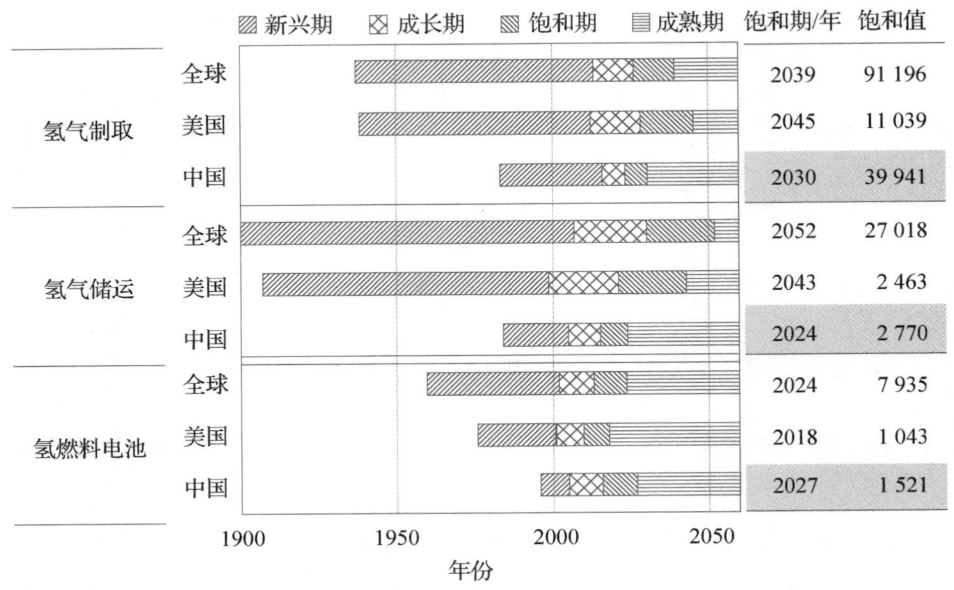

图 10－11　氢能各环节技术生命阶段时间点

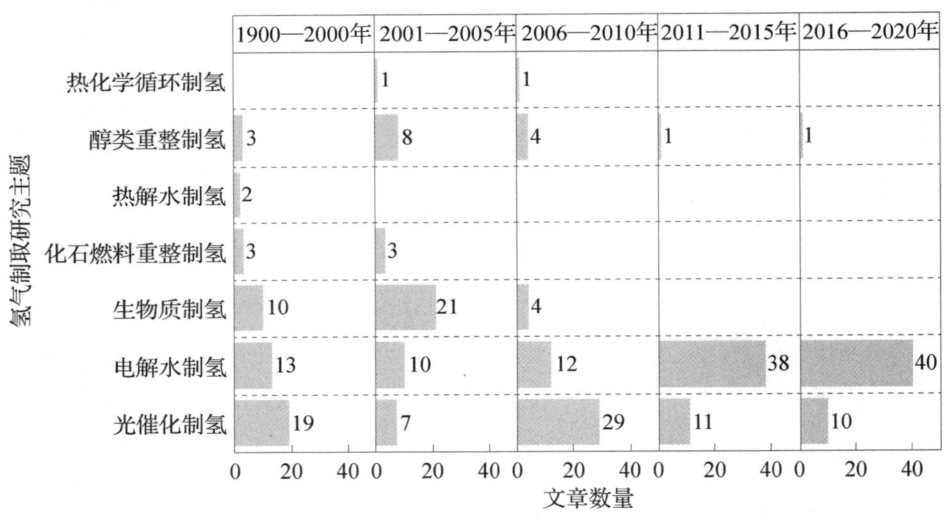

图 10－12　氢气制取技术研究前沿演化

光催化制氢在早期和中期是受关注最多的研究主题，但 2011 年以来热度递减。光催化制氢相关研究重点关注的问题在于如何提高催化剂活性，使得光催化反应在可见光波段内有更高的能量转化率。

电催化制氢技术自 2011 年以来研究热度日益增加，有望成为未来主流制氢技术。其技术突破方向为在保持电极催化活性的同时，进一步降低成本，新兴二维纳米材料为研究热点。

化石燃料重整制氢技术成熟度高，是目前市场氢气的主要来源，如天然气重整制氢、煤气化制氢等。该方法成本低，然而制氢过程中伴随着大量碳排放，未来需要配备碳捕集技术使用。

生物质制氢在 2010 年以前属于热点技术，尤其是 2001—2005 年，为高被引文章中研究热度最高的主题，但近年来相关研究的关注度显著下降。生物质制氢技术是利用微生物的代谢作用产生氢气，可用污泥或秸秆作为发酵基质，生成的生物气需进一步提纯方能获得氢气。

2）氢气储运技术热点演化。

氢气储运相关研究的文献主要包括五个主题：物理吸附储氢、配位氢化物储氢、金属合金储氢、氢脆与氢腐蚀及其他。不同时间阶段的研究主题分布情况如图 10 - 13 所示。

图 10 - 13　氢气储运技术研究前沿演化

物理材料吸附储氢长期以来属于热点技术。其中，传统的沸石分子筛吸附已被边缘化，目前研究热点是碳材料和金属有机框架物。为提升吸附有效性和吸附容量，需加大对纳米结构碳材料的研发。

配位氢化物作为携氢载体，在用氢端通过高温分解或水解反应释放氢气，在储运安全性和储氢密度方面具有一定优势。配位氢化物储氢的研究热度一直比较稳定，有机溶液储氢的关注度日益升高。如何优化氢化物的脱氢性能，即降低脱氢温度和提高脱氢率，是研究的重点问题。

部分金属或合金具有较强的氢气捕捉能力，在特定的温度和压力下能与氢气反应生成金属氢化物。金属氢化物储氢在 21 世纪以前是最热门的研究技术，但近年来研究热度有所下降。目前主要优化方向在于提高合金的储氢量，以及使合金的吸放氢平台更加平坦。

氢气分子直径小，容易渗透进入金属晶格间隙，造成氢脆、氢腐蚀现象，这升级了氢气存储的安全隐患和技术难度。氢脆问题在21世纪以前颇受学界关注，但随着更多储氢方式的出现，氢气储运并不局限于气体形式，研究热点也从氢脆转移到多元化储氢。

在其他部分出现的主要关键词是体现氢气在P2G（Power to Gas）模式中的储能作用，实现可再生能源和用能终端之间的耦合。此外，关于液氢储运、液态有机物储氢、天然气掺氢运输也有少量研究。

3）氢燃料电池技术热点演化。

如图10－14所示，在氢燃料电池领域，热点技术为质子交换膜燃料电池和固态氧化物燃料电池。燃料电池的电极催化剂、结构材料与设计、冷热电联产是燃料电池研究中的重点方向。

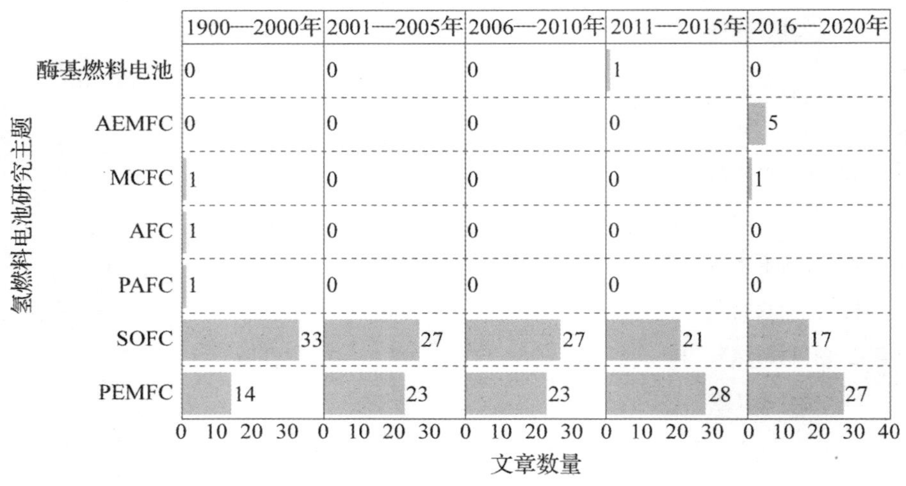

图10－14 氢燃料电池技术研究前沿演化

注：PEMFC为质子交换膜燃料电池，SOFC为固态氧化物燃料电池，PAFC为磷酸燃料电池，AFC为碱性燃料电池，MCFC为熔融碳酸盐燃料电池，AEMFC为阴离子交换膜燃料电池。

对于质子交换膜燃料电池，其核心技术在于质子交换膜的突破。另外，如何优化气体扩散层和水热管理、增强双极板的抗腐蚀性能也是研究热点。

固态氧化物燃料电池，其最显著的特点就是工作温度高。但由于其能源转换效率高，且适合多种燃料，所以研究颇为广泛。

阴离子交换膜燃料电池结合了多种燃料电池的优点，不需要用贵金属电极，运行温度低，响应速度快，成为新兴研究热点技术，具有良好的应用前景。

氢能产业涉及多个技术环节，就中国的技术发展情况来看，氢气制取累计发文量正处于成长期，预计于2030年进入饱和期；氢气储运和氢燃料电池累计发文量正处于成熟期，预计分别于2024年和2027年进入饱和期。需要说明的是，灰氢制取技术早已实现低成本的成熟化应用，为获得具有成本竞争力的绿氢，需投入更多资源突破电解水制氢技术。氢气储运技术目前仍以常规储气或液氢为主，需要寻求固态储氢或有机溶液储氢技术的突破，以提升储氢密度、降低氢气储运成本。就氢燃料电池技术而言，我国发展阶段落后于世界先进水平，部分组件尚未实现国产化供应，需加快技术攻关，以避免被发达国家形成技术壁垒。除主流的质子交换膜燃料电池和固态氧化物燃料电池以外，可关注新兴的阴离子交换膜燃料电池技术发展。

3. 新能源汽车技术

新能源汽车技术是推动交通绿色转型的关键。新能源汽车技术成本的动态变化不仅影响着其在市场中的推广和应用，还影响着未来我国交通能源需求和供给格局，预测新能源汽车成本的未来走势对决策者相关政策的制定尤为重要。

（1）新能源汽车成本预见模型构建。

本章综合考虑新能源汽车累计产量以及累计研发对新能源汽车单位成本的影响，构建双因素学习曲线模型，以评估技术成本的演变趋势。累计产量等同于柯布–道格拉斯生产函数中的劳动力投入，累计研发等同于资本投入。本章构建的双因素学习曲线方程如式 10－12 所示：

$$C_{NE}(t,q,h)=A_{NE}\cdot CP(t,q,h)^{-bh}\cdot R(t,q,h)^{-ch} \tag{10－12}$$

式中，$C_{NE}(t, q, h)$ 表示车企 q 生产的交通技术 h 在第 t 年的单位成本，考虑车辆技术成本数据的可得性问题，可用厂商指导价格（MSRP）作为车辆成本的替代变量进行计算；A_{NE} 表示初始产量单位成本；$CP(t, q, h)$ 表示第 t 年车企 q 生产的交通技术 h 的累计产量；$R(t, q, h)$ 表示第 t 年车企 q 对交通技术 h 的累计研发投入，由于各车企历年的研发投入数据难以获得，可选取技术专利申请量作为研发投入指标，以车企历年来纯电动车与插电式混合动力汽车的专利数量代表各车企的研发投入；bh 表示产量增加导致的交通技术 h 的成本下降率；ch 表示研发投入增加导致的交通技术 h 的成本下降率。

柯布–道格拉斯生产函数

柯布–道格拉斯生产函数在生产函数的一般形式上作出改进，引入技术资源这一要素，其基本形式为：

$$Y=JS(\tau)L^{\sigma}K^{\varphi}\eta$$

式中，Y 是工业总产值；JS（τ）是时间为 τ 时的综合技术水平；L 是投入的劳动力数；K 是投入的资本；σ 是劳动力产出的弹性系数；φ 是资本产出的弹性系数；η 是随机干扰的影响因子，$\eta\leqslant 1$。从这个模型可以看出，决定工业系统发展水平的主要因素是投入的劳动力数、固定资产和综合技术水平（包括经营管理水平、劳动力素质、引进先进技术等）。

对于传统燃油车，由于研发投入难以追溯，并且近年来国内外车企也陆续把研发集中转向新能源汽车，因此在考虑燃油车成本下降时，仅考虑“干中学”，即累计产量所带来的学习效应，构建单因素学习曲线方程，如式10－13所示：

$$C_{ICE,t}=A_{ICE}\cdot CP_{ICE,t}^{-bh} \tag{10-13}$$

式中，$C_{ICE,t}$ 表示传统燃油车在第 t 年的单位成本，可用厂商指导价格作为车辆成本的替代变量；A_{ICE} 表示传统燃油车初始产量单位成本；$CP_{ICE,t}$ 表示第 t 年传统燃油车的累计产量。

车辆的发动机功率和电池容量是生产者和购车者关注的重要指标，分别可以解释94%和87%的新能源车价格变化（林倩云 等，2019）。但考虑到对纯电动汽车、混合动力汽车和燃油汽车的综合价格对比，对发动机功率进行标准化处理，得到各个厂商每年各类车辆技术的车辆单位价格 $C(t, q, h)$，即单位功率的车辆价格（Weiss et al.，2019），具体计算方法如式10－14所示。车辆价格均换算为2015年的不变价。

$$C(t,q,h)=\sum_{X}\frac{C(t,q,h,X)}{KW(t,q,h,X)}\cdot\frac{AP(t,q,h,X)}{AP(t,q,h)} \tag{10-14}$$

式中，X 表示各个厂商生产的车型种类；$C(t, q, h, X)$ 表示厂商 q 在第 t 年生产的交通技术 h 中 X 车型的厂商指导价格；$KW(t, q, h, X)$ 表示厂商 q 在第 t 年生产的交通技术 h 中 X 车型的发动机功率；$AP(t, q, h, X)$ 表示厂商 q 在第 t 年生产的交通技术 h 中 X 车型的年产量；$AP(t, q, h)$ 表示厂商 q 在第 t 年生产的交通技术 h 的年总产量。

整个汽车市场中2010—2018年交通技术 h 的平均单位价格可通过式10－15计算得到。其中，$AP(t, h)$ 表示整个汽车市场在第 t 年交通技术 h 的总产量。

$$C(t,h)=\sum_{q}C(t,q,h)\cdot\frac{AP(t,q,h)}{AP(t,h)} \tag{10-15}$$

图10－15展示了2005—2019年我国新能源汽车技术专利发展趋势。2007年以前我国关于新能源汽车的研发投入较少，专利数量增长缓慢。2007年国家发展改革委《新能源汽车生产准入管理规则》的出台，使新能源汽车的发展向投产阶段迈进，正式将新能源汽车作为独立类别来规范企业生产。在政策支持下，电动汽车技术创新发展迅猛，此后专利研究数量也开始加速增长。混合动力汽车的专利增长较为平稳，而纯电动汽车的增长要明显高于混合动力汽车。从图中也可以看出，我国新能源汽车的研发投入重心倾向于纯电动汽车。基于此筛选出具有代表性的十大新能源车企2010—2018年的专利申请数量，以此作为企业研发投入的指标，与各年份各车企的新能源汽车产量和单位成本相匹配。

（2）新能源汽车成本预见结果。

2010—2018年我国汽车市场中不同车辆技术历史平均单位价格如图10－16所示。我国生产的纯电动汽车的平均单位价格在2010—2018年间下降显著，从2010年的1.83万元$_{2015}$/千瓦下降到2018年的0.24万元$_{2015}$/千瓦，下降了86.7%。插

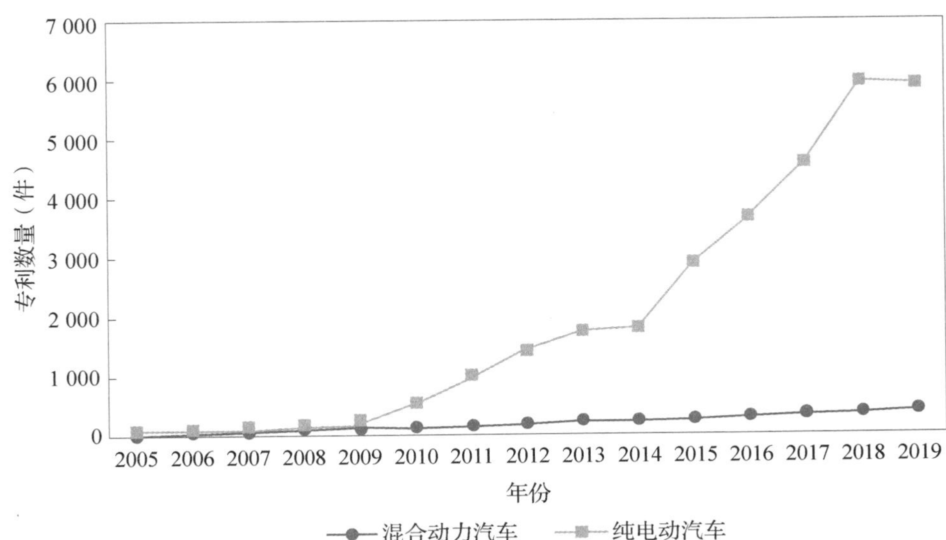

图 10－15　2005—2019 年中国新能源汽车技术专利发展趋势

电式混合动力汽车的平均单位价格低于纯电动汽车，从 2010 年的 0.51 万元$_{2015}$/千瓦下降到 2018 年的 0.18 万元$_{2015}$/千瓦，下降了 64.3%。传统燃油汽车的平均单位价格也呈下降趋势，降幅相对平缓，从 2010 年的 0.20 万元$_{2015}$/千瓦下降到 2018 年的 0.11 万元$_{2015}$/千瓦，下降了 43.7%。

目前新能源汽车与传统燃油汽车的平均单位价格仍存在差距，但自 2010 年以来，新能源汽车与传统燃油汽车的平均单位价格差逐渐缩小。纯电动汽车与传统燃油汽车的平均单位价格差从 2010 年的 1.63 万元$_{2015}$/千瓦下降至 2018 年的 0.13 万元$_{2015}$/千瓦，插电式混合动力汽车与传统燃油汽车的平均单位价格差从 2010 年 0.21 万元$_{2015}$/千瓦下降至 2018 年的 0.09 万元$_{2015}$/千瓦。

基于构建的学习曲线模型，对新能源汽车和传统燃油汽车 2010—2018 年的数据进行拟合，确定了纯电动汽车、插电式混合动力汽车和传统燃油汽车的学习曲线，并得到其学习率。拟合结果及学习率如表 10－1 所示。拟合结果显示，对于纯电动汽车，产量翻倍可以使单位成本下降 9.0%，研发投入（专利数量）翻倍可以使单位成本下降 13.3%。对于插电式混合动力汽车，产量翻倍可以使单位成本下降 6.8%，研发投入（专利数量）翻倍可以使单位成本下降 9.7%。纯电动汽车和插电式混合动力汽车的研发学习率均高于产量学习率，研发投入对于成本下降的贡献更大。传统燃油汽车由于技术较成熟，学习率相对较高，达到 23.7%。近年来传统燃油汽车的价格下降平缓主要是由于其需求已经趋于饱和，没有大幅增产的现象。随着禁售燃油车等政策建议的提出，未来燃油车产量将受到进一步控制。在企业不增加额外研发投入的情况下，如果要使纯电动汽车与 2018 年的传统燃油汽车价格持平，累计产量需要达到 685 万辆；插电式混合动力汽车如要与 2018 年的传统燃油汽车价格持平，累计产量则需要达到 1 491 万辆。

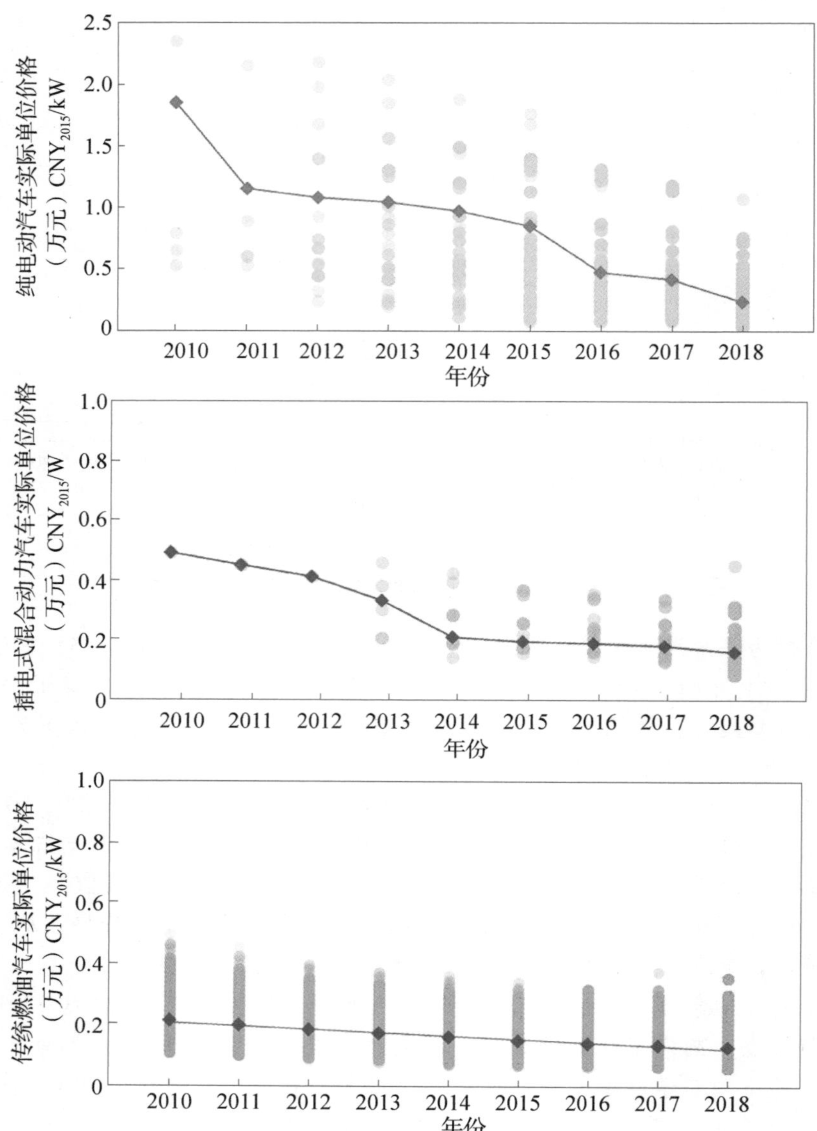

图 10-16　2010—2018 年中国汽车市场中不同车辆技术历史平均单位价格

注：圆圈表示我国生产的各类车型平均单位价格，菱形表示当年所有车型的平均单位价格。

表 10-1　模型学习曲线拟合结果与学习率

类型	产量弹性	研发弹性	产量学习率	研发学习率	R^2
纯电动汽车	-0.135***	-0.206***	9.0%	13.3%	0.74
插电式混合动力汽车	-0.101***	-0.147*	6.8%	9.7%	0.96
传统燃油汽车	-0.391**	—	23.7%	—	0.97

注：***、**和*分别表示在 1%、5%和 10%水平上显著。

新能源汽车未来的产量和专利数量的发展趋势均存在不确定性，为了更好地将模型结果体现在时间尺度上，并进一步预测新能源汽车未来的成本价格走势，本章综合考虑历史发展趋势、现行的市场条件以及市场接受程度，对未来新能源汽车产量和研发投入量进行情景设置。具体情景参数设置如表 10－2 所示。

表 10－2　情景假设及参数设置

<table>
<tr><th colspan="2">产量（年均增速%）</th><th>参考依据</th></tr>
<tr><td>纯电动汽车</td><td>26.1%</td><td rowspan="3">《2030 中国清洁空气市场展望报告》：2030 年我国新能源乘用车年销量达 1 300 万辆，纯电动汽车不少于 80%
国家信息中心信息资源开发部，普华永道预测：我国 2030 年乘用车年销售总量达到 3 500 万辆</td></tr>
<tr><td>插电式混合动力汽车</td><td>27.3%</td></tr>
<tr><td>传统燃油汽车</td><td>−0.60%</td></tr>
<tr><th colspan="2">研发投入</th><th>参考依据</th></tr>
<tr><td colspan="2">增加研发投入情景</td><td>依据近五年纯电动汽车与插电式混合动力汽车专利平均增速设定。年均增速：纯电动汽车 13.9%，插电式混合动力汽车 11.7%</td></tr>
<tr><td colspan="2">维持现有研发投入情景</td><td>维持现有年均研发投入力度，每年新增量与 2019 年一致</td></tr>
<tr><td colspan="2">减少研发投入情景</td><td>2030 年后不再对新能源车进行研发投入，2019 年至 2030 年逐年递减</td></tr>
</table>

图 10－17 展示了在不同情景下纯电动汽车、插电式混合动力汽车和传统燃油汽车三类车辆技术平均单位价格的变动趋势，以及三类车辆技术平均单位价格平衡点。

在增加研发投入情景下，纯电动汽车最早可于 2026 年与传统燃油汽车的平均单位价格持平，平均单位价格将下降至 1 092 元$_{2015}$/千瓦。2030 年纯电动汽车平均单位价格下降至 699 元$_{2015}$/千瓦，插电式混合动力汽车和传统燃油汽车平均单位价格分别为 903 元$_{2015}$/千瓦和 846 元$_{2015}$/千瓦。

在维持现有研发投入情景下，纯电动汽车与传统燃油汽车平均单位价格持平时间将推迟到 2029 年。插电式混合动力汽车单位价格在 2030 年以前将无法下降至传统燃油汽车的价格水平。2030 年纯电动汽车平均单位价格为 812 元$_{2015}$/千瓦，插电式混合动力汽车和传统燃油汽车平均单位价格分别为 1 008 元$_{2015}$/千瓦和 846 元$_{2015}$/千瓦。

在减少研发投入情景下，纯电动汽车和插电式混合动力汽车平均单位价格将于 2030 年基本持平，平均单位价格分别为 1 125 元$_{2015}$/千瓦和 1 121 元$_{2015}$/千瓦。与传统燃油汽车相比，纯电动汽车、插电式混合动力汽车平均单位价格差距将有所减小，但无法在 2030 年以前下降到传统燃油汽车水平。2030 年纯电动汽车与传统燃油汽车平均单位价格的差距为 279 元$_{2015}$/千瓦，插电式混合动力汽车与传统燃油汽车平均单位价格的差距为 275 元$_{2015}$/千瓦。

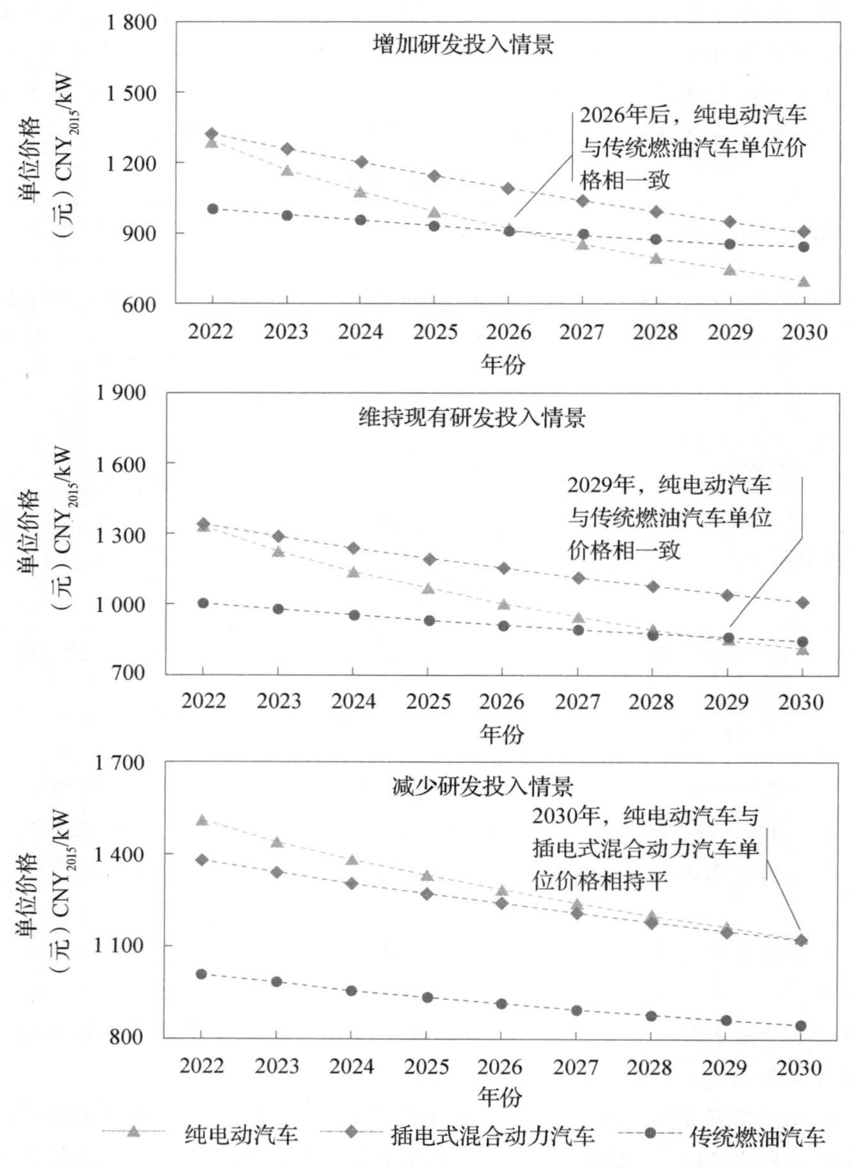

图 10-17　2022—2030 年不同情景下各类车辆技术成本下降情况

4. 碳捕集、利用与封存技术

碳捕集、利用与封存技术是能源系统应对气候变化和全球环境问题的重要手段，是能源系统绿色转型的重要支撑。碳捕集、利用与封存技术全链条包括碳捕集、碳运输、碳封存与利用以及集成管理四个环节。受篇幅所限，本章将对其中最主要的两个环节，即碳捕集和碳封存与利用，进行技术预见研究。

本研究所使用的专利数据来源于 Derwent Innovation 专利数据库，专利数据检索时间为 2020 年 4 月。采用关键词和专利 IPC 分类号耦合优化检索的策略，对全球碳捕集、利用与封存技术相关专利进行精细检索，并分别针对碳捕集环节和碳封存与利用环节提出了与之对应的 IPC 检索策略。本次检索的专利时间范围覆盖是 1963 年至 2019 年，共得到碳捕集、利用与封存技术的专利族 12 906 个。其中碳捕集技术专利族有 8 149 个，包括碳捕集技术专利 24 634 件；碳封存与利用技术专利族有 4 757 个，包括碳封存与利用技术专利 12 220 件。

（1）碳捕集、利用与封存技术专利市场发展趋势。

对于碳捕集技术而言，其全球专利市场自 1960 年起开始稳步扩张，至 2011 年经历了长达 51 年的市场成长期，如图 10－18 所示。2005 年，IPCC 发布了《二氧化碳捕集与封存技术特别报告》，明确并强调了碳捕集、利用与封存技术在全球应对气候变暖低于 2℃温升情景中所扮演的重要角色，自该年起至 2011 年，全球的碳捕集技术专利市场呈现了跳跃式的增长趋势。本章以专利平均申请周期（5 年）来拟合碳捕集技术专利市场的发展趋势。结果显示，碳捕集技术专利年增速在 2011 年达到最高峰，后续增量放缓，标志着其全球市场在经过 50 多年的发展

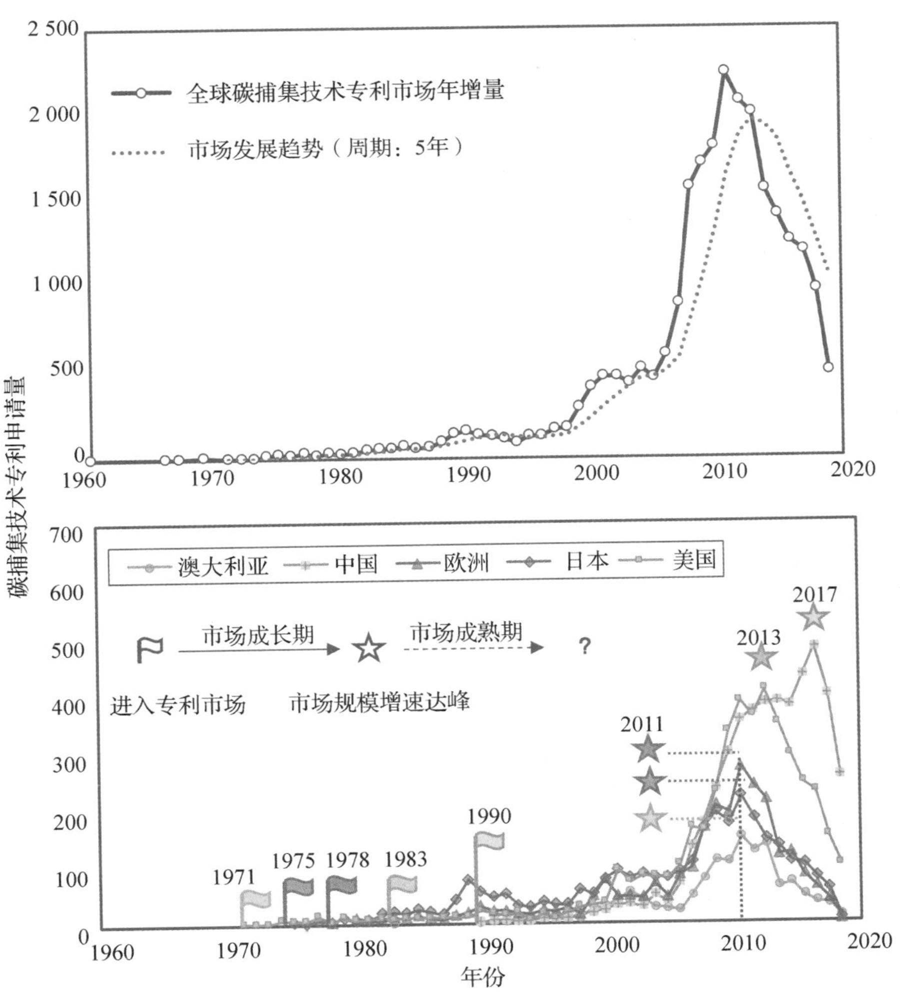

图 10－18　1960—2020 年全球及主要国家碳捕集技术专利发展趋势

后已进入成熟期。这一市场表征也与碳捕集技术演化阶段相匹配，目前碳捕集技术已经发展为较为成熟的技术，研发重心也正在从关键性技术攻关逐步转向提高技术的经济效益，从而推动碳捕集技术的市场化进程。

从空间上来看，全球有55个国家对碳捕集技术进行了专利布局，其中排名前十的专利市场国（或地区）持有全球88.5%的碳捕集技术专利。从总量上，中国是碳捕集技术专利的最大市场国，但碳捕集技术专利首次进入中国市场的时间（1990年）相比其他市场国晚了10～20年。2008年中国首个燃煤电厂碳捕集示范工程——华能北京热电厂碳捕集示范工程正式建成投产，成为中国碳捕集技术专利爆发式增长的启动节点。此后中国先后颁布了《“十二五”国家碳捕集利用与封存科技发展专项规划》和《中国碳捕集利用与封存技术发展路线图》，将碳捕集、利用与封存技术纳入国家科技战略的中长期规划。美国、欧洲、日本和澳大利亚早在20世纪70、80年代已经开始对碳捕集技术专利市场进行布局，其市场成熟时间也比中国提前了4～6年。早期的技术研发和专利布局使得上述四个国家（或地区）在碳捕集、利用与封存领域处于领导者地位，大量的技术基础研究也使得这些国家更早地开展了碳捕集、利用与封存示范和试点项目，为碳捕集技术的成熟发展积累了经验。

对于碳封存与利用技术而言，其全球专利市场起步晚于碳捕集技术约10年时间。自1972年开始，碳封存与利用技术市场的增长态势并没有像碳捕集技术市场一样出现明显拐点（见图10－19），反映了目前碳封存与利用技术仍然处于市场成长期，基础性和关键性技术攻关仍是目前碳封存与利用领域科技战略中的主要目标。

从空间上来看，全球有48个国家对碳封存与利用技术进行了专利布局，其中排名前十的专利市场国（或地区）持有全球88.8%的碳封存与利用技术专利。与碳捕集技术专利市场相比较，碳封存与利用技术专利市场的空间格局并无太大变化，仅在持有量排名上略有波动。其中，印度、德国、巴西和墨西哥的碳封存与利用市场被寄予了更高的关注，而对于并无碳捕集技术专利布局的海湾地区而言，其丰富的油气资源可以给CO_2驱油以提高采收率等技术带来巨大的市场前景，该地区的碳封存与利用专利市场也被技术持有者所重视。

在总量上，中国仍然是碳封存与利用技术专利的最大市场国。与碳捕集技术相似，中国碳封存与利用技术专利的市场导入期为1996—2009年，相比欧美等国落后了15～25年的时间，这比碳捕集技术专利市场的发展时间差距多了5年。美国、欧洲、日本和澳大利亚早在20世纪90年代便开始了对本国（地区）的碳封存潜力评估，促进了碳封存与利用技术专利市场的早期布局。2009年，中国科学技术部首次公布了较为完整的全国碳捕集、利用与封存地质封存潜力评估报告，成为中国碳封存与利用技术专利爆发式增长的启动节点，并在近10年时间里一跃成为全球最受市场关注的碳封存与利用技术专利布局国家。与全球的技术演化趋势相同，除美国外，其他国家的碳封存与利用技术专利市场增速并未出现明显的拐点，说明该领域的核心技术仍处于快速增长和积极研发的

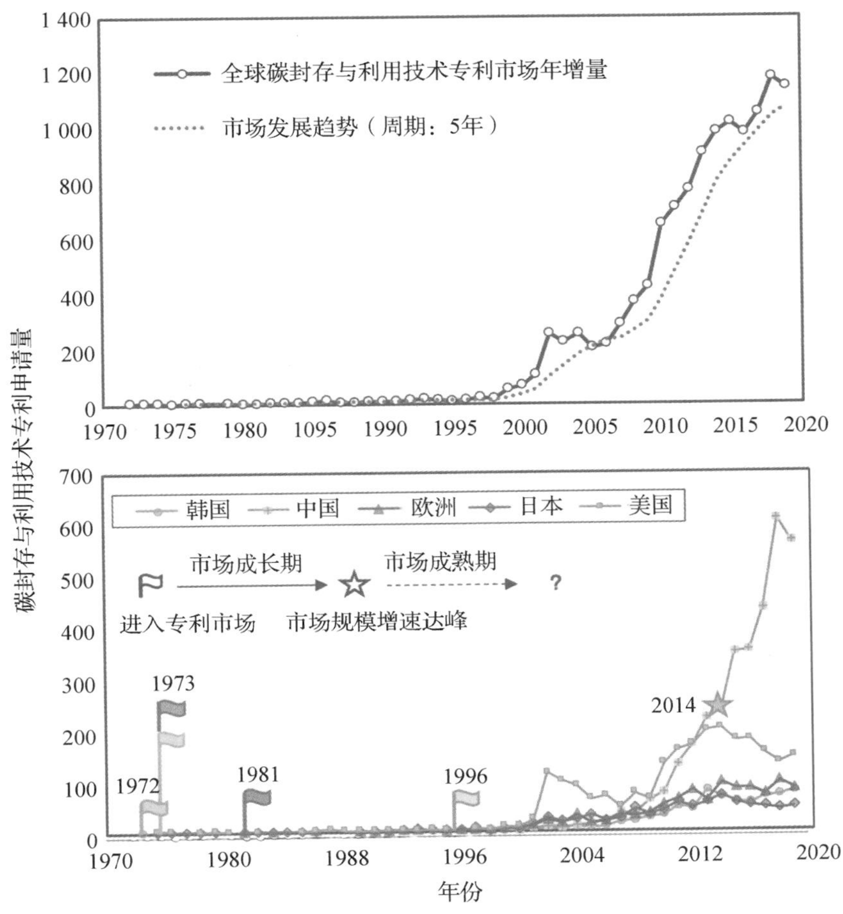

图 10－19　1970—2020 年全球及主要国家碳封存与利用技术专利发展趋势

成长阶段，这也为以中国为代表的“后进入国家”带来了技术赶超的机会和可能性。

（2）关键集群技术主路径识别和潜在突破性技术监测。

本章采用前引全路径动态规划算法来识别碳捕集、封存与利用技术发展中的关键技术集群和技术演化的主要路径；同时，利用 LDA 主题建模方法，对识别出的各个技术集群进行潜在主题识别。具体地，首先针对收集到的 12 906 个碳捕集、利用与封存专利及其引用信息，构建专利引文矩阵，绘制碳捕集、利用与封存技术演化网络图谱，其中整个专利引文网络的节点总数为 21 944。通过引文网络的所有有向边的权重进行计算，并从复杂的技术演化网络中识别碳捕集、利用与封存技术发展的主路径。值得注意的是，如果从一个起点到其中一个终点有多条路径拥有相同的最大路径权重，那么就认为它们都是该技术分支发展过程中的关键主路径。为了便于分析，本研究只保留路径层级大于 2，以及路径权重值总和大于 150 的关键技术集群。本研究首先识别出了路径总权重最大的 27 个闭合的子图，每个子图都可以看作是一个独立的技术集群，而每个集群所形成的前引关键路径则代表了该集群发展中的技术发展主路径。

通过对前引全路径动态规划算法所识别出的技术集群中关键专利应用 LDA 主题识别模型，本研究确定了每个技术集群的技术领域，表 10－3 列出了集群规模排名前十的技术领域所包含的关键技术节点和识别出的对应技术主题。从碳捕集、利用与封存技术环节来看，仅有 18.5% 的关键技术集群属于碳封存与利用环节，而碳捕集环节目前仍然是碳捕集、利用与封存关键技术研发和专利布局的重点环节。从关键技术领域来看，碳封存与利用环节所识别出的关键技术集群主要集中在地质封存（主要为咸水层封存）、地质利用（主要为 CO_2 增产石油和天然气）、化工利用（碳捕集、利用与封存制氢，有机物化学品合成等）、CO_2 监测装置四个领域；碳捕集环节所识别出的关键技术群则主要归类为：新型 CO_2 吸收剂（固体吸收剂、胺溶液吸收剂、离子液体吸收剂、干法可再生吸附剂等）、吸收剂再生、发电（厂）碳捕集工艺改造、先进冷凝工艺、空气捕捉 CO_2 装置及方法、废气（热）回收处理工艺、微生物分离 CO_2、吸附装置或工艺流程改进。

表 10－3　碳捕集、利用与封存技术各主要发展路径上的技术集群

关键技术节点数	技术主题
76	胺溶液作为 CO_2 吸收液的制备、处理和再生
57	冷凝工艺及其装备
28	干法可再生吸附剂的制备、回收和再生
22	固体吸收剂的反应、改进及相关控制装置
17	碳捕集、利用与封存制氢方法及其装置
15	空气捕捉 CO_2
11	脱碳废气再循环处理
8	CO_2 监测设备、流程及其装置
8	注气法从地下油气藏中强化开采石油和天然气
7	CO_2 离子液体吸收剂的制备、再生和回收

将由不同发展路径汇聚而成且存在于技术关键路径上的专利看作是潜在突破性技术的载体，对其进行有效监测，进而识别不同碳捕集、利用与封存技术发展路径上的潜在突破性技术。具体为：首先通过前引全路径动态规划算法有效地在复杂的专利引文网络中找到各技术集群内的关键技术发展主路径；其次定位主路径中的汇聚专利，组织专家研判，对每条关键主路径上的潜在突破性技术进行筛选和识别；最后通过实时更新专利数据，应用该算法对技术的关键发展路径和潜在的突破性技术进行动态监测，从而进行关键技术的预警。

在关键技术集群的技术主路径中，本研究共识别出 57 个潜在的突破性技术。针对碳捕集环节识别出 35 个潜在突破性技术，其中，有 11 项技术突破性地解决了技术空白问题，涉及领域包括新型化学胺溶液分离制备方法、微生物分离 CO_2、空气捕捉 CO_2 微型装置、膜分离材料、低温冷凝分离技术；有 19 项技术的出现针

对碳捕集、利用与封存领域中“高能耗”的发展掣肘进行创新改进，演化路径主要包括变压吸附装置改进、新型固体吸附剂材料、脱碳废热废气再循环利用以及电厂捕集装置及工艺改造等；另有 5 项技术通过对传统吸收溶剂和吸附装置的改进以期达到降低工艺成本的技术效果。针对碳封存与利用环节识别出 22 个潜在的突破性技术，主要填补了深部咸水层封存，CO_2 增产石油和天然气，联合碳捕集、利用与封存制氢，降低注气井腐蚀影响，CO_2 泄漏风险监测等五个主要技术领域的空白。而这些潜在突破性技术的核心专利，中国仅占一项，是针对 CO_2 化学吸收装置的工艺改进，从而解决高能耗的技术问题。可以看出，目前中国碳捕集、利用与封存技术演化路径的研发方向较为集中，针对传统工艺的局部改进是主要发展方向，多数申请还处于对国外核心专利的改进和模仿阶段，缺少对关键核心专利的掌握。

最后，本章通过对检索出的全部 12 906 个碳捕集、利用与封存技术的专利摘要文本进行 LDA 主题识别，并根据语义关系对摘要文本进行聚类，根据关键技术专利文本中所包含的相同技术名词、特征和属性的相似度，计算不同技术集群主题的距离分布，识别出碳捕集技术关键集群和碳封存与利用技术关键集群。

通过对新兴技术领域中关键专利进行筛选，针对碳捕集领域识别出 4 种中国未来具有技术突破潜力的新兴集群，它们是：

1）扩散分离技术。重点突破膜分离材料性能瓶颈，研制低成本膜材料及其制备工艺。

2）生物分离技术。重点开展以酶和微生物为代表的可规模化捕集技术。

3）以离子液体、变相混合溶液为代表的新兴吸收剂及其助剂的技术改进。

4）富氧燃烧技术。重点突破化学链燃烧、常压富氧燃烧技术瓶颈，重点攻关低成本、低能耗富氧燃烧关键技术，促进规模化示范进程。

针对碳封存与利用领域识别出 5 种中国未来具有技术突破潜力的新兴集群，它们是：

1）驱替过程中 CO_2 和天然气混合分离技术。重点解决 CO_2 增产天然气过程中气体分离问题，降低二次处理成本。

2）高黏度、高密度原油 CO_2 强化增产机理及其关键技术。

3）深部咸水层地质封存技术。重点开展井组布置规划、水处理及抽注控制技术。

4）CO_2 泄漏监测和地震风险预警技术。

5）CO_2 注入后废弃井防控与防腐技术。

习题

1. 请简述主要的定性技术预见方法和定量技术预见方法，以及技术预见方法的未来发展趋势。

2. 请以某一低碳技术为例，利用 S 曲线方法预测其技术生命周期。

第 11 章

国家碳中和路线图编制方法及其应用

本章要点

1. 重点掌握全行业碳减排技术经济管理的模型体系。
2. 了解实现碳达峰碳中和可行路径的优化思路和过程。

中国实现碳中和目标时间紧、任务重，需要集多行业之力，共同实现。本书第 3 章至第 9 章详细介绍了电力、钢铁、有色、水泥、化工、建筑以及交通运输七个重点高耗能行业的碳减排技术经济管理方法及其在布局各行业碳减排技术发展路径中的应用。然而，实现碳中和是一项复杂系统工程，科学制定减排的时间表和路线图，需要处理好长期与短期、减排与发展、局部与总体的协同关系。针对碳中和路径优化的复杂性对建模的需求，本章将在前述各个章节基础上，对各个重点行业进行跨部门耦合，最终实现“用能产品/服务需求预测—终端行业生产规划—终端能源需求集成—能源加工转换技术选择—供需两侧碳排放耦合”的五维一体。本章将具体介绍耦合全行业的碳减排技术经济管理方法及其在碳中和路线图编制中的应用。

第 1 节　全行业碳减排技术经济管理方法

碳中和是涉及自然、社会、经济、行为、技术、能源等多系统交织耦合和多重反馈的复杂巨系统，面临跨系统跨部门耦合性、分行业异构性、技术成本动态性、技术和行为演变非线性、社会经济不确定性等诸多挑战。开展“双碳”目标约束下碳排放技术体系研究，亟须建立能刻画上述挑战内涵的方法和技术。为此，从复杂系统的视角出发，北京理工大学能源与环境政策研究中心团队自主设计构建了自下而上的中国气候变化综合评估模型/国家能源技术模型（C^3IAM/NET），为全国—行业—技术多个层面的碳排放精细化管理提供科学方法，为碳达峰碳中和路径优化、时间表和路线图设计提供了有效的工具。

一、 C^3IAM/NET 模型总体设计

C^3IAM/NET 模型目前涵盖一次能源供应、电力、热力、钢铁、水泥、化工（乙烯、合成氨、甲醇、电石等多种关键产品）、有色、造纸、农业、建筑（居住/公共）、交通（城市/城际，客运/货运）、其他工业等 20 个细分行业的 800 余类重点技术（余碧莹 等，2021；魏一鸣 等，2018）。由于能源需求主要受全社会终端产品和服务的消费需求以及技术效率和资源供给的影响，因此，C^3IAM/NET 模型首先在综合考虑经济发展、产业升级、城镇化加快、老龄化加速、智能化普及等社会经济行为动态变化的基础上，对各个终端用能行业的产品（如钢铁、水泥、化工、有色等工业产品）和服务（如建筑取暖、建筑制冷、货运交通运输、客运交通出行等服务）需求进行预测；进而以需求为约束，引入重点技术成本动态变化趋势，针对 17 个终端用能细分行业，分别开发了涵盖行业“原料—燃料—工艺—技术—产品/服务”全链条上物质流和能量流的技术优化模型，模拟各行业以经济最优方式实现其产品或服务供给目标的技术动态演变路径和分品种能耗、碳排放及成本的变化过程；进一步集成所有终端用能行业对一次能源（煤、油、气）和二次能源（电力、热力）的动态使用需求函数，建立终端行业能源需求函数和能源加工转换行业生产函数的平衡关系，以此为约束，对能源供给和加工转换行业进行技术优化布局；最终将上述过程纳入统一模型框架，耦合“能源加工转换—运输配送—终端使用—末端回收治理”全过程、行业“原料—燃料—工艺—技术—产品/服务”全链条，实现以需定产、供需联动、技术经济协同的 C^3IAM/NET 复杂系统建模。模型输出结果包括：各个细分部门的技术布局和成本，能源系统相关的二氧化碳排放（含工业过程排放），其他污染物排放，煤、油、气一次能源需求，以及电、热二次能源需求等多个方面。模型框架如图 11－1 所示。

二、 C^3IAM/NET 模型数学表达

1. 目标函数

设置为规划期内能源系统年化总成本最小（Hibino et al.，2003），包含三个部分：设备或技术的年度化初始投资成本、运行和维护成本，以及能源成本。

总成本最小即为：

$$\min TC_t = IC_t + OM_t + EC_t \tag{11-1}$$

式中，t 为年份；TC_t 表示折算到第 t 年的总成本；IC_t 为设备折算到第 t 年的年度化初始投资总成本；OM_t 为设备的运行和维护总成本；EC_t 为能源总成本。

（1）年度化初始投资成本。

计算时需考虑政府可实施的补贴率、内部收益率、设备寿命因素，表达式为：

$$IC_t = \sum_{i}^{I} \sum_{d}^{D} ic_{i,d,t} \cdot (1 - SR_{i,d,t}) \cdot \frac{IR_{i,d,t} \cdot (1 + IR_{i,d,t})^{T_{i,d}}}{(1 + IR_{i,d,t})^{T_{i,d}} - 1} \tag{11-2}$$

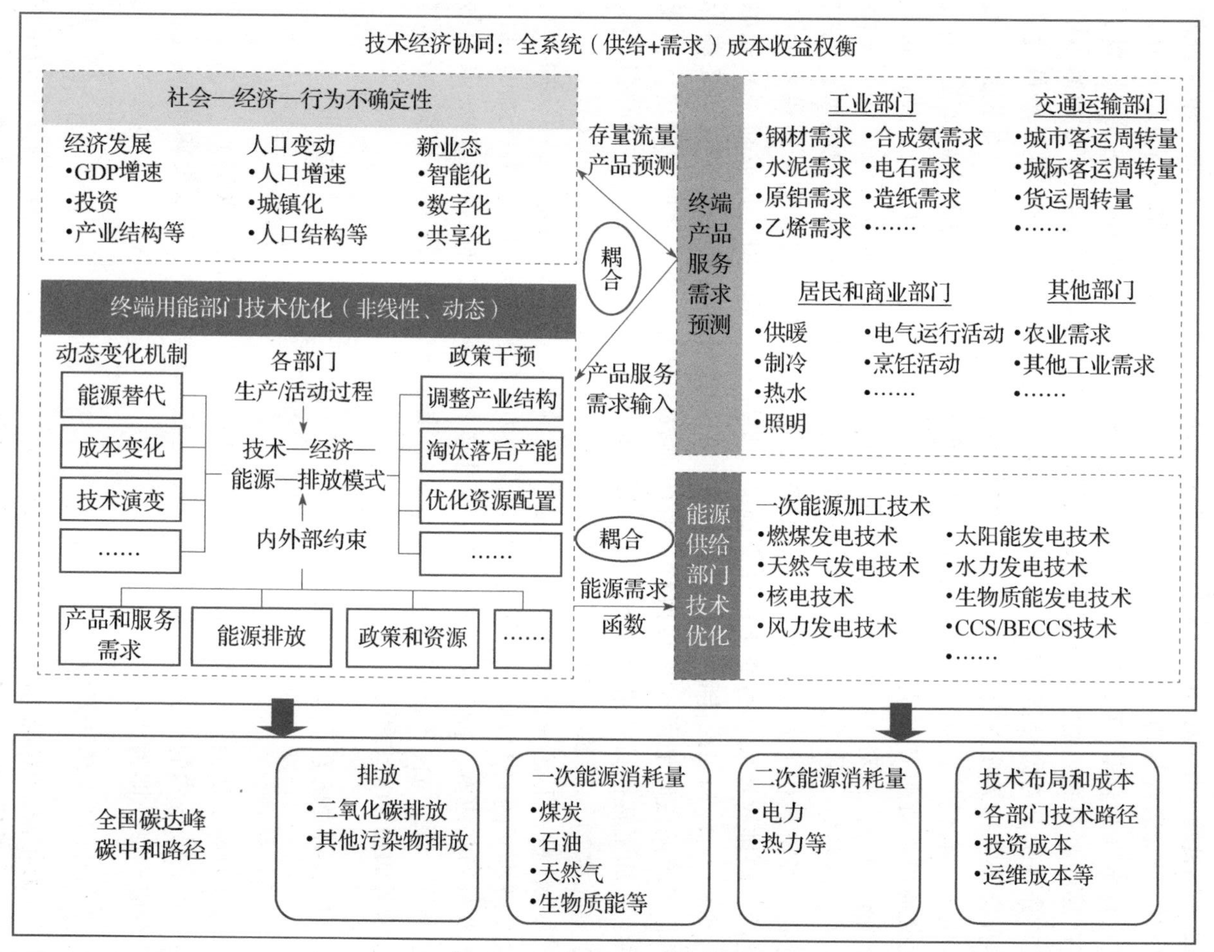

图 11－1 C³IAM/NET模型框架

式中，i 表示能源系统各行业；I 为行业总量；d 表示能源系统各行业的技术设备和碳捕集、利用与封存技术设施；D 为设备总量；$ic_{i,d,t}$ 为第 t 年行业 i 设备 d 的初始投资成本；$SR_{i,d,t}$ 为补贴率；$IR_{i,d,t}$ 为内部收益率；$T_{i,d}$ 为生命周期。

（2）运行和维护成本。

运行和维护成本是指设备的维修成本、管理成本、人力成本、政府补贴等，表达式为：

$$OM_t = \sum_i^I \sum_d^D om_{i,d,t} \cdot OQ_{i,d,t} \cdot (1 - SR_{i,d,t}) \tag{11-3}$$

式中，$om_{i,d,t}$ 为第 t 年行业 i 设备 d 的单位运行和维护成本；$OQ_{i,d,t}$ 为第 t 年行业 i 设备 d 的运行数量。

（3）能源成本。

能源成本是指所有设备的能源消费量与相应能源品种价格的乘积，考虑到不同能源品种价格随时间变化、设备能源效率提高、政府可实施补贴等情况，表达式为：

$$EC_t = \sum_i^I \sum_d^D \sum_k^K ENE_{i,d,k,t} \cdot P_{i,d,k,t} \cdot (1 - SR_{i,d,k,t}) \tag{11-4}$$

$$ENE_{i,d,k,t} = E_{i,d,k,t} \cdot OQ_{i,d,k,t} \cdot (1-EFF_{i,d,k,t}) \tag{11-5}$$

式中，k 表示能源品种；K 表示能源品种数量；$ENE_{i,d,k,t}$ 为第 t 年行业 i 设备 d 所耗能源品种 k 的总消费量；$P_{i,d,k.t}$ 为第 t 年行业 i 设备 d 所耗能源品种 k 的价格；$E_{i,d,k,t}$ 为第 t 年行业 i 所耗能源品种 k 的设备 d 的单位消费量；$OQ_{i,d,k,t}$ 为第 t 年行业 i 所耗能源品种 k 的设备 d 的运行数量；$EFF_{i,d,k,t}$ 为第 t 年行业 i 所耗能源品种 k 的设备 d 的技术进步率。

2. 约束条件

（1）产品和能源服务需求约束。

产品和能源服务需求约束是指对于给定的某种工业产品或交通、建筑服务，所有设备运行量与单位设备产品或服务产出量的乘积，必须大于或等于该产品或服务的需求量，从而体现以需定产的实际过程。表达式为：

$$\sum_d^D OT_{i,d,j,t} \cdot OQ_{i,d,j,t} \cdot (1 - EFF_{i,d,j,t}) \geqslant DS_{i,j,t} \tag{11-6}$$

式中，$OT_{i,d,j,t}$ 为第 t 年行业 i 生产产品或能源服务 j 的设备 d 的单位产出量；$OQ_{i,d,j,t}$ 为第 t 年行业 i 生产产品或能源服务 j 的设备 d 的运行数量；$EFF_{i,d,j,t}$ 为第 t 年行业 i 生产产品或能源服务 j 的设备 d 的技术进步率；$DS_{i,j,t}$ 为第 t 年行业 i 的产品或能源服务 j 的总需求量。

（2）能源消费约束。

能源消费约束是指设备运行量与单位设备能源消费量的乘积，不得超过或低于某个限制值，从而满足国家或行业能源总量控制的政策约束。可以对国家能耗总量，也可以对某个行业的能耗量，还可以对某个行业的某一种能源品种消耗量进行约束。表达式为：

$$ENE_t^{\min} \leqslant ENE_t \leqslant ENE_t^{\max} \tag{11-7}$$

$$ENE_{i,t}^{\min} \leqslant ENE_{i,t} \leqslant ENE_{i,t}^{\max} \tag{11-8}$$

$$ENE_{i,k,t}^{\min} \leqslant ENE_{i,k,t} \leqslant ENE_{i,k,t}^{\max} \tag{11-9}$$

$$ENE_t = \sum_i^I ENE_{i,t} \tag{11-10}$$

$$ENE_{i,t} = \sum_k^K ENE_{i,k,t} \tag{11-11}$$

$$ENE_{i,k,t} = \sum_d^D ENE_{i,d,k,t} \tag{11-12}$$

式中，ENE_t、$ENE_{i,t}$、$ENE_{i,k,t}$ 分别为第 t 年国家、行业 i、行业 i 能耗品种 k 的能源消费量；$ENE_t^{\min}$ 为第 t 年国家能耗总量下限约束；$ENE_t^{\max}$ 为第 t 年国家能耗总量上限约束；$ENE_{i,t}^{\min}$ 为第 t 年行业 i 能耗总量下限约束；$ENE_{i,t}^{\max}$ 为第 t 年行业 i 能耗总量上限约束；$ENE_{i,k,t}^{\min}$ 为第 t 年行业 i 能耗品种 k 消耗量下限约束；$ENE_{i,k,t}^{\max}$ 为第 t 年行业 i 能耗品种 k 消耗量上限约束。

（3）碳排放约束。

碳排放约束是指所有设备运行量乘以单位设备排放量的总和，不得超过某个限制值，从而满足国家和行业低碳或绿色发展目标的约束。可以对全社会排放总量，也可以对能源系统的排放总量，还可以对某个行业的排放量进行约束。表达式为：

$$EMS_{n,g,t} \leqslant EMS_{n,g,t}^{\max} \tag{11-13}$$

$$EMS_{s,g,t} \leqslant EMS_{s,g,t}^{\max} \tag{11-14}$$

$$EMS_{i,g,t} \leqslant EMS_{i,g,t}^{\max} \tag{11-15}$$

$$EMS_{n,g,t} = EMS_{s,g,t} + EMS_{\text{sink},t} \tag{11-16}$$

$$EMS_{s,g,t} = \sum_i^I EMS_{i,g,t} \tag{11-17}$$

$$EMS_{i,g,t} = \sum_d^D \sum_k^K ENE_{i,d,k,t} \cdot GAS_{i,d,k,g,t} \tag{11-18}$$

式中，g 表示能源利用所产生的气体；$EMS_{n,g,t}$、$EMS_{s,g,t}$、$EMS_{i,g,t}$ 分别为第 t 年全社会、能源系统、行业 i 所产生的气体 g 的排放量；$EMS_{n,g,t}^{\max}$、$EMS_{s,g,t}^{\max}$、$EMS_{i,g,t}^{\max}$ 分别为第 t 年全社会、能源系统、行业 i 所产生的气体 g 的最大排放约束；$EMS_{sink,t}$ 为第 t 年生态系统的碳汇量（负值），碳汇量可根据土地类型、土地面积、植被类型和固碳潜力等特征测算；$GAS_{i,d,k,g,t}$ 为第 t 年行业 i 设备 d 所耗能源品种 k 产生的气体 g 的排放因子。

（4）设备运行数量约束。

设备运行数量约束是指设备运行量不得大于开机的设备库存量。表达式为：

$$SQ_{i,d,t} = SQ_{i,d,t-1} + NQ_{i,d,t} - RQ_{i,d,t} \tag{11-19}$$

$$OQ_{i,d,t} \leqslant SQ_{i,d,t} \cdot RATE_{i,d,t} \tag{11-20}$$

式中，$SQ_{i,d,t}$ 为第 t 年行业 i 设备 d 的库存量；$SQ_{i,d,t-1}$ 为第 $t-1$ 年行业 i 设备 d 的

库存量；$NQ_{i,d,t}$ 为第 t 年行业 i 设备 d 的新增数量；$RQ_{i,d,t}$ 为第 t 年行业 i 设备 d 的退役数量；$OQ_{i,d,t}$ 为第 t 年行业 i 设备 d 的运行数量；$RATE_{i,d,t}$ 为第 t 年行业 i 设备 d 的开机率，不大于 1。

（5）技术渗透率约束。

技术渗透率约束是指对于给定的某种服务，由某种设备供给的比例，不得超过或低于某个约束值，从而满足淘汰落后产能或达到鼓励先进技术发展的政策需求。表达式为：

$$SHARE_{i,d,j,t}=\frac{OT_{i,d,j,t}\cdot OQ_{i,d,j,t}\cdot(1-EFF_{i,d,j,t})}{DS_{i,j,t}} \tag{11-21}$$

$$SHARE_{i,d,j,t}^{\min}\leqslant SHARE_{i,d,j,t}\leqslant SHARE_{i,d,j,t}^{\max} \tag{11-22}$$

式中，$SHARE_{i,d,j,t}$ 为第 t 年行业 i 设备 d 生产的产品或能源服务 j 在产品或能源服务 j 总产出量中的比例（渗透率）；$OT_{i,d,j,t}$ 为第 t 年行业 i 生产产品或能源服务 j 的设备 d 的单位产出量；$OQ_{i,d,j,t}$ 为第 t 年行业 i 生产产品或能源服务 j 的设备 d 的运行数量；$EFF_{i,d,j,t}$ 为第 t 年行业 i 生产产品或能源服务 j 的设备 d 的技术进步率；$DS_{i,j,t}$ 为第 t 年行业 i 的产品或能源服务 j 的总需求量；$SHARE_{i,d,j,t}^{\min}$ 为渗透率下限约束；$SHARE_{i,d,j,t}^{\max}$ 为渗透率上限约束。上限和下限约束视技术发展与政策规划而定。

3. 供需平衡过程

C³IAM/NET 刻画的能源系统以各类能源为载体，将供应侧、加工转换环节和消费侧连接起来，模型中各行业之间通过硬连接的方式进行系统集成。

（1）一次能源供应总量。

一次能源供应总量等于各类一次能源品种供应量之和，表达式为：

$$\begin{aligned}ENE_{t}^{pri\_supply} &= \sum_{k}^{K} ENE_{k,t}^{pri\_supply} = ENE_{col,t}^{pri\_supply} + ENE_{oil,t}^{pri\_supply} + ENE_{ngs,t}^{pri\_supply}\\ &\quad + ENE_{pri\_ele,t}^{pri\_supply} + ENE_{bms,t}^{pri\_supply}\end{aligned} \tag{11-23}$$

式中，k 表示所有一次能源品种，共 K 种，包括煤炭（*col*）、石油（*oil*）、天然气（*ngs*）、一次电力（*pri_ele*）、其他可再生能源（*bms*）等；$ENE_{t}^{pri\_supply}$ 为第 t 年一次能源供应总量；$ENE_{k,t}^{pri\_supply}$ 为第 t 年一次能源品种 k 的供应量；$ENE_{col,t}^{pri\_supply}$ 为第 t 年煤炭供应量；$ENE_{oil,t}^{pri\_supply}$ 为第 t 年石油供应量；$ENE_{ngs,t}^{pri\_supply}$ 为第 t 年天然气供应量；$ENE_{pri\_ele,t}^{pri\_supply}$ 为第 t 年一次电力供应量；$ENE_{bms,t}^{pri\_supply}$ 为第 t 年其他可再生能源供应量。

（2）一次能源供需平衡（除一次电力外）。

除一次电力外的其他一次能源品种，包括煤炭、石油、天然气、其他可再生能源，这些能源种类的供应量等于二次能源加工转换环节消费的一次能源数量与终端行业的一次能源直接消费量、净出口量、损失量和库存量之和，表达式为：

$$ENE_{k,t}^{pri\_supply} = \sum_{s}^{S} \sum_{d}^{D} ENE_{k,s,d,t}^{pri\_sec\_consume} + \sum_{f}^{F} \sum_{d}^{D} ENE_{k,f,d,t}^{pri\_fin\_consume} - IMPORT_{k,t} + EXPORT_{k,t} + LOSS_{k,t} + ENE_{k,t}^{stock} \quad (11-24)$$

式中，s 表示生产二次能源的各类能源加工转换环节，共 S 个环节；f 表示不同的终端能源消费行业（$f \in i$），共 F 个终端行业；d 表示设备，D 为设备总量；$ENE_{k,s,d,t}^{pri\_sec\_consume}$ 为第 t 年一次能源 k 在加工转换环节 s 设备 d 的消费量；$ENE_{k,f,d,t}^{pri\_fin\_consume}$ 为第 t 年一次能源 k 在终端行业 f 设备 d 的消费量；$IMPORT_{k,t}$ 为第 t 年一次能源 k 的进口量；$EXPORT_{k,t}$ 为第 t 年一次能源 k 的出口量；$LOSS_{k,t}$ 为第 t 年一次能源 k 在运输、分配、储存等过程中的损失量；$ENE_{k,t}^{stock}$ 为第 t 年一次能源 k 的库存量。

（3）从一次能源到除电力、热力外的二次能源。

一次能源进入加工转换环节，将加工生产成为二次能源，各环节的一次能源消费量等于产出的二次能源与效率之比，表达式为：

$$ENE_{k,s,d,t}^{pri\_sec\_consume} = ENE_{m,s,d,t}^{sec\_produce} / \eta_{k \to m,s,d,t} \cdot (1 - EFF_{k \to m,s,d,t}) \quad (11-25)$$

$$ENE_{m,s,d,t}^{sec\_produce} = ENE_{m,t}^{sec\_produce} \cdot SHARE_{m,s,d,t} \quad (11-26)$$

式中，m 表示各类二次能源品种，共 M 种二次能源，包括焦炭、焦炉煤气、高炉煤气等煤炭制品，汽油、柴油、燃料油等石油制品；$ENE_{k,s,d,t}^{pri\_sec\_consume}$ 为第 t 年一次能源 k 在加工转换环节 s 设备 d 的消费量；$ENE_{m,s,d,t}^{sec\_produce}$ 为第 t 年二次能源 m 在加工转换环节 s 设备 d 的生产量；$\eta_{k \to m,s,d,t}$ 为第 t 年加工转换环节 s 设备 d 由一次能源 k 转换成二次能源 m 的能源效率；$EFF_{k \to m,s,d,t}$ 为第 t 年加工转换环节 s 由一次能源 k 转换成二次能源 m 的设备 d 的技术进步率；$ENE_{m,t}^{sec\_produce}$ 为第 t 年二次能源 m 的总生产量；$SHARE_{m,s,d,t}$ 为第 t 年加工转换环节 s 设备 d 在二次能源 m 总产量中的渗透率。

（4）从一次能源到除电力、热力外的终端能源。

一次能源进入终端用能部门，各部门的一次能源消费量等于该行业产品或能源服务的需求量与单位产品耗能量的乘积，表达式为：

$$ENE_{k,f,d,t}^{pri\_fin\_consume} = E_{k,f,d,t} \cdot OQ_{k,f,d,t} \cdot (1 - EFF_{k,f,d,t}) \quad (11-27)$$

式中，$E_{k,f,d,t}$ 为第 t 年终端行业 f 所耗能源品种 k 的设备 d 的单位消费量；$OQ_{k,f,d,t}$ 为第 t 年终端行业 f 所耗能源品种 k 的设备 d 的运行数量；$EFF_{k,f,d,t}$ 为第 t 年终端行业 f 所耗能源品种 k 的设备 d 的技术进步率。

（5）除电力、热力外的二次能源平衡。

二次能源生产量等于在其他加工转换环节的二次能源消费量与终端行业的二次能源消费量及过程损失量之和，表达式为：

$$ENE_{m,t}^{sec\_produce} = \sum_{s}^{S} \sum_{d}^{D} ENE_{m,s,d,t}^{sec\_sec\_consume} + \sum_{f}^{F} \sum_{d}^{D} ENE_{m,f,d,t}^{sec\_fin\_consume} + LOSS_{m,t} \quad (11-28)$$

式中，$ENE_{m,s,d,t}^{sec\_sec\_consume}$ 为第 t 年二次能源 m 在加工转换环节 s 设备 d 的消费量；$ENE_{m,f,d,t}^{sec\_fin\_consume}$ 为第 t 年二次能源 m 在终端行业 f 设备 d 的消费量；$LOSS_{m,t}$ 为第 t 年二次能源 m 在运输、分配、储存等过程中的损失量。

（6）从二次能源到二次能源（除电力、热力外）。

二次能源进入其他加工转换环节后，将产出其他种类的二次能源（例如二次能源供热、油品再投入生产石油制品、焦炭再投入生产天然气等），其消费量等于在其他加工转换环节产出的二次能源与能源转换效率之比，表达式为：

$$ENE_{m,s,d,t}^{sec\_sec\_consume} = ENE_{n,s,d,t}^{sec\_produce} / \eta_{m \to n,s,d,t} \cdot (1 - EFF_{m \to n,s,d,t}) \tag{11-29}$$

式中，n 表示除二次能源 m 外的其他二次能源种类；$ENE_{n,s,d,t}^{sec\_produce}$ 为第 t 年二次能源 n 在加工转换环节 s 设备 d 的生产量；$\eta_{m \to n,s,d,t}$ 为第 t 年加工转换环节 s 设备 d 由二次能源 m 转换成二次能源 n 的能源效率；$EFF_{m \to n,s,d,t}$ 为第 t 年加工转换环节 s 由二次能源 m 转换成二次能源 n 的设备 d 的技术进步率。

（7）从二次能源到终端能源（除电力、热力外）。

二次能源进入终端用能部门，各部门的二次能源消费量等于该部门为满足其产品和服务生产需求所使用的相应设备在运行过程中的二次能源消费量，表达式为：

$$ENE_{m,f,d,t}^{sec\_fin\_consume} = E_{m,f,d,t} \cdot OQ_{m,f,d,t} \cdot (1 - EFF_{m,f,d,t}) \tag{11-30}$$

式中，$E_{m,f,d,t}$ 为第 t 年终端行业 f 消耗二次能源 m 的设备 d 的单位消费量；$OQ_{m,f,d,t}$ 为第 t 年终端行业 f 消耗二次能源 m 的设备 d 的运行数量；$EFF_{m,f,d,t}$ 为第 t 年终端行业 f 消耗二次能源 m 的设备 d 的技术进步率。

（8）总发电量。

总发电量等于可再生能源发电量和火电发电量之和，表达式为：

$$ENE_{ele,t}^{supply} = ENE_{pri\_ele,t}^{pri\_supply} + ENE_{the\_ele,t}^{sec\_supply} \tag{11-31}$$

式中，ele 表示电力；$ENE_{ele,t}^{supply}$ 为第 t 年电力总发电量；$ENE_{pri\_ele,t}^{pri\_supply}$ 为第 t 年可再生能源发电量；$ENE_{the\_ele,t}^{sec\_supply}$ 为第 t 年火力发电量。

（9）可再生能源发电量。

可再生能源发电量等于各类可再生发电技术的装机容量与该设备年发电小时数、发电效率、技术进步率的乘积汇总，表达式为：

$$ENE_{pri\_ele,t}^{pri\_supply} = \sum_{r}^{R} \sum_{d}^{D} OT_{r,d,t} \cdot Hour_{r,d,t} \cdot \eta_{r,d,t} \cdot (1 - EFF_{r,d,t}) \tag{11-32}$$

式中，r 表示可再生发电技术，共 R 种可再生发电技术；$OT_{r,d,t}$ 为第 t 年可再生发电技术 r 设备 d 的装机容量；$Hour_{r,d,t}$ 为第 t 年可再生发电技术 r 设备 d 的发电小时数；$\eta_{r,d,t}$ 为第 t 年可再生发电技术 r 设备 d 的发电效率；$EFF_{r,d,t}$ 为第 t 年可再生发电技术 r 设备 d 的技术进步率。

（10）火力发电量。

火力发电量等于各类火电技术的装机容量与该设备年发电小时数、发电效率、技术进步率的乘积汇总，表达式为：

$$ENE_{the\_ele,t}^{sec\_supply} = \sum_{h}^{H} \sum_{d}^{D} OT_{h,d,t} \cdot Hour_{h,d,t} \cdot \eta_{h,d,t} \cdot (1 - EFF_{h,d,t}) \quad (11-33)$$

式中，h 表示火电技术，共 H 种火电技术；$ENE_{the\_ele,t}^{sec\_supply}$ 为第 t 年火力发电量；$OT_{h,d,t}$ 为第 t 年火电技术 h 设备 d 的装机容量；$Hour_{h,d,t}$ 为第 t 年火电技术 h 设备 d 的发电小时数；$\eta_{h,d,t}$ 为第 t 年火电技术 h 设备 d 的发电效率；$EFF_{h,d,t}$ 为第 t 年火电技术 h 设备 d 的技术进步率。

（11）电力供需平衡。

电力的总发电量等于终端行业电力消费量、电力储能、损失量和净出口量之和，表达式为：

$$ENE_{ele,t}^{supply} = ENE_{ele,t}^{consume} + ENE_{ele,t}^{storage} + ENE_{ele,t}^{loss} + ENE_{ele,t}^{export} - ENE_{ele,t}^{import} \quad (11-34)$$

式中，$ENE_{ele,t}^{consume}$ 为第 t 年终端电力消费量；$ENE_{ele,t}^{storage}$ 为第 t 年电力储能；$ENE_{ele,t}^{loss}$ 为第 t 年在传输、分配、储存等过程中的电力损失量；$ENE_{ele,t}^{export}$ 为第 t 年电力出口量；$ENE_{ele,t}^{import}$ 为第 t 年电力进口量。

（12）从电力消费到用电服务。

电力进入终端用能部门，各部门的电力消费量等于该部门为满足其产品和服务生产需求所使用的所有用电设备在运行过程中的电力消费量，表达式为：

$$ENE_{ele,t}^{consume} = \sum_{f}^{F} \sum_{d}^{D} E_{ele,f,d,t} \cdot OQ_{ele,f,d,t} \cdot (1 - EFF_{ele,f,d,t}) \quad (11-35)$$

式中，$E_{ele,f,d,t}$ 为第 t 年终端行业 f 耗电设备 d 的单位耗电量；$OQ_{ele,f,d,t}$ 为第 t 年终端行业 f 耗电设备 d 的运行数量；$EFF_{ele,f,d,t}$ 为第 t 年终端行业 f 耗电设备 d 的技术进步率。

模型中关于热力和氢能等的供需平衡过程，依照上述电力供需平衡过程进行建模。

三、情景和主要参数设置

为了开展应用研究，下文将介绍围绕碳达峰碳中和路径中的不确定性设计的相应情景，并对 C³IAM/NET 模型的主要参数设置进行说明。

1. 情景设计

C³IAM/NET 模型，以 2020 年为基准年，以 2060 年为目标年。由于中国实现碳达峰碳中和的路径面临多方面的不确定性，因此，我们将介绍以源头产品和服务需求以及末端自然系统碳汇可用量的不确定性两方面为出发点设计的多种组合情景。具体来说：

第一，在考虑社会、经济、行为不确定性的基础上对各行业的产品和服务需求进行预测，具体过程可参照 C³IAM/NET 模型相关文献。基于预测结果，按照统一标准设置各行业产品和服务需求的三种情景，分别为高、中、低需求情景。

第二，考虑到 2060 年自然系统碳汇可用量的不确定性（Wang et al.，2020），根据现有研究对碳汇评估的范围，设置实现碳中和目标需要能源系统相应转型力度的三个情景，分别是：（1）当 2060 年碳汇可用量仅为 10 亿吨左右时，能源系统需承担极大的减排量，因此对应能源系统高速转型情景，从安全降碳的角度考虑，在高速转型情景下又进一步区分为长平台期情景和短平台期情景，用于体现煤炭退出速度慢和快的影响；（2）当 2060 年碳汇可用量为 20 亿吨左右时，对应能源系统中速转型情景；（3）当 2060 年碳汇可用量为 30 亿吨左右时，对应能源系统低速转型情景。能源系统不同转型力度对应各个行业低碳技术和措施的不同实施程度，为了实现 2030 年前碳达峰、2060 年前碳中和目标，C^3IAM/NET 模型将刻画 20 个细分行业的低碳技术和措施之间基于成本收益和政策约束的互补及替代过程，最终提出不同情景下的最优减排路径。

第三，将 BAU 情景设置为延续当前政策力度和技术渗透的发展情景。

2. 参数设定

由于 C^3IAM/NET 模型中涉及的行业较多，每个行业在开展产品或服务需求预测过程中考虑的因素和过程相差较大，因此，这里仅对各个行业需求预测的共性参数设定进行说明（各自行业的参数设定参照本书第 3 章至第 9 章），主要包括对经济增长、城镇化与人口、产业结构的预测，具体介绍如下：

（1）经济增长。

中国未来的经济增长速度如表 11－1 所示。按照表 11－1 中的 GDP 增长速度，中国 GDP 将在 2035 年实现翻番，并于 2060 年实现再翻番。具体而言，中国人均 GDP 将由 1.6 万国际元增至 2035 年的 3.5 万国际元和 2060 年的 7.8 万国际元（按世界银行 2017 年购买力平价计）。

表 11－1　中国 GDP 年均增速预测

情景	2021—2025 年	2026—2030 年	2031—2035 年	2036—2040 年	2041—2050 年	2051—2060 年
低速	5.0%	4.5%	3.5%	3.5%	2.5%	1.5%
中速	5.6%	5.5%	4.5%	4.5%	3.4%	2.4%
高速	6.0%	5.5%	5.0%	5.0%	4.5%	4.0%

资料来源：戴彦德等（2017）.

（2）城镇化与人口。

城市化率和人口预测参考联合国发布的《世界人口展望 2019》和《世界城市化展望 2018》报告。其中，人口数据根据第七次全国人口普查进行微幅校正，暂未考虑人口政策调整；2051—2060 年的城镇化率采用趋势外推（联合国无该时段数据），预测结果如表 11－2 所示。中国预计 2030 年人口达峰，峰值为 14.4 亿人，2060 年降至 13.1 亿人；城镇化率持续提升，将在 2030 年超过 70%，2050 年超过 80%，并于 2060 年增至 84.2%。当前高收入国家城镇化率为 81%（United Nations，2018），美国为 83%（World Bank，2022），预计中国城镇化率将于 2050—2060 年达到高收入国家水平。

表 11-2 中国人口与城镇化率预测

指标	2020 年	2025 年	2030 年	2035 年	2040 年	2045 年	2050 年	2055 年	2060 年
人口（亿人）	14.1	14.3	14.4	14.3	14.2	14.0	13.8	13.4	13.1
城镇化率（%）	63.9	68.7	72.6	75.6	77.9	79.5	81.0	82.6	84.2

（3）产业结构。

在产业结构方面，参照魏一鸣等（2018）的常规发展情形，并根据 2020 年实际的产业结构数据进行调整更新（见图 11-2）。预测结果显示，第二产业增加值占国内生产总值比重将逐步下降，分别在 2030 年、2045 年、2060 年下降至 34.6%、28.5%、25.9%；第三产业增加值比重逐步提升，分别在 2030 年、2045 年、2060 年提升至 61.1%、70.4%、73.0%。

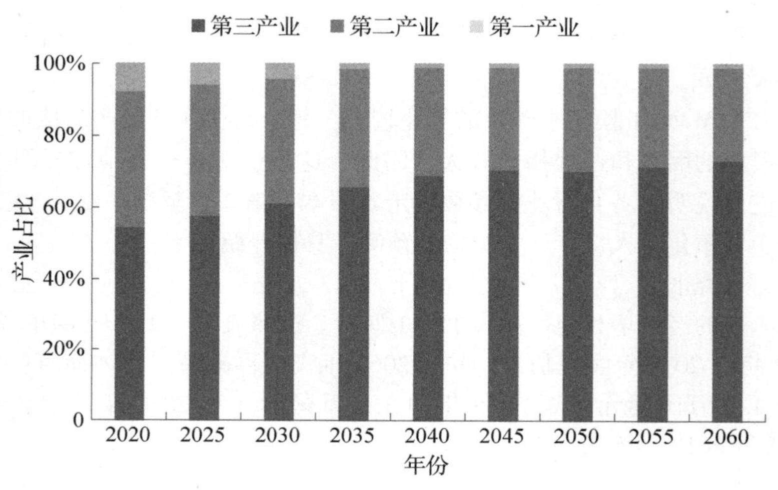

图 11-2 中国产业结构预测

应用 C^3IAM/NET 模型，针对上述设计的情景，优化得到了碳汇和各行业产品/服务需求约束下的全国碳达峰碳中和路径、行业减排行动和技术布局，形成了中国碳达峰碳中和时间表与路线图。

第 2 节 中国碳达峰碳中和路线图编制应用

本节应用 C^3IAM/NET 模型来开展中国碳达峰碳中和时间表和路线图的编制，结果仅作为应用案例供读者了解路线图的内涵。

一、中国碳达峰碳中和路径

1. 碳排放总量

2020 年全国能源系统相关 CO_2 排放约 113.10 亿吨（含工业过程排放），煤炭、石油、天然气对应碳排放占比分别为 66%、16%、6%（见图 11-3），电力、钢铁、水泥、交通等是重点排放部门。若延续当前发展趋势，全国碳排放将长期维持在百亿吨以上。为促进碳中和目标达成，需在现有减排努力基础上进一步开展能源系统低碳转型。考虑未来社会经济行为发展不确定性对终端产品需求的影响、能源系统各类先进技术的发展速度和碳汇可用量的不确定性，图 11－4 给出了实现中国“双碳”目标的多种排放路径。2060 年相比于 BAU 情景需进一步减排 80% 以上，不同社会经济发展情景下，全国碳排放需在 2026—2029 年间达峰，能源系统相关 CO_2 排放（含工业过程排放）峰值为 117 亿吨～127 亿吨。

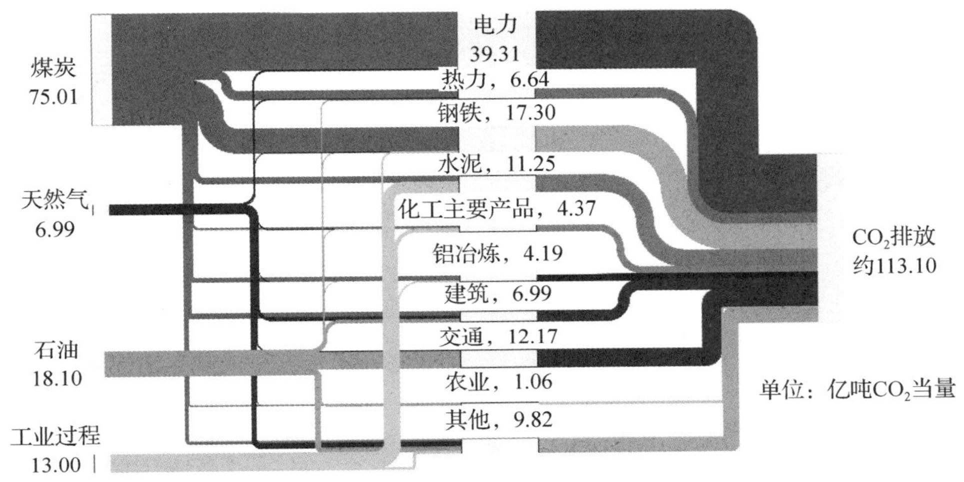

图 11－3　2020 年全国碳流图（含工业过程排放）

注：终端用能行业自备电厂消耗化石能源产生的碳排放计入终端行业碳排放，不包含在电力行业排放中，未来年路径中分行业的碳排放量也采用此口径。

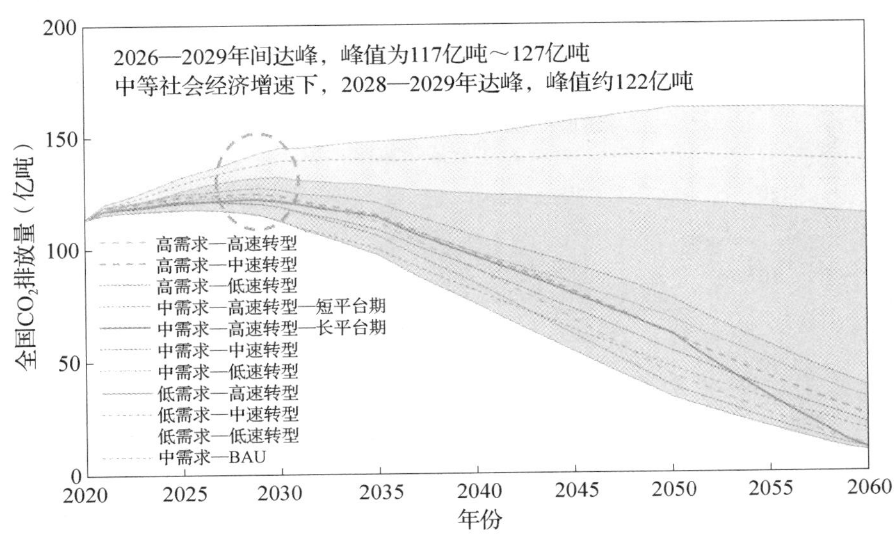

图 11－4　2020—2060 年全国能源系统相关 CO_2 排放路径（含工业过程排放）

当社会经济发展速度适中、2060 年自然碳汇可用量仅为 10 亿吨时（对应中需求—高速转型情景），为低成本安全实现碳中和目标，2060 年能源系统相关碳排放（含工业过程排放）需降至 21 亿吨左右，电力、钢铁、化工、交通等部门将是排放的主要来源，CCS 技术需捕集 CO_2 11 亿吨以上（见图 11－5a）。该情景下，2025—2035 年间为潜在平台期，2028—2029 年需实现碳达峰，峰值约为 122 亿吨 CO_2，2035—2050 年进入下降期，年平均减排率需约 4%，2050—2060 年为加速下降期，年平均减排率需提高至 15% 及以上。CCS 将成为中国在以煤为主的能源格局中实现大量 CO_2 减排的主要措施之一，2030 年前后开始大规模部署 CCS，至 2060 年累计捕集 CO_2 排放 240 亿吨以上。

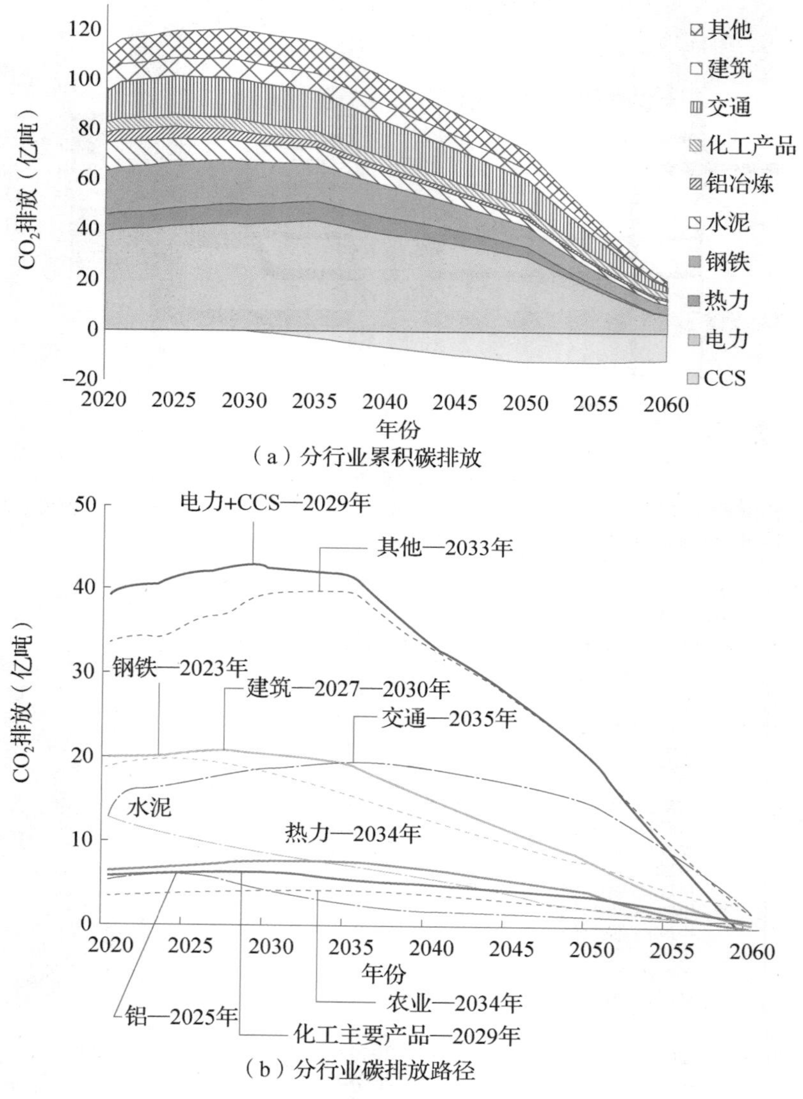

（a）分行业累积碳排放

（b）分行业碳排放路径

图 11－5　2020—2060 年各行业 CO_2 排放路径
（中需求—高速转型—长平台期情景）

注：图 a 中终端行业或部门的碳排放不包含电力热力生产的间接碳排放，图 b 中终端行业或部门的碳排放路径和达峰时间是涵盖电力热力间接排放的结果；化工产品主要包括乙烯、合成氨、电石、甲醇。

为确保全国按时碳达峰，重点行业部门的碳排放达峰时间有所差异。其中，工业行业整体碳排放（含间接碳排放）需于 2025 年前后达峰，峰值为 80 亿吨～86 亿吨，2060 年下降至 6 亿吨～22 亿吨。具体来说，水泥行业碳排放基本已经达峰，处于震荡时期；钢铁和铝冶炼行业需在“十四五”期间达峰并尽早达峰；建筑行业预期于 2027—2030 年间达峰；电力行业和关键化工品（乙烯、合成氨、电石和甲醇）碳排放需在 2029 年前后达峰；热力、交通、农业以及其他工业行业达峰时间相对较晚，但不能晚于 2035 年。具体达峰时间和路径见图 11－5b。

2. 碳排放强度

为实现“双碳”目标，中国单位 GDP 二氧化碳排放需快速下降。图 11－6 展示了中国与主要发达国家单位 GDP 二氧化碳排放的对比情况。目前，中国单位 GDP 二氧化碳排放水平较高（2020 年约为 0.77 吨/千美元），依照图 11－6 中提出的碳中和路径，中国单位 GDP 二氧化碳排放将于 2040—2050 年间降至与主要发达国家当前水平相当；2060 年中国单位 GDP 二氧化碳排放仅为 2020 年的 2%左右，全社会整体将进入低碳发展模式，2020—2060 年单位 GDP 二氧化碳排放年均下降速度需达到 9%以上。

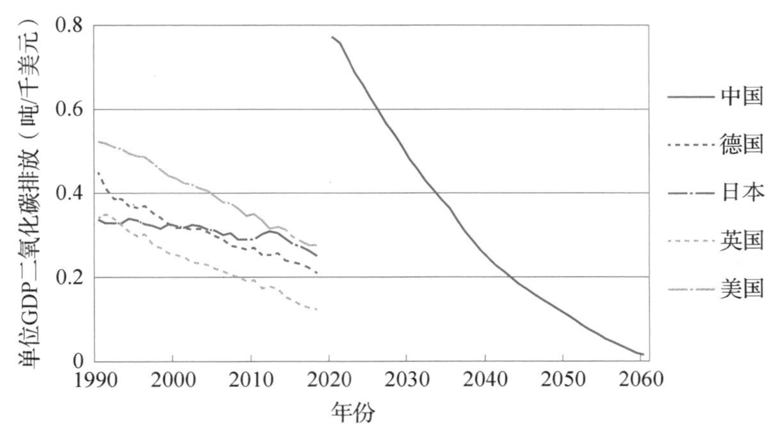

图 11－6　中国与主要发达国家单位 GDP 二氧化碳排放对比（2015 年不变价）（中需求—高速转型—长平台期情景）

3. 能源结构

“双碳”目标下全行业能源结构需加快转型（见图 11－7），非化石能源在一次能源结构中的比重应显著提高，2025 年达到 21%，并于 2030 年超过 25%，到 2060 年非化石能源在一次能源消费中的占比超过 80%。煤炭在一次能源中的占比稳步下降，但在很长时期内中国将仍是以煤为主的能源格局，2030 年煤炭占比不低于 44%，2060 年煤炭仍将为保障能源安全发挥重要作用。2025 年前石油在一次能源中的占比稳中有升，随后开始逐步下降，2025—2060 年间平均每年下降率约 3%。天然气占比呈现出先增长后下降的趋势，天然气的消费比重在 2035 年达到 12%左右，并一直保持到 2050 年，此后随着可再生能源技术和储能技术的成熟及高比例应用，天然气消费占比将回落至7%左右。

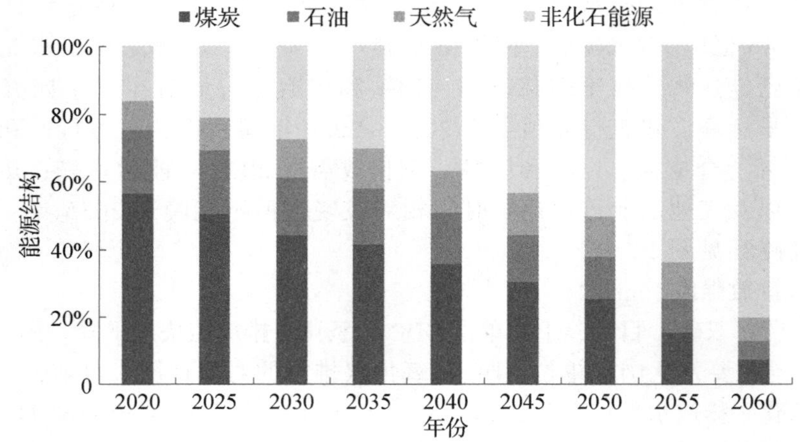

图 11－7　2020—2060 年一次能源消费结构（中需求—高速转型—长平台期情景）

4. 终端电气化水平

碳中和目标将促使终端电气化进程不断推进，按照国家能源局公布口径，以中需求—高速转型—长平台期情景为例（见图 11－8），2030 年终端电气化率约为 34%，并于 2060 年达到 77% 以上。分部门来看，建筑部门设备的电气化推进易于其他部门，因而其电气化水平整体高于其他部门，2020—2060 年间年均电气化增长率为 2%，2060 年建筑部门电气化水平需达到 90%。工业部门是耗电量最大的部门，因而其电气化发展水平对终端部门整体的电气化水平影响较大，2060 年电气化率需达到 73% 以上；交通部门 2040 年前的电气化进程较为缓慢，其电气化推广主要集中于短途客运交通，2040 年后城际客运交通和货运交通电气化开始重点发力，带动整体交通部门电气化水平快速增长，并于 2060 年达到 84%。

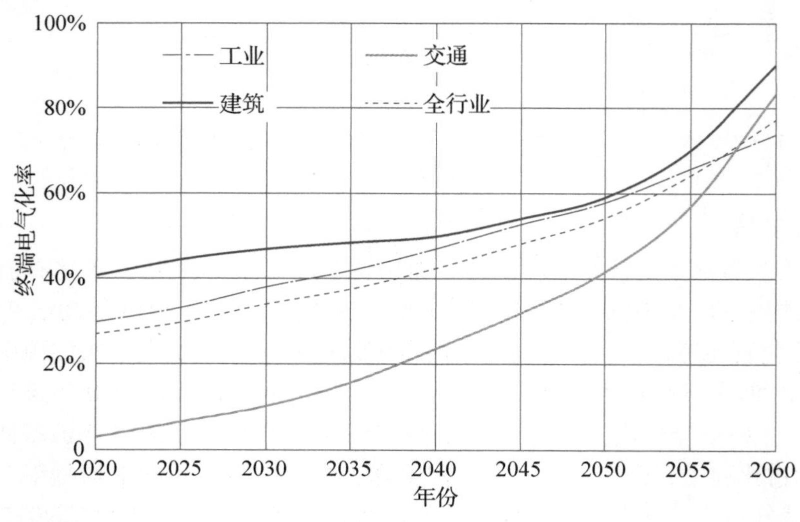

图 11－8　2020—2060 年全国及分部门终端电气化率（中需求—高速转型—长平台期情景）

二、碳达峰碳中和时间表和路线图

全国“双碳”目标的实现，是各个行业合作转型的结果。本书第 3 章至第 9 章分别介绍了电力、钢铁、有色、水泥、化工、建筑、交通运输七个重点行业在满足其未来产品和服务供给需求前提下的低碳转型行动。结合上述结果，本章进一步介绍实现中国 2030 年前碳达峰、2060 年前碳中和的时间表和路线图，为国家超前部署提供科学依据。具体如图 11－9 所示。

1. 电力行业

建议电力行业在 2029 年前实现碳达峰，峰值不超过 45 亿吨 CO_2，继续扩大风电、太阳能发电的装机容量，实现以新能源为主体的新型电力系统建设，但同时保留一定比例的火电，并加装 CCS，用于灵活性调峰电源和安全保障，电力行业 2060 年前应实现近零排放。

2. 工业部门

建议钢铁行业和有色行业在“十四五”期间达峰，并尽早达峰，化工行业争取在 2030 年前实现碳达峰。钢铁行业 CO_2 排放峰值不超过 20 亿吨，铝冶炼行业峰值控制在 6.2 亿吨以内。钢铁行业短期主要加快推进低碳烧结技术、高炉喷煤技术、轧钢加热炉蓄热式燃烧技术等的改造升级，中长期主要依靠电弧炉炼钢、氢能炼钢和 CCS 技术的集成应用。水泥行业短期应优先推广先进节能减排技术和能源综合利用技术，中长期应加快燃料替代、原料替代、CCS 技术等深度减排措施的重点部署。铝冶炼行业是有色行业中碳排放最高的行业，未来应继续推广先进技术并发展水电铝合营模式，扩大再生铝替代原铝规模。化工行业由于部分关键产品仍然面临需求快速增长的趋势，应加快发展轻质化原料、先进煤气化技术、基于低碳制氢和 CO_2 利用的生产技术及 CCS 技术。

3. 民生部门

建议建筑和交通运输等民生部门进一步加快电气化进程，建筑部门争取 2030 年前碳达峰，峰值不超过 22 亿吨 CO_2，交通运输部门碳排放总量在“十五五”期间争取达峰，峰值亦不超过 22 亿吨 CO_2。建筑部门应继续提高采暖制冷效率，大幅提升电气化水平，因地制宜发展分布式能源；交通运输部门应继续优先铁路、水路运输，发展电动客/货车、氢燃料车、生物燃料飞机和船舶等先进技术。

为加快推动各个行业顺利实现低碳技术和措施的实施，从而确保全国碳达峰碳中和目标的达成，需进一步确立低碳发展在国家法律法规和重大决策部署中的地位，深度推进各行业重点低碳技术、储能与 CCS 等技术的科技创新，加快突破性技术的规模化应用，健全低碳发展的激励机制，科学评估各地区能源资源潜力，结合资源禀赋，因地制宜，在碳排放总量和强度控制的基础上，制定各地区实现碳中和目标的多能互补能源长期战略，从顶层设计和体制机制上为安全、低成本降碳提供科学支撑。

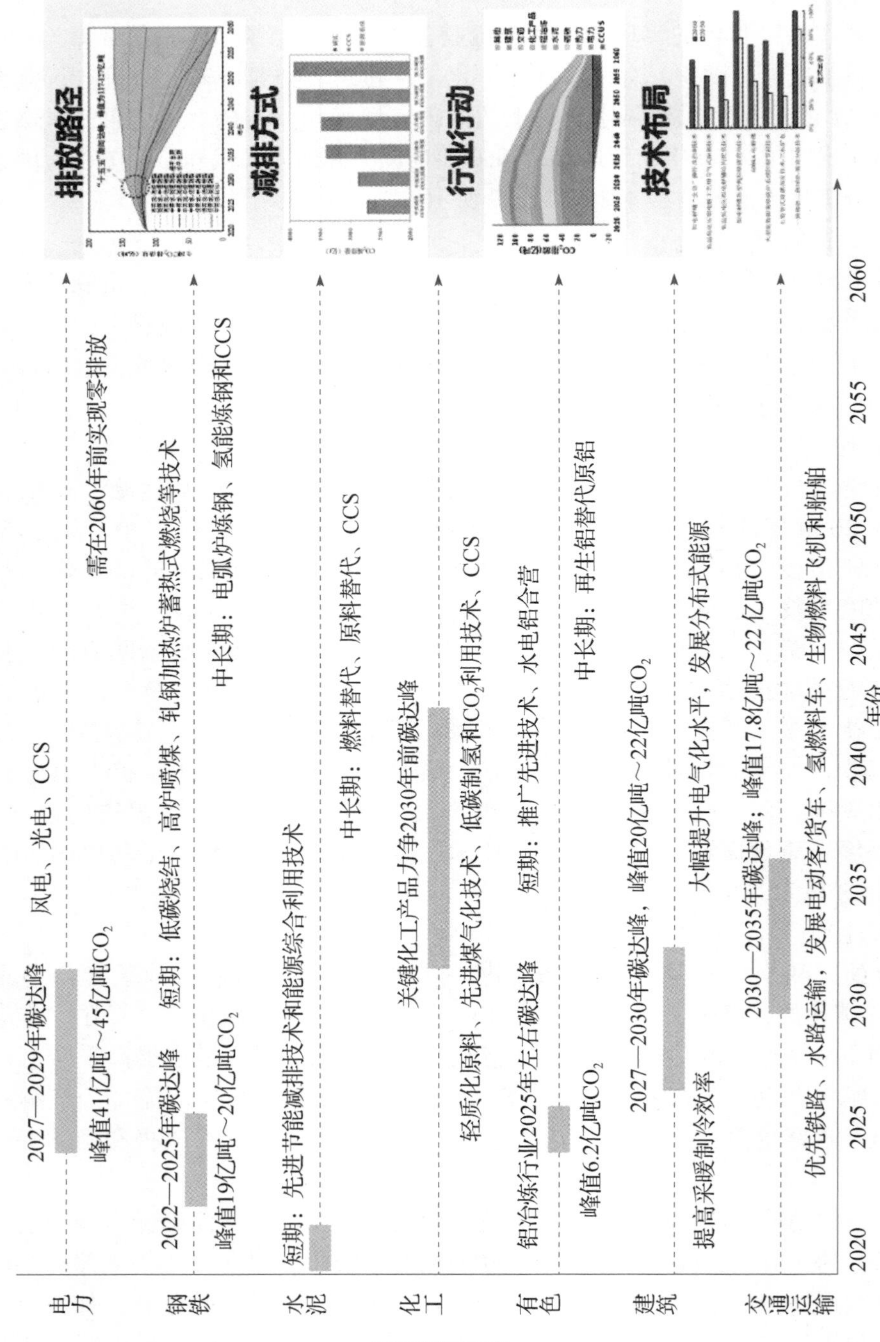

图11－9 重点行业碳达峰碳中和时间表和路线图

注：非电力行业的碳排放均包含电力热力生产的间接排放。

本章对各个行业的碳减排技术和措施进行优化组合，提出了兼顾经济性和安全性的中国碳达峰碳中和时间表、路线图。需要说明的是，本章所介绍的 C^3IAM/NET 模型及其在碳中和路线图编制中的应用，主要考虑了当前国内主流技术、国际先进技术以及处于研发有待推广的突破性技术，未来，随着更多颠覆性技术的出现，中国的减排路径可能会受到显著影响。因此，应持续追踪碳减排技术和措施的类别及发展进程，及时更新和调整中国的碳中和路线图。

习题

1. 描述 C^3IAM/NET 模型的总体框架，并简要论述建立 C^3IAM/NET 模型的现实背景。
2. 描述 C^3IAM/NET 的模型体系，并对其各项内容加以解释。
3. 简要论述中国实现碳达峰碳中和的可行路径。

参考文献

Al-Ghaili A M, Kasim H, Al-Hada N M, et al., 2021. Energy management systems and strategies in buildings sector: a scoping review. Ieee access, 9, 63790-63813. doi: 10.1109/ACCESS. 2021. 3075485.

An R Y, Yu B Y, Li R, et al., 2018. Potential of energy savings and CO_2 emission reduction in China's iron and steel industry. Applied energy, 226: 862–880.

Andersen B, 1999. The hunt for S-shaped growth paths in technological innovation: a patent study. Journal of evolutionary economics, 9(4): 487–526.

Bhaskar A, Assadi M, Nikpey S H, 2020. Decarbonization of the iron and steel industry with direct reduction of iron ore with green hydrogen. Energies, 13(3): 758.

Bjerge L M, Brevik P, 2014. CO_2 capture in the cement industry, norcem CO_2 capture project (Norway). Energy procedia, 63: 6455–6463.

Blei D M, Ng A Y, Jordan M I, 2003. Latent Dirichlet allocation. Journal of machine learning research, 3: 993–1022.

Bouma R, et al., 2017. Membrane-assisted CO_2 liquefaction: performance modelling of CO_2 capture from flue gas in cementproduction. Energy procedia, 114: 72–80.

BP, 2022. Statistical review of world energy. https://www. bp. com/en/global/corporate/energy-economics/energy-charting-tool-desktop. html.

Canada N R, 2021. Canada and FCM combat climate change by investing in retrofits for community buildings. https://www. canada. ca/en/natural-resources-canadanews2021/04/canada-and-fcm-combat-climate-change-by-investing-in-retrofits-for-community-buildings. html.

Cao J, Dai H, Li S, et al., 2021. The general equilibrium impacts of carbon tax policy in China: a multi-model comparison. Energy economics, 99: 105284.

Chang M H, et al., 2014. Design and experimental testing of a 1.9 MWth calcium looping pilot plant. Energy procedia, 63: 2100–2108.

Chen J M, Yu B, Wei Y M, 2018. Energy technology roadmap for ethylene industry in China. Applied energy, 224: 160–174.

Chen J M, Yu B, Wei Y M, 2019. CO_2 emissions accounting for the chemical industry: an empirical analysis for China. Natural hazards, 99(3): 1327–1343.

Choi C, Park Y, 2009. Monitoring the organic structure of technology based on the patent development paths. Technological forecasting and social change, 76(6): 754–768.

Climate & Strategy Partners, 2017. Financefor innovation: towards the ETS innovation fund-summary report. Climate & Strategy Partners, Madrid.

CSI, 2011. CO_2 and energy accounting and reporting standard for the cement industry. WBCSD, Geneva.

Cullen J M, Allwood J M, Bambach M D, 2012. Mapping the global flow of steel: from steelmaking to end-use goods. Environmental science & technology, 46 (24): 13048–13055.

Dai M, Wang P, Chen W Q, et al., 2019. Scenario analysis of China's aluminum cycle reveals the coming scrap age and the end of primary aluminum boom. Journal of cleaner production, 226: 793–804.

DECHEMA, 2017. Technology study: low carbon energy and feedstock for the European chemical industry. Frankfurt am Main, Germany: DECHEMA.

DOE, 2020. The technical and economic potential of the H2@ Scale concept within the United States. https://www.nrel.gov/news/program/2020/study-shows-abundant-opportunities-for-hydrogen-in-a-future-integrated-energy-system.html.

EAA, 2017. The EU's strategy for low-emission mobility.

Ecofys, 2017. Status and prospects of co-processing of waste in EU cement plants. Ecofys, Utrecht.

Eom J, Clarke L, Kim S H, et al., 2012. China's building energy demand: long-term implications from a detailed assessment. Energy, 46(1): 405–419.

European Cement Research Academy, Cement Sustainability Initiative, 2017. Development of state of the art techniquesin cement manufacturing: trying to look ahead, ECRA, Düsseldorf and Geneva. http://www.wbcsdcement.org/technology.

Fabi V, Andersen R V, Corgnati S P, et al., 2013. A methodology for modelling energy-related human behaviour: application to window opening behaviour in residential buildings. Building simulation, 6(4): 415–427.

Fan Z, Friedmann S J, 2021. Low-carbon production of iron and steel: technology options, economic assessment, and policy. Joule, 5(4): 829–862.

Foster R N, 1986. Working the S-curve: assessing technological threats. Research management, 29(4): 17–20.

Gallagher K S, Holdren J P, Sagar A D, 2006. Annual review of environment and resources. Energy-technology innovation, 31: 193–237.

Gartner E, Sui T, 2017. Alternativecement clinkers. https://doi.org/10.1016/j.cemconres.2017.02.002.

Global Carbon Project, 2022. The Global Carbon Project's fossil CO_2 emissions dataset. https://doi.org/10.18160/gcp-2021.

Harvey L D, 2014. Global climate-oriented building energy use scenarios. Energy policy, 67: 473–487.

Harvey L D, 2020. Iron and steel recycling: review, conceptual model, irreducible mining requirements, and energy implications. Renewable & sustainable energy reviews, 138: 110553.

Hasanbeigi A, Arens M, Price L, 2014. Alternative emerging ironmaking technologies for energy-efficiency and carbon dioxide emissions reduction: a technical review. Renewable & sustainable energy reviews, 33(2): 645-658.

Hatayama H, Daigo I, Matsuno Y, et al., 2009. Assessment of the recycling potential of aluminum in Japan, the United States, Europe and China. Materials transactions, 3(50): 650-656.

Hatayama H, Daigo I, Matsuno Y, et al., 2010. Outlook of the world steel cycle based on the stock and flow dynamics. Environmental science & technology, 44(16): 6457-6463.

Hibino G, Pandey R, Matsuoka Y, et al., 2003. A guide to AIM/Enduse model. Japan: Springer Japan.

Hongyou L, 2015. Capturing the invisible resource: analysis of waste heat potential in Chinese industry and policy options for waste heat to power generation. https://china.lbl.gov/sites/all/files/lbnl-179618.pdf.

House T W, 2021. Fact sheet: the American jobs plan. https://www.whitehouse.gov/briefing-room/statements-releases/2021/03/31/fact-sheet-the-american-jobs-plan.

IEA, 2016. Energy technology perspectives 2016. http://www.iea.org/etp2016.

IEA, 2017. Energy technology perspectives 2017. http://www.iea.org/etp2017.

IEA, 2018a. Global status report: towards a zero-emission, efficient and resilient buildings and construction sector. Paris.

IEA, 2018b. From energy to chemicals. Paris, France.

IEA, 2019. The Future of cooling in China: delivering on action plans for sustainable air conditioning. http://www.iea.org/reporbs/the-future-of-cooling-in-china.

IEA, 2020a. Iron and steel technology roadmap. https://www.iea.org/reports/iron-and-steel-technology-roadmap.

IEA, 2020b. Renewables 2020. https://www.iea.org/reports/renewables-2020.

IEA, 2021a. Greenhouse gas emissions from energy. https://www.iea.org/data-and-statistics/data-product/co2-emissions-from-fuel-combustion.

IEA, 2021b. Do we need to change our behaviour to reach net zero by 2050?. https://www.iea.org/articles/do-we-need-to-change-our-behaviour-to-reach-net-zero-by-2050.

IEA, 2021c. An energy sector roadmap to carbon neutrality in China. https://iea.blob.core.windows.net/assets/9448bd6e-670e-4cfd-953c-32e822a80f77/AnenergysectorroadmaptocarbonneutralityinChina.pdf.

IEA, 2021d. Heating. https://www.iea.org/reports/heating.

IEA, 2021e. Population without access to clean cooking in the Stated Policies and Net Zero by 2050 scenarios, 2000-2030. https://www.iea.org/data-and-statistics/

charts/population-without-access-to-clean-cooking-in-the-stated-policies-and-net-zero-by-2050-scenarios-2000-2030.

IEA, 2022. World energy outlook 2022. https://iea. blob. core. windows. net/assets/830fe099-5530-48f2-a7c1-11f35d510983/WorldEnergyOutlook2022. pdf.

IEA, DECHEMA, 2013. Energy and GHG reductions in the chemical industry via catalytic processes: annexes.

IEA, WBCSD, 2013. Technology roadmap: low-carbon technology for the Indian cement industry. http://www. iea. org/publications/freepublications/publication/2012_Cement_in_India_Roadmap. pdf.

IEAGHG TCP, 2013. Deployment of CCS in the cement industry. http://www. ieaghg. org/docs/General_Docs/Reports/2013-19. pdf.

IEAGHG TCP, 2014. Pilot plant trial of oxy-combustion at a cement plant. http://www. ieaghg. org/docs/General_Docs/Publications/Information_Papers/2014-IP7. pdf.

IRENA, 2020. Renewable power generation costs in 2019. https://www. irena. org/publications/2020/Jun/Renewable-Power-Costs-in-2019.

IRENA, 2021. Renewable capacity statistics 2021. https://www. irena. org/publications/2021/March/Renewable-Capacity-Statistics-2021.

Kätelhön A, Meys R, Deutz S, et al., 2019. Climate change mitigation potential of carbon capture and utilization in the chemical industry. Proc. Natl. Acad. Sci. U. S. A., 116: 11187.

Ke J, Mcneil M, Price L, et al., 2013. Estimation of CO_2 emissions from China's cement production: methodologies and uncertainties. Energy policy, 57(14): 172–181.

Keiji Shimokawa, 2019. Present status of research and development of nuclear steelmaking in Japan. Transactions of the iron and steel institute of Japan, 19(5).

Levesque A, Pietzcker R C, Baumstark L, et al., 2018. How much energy will buildings consume in 2100? A global perspective within a scenario framework. Energy, 148: 514–527.

Li N, Ma D, Chen W, 2016. Quantifying the impacts of decarbonisation in China's cement sector: a perspective from an integrated assessment approach. Applied energy, 185: 1840–1848.

Li X, Yu B Y, 2019. Peaking CO_2 emissions for China's urban passenger transport sector. Energy policy, 133: 110913.

Lin B, Wu Y, Zhang L, 2011. Estimates of the potential for energy conservation in the Chinese steel industry. Energy policy, 39(6): 3680–3689.

Lin Y T, Qin Y, Wu J, et al., 2021. Impact of high-speed rail on road traffic and greenhouse gas emissions. Nature climate change, (11): 952–957.

Liu G, Bangs C E, Müller D B, 2012. Stock dynamics and emission pathways of the global aluminum cycle. Nature climate change, 3(4): 338–342.

Liu S, Liang Y, 2018. Quantifying aluminum scrap generation from seven end-use sectors to support sustainable development in China. Applied ecology and environment research, 17(4): 7821-7835.

McKinsey, 2020. Decarbonization challenge for steel. https://www. mckinsey. com/industries/metals-and-mining/our-insights/decarbonization-challenge-for-steel.

Meyer P S, Yung J W, Ausubel J H, 1999. A primer on logistic growth and substitution: the mathematics of the loglet lab software. Technological forecasting and social change, 61(3): 247-271.

Miatto A, Schandl H, Tanikawa H, 2017. How important are realistic building lifespan assumptions for material stock and demolition waste accounts? Resources conservation & recycling, 122: 143-154.

Morfeldt J, Nijs W, Silveira S, 2015. The impact of climate targets on future steel production-an analysis based on a global energy system model. Journal of cleaner production, 103: 469-482.

Müller E, Hilty L M, Widmer R, et al., 2014. Modeling metal stocks and flows: a review of dynamic material flow analysis methods. Environmental science & technology, 48(4): 2102-2113.

Palmer K, Sigman H, Walls M, 1997. The cost of reducing municipal solid waste. Journal of environmental economics and management, 33(2): 128-150.

Pauliuk S, Wang T, Müller, D B, 2012. Moving toward the circular economy: the role of stocks in the Chinese steel cycle. Environmental science & technology, 46(1): 148-154.

Pearl R, Reed L J, 1922. A further note on the mathematical theory of population growth1. Proceedings of the national academy of sciences, 8(12): 365-368.

Rathi A, 2018. The ultimate guide to negative-emission technologies. https://qz.com/1416481/the-ultimate-guide-to-negative-emission-technologies.

Ritchie H, Roser M, Rosado P, 2020. CO_2 and greenhouse gas emissions. https://ourworldindata. org/co2-and-other-greenhouse-gas-emissions.

Romano M C, et al., 2013. The calciumlooping process for low CO_2 emission cement and power. Energy procedia, 37: 7091-7099.

Shen J, Zhang Q, Xu L, et al., 2021. Future CO_2 emission trends and radical decarbonization path of iron and steel industry in China. Journal of cleaner production, 326: 129354.

Shen M, Li X, Song X N, et al., 2022. Linking personality traits to behavior-based intervention: empirical evidence from Hangzhou, China. Environmental impact assessment review, 95: 106796.

Sverdrup H, Koca D, Ragnarsdottir K V, 2014. Investigating the sustainability of the global silver supply, reserves, stocks in society and market price using different approaches. Resources, conservation & recycling, 83: 121-140.

Tang B J, Guo Y Y, Yu B Y, et al. , 2021. Pathways for decarbonizing China's building sector under global warming thresholds. Applied energy, 298: 117213.

Tang B J, Li R, Yu B Y, et al. , 2018. How to peak carbon emissions in China's power sector: a regional perspective. Energy policy, 120: 365-381.

Tang B J, Li X Y, Yu B Y, et al. , 2019. Sustainable development pathway for intercity passenger transport: a case study of China. Applied energy, 254: 113632.

TU-BERC, 2020. Annual report on china building energy efficiency 2020. Beijing: China Architecture & Building Press.

UBS, 2021. 10b tons to zero: how can China achieve its carbon neutral goal?.

United Nations, 2018. World urbanization prospects: 2018 revision. https://population. un. org/wup/DataQuery.

United Nations, 2019. World population prospects: 2019 revision. https://population. un. org/wpp.

USGS, 2020. Mineral commodity summaries 2020.

USGS, 2021. Iron ore production and shipments.

Uwasu M, Hara K, Yabar H, 2014. World cement production and environmental implications. Environmental development, 10(1): 36-47.

Van Ruijven B J, Van Vuuren D P, Boskaljon W, et al. , 2016. Long-term model-based projections of energy use and CO_2 emissions from the global steel and cement industries. Resources, conservation & recycling, 112: 15-36.

Vanderbilt D, Louie S G, 1984. A monte carlo simulated annealing approach to optimization over continuous variables. Journal of computational physics, 56(2): 259-271.

Vlachos D, Georgiadis P, Iakovou E, 2007. A system dynamics model for dynamic capacity planning of remanufacturing in closed-loop supply chains. Computers & operations research, 34(2): 367-394.

Vogl V, Ahman M, Nilsson L J, 2018. Assessment of hydrogen direct reduction for fossil-free steelmaking. Journal of cleaner production, 203: 736-745.

Vuuren D P, Strengers B J, Vries H J M, 1999. Long-term perspectives on world metal use-a systemdynamics model. Resources policy, 25(4): 239-255.

Wang J, Feng L, Palmer I P, et al. , 2020. Large Chinese land carbon sink estimated from atmospheric carbon dioxide data. Nature, 586: 720-723.

Wang P, Li W, Kara S, 2017. Cradle-to-cradle modeling of the future steel flow in China. Resources conservation & recycling, 117: 45-57.

Wang P, Ryberg M, Yang Y, et al. , 2021. Efficiency stagnation in global steel production urges joint supply-and demand-side mitigation efforts. Nature communications, 12(1): 1-11.

Wang Y F, Höller S, Viebahn P, et al. , 2014. Integrated assessment of CO_2 reduction technologies in China' s cement industry. International journal of greenhouse gas control, 20(24): 27-36.

Wei Y M, Chen K, Kang J N, et al., 2022. Policy and management of carbon peaking and carbon neutrality: a literature review. Engineering, 14: 52-63.

Wei Y M, Kang J N, Chen W, 2021. Climate or mitigation engineering management. http://engineering.ckcest.cn/default/page/loadPageIndex? pageId=ab4265bb601844d298ec9cd21f046661&id=34204.

Weiss M, Zerfass A, Helmers E, 2019. Fully electric and plug-in hybrid cars: an analysis of learning rates, user costs, and costs for mitigating CO_2 and air pollutant emissions. Journal of cleaner production, 212: 1478-1489.

Wen Z G, Li H F, 2014. Analysis of potential energy conservation and CO_2 emissions reduction in China's non-ferrous metals industry from a technology perspective. International journal of greenhouse gas control, 28: 45-56.

Winsor C P, 1932. The gompertz curve as a growth curve. Proceedings of the national academy of sciences, 18(1): 1-8.

World Bank, 2022. World bank open data. https://data.worldbank.org.cn.

Wright T P, 1936. Factors affecting the cost of airplanes. Journal of the aeronautical sciences, 3(4): 122-128.

Xiang D, Yang S Y, Li X X, et al., 2015. Life cycle assessment of energy consumption and GHG emissions of olefins production from alternative resources in China. Energy conversion and management, 90: 12-20.

Xie K C, Li W Y, Zhao W, 2010. Coal chemical industry and its sustainable development in China. Energy, 35(11): 4349-4355.

Xing R, Hanaoka T, Kanamori Y, et al., 2015. Energy service demand projections and CO_2 reduction potentials in rural households in 31 Chinese provinces. Sustainability, 7(12): 15833-15846.

Yu B Y, Zhao Z, Zhang S, et al., 2021. Technological development pathway for a low-carbon primary aluminum industry in China. Technological forecasting and social change, 173: 121052.

Zhang C Y, Han R, Yu B Y, et al., 2018. Accounting process-related CO_2 emissions from global cement production under shared socioeconomic pathways. Journal of cleaner production, 184: 451-465.

Zhang C Y, Yu B Y, Chen J M, et al., 2021. Green transition pathways for cement industry in China. Resources, conservation and recycling, 166: 105355.

Zhang J, Wang G, 2008. Energy saving technologies and productive efficiency in the Chinese iron and steel sector. Energy, 33(4): 525-537.

Zhao G, Yu B Y, An R, et al., 2021. Energy system transformations and carbon emission mitigation for China to achieve global 2℃ climate target. Journal of environmental management, 292: 112721.

Zhou N, Fridley D, Mcneil M, et al., 2011. China's energy and carbon emissions outlook to 2050. Lawrence Berkeley National Laboratory.

CNESA, 2022. 储能产业研究白皮书 2022. http://www.esresearch.com.cn/#page2.

GB 19578. 乘用车燃料消耗量限值.

GB 27999. 乘用车燃料消耗量评价方法及指标.

GB/T 32694. 插电式混合动力电动乘用车技术条件.

GB/T 3730.1. 汽车和挂车类型的术语和定义.

IPCC, 2019. 2006年国家温室气体清单指南2019修订版.

IPCC, 2021. 气候变化2021: 自然科学基础.

"源-网-荷-储"互动调控: 能源互联网的智慧大脑, 2020. 国家电网报, 2020-05-12.

白世贞, 张鹤冰, 薛宁, 2019. 复杂系统建模与仿真. 北京: 经济管理出版社.

北京化工学院化工史编写组, 1985. 化学工业发展简史. 北京: 科学技术文献出版社.

蔡博峰, 李琦, 张贤, 等, 2021. 中国二氧化碳捕集利用与封存(CCUS)年度报告(2021): 中国CCUS路径研究. 生态环境部环境规划院, 中国科学院武汉岩土力学研究所, 中国21世纪议程管理中心.

陈海生, 李泓, 马文涛, 等, 2022. 2021年中国储能技术研究进展. 储能科学与技术, 11(3): 1052-1076.

陈景明, 2021. 化工行业低碳转型路径模拟与优化方法研究. 北京: 北京理工大学.

陈其慎, 王高尚, 王安建, 2010. 铜、铝需求"S"形规律的三个转变点剖析. 地球学报, 5(31): 659-665.

陈强, 2010. 高级计量经济学及Stata应用. 北京: 高等教育出版社.

陈晓培, 吴金松, 马志伟, 等, 2019. 漫谈化学发展史. 山东化工, 48(17): 192-193.

陈永翀, 2018. 储能电池技术多元化发展探讨. 中华新能源(24): 36-41.

陈永翀, 冯彩梅, 刘勇, 2021. 双碳背景下中国储新比的发展趋势. 能源(8): 41-45.

陈月冬, 2019. 中国不同类型家用热水器生命周期评价. 济南: 山东大学.

成琼文, 等, 2020. 中国铝冶炼工业绿色发展模式与路径. 长沙: 中南大学出版社.

崔占良, 刘金凤, 2014. 天津市供暖煤改气的节能及环保效益分析. 城市建设理论研究(电子版)(21): 4280-4281.

戴彦德, 康艳兵, 熊小平, 等, 2017. 2050中国能源和碳排放情景暨能源转型与低碳发展路线图. 北京: 中国环境出版社.

电氢耦合助力构建新型电力系统. https://energy. huanqiu. com/article/44Ov18ZKTJn.

丁宁, 高峰, 王志宏, 等, 2012. 原铝与再生铝生产的能耗和温室气体排放对比. 中国有色金属学报(10): 210-217.

杜心, 谢文俊, 王世兴, 2021. 我国铝行业碳达峰碳中和路径研究. 有色冶金节能, 37(4): 1-4.

飞轮储能到了爆发前夜. https://news. bjx. com. cnhtml20220728/1244629. shtml.

符冠云, 2019. 氢能在我国能源转型中的地位和作用. 中国煤炭, 45(10): 15-21.

耿家荣, 寸跃祖, 席洪平, 等, 2022. 降低 400 kA 铝电解槽焦粒焙烧启动成本的方法探讨. 云南冶金, 51(2): 150-154.

工信部, 2012. 钢铁行业节能减排先进适用技术指南.

工信部, 2014. 钢铁行业清洁生产评价指标体系.

工信部, 2016. 钢铁工业调整升级规划(2016—2020 年).

工信部, 2019. 国家工业节能技术装备推荐目录.

工信部, 2020a. 关于推动钢铁工业高质量发展的指导意见(征求意见稿).

工信部, 2020b. 铝行业规范条件.

工信部, 2021a. 国家工业节能技术推荐目录(2021).

工信部, 2021b. 石化化工行业鼓励推广应用的技术和产品目录公示.

顾保南, 赵鸿铎, 2014. 交通运输工程导论. 北京: 人民交通出版社.

郭文勇, 蔡富裕, 赵闯, 等, 2019. 超导储能技术在可再生能源中的应用与展望. 电力系统自动化, 43(8): 2-14.

郭学益, 田庆华, 2008. 有色金属资源循环理论与方法. 长沙: 中南大学出版社.

国际铝协, 2021. 2050 年全球铝行业温室气体减排路径(摘要).

国家发展改革委, 2012. 天然气利用政策.

国家发展改革委, 2018. 国家重点节能低碳技术推广目录. http://www. gov. cn/xinwen/2018-03/02/content_5270117. htm.

国家发展改革委, 2021. 关于发布《高耗能行业重点领域能效标杆水平和基准水平(2021 年版)》的通知.

国家发展改革委, 等, 2022. 煤炭清洁高效利用重点领域标杆水平和基准水平(2022 年版). http://www. ndrc. gov. cn/xxgh/zcfb/tz/202205/P020220510429117968982. pdf.

国家市场监督管理总局, 2019. 室内照明用 LED 产品能效限定值及能效等级.

国家统计局能源统计司, 2020. 国家能源统计年鉴 2019. 北京: 中国统计出版社.

国家统计局能源统计司, 2021. 中国能源统计年鉴 2020. 北京: 中国统计出版社.

国务院，2021. 2030 年前碳达峰行动方案.

韩乐，2020. 玻璃在建筑节能中应用浅析. 玻璃，47(7)：59-62.

黄格省，胡杰，李锦山，等，2020. 我国煤制烯烃技术发展现状与趋势分析. 化工进展，39(10)：3966-3974.

黄其励，2014. 先进燃煤发电技术. 北京：科学出版社.

李杰，王富，何雅琴，2010. 交通工程学. 北京：北京大学出版社.

李侠，董鹏曙，金加根，等，2021. 复杂系统建模与仿真. 北京：国防工业出版社.

李晓冬，2008. 成本函数的定义及其方法. 金融经济(12)：115-116.

李瑛娟，宋群玲，张金梁，等，2021. 碳中和背景下电解铝行业节能减排的探讨. 昆明冶金高等专科学校学报，37(5)：8-14，37.

李颖，王安建，张照志，2017. 基于 S 形模型的原铝需求预测方法. 中国：107133193A，2017-09-05.

联合国环境规划署，2021. 2021 年排放差距报告.

林倩云，邱国玉，曾惠，等，2019. 基于"学习曲线"的我国纯电动汽车价格补贴及其可持续性研究. 管理现代化，39(3)：5.

刘家冈，李俊清，王本楠，2012. 莱特兄弟发明飞机成功的创造学启示. 物理与工程，22(4)：37-40，46.

刘兴堂，刘力，何广军，等，2008. 复杂系统建模理论、方法与技术. 北京：科学出版社.

刘征建，黄建强，张建良，等，2021. 高炉高比例球团冶炼技术发展和实践. 辽宁科技大学学报，44(2)：85-91.

刘志清，王春义，王飞，等，2020. 储能在电力系统源网荷三侧应用及相关政策综述. 山东电力技术，47(7)：1-8，21.

美国国家航天航空局，2022. 全球陆海温度指数. https://climate.nasa.gov/vital-signs/global-temperature/.

穆旭平，朱建军，2022. 500 kA 大型预焙槽高等级低铁优质原铝生产实践. 轻金属(5)：24-27.

牛桂敏，2008. 循环经济发展模式与预测. 天津：天津社会科学院出版社.

潘文静，王雪威，2021. 河北张家口可再生能源示范区探访："绿能"引领绿色发展. http://hebei.hebnews.cn/2021-10/08/content_8629922.htm.

彭宝利，2017. 新型干法水泥生产工艺及设备. 武汉：武汉理工大学出版社.

齐东华，王会兴，2020. 适用于氧化铝生产的两种七效管式降膜蒸发流程的对比研究. 轻金属(11)：7-10.

史伟，崔源声，武夷山，2011. 中国水泥需求量预测研究. 中国建材(1)：100-105.

世界气象组织，2021. 温室气体公报.

世界银行，2022. 工业增加值(占 GDP 的百分比). https://data.worldbank.org.

cn/indicator/NV. IND. TOTL. ZS/.

苏健民，1995. 化工和石油化工概论. 北京：中国石化出版社.

谭世语，魏顺安，2014. 化工工艺学. 4 版. 重庆：重庆大学出版社.

唐波，王修智，2008. 化学工业：化工卷. 济南：山东科学技术出版社.

汪立青，2015. 史上最全的保温材料大全介绍. https://mp. weixin. qq. com/s/xJ88oJ7xKUf0vKiJjGn6Gg.

王高尚，2003. 未来 20 年世界铜铝需求趋势预测. 世界有色金属(7)：6-9.

王红伟，马科友，2013. 铝冶金生产操作与控制. 北京：冶金工业出版社.

王丽娟，邵朱强，熊慧，等，2022. 中国铝冶炼行业二氧化碳排放达峰路径研究. 环境科学研究，35(2)：377-384.

王琳，齐中英，潘峰，2017. 社会演进中钢未来使用规律预测及政策分析. 运筹与管理，26(1)：173-181.

王伟宏，2021. “绿能”助低碳冬奥 张家口抢占可再生能源开发利用新高地. https://new. qq. com/omn/20211014/20211014A00RP700. html.

王新东，李建新，胡启晨，2019. 基于高炉炉料结构优化的源头减排技术及应用. 钢铁，54(12)：104-110.

王燕谋，2005. 中国水泥发展史. 北京：中国建材工业出版社.

王一飞，杨飞，徐川，2020. 电网规模化储能应用研究综述. 湖北电力，44(3)：23-30.

王勇，王颖，2019. 中国实现碳减排双控目标的可行性及最优路径：能源结构优化的视角. 中国环境科学，39(10)：4444-4455.

王祝堂，2010. 美国铝业协会确定 2015 年废铝罐回收率 75%. 轻金属(1)：64.

韦保仁，2007. 人均水泥累积消费量与城市化率的协整分析. 建筑材料学报，10(3)：253-259.

韦漩，王海娟，刘春伟，等，2019. 废旧铝合金回收利用的研究现状. 过程工程学报，19(1)：52-61.

魏一鸣，廖华，余碧莹，等，2018. 中国能源报告 2018：能源密集型部门绿色转型. 北京：科学出版社.

吴祈宗，侯福均，2013. 运筹学与最优化方法. 北京：机械工业出版社.

吴郧，余碧莹，邹颖，等，2021. 碳中和愿景下电力部门低碳转型路径研究. 中国环境管理(3)：48-55.

伍德里奇，2003. 计量经济学导论：现代观点. 北京：中国人民大学出版社.

徐硕，余碧莹，2021. 中国氢能技术发展现状与未来展望. 北京理工大学学报(社会科学版)，23(6)：1-12.

许国栋，敖宏，佘元冠，2013. 铝工业发展规律及中国原铝消费规律研究. 全国冶金自动化信息网会论文集.

薛亚洲，2012. 基于 GM (1，n) 模型的铝需求预测. 金属矿山，41(11)：

14-18.

杨永，2011. 基于逻辑生长曲线的我国水泥行业能源消费与碳排放情景分析. 大连：大连理工大学.

易兰丽君，2020. 造纸行业节能减排路径模拟方法及应用研究. 北京：北京理工大学.

于水波，黎娜，2016. 七效管式降膜蒸发器组在氧化铝行业中的应用. 科技与企业(5)：232，234.

余碧莹，赵光普，安润颖，等，2021. 碳中和目标下中国碳排放路径研究. 北京理工大学学报（社会科学版），23(2)：17-24.

岳国君，林海龙，彭元亭，等，2021. 以生物质为原料的未来绿色氢能. 化工进展，40(8)：4678-4684.

曾学敏，2006. 水泥工业能源消耗现状与节能潜力. 中国水泥(3)：16-21.

张呈尧，2018. 水泥行业节能减排路径模拟方法及其应用研究. 北京：北京理工大学.

张浩钰，2018. 中国铝资源需求预测与保障性分析. 西部资源（1）：189-191，197.

张辉，孙彦华，岳有成，等，2020. 再生铝合金熔体净化技术的发展现状. 铸造技术，41(6)：573-575.

张建国，谷立静，2017. 重塑能源：中国面向2050年能源消费和生产革命路线图：建筑卷. 北京：中国科学技术出版社.

张健，2016. 资源循环型生产过程的物质流建模与仿真. 北京：经济科学出版社.

张帅，2020. 铝行业节能减排路径模拟方法及其应用研究：以中国为例. 北京：北京理工大学.

张亚宏，邹嘉华，马显勇，等，2015. 大型预焙铝电解槽焦粒焙烧法启动实践. 云南冶金，44(1)：71-73.

赵文明，2020. "十四五"乙烯行业高质量发展策略研究. 化学工业，38(2)：10-20.

中国钢铁工业协会，2019. 中国钢铁工业年鉴2019. http://data.cnki.net/yearbook/Single? id=N2020030105.

中国金属新闻网，2016. 有色金属的世界分布. 新疆有色金属，39(1)：16.

中国照明电器协会，2021. 中国照明电器行业十三五发展成果回顾，开启十四五崭新征程. http://www.chineselighting.org.

朱绍升，赵萍仙，2015. 铝电解槽阳极铝导电杆加工工艺优化. 中国有色金属(S1)：353-356.

自然资源部，2019. 中国矿产资源报告.

图书在版编目（CIP）数据

碳减排技术经济管理 / 余碧莹等编著 . -- 北京：中国人民大学出版社，2023. 4
碳达峰碳中和系列教材 / 魏一鸣总主编
ISBN 978-7-300-31557-7

Ⅰ. ①碳… Ⅱ. ①余… Ⅲ. ①二氧化碳—减量化—排气—经济管理—中国—教材 Ⅳ. ①X511②F42

中国国家版本馆 CIP 数据核字（2023）第 052584 号

工业和信息化部“十四五”规划教材
碳达峰碳中和系列教材
魏一鸣　总主编
碳减排技术经济管理
余碧莹 等　编著
Tanjianpai Jishu Jingji Guanli

出版发行	中国人民大学出版社		
社　　址	北京中关村大街 31 号	邮政编码	100080
电　　话	010－62511242（总编室）		010－62511770（质管部）
	010－82501766（邮购部）		010－62514148（门市部）
	010－62515195（发行公司）		010－62515275（盗版举报）
网　　址	http://www. crup. com. cn		
经　　销	新华书店		
印　　刷	天津鑫丰华印务有限公司		
开　　本	787 mm×1092 mm　1/16	版　　次	2023 年 4 月第 1 版
印　　张	25. 25 插页 1	印　　次	2023 年 4 月第 1 次印刷
字　　数	528 000	定　　价	65. 00 元

中国人民大学出版社　管理分社

教师教学服务说明

中国人民大学出版社管理分社以出版工商管理和公共管理类精品图书为宗旨。为更好地服务一线教师，我们着力建设了一批数字化、立体化的网络教学资源。教师可以通过以下方式获得免费下载教学资源的权限：

★ 在中国人民大学出版社网站 www.crup.com.cn 进行注册，注册后进入“会员中心”，在左侧点击“我的教师认证”，填写相关信息，提交后等待审核。我们将在一个工作日内为您开通相关资源的下载权限。

★ 如您急需教学资源或需要其他帮助，请加入教师 QQ 群或在工作时间与我们联络。

中国人民大学出版社　管理分社

教师 QQ 群：648333426(工商管理)　114970332(财会)　648117133(公共管理)
教师群仅限教师加入，入群请备注(学校+姓名)

联系电话：010-62515735，62515987，62515782，82501048，62514760

电子邮箱：glcbfs@crup.com.cn

通讯地址：北京市海淀区中关村大街甲 59 号文化大厦 1501 室(100872)

管理书社

人大社财会

公共管理与政治学悦读坊